Taschenbuch der Statistik

herausgegeben von
Prof. Dr. Werner Voß

2., verbesserte Auflage

Mit 165 Bildern und 126 Tabellen

FACHBUCHVERLAG LEIPZIG
im Carl Hanser Verlag

Bibliografische Information Der Deutschen Bibliothek

Die Deutsche Bibliothek verzeichnet diese Publikation in der Deutschen Nationalbibliografie; detaillierte bibliografische Daten sind im Internet über http://dnb.ddb.de abrufbar.

ISBN 3-446-22605-2

Die Wiedergabe von Gebrauchsnamen, Handelsnamen, Warenbezeichnungen usw. in diesem Werk berechtigt auch ohne besondere Kennzeichnung nicht zu der Annahme, dass solche Namen im Sinne der Warenzeichen- und Markenschutz-Gesetzgebung als frei zu betrachten wären und daher von jedermann benutzt werden dürften.

Dieses Werk ist urheberrechtlich geschützt.
Alle Rechte, auch die der Übersetzung, des Nachdrucks und der Vervielfältigung des Buches oder Teilen daraus, vorbehalten. Kein Teil des Werkes darf ohne schriftliche Genehmigung des Verlages in irgendeiner Form (Fotokopie, Mikrofilm oder ein anderes Verfahren), auch nicht für Zwecke der Unterrichtsgestaltung, reproduziert oder unter Verwendung elektronischer Systeme verarbeitet, vervielfältigt oder verbreitet werden.

Fachbuchverlag Leipzig im Carl Hanser Verlag
© 2004 Carl Hanser Verlag München Wien
www.fachbuch-leipzig.hanser.de
Projektleitung: Dipl.-Phys. Jochen Horn
Herstellung: Renate Roßbach
Umschlaggestaltung: Parzhuber & Partner GmbH, München
Druck und Bindung: Kösel, Kempten
Printed in Germany

Vorwort

Dieses Taschenbuch der Statistik kann nun erfreulicherweise in zweiter korrigierter Auflage vorgelegt werden. Ich danke allen, die mit ihren Anregungen dazu beigetragen haben, notwendige Korrekturen einzuarbeiten. Mein besonderer Dank gilt Nadine M. Schöneck, die kompetent für die Überarbeitung sorgte.

In diesem Taschenbuch werden die wichtigsten statistischen Auswertungs- und Analyseverfahren besprochen, die für die Praxis von Bedeutung sind. Dabei interessieren auch die Hintergründe dieser Verfahren, ohne die ein tiefergehendes Verständnis ihres Einsatzes kaum möglich ist. Es versteht sich, daß bei der Auswahl der angesprochenen Methoden ein gewisses Willkürelement nicht ausgeschlossen werden konnte. Der Leser wird vielleicht bestimmte Methoden vermissen oder andere, die hier besprochen werden, eher für entbehrlich halten. Herausgeber und Autoren haben sich aber bemüht, ein möglichst umfassendes Bild zu liefern.

Da die einzelnen Beiträge von unterschiedlichen Autoren verfaßt wurden, ergeben sich gewisse Unterschiede. Auch das Ausmaß, in dem auf mathematisch-statistische Hintergründe eingegangen wurde, unterscheidet sich von Beitrag zu Beitrag. Diese Unterschiede brauchen aber nicht zu irritieren – sie zeigen vielmehr, daß es voneinander abweichende Herangehens- und Bearbeitungsweisen gibt, was für den Leser zweifelsohne eine bemerkenswerte Erfahrung sein dürfte.

Zu fast jedem Kapitel finden sich anschauliche Anwendungsbeispiele, deren Lösung unter Einsatz des Statistikprogramms SPSS vorgestellt wird. Wir stützen uns dabei auf die Programmversion SPSS 11.0. Aber auch mit früheren Versionen (ab SPSS 8.0) können die Datenbestände, die für die Beispiele bereitgestellt wurden, bearbeitet werden. Wir gehen zudem davon aus, daß auch mit den Nachfolgeversionen von SPSS 11.0 die gegebenen Beispiele nachvollzogen werden können.

Die Abbildungen in diesem Buch, soweit sie mit SPSS erzeugt wurden, sind mit freundlicher Genehmigung der SPSS GmbH (München) zustande gekommen.

Die verwendeten Datenbestände finden sich als Anhang auf den letzten Seiten dieses Buches.

Prof. Dr. Werner Voß

Inhaltsverzeichnis

1 Grundlagen 17
- 1.1 Methoden der Datenbereitstellung 17
  - 1.1.1 Sekundärstatistik 18
  - 1.1.2 Primärstatistik 19
- 1.2 Grundbegriffe 23
- 1.3 Skalierung 25
  - 1.3.1 Nicht-metrische Skalen 25
  - 1.3.2 Metrische Skalen (Kardinalskalen) 26
  - 1.3.3 Skalentransformation 27
- 1.4 Klassierung 31
- 1.5 Datenpräsentation 33
  - 1.5.1 Tabellen 33
  - 1.5.2 Graphiken 35
- 1.6 Anwendungsbeispiele 40
- 1.7 Problemlösungen mit SPSS 42
- 1.8 Literaturhinweise 46

2 Stichprobenverfahren 47
- 2.1 Aufgaben der Stichprobentheorie und -planung 47
- 2.2 Auswahlverfahren 51
  - 2.2.1 Gesamtheiten 51
  - 2.2.2 Einteilung der Auswahlverfahren 52
  - 2.2.3 Willkürliche Auswahl 53
  - 2.2.4 Bewußte Auswahlen 54
  - 2.2.5 Zufallsauswahlen 56
  - 2.2.6 Praktische Realisierung von Zufallsauswahlen 62
- 2.3 Schätzverfahren 71
  - 2.3.1 Kenngrößen und Stichprobenfunktionen 71
  - 2.3.2 Einfache Zufallsstichproben 77
  - 2.3.3 Gebundene Hochrechnungen 81
  - 2.3.4 Geschichtete Stichproben 85
  - 2.3.5 Klumpen- bzw. Flächenstichproben 95
- 2.4 Ergänzungen 104
  - 2.4.1 Rückfangmethode zur Schätzung von N 104
  - 2.4.2 Planung des Stichprobenumfangs 105
  - 2.4.3 Auswertungsmöglichkeiten für Daten aus komplexen Stichprobendesigns 107

| | 2.4.4 | Nicht stichprobenbedingte Fehler und Verzerrungen | 109 |
| 2.5 | Literaturhinweise | | 110 |

3 Mittelwerte ... 113
3.1	Zielsetzung	113
3.2	Ein begleitendes Beispiel	113
3.3	Arithmetischer Mittelwert	115
3.4	Harmonischer Mittelwert	120
3.5	Geometrischer Mittelwert	123
3.6	Median	127
3.7	Modus (häufigster Wert)	131
3.8	Anwendungsbeispiele	134
3.9	Problemlösungen mit SPSS	135
3.10	Literaturhinweise	136

4 Streuungs-, Konzentration-, Schiefe- und Wölbungsmaße ... 137

4.1	Streuungsmaße		137
	4.1.1	Die Spannweite	140
	4.1.2	Der mittlere Quartilsabstand	141
	4.1.3	Das Streuungsmaß von Gini	144
	4.1.4	Die mittlere absolute Abweichung	145
	4.1.5	Varianz und Standardabweichung	147
4.2	Konzentrationsmaße		156
4.3	Schiefe- und Wölbungsmaße		162
	4.3.1	Die statistischen Momente	162
	4.3.2	Maßzahlen der Schiefe	164
	4.3.3	Maßzahlen der Wölbung	165
4.4	Anwendungsbeispiel		166
4.5	Problemlösungen mit SPSS		166
4.6	Literaturhinweise		167

5 Bivariate Statistik ... 169

5.1	Übersicht		169
5.2	Zweidimensionale Häufigkeitsverteilungen		170
	5.2.1	Grundbegriffe	170
	5.2.2	Randverteilungen	172
	5.2.3	Bedingte Verteilung	172
	5.2.4	Unabhängigkeit von Merkmalen	174

Inhaltsverzeichnis 9

5.3	Metrisch meßbare Merkmale: Regression und Korrelation	176
	5.3.1 Lineare Regression	176
	5.3.2 Nichtlineare Regression	183
5.4	Zusammenhangsmaße für metrische Daten	185
	5.4.1 Streuungszerlegung und Bestimmtheitsmaß	185
	5.4.2 Korrelationskoeffizient nach Bravais-Pearson	187
	5.4.3 Korrelationsindex	189
5.5	Ordinal meßbare Merkmale	190
	5.5.1 Rangkorrelationskoeffizient nach Spearman	191
	5.5.2 Rangkorrelationskoeffizient (Konkordanzkoeffizient) nach Goodman und Kruskal	195
	5.5.3 Rangkorrelationskoeffizient (Konkordanzkoeffizient) nach Kendall	196
5.6	Nominal meßbare Merkmale: Assoziationsmaße	196
	5.6.1 Assoziationsmaße auf Basis der Größe χ^2 (Chi-Quadrat): Kontingenzkoeffizienten	197
	5.6.2 Maße der prädikativen Assoziation	199
5.7	Zusammenfassung	202
5.8	Anwendungsbeispiele	202
5.9	Problemlösungen mit SPSS	204
5.10	Literaturhinweise	207

6 Verhältnis- und Indexzahlen ... 209

6.1	Verhältniszahlen	209
	6.1.1 Begriff, Arten und Eigenschaften von Verhältniszahlen	209
	6.1.2 Rechnen mit Wachstumsraten	213
	6.1.3 Aggregation, Strukturabhängigkeit, Standardisierung	217
6.2	Indexzahlen	220
	6.2.1 Direkte Indexformeln	221
	6.2.2 Axiome und Axiomensysteme	225
	6.2.3 Neuere Vorschläge für Indexformeln	230
	6.2.4 Kettenindizes	239
6.3	Literaturhinweise	241

7 Zeitreihenanalyse ... 243

7.1	Definitionen und Beispiele	243
7.2	Das traditionelle Zeitreihen-Komponentenmodell	247

7.3	Saisonbereinigungsverfahren	248
	7.3.1 Zielsetzung	248
	7.3.2 Saisonbereinigung im additiven Komponentenmodell bei konstanter und variabler Saisonfigur	249
	7.3.3 In der Praxis eingesetzte Verfahren	256
	7.3.4 Einige praktische Probleme der Saisonbereinigung	258
7.4	Prognosen	259
	7.4.1 Klassifikation von Prognoseverfahren	259
	7.4.2 Linearer Trend	260
	7.4.3 Exponential smoothing	262
7.5	Stochastische Zeitreihenmodelle	269
7.6	Anwendungsbeispiel	273
7.7	Problemlösungen mit SPSS	274
7.8	Literaturhinweise	276

8 Kombinatorik 277

8.1	Allgemeines	277
8.2	Anordnung von Elementen (Permutation)	278
8.3	Auswahl von Elementen (Variationen und Kombinationen)	280
	8.3.1 Variation mit Wiederholung	281
	8.3.2 Variation ohne Wiederholung	282
	8.3.3 Kombination mit Wiederholung	282
	8.3.4 Kombination ohne Wiederholung	282
8.4	Anwendungsbeispiele	283
8.5	Problemlösungen mit SPSS	283
8.6	Literaturhinweise	284

9 Wahrscheinlichkeitsrechnung 285

9.1	Grundbegriffe	285
9.2	Wahrscheinlichkeiten	292
	9.2.1 Zur Geschichte	292
	9.2.2 Wahrscheinlichkeitsbegriff	293
9.3	Elementare Wahrscheinlichkeitsmodelle	295
	9.3.1 Gleichmöglichkeitsmodell (Laplace-Modell) oder klassisches Wahrscheinlichkeitsmodell	295
	9.3.2 Das Bernoulli-Modell	296
	9.3.3 Statistisches Wahrscheinlichkeitsmodell und von-Mises-Modell	296
	9.3.4 Weitere elementare Wahrscheinlichkeitsmodelle	298

9.4	Bedingte Wahrscheinlichkeit, Multiplikationssatz, Unabhängigkeit von Ereignissen.............................. 299	
	9.4.1 Bedingte Wahrscheinlichkeit 299	
	9.4.2 Multiplikationssatz 301	
	9.4.3 Stochastische Unabhängigkeit 301	
9.5	Einige Sätze der Wahrscheinlichkeitsrechnung 304	
9.6	Literaturhinweise.. 307	

10 Wahrscheinlichkeitsverteilungen 309

10.1	Grundkonzepte 309
	10.1.1 Zufallsvariablen 309
	10.1.2 Wahrscheinlichkeitsfunktion und Dichtefunktion... 310
	10.1.3 Verteilungsfunktion 313
	10.1.4 Parameter für Wahrscheinlichkeitsverteilungen 314
	10.1.5 Funktionen von Zufallsvariablen 317
10.2	Gleichverteilung.. 318
10.3	Binomialverteilung.. 323
10.4	Multinomiale Verteilung 327
10.5	Geometrische Verteilung 329
10.6	Hypergeometrische Verteilung.. 331
10.7	Poisson-Verteilung.. 335
10.8	Normalverteilung 338
10.9	Exponentialverteilung 342
10.10	Chi-Quadrat-Verteilung 343
10.11	t-Verteilung 345
10.12	F-Verteilung 346
10.13	Anwendungsbeispiele 348
10.14	Problemlösungen mit SPSS... 348
10.15	Literaturhinweise... 349

11 Stochastische Prozesse 351

11.1	Grundbegriffe 351
11.2	Gesetze der großen Zahlen 352
	11.2.1 Satz von Tschebyscheff 352
	11.2.2 Schwaches Gesetz der großen Zahlen in der Form von Tschebyscheff.. 353
	11.2.3 Schwaches Gesetz der großen Zahlen in der Form von Bernoulli... 353
	11.2.4 Schwaches Gesetz der großen Zahlen nach Chintschin... 354
	11.2.5 Starkes Gesetz der großen Zahlen von Kolmogorov 355

		11.2.6 Starkes Gesetz der großen Zahlen von Borel und Cantelli 355

- 11.3 Zentrale Grenzwertsätze 356
  - 11.3.1 Zentraler Grenzwertsatz nach Lindeberg und Levy 356
  - 11.3.2 Zentraler Grenzwertsatz von deMoivre und Laplace 358
  - 11.3.3 Zentraler Grenzwertsatz nach Ljapunoff 359
- 11.4 Allgemeine Beschreibung stochastischer Prozesse 361
  - 11.4.1 Grundlagen 361
  - 11.4.2 Kennzahlen 364
- 11.5 Klassen spezieller stochastischer Prozesse 367
- 11.6 Stationäre Prozesse 374
- 11.7 Literaturhinweise 381

12 Statistische Schätztheorie 383

- 12.1 Einleitung 383
- 12.2 Bayesianische Schätztheorie 384
  - 12.2.1 Bayesianische Punkt- und Bereichsschätzer 385
  - 12.2.2 Schätzung einer Wahrscheinlichkeit 386
- 12.3 Frequentistische Schätztheorie 389
  - 12.3.1 Maximum-Likelihood-Methode 389
  - 12.3.2 Gütekriterien 389
  - 12.3.3 Weitere Konstruktionsprinzipien für Punktschätzer 401
  - 12.3.4 Bereichsschätzer 405
- 12.4 Anwendungsbeispiele 418
- 12.5 Softwarelösungen 419
- 12.6 Literaturhinweise 419

13 Parametrische Tests bei großen Stichproben 421

- 13.1 Grundkonzepte 421
- 13.2 Test des arithmetischen Mittels 422
- 13.3 Test für den Anteilswert 429
- 13.4 Test für die Standardabweichung 430
- 13.5 Test für die Differenz zweier Mittelwerte 431
- 13.6 Test für die Differenz zweier Anteilswerte 433
- 13.7 Test für die Differenz zweier Standardabweichungen 434
- 13.8 Die Güte eines Tests 435
- 13.9 Varianzanalyse 436
- 13.10 Ergänzungen 439
- 13.11 Anwendungsbeispiele 440

13.12	Problemlösungen mit SPSS	441
13.13	Literaturhinweise	444

14 Nichtparametrische Tests ... 445

14.1	Chi-Quadrat-Unabhängigkeitstest	446
14.2	Chi-Quadrat-Anpassungstest	451
14.3	Chi-Quadrat-Homogenitätstest	457
14.4	Test auf Zufälligkeit	460
14.5	Binomialtest	463
14.6	Fisher-Test	466
14.7	Vorzeichentest für zwei verbundene Stichproben und der Median-Test	470
	14.7.1 Vorzeichentest für zwei verbundene Stichproben	470
	14.7.2 Mediantest	473
14.8	Wilcoxon-Rangtest für zwei verbundene Stichproben	476
14.9	Wilcoxon-Rangsummentest für k=2 unabhängige Stichproben (Man-Whitney-U-Test)	480
14.10	Kruskal-Wallis-Test	484
14.11	Kolmogorov-Smirnov-Test	488
14.12	McNemar-Test	493
14.13	Anwendungsbeispiele und Problemlösungen mit SPSS	496
14.14	Literaturhinweise	509

15 Multiple Regression und Korrelation ... 511

15.1	Grundkonzepte	511
	15.1.1 Zentrale Begriffe	511
	15.1.2 Konzepte	512
	15.1.3 Voraussetzungen	517
15.2	Berechnungen	518
	15.2.1 Formeln	518
	15.2.2 Rechenbeispiele	519
15.3	Hinweise auf andere Verfahren	521
15.4	Problembereiche	523
15.5	Anwendungsbeispiele	524
15.6	Problemlösungen mit SPSS	526
15.7	Literaturhinweise	528

16 Faktorenanalyse ... 531

16.1	Grundidee	531
16.2	Faktorenextraktion	533

16.3	Kommunalitäten und Faktorenzahl	542
16.4	Das Rotationsproblem	548
16.5	Bestimmung der Faktorwerte	553
16.6	Anwendungsbeispiel und Problemlösung mit SPSS	559
16.7	Literaturhinweise	563

17 Clusteranalyse 565

17.1	Grundlagen	565
	17.1.1 Zielsetzungen	565
	17.1.2 Zentrale Begriffe	565
	17.1.3 Voraussetzungen	566
17.2	Konzepte	567
	17.2.1 Standardisierung	567
	17.2.2 Ähnlichkeitsmaße	568
	17.2.3 Distanzmaße	570
	17.2.4 Gemischtes Skalenniveau	570
17.3	Verfahren der Klassenbildung	571
	17.3.1 Hierarchisch-agglomerative Verfahren	571
	17.3.2 Partitionierende Verfahren	572
	17.3.3 Algorithmen für die hierarchisch-agglomerative Klassenbildung	573
	17.3.4 Verfahren von Ward	575
17.4	Klassendiagnose	575
17.5	Klassifikation auf stochastischer Basis	576
17.6	Hinweise auf andere Verfahren	577
17.7	Anwendungsbeispiel	578
17.8	Problemlösung mit SPSS	579
17.9	Literaturhinweise	581

18 Diskriminanzanalyse 583

18.1	Begriff der Klassifikation	583
18.2	Geometrie der linearen Diskriminanzanalyse	585
18.3	Allgemeine Kriterien zur Wahl von Klassifikationsregeln	588
18.4	Lineare Diskriminanzanalyse	591
18.5	Klassifikationsbeurteilung	595
18.6	Besonderheiten bei der Anwendung von Diskriminanzanalysen	599
18.7	Anwendungsbeispiel	600
18.8	Problemlösung mit SPSS	601
18.9	Literaturhinweise	607

19 Logit- und Probit-Modelle ... 609
19.1 Notation ... 609
19.2 Modellierung ... 610
    19.2.1 Das lineare Wahrscheinlichkeitsmodell ... 610
    19.2.2 Logit- und Probit-Modelle ... 612
19.3 Schätzung der Parameter ... 617
    19.3.1 Die Maximum-Likelihood-Methode ... 618
    19.3.2 Berechnung der Schätzwerte ... 620
    19.3.3 Eigenschaften der ML-Schätzer ... 621
19.4 Modelldiagnostik und Hypothesentests ... 623
    19.4.1 Gütemaße ... 623
    19.4.2 Gruppierte Daten: Kennwerte und Tests ... 627
    19.4.3 Tests linearer Hypothesen ... 628
19.5 Prädiktion, marginale Auswahlwahrscheinlichkeit und „odds-ratio" ... 631
19.6 Zwei Beispiele ... 635
    19.6.1 Ein Probit-Modell ... 635
    19.6.2 Logit-Modell und SPSS-Anwendung ... 638
19.7 Ergänzungen und Erweiterungen ... 641
19.8 Literaturhinweise ... 643

20 Unscharfe Daten ... 645
20.1 Einleitung ... 645
20.2 Unscharfe Zahlen ... 645
20.3 Unscharfe Vektoren ... 649
20.4 Rechnen mit unscharfen Daten ... 651
20.5 Unscharfe Stichproben ... 652
20.6 Funktionen unscharfer Größen ... 654
20.7 Schätzungen bei unscharfen Daten ... 656
20.8 Unscharfe Konfidenzbereiche ... 659
20.9 Unscharfe Daten und statistische Tests ... 663
20.10 Bayes'sche Analyse ... 665
    20.10.1 Das Bayes'sche Theorem für unscharfe Daten ... 665
    20.10.2 Unscharfe Bayes'sche Vertrauensbereiche ... 668
    20.10.3 Unscharfe Prognoseverteilungen ... 670
20.11 Ausblick ... 671
20.12 Literaturhinweise ... 671

21 Data Mining ... 673
21.1 Was ist Data Mining? ... 673
21.2 Allgemeine methodische Grundlagen ... 675

21.3	Data Mining mittels Assoziationsregeln	678
21.4	Klassifikation	683
21.5	Data Mining Software	690
21.6	Literaturhinweise	691

22 Graphentheoretische Modelle in der Statistik ... 693

22.1.	Grundlagen	693
	22.1.1 Wahrscheinlichkeitstheorie	693
	22.1.2 Graphentheorie	694
22.2	Einleitung	695
22.3	Konstruktion von Graphen	698
	22.3.1 Ableitung von Graphen aus der gemeinsamen Wahrscheinlichkeitsverteilung	698
	22.3.2 Ableitung von Graphen aus Unabhängigkeitsannahmen	701
	22.3.3 Ableitung von Graphen aus Gleichungssystemen	702
	22.3.4 Die Markov-Bedingung	704
22.4	d-Separation	705
	22.4.1 Separierung in gerichteten Graphen	705
	22.4.2 Unabhängigkeitsbedingungen	706
	22.4.3 Perfekte Abbildungen	710
22.5	Kausale Modelle und kausale Effekte	711
	22.5.1 Kausale Modelle	711
	22.5.2 Kausale Effekte	712
22.6	Software-unterstützte Generierung von Graphen	716
	22.6.1 Ablauf des Verfahrens	717
22.7	Literaturhinweise	721

Register ... 723

SPSS-Datenbestände ... 741

1 Grundlagen

1.1 Methoden der Datenbereitstellung

Statistik bietet grundlegende Verfahren zur **empirischen Analyse** an:

> Eine gegebene und komplexe Welt soll aufgrund von Beobachtungen empirisch erfaßt und statistisch abgebildet und somit in objektivierter Form handhabbar gemacht werden. Diese statistische Abbildung zur besseren Erklärung der komplexen Welt geht meist mit einer Reduktion der Komplexität einher.

Es ist jedoch nicht sinnvoll sofort mit einer Datensuche für ein zu untersuchendes Problem zu beginnen. Dies wäre nicht nur unwissenschaftlich, sondern kann in der Praxis zu falschen oder zumindest zu unklaren Ergebnissen führen. Bevor die Datensuche beginnt, müssen einige Untersuchungsschritte durchlaufen werden, die man **Operationalisierung** nennt.

Operationalisierung

Begriffsklärung
↓
Abbildungsmöglichkeit
↓
Variablendefinition
↓
Überlegungen zur Aussagequalität

Begriffsklärung bedeutet zum Beispiel bei einer Produktplazierung auf einem Markt, daß die theoretischen Begriffe wie technische Eigenschaften, Gebrauchseigenschaften, psychologische Eigenschaften usw. in ihren empirischen Entsprechungen wie Energieart, Lebensdauer, Preis, Serviceangebot, produktbezogene Emotionen usw. erfaßt werden können.

Die **Abbildungsmöglichkeit** bezieht sich darauf, inwiefern sich diese Eigenschaften abbilden lassen. Werbeausgaben lassen sich direkt abbilden durch die entsprechend anfallenden Kosten. Psychologische Eigenschaften dagegen sind nicht so leicht abbildbar. Hier müssen geeignete Indikatoren herangezogen werden, um diese abbilden zu können.

Bei der **Variablendefinition** sind quantitative Variablen (Umsatz, Einkommen, Preis) von den qualitativen Variablen, die sich auf Eigen-

18 1 Grundlagen

schaften (Branchenzugehörigkeit, Rechtsform) beziehen, zu unterscheiden.

Bezüglich der **Aussagequalität** der Ergebnisse ist darauf zu achten, daß bei Umfragen die Menschen gern alles besser und schöner haben möchten, wenn man sie nicht auf die Konsequenzen, zum Beispiel entstehende Kosten, hinweist. Auch sind Meinungen zu Fragen der Produktgestaltung nicht immer kaufentscheidend.

Wenn diese vier Schritte geklärt sind, kann man auf die Suche von statistischen Daten gehen. Dazu bieten sich Sekundär- und Primärstatistiken an.

1.1.1 Sekundärstatistik

Greift man auf bereits ermittelte Daten zurück, spricht man von einer **Sekundärerhebung** oder **Sekundärstatistik**.

Die Vorteile sind die zumeist sofortige Verfügbarkeit des Datenmaterials und die kostengünstige Durchführung. Ein Nachteil ist, daß man die Ergebnisse der liefernden Institution oftmals übernehmen muß, ohne zu wissen, wie diese Ergebnisse gewonnen wurden.

Wichtige **sekundärstatistische Quellen** sind amtliche nationale Statistiken, insbesondere

- Veröffentlichungen des Statistischen Bundesamtes:
- Statistisches Jahrbuch für die Bundesrepublik Deutschland
- Statistisches Jahrbuch für das Ausland
- Fachserien zu unterschiedlichen Themenbereichen
- Veröffentlichungen der Statistischen Landesämter
- Veröffentlichungen der Ministerien
- Veröffentlichungen der Deutschen Bundesbank

Internationale Statistiken liegen zum Beispiel vor von der

- EU
- EZB
- OECD
- UNO und deren Unterorganisationen
- IWF
- Weltbank

Statistiken privater Organisationen sind beispielsweise Veröffentlichungen von

- Großbanken

- Verbänden
- Markt- und Meinungsforschungsinstituten

Hinzu treten Veröffentlichungen von wirtschaftswissenschaftlichen Instituten, zum Beispiel

- Deutsches Institut für Wirtschaftsforschung (DIW) Berlin
- IFO-Institut für Wirtschaftsforschung München
- Institut für Wirtschaftsforschung Halle (IWH)
- Hamburger Weltwirtschaftsarchiv - Institut für Wirtschaftsforschung (HWWA)
- Institut für Weltwirtschaft Kiel
- Rheinisch-Westfälisches Institut für Wirtschaftsforschung (RWI) Essen
- Wirtschafts- und Sozialwissenschaftliches Institut des Deutschen Gewerkschaftsbundes (WSI) Düsseldorf
- Institut der deutschen Wirtschaft (IW) Köln

1.1.2 Primärstatistik

Primärerhebungen oder **Primärstatistiken** zeichnen sich dadurch aus, daß Daten selbst erhoben werden.

Bei Primärerhebungen sind folgende Fragen zu beantworten:

a) Wie soll die Datenbeschaffung erfolgen?
b) Soll eine Voll- oder Teilerhebung durchgeführt werden?
c) Welche Form der Stichprobenauswahl wird angewandt?
d) Welche Fehlerarten treten auf?
e) Ist die Teilerhebung repräsentativ?

Zu a) **Datenbeschaffung**

Bei der Datenbeschaffung bieten sich vier Möglichkeiten an:

- schriftliche Befragung
- mündliche/telefonische Befragung
- kombinierte Befragung aus Versenden eines Fragebogen und telefonischer Umfrage
- Beobachtung

Die kostengünstigste Form der Datenbeschaffung ist die **schriftliche Befragung** anhand eines Fragebogens.

Der Fragebogen muß von kompetenten Personen unter realistisch simulierten Bedingungen auf Klarheit und Eindeutigkeit der Frageformulierung sowie auf Antwortfähigkeit und Antwortwilligkeit der zu befragenden Personen getestet werden. Fragebögen, die zu lang sind, verringern die Antwortbereitschaft drastisch. Das Hauptproblem bei schriftlichen Umfragen ist die geringe Rücklaufquote, mit „non-response-rates" von 80% bis 90%.

> **Mündliche** bzw. **telefonische Befragungen** durch Interviewer erzielen aller Erfahrung nach wesentlich höhere Antwortquoten als die schriftliche Befragung.

Der Interviewer kann Hilfestellung bei unklaren Fragen leisten. Die Qualität der Durchführung der Interviews und somit die Qualität der Ergebnisse ist allerdings stark abhängig von der Qualität der Schulung und des Engagements der Interviewer. Das Hauptproblem von mündlichen Befragungen sind daher die vergleichsweise hohen Kosten.

Eine Mischform ist die **kombinierte Befragung**, bei der Fragebögen an die zu Befragenden verschickt werden und diese dann zusätzlich telefonisch abgefragt werden.

> Die **Beobachtung** als Form der Datenbeschaffung hat für den Analytiker den Vorteil, daß er nicht von Rücklaufquoten und der sauberen Arbeitsweise der Interviewer abhängig ist.

Allerdings sind die Anwendungsbereiche der Beobachtung begrenzt auf die Erfassung physischer Vorgänge wie zum Beispiel die Beobachtung von Verkehrsströmen, Kaufverhalten oder ähnlichem.

Zu b) **Voll- und Teilerhebungen**

> Alle statistischen Einheiten (**Elemente** bzw. **Merkmalsträger**) zusammen bilden die **Grundgesamtheit**.

Für die Datenbeschaffung muß man sich entscheiden, ob man alle Elemente der Grundgesamtheit oder nur Teile davon erheben will.

> **Vollerhebung** bedeutet, daß alle Elemente bei einer Untersuchung erfaßt werden.

Beim Vorliegen großer Grundgesamtheiten heißt dies, daß eine derartige Erhebung teuer wird und wegen des hohen Zeitaufwandes für die Durchführung Probleme mit der Aktualität der Ergebnisse auftreten. Vollerhebungen sind nicht sinnvoll bei Erhebungen mit Antwortverweigerungsmöglichkeit (Fragebogen, Interview), bei Qualitätsuntersuchungen mit produktzerstörenden Tests und wenn Ergebnisse schnell vorliegen sollen bzw. bei sich schnell ändernden Variablen oder Umständen (zum Beispiel Stimmungsbild in der Bevölkerung zu aktuellen Themen).

Bei **Teilerhebungen** stützt man sich auf eine Auswahl von Untersuchungselementen aus der Grundgesamtheit.

Sie lassen sich grundsätzlich in zwei Gruppen untergliedern (siehe auch Kapitel 2):

- nicht-zufällige Auswahl, wobei bewußte Verfahren (Beurteilungsstichprobe) und die willkürliche Auswahl zu unterscheiden sind,
- zufällige Auswahl (jedes Element der Grundgesamtheit hat die Chance, in die Stichprobe zu gelangen).

Als Formen der **nicht-zufälligen Auswahl** gelten die folgenden Verfahren:

- **Willkürliche Auswahl**: Es werden wahllos und unstrukturiert Elemente ausgewählt. Dieses Verfahren wird zumeist angewandt, weil sich keine bessere Möglichkeit anbietet. Die mit diesem Verfahren gewonnenen Daten müssen jedoch kritisch hinterfragt werden.
- **Typische Auswahl**: Man umschreibt die Eigenschaften einer typischen Person (zum Beispiel BMW-Fahrer, Theaterbesucher), die zu einem bestimmten Sachverhalt befragt werden soll. Es werden Personen ausgewählt, deren Eigenschaften diesem Typus am besten entsprechen. Die Operationalisierung des Typus muß in der Untersuchung beschrieben werden und nachvollziehbar sein.
- **Quotenauswahl**: Die Auswahl der Elemente für die Stichprobe erfolgt nach einem festgelegten Verhältnis, nach dem bestimmte Ausprägungen eines Merkmals in der Stichprobe enthalten sein sollen (Quote). Die Vorgehensweise ähnelt der der typischen Auswahl, wobei die zu befragenden Personen aber nicht alle Eigenschaften eines bestimmten Typus zu erfüllen haben. Durch diese Art von Auswahl können im Gegensatz zur typischen Auswahl Personen mit verschiedenen Merkmalsvariationen erfaßt werden.
- **Auswahl nach dem Konzentrationsprinzip**: Bei diesem Verfahren, das auch **cut-off-Verfahren** genannt wird, versucht man, nur die für den Untersuchungsgegenstand wesentlichen Elemente der Grundgesamtheit in die Stichprobe einzubeziehen. Die Grundgesamtheit wird eingeengt, indem Einheiten, von denen man sich wenig relevante Informationen verspricht, abgeschnitten werden. Diese Einengung ist jedoch bei jeder Erhebung zu begründen.

1 Grundlagen

Formen der **zufälligen Auswahl** sind die folgenden:

- **Einfache Zufallsauswahl**: Bei diesem Verfahren besitzt jedes Element der Grundgesamtheit die gleiche Auswahlwahrscheinlichkeit. Dies ist das klassische Verfahren in der **statistischen Stichprobentheorie** (Losverfahren mit einer Trommel, aus der die Elemente gezogen werden). Dieses Verfahren ist im Hinblick auf die statistische Genauigkeit (**Reliabilität**) jedoch wenig effizient, da keine weiteren Informationen über die Grundgesamtheit genutzt werden.

- **Strukturierte Stichprobenauswahl**: Es werden Informationen über die Grundgesamtheit verwendet, die den Erhebungsaufwand vermindern und die Reliabilität der Ergebnisse erhöhen können. Bei der **systematischen Auswahl** sind die Elemente der Grundgesamtheit geordnet, und man bedient sich zur Auswahl der Elemente eines bestimmten Zähl- oder Auswahlabstandes innerhalb der vorgegebenen Ordnung. Die **geschichtete Auswahl** bedient sich einer Einteilung der Grundgesamtheit in möglichst homogene Schichten (Größenordnungen, homogene Klassen, soziale Strukturen etc.), aus denen (proportional) zu ihrem Umfang (bei Betrieben zum Beispiel proportional zum Umsatz oder zur Zahl der Beschäftigten) zufällig die Merkmalsträger ausgewählt werden. Bei der **Klumpenauswahl** ist die Grundgesamtheit in eindeutig zu identifizierende Teilgesamtheiten aufgeteilt. Es werden bei den zufällig ausgewählten Teilgesamtheiten alle Elemente statistisch erhoben. Als Voraussetzung gilt hierbei, daß die Teilgesamtheiten in etwa die gleiche Zusammensetzung bilden, wie die Grundgesamtheit. Der größte Vorteil der zufälligen Auswahl ist die Möglichkeit der Berechnung des **Stichprobenfehlers**.

Zu c) **Fehlerarten**

Auf jeder Stufe einer empirischen Untersuchung treten **Fehler** auf, die ein unvermeidlicher Teil der empirischen Arbeit sind. Dies macht eine Fehleranalyse notwendig, die eine empirische Untersuchung von Beginn bis zu Ende begleitet, um nicht nur tatsächliche Fehler festzustellen, sondern auch, um auf Fehlermöglichkeiten hinzuweisen. Gerade letzteres ist für diejenigen Personen von Bedeutung, die auf der Grundlage der empirischen Ergebnisse Entscheidungen treffen müssen. Die wichtigsten Fehler bei empirischen Untersuchungen sind:

- **Operationalisierungsfehler**, wenn das zu untersuchende Problem nicht richtig erkannt wird.

- **Fragefehler**, wenn von den befragten Personen die Fragen mißverstanden werden.
- **Systematische Fehler**, die eine Regelmäßigkeit aufweisen, d.h. sie treten bei jeder Untersuchung auf, wie beispielsweise die systematische Untererfassung bei Einkommen, Gewinn, Alter usw.
- **Teilerhebungsfehler**, die auftreten, wenn zum Beispiel die Quote für die Untersuchung falsch festgelegt wird.
- **Zufällige Fehler**, die ohne erkennbare Regelmäßigkeit auftreten, wie zum Beispiel der klassische Stichprobenfehler.
- **Andere Fehler** können sein: Skalierungsfehler, Verarbeitungsfehler, Darstellungsfehler oder Interpretationsfehler.

Die Fülle von Fehlerarten erfordert, daß die Aussagequalität der Ergebnisse ständig überprüft werden muß. Aus Umfragen über die Wünsche der Menschen („Hätten Sie hier gern ein Kaffeehaus?") können keine Schlüsse auf den möglichen zukünftigen Umsatz geschlossen werden. Bei Umfragen über mögliche Einkommensverwendungen von Konsumenten müssen als Alternativen die entsprechenden Verzichte abgefragt werden. Bei allen Befragungen muß die Fähigkeit und Bereitschaft der Befragten zur Antwort berücksichtigt werden.

Zu d) Repräsentativität

Die Forderung nach **Repräsentativität** ist ein wichtiges Gütekriterium für Teilerhebungen. Sie bedeutet, daß die relevante Struktur der Grundgesamtheit durch die Stichprobe abgebildet wird.

Die Repräsentativität läßt sich am besten überprüfen, wenn man die Struktur der Stichprobe und die Struktur der Grundgesamtheit einander gegenüberstellt, sofern dies möglich ist.

1.2 Grundbegriffe

> Das **Einzelobjekt** einer statistischen Untersuchung ist die statistische Einheit (statistisches Element, Merkmalsträger).

Sie ist der Träger einer Information, für die man sich bei der empirischen Untersuchung interessiert. Jedes statistische Merkmal wird im Hinblick auf das Untersuchungsziel durch sachliche, räumliche und zeitliche Kriterien abgegrenzt und somit identifiziert.

> Eine **statistische Masse** (auch **Grundgesamtheit** oder statistische Menge) ist eine Gesamtheit von statistischen Einheiten mit übereinstimmenden Identifikationskriterien.

24 1 Grundlagen

Diese Identifikationsmerkmale ergeben sich nach der sachlichen, räumlichen und zeitlichen Abgrenzung der Untersuchung.

Nach der zeitlichen Abgrenzung unterscheidet man auf der einen Seite **Bestandsmassen**, die zu einem Zeitpunkt (Stichtag) gemessen werden, wie zum Beispiel die Bevölkerung oder der Kapitalstock einer Volkswirtschaft. Auf der anderen Seite stehen die **Bewegungsmassen**, die in einem Zeitraum gemessen werden und als Zugangs- und Abgangsmassen den Bestand laufend verändern, wie zum Beispiel Geburten bzw. Investitionen eines Landes in einem bestimmten Jahr. Werden Bestands- oder Bewegungsmassen mehreren Zeitpunkten zugeordnet, zum Beispiel Bevölkerung der Bundesrepublik Deutschland in den Jahren 1990 bis 2000, nennt man dies eine **Zeitreihe**.

> Die bei einer statistischen Untersuchung interessierende Eigenschaft einer statistischen Einheit heißt **Merkmal** oder **Variable**.

Sie wird mit den Buchstaben X (Y, Z usw.) gekennzeichnet. Die möglichen Werte (auch Kategorien, Abstufungen), die ein Merkmal annehmen kann, heißen **Merkmalsausprägungen** (**Werte**) oder **Variablenausprägungen**, x_1, x_2, x_3... oder y_1, y_2, y_3...

Die Merkmalsausprägungen oder Variablenausprägungen sind Eigenschaften des Merkmals, die dieses genauer kennzeichnen.

Variablen lassen sich hinsichtlich ihrer möglichen Ausprägungen in diskrete und stetige Merkmale untergliedern:

- **Diskrete Merkmale**: Ein Merkmal heißt diskret, wenn es abzählbar viele Ausprägungen annehmen kann. Beispiel: Anzahl der Kinder von Familien, Umsatz, Einkommen, Charaktereigenschaften.
- **Stetige Merkmale**: Ein Merkmal heißt stetig, wenn es innerhalb eines bestimmten Intervalls überabzählbar viele Ausprägungen annehmen kann. Beispiel: Gewicht, Größe Temperaturangaben, die lediglich gerundet angegeben werden können.

Die **Messung** der Variablen kann direkt, abgeleitet oder über Konstrukte (per fiat) erfolgen.

Die **direkte Messung** ist eine Zuweisung von Zahlen zu Objektausprägungen, wie zum Beispiel in der Längen-, Winkel-, Zeit-, Volumen- und Massemessung. Ein Beispiel ist die Umsatz- oder Gewinnermittlung eines Unternehmens. Derartig ermittelte Daten nennt man harte Daten.

Benötigt man zur Information Kombinationen von Daten, kann man dies als abgeleitete Messung bezeichnen, zum Beispiel Umsatzrendite = Gewinn/Umsatz.

Für Einstellungs-, Image- oder Motivmessungen bedarf es eines **Konstruktansatzes** (per fiat), da man diese Konstrukte bzw. latente Variablen nicht anhand vorgegebener Maßeinheiten erfassen kann. Vielmehr ist es notwendig geeignete Stimuli auszuwählen, um anhand derer spezifische Einstellungen, Images oder Motive zu ermitteln. Daten, die per fiat gewonnen werden, bezeichnet man als weiche Daten.

1.3 Skalierung

Wird eine empirische Untersuchung durchgeführt, muß bei der Abbildung der Sachverhalte auf das angemessene **Skalenniveau** geachtet werden, so daß bei der Messung durch die Skalierung der Merkmalsausprägungen (Meßvorschrift) der Sachverhalt adäquat wiedergegeben wird.

Die **Skala** ist eine Anordnung von Werten oder Kategorien, denen die Merkmalsausprägungen eindeutig zugeordnet werden. Die Werte einer Skala heißen **Skalenwerte**.

Beispiel
Bei der Untersuchung des Familienstandes von Personen wird der Merkmalsausprägung ledig die Zahl 0 zugeordnet, verheiratet die Zahl 1, geschieden die Zahl 2 und verwitwet die Zahl 3. Mit diesen Zahlen können keine Differenzen oder Durchschnitte gebildet werden, so daß zum Beispiel ein Familienstand von 1,3 herauskäme. Zieht man das Einkommen als Indikator für den Wohlstand heran, lassen sich hingegen Differenzen und Durchschnitte bilden.

Grundsätzlich können zwei Skalentypen mit verschiedenen Abstufungen unterschieden werden, nicht-metrische und metrische Skalen.

1.3.1 Nicht-metrische Skalen

> Die Merkmalsausprägungen nicht-metrischer Skalen sind keine reellen Zahlen.

Nominalskala: Hier werden Merkmalsausprägungen abgetragen, die keine Reihenfolge bilden. Werte auf dieser Skala sind entweder gleich oder verschieden, die Meßobjekte werden verschiedenen Kategorien zugeordnet. Die Ausprägungen nominal meßbarer Merkmale sind bestimmte Eigenschaften, die auch als **qualitative Merkmale** bezeichnet werden.

26 1 Grundlagen

Beispiel

Der Familienstand von verschiedenen Personen kann nur gleich oder verschieden, nicht aber objektiv besser oder schlechter bzw. größer oder kleiner sein.

Ordinalskala (Rangskala): Hier lassen sich Merkmalsausprägungen in einer Rangfolge abbilden, wobei die Abstände jedoch nicht exakt quantifizierbar sind. Ein Merkmal, dessen Ausprägungen auf einer Rangskala abgetragen wird, heißt ordinal meßbar.

Beispiel

Für Hotelklassen werden häufig Sterne verwendet. Ein Vier-Sterne-Hotel ist qualitativ hochwertiger als ein Drei-Sterne-Hotel, aber um wieviel es besser ist, kann nicht exakt bestimmt werden.

1.3.2 Metrische Skalen (Kardinalskalen)

Die Merkmalsausprägungen metrischer Skalen sind reelle Zahlen.

Intervallskala: Die Abstände zwischen den Merkmalsausprägungen können quantifiziert werden. Der Bezugspunkt (Nullpunkt) der Skala ist jedoch willkürlich gewählt.

Beispiel

Die Zeitmessung anhand eines Kalenders erlaubt die Bestimmung der Abstände zwischen Tagen, Monaten und Jahren. Der Nullpunkt wurde jedoch nach den verschiedenen Zeitrechnungen (gregorianischer, chinesischer oder mohammedanischer Kalender) unterschiedlich gewählt.

Verhältnisskala: Die Verhältnisskala besitzt dieselben Eigenschaften wie die Intervallskala, weist aber zusätzlich einen absoluten Nullpunkt auf. Beispiel: Entfernungen, Größen, Geschwindigkeiten, Temperaturmessung in Kelvin etc. Werden die Werte von zwei Verhältnisskalen mit unterschiedlichen Einheiten verglichen, bleiben die Relationen immer gleich.

Beispiel

Fünf Kilometer verhält sich zu zehn Meilen wie zehn Kilometer zu zwanzig Meilen.

Absolutskala : Diese Skala besitzt zusätzlich zur Verhältnisskala feststehende natürliche Intervalle.

Beispiel

Anzahl der Autos, die pro Zeiteinheit eine bestimmte Kreuzung überqueren.

1.3.3 Skalentransformation

Häufig werden Werte einer Skala in eine andere transformiert.

> Es sind innerhalb eines Skalentyps diejenigen Skalentransformationen zulässig bei denen dieselbe inhaltliche Aussagefähigkeit erhalten bleibt.

Bei der Nominalskala muß die Eigenschaft der Gleichheit bzw. Ungleichheit erhalten bleiben. Jede eindeutige Transformation ist hier zulässig. Bei der Ordinalskala sind alle monotonen Transformationen zulässig, es muß die Rangfolge erhalten werden. Bei der Intervallskala sind lineare Transformationen der Form $y = a + bx$ und bei der Verhältnisskala proportionale Transformationen der Form $y = bx$ zulässig. Bei einer Absolutskala sind nur identische Transformationen $y = x$ zulässig. Skalenwerte lassen sich problemlos von einem höherwertigen Skalenniveau in ein niedrigeres Skalenniveau übertragen aber nicht umgekehrt von einem niedrigeren Skalenniveau in ein höherwertiges (siehe auch Tabelle 1.1 auf der folgenden Seite).

Beispiel

Die absoluten Umsätze von Unternehmen können in verschiede Klassen oder Gruppen überführt werden.

Resultieren aus dem Operationalisierungsprozeß mehrere Komponenten zur Objektabbildung, benötigt man ein **Skalierungsmodell**, das mehrere Merkmale erfassen kann. Ein solches Skalierungsmodell vereint mehrere Größen in einer gemeinsamen Maßzahl. Die Meßmodelle hierzu sind Verhältniszahlen, konstruierte Maßzahlen und Indexkonstruktionen. Anhand dieser Daten lassen sich weitergehende Analysen mittels mathematischer und statistischer Verfahren anwenden.

Ein Beispiel für ein solches Skalierungsmodell findet sich in Tabelle 1.2 auf der folgenden Seite.

28 1 Grundlagen

Tabelle 1.1: Skalentransformationen

Skalenniveau → Zunehmender Informationsgehalt →			
nicht-metrische Skalen		metrische Skalen	
Skalentyp:	Nominalskala	Ordinalskala	Intervallskala	Verhältnisskala
empirische Operationen:	Bestimmung von Gleichheit und Ungleichheit	zusätzlich: Bestimmung der Rangfolge	zusätzlich: Bestimmung gleicher Differenzen	zusätzlich: Bestimmung gleicher Verhältnisse
zulässige Transformationen:	Umbenennung Permutation	monoton steigende Transformationen	lineare Transformationen	Ähnlichkeitstransformationen
Beispiele:	0,1-Variable Numerierungen Eigenschaften Betriebstypen	Klassifizierte metrische Größen Ratingskala, Präferenz- und Urteilsdaten	Kalenderdaten Temperatur in °C Intelligenzquotient	Alter Umsatz Längen Gewichte

Beispiel

Für die Kreditvergabe im Firmenkundengeschäft einer Bank soll ein Skalierungsmodell für die Bonitätsprüfung eingesetzt werden. Der Bonitätsbegriff bzw. die Kreditwürdigkeit eines Unternehmens setzt sich aus mehreren Komponenten wie zum Beispiel dem Verhältnis von Eigenkapital zu Fremdkapital, Sicherheiten, Gewinnchancen, Zeitpunkt der Firmengründung usw. zusammen. Die Bank möchte alle für die Kreditwürdigkeit relevanten Größen zu einer Maßzahl zusammenfügen, um für die Sachbearbeiter eindeutige und einheitliche Entscheidungsregeln aufstellen zu können. Dazu muß ein Modell konstruiert werden, das den Einzelbewertungen Zahlenwerte zuordnet und zu einer Indexkonstruktion verknüpft. Das Ergebnis der Modellbildung könnte sich so darstellen, wie es Tabelle 1.2 zeigt.

Tabelle 1.2: Skalierungsmodell

Indexwert:	0-30	50-100	100-150	über 150
Bonität:	nicht kreditwürdig	bedingt kreditwürdig	kreditwürdig	keinerlei Risiko

Häufig geht man von **Ratingskalen** aus. Dabei verwendet man natürliche Zahlen zum Beispiel 1,2,...,5,6 und legt die Bedeutung der beiden Pole (1 und 6) fest. Dann läßt man die Befragten die Bewertungen auf dieser Skala vornehmen. Diese Bewertungen genügen einer Ordinalskala, da über die Differenzen dieser Bewertungen oft nichts bekannt ist. Man weiß nicht, ob die numerischen Abstände zwischen den einzelnen Kategorien von den befragten Personen auch semantisch gleich interpretiert werden. Möchte man mehrere Bewertungsaspekte zusammenfassen, muß jeder Einzelbewertung ein Gewichtungsfaktor zugeordnet werden.

Beispiel

Die Testbewertung bei Produkten zum Beispiel elektrischen Haushaltsgeräten, wie sie von der Stiftung Warentest e.V. durchgeführt wird, erfolgt über Indexkonstruktionen.

Tabelle 1.3: Beispiel einer Indexkonstruktion

Bewertung	Gewichtung	
Sicherheit: Technische Prüfung	1,2,...,5	
Verarbeitung	1,2,...,5	20%
Anschlüsse	1,2,...,5	
Lebensdauer bei Vollauslastung	1,2,...,5	
Lebensdauer bei Normalauslastung	1,2,...,5	25%
Handhabung: Bedienerfreundlichkeit	1,2,...,5	
Handbuch	1,2,...,5	10%
Leistung: Ausstattung	1,2,...,5	
Qualität der Leistung	1,2,...,5	30%
Kundendienst	1,2,...,5	
Wartung	1,2,...,5	
Preis: Mittlerer Angebotspreis	1,2,...,5	15%

Die Reihenfolge bzw. die Plazierung der einzelnen auf dem Markt befindlichen Produkte erfolgt durch eine gewichtete Addition der einzelnen Indikatoren.

Das **Semantische Differential** oder auch **Polaritätenprofil** genannt, hat in der marketing-orientierten Anwendung aufgrund der leichten Handhabbarkeit hinsichtlich seiner Darstellung und Interpretation eine große Verbreitung gefunden.

Das zu messende mehrdimensionale Konstrukt, wie zum Beispiel das Produktimage, wird mit Assoziationen verbunden. Dazu verwendet man eine Anzahl von gegensätzlichen Eigenschaftswörtern, zu denen die Testperson angibt, inwieweit das Eigenschaftswort seine Assoziationen zum Konstrukt wiedergibt, zum Beispiel welche Produkteigenschaft in welchem Maße zutrifft. Ein Beispiel zeigt das Bild 1.1 auf der folgenden Seite.

30 1 Grundlagen

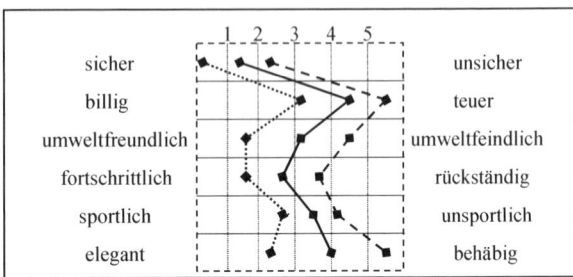

Bild 1.1: Polaritätsprofil

Weitere Verfahren sind **non-verbale Bilderskalen** oder **Imagery-Differentiale**. Diese versuchen mit Hilfe von Bildern die Erlebniswelt und damit die Emotionen von Testpersonen festzuhalten. Da die Werbung versucht, suggestiv mit Hilfe von Bildern positive Kaufentscheidungen bei den Konsumenten hervorzurufen, ist man daran interessiert, die Wirkung dieser visuellen Kommunikation zu messen.

Beispiel

Derartige Überlegungen treffen etwa auf Wirkungsmessungen des Corporate Design zu, d.h. des äußeren Firmeneindruckes mittels Briefkopf, Firmenlogo, Messestandgestaltung etc.

Die Anwendung dieser Verfahren dürfte jedoch aufgrund der Definitions- und Operationalisierungsprobleme auf die Untersuchung von Werbungs- und Kommunikationsaspekten begrenzt sein.
Die Wirkung von bildhaften Werbebotschaften läßt sich wiederum auf mehreren Dimensionen darstellen, wie zum Beispiel Intensität, Wiedererkennung, positiver-negativer Eindruck, Einfluß auf das Kaufverhalten usw.

Beispiele

Man kann etwa die Intensität verbal mit den Begriffspaaren ruhig-lebhaft, sanft-wild oder leise-laut umschreiben. Die entsprechenden Bilderskalen dazu sind dann: See (mit Surfern oder ruhig), Läufer (drückt Bewegung aus), Mond (drückt Ruhe aus). Eine Bewertung, die sich mit schön-häßlich, angenehm-unangenehm oder anziehend-abstoßend verbalisieren ließe, könnte in Bildern über ein Gesicht (ernst-lächelnd), Baum (kahl-blühend) oder eine Gebirgswiese (mit Blumen-mit Abfall) skaliert werden.

Bilderskalen bringen jedoch das Problem mit sich, daß sie eine Eigenwirkung erzeugen. So können zum Beispiel bebilderte Kataloge nicht als Kaufinformation, sondern als Bildanschauungsmaterial oder rein zu Unterhaltungszwecken verwendet werden.

1.4 Klassierung

Bei vielen empirischen Untersuchungen ist es nicht möglich oder sinnvoll, jede einzelne Merkmalsausprägung genau zu erfassen. Dies ist der Fall, wenn zu viele verschiedene Merkmalsausprägungen existieren, so daß eine übersichtliche Darstellung nicht möglich ist. Auch lassen sich stetige Merkmale nicht derart darstellen.

Beispiel

Bei einer Untersuchung der Größe von 30 Unternehmen wird nicht der genaue Umsatz pro Tag angegeben, sondern auf ein Vielfaches von 1000 Euro gerundet. Diese Rundung bietet sich an, da Umsätze selten exakt gleich hoch ausfallen.

Werden bei einer Erhebung nicht alle möglichen Merkmalsausprägungen erfaßt, so können nah beieinanderliegende Ausprägungen in Klassen zusammengefaßt werden.

Eine Klasse wird durch eine obere Klassengrenze x_j^* und eine untere Klassengrenze x_{j-1}^* bestimmt.

Die Klassenbreite ergibt sich durch die Subtraktion der unteren Grenze von der oberen $\Delta x_j = x_j^* - x_{j-1}^*$.

Nach Möglichkeiten sollten gleichbreite (äquidistante) Klassen gebildet werden: $\Delta x_j = const$.

Dies ist jedoch nicht sinnvoll, wenn viele Beobachtungswerte in einem kleinem Bereich der Merkmalsausprägungen liegen und recht wenige in einem sehr großen Bereich. Bereiche, in denen viele Beobachtungswerte liegen, sollten sehr klein klassiert werden (kleine Klassen), dort, wo wenige Beobachtungswerte liegen, sollte sehr groß klassiert werden.

> Bei der Klassenbildung sollte darauf geachtet werden, daß die Klassengrenzen eindeutig zugeordnet sind, d.h. wie in obigem Beispiel die Klassen von einem Wert bis unter einen anderen Wert definiert sind.

32   1 Grundlagen

Um bei der Auswertung die Klassen leichter handhaben zu können, bietet es sich an, mit den Werten für die Klassenmitte zu rechnen, also

$$\frac{x^*_{j-1} + x^*_j}{2}.$$

Beispiel

Bei der Untersuchung über Umsätze von 30 Unternehmen erscheint die Klassierung der Tabelle 1.4 sinnvoll.

Tabelle 1.4: Klassenbildung

Umsatz pro Tag in 1000 Euro Von ... bis unter ...
0-25
25-50
50-100
100-150
150-200
200-500
500-1000
1000-1500

Wenn sich alle Werte einer Klasse gleichmäßig über diese verteilen, so führt das Rechnen mit Klassenmitten zu weniger Verzerrungen, als wenn sich die Beobachtungswerte mehr an der oberen oder unteren Grenze einer Klasse häufen.

Offene Randklassen: Diese entstehen, wenn in der ersten oder letzten Klasse sehr wenige Merkmalsausprägungen mit großen sog. **Ausreißern** liegen.

Beispiel

Die letzte Klasse in Tabelle 1.4 hätte auch mit „1000 oder mehr" bezeichnet werden können, insbesondere wenn einige extreme Werte aufgetreten wären. Damit wäre die oberste Klasse eine offene Randklasse geworden.

Die Ermittlung der Klassenmitte erweist sich bei offenen Klassen als schwierig, da sie nicht berechnet werden kann. Falls es nicht möglich ist, den Wert aus den ursprünglichen Merkmalswerten zu berechnen, bietet sich als Hilfsgröße der Wert an, der bei gleicher Klassenbreite eingetreten wäre oder ein geschätzter bzw. vermuteter Wert.

1.5 Datenpräsentation

> Als Präsentationsform von statistischen Daten bieten sich Tabellen und/oder Graphiken an.

Eine **Tabelle** ist eine geordnete und gegliederte Datensammlung und dient der Weiterverarbeitung von Daten. **Graphiken** können gewählt werden, wenn ein komplizierter Sachverhalt schnell und übersichtlich dargestellt werden soll.

1.5.1 Tabellen

Werden bei einer empirischen Untersuchung ausgewählte Merkmalsträger auf ein Merkmal X hin untersucht, so können die zunächst gewonnen Merkmalsausprägungen in einer **Urliste** angeordnet und anschließend (bei quantitativen Merkmalen) der Größe nach geordnet werden.

Beispiel

Die Mitarbeiter eines Telefonmarketingunternehmens werden für ihre Kundenfreundlichkeit bewertet, woraus sich folgende Urliste ergibt.

2, 3, 4, 1, 4, 2, 5, 2, 2, 3, 1, 6, 4, 4, 2, 1, 1, 4, 5, 3, 3, 3, 2, 4

Diese kann in folgende Variationsreihe (geordnete Reihe) überführt werden:

1, 1, 1, 1, 2, 2, 2, 2, 2, 2, 3, 3, 3, 3, 3, 4, 4, 4, 4, 4, 5, 5, 6

Zunächst interessiert die absolute Anzahl des Auftretens f_i einzelner Merkmalsausprägungen x_i. Die Summe aller aufgetretenen beobachteten Merkmalsausprägungen beträgt:

(1) $\boxed{\sum_{i=1}^{k} f_i = n}$ k = Zahl der verschiedenen Ausprägungen.

Desweiteren interessiert in der Regel auch die **relative Häufigkeit**, also wie häufig eine Merkmalsausprägung relativ zu den anderen Merkmalsausprägungen aufgetreten ist:

(2) $\boxed{f'_i = \dfrac{f_i}{n}}$ wobei $\boxed{\sum_{i=1}^{k} f'_i = 1}$

1 Grundlagen

Schließlich ist oft die **kumulierte relative Häufigkeit** (auch empirische **Verteilungsfunktion** genannt) von Interesse. Hierunter ist der Anteil derjenigen Merkmalsausprägungen zu verstehen, die gleich oder kleiner einer bestimmten Ausprägung sind. Diese läßt sich berechnen durch

(3) $\boxed{F_i = \sum_{j=1}^{i} f'_j}$ mit $i = 1, 2, \ldots, k$

Treten bei klassierten Verteilungen nicht-äquidistante Klassen auf, sollten normierte relative Häufigkeiten berechnet werden, die die relativen Häufigkeiten auf die jeweilige Klassenbreite beziehen.

(4) $\boxed{f_i^* = f_i' / \Delta x_j}$

Die absoluten, relativen und kumulierten relativen Häufigkeiten können nun in Form einer Tabelle dargestellt werden.
Ein genereller Leitfaden für das Aufstellen von Tabellen kann nicht gegeben werden, es sollte jedoch stets auf Übersichtlichkeit und, wenn nötig, auf klare Beschriftungen der Zeilen (horizontale Felder) und Spalten (vertikale Felder) geachtet werden.

Beispiel

Anordnung der absoluten und relativen Häufigkeiten aus obiger Untersuchung in Tabellenform.

Tabelle 1.5: Häufigkeitsverteilungen

Bewertung x_i	absolute Häufigkeit f_i	relative Häufigkeit $f'_i = \dfrac{f_i}{n}$	kumulierte relative Häufigkeit $F_i = \sum_{j=1}^{i} f'_j$
1	4	0,167	0,167
2	6	0,250	0,417
3	5	0,208	0,625
4	6	0,250	0,875
5	2	0,083	0,958
6	1	0,042	1,000
	$\sum_{i=1}^{k} f_i = n = 24$	$\sum_{i=1}^{k} f'_i = 1$	

1.5.2 Graphiken

Graphiken werden in der Regel basierend auf einer Tabelle erstellt und sollen den Aussagegehalt der Tabelle unterstreichen bzw. den Inhalt von Tabellen übersichtlicher darstellen.

Die häufigsten Diagrammarten sind Stabdiagramme bzw. Säulendiagramme, Histogramme, Häufigkeitspolygone und Flächendiagramme.
Beim **Stabdiagramm** oder **Säulendiagramm** werden die Merkmalsausprägungen x_i auf der Abszisse eines Achsenkreuzes abgetragen, die Häufigkeiten des Auftretens der Merkmalsausprägung f_i auf der Ordinate. Über jeder Merkmalsausprägung wird eine Senkrechte oder eine Säule entsprechend der absoluten Häufigkeit des Auftretens der Merkmalsausprägung gezeichnet.
Diese Art von Diagramm eignet sich besonders für die Abbildung von diskreten oder nominalen bzw. ordinalen Merkmalen.

Beispiel

Die absoluten Häufigkeiten der Mitarbeiterbewertungen aus obigem Beispiel werden nun in ein Säulendiagramm übertragen (siehe Bild 1.2).

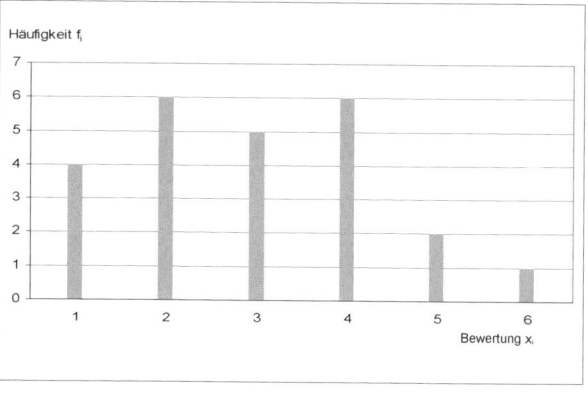

Bild 1.2: Säulendiagramm

Ein **Histogramm** ist ein Diagramm, bestehend aus einander anschließenden Rechtecken, deren Flächen proportional zur Häufigkeit des Auftretens der Merkmalsausprägung sind. Wie beim Säulendiagramm werden die Merkmalsausprägungen x_i auf der Abszisse abgetragen und die Häufigkeiten des Auftretens der Merkmalsausprägung f_i auf der Ordinate. Histogramme eignen sich besonders für die graphische Abbildung klassierter stetiger Merkmale.

Beispiel

Die Umsätze der 30 Unternehmen wurden ermittelt und in einer Tabelle mit absoluten, relativen, kumulierten relativen und normierten relativen Häufigkeiten der Klassen notiert (siehe Tabelle 1.6).

Tabelle 1.6: Verteilung einer klassierten Variablen

Umsatz pro Tag 1000 Euro von ... bis unter ...	absolute Klassenhäufigkeit f_i	relative Klassenhäufigkeit $f'_i = \dfrac{f_i}{n}$	kumulierte relative Klassenhäufigkeit $F_i = \sum\limits_{j=1}^{i} f'_j$	normierte relative Klassenhäufigkeit $f_i^* = f'_i / \Delta x_j$
0-25	2	0,067	0,067	0,002680
25-50	5	0,167	0,234	0,006680
50-100	7	0,233	0,467	0,004660
100-150	6	0,200	0,667	0,004000
150-200	5	0,167	0,834	0,003340
200-400	2	0,067	0,901	0,000335
400-600	2	0,067	0,968	0,000335
600-1000	1	0,032	1,000	0,000080
$\sum\limits_{i=1}^{k} f_i = n = 30$		$\sum\limits_{i=1}^{k} f'_i = 1$		

Die normierten relativen Häufigkeiten aus dieser Tabelle können in ein Histogramm übertragen werden (siehe Bild 1.3), dessen Rechtecke die relativen Klassenhäufigkeiten repräsentieren.

Durch die Verwendung der normierten relativen Häufigkeiten anstelle der relativen Häufigkeiten bei Verteilungen mit nicht-äquidistanten Klassen, wie in diesem Beispiel, kann verhindert werden, daß den breiteren Klassen eine unproportional hohe Gewichtung zukommt.

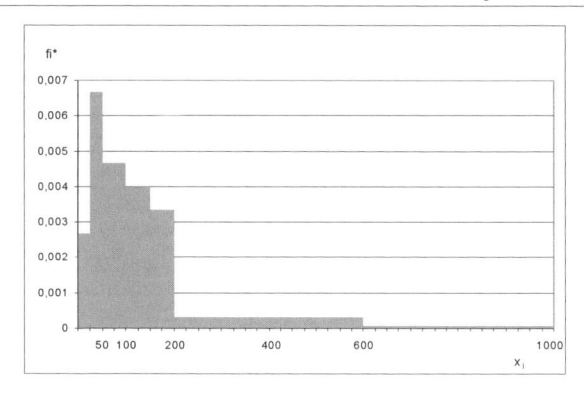

Bild 1.3: Histogramm

Ein **Häufigkeitspolygon** erhält man, indem alle Mittelpunkte der oberen Ränder der Rechtecke in einem Histogramm miteinander verbunden werden. Der **Polygonzug** trägt der Tatsache Rechnung, daß die relativen Häufigkeiten der Merkmalsausprägungen nicht sprunghaft ansteigen, wie dies durch die Klassierung der Merkmale hervorgerufen wird.

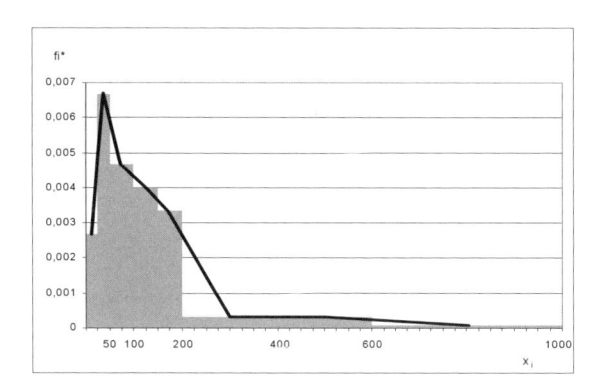

Bild 1.4: Häufigkeitspolygon

1 Grundlagen

Ebenso kann man auch die empirische Verteilungsfunktion in ein Diagramm übertragen. Hierbei wird besonders deutlich, daß die empirische Verteilungsfunktion eine Treppenfunktion ist, die bei den nächst höheren Werten für die kumulierte relative Häufigkeit sprunghaft ansteigt. Ähnlich wie der Polygonzug bei einem Histogramm, so können auch die sprunghaften Anstiege bei einer Verteilungsfunktion durch die Verbindungslinien der unteren Ecken der Verteilungsfunktion, der sogenannten approximierenden Verteilungsfunktion, ersetzt werden.

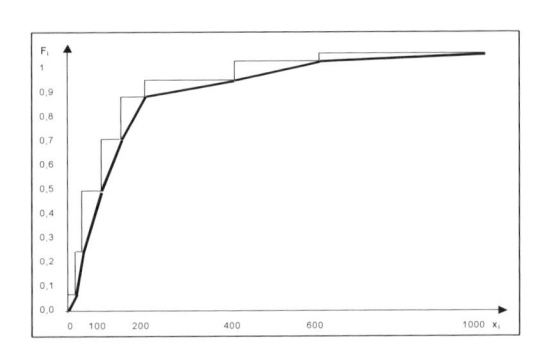

Bild 1.5: Verteilungsfunktion

Sollen Strukturen dargestellt werden (insbesondere Anteile), so bieten sich vor allem Flächendiagramme an, bei denen Häufigkeiten ähnlich wie beim Histogramm durch Flächengrößen dargestellt werden. Ähnlich wie beim Polygonzug in einem Histogramm, so können auch die sprunghaften Anstiege bei einer Verteilungsfunktion durch die Verbindungslinien der unteren Ecken der Verteilungsfunktion, der sogenannten approximierenden Verteilungsfunktion, ersetzt werden.

Beispiel

Die Sitzverteilung in einem Stadtparlament sei gegeben durch die Daten der Tabelle 1.7.

Tabelle 1.7: Parteienverteilung

Partei	Anzahl der Sitze
Partei X	27
Partei Y	45
Partei Z	13

Ebenso kann die Sitzverteilung auch durch das Kreisdiagramm des Bildes 1.6 wiedergegeben werden:

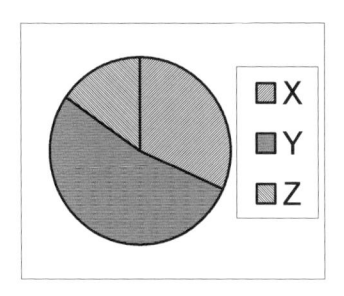

Bild 1.6: Kreisdiagramm

Auch **statistische Zeitreihen** können anschaulich graphisch präsentiert werden. Dabei werden die Zeitpunkte bzw. Zeitintervalle auf der waagrechten Achse eines Achsenkreuzes, die Merkmalswerte auf der senkrechten Achse abgetragen. Die Merkmalspunkte werden durch gerade Linienstücke miteinander verbunden.

Beispiel

Gegeben seien Angaben von täglichen Gewichtsmessungen auf der Badezimmerwaage (siehe Tabelle 1.8).

Tabelle 1.8: Gewichtsmessungen im Zeitablauf

Tag	Kg
Mo	78,5
Di	78,2
Mi	77,9
Do	78,1
Fr	78,3
Sa	78,3
So	78,5
Mo	78,6
Di	78,4
Mi	78,3
Do	78,5

Bild 1.7 stellt die Angaben graphisch so dar:

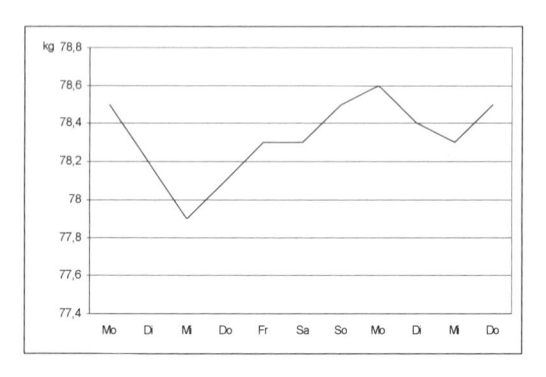

Bild 1.7: Zeitreihe

1.6 Anwendungsbeispiele

In den vorangegangenen Abschnitten ist bereits beschrieben worden, wie man eine Häufigkeitsverteilung erstellen und diese graphisch darstellen kann. An einigen Beispielen soll dies hier noch einmal zusammenfassend gezeigt werden.

Beispiel 1

Gegeben seien Angaben über den Familienstand 20 zufällig befragter Erwachsener. Es sind die folgenden Codierungsregeln verwendet worden:

0	=	*ledig*
1	=	*verheiratet*
2	=	*geschieden*
3	=	*verwitwet*
4	=	*Sonstiges*

Der Datenbestand stellt sich so dar, wie es Tabelle 1.9 zeigt.

Tabelle 1.9: Ausgangsdaten Beispiel 1

0	1	0	1	1	1	4	3	2	0	1	1	1	0	1	1	3	2	1	1

Um aus den Daten der Tabelle 1.9 eine Häufigkeitsverteilung zu erstellen, übernimmt man die Werte der Untersuchungsvariablen in die erste Spalte einer neuen Tabelle, und ordnet ihnen in der zweiten Spalte die Häufigkeiten zu (siehe Tabelle 1.10).

Tabelle 1.10: Häufigkeitsverteilung (Beispiel 1)

Merkmalswert	absolute Häufigkeit
0	4
1	11
2	2
3	2
4	1
Summe	20

Zur graphischen Darstellung dieser Verteilung verweisen wir auf den folgenden Abschnitt.

Beispiel 2

Es seien 20 Angaben zur Körpergröße zufällig ausgewählter erwachsener männlicher Personen gegeben.

Tabelle 1.11: Ausgangsdaten Beispiel 2

155	161	167	165
177	171	183	185
166	170	171	175
187	188	193	195
176	172	179	178

Zur Erstellung einer Häufigkeitsverteilung werden zunächst Häufigkeitsklassen gebildet, denen die beobachteten Häufigkeiten zugeordnet werden. Das Ergebnis stellt sich so dar, wie es Tabelle 1.12 zeigt.

Tabelle 1.12: Häufigkeitsverteilung (Beispiel 2)

Größenklasse von ... bis unter ...	absolute Häufigkeit
150 - 160	1
160 - 170	4
170 - 180	9
180 - 190	4
190 - 200	2
Summe	20

Zur graphischen Darstellung dieser Verteilung wird wieder auf den folgenden Abschnitt verwiesen.

Beispiel 3

Gegeben sei der Datenbestand der Tabelle 1.13 einer bivariaten Häufigkeitsverteilung.

Tabelle 1.13: Bivariater Datenbestand (Beispiel 3)

cm	kg	cm	kg	cm	kg
155	55	171	68	179	72
161	63	166	61	191	89
167	61	168	65	179	85
165	65	163	65	175	78
170	66	163	66	183	81
158	62	182	85	185	77
182	79	188	85		

In den Spalten der Tabelle 1.13 befinden sich Angaben zur Körpergröße zufällig ausgewählter Erwachsener (in cm) und Gewichtsangaben (in kg). Dieser Datenbestand soll graphisch in Form einer Punktwolke (Streudiagramm) dargestellt werden, was mit SPSS im folgenden Abschnitt geleistet wird.

1.7 Problemlösungen mit SPSS

Beispiel 1:

Gibt man die Ausgangsdaten des Beispiels 1 (siehe oben) in die erste Spalte einer SPSS-Tabelle ein (siehe auch Datei SPSS01.SAV), kann man zunächst über die Menüposition DATEN/VARIABLE DEFINIEREN der Untersuchungsvariablen einen aussagekräftigen Namen (zum Beispiel Famstand) und über die Schaltfläche LABELS den Merkmalswerten Etiketten zuweisen (zum Beispiel 0=ledig, 1=verheiratet usw.), wobei nach jeder Vereinbarung die Schaltfläche HINZUFÜGEN und zum Schluß die Schaltfläche WEITER angeklickt werden muß. Zusätzlich können Sie **fehlende Werte** vereinbaren, zum Beispiel die Codeziffer 9 für den Fall, daß für eine befragte Person keine Angabe vorliegt (missing value).

Zur Erstellung der Häufigkeitstabelle gehen Sie wie folgt vor:

1. Wählen Sie nach Zugriff auf die Datei SPSS01.SAV die Menüposition ANALYSIEREN/DESKRIPTIVE STATISTIKEN/HÄUFIGKEITEN.
2. Übertragen Sie die Variable Famstand nach Anklicken mit dem Schalter mit dem nach rechts zeigenden Dreieck in das Feld VARIABLE(N).
3. Klicken Sie OK an.

SPSS erzeugt jetzt die Tabelle des Bildes 1.8.

FAMSTAND

		Häufigkeit	Prozent	Gültige Prozente	Kumulierte Prozente
Gültig	ledig	4	20,0	20,0	20,0
	verheiratet	11	55,0	55,0	75,0
	geschieden	2	10,0	10,0	85,0
	verwitwet	2	10,0	10,0	95,0
	Sonstiges	1	5,0	5,0	100,0
	Gesamt	20	100,0	100,0	

Bild 1.8: Häufigkeitstabelle Familienstand

Eine graphische Darstellung dieser Häufigkeitsverteilung erhalten Sie wie folgt:

1. Wählen Sie die Menüposition GRAFIKEN/BALKEN.
2. Wählen Sie EINFACH, Schaltfläche DEFINIEREN.
3. Übertragen Sie die Variable Famstand in das Feld KATEGORIENACHSE.
4. Klicken Sie auf OK.

SPSS erzeugt jetzt Bild 1.9.

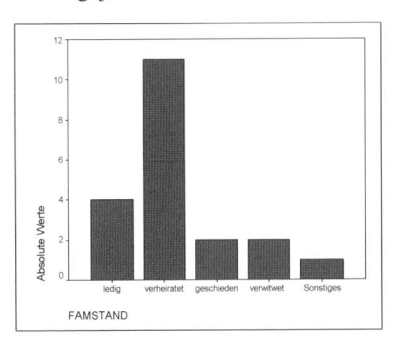

Bild 1.9: Familienstandsverteilung

Beispiel 2:

Um die Körpergrößen des zweiten Beispiels in Klassen einzuteilen, muß zunächst umkodiert werden:

1 Grundlagen

1. Wählen Sie Menüposition TRANSFORMIEREN/UMKODIEREN/IN ANDERE VARIABLEN.
2. Übertragen Sie die Variable Groesse in das Feld EINGABEVAR.->AUSGABEVAR.
3. Geben Sie der neuen Variablen im Feld AUSGABEVARIABLE/NAME einen Namen (zum Beispiel CMKlasse) und klicken Sie die Schaltfläche ÄNDERN an.
4. Klicken Sie die Schaltfläche ALTE UND NEUE WERTE an.
5. Klicken Sie beim ersten Stichwort BEREICH an und geben Sie im ersten Feld den Wert 150, im zweiten (bei bis) den Wert 160 ein.
6. Klicken Sie ins Feld bei NEUER WERT und geben eine 1 ein.
7. Klicken Sie auf die Schaltfläche HINZUFÜGEN.
8. Gehen Sie für die übrigen Größenklassen so vor, wie es in den Schritten 5. bis 7. beschrieben wurde, wobei als neue Werte die Zahlen 2, 3 ,4 und 5 einzugeben sind.
9. Klicken Sie die Schaltfläche WEITER an.
10. Klicken Sie OK an.

Zweckmäßigerweise vergeben Sie auch für die neue Variable Labels über die Menüposition DATEN/VARIABLE DEFINIEREN, Schaltfläche LABELS (1=150 bis unter 160, 2=160 bis unter 170 usw.), weil dann die SPSS-Ergebnisse besser zu lesen sind.

Um nun die Häufigkeitstabelle zu erzeugen, gehen Sie so vor, wie es bei Beispiel 1 beschrieben wurde, wobei aber nun die Variable CMKlasse übertragen werden muß.

SPSS erzeugt dann die Tabelle des Bildes 1.10.

		Häufigkeit	Prozent	Gültige Prozente	Kumulierte Prozente
Gültig	1,00	1	5,0	5,0	5,0
	2,00	5	25,0	25,0	30,0
	3,00	8	40,0	40,0	70,0
	4,00	4	20,0	20,0	90,0
	5,00	2	10,0	10,0	100,0
	Gesamt	20	100,0	100,0	

CMKLASSE

Bild 1.10: Verteilung der Körpergrößen

Zur graphischen Darstellung können Sie entweder von der Variablen CMKlasse ausgehen, und, wie bei Beispiel 1 schon beschrieben, ein

Balkendiagramm erzeugen, oder Sie gehen wie folgt vor, um das für eine Variable vom stetigen Typ besser geeignete Histogramm zu erzeugen:

1. Wählen Sie die Menüposition GRAFIKEN/HISTOGRAMM.
2. Übertragen Sie die Variable Groesse (also die Ausgangsvariable) in das Feld VARIABLE.
3. Klicken Sie OK an.

SPSS erzeugt jetzt das Histogramm des Bildes 1.11 auf der folgenden Seite.

Sie erkennen in Bild 1.11, daß SPSS, ausgehend von den Ursprungsdaten, neun Körpergrößenklassen jeweils der Breite 5 bildet, und nicht 10er-Klassen, wie wir sie in Tabelle 1.12 verwendet haben.

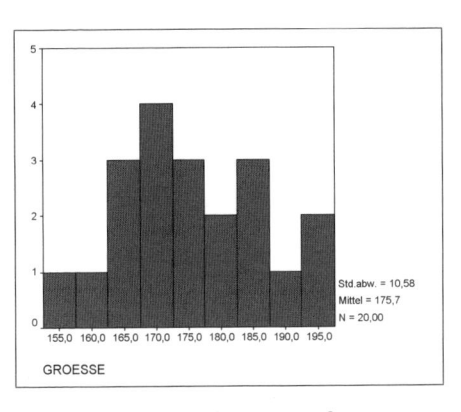

Bild 1.11: Histogramm der Körpergrößen

Beispiel 3:

Zur graphischen Darstellung des Datenbestandes der Tabelle 1.13 mit SPSS gehen Sie wie folgt vor:

1. Wählen Sie nach Zugriff auf die Datei SPSS01B.SAV die Menüposition GRAFIKEN/STREUDIAGRAMM/EINFACH/DEFINIEREN
2. Übertragen Sie die Variable cm in das Feld X-ACHSE.
3. Übertragen Sie die Variable kg in das Feld Y-ACHSE.
4. Klicken Sie OK an.

SPSS erzeugt jetzt das Streudiagramm des Bildes 1.12.

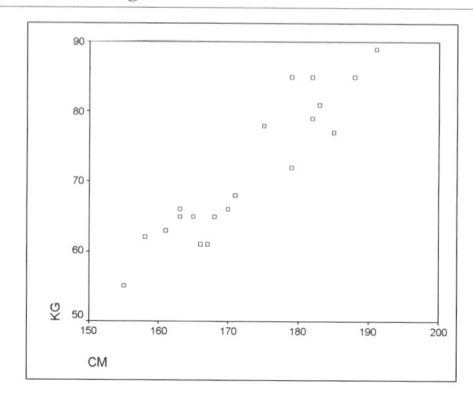

Bild 1.12: Streudiagramm

1.8 Literaturhinweise

Bamberg, G., Baur, F.: Statistik, 12. Aufl. München/Wien 2002
Bohley, P.: Statistik, 7. Aufl. München 2000
Bortz, J.: Lehrbuch der Statistik für Sozialwissenschaftler, 5. Aufl. Berlin u.a. 1999
Kromrey, H.: Empirische Sozialforschung, 10. Aufl. Opladen 2002
Monka, M., Voß, W.: Statistik am PC – Lösungen mit Excel, 3. Aufl. München/Wien 2002

2 Stichprobenverfahren

2.1 Aufgaben der Stichprobentheorie und -planung

Die Statistik stellt sich dem Anwender zumeist als eine Lehre und Sammlung von Methoden der Beschreibung und Auswertung von Daten dar. Dabei sind **Daten** die dokumentierten Ausprägungen eines oder mehrerer Merkmale von gleichartigen Untersuchungseinheiten, die zusammen die **Grundgesamtheit** (auch Untersuchungsgesamtheit oder Population) der statistischen Untersuchung bilden.

Beispiel 1

Eine Kaufhauskette beauftragt ein Marktforschungsinstitut, die Bevölkerung Nordrhein-Westfalens nach ihren Einkaufsgewohnheiten zu befragen. Als Untersuchungseinheit wird der Haushalt an einem Stichtag angesehen. Grundgesamtheit ist die Gesamtheit der Haushalte, die zu diesem Stichtag der Wohnbevölkerung von Nordrhein-Westfalen zuzurechnen sind. Gefragt wird u.a. nach dem verfügbaren Haushaltseinkommen und den Ausgaben für definierte Gruppen von Konsumgütern. Die dokumentierten Antworten bilden neben Angaben soziodemographischer Art einen Teil des Datenbestands.

Beispiel 2

Einige Hersteller von Konfektionsanzügen möchten ihre Kollektionen den veränderten Körpermaßen der potentiellen Käuferschaft anpassen und veranlassen eine Untersuchung. Der gewünschte Merkmalssatz besteht aus Taillenumfang, Hüftumfang, Brustumfang, Schrittlänge, Armlänge und Schulterbreite. Da die Hersteller ausschließlich Kaufhäuser und Herrenbekleidungsgeschäfte in Deutschland beliefern, besteht die Grundgesamtheit aus den über 14 Jahre alten männlichen Mitgliedern der zu einem Stichtag gezählten Wohnbevölkerung Deutschlands. Der Datenbestand umfaßt neben den anthropometrischen Meßwerten auch Angaben zu Alter, Geschlecht, Wohnort, Größe, Gewicht und Konstitution.

Bevor eine Untersuchung in die Auswertungsphase kommt, müssen die Daten aber erst einmal gewonnen werden.

Der Prozeß der Datengewinnung sei im weiteren ganz allgemein **Erhebung** genannt, und zwar unabhängig davon, ob dies in einer Laborsituation im Verlauf eines Experiments oder im Rahmen einer sog. Feldstudie erfolgt.

Je nachdem, ob dabei die Merkmalsausprägungen der Untersuchungseinheiten der ganzen oder nur eines Teils der Grundgesamtheit festgestellt werden, sprechen wir von einer Teil- oder einer Vollerhebung.

> Wird die Erhebung auf einen Teil der Grundgesamtheit beschränkt, so heißt dieser Teil auch **Stichprobe** und die Teilerhebung wird auch Stichprobenerhebung genannt.

Vollerhebungen sind aus vielen Gründen selten. Sie sind

- sehr teuer,
- benötigen viel Zeit und
- erfordern überdies qualifiziertes Personal.

Geld, Zeit und Personal sind aber in der Regel knapp.

So ist es unvorstellbar, in Beispiel 2 etwa alle rund 70 Mio. Einwohner der Bundesrepublik Deutschland, die über 14 Jahre alt sind, zu vermessen. Aber auch die Befragung sämtlicher Haushalte Nordrhein-Westfalens in Beispiel 1 stellt ein gewaltiges Vorhaben dar, und zwar ungeachtet der Frage, ob die Befragung telefonisch, postalisch oder im Rahmen eines persönlichen Interviews erfolgen soll.

> Auf der anderen Seite schneidet die Vollerhebung gegenüber einer Stichprobenerhebung in bezug auf die Qualität der erhobenen Daten erfahrungsgemäß sogar schlechter ab, weil der Aufwand für Überprüfung der Daten auf Plausibilität und Korrektheit und für Fehlerkorrekturen proportional zum Umfang der erhobenen Gesamtheit steigt.

Mitunter ist eine Vollerhebung gar nicht möglich, weil die Grundgesamtheit erst im Zeitablauf entsteht (zum Beispiel die laufende Produktion eines Jahres), man aber schon zu einem frühen Zeitpunkt Aussagen über sie benötigt. Im Rahmen der statistischen Qualitätskontrolle schließlich sind Vollerhebungen vielfach unsinnig, weil die Untersuchungseinheiten bei Bestimmung der Merkmalsausprägungen zerstört werden.

> Jede **Stichprobenerhebung** setzt eine Reihe von sehr konkreten Tätigkeiten voraus, welche die Auswahl der Untersuchungseinheiten für die Stichprobe, die Kontaktaufnahme mit ihnen, die Feststellung und Dokumentation der Ausprägungen der für die Untersuchung vorgesehenen Merkmale und schließlich die Ableitung von Aussagen über die Grundgesamtheit umfaßt.

2.1 Aufgaben der Stichprobentheorie und -planung   49

Die Planung all dieser Tätigkeiten im Vorfeld einer Untersuchung sind Gegenstand des **Stichprobenplans** als Teil der Gesamtplanung, im Rahmen derer man sich vorher noch u.a. mit der Operationalisierung der Fragestellung, dem Aufstellen der Arbeitshypothesen befassen muß.

> Die Beschränkung der Erhebung auf einen Teil der Grundgesamtheit in einer Stichprobe macht es erforderlich, die Auswahl der einbezogenen Untersuchungseinheiten so zu planen, daß die Stichprobe in bezug auf die interessierenden Charakteristika, zum Beispiel das mittlere verfügbare Haushaltseinkommen oder der Anteil der Dickleibigen, anschaulich gesprochen, ein verkleinertes Abbild der Grundgesamtheit darstellt, für diese **repräsentativ** ist (um eine verbreitete Ausdrucksweise zu verwenden). Es muß von der Stichprobe auf die Grundgesamtheit geschlossen (hochgerechnet) werden können.

Will man dabei den Fehler bei der Hochrechnung, den sog. **Stichprobenfehler**, kontrollieren, so ist dies nur möglich, wenn die Stichprobenziehung unter Beachtung gewisser Regeln der Stichprobentheorie geplant und durchgeführt wird.

Die **Stichprobentheorie** bietet einen Überblick über die möglichen Auswahlmodelle. Es werden die zugehörigen Schätzverfahren entwickelt und die Stichprobenfehler berechnet. Darüber hinaus gibt sie Antwort auf die Frage nach dem Umfang der Stichprobe, der mindestens erforderlich ist, um den Stichprobenfehler unter einer vorgegebenen Schranke zu halten und stellt für häufig auftretende Optimierungsfragen Lösungen bereit.

Die Stichprobentheorie liefert also das Rüstzeug für die Planung der Stichprobe einer Untersuchung, in der dann ganz konkrete Fragen geklärt werden müssen:

- Welches sind die Auswahleinheiten? (das müssen nicht die Untersuchungseinheiten sein)
- Wie viele davon sollen ausgewählt werden und nach welchem Verfahren?
- Wie sind die interessierenden Kenngrößen der Grundgesamtheit zu schätzen?
- Wie groß ist der Stichprobenfehler?
- Was kostet die Erhebung?

Da das Budget für eine Erhebung immer begrenzt und meistens vorgegeben ist, können diese Fragen nicht getrennt voneinander, sondern nur im Zusammenhang beantwortet werden.

Vereinfachend läßt sich die Hauptaufgabe der Stichprobenplanung vielleicht folgendermaßen charakterisieren:

2 Stichprobenverfahren

> **Stichprobenplanung** verfolgt das Ziel, den Stichprobenfehler durch Anwendung eines geeigneten Auswahlplans unter Beachtung der Kosten zu minimieren.

Dabei richtet sich die Planung zunächst auf die Erhebung eines Merkmals. Werden - wie üblich - mehrere Merkmale gleichzeitig erhoben, so handelt es sich um eine Mehrzweckerhebung und es müssen Kompromisse zwischen den einzelmerkmalsbezogenen Lösungen gefunden werden.

Bei der Konzeption des Erhebungsplans ist zu beachten, daß die gängigen Verfahren der Datenauswertung, insbesondere diejenigen der schließenden Statistik nur angewendet werden dürfen, wenn die Daten gewissen Mindestanforderungen genügen, von denen manche sehr allgemeiner Natur sind, andere dagegen verfahrensspezifische Züge aufweisen.

So setzen sowohl die Verfahren der schließenden Statistik als auch die Anwendung von Programmen aus Statistikpaketen wie SPSS, SAS, BMDP u.a. meistens voraus, daß die an den Untersuchungseinheiten der Stichprobe zu erhebenden Merkmale bzw. Merkmalsvektoren als ein System unabhängiger und identisch verteilter Zufallsvariablen bzw. Zufallsvektoren angesehen werden können. Es ist u.a. eine der weniger beachteten Aufgaben der Stichprobentheorie, zu klären, welche Stichprobenauswahlverfahren sicherstellen, daß diese Voraussetzung erfüllt ist.

Was den Rückschluß von der Stichprobe auf die Grundgesamheit angeht, so ist die Stichprobentheorie eine Schätztheorie, da stets endliche Grundgesamtheiten betrachtet werden, und die Frage beispielsweise nach der Gleichheit der Mittelwerte eines Merkmals in zwei unterschiedlichen Teilgesamtheiten der Grundgesamtheit - also die Fragestellung eines zweiseitigen Testproblems - von vornherein als nicht sinnvoll zu erkennen ist. Mittelwerte aus endlichen Gesamtheiten können im mathematischen Sinne als Zahlen mit unendlich vielen Dezimalstellen nicht gleich sein, wie es die Nullhypothese eines zweiseitigen Testproblems besagt, jedenfalls tritt dieses Ereignis nur mit Wahrscheinlichkeit 0 ein. Vor diesem Hintergrund sind in der R. A. Fisher'schen Schule der Statistik Grundgesamtheiten stets unendlich groß zu denken. Solche hypothetische Populationen unendlichen Ausmaßes werden als sog. Superpopulationen in der Stichprobentheorie meist nur am Rande mitbetrachtet.

2.2 Auswahlverfahren

2.2.1 Gesamtheiten

Die Grundgesamheit G ist endlich und besteht aus N wohlunterschiedenen, gleichartigen Objekten, die auch als Elemente, Untersuchungseinheiten oder Merkmalsträger bezeichnet werden:

$$G = \{g_1, g_2, ..., g_N\}$$

Die Grundgesamtheit muß in sachlicher, räumlicher und zeitlicher Hinsicht eindeutig festgelegt sein.

Der Umfang der Grundgesamtheit, die Zahl $N \in I\!N$, ist nur in Sonderfällen nicht bekannt und gehört dann zu den unbekannten, zu schätzenden Kennzahlen der Grundgesamtheit. So zum Beispiel, wenn diese aus der Gesamtheit der Forellen eines Teiches zu einem bestimmten Zeitpunkt besteht.

Aus Gründen einer effizienten Erhebungsorganisation kann es sich als zweckmäßig erweisen, in natürlicher Weise vorgegebene Klumpungen der Untersuchungseinheiten erhebungstechnisch auszunutzen und ganze Klumpen statt der einzelnen Untersuchungseinheiten auszuwählen.

So könnte man im Beispiel 2 (siehe oben) daran denken, Haushalte auszuwählen und alle Personen eines ausgewählten Haushalts, die der Grundgesamtheit angehören, in die Stichprobe aufzunehmen. Die Vorgehensweise unterscheidet sich dabei deutlich von derjenigen in Beispiel 1, da später nicht Haushaltsmerkmale, sondern individuelle Merkmale ausgewertet werden sollen.

> Die Gesamtheit der Elemente, aus der die Auswahl vorgenommen wird, muß daher von der Grundgesamtheit unterschieden werden. Sie heißt **Auswahlgesamtheit**.

Vielfach ist die Grundgesamtheit nicht exakt identisch mit der Population, auf welche die Ergebnisse der Untersuchung angewendet werden sollen.

So gehören die potentiellen Käufer von Konfektionsanzügen in Beispiel 2 einer Wohnbevölkerung an, die sich, als Bestandsmasse, seit dem Zeitpunkt der Untersuchung schon wieder verändert hat.

Es ist daher sinnvoll, auch die **Zielgesamtheit** der Untersuchung begrifflich von der konkreten Grundgesamtheit, aus der die Stichprobe gezogen wird, zu unterscheiden.

> Die **Stichprobe** schließlich besteht, wie schon erwähnt, aus denjenigen Elementen der Grundgesamtheit, die für die Untersuchung ausgewählt wurde und deren Merkmalsausprägungen erhoben worden sind.

Die Menge aller bei Verfolgung des der Stichprobenziehung zugrunde gelegten Auswahlplans theoretisch möglichen Stichproben wird als **Stichprobenraum** Ω bezeichnet.
Wenn man die Möglichkeit offenläßt, daß ein Element auch mehrfach ausgewählt wird, so ist der maximale Stichprobenraum einer Stichprobe von n Elementen (vom Umfang n) offenbar gegeben in der Form

(1) $\quad \Omega_{max} = \{(g_{i_1}, g_{i_2}, ..., g_{i_n}); i_k \in \{1, 2, ..., N\} \text{ für } k = 1, 2, ..., n\}$

Die in der Praxis angewendeten Stichprobenverfahren schränken Ω_{max} mehr oder weniger stark ein, wobei die Art der Einschränkung spezifisch ist für das zugrundeliegende Auswahlverfahren.

2.2.2 Einteilung der Auswahlverfahren

> Jedes Stichprobenverfahren umfaßt die Auswahl der Elemente und die Schätzung der Populationswerte.

Daher kann eine Taxonomie der Stichprobenverfahren sich sowohl an Kriterien orientieren, welche die Auswahlprozedur betreffen, als auch an solchen, welche das Schätzverfahren zum Gegenstand haben.

> Üblich ist es, die Einteilung vorrangig mit Bezug auf das Auswahlverfahren vorzunehmen.

Von grundlegender Bedeutung ist dabei die Frage, ob die Wahrscheinlichkeiten bekannt sind, mit dem jedes Element der Grundgesamtheit für die Stichprobe ausgewählt wird, oder nicht.
Kann diese Frage bejaht werden und sind diese Wahrscheinlichkeiten alle von Null verschieden, so sprechen wir von einer **Wahrscheinlichkeits-** bzw. **Zufallsstichprobe**.
Bei den nicht auf dem Zufallsprinzip beruhenden Auswahlverfahren, die sich in der Markt- und Meinungsforschung großer Beliebtheit erfreuen, muß die **willkürliche Auswahl** (auch **Auswahl aufs Geratewohl** genannt) von der **bewußten Auswahl** unterschieden werden (vgl. Bild 2.1 auf der folgenden Seite).

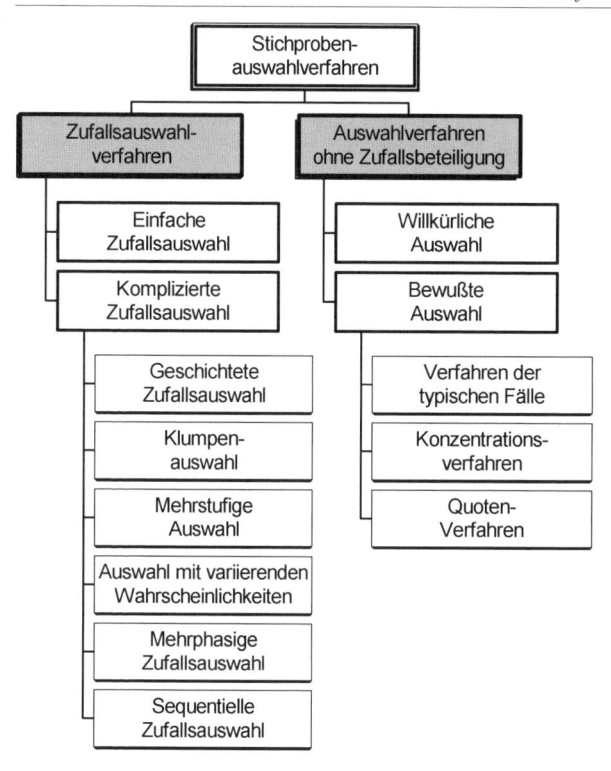

```
                    ┌─────────────────────┐
                    │   Stichproben-      │
                    │   auswahlverfahren  │
                    └──────────┬──────────┘
              ┌────────────────┴────────────────┐
   ┌──────────────────────┐         ┌──────────────────────┐
   │   Zufallsauswahl-    │         │  Auswahlverfahren    │
   │     verfahren        │         │ ohne Zufallsbeteiligung │
   └──────────┬───────────┘         └──────────┬───────────┘
              │                                │
      ┌───────────────┐                ┌───────────────┐
      │   Einfache    │                │  Willkürliche │
      │ Zufallsauswahl│                │    Auswahl    │
      └───────────────┘                └───────────────┘
      ┌───────────────┐                ┌───────────────┐
      │  Komplizierte │                │    Bewußte    │
      │ Zufallsauswahl│                │    Auswahl    │
      └───────┬───────┘                └───────┬───────┘
              │                                │
      ┌───────────────┐                ┌───────────────┐
      │  Geschichtete │                │  Verfahren der│
      │ Zufallsauswahl│                │ typischen Fälle│
      └───────────────┘                └───────────────┘
      ┌───────────────┐                ┌───────────────┐
      │    Klumpen-   │                │ Konzentrations-│
      │    auswahl    │                │   verfahren    │
      └───────────────┘                └───────────────┘
      ┌───────────────┐                ┌───────────────┐
      │   Mehrstufige │                │    Quoten-    │
      │    Auswahl    │                │   Verfahren   │
      └───────────────┘                └───────────────┘
      ┌──────────────────────┐
      │ Auswahl mit variierenden│
      │  Wahrscheinlichkeiten│
      └──────────────────────┘
      ┌───────────────┐
      │   Mehrphasige │
      │ Zufallsauswahl│
      └───────────────┘
      ┌───────────────┐
      │  Sequentielle │
      │ Zufallsauswahl│
      └───────────────┘
```

Bild 2.1: Möglichkeiten der Stichprobenauswahl

2.2.3 Willkürliche Auswahl

> Im Rahmen einer willkürlichen Auswahl werden in einer später nicht mehr nachvollziehbaren Weise Untersuchungseinheiten nach freiem individuellem Ermessen der die Erhebung durchführenden Personen ausgewählt.

Beispiele

Auswahl der Kunden eines Kaufhauses,
Auswahl von Passanten einer belebten Einkaufsstraße

Eine solche Vorgehensweise, die gemessen an Kriterien der Objektivität, Reliabilität und Validität in keinem Forschungsprojekt mit wissenschaftlichem Anspruch eingesetzt werden dürfte, findet hier überhaupt nur Erwähnung, weil sie in der Praxis wegen ihrer geringen Kosten bedauerlicherweise nicht selten anzutreffen ist.

Den Verfahren der bewußten Auswahl (auch **Beurteilungsstichproben**) liegt im Gegensatz zur willkürlichen Auswahl ebenso wie den Zufallsstichproben ein bestimmter Plan zugrunde. Zu unterscheiden sind dabei die **typische Auswahl**, die **Auswahl nach dem Konzentrationsprinzip** und die **Quotenauswahl** (siehe auch Kapitel 1).

2.2.4 Bewußte Auswahlen

2.2.4.1 Typische Auswahl

Das Verfahren der typischen Auswahl ist dem Prinzip der typischen Einzelfälle eng verwandt, das zu Beginn des zwanzigsten Jahrhunderts noch als eine bedeutende Methode der Wirtschafts- und Sozialstatistik und der empirischen Sozialforschung gelten konnte.

> Es werden solche Untersuchungseinheiten ausgewählt, die nach vorliegendem Sachwissen über die Grundgesamtheit nach einer Reihe vorgegebener und dokumentierter Kriterien als typisch für diese angesehen werden können.

Aus heutiger Sicht ist das Verfahren problematisch, da die Auswahl letztlich nach subjektiven Kriterien erfolgt. Trotzdem kann die typische Auswahl im Rahmen von Voruntersuchungen, Pilotstudien usw. gute Dienste leisten, wenn solide Kenntnisse der Grundgesamtheit vorliegen, weil sie wenig Aufwand erfordert.

2.2.4.2 Auswahl nach dem Konzentrationsprinzip

> Es werden diejenigen Merkmalsträger ausgewählt, die den überwiegenden Teil des interessierenden Sachverhaltes (zum Beispiel Umsatz von Unternehmen) auf sich vereinigen.

Dieses Auswahlverfahren kann nur dann erwogen werden, wenn die Verteilung des zu erhebenden Merkmals in der Grundgesamtheit nach Art ihrer Konzentration bekannt ist, und wenn sie überdies ein nicht unerheblicher Maß an Konzentration aufweist.

2.2.4.3 Quotenauswahl

> Die Stichprobeneinheiten werden so ausgewählt, daß sie mit Blick auf eine Reihe vorgegebener Merkmale (Quotierungsmerkmale) den entsprechenden Anteilen in der Grundgesamtheit entsprechen.

Die Quotenauswahl gilt als das in Markt- und Meinungsforschung am häufigsten angewendete Auswahlverfahren; es stellt eine zweckmäßige Modifikation der willkürlichen Auswahl dar.

In Beispiel 1 könnte etwa die Zahl der Personen im Haushalt als ein Quotierungsmerkmal gewählt werden, da die Verteilung der Privathaushalte nach Zahl der Personen der amtlichen Statistik entnommen werden kann.

In der Regel wird simultan bezüglich mehrerer Merkmale quotiert. Im diskutierten Beispiel könnte etwa auch noch das Alter des Haushaltsvorstands (der Bezugsperson, wie es in der amtlichen Statistik heißt) herangezogen werden. Dabei besteht neben der Variante, die Quotierungsmerkmale unverbunden nebeneinander vorzugeben, auch die Möglichkeit, die Quotierung mit Bezug auf die Kombination zweier oder mehrerer Merkmale vorzunehmen, d.h. sog kombinierte Quoten festzulegen. Das Quotenverfahren wird gelegentlich auch **repräsentatives Stichprobenverfahren** genannt, was zu Mißverständnissen führen kann.

2.2.4.4 Repräsentativität von bewußten Auswahlen

Auch wenn es das Bemühen jeden guten Stichprobenverfahrens ist, die Grundgesamtheit zu repräsentieren, so bezieht sich dieser Anspruch doch auf das zu erhebende Merkmal, dessen Verteilung in der Grundgesamtheit ja unbekannt ist.

> Die Aussage dagegen, eine Stichprobe sei repräsentativ für die Grundgesamtheit kann sich immer nur auf solche Merkmale beziehen, deren Verteilungen (bzw. deren gemeinsame Verteilung) in der Grundgesamtheit bekannt sind.

Es wird deutlich, daß in keinem der bisher besprochenen Auswahlverfahren, auch bei der Quotenauswahl nicht, garantiert ist, daß die Stichprobe bezüglich des zu erhebenden Merkmalvektors repräsentativ ist. Insbesondere kann eine Untersuchung, die auf einer Stichprobe der bewußten Auswahl basiert, mit keiner Aussage flankiert werden, welche die Repräsentationsqualität der Stichprobe quantifiziert.

> Nur bei Verwendung einer **Zufallsauswahl** ist dieses durch Angabe des Stichprobenfehlers möglich.

Deshalb ist die Stichprobentheorie auf Zufallsstichproben beschränkt und es werden im folgenden ebenfalls ausschließlich Zufallsstichproben behandelt, wenn auch einzuräumen ist, daß in der Praxis der Markt- und Meinungsforschung Zufallsauswahl- und Quotenverfahren hinsichtlich der Qualität ihrer Ergebnisse als gleichwertig angesehen werden (vgl. z.B. Pepels, 1994).

2.2.5 Zufallsauswahlen

2.2.5.1 Einfache Zufallsauswahl

> Von einer einfachen oder reinen Zufallsstichprobe sprechen wir, wenn die Auswahleinheit gleich der Untersuchungseinheit ist und jede mögliche Stichprobe die gleiche konstante Auswahlwahrscheinlichkeit besitzt.

Da es beim Ziehen ohne Zurücklegen und unter Berücksichtigung der Anordnung $N \cdot (N-1) \cdot (N-2) \cdot \ldots \cdot (N-(n-1))$ verschiedene Stichproben vom Umfang $n \leq N$ gibt, trägt in der einfachen Zufallsstichprobe jedes Element des zugehörigen Stichprobenraums

(2) $\Omega_{e\inf} = \left\{ \begin{array}{l} (g_{i_1}, g_{i_2}, \ldots, g_{i_n}); i_k \in \{1, 2, \ldots, N\} \\ \text{für } k = 1, 2, \ldots, n \text{ mit } i_k \neq i_j \text{ für } k \neq j \end{array} \right\}$

die Auswahlwahrscheinlichkeit:

(3) $p_\omega = \dfrac{1}{N \cdot (N-1) \cdot (N-2) \cdot \ldots \cdot (N-n+1)}$

Können die Elemente der Stichprobe auch mehrfach gezogen werden (Ziehen mit Zurücklegen), so sprechen wir von einer **einfachen Zufallsstichprobe mit Zurücklegen**, oder auch von einer **uneingeschränkten Zufallsauswahl**, weil der Stichprobenraum dann durch $\Omega_{\max}$ aus (1)

2.2 Auswahlverfahren 57

gegeben ist. In diesem Fall ist die Auswahlwahrscheinlichkeit offenbar gegeben durch:

(4) $\boxed{p_\omega = N^{-n}}$

In vielen Lehrbüchern wird die einfache Zufallsauswahl durch die Bedingung definiert, jedes Element der Grundgesamtheit möge mit der gleichen konstanten Wahrscheinlichkeit in die Stichprobe gelangen. Dies entspricht aber nicht der international gebräuchlichen Definition, da die genannte Bedingung nur eine notwendige, keineswegs aber eine hinreichende für das Vorliegen einer einfachen Zufallsstichprobe darstellt. Hierfür geben Hartung et al. (1982) ein einfaches Gegenbeispiel an.

Das Abzählen von $\Omega_{e\inf}$ und $\Omega_{\max}$ liefert auch die Wahrscheinlichkeit, bei einer uneingeschränkten Zufallsauswahl kein Element der Grundgesamtheit mehrfach in der Stichprobe vorzufinden:

(5) $$\boxed{\begin{aligned} p_\omega &= \frac{N \cdot (N-1) \cdot (N-2) \cdot \ldots \cdot (N-n+1)}{N^n} = \\ &= 1 \cdot (1-\frac{1}{N}) \cdot (1-\frac{2}{N}) \cdot \ldots \cdot (1-\frac{n-1}{N}) \end{aligned}}$$

Für festes n gehen die Faktoren in (5) alle gegen 1, wenn N monoton wächst, so daß die Unterschiede zwischen der einfachen Zufallsstichprobe mit und ohne Zurücklegen vernachlässigbar sind, wenn N im Vergleich zu n sehr groß wird.

Das ist der Grund für die verbreitete Überzeugung, bei der einfachen Zufallsstichprobe stehe das gesamte Arsenal der statistischen Verfahren zur Verfügung, obwohl dies streng genommen nur für die uneingeschränkte Zufallsauswahl, also für das Ziehen mit Zurücklegen zutrifft.

> Die einfache Zufallsauswahl bildet die Grundlage der Theorie der Wahrscheinlichkeitsstichproben. Alle komplizierten Stichprobenverfahren wurden etabliert, um das einfache Zufallsstichprobendesign hinsichtlich Praktikabilität, Genauigkeit und ökonomischer Effizienz zu verbessern. Die damit einhergehenden Einschränkungen der Auswertungsmöglichkeiten werden dabei in Kauf genommen.

2.2.5.2 Geschichtete Zufallsauswahl

> Wenn die Grundgesamtheit in bezug auf das Erhebungsmerkmal vergleichsweise inhomogen zusammengesetzt ist, läßt sich die Genauigkeit der Schätzungen eventuell dadurch erhöhen, daß man die Grundgesamtheit unter Verwendung eines oder mehrerer Schichtungsmerkmale in Schichten zerlegt, die in sich möglichst homogen und untereinander möglichst heterogen bezüglich des Erhebungsmerkmals sind.

Wird aus jeder Schicht eine einfache Zufallsstichprobe gezogen, so sprechen wird von einer **geschichteten Zufallsstichprobe**. Der Gewinn an Genauigkeit, der sog. **Schichtungseffekt** hängt dabei davon ab, wie gut die Homogenitätsstruktur der Grundgesamtheit hinsichtlich des Erhebungsmerkmals (mit unbekannter Verteilung) durch das Schichtungsmerkmale (mit bekannter Verteilung) abgebildet werden kann.

In der reinsten Ausprägung des Verfahrens muß die Zugehörigkeit der Untersuchungseinheiten zu den Schichten in der Grundgesamtheit bekannt sein.

Im Verfahren der **nachträglichen Schichtung** wird nur vorausgesetzt, daß die Anteile der Schichten an der Grundgesamtheit bekannt sind; die Zuweisung der Stichprobenelemente erfolgt erst nachträglich.

In Beispiel 2 könnte die körperliche Konstitution in Kombination mit dem Geschlecht ein gutes (nachträgliches) Schichtungsmerkmal abgeben, wenn die Verteilung in der Grundgesamtheit bekannt wäre. Da das nicht der Fall ist, kann statt dessen aber zum Beispiel nachträglich nach Alter der Bezugsperson geschichtet werden, dessen Verteilung der amtlichen Statistik zu entnehmen ist.

Der erwünschte Zuwachs an Genauigkeit ist nur einer von mehreren Gründen für Schichtung. Andere Gründe liegen in der Erhebungsorganisation (zum Beispiel Schichtung nach Ländern in der amtlichen Statistik) oder in dem Wunsch, die Genauigkeit in den durch die Schichten gebildeten Teilgesamtheiten kontrollieren zu können (dann wird gleichsam jede Schicht als eigene Grundgesamtheit aufgefaßt).

2.2.5.3 Klumpenauswahl

> Die Auswahl erstreckt sich auf Klumpen von Merkmalsträgern der Grundgesamtheit.

Während die Schichten zumeist künstlich eingeführt werden, zerfällt die Grundgesamtheit häufig von ganz allein in viele kleine zusammenhängende Teile, die in der Stichprobentheorie **Klumpen** genannt werden.

Beispiele hierfür sind Haushalte, Wohnblocks, Straßen, Gemeinden usw.

Das Auswahlverfahren vereinfacht sich nun erheblich und wird deutlich billiger, wenn man die Auswahl nicht unter den Elementen der Grundgesamtheit selbst trifft, sondern unter den Klumpen, so daß mit jeder Auswahl immer alle Untersuchungseinheiten des Klumpens in die Stichprobe gelangen.

> Wird die Auswahl unter den Klumpen als einfache Zufallsauswahl vorgenommen, so wird das resultierende Verfahren als **Klumpenstichprobe** bezeichnet.

Sind die Klumpen geographisch oder administrativ definiert (Planquadrate, Wahlbezirke, Gemeinden usw.), so werden die Klumpenstichproben auch als **Flächenstichproben** angesprochen.

Der sog. **Klumpungseffekt** besteht, anders als der Schichtungseffekt, meistens nicht in einer Erhöhung, sondern in einer Verminderung der Genauigkeit. Positiv schlägt der Klumpungseffekt nur dann zu Buche, wenn die Klumpen bezogen auf das Erhebungsmerkmal in sich bereits die Grundgesamtheit möglichst gut widerspiegeln, d.h. gleichsam ein verkleinertes Abbild dieser darstellen. Nachteilig an der Klumpenstichprobe ist auch, daß der resultierende Stichprobenumfang vor der Ziehung nicht exakt bekannt ist, sondern mit Hilfe von Vorwissen über die durchschnittliche Klumpengröße abgeschätzt werden muß.

2.2.5.4 Mehrstufige Zufallsauswahl

> Zufällige Auswahlen werden sukzessiv auf mehreren Untersuchungsebenen durchgeführt.

Wenn die Elemente eines Klumpens sehr ähnliche Informationen liefern, so erscheint es als eine eher unwirtschaftliche Vorgehensweise, alle Klumpenelemente in die Stichprobe aufzunehmen. In solchen Fällen ist es ökonomisch sinnvoller, in einer zweiten Verfahrensstufe aus jedem Klumpen erneut eine Zufallsstichprobe zu ziehen. Dies hat überdies den Vorteil, daß man den exakten Stichprobenumfang in der Planung wieder unter Kontrolle bringen kann (s.u.).

> Wenn Zufallsauswahlen auf verschiedenen Stufen in einem Stichprobendesign vorgesehen sind, so handelt es sich um ein **mehrstufiges Auswahlverfahren**.

So könnte etwa in Beispiel 1 auf der ersten Stufe eine nach Einwohnerzahl geschichtete Zufallsstichprobe aus den Gemeinden Nordrhein-

*Westfalens (sog. **Primäreinheiten**) gezogen werden, auf der zweiten Stufe Wahlbezirke innerhalb der gezogenen Gemeinden als **Sekundäreinheiten**, auf der dritten Stufe Häuserblöcke (**Tertiäreinheiten**) und die eigentlich interessierenden Untersuchungseinheiten, die Haushalte, schließlich erst auf der vierten Stufe.*

Als vorteilhaft erweist sich ein mehrstufiger Auswahlplan häufig, wenn die Grundgesamtheit hierarchisch gegliedert ist wie zum Beispiel die Bundesrepublik Deutschland (Länder, Regierungsbezirke, Gemeinden, Wahlbezirke). Aber auch in Fällen, in denen keine geeignete Auswahlgrundlage für eine einfache Zufallsauswahl verfügbar ist, kann ein mehrstufiger Auswahlplan zweckmäßig sein.

2.2.5.5 Größenproportionale Auswahlwahrscheinlichkeiten

Variiert in einer Klumpenauswahl der Klumpenumfang n_i (die Zahl der Klumpenelemente) sehr stark, so wirkt sich dies in mehrstufigen Auswahlplänen im allgemeinen in verschiedener Hinsicht ungünstig auf die Stichprobenerhebung und Auswertung aus, da der resultierende Stichprobenumfang eine Zufallsvariable ist. So ist unmittelbar zunächst die Wirksamkeit der Kostenkontrolle eingeschränkt. Auch stellt sich die Variation des Erhebungsaufwandes häufig als unbequem heraus für die Organisation und Durchführung der Feldarbeit. Schließlich kann auch die Genauigkeit der Schätzungen darunter leiden und es werden die Möglichkeiten für weiterführende Datenauswertungen auf der Basis von Klumpenwerten eingeschränkt.

> Ist die Zahl der Elemente für jeden Klumpen bekannt, läßt sich dem entgegenwirken, indem man auf der ersten Stufe vom Prinzip der gleichen Auswahlwahrscheinlichkeiten abrückt und diese proportional zur Klumpengröße wählt.

Auf der zweiten Stufe kann dann aus jedem ausgewählten Klumpen eine vorgegebene konstante Zahl k von Elementen gezogen werden.

Dies gelingt am einfachsten dadurch, daß man zunächst eine reine Zufallsauswahl nicht aus den Klumpen, sondern aus den Elementen zieht, aber mit jedem gezogenen Element immer alle anderen Element des gleichen Klumpens ebenfalls mit in die Stichprobe aufnimmt; allerdings muß dabei mit Zurücklegen gezogen, d.h. eine uneingeschränkte Zufallsauswahl durchgeführt werden, so daß bei dieser **Zufallsauswahl mit größenprorportionalen Wahrscheinlichkeiten** (proportional probability selection - **pps**) jeder Klumpen auch mehrfach gezogen werden kann. Auf diese Weise erhält jede der Untersuchungseinheiten wieder die gleiche Chance in die Stichprobe aufgenommen zu werden.

Anmerkung

Wenn die Klumpenumfänge nicht bekannt sind, aber dafür Klumpenmerkmale, die eine hohe Korrelation mit diesen aufweisen (zum Beispiel die Zahl der Wahlberechtigten pro Wahlbezirk anstelle der Zahl der Haushalte), so kann eine pps-Auswahl näherungsweise auch darauf aufgebaut werden.

Die Ziehung mit Zurücklegen ist unökonomisch, wenn auf der ersten Auswahlstufe ein erheblicher Anteil der Klumpen gezogen werden muß. Für diese Fälle wurden pps-Verfahren auch ohne Zurücklegen entwickelt, die in praxi allerdings nicht ganz einfach zu realisieren sind.

2.2.5.6 Zweiphasige Zufallsauswahl

Bei der Hochrechnung von der Stichprobe auf die Grundgesamtheit, kann es vorkommen, daß Vorinformationen, sog. **a priori-Informationen** über die Grundgesamtheit vorliegen (zum Beispiel aus früheren Totalerhebungen wie Volkszählungen, Inventuren usw.), die man in das Hochrechnungsverfahren für die aktuelle Stichprobe einbinden möchte, um dieses zu verbessern.

Die für eine solche **gebundene Hochrechnung** eingesetzten Schätzverfahren (Differenzen-, Verhältnis- und Regressionsschätzungen) eignen sich auch dann, wenn die Ausprägungen des Hilfsmerkmals X zwar nicht a priori bekannt sind, aber doch mit wesentlich geringerem Aufwand erhoben werden können, als die des eigentlich interessierenden Merkmals Y.

In solchen Situationen empfiehlt sich eine zweiphasige Vorgehensweise, wobei in der ersten Phase eine einfache Zufallsauswahl vom Umfang n^* gezogen wird, nur um das Merkmal X zu erheben. In der zweiten Phase wird nun erneut durch einfache Zufallsauswahl eine Unterstichprobe vom Umfang $n \leq n^*$ gezogen. An den Elementen der Unterstichprobe sind dann beide Merkmale X und Y zu erheben.

2.2.5.7 Sequentielle Verfahren

Spezielle Anwendungen von Stichprobenverfahren, zum Beispiel im Rahmen der statistischen Qualitätsprüfung oder bei der klinischen Prüfung neu entwickelter Medikamente sind im besonderen Umfang darauf angewiesen, daß der Stichprobenumfang so klein wie möglich gehalten wird.

> Nach jeder Aufnahme eines Elements in die Stichprobe wird geprüft, ob die angestrebte Genauigkeit für die Zwecke der Untersuchung ausreicht oder nicht.

Sequentialverfahren folgen eigenen Gesetzmäßigkeiten und werden in der allgemeinen Stichprobentheorie meist nicht mitbehandelt.

2.2.6 Praktische Realisierung von Zufallsauswahlen

> Um eine vorgegebene Anzahl von Elementen aus der Auswahlgesamtheit nach einem Zufallsmechanismus auszuwählen, braucht man eine **Auswahlgrundlage (sample frame)**.

Als solche dienen Dateien, Listen, Meßtischblätter, Karteien oder anders systematische Verzeichnisse, die alle Elemente der Auswahlgesamtheit in der für den speziellen Stichprobenplan erforderlichen sachlichen, räumlichen oder zeitlichen Gliederungstiefe genau einmal enthalten.

In der Praxis sind vollständige Verzeichnisse häufig nicht verfügbar (zum Beispiel gibt es kein Verzeichnis sämtlicher Einwohner der Bundesrepublik Deutschland zu einem Stichtag) oder mit einer Reihe von Mängeln behaftet.

So können zum Beispiel Auswahleinheiten fehlen, oder es sind zu viele verzeichnet, Einheiten sind manchmal mehrfach aufgeführt oder die Auswahlgrundlage ist zwar korrekt, aber veraltet und muß fortgeschrieben werden. Die Beschäftigung mit den möglichen Auswahlgrundlagen und ihren spezifischen Problemen bindet oft einen erheblichen Teil der Ressourcen für die Stichprobenplanung.

> Wenn eine Auswahlgrundlage verfügbar ist und überdies eine Numerierung der Elemente der Auswahlgesamtheit zuläßt, so kann die Zufallsauswahl mit Hilfe von **Zufallszahlen** realisiert werden, die entweder aus Zufallsexperimenten gewonnen wurden (echte Zufallszahlen) oder die auf streng deterministische Weise durch Berechnung erzeugt wurden, sich aber dennoch nach einer Reihe von Kriterien wie echte Zufallszahlen verhalten (Pseudozufallszahlen).

Da die Numerierung der Auswahlgrundlage vielfach nicht möglich ist, oder doch erhebliche und kostspielige organisatorische Anstrengungen erfordert, finden sich in der Stichprobenpraxis eine Reihe von Ersatzverfahren (vgl. Bild 2.2).

Wenn eine Auswahlgrundlage für eine einfache Zufallsauswahl, bei der die Auswahleinheiten durch die Elemente der Grundgesamtheit gebildet werden, nicht existiert oder rekonstruiert werden kann, finden komplizierte mehrstufige Stichprobenpläne Verwendung.

Durch geeignet konzipierte mehrstufige Stichprobenpläne läßt sich das Problem der Auswahlgrundlage vielfach lösen oder doch wenigstens stark verkleinern, da nicht mehr eine einzige Auswahlgrundlage für die Grundgesamtheit insgesamt benötigt wird, sondern mehrere kleinere, welche die Auswahl auf den verschiedenen Stufen der Stichprobenziehung unterstützen.

```
                 Technische Realisierung
                  der Zufallsauswahl
                  /              \
         Zufallszahlen         Ersatz-
                               verfahren
         |                     |
    Zufalls-              Systematische
    experimente           Auswahl
    Pseudozufalls-        Schlussziffern-
    algorithmen           verfahren
                          Buchstaben-
                          auswahl
                          Geburtstags-
                          auswahl
                          Kartografische
                          Auswahlverfahren
```

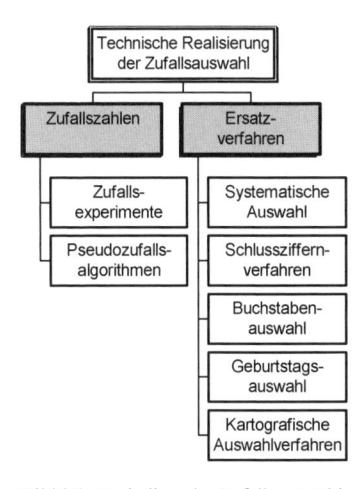

Bild 2.2: Techniken der Zufallsauswahl

2.2.6.1 Zufallszahlen aus Zufallsexperimenten

Liegt eine numerierte Auswahlgrundlage für die N Elemente der Auswahlgesamtheit vor, aus denen n Elemente durch einfache Zufallsauswahl gezogen werden sollen, so ist das klassische Zufallsexperiment durch die Urnenziehung gegeben.

Hierzu müssen N in ihrem physikalischen Verhalten völlig gleichartige, numerierte Kugeln in einer (Wahl-)Urne gut durchgemischt werden.

Danach können dann mit oder ohne Zurücklegen n Kugeln gezogen und ihre Nummern notiert werden.

Das Ergebnis sind Zufallszahlen für eine einfache Zufallsauswahl mit oder ohne Zurücklegen. Ähnlich, aber weniger zuverlässig, läuft ein Losverfahren ab.

> Die Realisierung echter Zufallsexperimente zur Erzeugung von Zufallszahlen ist so aufwendig, daß dies in der Praxis so gut wie nie vorkommt.

Statt dessen finden vorbereitete Tabellen, sog. **Zufallszahlentafeln** Verwendung, die in der Vergangenheit auf Vorrat produziert und auszugsweise in vielen Statistiklehrbüchern abgedruckt wurden. Zunehmend enthalten Zufallszahlentafeln inzwischen allerdings auch Pseudozufallszahlen (s.u.).

Für besondere Erhebungsformen wurden spezifische Verfahren der Zufallsauswahl entwickelt. So ist es bei computergestützten Telefoninterviews beispielsweise üblich, basierend auf der von Telefonbüchern vorgegebenen Struktur, eine oder mehrere Ziffern von Telefonnummern zufällig zu bilden (**random digit dialing**).

Die Auswahl von Elementen aus kleinen Gesamtheiten, zum Beispiel Personen aus Haushalten, werden in einer Feldsituation gern dadurch realisiert, daß man in der Planungsphase vorab eine einfache Zufallsauswahl aus der Menge der $k!$ möglichen Permutationen der Menge $\{1,2,...,k\}$ trifft (sog. **Zufallszahlenfolge**) oder aus einem Schema, in dem die Zahlen 1,2 bzw. 1,2,3 bis maximal 1,2,3,4,5 mit periodischer Wiederholung abgezählt werden (sog. **Schwedenschlüssel**).

2.2.6.2 Pseudozufallszahlen

Im Computer werden unabhängige Folgen von auf dem Einheitsintervall gleichverteilter Zufallszahlen in der Regel simulativ erzeugt. Ausgehend von einer natürlichen Zahl x_1 als Startwert wird dabei auf streng deterministischem Weg eine rekursive Folge natürlicher Zahlen erzeugt, zum Beispiel:

(6) $\quad \boxed{x_n + 1 = (ax_n + b)(\mod T)} \qquad n = 1,2,3,4...$

T ist die Periode der Folge und b muß teilerfremd zu T gewählt werden. Dabei ist $r = z(\mod T)$ der Rest von z nach Division durch

T, zum Beispiel $3 \equiv 13 (\mod 5)$. Meist ist $T = 2^q$ und $a = 2^s + 1$ für zwei natürliche Zahlen q und s. Ab $n = T$ wiederholen sich die ersten T Folgenglieder.

Als gleichverteilte Zufallszahlen dienen dann die Zahlen $y_n = x_n / T$. Da sie deterministisch erzeugt wurden, was auf den ersten Blick paradox anmutet, heißen die y_n **Pseudozufallszahlen**. Da der mit der Rekursionsformel (6) beschriebene **Zufallszahlengenerator** auf multplikativen Kongruenzgleichungen der Zahlentheorie basiert, wird die zugehörige Methode, Pseudozufallszahlen zu erzeugen, **Kongruenzmethode** genannt.

Zufallszahlengeneratoren der Form (6) sind gut untersucht und einer Reihe statistischer Tests unterzogen worden, in denen sich gezeigt hat, daß die damit erzeugten Pseudozufallszahlen bei geeigneter Wahl der Konstanten a, b und T ähnliche Eigenschaften aufweisen wie echte Zufallszahlen.

Die meisten Statistikprogrammpakete und auch Excel enthalten solche Zufallszahlengeneratoren für Simulationszwecke, aber auch um die Möglichkeit zu bieten, Auswertungen auf Stichproben eines gespeicherten Datenbestandes zu beschränken, was sich bei großen Datenbeständen als eine äußerst zweckmäßige Strategie erweisen kann.

So bietet etwa SPSS im Menü DATEN unter dem Punkt FÄLLE AUSWÄHLEN die Möglichkeit, eine Zufallsstichprobe zu ziehen, wobei entweder der Auswahlsatz (zum Beispiel $f = 10\%$) oder der Stichprobenumfang (zum Beispiel $n = 250$) vorgegeben werden muß.

Um n Pseudozufallszahlen für eine einfache Zufallsauswahl ohne Zurücklegen aus einer Grundgesamtheit vom Umfang N, für die eine numerierten Auswahlgrundlage vorhanden ist, mit Hilfe eines Zufallsgenerators zu ziehen, kann man folgendermaßen vorgehen:

Man erzeugt eine erste gleichverteilte Zufallszahl, etwa z_1. Gilt nun $z_1 \cdot N < n$, so ist 1 aus der Menge $\{1, 2, ..., N\}$ ausgewählt, andernfalls nicht. Für die nächste Zufallszahl z_2 wird wiederum $z_2 \cdot N < n$ geprüft, falls 1 nicht ausgewählt wurde, andernfalls $z_2 \cdot (N-1) < (n-1)$ usw. Auf diese Weise wird für jede Zahl $i \in \{1, 2, ..., N\}$ mit der je nach dem Ergebnis der vorangegangen Pseudo-Zufallsexperimente richtigen (bedingten) Wahrscheinlichkeit „gewürfelt", ob sie auszuwählen ist, oder nicht. Alternativ kann aber auch ein SPSS-File mit N Sätzen erzeugt werden, der nur eine einzige, mit der jeweiligen Satznummer übereinstimmde Variable enthält. Anschließend kann nach dem oben geschilderten Verfahren eine Zufallsstichprobe mit vorgegebenem n gezogen werden.

2.2.6.3 Systematische Auswahl

Die systematische Auswahl kann als eine der verbreitetsten Auswahltechniken angesehen werden. Sie ist organisatorisch einfach und leicht zu handhaben.

> Die systematische Auswahl basiert auf einer numerierten oder prinzipiell numerierbaren Auswahlgrundlage und kann auch im Rahmen geschichteter Stichprobenauswahlen oder Klumpenauswahlen eingesetzt werden.

Diese Auswahltechnik bietet sich darüber hinaus an, wenn es gilt, eine größenproportionale Auswahl vorzunehmen.

Vorausgesetzt wird, daß die gewünschte Zahl n der auszuwählenden Elemente, den Umfang N der Auswahlgesamtheit teilt. Basis des Verfahrens ist dann die natürliche Zahl $k = N/n$, wobei die Auswahlgesamtheit offenbar in n gleich große Segmente der Größe k zerlegt werden kann. Es wird nun aus dem ersten Segment ein Element als einfache Zufallsauswahl vom Umfang 1 ausgewählt. Von diesem ausgehend wird so dann jedes k-te Element der Auswahlgesamtheit gezogen. Im Ergebnis ist aus jedem Segment ein Element gezogen worden und alle haben innerhalb des Segments die gleiche Lage.

Obwohl in einer systematischen Auswahl - wie bei der einfachen Zufallsauswahl - jedes Element mit der gleichen Wahrscheinlichkeit

$$p_\omega = \frac{1}{k} = \frac{n}{N}$$

in die Stichprobe gelangt, handelt es sich, auch wenn Auswahl- und Untersuchungseinheiten übereinstimmen, nicht um eine einfache Zufallsauswahl, da die Wahrscheinlichkeit, daß zwei Elemente g_i und g_j der Grundgesamtheit beide gezogen werden, sich aus der Gleichung

(7) $$p_{ij} = \begin{cases} \dfrac{1}{k} = \dfrac{n}{N}, & \text{falls } \dfrac{i-j}{k} \text{ ganzzahlig ist} \\ 0 & \text{, sonst} \end{cases}$$

berechnet, während diese Wahrscheinlichkeit im Fall einer einfachen Zufallsstichprobe

(8) $$p_{ij} = \frac{n(n-1)}{N(N-1)}$$

beträgt.
Problematisch an einer systematischen Auswahl ist die stillschweigende Voraussetzung, daß die Anordnung der Elemente in der Auswahlgrundlage zufällig oder doch zumindest aperiodisch ist. Wenn dies nicht der Fall ist, sind Verzerrungen zu erwarten. Im schlimmsten Fall, wenn die Anordnung k – periodisch ist (zum Beispiel Werkstücke, deren jedes k – te von der gleichen Maschine stammt) kann eine systematische Stichprobe zu völlig unbrauchbaren Ergebnissen führen. Dieser Gefahr muß man sich stets bewußt sein.

2.2.6.4 Schlußziffernverfahren

Wenn die Auswahlgrundlage numeriert vorliegt oder leicht numeriert werden kann, und die Anordnung der Elemente in keinem erkennbaren Zusammenhang zu dem zu erhebendem Merkmal steht, bietet das Schlussziffernverfahren ein einfaches und schnell durchzuführendes Ersatzverfahren für die einfache Zufallsauswahl.

Basis des Verfahrens ist die Überlegung, daß jede der Ziffern 0,1,2,...,9 in einer durchgängigen Numerierung eine Auftretenswahrscheinlichkeit von 10% hat. Durch „oder"-Verknüpfungen lassen sich somit alle Auswahlsätze realisieren, die ein ganzzahliges Vielfaches von 10% darstellen. Für feinere Abstufungen werden zwei, drei oder mehr Schlußziffern verwendet, zum Beispiel liefert eine Ziehung aller Elemente mit einer Schlußziffer 7 oder einer Schlußziffernkombination 85 einen Auswahlsatz von 11%. Die Nummern sollten dabei alle mit der gleichen (maximalen) Anzahl von Ziffern dargestellt werden, was durch Auffüllung mit führenden Nullen zu erreichen ist.

2.2.6.5 Buchstabenauswahl

Personenbezogene Karteien oder Dateien enthalten meistens den Namen der auf der jeweiligen Karteikarte oder dem zugehörigen Datensatz beschriebenen Person.

> Für das Verfahren der Buchstabenauswahl wird davon ausgegangen, daß die Buchstaben des Alphabets als Namensanfänge in der zu untersuchenden Bevölkerung gleichverteilt sind, unter Berücksichtigung der Umlaute also die Wahrscheinlichkeit 1/29 tragen.

Außerdem muß wiederum vorausgesetzt werden, daß die alphabetische Anordnung in keinem Zusammenhang zu dem zu erhebenden Merkmal steht. Letzteres ist wegen der unterschiedlichen Bevorzugung von Anfangsbuchstaben in Bevölkerungsgruppen unterschiedlicher Nationalität selten der Fall. Aber auch die Gleichverteilung der Namensanfänge ist zum Beispiel für eine deutsche Bevölkerung empirisch widerlegt worden (vgl. Schach, S. und Schach, E., 1978).

2.2.6.6 Geburtstagsauswahl

Ähnliche Bedenken können auch gegenüber dem Verfahren der Geburtstagsauswahl vorgebracht werden.

> Im Rahmen dieses Verfahrens ist jede Person auszuwählen, deren Geburtstag auf einen von mehreren vorgegebenen Tagen des Jahres fällt.

Zur näherungsweisen Realisierung eines Auswahlsatzes von 4/365 sind zum Beispiel alle Personen auszuwählen, deren Geburtstag auf den 25.1., den 14.2., den 26.5. oder den 3.6. fällt.

Untersuchungen hierzu haben ergeben, daß nicht alle Tage des Jahres als Geburtstage gleich häufig vertreten sind. Insbesondere ist bei Geburtstagsstichproben das Phänomen der **digital preference** zu beachten.

Eine solche Bevorzugung des 1., 5., 10. usw. als Geburtstage innerhalb eines Monats zeigt sich in Deutschland beispielsweise für Ausländer, die aus verkehrsmäßig wenig erschlossenen Heimatländern stammen (vgl. Schach, S. und Schach, E., 1979).

Die Datumsauswahl ist nicht auf Geburtstage beschränkt und findet auch bei anderen datierbaren Auswahleinheiten (Rechnungen, Unfälle, Geburten usw.) Anwendung.

2.2.6.7 Kartographische Auswahlverfahren

Für Erhebungen in wenig entwickelten, ländlich strukturierten Staaten oder Gebieten stellt eine Landkarte häufig die einzig verfügbare Auswahlgrundlage dar.

Untersuchungseinheiten bilden Siedlungen, landwirtschaftlich genutzte Felder, Gewässer usw. In solchen Fällen kann die Zufallsauswahl zum Beispiel wie im Dartspiel, durch Werfen von Stecknadeln auf die Karte erfolgen.
Ausgewählt werden dann diejenigen Elemente der Grundgesamtheit, die diesen **sampling points** am nächsten liegen.
Eine andere Möglichkeit bietet die Linienauswahl. Die Karte wird durch Linien (zum Beispiel die beiden Diagonalen oder eine Gitternetz aus parallelen Linien) zerteilt. Bei diesem Verfahren werden diejenigen Untersuchungseinheiten ausgewählt, die von den Linien geschnitten oder berührt werden. Wenn die Linien ein Gitternetz bilden, handelt es sich um einen Sonderfall der systematischen Auswahl

In Verdichtungsräumen und Stadtgebieten findet das **Random-Walk-Verfahren** Anwendung.

Ausgehend von einem Startpunkt auf dem Stadtplan wird so lange geradeaus gegangen bzw. gefahren bis es nicht mehr weiter geht; danach ist nach einem vorgegebenem Verfahren entweder links oder rechts abzubiegen usw. Auswahleinheiten sind hier zumeist Häuserblocks, von denen alle längs der Zufallsroute in die Stichprobe gelangen.

Das wohl bedeutendste kartographische Auswahlverfahren stellt die **Flächenauswahl** dar.^

Hierbei wird über die Karte ein Raster gelegt, das eine vollständige Einteilung in Felder (Flächen) erlaubt. Innerhalb der Fläche findet dann bezüglich des Erhebungsmerkmals entweder eine Vollerhebung statt, so daß es sich um eine Klumpenstichprobe handelt, oder es werden im Rahmen eines mehrstufigen Auswahlplans in einer zweiten Auswahlstufe kleinere Sekundäreinheiten ausgewählt (Unterflächen, Häuserblocks o.ä.).

2.2.6.8 Musterstichproben (master samples)

Eine besondere Art der Auswahlgrundlage stellen sog. **Mutter-** oder **Musterstichproben** (**master samples**) zur Verfügung.

Hierbei handelt es sich um von übergeordneten Institutionen ausgearbeiteten Stichprobenrahmenpläne, die u.a. eine sorgfältig zusammengestellte Auswahlgrundlage für spezielle Grundgesamtheiten enthalten.
So wurde zur Durchführung von Bevölkerungsstichproben vom Arbeitskreis Deutscher Marktforschungsinstitute e.V. (AMD) bereits 1971 eine Datei (seinerzeit noch auf Magnetband) erstellt, welche Daten über die damals rund 50.000 Wahlbezirke der Bundesrepublik Deutschland enthielt. Allerdings wurden Bezirke mit weniger als 400 Wahlberechtigten zusammengelegt, so daß nur rund 48.000 Bezirke als sampling points zur Verfügung standen. Grundgesamtheit der AMD-Muster-Stichprobenpläne stellt die in Privathaushalten lebende Wohnbevölkerung der Bundesrepublik Deutschland dar. Die in periodischen Abständen im Zusammenhang mit Bundestagswahlen fortgeschriebene Auswahldatei enthält folgende Angaben:

- Gemeindekennziffer (mit Teilziffern für Land, Regierungsbezirk, Landkreis und Gemeinde)
- Postleitzahl, Gemeindename, Stadtteilnummer
- Gemeindegröße (Einwohner, Haushalte, Wahlberechtigte)
- Strukturdaten aus der aktuellen Volkszählung

Die AMD-Musterstichproben wurden als mehrstufig geschichtetes Auswahlverfahren konzipiert.
Primäreinheiten auf der ersten Stufe sind die als sampling points bezeichneten Wahlbezirke. Diese lassen sich ggf. nach den auf der Auswahldatei vorhandenen Merkmalen (einzeln oder kombiniert) schichten.
Sekundäreinheiten für die Ziehung auf der zweiten Auswahlstufe sind Privathaushalte, die zum Beispiel nach dem Random-Walk-Verfahren ausgewählt werden können.
Auf der dritten Stufe ist dann schließlich als Tertiäreinheit eine Zielperson des Haushalts auszuwählen, was beispielsweise nach dem Schwedenschlüssel erfolgen kann.
Grundsätzlich lassen sich auf jeder Stufe auch abweichend von den Vorschlägen der AMD verschiedene Auswahltechniken anwenden. In dieser Weise verwendet, kann das AMD-System als eine Art Baukasten angesehen werden, dem der Nutzer verschiedene geeignete Elemente für seine Zwecke entnehmen und miteinander kombinieren kann.

2.3 Schätzverfahren

In diesem Kapitel über Stichprobenverfahren muß auch über Schätzprobleme gesprochen werden, weil sie bei der Übertragung von Stichprobenbefunden auf die de facto unbekannte Grundgesamtheit, aus der die jeweilige Stichprobe stammt, eine entscheidende Rolle spielen (siehe dazu auch Kapitel 12).

2.3.1 Kenngrößen und Stichprobenfunktionen

Sind X, Y, Z usw. die Erhebungsmerkmale, so ist es üblich, die Merkmalausprägungen der N Elemente der Grundgesamtheit mit großen Buchstaben zu bezeichnen, also

Elemente: $g_1, g_2, ..., g_N$
Ausprägungen von X: $X_1, X_2, ..., X_N$
Ausprägungen von Y: $Y_1, Y_2, ..., Y_N$

usw.

Um die Ausprägungen in einer Stichprobe $\varpi \in \Omega$ vom Umfang n davon unterscheiden zu können, bezeichnen wir sie mit kleinen Buchstaben, zum Beispiel:

$y_1, y_2, ..., y_n$ mit $y_i = y_i(\varpi)$

Bei dieser verbreiteten Schreibweise ist zu beachten, daß die Stichprobe zur Vereinfachung der Notation eine eigene Numerierung hat, so daß y_i im allgemeinen nicht zu g_i gehört.

Häufig interessiert man sich für den Anteil einer ausgewählten Teilgesamtheit T, deren Anzahl wir mit A bezeichnen wollen. Hierbei handelt es sich um keine neue Fragestellung, da die Zugehörigkeit einer Untersuchungseinheit g zu T durch das dichotome Merkmal 1_T beschrieben werden kann, das die Ausprägung 1 hat, wenn g zu T gehört, und die Ausprägung 0, wenn das nicht der Fall ist:

(9) $\quad 1_T(g) = \begin{cases} 1, \text{ für } g \in T \\ 0, \text{ für } g \notin T \end{cases}$

Der Zweck einer Stichprobenuntersuchung ist es, quantitative Charakteristika (Kenngrößen, Parameter, Populationswerte) der Verteilung des betrachteten Merkmals oder der betrachteten Merkmale in der Grundgesamtheit zu schätzen. Typischerweise sind das die aus der deskriptiven Statistik bekannten Parameter, häufig als θ bezeichnet, die man aus Grundgesamtheit oder Stichprobe nach gleichartigen Formeln berechnet (vgl. Tabelle 2.1).

Die Populationswerte θ für ein vorgegebenes Merkmal bzw. für eine vorgegebene Merkmalskombination sind konstant, weil alle Elemente der Grundgesamtheit in ihre Definition einfließen. Sie sind allerdings in der Regel unbekannt.

Die Stichprobenwerte der letzten Spalte von Tabelle 2.1 dagegen hängen von der konkret realisierten Stichprobenauswahl ab und stellen Zufallsvariablen dar. Für jede Ziehung werden sich im allgemeinen solange andere Stichprobenwerte ergeben, bis der Stichprobenraum ausgeschöpft ist und die Schätzungen anfangen, sich zu wiederholen.

Tabelle 2.1: Die wichtigsten Parameter der Grundgesamtheit und analoge Stichprobenmaße

Parameter	*In der Gundgesamtheit* (Umfang: N)	*Stichprobe* (Umfang : n)
Merkmals-summe	$T_Y = \sum_{i=1}^{N} Y_i$	$\sum_{i=1}^{n} y_i$
Mittelwert	$\overline{Y} = \frac{1}{N}\sum_{i=1}^{N} Y_i$	$\overline{y} = \frac{1}{n}\sum_{i=1}^{n} y_i$
Anteilswert	$P = \frac{A}{N}$	$p = \frac{a}{n}$
Verhältniszahl	$V = \frac{\sum Y_i}{\sum X_i} = \frac{\overline{Y}}{\overline{X}}$	$v = \frac{\sum y_i}{\sum x_i} = \frac{\overline{y}}{\overline{x}}$
Varianz	$\sigma_Y^2 = \sigma_{YY} = \frac{1}{N}\sum_{i=1}^{N}(Y_i - \overline{Y})^2$	$\hat{\sigma}_y^2 = \hat{\sigma}_{yy} = \frac{1}{n}\sum_{i=1}^{n}(y_i - \overline{y})^2$
Korrigierte Varianz	$S_Y^2 = S_{YY} = \frac{1}{N-1}\sum_{i=1}^{N}(Y_i - \overline{Y})^2$	$s_y^2 = s_{yy} = \frac{1}{n-1}\sum_{i=1}^{n}(y_i - \overline{y})^2$
Korrigierte Kovarianz	$S_{XY} = \frac{1}{N-1}\sum_{i=1}^{N}(X_i - \overline{X})(Y_i - \overline{Y})$	$s_{xy} = \frac{1}{n-1}\sum_{i=1}^{n}(x_i - \overline{x})(y_i - \overline{y})$

Inwieweit sich die Stichprobenwerte unmittelbar zur Schätzung der entsprechenden Populationswerte eignen, hängt von der Art der Stichprobenauswahl ab. Diese Frage wird bei der Behandlung der in der

2.3 Schätzverfahren

Praxis zum Einsatz kommenden Auswahlverfahren im einzelnen zu diskutieren sein.

Allgemein wird zur Schätzung von θ eine sog. Stichprobenfunktion herangezogen:

$$\hat{\theta} : \begin{cases} \Omega \to \mathsf{R} \\ \omega \to \hat{\theta}(\omega) = \hat{\theta}(y_1(\omega), y_2(\omega), \ldots y_n(\omega)) \end{cases}$$

Geeignete Stichprobenfunktionen weisen einige Güteeigenschaften auf, unter denen die Konsistenz hervorzuheben ist. Bei der Ziehung mit Zurücklegen wird eine $\hat{\theta}(y_1(\omega), y_2(\omega), \ldots y_n(\omega))$ konsistente Schätzung des Parameters θ genannt, wenn die Wahrscheinlichkeit dafür, daß die absolute Differenz $|\hat{\theta} - \theta|$ zwischen der Schätzung und dem Populationswert einen beliebig klein vorgegebenen Betrag überschreitet, mit wachsendem Stichprobenumfang n gegen Null strebt:

$$\lim_{n \to \infty} P(|\hat{\theta}_n - \theta| > \varepsilon) = 0 \quad \text{für beliebiges } \varepsilon > 0$$

Bei der Ziehung ohne Zurücklegen ist der Stichprobenumfang n durch den Umfang N der Grundgesamtheit nach oben begrenzt, so daß ein Grenzübergang $n \to \infty$ nicht möglich und die Definition der Konsistenz in sinnvoller Weise abzuwandeln ist. Statt der o.g. Forderung der Konvergenz wird jetzt die Übereinstimmung der Schätzung mit dem Populationswert verlangt, wenn $n = N$ gilt, d.h. wenn die Stichprobenerhebung in eine Vollerhebung übergeht:

$$\hat{\theta}_n = \theta \quad \text{für } n = N \quad \text{(Ziehung ohne Zurücklegen)}$$

Die theoretisch möglichen Stichprobenwerte $\hat{\theta}(\omega)$ zusammen mit den zugehörigen Wahrscheinlichkeiten p_ω ihres Auftretens bildet die

Stichprobenverteilung der Schätzung $\hat{\theta}$.

Wenn wir eine feste Kombination aus Merkmal, Populationskennwert, Auswahlplan und Schätzverfahren als **Stichprobendesign** (**Stichprobenplan**) bezeichnen, so gilt offenbar, daß die Stichprobenverteilung wesentlich vom Stichprobendesign abhängt, insbesondere vom Stichprobenumfang, vom Auswahlplan (über den Stichprobenraum) und vom eingesetzten Schätzverfahren (der Stichprobenfunktion).

Der gewogene Mittelwert der Stichprobenverteilung wird als der **Erwartungswert** der Schätzung bezeichnet.

74   2 Stichprobenverfahren

(10) $$E(\hat{\theta}) = \sum_{\omega \in \Omega} p_\omega \hat{\theta}(\omega)$$

Der Erwartungswert kann, muß aber nicht mit dem Populationswert übereinstimmen. Die Differenz $E(\hat{\theta}) - \theta$ zwischen diesen beiden Werten ist die Stichprobenverzerrung (sampling bias).

> Ein Stichprobenplan heißt **unverzerrt** oder **erwartungstreu**, wenn der Erwartungswert (10) dem unbekannten Grundgesamtheitsparameter entspricht.

Diese Begriffe werden verkürzt in gleicher Weise für die Stichprobenfunktion und die Schätzung verwendet. Auch verzerrte Schätzungen spielen in der Stichprobentheorie eine wichtige Rolle, allerdings geht die Stichprobenverzerrung aller in der Praxis vorkommenden, verzerrten Schätzverfahren mit wachsendem Stichprobenumfang gegen Null.

Im Zentrum der Stichprobentheorie steht die Varianz der Stichprobenverteilung von $\hat{\theta}$, die als mittlere quadratische Abweichung definiert ist, wobei es sich wiederum um einen mit den Wahrscheinlichkeiten der möglichen Stichproben gewogenen Mittelwert handelt.

(11) $$Var(\hat{\theta}) = \sum_{\omega \in \Omega} p_\omega (\hat{\theta}(\omega) - E(\hat{\theta}))^2$$

Die Standardabweichung, die, wie üblich, als positive Wurzel aus der Varianz zu berechnen ist,

(12) $$S(\hat{\theta}) = \sqrt{Var(\hat{\theta})}$$

wird auch als Standardfehler von $\hat{\theta}$ bezeichnet.

Sie stellt ein Maß für die zufallsbedingte Schwankung der Stichprobenwerte $\hat{\theta}(\omega)$ um ihren Erwartungswert dar und ist (für verzerrte Stichprobendesigns allerdings nur asymptotisch) geeignet, den Stichprobenfehler des Designs zu quantifizieren (tatsächlich wird dieser proportional zum Standardfehler berechnet, s.u.).

Falls das Stichprobendesign verzerrt ist, empfiehlt es sich, zur Definition des Standardfehlers statt der Varianz den mittleren quadratischen Fehler zu verwenden, der meisten als **mittleres Fehlerquadrat (MFQ)** bezeichnet wird und sich als Summe aus der Varianz und der quadrierten Verzerrung ergibt:

(13) $$MFQ(\hat{\theta}) = \sum_{\omega \in \Omega} p_\omega (\hat{\theta}(\omega) - \theta))^2 = Var(\hat{\theta}) + (E(\hat{\theta}) - \theta)^2$$

Die Schätzung der Varianz bzw. des Standardfehlers nimmt bei komplexen Stichprobendesigns den größten Raum in stichprobentheoretischen Abhandlungen ein. Es handelt sich hierbei um keine leichte Aufgabe, da die Anwendung der Formel voraussetzt, daß die gesamte Stichprobenverteilung bekannt ist, während man in der Praxis durch die konkrete Ziehung der Stichprobe ja stets nur einen einzigen Punkt der Beobachtung zugänglich macht.

Der Kehrwert der Varianz liefert ein Maß für die Genauigkeit des Schätzverfahrens, er wird als **Präzision** bezeichnet.

Ein weiteres Genauigkeitsmaß, in dem auch Verzerrungen Berücksichtigung finden, ist mit dem Kehrwert des mittlerer Fehlerquadrats gegeben. Jeder Stichprobenplan ist in der praktischen Realisierung mit einer Kostenfunktion verknüpft. Die zugehörigen Stückkosten heißen in der Stichprobentheorie **Kosten pro Einheit**, da die Gesamtkosten hierbei auf die gezogenen Untersuchungseinheiten verteilt werden.

Hauptaufgabe der Stichprobenplanung ist es, wie schon erwähnt, bei gegebenem Budget für die Kosten, die Präzision zu maximieren, d.h. die Varianz zu minimieren oder (in äquivalenter Formulierung) bei vorgegebener Präzision (bzw. deren Kehrwert, die Varianz) die Kosten zu minimieren.

Vielfach werden hierbei nur variable Kosten betrachtet, die proportional zum Stichprobenumfang n wachsen. Der Effizienzvergleich zweier verschiedener Stichprobenpläne beruht dann auf einem Vergleich der erforderlichen Stichprobenumfänge n_1 und n_2, die in jedem der beiden Pläne zur Erzielung einer vorgegeben Präzision benötigt werden.

Ein weiterer Grund für die herausragende Bedeutung von $Var(\hat{\theta})$ als Zielgröße der Stichprobenplanung liegt darin, daß der statistische Inferenzschluß beim Schätzen ja durch Angabe eines **Konfidenzintervalls** erfolgt, dessen Breite proportional zum geschätzten Standardfehler ist:

(14) $$KI_{1-\alpha} = [\hat{\theta} - q_{1-\frac{\alpha}{2}} \cdot s(\hat{\theta}), \hat{\theta} + q_{1-\frac{\alpha}{2}} \cdot s(\hat{\theta})]$$

In (14) ist $s(\hat{\theta})$ eine Schätzung des Standardfehlers aus der Stichprobe, während $q_{1-\frac{\alpha}{2}}$ das $(1-\alpha/2)$-Quantil der standardisierten Schätzgröße $(\hat{\theta}-\theta)/s(\hat{\theta})$ darstellt ($\hat{\theta}$ als erwartungstreue Schätzfunktion vorausgesetzt). Die Wahrscheinlichkeit, daß der unbekannte Populationswert θ von dem Zufallsintervall $KI_{1-\alpha}$ überdeckt wird, ist dabei gerade $(1-\alpha)$, also zum Beispiel 95% wenn α, wie üblich, in der Höhe von 5% gewählt wird. Der Term $d = q_{1-\frac{\alpha}{2}} s(\hat{\theta})$ wird vielfach als **Stichprobenfehler** bezeichnet. Für konkrete Berechnungen des Konfidenzintervalls muß eine Schätzung des Standardfehlers in (14) eingesetzt und das Quantil der veränderten Verteilung angepaßt werden.

In den meisten Anwendungen von Stichprobenverfahren in der Praxis kann bei der Ermittlung von $KI_{1-\alpha}$ das entsprechende Quantil der Standardnormalverteilung eingesetzt werden, weil die Stichprobenverteilung asymptotisch normal ist. Dies läßt sich zwar nur im Fall der einfachen Zufallsstichprobe mit Zurücklegen durch den klassischen zentralen Grenzwertsatz begründen, aber es stehen verwandte Grenzwertsätze zur Verfügung, auf welche die asymptotische Normalverteilung der zum Einsatz kommenden Stichprobenfunktionen auch im Rahmen komplexer Designs zurückgeführt werden kann.

Die Güte der Approximation der Normalverteilung hängt von der zugrundeliegenden Verteilung des betrachteten Merkmals in der Grundgesamtheit und vom Stichprobendesign ab. Mit wachsendem Stichprobenumfang wird die Approximation jedoch in jedem Fall besser. Tatsächlich weisen komplexe Stichprobendesigns typischerweise aber große Stichprobenumfänge mit einem n in einer Größenordnung bis zu mehreren tausend auf, weil der enorme Aufwand und die hohen Kosten, die mit der Durchführung einer solchen Stichprobenuntersuchung verbunden sind, erst bei großen Stichprobenumfängen durch die im Vergleich zur einfachen Zufallsstichprobe erzielbaren Einsparungen bzw. Effizienzzuwächsen gerechtfertigt erscheinen.

2.3.2 Einfache Zufallsstichproben

2.3.2.1 Schätzung des Mittelwertes

> Obwohl die einfache Zufallsstichprobe selten ein kostengünstiges Stichprobenverfahren darstellt, liefert ihre Behandlung doch die theoretischen Grundlagen für alle komplexen Stichprobendesigns.

Die Schätztheorie der einfachen Zufallsstichprobe wird daher im folgenden etwas ausführlicher behandelt, als es ihrer praktischen Bedeutung entspräche.

Aus den Angaben der Tabelle 2.1 oben geht unmittelbar hervor, daß bei der einfachen Zufallsstichprobe ohne Zurücklegen mit dem Stichprobenmittel eine konsistente Schätzung des Populationsmittels gegeben ist. Der Stichprobenmittelwert ist aber auch eine erwartungstreue Schätzfunktion, wie die folgenden Überlegungen zeigen. Offenbar gilt:

$$(15)\quad \bar{y} = \frac{1}{n}\sum_{i=1}^{n} y_i = \frac{1}{n}\sum_{i=1}^{N} \alpha_i Y_i$$

mit $\alpha_i = \begin{cases} 1, & \textit{falls } g_i \textit{ in der Stichprobe} \\ 0, & \textit{sonst} \end{cases}$

Wird nun auf beiden Seiten der Erwartungswert gebildet, so ergibt sich aus der Tatsache, daß die konstante Auswahlwahrscheinlichkeit für ein beliebiges Element g_i der Grundgesamtheit gerade n/N beträgt, die **Erwartungstreue**:

$$(16)\quad \begin{aligned} E(\bar{y}) &= E(\frac{1}{n}\sum_{i=1}^{n} y_i) = E(\frac{1}{n}\sum_{i=1}^{N} \alpha_i Y_i) = \\ &= \frac{1}{n}\sum_{i=1}^{N} E(\alpha_i) Y_i = \frac{1}{n}\sum_{i=1}^{N} \frac{n}{N} Y_i = \frac{1}{N}\sum_{i=1}^{N} Y_i = \bar{Y} \end{aligned}$$

Die **Varianz** des Stichprobenmittels bei Ziehung einer einfachen Zufallsstichprobe stellt die Basis aller Varianzberechnungen in der Stichprobentheorie dar. Sie ergibt sich unter Verwendung der α_i (s.o.) und ähnlicher Überlegungen wie beim Nachweis der Erwartungstreue in der folgenden Form:

$$(17) \quad Var(\bar{y}) = (1 - \frac{n}{N}) \frac{S_Y^{\,2}}{n} = (1 - f) \frac{S_Y^{\,2}}{n}$$

Die Zahl $f = \frac{n}{N}$, die zwischen 0 und 1 liegt und häufig in Prozent angegeben wird, heißt dabei **Auswahlsatz** der einfachen Zufallsstichprobe (ohne Zurücklegen) und der Faktor $(1-f)$ wird als **Endlichkeitskorrektur** bezeichnet.

Als Faustregel gilt, daß die Endlichkeitskorrektur für Auswahlsätze unter 5% vernachlässigbar ist.

Es kann gezeigt werden, daß es im Design der einfachen Zufallsstichprobe keine unverzerrte Stichprobenfunktion für den Populationsmittelwert gibt, die eine kleinere Varianz als die in (17) ausgewiesene besitzt. Das Stichprobenmittel ist in diesem Sinne **die beste unverzerrte Schätzung** des Populationsmittels.

Der zur Angabe von Konfidenzintervallen benötigte Standardfehler kann aus (17) nicht unmittelbar berechnet werden, da die korrigierte Varianz der Merkmalsverteilung in der Grundgesamtheit ja nicht bekannt ist. Es liegt jedoch nahe, hierfür die korrigierte Stichprobenvarianz einzusetzen, um, nach Ziehung der Wurzel, eine Schätzung des Standardfehlers zu erhalten:

$$(18) \quad \hat{Var}(\bar{y}) = (1-f) \frac{s_y^{\,2}}{n}$$

Diese Schätzung ist wiederum konsistent und erwartungstreu.

2.3.2.2 Schätzung einer Merkmalssumme

In manchen Anwendungsfällen steht nicht der Populationsmittelwert, sondern die Merkmalssumme im Vordergrund des Interesses.

Beispiel

Es interessiert bei einer (nach dem Handelsgesetz) möglichen Inventur eines Lagers auf Stichprobenbasis vor allem um eine Schätzung des Gesamtlagerwertes.

Da sich eine Merkmalssumme aus dem zugehörigen Populationsmittelwert offenbar in der Form

$$\sum_{i=1}^{N} Y_i = N \cdot \overline{Y}$$

berechnen läßt, handelt es sich hierbei um keine wesentlich neue Fragestellung. Als erwartungstreue Schätzung der Merkmalssumme erhält man:

$$(19) \quad N \cdot \overline{y} = \frac{N}{n} \sum_{i=1}^{n} y_i$$

Der Faktor $\frac{N}{n}$ (Kehrwert des Auswahlsatzes) in (19) wird als **Hochrechnungsfaktor** bezeichnet.

Die Varianz der Stichprobenfunktion $N \cdot \overline{y}$ ergibt sich zu:

$$(20) \quad Var(\frac{N}{n} \sum_{i=1}^{n} y_i) = N^2 (1-f) \frac{S_Y^2}{n}$$

und wird erwartungstreu geschätzt, wenn man die korrigierte Stichprobenvarianz anstelle der korrigierten Populationsvarianz einsetzt.

2.3.2.3 Schätzung eines Anteilswertes

Häufig ist der Anteil einer Teilgesamtheit von Interesse, die in praxi meistens durch Gliederung der Grundgesamtheit nach einem klassifikatorischen Merkmal definiert wird.

Beispiel
Man könnte in einer familiensoziologischen Untersuchung etwa die Stichprobe aus Beispiel 2 (siehe oben) heranziehen, um den Anteil der

Einpersonenhaushalte zu schätzen. Gliederungsmerkmal wäre dabei die Haushaltsgröße.

Ist T die Teilgesamtheit mit Umfang $A < N$, so stellt in diesen Fällen $P = \dfrac{A}{N}$ den interessierenden Populationsparameter dar.

Bezeichnen wir den Umfang der Stichprobenelemente, die zu T gehören, mit a, so gilt $a \le n$ und der Stichprobenanteil von T ist durch $p = \dfrac{a}{n}$ gegeben.

Ordnen wir T ein spezielles dichotomes Merkmal Y zu, das 1 ist, falls die betreffende Untersuchungseinheit T angehört und 0 sonst, so können wir die mittelwertbezogenen Ergebnisse auf die vorliegende Problemstellung übertragen. Für die Merkmalsausprägungen $Y_1, Y_2, ..., Y_N$ gilt nämlich

(21) $\boxed{Y_i = 1_T(g_i) = \begin{cases} 1, \text{ für } g_i \in T \\ 0, \text{ für } g_i \notin T \end{cases}}$ $(i = 1, 2, ..., N)$

und

(22) $\boxed{\sum_{i=1}^{N} Y_i = A}$ bzw. $\boxed{\sum_{i=1}^{n} y_i = a}$

Nach (22) läßt sich P offenbar als $\overline{Y}$ berechnen und p als $\overline{y}$. Der Stichprobenanteilswert $p = \dfrac{a}{n}$ ist somit die beste unverzerrte Schätzung des korrespondierenden Anteilswertes in der Grundgesamtheit.

Für die korrigierte Stichprobenvarianz ergibt sich

(23) $\boxed{s_y^2 = \dfrac{n}{n-1} p(1-p)}$

Erwartungstreu und konsistent geschätzt wird die Varianz von p durch

$$(24) \quad \boxed{\hat{V}ar(p) = (1-f)\frac{n}{(n-1)}\frac{p(1-p)}{n} = (1-f)\frac{p(1-p)}{(n-1)}}$$

Soll der Umfang A der Teilgesamtheit T geschätzt werden, bietet sich nach (19) und (22) $\hat{A} = N \cdot p$ als beste unverzerrte Schätzung an. Die Varianz berechnet sich wie folgt:

$$(25) \quad \boxed{\begin{aligned} Var(\hat{A}) &= Var(Np) = N^2(1-f)\frac{N}{(N-1)}\frac{P(1-P)}{n} = \\ &= \frac{N^2 PQ}{n}\frac{(N-n)}{(N-1)}; \quad (Q:=1-P) \end{aligned}}$$

und diese wird unverzerrt geschätzt durch

$$(26) \quad \boxed{\hat{V}ar(\hat{A}) = \frac{N(N-n)}{(n-1)}pq \qquad (q:=1-p)}$$

2.3.3 Gebundene Hochrechnungen

Wenn der Populationsmittelwert $\overline{X}$ eines mit dem zu erhebenden Merkmal Y korrelierten Merkmals X bekannt ist oder schnell und mit wesentlich geringerem Aufwand ermittelt werden kann als $\overline{Y}$, erweist es sich zur Erhöhung der Schätzgenauigkeit als vorteilhaft, die Ausprägungen von X in der Stichprobe mitzuerheben, um in der Auswertungsphase eine **gebundene Hochrechnung** durchführen zu können.

Beispiel (Cochran, 1972):

Eine Biologin will die durchschnittliche Blattfläche $\overline{Y}$ einer Pflanze schätzen. Dazu ermittelt sie das Gewicht X von allen Blättern der Pflanze, In einer kleinen Stichprobe von Blättern wird dann die Fläche und das Gewicht jedes Blattes genau gemessen. Die Durchschnittsfläche kann so unter Nutzung der Regression der Blattfläche auf das Blattgewicht geschätzt werden. Die Vorgehensweise spart Zeit und Geld, da das

Blattgewicht recht schnell zu ermitteln ist, während es viel zeitraubender wäre, die Blattfläche genau zu vermessen.

Wenn anzunehmen ist, daß sich X und Y nur um eine (unbekannte) additive Konstante voneinander unterscheiden, wird man für eine gebundene Hochrechnung das Verfahren der **Differenzschätzung** wählen, das die folgende Stichprobenfunktion verwendet:

(27) $\boxed{\bar{y}_D = (\bar{y} - \bar{x}) + \bar{X}}$

Ist dagegen eher ein proportionaler Zusammenhang zwischen X und Y anzunehmen, so bietet sich eine **Verhältnisschätzung** an:

(28) $\boxed{\bar{y}_R = \dfrac{\bar{y}}{\bar{x}} \cdot \bar{X}}$

Kann schließlich als Mischung zwischen dem rein additiven und dem rein proportionalen Zusammenhang ein linearer Zusammenhang der Form $Y = a + bX$ mit unbekannten Konstanten a und b vermutet werden, so erweist sich eine (lineare) **Regressionsschätzung** als den anderen Hochrechnungsverfahren (einschließlich der in den vorangegangenen Abschnitten erörterten ungebundenen oder freien Hochrechnung) als überlegen:

(29) $\boxed{\bar{y}_{LR} = \bar{y} + \hat{b}(\bar{X} - \bar{x})}$ (mit $\hat{b}$ = Schätzwert von b)

Die Varianz einer gebundenen Hochrechnung und damit ihre Schätzgenauigkeit hängt von dem Zusammenhang zwischen beiden Variablen in der Grundgesamtheit ab. Dieser wird in der Stichprobentheorie - nicht anders als in der Statistik allgemein - durch die Kovarianz S_{XY} oder die Korrelation

(30) $\boxed{\rho = \dfrac{S_{XY}}{S_X S_Y}}$

beschrieben, wobei S_X und S_Y und S_{XY} wie in Tabelle 2.1 definiert sind.

2.3.3.1 Differenzschätzung

Die durch (27) gegebene Differenzschätzung ist im Fall einer einfachen Zufallsauswahl konsistent und erwartungstreu. Die Varianz berechnet sich aus

$$(31) \quad \begin{aligned} Var(\bar{y}_D) &= \frac{1}{n}(1-f)(S_Y^2 - 2S_{YX} + S_X^2) = \\ &= \frac{1}{n}(1-f)(S_Y^2 - 2\rho S_Y S_X + S_X^2) \end{aligned}$$

Der Vergleich von (31) und (17) zeigt, daß die Differenzschätzung immer dann der freien Hochrechnung $\bar{y}$ überlegen ist, wenn gilt:

$$2\rho S_Y > S_X$$

2.3.3.2 Verhältnisschätzung

Das Verhältnis $R = \dfrac{\overline{X}}{\overline{Y}}$ wird durch $\hat{R} = \dfrac{\bar{x}}{\bar{y}}$ zwar konsistent, aber nicht erwartungsgtreu geschätzt. Die als Differenz $B = E(\hat{R}) - R$ definierte **Verzerrung** (englisch: **bias)** geht jedoch mit wachsendem Stichprobenumfang gegen 0, was als **asymptotische Erwartungstreue** bezeichnet werden kann (hierzu und zum Folgenden siehe zum Beispiel Sukhatme und Sukhatme, 1970, Kapitel IV).

Der Verhältnisschätzer $\hat{R}$ ist in erster Näherung dann unverzerrt, wenn Y in der Grundgesamtheit eine lineare Regression auf X durch den Ursprung besitzt, d.h. wenn ein proportionaler Zusammenhang zwischen Y und X besteht.

Die Eigenschaften von $\hat{R}$ sind über den Bereich der gebundenen Hochrechnungen hinaus für die Stichprobentheorie von Bedeutung, weil Verhältnisschätzungen immer dann auftreten, wenn der Nenner eines plausiblen Schätzers aus zufälligen Größen gebildet wird, wie es zum

Beispiel in der Klumpenstichprobe mit variierenden Klumpengrößen der Fall ist.

Was die gebundene Schätzfunktion (28) angeht, so wird das asymptotische Verhalten einer Verhältnisschätzung gleichsam auf sie vererbt. Genauer gilt:

$$(32) \quad \begin{array}{l} E(\bar{y}_R) \cong \bar{Y}(1 + \dfrac{1}{n}(1-f)(V_X^2 - \rho V_Y V_X)) \\ Var(\bar{y}_R) \cong \dfrac{1}{n}(1-f)Y^2(V_Y^2 - 2\rho V_Y V_X + V_X^2) \end{array}$$

mit den Variationskoeffizienten

$$(33) \quad V_X = \dfrac{S_X}{\bar{X}}, \ V_Y = \dfrac{S_Y}{\bar{Y}}$$

2.3.3.3 Regressionsschätzung

Regressionsschätzer sind wie Verhältnisschätzer im allgemeinen konsistent, aber nur asymptotisch erwartungstreu.

Wir erörtern zunächst den Spezialfall, daß der Regressionsparameter $b = b_0$ in (29) bekannt ist - zum Beispiel aus Vorerfahrungen - und nicht aus der Stichprobe geschätzt werden muß. In diesem Fall ist die Regressionsschätzung offenbar unverzerrt, denn sie hängt nur noch linear von den beiden involvierten Stichprobenmittelwerten ab:

$$(34) \quad \bar{y}_{LR} = \bar{y} + b_0(\bar{X} - \bar{x})$$

Die Varianz lautet

$$(35) \quad \begin{array}{l} Var(\bar{y}_{LR}) = \dfrac{1}{n}(1-f)(S_Y^2 - 2b_0 S_{YX} + b_0^2 S_X^2) = \\ = \dfrac{1}{n}(1-f)(S_Y^2 - 2b_0 \rho S_Y S_X + b_0^2 S_X^2) \end{array}$$

und wird wiederum unverzerrt geschätzt durch Einsetzen der Stichprobenvarianzen und -kovarianz. Minimal wird $Var(\bar{y}_{LR})$ als Funktion von b_0 gerade dann, wenn b_0 mit dem linearen Regressionskoeffizienten der Grundgesamtheit übereinstimmt. Ist nun b nicht bekannt, so verschafft man sich durch Einsetzen der korrespondierenden Stichprobenwerte die Schätzung

(36) $$\hat{b} = \frac{s_{yx}}{s_x^2}$$

Diese Schätzung stimmt mit der Kleinsten-Quadrate-Schätzung überein. Setzt man $\hat{b}$ anstelle von b_0 in (34), so erhält man wie im Fall der Verhältnisschätzung nur eine geringfügig verzerrte Schätzung.

2.3.4 Geschichtete Stichproben

2.3.4.1 Verfahrensschritte und Schätzungen

Grundsätzlich sind bei Anwendung einer geschichteten (**stratifizierten**) Stichprobe vier Verfahrensschritte zu durchlaufen:

1. Zunächst ist die Grundgesamtheit vollständig und überlappungsfrei in Teilpopulationen (auch **Schichten** oder **Strata**) aufzuteilen.
2. Aus jeder Schicht ist unabhängig voneinander eine einfache Zufallsauswahl zu treffen.
3. Aus den stratumsspezifischen Stichproben wird pro Schicht ein Mittelwert (oder ggf. eine andere Kennziffer) separat geschätzt. Die separaten Schätzungen werden geeignet gewichtet zu einer Schätzung des Populationsmittelwertes kombiniert.
4. Analog müssen auch die Varianzen erst separat für jede Schicht ermittelt werden. Aus diesen wird dann mit einem weiteren Satz von Gewichten eine Schätzung der Varianz des kombinierten Mittelwertschätzung aus Schritt (3) wiederum als gewogener Mittelwert gewonnen.

Werden die Stichprobenumfänge proportional zu den Schichtumfängen gewählt (**proportionale Aufteilung**, siehe Abschnitt 2.3.4.2) so kann

Schritt 3., keineswegs aber Schritt 4., entfallen, weil die übliche Schätzung des Mittelwertes dann selbstgewichtend ist. Das Verfahren der **nachträglichen Schichtung** (siehe Abschnitt 2.3.4.4) kommt ohne die Schritte 1. und 2. aus.

Zur Darstellung der Grundformeln ist es erforderlich, alle Größen, die innerhalb einer Schicht gebildet werden, mit einem zusätzlichen Index zu versehen.

In der h-ten Schicht betrachten wir als stratumsspezifische Größen jeweils:

N_h — Schichtumfang (Zahl der Untersuchungseinheiten)

$W_h = \dfrac{N_h}{N}$ — Schichtgewicht

n_h — Stichprobenumfang

$f_h = \dfrac{n_h}{N_h}$ — Auswahlsatz

$\overline{Y}_h = \dfrac{1}{N_h}\sum\limits_{i=1}^{N_h} Y_i$ — Schichtmittelwert

$\overline{y}_h = \dfrac{1}{n_h}\sum\limits_{i=1}^{n_h} y_i$ — Stichprobenmittelwert

$S_h^2 = \dfrac{1}{N_h - 1}\sum\limits_{i=1}^{N_h}(Y_{hi} - \overline{Y}_h)$ — Schichtvarianz

$s_h^2 = \dfrac{1}{n_h - 1}\sum\limits_{i=1}^{n_h}(y_{hi} - \overline{y}_h)$ — Stichprobenvarianz

Für die Grundgesamtheit insgesamt behalten wir die bisher verwendeten Bezeichnungen bei. Insbesondere wird mit $\overline{Y}$ der Gesamtmittelwert (je Einheit der Grundgesamtheit) bezeichnet. Ist diese in L Schichten zerlegt, so gilt offenbar

$$(37)\quad \sum_{h=1}^{L} N_h = N \qquad \sum_{h=1}^{L} n_h = n \qquad \sum_{h=1}^{L} W_h \overline{Y}_h = \overline{Y}$$

Da jeder stratumsspezifische Stichprobenmittelwert den Mittelwert der zugehörigen Schicht konsistent und unverzerrt schätzt, ergibt sich aus (35) unmittelbar, daß

(38) $$\bar{y}_{st} = \sum_{h=1}^{L} W_h \bar{y}_h$$

eine konsistente und unverzerrte Schätzung des Gesamtmittels ist, wobei der Index „st" auf die stratifizierte Stichprobe verweisen soll.
Weil die Auswahlen in verschiedenen Schichten unabhängig voneinander vorgenommen wurden, gilt für die Varianz dieses Schätzers die Gleichung

(39) $$Var(\bar{y}_{st}) = \sum_{h=1}^{L} W_h^2 Var(\bar{y}_h)$$

aus der dann unmittelbar die Varianzformel der geschichteten Stichprobe folgt:

(40) $$Var(\bar{y}_{st}) = \sum_{h=1}^{L} (1-f_h) W_h^2 \frac{S_h^2}{n_h} = \sum_{h=1}^{L} (\frac{1}{n_h} - \frac{1}{N_h}) W_h^2 S_h^2$$

Geschätzt wird die Varianz wieder in konsistenter und unverzerrter Weise, indem in (40) anstelle der Schichtvarianzen die zugehörigen Stichprobenvarianzen eingesetzt werden.
Erfolgt die Aufteilung der Gesamtstichprobe auf die Schichten proportional zu der Aufteilung der Grundgesamtheit auf diese, so spricht man von einer **proportional geschichteten Stichprobe**. Dies hat einen über die Schichten konstanten Auswahlsatz zur Folge. In diesem Fall vereinfachen sich die Formeln (38) und (40) erheblich. So läßt sich zunächst $\bar{y}_{st}$ unmittelbar als Stichprobenmittel der „gepoolten" Gesamtstichprobe berechnen, da bei proportionaler Aufteilung offenbar

(41) $$\bar{y}_{st} = \sum_{h=1}^{L} W_h \bar{y}_h = \sum_{h=1}^{L} W_h \frac{1}{n_h} \sum_{i=1}^{n_h} y_{hi} = \sum_{h=1}^{L} W_h \frac{1}{nW_h} \sum_{i=1}^{n_h} y_{hi} = \frac{1}{n} \sum_{h=1}^{L} \sum_{i=1}^{n_h} y_{hi}$$

gilt - eine Eigenschaft die als **Selbstgewichtung** bezeichnet wird.
Wegen der Gültigkeit von

(42) $\boxed{n_h = nW_h}$ und $\boxed{\dfrac{n_h}{N_h} = \dfrac{n}{N}}$

vereinfacht sich die Varianz bei proportionaler Aufteilung zu

(43) $\boxed{Var(\bar{y}_{st}) = (1-f)\sum_{h=1}^{L} W_h \dfrac{S_h^{\,2}}{n} = (\dfrac{1}{n} - \dfrac{1}{N})\sum_{h=1}^{L} W_h S_h^{\,2}}$

2.3.4.2 Optimale Aufteilung der Stichprobe

Die Aufteilung der Stichprobe auf die verschiedenen Strata unterliegt der Planungshoheit der Studienleitung und ihrer statistischen Beratung. Dabei kann man versuchen, unter Zugrundelegung einer Kostenfunktion, welche die Abhängigkeit der Erhebungs- und Auswertungskosten von den je Schicht vorgegebenen Stichprobenumfängen beschreibt, eine Aufteilung zu finden, so daß die Kosten bei vorgegebener Genauigkeit, oder - äquivalent dazu - die Varianz bei gegebenen Kosten minimiert werden.

In einem einfachen Ansatz für die Kostenfunktion wird häufig Linearität unterstellt.

(44) $\boxed{C = c_0 + \sum_{h=1}^{L} c_h n_h}$

Dabei müssen die Fixkosten c_0 und die stratumsspezifischen Stückkosten c_h bekannt sein.

Die Optimierungsaufgabe führt auf ein Minimierungsproblem unter Nebenbedingungen. Zielfunktion ist die Varianz (40) und Nebenbedingung ist, bei vorgegebenem Budget C, die lineare Gleichung

(45) $\boxed{\sum_{h=1}^{L} c_h n_h = C - c_0}$

2.3 Schätzverfahren 89

Genaugenommen handelt es sich in dieser Darstellung nicht um ein reines Aufteilungsproblem, da der Gesamtstichprobenumfang nicht vorgegeben werden kann, wenn man ein Budget einhalten soll. Bei der Lösung des Minimierungsproblems wird der Stichprobenumfang daher gleich mitbestimmt.

Unter Verwendung gängiger Methoden der höheren Analysis zur Lösung von Minimierungsproblemen (Larange'sche Multiplikatoren), erhält man als Lösung des Problems (40) und (45) Stichprobenumfänge n_h je Schicht, die dem Ausdruck $N_h S_h / \sqrt{c_h}$ proportional sind. Genauer gilt

$$(46) \quad \frac{n_h}{n} = \frac{N_h S_h / \sqrt{c_h}}{\sum N_h S_h / \sqrt{c_h}}$$

In der Optimallösung wird also ein stratumsspezifischer Stichprobenumfang um so größer angesetzt,
- je größer die Schicht ist,
- je größer die stratumsspezifische Varianz ist und
- je kleiner die stratumsspezifischen Erhebungs- und Auswertungskosten sind.

Durch (46) ist nur das Verhältnis des Stichprobenumfangs der h-ten Schicht zum Gesamtumfang bestimmt. Eine vollständige Lösung erfordert noch, (46) nach n_h aufzulösen und in (45) einzusetzen. Man erhält dann

$$(47) \quad n = \frac{(C - c_0) N_h S_h / \sqrt{c_h}}{\sum N_h S_h / \sqrt{c_h}}$$

und kann abschließend die n_h aus (46) ermitteln.

Für den Fall, daß $c_h = c$ für alle h gilt, wird die Optimallösung häufig als **Neymann-Tschuprow-Allokation** oder auch nur **Neymann-Allokation** bezeichnet, weil sie unter dieser Einschränkung von Tschuprow (1923) und Neymann (1934) unabhängig voneinander gefunden wurde. Die Aufteilung ergibt sich dann nach (46) aus der einfachen Formel

$$(48) \quad n_h = n \frac{N_h S_h}{\sum N_h S_h}$$

in der die konstanten Stückkosten gar nicht mehr vorkommen, so daß die Neymann-Allokation vielfach auch ohne jeden expliziten Bezug auf eine Kostenfunktion als optimal bezeichnet wird.

Anmerkung
Ein schwerwiegender Nachteil der Optimallösung besteht darin, daß die unbekannten Schichtvarianzen benötigt werden, so daß man diese aus Vorerhebungen schätzen oder von geeigneten Annahmen über ihre Relationen untereinander ausgehen muß.

Darüber hinaus kann es vorkommen, daß die gefundenen Stichprobenumfänge die zugehörigen Schichtumfänge übersteigen, sich also Auswahlsätze größer als 1 ergeben (für solche Strata ist dann eine Vollerhebung durchzuführen).

Vor diesem Hintergrund nimmt es nicht wunder, daß in der Praxis vielfach entweder die proportionale Aufteilung mit ihren angenehmeren Eigenschaften oder die weiter unten zu besprechende einfache Methode der nachträglichen Schichtung gewählt wird.

2.3.4.3 Schichtungseffekt

Ein wesentlicher Grund, wenn auch nicht immer der einzige, für die Anwendung eines geschichteten Stichprobenverfahrens liegt in der Erwartung, damit gegenüber einer einfachen Zufallsstichprobe den Standardfehler verkleinern zu können. Ob und in welchem Umfang dies tatsächlich der Fall ist, zeigt ein Vergleich der Varianz der Schätzung des Populationswertes aus einer geschichteten Stichprobe mit derjenigen, die sich aus einer einfachen Zufallsstichprobe ergibt.

Da die Varianz bei einer geschichteten Stichprobe von der Aufteilung des Stichprobenumfangs auf die Schichten abhängt, sollen im folgenden drei Varianzen miteinander verglichen werden: die Varianz bei proportionaler Aufteilung (Var_{prop}), die Varianz bei Neymann-Allokation (Var_{opt}) und die Varianz bei Ziehung einer einfachen Zufallsstichprobe (Var_{einf}). Dazu betrachten wir wieder als Populationsparameter den Mittelwert und vernachlässigen die Endlichkeitskorrektur. Dann gilt

(49) $$Var_{e\inf} = \frac{S^2}{n} \qquad Var_{prop} = \frac{\sum N_h S_h^2}{nN}$$
$$Var_{opt} = \frac{(\sum N_h S_h)^2}{nN^2}$$

Aus der Varianzanalyse kennen wir die Streuungszerlegung

$$(N-1)S^2 = \sum(N_h -1)S_h^2 + \sum N_h(\overline{Y}_h - \overline{Y})^2$$

in der wir für große N_h sowohl $(N_h -1)$ durch N_h als auch $(N-1)$ durch N ersetzen können. Es folgt:

(50) $$Var_{e\inf} = \frac{S^2}{n} = \frac{\sum N_h S_h^2}{nN} + \frac{\sum N_h(\overline{Y}_h - \overline{Y})^2}{nN}$$
$$= Var_{prop} + \frac{\sum N_h(\overline{Y}_h - \overline{Y})^2}{nN}$$

Die Differenz zwischen Var_{prop} und Var_{opt} ist aus (49) leicht ausgerechnet

(51) $$Var_{prop} - Var_{opt} = \frac{1}{nN} \sum N_h (S_h - \overline{S})^2$$

mit $\quad \overline{S} := \frac{1}{N} \sum N_h S_h$

Auflösen nach Var_{prop} und Einsetzen in (50) liefert schließlich:

(52) $$Var_{e\inf} = Var_{opt} + \frac{\sum N_h(\overline{Y}_h - \overline{Y})^2}{nN} + \frac{\sum N_h(S_h - \overline{S})^2}{nN}$$

Aus (50) und (52) folgt:

(53) $$Var_{opt} \leq Var_{prop} \leq Var_{e\inf}$$

wobei durch Übergang von der einfachen zur proportional geschichteten Zufallsstichprobe nach (50) die Unterschiede zwischen den Schichtmittelwerten und durch Übergang von der proportional zur optimal geschichteten Stichprobe nach (51) zusätzlich die Unterschiede zwischen den Schichtvarianzen ausgeschaltet werden.

Als Ergebnis läßt sich festzuhalten:

- Der Schichtungseffekt ist bei optimaler Aufteilung der stratumsspezifischen Schichtumfänge um so größer, je stärker die Schichtmittelwerte oder je stärker die Schichtvarianzen streuen. Am meisten profitiert man von einer geschichteten Stichprobe mit optimaler Aufteilung, wenn beide Populationsparamter - sowohl die Schichtmittelwerte als auch die Schichtvarianzen - eine erhebliche Streuung aufweisen.
- Die proportionale Aufteilung ist immer dann empfehlenswert, wenn die Schichtmittelwerte sich stark voneinander unterscheiden. Wenn gleichzeitig die Schichtvarianzen wenig streuen, bleibt sie kaum hinter der optimalen Aufteilung zurück.

Darf die Endlichkeitskorrektur nicht vernachlässigt werden, so kann theoretisch Var_{prop} und sogar Var_{opt} größer werden als Var_{einf}. In der Praxis kommt das allerdings so gut wie nie vor.

Schätzen läßt sich die Größe des Schichtungseffekts bedauerlicherweise erst, wenn die Stichprobe bereits gezogen wurde. Im Hinblick auf zukünftige Stichprobenplanungen kann dies dennoch von Interesse sein. Eine konsistente Schätzung des absoluten Schichtungseffekts, die allerdings nicht erwartungstreu ist, läßt sich im Fall vernachlässigbarer Endlichkeitskorrekturen leicht angeben. Man braucht die Gleichungen (50) bzw. (52) nur nach $Var_{einf} - Var_{prop}$ bzw. $Var_{einf} - Var_{opt}$ aufzulösen, um dann für $\overline{Y}_h$, $\overline{Y}$, S_h und $\overline{S}$ die entsprechenden erwartungstreuen Schätzungen einzusetzen. Die Resultate sind jedoch nicht mehr erwartungstreu, da sie von den eingesetzten Größen in nichtlinearer Weise abhängen.

Im Sinne des Schichtungseffektes besser zu interpretieren, als die absoluten Abweichungen der Varianzen, sind allerdings deren relative Abweichungen, die ein anschauliches Bild von dem Genauigkeitsgewinn vermitteln können, der bei Übergang etwa zu einer proportional geschichteten Stichprobe erzielt werden kann.

Zu Schätzung von Var_{einf} muß nach (49) S^2 aus einer geschichteten Zufallsstichprobe geschätzt werden, was im allgemeinen nicht ganz einfach ist. Gelegentlich wird hierfür

$$s^2 = \frac{1}{n-1} \sum_{h=1}^{L} \sum_{i=1}^{n_h} (y_{hi} - \overline{y})^2 \quad \text{mit} \quad \overline{y} := \frac{1}{n} \sum_{h=1}^{L} \sum_{i=1}^{n_h} y_{ih}$$

gewählt, was aber nur im Fall der proportionalen Aufteilung einen akzeptablen Näherungswert darstellt. Ein in allen Fällen sogar erwartungstreuer Schätzer ist durch den etwas komplizierten Ausdruck

$$(54) \quad \hat{S}^2 = \sum_{h=1}^{L} W_h s_h^2 + \frac{N}{N-1} (\sum_{h=1}^{L} W_h (\overline{y}_h - \overline{y}_{st})^2 - \sum_{h=1}^{L} W_h (1 - W_h) \frac{s_h^2}{n_h})$$

gegeben, auf dem basierend sich auch eine erwartungstreue Schätzung des Schichtungseffekts bei beliebiger Aufteilung herleiten läßt (siehe z.B. Sukhatme und Sukhatme, 1970).

2.3.4.4 Nachträgliche Schichtung

Auch wenn eine einfache Zufallsstichprobe gezogen wurde, kann durch nachträgliche Schichtung ein Schichtungseffekt realisiert, d.h. die Varianz verkleinert werden. Dies ist vorteilhaft bei Verwendung von Schichtmerkmalen, wie z.B. Alter oder „höchster Schulabschluß", in denen zwar die Schichtgewichte der Grundgesamtheit aus der letzten Volkszählung, dem Mikrozensus oder anderen Erhebungen der amtlichen Statistik bekannt sind, die Zuordnung zu den Schichten aber erst nach Ziehung der Stichprobe möglich ist, weil keine strataspezifische Auswahlgrundlagen vorliegen.

In solchen Fällen zieht man am besten eine einfache Zufallsstichprobe, ermittelt die Schichtzugehörigkeiten der Untersuchungseinheiten und (als zufällige Größen) die Stichprobenumfänge n_h in den einzelnen Schichten und wendet dann die Formeln der geschichteten Stichprobe an.

Bei diesem Verfahren wird der Populationsmittelwert nach wie vor erwartungstreu geschätzt, wie sich leicht durch Rückgriff auf die Theorie der bedingten Erwartungswerte zeigen läßt. Ferner sind bei nicht allzu kleinen strataspezifischen Stichprobenumfängen die Genauigkeitsverluste gegenüber einem Verfahren der proportional geschichteten Zufallsauswahl im allgemeinen sehr gering, wie eine Untersuchung der Varianz ergibt, und gehen mit wachsendem Stichprobenumfang bei festen Schichtgewichten gegen Null.

Unter Umständen kann bei nachträglicher Schichtung als Schichtungsmerkmal das zu erhebende Merkmal selbst verwendet werden, was einen besonders hohen Schichtungseffekt erwarten läßt. Dies ist natürlich nur dann möglich, wenn die Schichtgewichte in der Grundgesamtheit zumindest näherungsweise bekannt sind.

2.3.4.5 Optimale Zahl von Schichten

Die Varianz der Mittelwertschätzung einer geschichteten Stichprobe hängt von den Schichtgewichten, den Schichtvarianzen und den stratasspezifischen Stichprobenumfängen ab. Betrachten wir vereinfachend die proportionale Schichtung, so fallen die Stichprobenumfänge heraus und die Varianz wird durch die Formel (43) beschrieben.

Bei wachsender Zahl werden die Schichten immer kleiner und mit ihnen - jedenfalls der Tendenz nach - auch die Schichtvarianzen und die gewichtete Summe ihrer Quadrate in (43). Man kann deswegen erwarten, daß die Varianz der Mittelwertschätzung im allgemeinen fällt, wenn die Schichtenzahl wächst. Auf der anderen Seite sind die Kosten zu beachten, die sich gegenläufig verhalten und eher mit der Zahl der Schichten wachsen dürften. Im Rahmen der Planung gilt es, diese beiden gegenläufigen Tendenzen auszubalancieren und ein Optimum zu finden. Dieses hängt von dem Verhalten der Varianz bei wachsendem L und der Kostenfunktion ab. Als einfache Kostenfunktion wird in diesem Zusammenhang vielfach $C = L \cdot c_1 + n \cdot c_2$ zum Ansatz gebracht, wie von Dalenius (1957) vorgeschlagen.

Cochran (1972) kommt unter Zugrundelegung dieser Kostenfunktion und einem plausiblen Modell für das Verhalten der Varianzen, in das auch die Korrelation des Schichtungsmerkmals mit dem Erhebungsmerkmal einfließt, zu dem Schluß, es sei nur in wenigen Fällen vorteilhaft, mehr als sechs Schichten zu bilden.

2.3.5 Klumpen- bzw. Flächenstichproben

Auf Klumpen- bzw. Flächenstichproben wird in der Regel aus erhebungstechnischen Gründen zurückgegriffen, weil die Elemente der Grundgesamtheit als Auswahleinheiten mangels einer geeigneten Auswahlgrundlage nicht in Frage kommen. Vergleicht man die Klumpenauswahl mit der Elementauswahl für Fälle, in denen beide Vorgehensweisen möglich sind, so sind die Kosten pro Stichprobenelement bei der Klumpenauswahl niedriger, was jedoch mit einer geringeren Genauigkeit und einem höheren Auswertungsaufwand bezahlt wird.

Voraussetzung für eine Klumpenauswahl ist, daß die Grundgesamtheit sich vollständig und überlappungsfrei aus den Klumpen zusammensetzt. Es wird dann eine einfache Zufallsauswahl aus den Klumpen getroffen, wobei entweder jeweils alle Untersuchungseinheiten der gezogenen Klumpen in die Stichprobe gelangen (sog. **einstufige Klumpenauswahl**) oder aus den gezogenen Klumpen als Primäreinheiten in einem zweiten Schritt erneut Zufallsstichproben von Sekundäreinheiten, sowie aus diesen ggf. Tertiäreinheiten usw. gezogen werden (**mehrstufiges Auswahlverfahren**).

Es sei angemerkt, daß sich die systematische Zufallsauswahl als eine einstufige Klumpenauswahl behandeln läßt, bei der genau ein Klumpen aus einer Gesamtheit von k Klumpen (mit einer konstanten Zahl von jeweils n Elementen) gezogen wird.

Für eine übersichtliche Darstellung der Formeln des Klumpenstichprobenverfahrens empfiehlt sich eine Terminologie wie in der Varianz- bzw. Kovarianzanalyse. Es sei

K Anzahl der Klumpen, welche die Grundgesamtheit disjunkt überdecken

k Anzahl der Klumpen in der Stichprobe

M_i Anzahl der Untersuchungseinheiten im i-ten Klumpen ("Klumpenumfang")

m_i Anzahl der ausgewählten Untersuchungseinheiten des i-ten Klumpens

g_{ij} j-te Untersuchungseinheit im i-ten Klumpen

($i = 1,...,K; \; j = 1,...,M_i$)

Y_{ij} Merkmalsausprägungen von g_{ij} in der Grundgesamtheit

($i = 1,...,K; \; j = 1,...,M_i$)

$\overline{Y}_{i\bullet} = \frac{1}{M_i} \sum_{j=1}^{M_i} Y_{ij}$ Mittelwert pro Element des i-ten Klumpens in der Grundgesamtheit ($i = 1,...,K$)

y_{ij} Merkmalsausprägungen der g_{ij} in der Stichprobe ($i = 1,...,k; j = 1,...,m_i$)

$\overline{y}_{i\bullet} = \frac{1}{m_i} \sum_{j=1}^{m_i} y_{ij}$ Mittelwert pro Element des i-ten Klumpens in der Stichprobe ($i = 1,...,k$)

Behalten wir die Bezeichnungen N und n für den Umfang der Grundgesamtheit bzw. der Stichprobe wie auch $\overline{Y}$ und $\overline{y}$ für den Populations- bzw. den Stichprobenmittelwert bei, so gilt offenbar:

(55) $\boxed{\sum_{i=1}^{K} M_i = N}$ und $\boxed{\sum_{i=1}^{k} m_i = n}$

(56) $\boxed{\overline{Y} = \frac{1}{N} \sum_{i=1}^{K} \sum_{j=1}^{M_i} Y_{ij}}$ und $\boxed{\overline{y} = \frac{1}{n} \sum_{i=1}^{k} \sum_{j=1}^{m_i} y_{ij}}$

sowie die aus der Varianzanalyse bekannte Streuungszerlegung

(57) $\boxed{\sum_{i=1}^{K} \sum_{j=1}^{M_i} (Y_{ij} - \overline{Y})^2 = \sum_{i=1}^{K} M_i (\overline{Y}_{i\bullet} - \overline{Y})^2 + \sum_{i=1}^{K} \sum_{j=1}^{M_i} (Y_{ij} - \overline{Y}_{i\bullet})^2}$

wobei die auf der linken Seite stehende Gesamtstreuung in zwei Komponenten zerlegt wird, deren erste die Streuung zwischen und deren zweite die Streuung innerhalb der Klumpen mißt.

Zu beachten ist, daß die Klumpenumfänge in der Stichprobe und damit auch n im allgemeinen vor der Ziehung nicht bekannt sind, so daß sie als Zufallsvariable behandelt werden müssen.

2.3.5.1 Einstufige Klumpenauswahl bei konstanter Klumpengröße

Liegt eine konstante Klumpengröße M und gleichzeitig eine einstufige Klumpenauswahl vor, so gilt:

(58) $\boxed{N = K \cdot M}$ und $\boxed{n = k \cdot M}$

In diesem Fall lassen sich der Populations- und der Stichprobenmittelwert als Mittelwerte der Klumpenmittel berechnen

(59) $\boxed{\overline{Y} = \frac{1}{K}\sum_{i=1}^{K}\overline{Y}_{i\bullet}}$ und $\boxed{\overline{y} = \frac{1}{k}\sum_{i=1}^{k}\overline{y}_{i\bullet} = \frac{1}{n}\sum_{i=1}^{k}\sum_{j=1}^{M} y_{ij}}$

Da alle Beobachtungen linear eingehen, ist $\overline{y}$ eine konsistente und unverzerrte Schätzung von $\overline{Y}$. Zur Schätzung des Populationsmittelwertes kann so getan werden, als entstammten die Daten einer einfachen Zufallsstichprobe.
Die Varianz des Stichprobenmittelwertes berechnet sich in der Klumpenstichprobe aber anders als in der einfachen Zufallsstichprobe, da ja Untersuchungseinheiten aus dem gleichen Klumpen nicht unabhängig voneinander, sondern stets gemeinsam gezogen werden. Zur Darstellung der Varianz und für ihre Interpretation im Vergleich zu der Varianz, die sich aus einer einfachen Zufallsstichprobe gleichen Umfangs ergäbe, bedient man sich zweckmäßigerweise der aus (57) nach Division durch den Stichprobenumfang $N = K \cdot M$ hervorgehenden Varianzzerlegung

(60) $\boxed{\frac{1}{MK}\sum_{i=1}^{K}\sum_{j=1}^{M_i}(Y_{ij} - \overline{Y})^2 = \frac{1}{K}\sum_{i=1}^{K}(\overline{Y}_{i\bullet} - \overline{Y})^2 + \frac{1}{MK}\sum_{i=1}^{K}\sum_{j=1}^{M_i}(Y_{ij} - \overline{Y}_{i\bullet})^2}$

Diese Zerlegung wird zur Korrektur der Nenner hinsichtlich der Freiheitsgrade üblicherweise in einer Varianzanalysetabelle präsentiert. Die beiden Varianzkomponenten werden dabei als Varianz **zwischen** (**between**) den Klumpen (σ_b^2 bzw., nach Korrektur auf Erwartungstreue, S_b^2) und Varianz **innerhalb** (**within**) der Klumpen (σ_w^2 bzw. S_w^2) bezeichnet.

Tabelle 2.2: Muster der Varianzanalysetabelle einer einstufigen Klumpenstichprobe mit konstanter Klumpengröße

Variation	Quadratsumme (SQ)	Freiheitsgrade (FG)	Mittlere Quadratsumme (MQ)
zwischen den Klumpen	$M \sum_{i=1}^{K}(\bar{Y}_{i\bullet} - \bar{Y})^2$	$K-1$	$MS_b^2 = \dfrac{M}{K-1}\sum_{i=1}^{K}(\bar{Y}_{i\bullet} - \bar{Y})^2$
innerhalb der Klumpen	$\sum_{i=1}^{K}\sum_{j=1}^{M}(Y_{ij} - \bar{Y}_{i\bullet})^2$	$K \cdot (M-1)$	$S_w^2 = \dfrac{1}{K(M-1)}\sum_{i=1}^{K}\sum_{j=1}^{M}(Y_{ij} - \bar{Y}_{i\bullet})^2$
Grundgesamtheit insgesamt	$\sum_{i=1}^{K}\sum_{j=1}^{M}(Y_{ij} - \bar{Y})^2$	$K \cdot M - 1$	$S^2 = \dfrac{1}{KM-1}\sum_{i=1}^{K}\sum_{j=1}^{M}(Y_{ij} - \bar{Y})^2$

Berücksichtigt man, daß es um die Klumpenmittelwerte bei der einstufigen Vorgehensweise keine klumpeninternen Zufallsschwankungen gibt und daß für den Auswahlsatz $f = \dfrac{k}{K} = \dfrac{kM}{KM} = \dfrac{n}{N}$ gilt, so erhalten wir als Varianz des Stichprobenmittelwertes offenbar:

(61) $\boxed{Var_K(\bar{y}) = (1-f)\dfrac{S_b^2}{k}}$

während die Varianz einer umfangsgleichen einfachen Zufallsstichprobe aus den Elementen der Grundgesamtheit die Form

(62) $\boxed{Var_{e\inf}(\bar{y}) = (1-f)\dfrac{S^2}{kM}}$

besitzt. Hieraus berechnet sich die sog. **relative Effizienz** der einstufigen Klumpenstichprobe, die als Verhältnis zwischen $Var_{e\inf}$ und Var_K in der Form $R.E. = S^2/(MS_b^2)$ definiert ist.

Besser zu interpretieren sind die Unterschiede zwischen den beiden Varianzen (61) und (62), wenn wir die Klumpenstichprobenvarianz mit Hilfe des sog. **Intraklass-Korrelationskoeffizienten** ausdrücken, der die Korrelation innerhalb der Klumpen mißt - also als Maßzahl für die durchschnittliche Homogenität der Zusammensetzung der Klumpen angesehen werden kann - und sich unter Verwendung der Varianzkomponenten folgendermaßen berechnen läßt:

(63) $$\rho = \frac{\sigma_b^2 - S_w^2/(M-1)}{\sigma^2}$$

Ausgehend von der Varianzzerlegung (60) gelingt bei einer hinreichend großen Klumpenzahl mit Hilfe von ρ die folgende Näherung:

(64) $$Var_K(\bar{y}) \cong \frac{S^2}{kM}(1+(M-1)\rho) = Var_{einf}(\bar{y})(1+(M-1)\rho)$$

Die Varianz ist um so größer, je homogener - und um so kleiner, je heterogener - die Klumpen zusammengesetzt sind. Gilt $\rho > 0$, wie meistens in praktischen Anwendungen, ist die Klumpenauswahl ungenauer als die umfangsgleiche Elementauswahl. Nur in den seltenen Fällen, in denen die Intraklass-Korrelation negativ ist, gewinnt man an Genauigkeit. Vor diesem Hintergrund wird der Faktor $(1+(M-1)\rho)$ häufig als Varianzaufblähungsfaktor bezeichnet. Allgemeiner, wenn die Richtung der Varianzveränderung nicht präjudiziert werden soll, spricht man von Designeffekt (im hier diskutierten Design auch von Klumpeneffekt). Um eine vorgegebene Genauigkeit zu erreichen, benötigt man für die Klumpenstichprobe einen um den Faktor des Klumpeneffekts größeren Stichprobenumfang als bei der einfachen Zufallsstichprobe. Der reziproke Wert des Designeffekts stimmt mit der oben erwähnten relativen Effizienz überein.

Man darf die Varianzaufblähung durch Klumpenauswahl nicht unterschätzen, da sie mit der (durchschnittlichen) Klumpengröße wächst. Ist z.B. $\rho = 0{,}3$ und $\overline{M} = 10$ (nicht untypisch für Befragungen durch Interviewer), so wird die Varianz bei der Klumpenauswahl gegenüber der Elementauswahl bereits um den Faktor 3,7 vergrößert.

Eine erwartungstreue Schätzung der Varianz erhält man durch Einsetzen der gemäß

(65) $$s_b^2 = \frac{1}{k-1}\sum_{i=1}^{k}(\bar{y}_{i\bullet} - \bar{y})^2$$

unverzerrt geschätzten Varianz zwischen den Klumpen in die Formel (61).
Auch die Varianz innerhalb der Klumpen kann erwartungstreu geschätzt werden.

$$(66) \quad s_w^2 = \frac{1}{k(M-1)} \sum_{i=1}^{k} \sum_{j=1}^{M} (y_{ij} - \bar{y}_{i\bullet})^2$$

Aus beiden zusammen läßt sich eine asymptotisch unverzerrte Schätzung der relativen Effizienz gewinnen (s. Sukhatme und Sukhatme, 1970, Abschnitt 6.4).

$$(67) \quad \hat{R}.E. \cong \frac{1}{M} + (1 - \frac{1}{M}) \frac{s_w^2}{M s_b^2}$$

2.3.5.2 Einstufige Klumpenauswahl bei variabler Klumpengröße

In den meisten Anwendungsfällen sind die Klumpen von variabler Größe, was zur Folge hat, daß der Stichprobenmittelwert als Verhältnisschätzung zwar noch eine konsistente, aber keine unverzerrte Schätzfunktion mehr darstellt. Eine Näherungsformel für die Varianz erhalten wir aus der Theorie der Verhältnisschätzungen:

$$(68) \quad Var_K(\bar{y}) \cong (1-f) \frac{S_b^{*2}}{k} \text{ mit } S_b^{*2} = \frac{1}{K-1} \sum_{i=1}^{K} \frac{M_i^2}{\overline{M}^2} (\bar{Y}_{i\bullet} - \bar{Y})^2$$

Überlegungen zum Designeffekt basieren auch im Fall variabler Klumpengrößen auf dem Intraklass-Korrelationskoeffizienten bzw. auf der Formel (67), wobei dann die mittlere Klumpengröße einzusetzen ist und sich der Vergleich auf eine einfache Zufallsstichprobe mit Umfang $E(n) = k\overline{M}$ bezieht.

Die Darstellung des Populationsmittelwertes als gewogenes Mittel in der Form

2.3 Schätzverfahren

$$(69) \quad \overline{Y} = \frac{1}{N}\sum_{i=1}^{K} M_i \overline{Y}_{i\bullet} = \frac{1}{K}\sum_{i=1}^{K} \frac{M_i}{\overline{M}} \overline{Y}_{i\bullet}$$

könnte, zumindest wenn die Klumpengrößen in der Grundgesamtheit alle bekannt sind, das folgende unverzerrte Schätzverfahren nahelegen:

$$(70) \quad \overline{y}_{\bullet}^{*} = \frac{1}{k}\sum_{i=1}^{k} \frac{M_i}{\overline{M}} \overline{y}_{i\bullet}$$

Wird in (70) $\overline{M}$ durch die Schätzung $\overline{m}$ ersetzt, zum Beispiel mangels der genauen Kenntnis der Klumpenumfänge in der Grundgesamtheit, so bleibt die Schätzung immer noch konsistent.
Die Varianz der Schätzung (70) ist gegeben durch

$$(71) \quad Var(\overline{y}_{\bullet}^{*}) = (1-f)\frac{S_b^{**2}}{k} \quad \text{mit}$$

$$S_b^{**2} = \frac{1}{K-1}\sum_{i=1}^{K}\left(\frac{M_i \overline{Y}_{i\bullet}}{\overline{M}} - \overline{Y}\right)^2 = \frac{1}{(K-1)\overline{M}^2}\sum_{i=1}^{K}(M_i \overline{Y}_{i\bullet} - \overline{M}\overline{Y})^2$$

Die Varianz S_b^{**2} aus (71) ist im allgemeinen größer als S_b^{*2} aus (68), da erstere von der Variation der Klumpensummen $M_i \overline{Y}_{i\bullet}$ abhängt, letztere nur von derjenigen der Klumpenmittelwerte. Da die Verzerrung des Verhältnisschätzers zudem äußerst gering ist, kann angenommen werden, daß das Stichprobenmittel dem Schätzer $\overline{y}_{\bullet}^{*}$ - bis auf Sonderfälle - überlegen sein wird.
Auch der simple arithmetische Mittelwert der Klumpenmittelwerte

$$(72) \quad \overline{y}_{\bullet} = \frac{1}{k}\sum_{i=1}^{k} \overline{y}_{i\bullet}$$

findet als (eine im allgemeinen verzerrte) Schätzung für den Populationsmittelwert Verwendung. Die Verzerrung wächst mit der Kovarianz zwischen den Klumpenumfängen und -mittelwerten. Bezogen auf das mittlere Fehlerquadrat, das richtige Vergleichsmaß für verzerrte Schät-

zungen, ist die Schätzung (72) dem Stichprobenmittelwert jedoch unterlegen.
Im Verfahren einer pps-Auswahl, d.h. einer Klumpenauswahl mit Zurücklegen und größenproportionalen Auswahlwahrscheinlichkeiten, ist die Schätzung (72) dagegen zu empfehlen. Es zeigt sich nämlich, daß $\bar{y}_\bullet$ in dem pps-Design eine erwartungstreue Schätzung des Populationsmittelwertes darstellt mit einer asymptotischen relativen Effizienz, die mit derjenigen der verzerrten Schätzung durch das Stichprobenmittel übereinstimmt.

2.3.5.3 Zweistufiges Auswahlverfahren

Einstufige Klumpenauswahlen mit variablen Klumpengrößen sind wegen der mangelnden Kontrolle des Stichprobenumfangs und einer nicht einfachen Auswertung der in solchen Designs erhobenen Daten vergleichsweise selten in der Praxis anzutreffen. Gewöhnlich geht man so vor, daß man aus den k auf der ersten Stufe ausgewählten Klumpen als Primäreinheiten jeweils eine weitere Zufallsauswahl trifft, so daß aus dem i-ten Klumpen m_i Untersuchungseinheiten ausgewählt werden.

Neben dem Auswahlsatz $f_1 = \dfrac{k}{K}$ auf der ersten Stufe gibt es dann k weitere Auswahlsätze $f_{2i} = m_i / M_i$ ($i = 1,...,k$), welche die Auswahl der Sekundäreinheiten steuern.

Auch in einem solchen Design ist der Schätzer (66) unverzerrt. Seine Varianz muß wegen der zweifachen Auswahl allerdings neu berechnet werden. Sie setzt sich aus zwei Varianzkomponenten zusammen, deren erste der Zufallsauswahl der Primäreinheiten und deren zweite der Zufallsauswahl der Sekundäreinheiten Rechnung trägt.

$$(73) \quad \boxed{Var(\bar{y}_\bullet^*) = (1 - f_1)\frac{S_b^{**2}}{k} + \frac{1}{kK}\sum_{i=1}^{K}(1 - f_{2i})\frac{M_i^2}{M^2}\frac{S_{wi}^2}{m_i}}$$

wobei S_{wi}^2 die Variabilität der erhobenen Y-Werte innerhalb der i-ten Primäreinheit mißt:

$$(74) \quad S_{wi}^{2} = \frac{1}{M_i - 1} \sum_{j=1}^{M_i} (Y_{ij} - \overline{Y}_{i\bullet})^2 \quad i = 1,...,K$$

Setzt man in (74) in dem Faktor vor der zweiten Summe $K = k / f_1$ ein, so ergibt sich

$$(75) \quad Var(\overline{y}_{\bullet}^{*}) = (1 - f_1) \frac{S_b^{**2}}{k} + f_1 \frac{1}{k} \sum_{i=1}^{K} (1 - f_{2i}) \frac{M_i^2}{\overline{M}^2} \frac{S_{wi}^2}{km_i}$$

Ist der Auswahlsatz auf der ersten Stufe klein, so kann der zweite Summand, der ihn als Faktor enthält, häufig vernachlässigt werden, und die Varianz läßt sich, und dies vielfach auch in Auswahlverfahren mit mehr als zwei Stufen, durch den folgenden einfachen Ausdruck approximieren:

$$(76) \quad Var(\overline{y}_{\bullet}^{*}) \cong \frac{S_b^{**2}}{k}$$

Eine erwartungstreue Schätzung hat die Form:

$$(77) \quad \hat{Var}(\overline{y}_{\bullet}^{*}) = (1 - f_1) \frac{s_b^{**2}}{k} + f_1 \frac{1}{k} \sum_{i=1}^{k} (1 - f_{2i}) \frac{M_i^2}{\overline{M}^2} \frac{s_{wi}^2}{km_i}$$

mit den zu S_b^{**2} und S_{wi}^{2} korrespondierenden Stichprobengrößen

$$(78) \quad s_b^{**2} = \frac{1}{k-1} \sum_{i=1}^{k} \left(\frac{M_i \overline{Y}_{i\bullet}}{\overline{M}} - \overline{y}_{\bullet}^{*} \right)^2 \quad \text{und}$$

$$(79) \quad s_{wi}^{2} = \frac{1}{m_i - 1} \sum_{j=1}^{m_i} (y_{ij} - \overline{y}_{i\bullet})^2 \quad i = 1,...,K$$

2.4 Ergänzungen

2.4.1 Rückfangmethode zur Schätzung von N

Beispiel
Eine in der Biologie und Ökologie häufige Aufgabenstellung besteht darin, die Gesamtheit N einer Spezies wild lebender Tiere und verwandte demographische Parameter, zum Beispiel die einjährige Überlebensrate, innerhalb eines begrenzten Verbreitungsgebietes (Teich, Insel, o.ä.) zu schätzen.

Mit den klassischen Stichprobenverfahren, die voraussetzen, daß der Umfang der Grundgesamtheit bekannt ist, kann diese Aufgabe nicht gelöst werden.

Die **Rückfangmethode** (**capture-recapture sampling**) basiert auf dem Ziehen zweier einfacher Zufallsstichproben ohne Zurücklegen in einem ausreichenden zeitlichen Abstand voneinander. Die n_1 Tiere der ersten Stichprobe werden markiert und wieder ausgesetzt. Nach einer Zeitspanne, die ausreichend bemessen werden muß, damit sich die markierten Tiere wieder gründlich mit dem großen Rest der unmarkierten mischen können, wird dann die zweite, die sog. **Wiederfangstichprobe** vom Umfang n_2 gezogen. Werden in der zweiten Stichprobe m_2 markierte Tiere gefunden, so ist der klassische Schätzer des Umfangs der Grundgesamtheit gegeben durch:

$$(80) \quad \boxed{\hat{N} = \frac{n_1 n_2}{m_2}}$$

Diese Schätzung, die von dem dänischen Biostatistiker Petersen (1896) vorgeschlagen wurde, basiert auf dem Maximum-Likelihood-Prinzip. Ausgangspunkt ist die Überlegung, daß die Zahl der markierten Tiere in der Wiederfangstichprobe einer hypergeometrischen Verteilung $H(N, n_1, n_2)$ genügt. Die Wahrscheinlichkeit unter n_2 gefangenen Tieren gerade m_2 markierte zu finden, hängt somit von dem unbekannten Parameter N ab. Der Petersen-Schätzer (80) maximiert diese Wahrscheinlichkeit als Funktion von N.

2.4.2 Planung des Stichprobenumfangs

> Den Stichprobenumfang zu planen, bedeutet zunächst einen Diskurs mit der Studienleitung über die gewünschte Genauigkeit, mit welcher die wichtigsten interessierenden Populationsparamter geschätzt werden sollen. Dabei wird Genauigkeit in der Praxis zumeist als relatives Maß erörtert.

Beispiel

Das Management der Kaufhauskette in Beispiel 2 (siehe oben) wird vermutlich eher die Vorstellung äußern, das verfügbare Haushaltseinkommen möge „auf 3% genau geschätzt werden", als „auf 150 DM".

Betrachten wir die Schätzung eines Mittelwertes $\overline{Y}$ aus einer einfachen Zufallsstichprobe und lassen einen Standardfehler von maximal $\varepsilon \overline{Y}$ bei einer Sicherheitswahrscheinlichkeit $1-\alpha$ zu (im Beispiel wäre $\varepsilon = 0{,}03$), so kann der hierzu mindestens benötigte Stichprobenumfang aus dem zugehörigen Konfidenzintervall abgeleitet werden, das im Fall des Mittelwertes für hinreichen große Stichprobenumfänge folgende Form hat:

$$(81)\quad KI_{1-\alpha}(\overline{Y}) = [\overline{y} - u_{1-\frac{\alpha}{2}} \cdot \sqrt{\frac{N-n}{Nn}} S, \overline{y} + u_{1-\frac{\alpha}{2}} \cdot \sqrt{\frac{N-n}{Nn}} S]$$

Dabei bezeichnet $u = u_{1-\alpha/2}$ das $(1-\alpha/2)$-Quantil der Standardnormalverteilung, so daß zum Beispiel auf dem 95%-Niveau ($\alpha = 0{,}05$) $u = 1{,}96$ gilt.

Da der maximale Standardfehler $\varepsilon \overline{Y}$ betragen soll, erhalten wir die Gleichung

$$(82)\quad u \cdot \sqrt{\frac{N-n}{Nn}} S = \varepsilon \overline{Y}$$

die leicht nach n aufgelöst werden kann:

$$(83) \quad n = \frac{Nu^2 S^2}{u^2 S^2 + N\varepsilon^2 \overline{Y}^2}$$

In (83) treten mit $\overline{Y}$ und S allerdings zwei in der Phase der Stichprobenplanung noch unbekannte Populationsparameter auf, die man zu dem Variationskoeffizienten $V = S/\overline{Y}$ zusammenfassen kann, über den auf der Basis von Vorerfahrungen eher plausible Annahmen möglich erscheinen, als über Mittelwert und Standardabweichung getrennt. Formt man (83) in dieser Hinsicht um, so ergibt sich:

$$(84) \quad n = \frac{\dfrac{u^2}{\varepsilon^2}\dfrac{S^2}{\overline{Y}^2}}{1+\dfrac{1}{N}\dfrac{u^2}{\varepsilon^2}\dfrac{S^2}{\overline{Y}^2}} = \frac{\dfrac{u^2}{\varepsilon^2}V^2}{1+\dfrac{1}{N}\dfrac{u^2}{\varepsilon^2}V^2} = \frac{V^2}{\dfrac{1}{N}V^2+\dfrac{\varepsilon^2}{u^2}}$$

Wenn keine fundierte Vorstellung über den Variationskoeffizienten besteht, so hilft die auf Neyman (1934) zurückgehende Idee einer Vorbereitungsstichprobe weiter, die in eine sequentielle Vorgehensweise eingebettet ist. Wenn die Vorbereitungsstichprobe den Umfang n_1 hat und für die Varianz die Schätzung s_1^2 liefert, so benötigt die zusätzliche Stichprobe, um den Populationsmittelwert $\overline{Y}$ mit der vorgegebenen Genauigkeit $\varepsilon\overline{Y}$ zu schätzen, für große N einen Umfang von $n - n_1$ mit

$$(85) \quad n = \frac{t^2(\alpha, n_1 - 1)}{\varepsilon^2}\frac{s_1^2}{\overline{Y}^2}$$

wobei $t^2(\alpha, n_1 - 1)$ das $(1 - \alpha/2)$-Quantil der t-Verteilung mit $n_1 - 1$ Freiheitsgraden darstellt (gl. Sukhatme und Sukhatme, 1970, Abschnitt 1.12).
Wenden wir (84) speziell auf die Situation an, daß der Anteil P einer Teilgesamtheit mit dem maximalen Standardfehler εP geschätzt werden

soll, so erhalten wir mit Q = 1-P Formel (86) zur Berechnung des erforderlichen Stichprobenumfangs.

$$(86) \quad n = \frac{\dfrac{u^2}{\varepsilon^2}\dfrac{Q}{P}}{1 + \dfrac{1}{N}(\dfrac{u^2}{\varepsilon^2}\dfrac{Q}{P} - 1)}$$

Man beachte, daß (86) anders als das zugehörige Konfindenzintervall

$$(87) \quad KI_{1-\alpha}(P) = [p - u_{1-\frac{\alpha}{2}} \cdot \sqrt{\frac{N-n}{N-1}\frac{PQ}{n}}, p + u_{1-\frac{\alpha}{2}} \cdot \sqrt{\frac{N-n}{N-1}\frac{PQ}{n}}]$$

nicht symmetrisch in P und Q ist, da die Vorgabe des relativen Fehlers mit einem konstanten ε in asymmetrischer Weise an P gebunden ist. In (86) wächst vielmehr n monoton mit fallendem P bis zu seinem Grenzwert N, so daß die Schätzung kleiner Anteilswerte große Stichprobenumfänge erfordert (siehe Tabelle 2.3).

Tabelle 2.3: Benötigter Stichprobenumfang zur Schätzung eines Anteilswertes mit einem zugelassenen Fehler von 10% bei einer Sicherheitswahrscheinlichkeit von 95% und einer Grundgesamtheit vom Umfang 10.000

P	0,05	0,1	0,2	0,3	0,4	0,5	0,6	0,7	0,8	0,9	0,95
n	4220	2569	1332	823	545	370	250	162	95	43	20

2.4.3 Auswertungsmöglichkeiten für Daten aus komplexen Stichprobendesigns

Durch hierarchisch ineinander verschachtelte Stichprobenverfahren mit Schichtung und Klumpung auf mehreren Stufen entstehen komplexe Stichprobendesigns, deren Schätzfunktionen und Standardfehler sich aus den in den voranstehenden Abschnitten behandelten Bausteinen zusammensetzen. Dabei haben die Schätzer des Populationsmittelwertes (oder eines verwandten Populationsparamters wie z.B. der Merkmalssumme oder eines Anteilswertes) zumeist die Form gewichteter Mittelwerte, die einer Behandlung durch SPSS, SAS, BMDP oder anderer gängiger

Softwarepakte problemlos zugänglich sind. Dies gilt aber bedauerlicherweise nicht mehr für die Standardfehler, die, wenn man die Daten ohne Berücksichtigung des zugrundeliegenden Stichprobendesigns mit Hilfe von Standardroutinen auswertet, auch nach Gewichtung in der Regel erheblich unterschätzt werden.

In der Folge werden dann auch bei der Prüfung von Hypothesen, die sich auf eine der Grundgesamtheit übergeordnete Superpopulation beziehen, Unterschiede oder Zusammenhänge fälschlicherweise als signifikant deklariert, die bei korrekter Vorgehensweise als mit der Nullhypothese verträglich zu bewerten wären.

Entscheidend für eine designadäquate inferenzstatistische Auswertung ist die Kenntnis des Designeffekts für jedes einbezogene Merkmal. Für multivariate Analysen wird überdies eine designkonsistente Schätzung der gesamten Kovarianzmatrix benötigt. Wenn das Stichprobendesign in der einschlägigen Literatur behandelt wird oder einem Musterstichprobenplan entspricht, stehen Formeln für die Varianzen und Designeffekte im Rahmen univariater Analysen zur Verfügung. Falls nicht, müssen Näherungsformeln für die Varianzen mit Hilfe von Taylorentwicklungen erst gefunden werden.

Andere Möglichkeiten bestehen darin, sich durch das unabhängige Ziehen mehrerer Stichproben nach dem gleiche Design (replicated samples, interpenetrating samples), durch zufälliges Aufteilen der Stichprobe (random splitting) und Anwendung von Jackknife-Techniken empirische Schätzungen der Designeffekte bzw. der Kovarianzmatrix zu verschaffen. Diese - ursprünglich Anfang der 50-er Jahre für nationale indische Stichprobenerhebungen entwickelten - Verfahren erlauben die einfache Schätzung von Varianzen und Kovarianzen durch Nutzung der empirischen Streuung der Schätzergebnisse, die sich aus unabhängigen Replikationen der Stichprobenziehung nach dem gleichen (komplexen) Stichprobenplan ergeben.

Schon seit Ende der 70er Jahre gibt es spezielle Softwareprogramme, die solche Verfahren unterstützen und die Schätzung der Kovarianzmatrix aus Daten komplexer Stichprobendesigns ermöglichen (für einen Überblick, siehe Nathan, 1994). Inzwischen haben sich aber auch die großen Statistiksoftwarehersteller dem Problem angenommen.

2.4.4 Nicht stichprobenbedingte Fehler und Verzerrungen

In den vorangegangenen Erörterungen dieses Kapitels ging es um Fehler einer Erhebung, die infolge der Variabilität von Wahrscheinlichkeitsstichproben entstehen und die durch die Varianz bzw. das mittlere Fehlerquadrat quantifiziert werden können.
Daneben treten in jeder empirischen Untersuchung Fehler und Verzerrungen auf im Zusammenhang

- mit der Operationalisierung und Klassifizierung von Variablen,
- mit der Erhebung und Dokumentation und schließlich auch
- mit der Verarbeitung und Auswertung der Daten.

Diese Fehler werden im allgemeinen zwar nicht als Gegenstand der Stichprobentheorie angesehen, müssen insoweit aber zumindest kursorisch Erwähnung finden, als sie vielfach unbemerkt bleiben und erheblich größer sein können, als die Stichprobenfehler. Darüber hinaus werden sie mit wachsendem Stichproben- und Erhebungsumfang - anders als die Zufallsfehler - in der Regel nicht kleiner, sondern eher größer, wirken oft systematisch in eine Richtung und entziehen sich weitgehend der Quantifizierung. Nur durch unabhängige Replikationen der Erhebung mit jeweils eigenen Erhebungsteams (s.o.) können die meisten der nichtstichprobenbedingten Fehler letzlich unter Kontrolle gebracht werden (vgl. Koop, 1994).

Beispiel

An einer fiktiven Erhebung soll gezeigt werden, welche Größenordnung der Fehler annehmen kann, der mit einem unter dem Begriff „Non-Response" bekanntem Erhebungsproblem zusammenhängt:
Eine größere Hochschule läßt eine schriftliche Befragung der Studierenden vornehmen. Von den an eine Stichprobe verteilten Fragebögen sind 1.000 auswertbar zurückgekommen. Von diesen haben aber nur 700 die Frage „Schmeckt Ihnen das Mensaessen?" (ja/nein) beantwortet, darunter 400 mit „nein". Wenn der Anteil derer, welche die Antwort verweigert haben, nun eine andere Einstellung zum Mensaessen aufweist, als diejenigen, die geantwortet haben, ist die Schätzung $\hat{p} = 4/7$ verzerrt, aber nicht infolge des Stichprobenfehlers. Liegt zum Beispiel der tatsächliche Anteil an den insgesamt $N = 10.000$ Studierenden, denen das Mensaessen nicht schmeckt, bei 50%, so läßt sich dieser Anteil aus einer Stichprobe vom Umfang $n = 1.000$, vorausgesetzt alle beantworten die diesbezügliche Frage, mit einem relativen Stichpro-

benfehler ε schätzen, den wir bei einer Sicherheitswahrscheinlichkeit von 95% wie folgt berechnen können.

$$\varepsilon_1 = \frac{1}{P} u_{1-\frac{\alpha}{2}} \cdot \sqrt{\frac{N-n}{N-1} \frac{PQ}{n}} = u_{1-\frac{\alpha}{2}} \cdot \sqrt{\frac{N-n}{N-1} \frac{Q}{nP}}$$

$$= 1{,}96 \cdot \sqrt{\frac{9000 \cdot 0{,}5}{9999 \cdot 1000 \cdot 0{,}5}} \approx 6\%$$

Wird das Non-Response-Problem übersehen, so resultiert daraus im betrachteten Beispiel jedoch ein mehr als doppelt so großer relativer Fehler in Höhe von

$$\varepsilon_2 = \frac{4/7 - 0{,}5}{0{,}5} \approx 14\%.$$

Hätten unter den gleichen Voraussetzungen sogar 500 mit „nein" geantwortet, weil die Neinsager in weit höherem Ausmaß zur Antwort bereit waren, als die Jasager, so hätte der Non-Response-Fehler sogar rund 43% betragen.

Die Studienleitung einer empirischen Untersuchung ist also gut beraten, nicht nur den Stichprobenfehler, sondern auch und vor allem die nichtstichprobenbedingten Fehler unter Kontrolle zu halten, deren wichtigste in fast allen Lehrbüchern zur empirischen Sozialforschung ausführlich behandelt werden (vgl. z.B. Diekmann, 1995). Im Beispiel könnte das unter Umständen dadurch gelingen, daß die Einstellung der 300 Antwortverweigerer zum Mensaessen auf der Basis persönlicher Interviews mit Studierenden einer Unterstichprobe doch noch für eine Auswertung verfügbar gemacht wird.

2.5 Literaturhinweise

Fast alle Lehrbücher der Statistik enthalten Abschnitte über Stichprobenverfahren. Lehrbücher, die sich ausschließlich diesem Thema widmen, sind im deutschen Sprachraum rar. Hier dominiert die angelsächsische Welt. Klassiker (wie das Buch von *Cochran*) wurden inzwischen allerdings sogar ins Deutsche übersetzt.

Es folgt eine kleine Auswahl von Lehrbüchern auf unterschiedlichem methodischen Niveau.

Böltken, F.: Auswahlverfahren – Eine Einführung für Sozialwissenschaftler. Stuttgart 1976
Cochran, W. G.: Stichprobenverfahren. Berlin New York 1972
Hartung, J., Elpelt, B., Klösener, K.-H.: Statistik, Lehr- und Handbuch der angewandten Statistik. München Wien 1982
Kellerer, H.: Theorie und Technik des Stichprobenverfahrens. München 1963
Kish, L.: Survey Sampling. New York u.a. 1965
Krishnaiah, P.R., Rao, C. R.: Handbook of Statistics 6 - Sampling (2. Auflage). Amsterdam u.a. 1994
Leiner, B.: Stichprobentheorie. München 1985
Menges, G.: Stichproben aus endlichen Gesamheiten - Theorie und Technik. Frankfurt am Main 1959
Pepels, W.: Marketingforschung und Absatzprognose, Wiesbaden 1994
Schaefer, F.: Muster-Stichproben-Pläne für Bevölkerungs-Stichproben in der Bundesrepublik Deutschland und Westberlin. Hrsg: AMD, Arbeitskreis Dt. Marktforschungsinstitute, München 1979
Stenger, H.: Stichproben. Heidelberg Wien 1986
Stuart, A.: Basic Ideas of Scientific Sampling. London 1962
Sukhatme, P. V./ Sukhatme, B. V.: Sampling Theory of Surveys with Applications. Ames, Iowa 1970

Quellen:

Boswell,. M. T./Burnham, K. P./Patil G. P.: Role and use of Composite and Capture-Recapture Sampling in Ecological Studies in: *Krishnaiah, P.R./Rao, C. R.*: Handbook of Statistics 6 – Sampling, 2. Aufl. Amsterdam u.a., S. 333-368, 1994
Dalenius, T.: Sampling in Sweden, Stockholm 1957
Koop, J. C.: The Technique of Replicated or Interpenetrating Samples, in: *Krishnaiah, P.R./Rao, C. R.*: Handbook of Statistics 6 – Sampling, 2. Aufl. Amsterdam u.a., S. 333-368, 1994

Lipsmeier, G.: Standard oder Fehler? Einige Eigenschaften von Schätzverfahren bei komplexen Stichprobenplänen und aktuelle Lösungsansätze, ZA-Information 44, 96-117, 1999

Nathan, G.: Inference Based on Data from Complex Sample Designs, in: *Krishnaiah, P.R./Rao, C. R.*: Handbook of Statistics 6 – Sampling, 2. Aufl. Amsterdam u.a., S. 247-266, 1994

Neymann, J.: On the two different aspects of the representative method: the method of stratified sampling and the method of purpose selection, in: Journal of Royal Statistic Society 97, S. 558-606, 1934

Pepels, W.: Marketingforschung und Absatzprognose, Wiesbaden 1994

Petersen, K. H.: The yearly immigration of young plaice into Limfjord from the German Sea, in: Rep. Danish Biol. Sta. 6, 1-48, 1896

Schach, S./Schach, E.: Pseudoauswahlverfahren bei Personengesamtheiten I – Namensstichproben, in: Allgemeines Statistisches Archiv, vol. 62, S. 379-396, 1978

Schach, S./Schach, E.: Pseudoauswahlverfahren bei Personengesamtheiten II – Geburtstagsstichproben, in: Allgemeines Statistisches Archiv, vol. 63, S. 108-122, 1979

Seber, G. A. F.: The Estimation of Animal Abundance and Related Parameters, 2nd edition New York 1982

Seber, G. A. F.: A review of estimating animal abundance, in: Biometrics 42(2), 267-292, 1986

Tschuprow, A. A.: On the mathematical expectation of the moments of frequency distributions in the case of correlated observations, in: metron 2, S. 646-683, 1923

3 Mittelwerte

3.1 Zielsetzung

Für Analysezwecke ist es erforderlich, Häufigkeitsverteilungen aus speziellen Analyse-Blickwinkeln zu betrachten. Im Sinne dieser partiellen Analyse kann man das Zentrum einer Verteilung, ihre Streuung, Schiefe, Wölbung oder weitere Charakteristika zu bestimmen versuchen.

> Die für die einzelnen Charakteristika entwickelten statistischen Größen werden häufig als **Kenngrößen** oder **Maße** einer Verteilung bezeichnet, die dafür ermittelten Zahlenwerte als **Kennzahlen** oder auch **Maßzahlen**.

So kann man eine Häufigkeitsverteilung zum Beispiel durch eine Zahl beschreiben, die das Verteilungszentrum angibt oder durch ein Zahlenpaar für das Verteilungszentrum und die Streuung.

> Maße, die das Zentrum einer Verteilung angeben, werden als **Maße der zentralen Tendenz** oder auch als **Mittelwerte** bezeichnet.

Die Bezeichnung **Zentrum der Verteilung** vermittelt keine präzise inhaltliche Vorstellung und enthält somit auch keine detaillierten Anweisungen, wie ein Mittelwert zu definieren ist. Daher gibt es hierfür mehrere Möglichkeiten, und erst durch die Definition wird festgelegt, was unter dem Zentrum der Verteilung konkret verstanden werden soll. Beispielsweise impliziert der Mittelwert mit der Bezeichnung **Modus** (häufigster Wert), daß das Zentrum bei demjenigen Beobachtungswert liegt, der am häufigsten auftritt.

In der Reihenfolge der Darstellung werden zunächst Mittelwerte für metrische Merkmale erörtert (arithmetisches, harmonisches und geometrisches Mittel), sodann mit dem Median ein Mittelwert für ordinale oder höher skalierte Merkmale und schließlich der Modus, der für beliebige Merkmale anwendbar ist. Alle diese Mittelwerte werden nach dem Schema Anwendungsvoraussetzungen, Definition, Berechnungsformeln, Anwendungen und schließlich Eigenschaften abgehandelt.

3.2 Ein begleitendes Beispiel

In den späteren Betrachtungen wird häufig auf das folgende Beispiel 1 Bezug genommen.

114 3 Mittelwerte

Beispiel 1: Arbeitseinsätze

Für 12 Einsätze im Notdienst hat ein Installateur die folgenden Arbeitszeiten (in Minuten) benötigt:

Tabelle 3.1: Ursprungsdaten (Beispiel 1)

Einsatz Nr. i	1	2	3	4	5	6	7	8	9	10	11	12
Zeit x_i (Min)	40	40	50	50	50	50	50	60	60	70	80	90

Aus diesen Ursprungswerten werden zwei gebräuchliche Darstellungsformen für die Häufigkeitsverteilung gewonnen.

Darstellungsform 1a)

In der folgenden ersten Arbeitstabelle werden aus den Ursprungswerten die relative Häufigkeitsfunktion $f'(x_i)$ und Häufigkeitssummenfunktion $F(x)$ abgeleitet. Ihre graphische Darstellung erfolgt im Zusammenhang mit späteren Anwendungen.

Tabelle 3.2: Erste Arbeitstabelle

Nr.	1	2	3	4	5	6
x_i (Min)	40	50	60	70	80	90
f_i	2	5	2	1	1	1
$f'(x_i)$	2/12	5/12	2/12	1/12	1/12	1/12
$F(x)$ ($x_i \leq x < x_{i+1}$)	2/12	7/12	9/12	10/12	11/12	1

Darstellungsform 1b)

In praktischen Anwendungen ist häufig nur eine Klasseneinteilung (x_{i-1}^o bis unter x_i^o, $i = 1,2,...,k$; x_i^o ist Obergrenze der Klasse Nr. i) und die Anzahl der Beobachtungen innerhalb der Klassen gegeben, mit unbekannter Verteilung der Beobachtungen innerhalb der Klassen. Für die Annahme der Gleichverteilung innerhalb der Klassen sind in der zweiten Arbeitstabelle für drei Merkmalsklassen die relative **Häufigkeitsdichtefunktion** $f^*(x)$ und die **Summenfunktion** $F(x)$ abgeleitet. Ihre graphische Darstellung erfolgt im Zusammenhang mit späteren Anwendungen.

Tabelle 3.3: Zweite Arbeitstabelle

1	2	3	4	5	6	7	8
Klasse Nr. i	x^o_{i-1} bis unter x^o_i	f_i	f'_i	b_i	$f^*(x) = \dfrac{f'_i}{b_i}$ $(x^o_{i-1} \leq x < x^o_i)$	$F(x^o_i)$	$F(x)$ $(x^o_{i-1} \leq x < x^o_i)$
0	< 35	0	0		0	0	0
1	35 – 55	7	7/12	20	7/240	7/12	(7/240)x-245/240
2	55 – 75	3	3/12	20	3/240	10/12	(3/240)x-25/240
3	75 – 95	2	2/12	20	2/240	1	(2/240)x+50/240
4	≥ 95	0	0		0		1

Spalte 6 enthält die relative Häufigkeitsdichtefunktion, Spalte 8 die Summenfunktion, die durch lineare Interpolation der (x^o_i, $F(x^o_i)$)-Wertepaare gewonnen wurde.

3.3 Arithmetischer Mittelwert

Voraussetzung und Definition:
Für die Berechnung des arithmetischen Mittels sind metrische Merkmale erforderlich. Das arithmetische Mittel ist gleich der Summe der Beobachtungswerte, dividiert durch die Anzahl der Beobachtungswerte.

Berechnungsformeln:

Je nach Datensituation werden folgende Formeln zur Berechnung des arithmetischen Mittels angewendet:
Angaben in Form von n Ursprungswerten $x_1, x_2, ..., x_n$ führen zur Formel:

(1) $$\bar{x} = \frac{1}{n} \sum_{i=1}^{n} x_i$$

Zusammenfassung der Ursprungswerte zu k $(k \leq n)$ unterschiedlichen Beobachtungswerten $x_1, x_2, \ldots, x_k$ mit den Häufigkeiten $f_1, f_2, \ldots, f_k$ (mit $\sum_{i=1}^{k} f_i = n$) führt zur Formel

(2) $$\boxed{\bar{x} = \frac{1}{n} \sum_{i=1}^{k} x_i f_i}$$

Diese Formel liefert das gleiche Ergebnis wie Formel 1.
Die Bildung von k Klassen von Beobachtungswerten und die Zuordnung der Beobachtungswerte innerhalb der Klassen zu den jeweiligen Klassenmitten x_i^m führt zur Näherungsformel

(3) $$\boxed{\bar{x}_i \cong \frac{1}{n} \sum x_i^m f_i}$$

Anmerkung

Gelegentlich sind neben den Häufigkeiten als weitere Information die Summen der Beobachtungswerte $\sum_{j=1}^{n_i} x_{ij}$ ($i = 1, 2, \ldots, k$) der einzelnen Klassen gegeben. In diesem Fall ist zur Berechnung des arithmetischen Mittels in Formel (3) die Klassenmitte x_i^m durch den Klassenmittelwert $\bar{x}_i = \frac{1}{n_i} \sum_{j=1}^{n_i} x_{ij}$ zu ersetzen.

Unterstellt man Gleichverteilung der Beobachtungen in den einzelnen Klassen, ergibt sich die Näherungsformel

(4) $$\boxed{\bar{x} \cong \frac{1}{n} \sum_{i=1}^{k} \int_{x_{i-1}^o}^{x_i^o} x \frac{f_i}{b_i} dx = \sum_{i=1}^{k} \int_{x_{i-1}^o}^{x_i^o} x \frac{f'_i}{b_i} dx}$$

Dabei ist $b_i = x_i^o - x_{i-1}^o$ die Breite der Klasse Nr. i. Man kann leicht zeigen, daß Formel (4) zum selben Ergebnis führt wie Formel (3).

Anmerkung

Sind für die einzelnen Klassen die Summen der Beobachtungswerte angegeben, so kann das arithmetische Mittel nicht nach Formel (4) berechnet werden, da diese Angaben nur als Spezialfall mit der Gleichverteilungsannahme vereinbar sind. Eine mögliche Modifikation dieser Annahme ist die Gleichverteilung in zwei Abschnitten für jede Klasse Nr. i (die in der Literatur als Rechteck-Rechteck-Verteilung bezeichnet wird). Der erste Abschnitt reicht von der Untergrenze der Klasse bis zum Klassenmittelwert, der zweite vom Klassenmittelwert bis zur Obergrenze der Klasse. Die Häufigkeiten f_{i1} des ersten Abschnitts ermittelt man nach der Formel:

$$(5) \quad f_{i1} = \frac{(\bar{x}_i + x_i^o) \cdot f_i - 2 \cdot \sum_{j=1}^{n_i} x_{ij}}{x_i^o - x_{i-1}^o}$$

Für die Häufigkeiten des zweiten Abschnitts ergibt sich dann $f_{i2} = f_i - f_{i1}$. Entsprechend diesen Ausführungen ist Formel für die Berechnung des Mittelwerts zu modifizieren.

Anwendung: Beispiel 1

Die durchschnittliche Arbeitszeit je Einsatz beträgt:

$$\bar{x} = \frac{1}{12}(40+40+50+.....+90) = 57{,}5 \; Min$$

bzw.

$$\bar{x} = \frac{1}{12}(40 \cdot 2 + 50 \cdot 5 + 60 \cdot 2 + 70 + 80 + 90) = 57{,}5 \; Min$$

Für die drei Klassen von Beobachtungswerten gemäß der Tabelle 3.3 ergibt sich bei Zuordnung der Beobachtungen zu den Klassenmitten

$$\bar{x} \cong \frac{1}{12}(45 \cdot 7 + 65 \cdot 3 + 85 \cdot 2) = 56{,}\overline{6} \; Min$$

Bei Annahme der Gleichverteilung innerhalb der Klassen erhält man

$$\bar{x} \cong \frac{1}{12}[\int_{35}^{55} x \cdot \frac{7}{20} dx + \int_{55}^{75} x \cdot \frac{3}{20} dx + \int_{75}^{95} x \cdot \frac{2}{20} dx] = 56,\bar{6} \, Min$$

Eigenschaften

a) Zur Interpretation des arithmetischen Mittels

Die beiden folgenden Beziehungen können zur Interpretation des arithmetischen Mittels herangezogen werden:

(6) $\quad \sum_{i=1}^{n}(x_i - \bar{x}) = 0$

(7) $\quad n\bar{x} = \sum_{i=1}^{n} x_i$

Beziehung (6) besagt, daß sich die Abweichungen der Einzelwerte vom arithmetischen Mittel nach oben und unten in der Summe ausgleichen. Will man den Gesamtbetrag $\sum_{i=1}^{n} x_i$ eines Merkmals gleichmäßig auf die Merkmalsträger aufteilen, so bekommt nach Beziehung (7) jeder einen Betrag in Höhe des arithmetischen Mittels.

b) Lineare Transformation

Ist $y = ax + b$ eine lineare Funktion des Merkmals x, so gilt

(8) $\quad \bar{y} = a\bar{x} + b$

Anwendung: Beispiel 1

Falls DM 90.- je Arbeitsstunde oder DM 1,50 je Arbeitsminute und 30 Minuten Fahrzeit verrechnet werden, so geben die Werte

$\quad y_i = ax_i + b \quad (i = 1,2,...,12)$

die Rechnungsbeträge der einzelnen Einsätze an, mit $a = 1,50 \, DM/Min$ und $b = 30 \, Min \cdot 1,50 \, DM/Min = 45 \, DM$. Der durchschnittliche Rechnungsbetrag ist dann nach Beziehung (8)

$\quad \bar{y} = a\bar{x} + b = 1,50 \, DM/Min \cdot 57,5 \, Min + 45 \, DM = 131,25 \, DM$

3.3 Arithmetischer Mittelwert

c) Mittelwert aus Teilgesamtheiten

Sind k Teilgesamtheiten gegeben mit den Mittelwerten $\bar{x}_i$ ($i = 1, 2, ..., k$) und den zugehörigen Häufigkeiten f_i, so ist das arithmetische Mittel der Gesamtheit:

(9) $$\boxed{\bar{x} = \frac{1}{n} \sum_{i=1}^{k} \bar{x}_i f_i}$$

Anwendung: Beispiel 1

Verwendet man die 12 Arbeitseinsätze als erste Teilgesamtheit und fügt eine zweite Teilgesamtheit mit zwei Einsätzen von durchschnittlich 75 Minuten hinzu, so beträgt die durchschnittliche Arbeitszeit für alle 14 Arbeitseinsätze nach Formel (9)

$$\bar{x} = \frac{1}{14}(57{,}5 \cdot 12 + 75 \cdot 2) = 60 \, Min$$

d) Arithmetisches Mittel und Extremwerte

Das arithmetische Mittel wird stark von Extremwerten beeinflußt. Daher verwendet man bei sehr schiefen Verteilungen vorzugsweise den Median. Eine andere Möglichkeit, den Einfluß von Extremwerten zu mildern, besteht in der Berechnung getrimmter Mittelwerte. Das getrimmte Mittel $\bar{x}_\alpha$ ist das arithmetische Mittel, bei dem die kleinsten und die größten $(\alpha \cdot 100)\%$ der nach der Größe geordneten Beobachtungen weggelassen werden und die Berechnung aus den restlichen $(1 - 2\alpha) \cdot 100\%$ erfolgt. Für $\alpha = 0{,}10$ werden die kleinsten und die größten 10% der Beobachtungswerte weggelassen.

Anwendung: Beispiel 1

Setzt man im obigen Beispiel der 12 Arbeitszeiten $\alpha = \frac{1}{12}$, so ist $n\alpha = 1$ und man erhält den getrimmten Mittelwert durch Weglassen des kleinsten und des größten Wertes

$$\bar{x}_{1/12} = \frac{1}{10} \sum_{i=2}^{11} x_i = 56 \, Min$$

Für $\alpha = 0{,}1$ ist $n\alpha = 1{,}2$ und der getrimmte Mittelwert ergibt sich durch Weglassen des kleinsten und des größten Wertes und anteiliges Weglassen im Umfang 0,2 des zweitkleinsten und zweitgrößten Wertes:

$$\bar{x}_{0,10} = \frac{1}{9{,}6}(0{,}8 x_{(2)} + x_{(3)} + \ldots + x_{(10)} + 0{,}8 x_{(11)}) = \frac{536}{9{,}6} = 55{,}8\bar{3}\ Min$$

3.4 Harmonischer Mittelwert

> Voraussetzung und Definition:
> Für die Berechnung des harmonischen Mittelwertes sind verhältnisskalierte Merkmale erforderlich. Der harmonische Mittelwert wird ermittelt als Kehrwert des arithmetischen Mittels aus den Kehrwerten der Beobachtungswerte.

Je nach Datensituation kann eine der folgenden Formeln angewendet werden:

Angaben in Form von n Ursprungswerten $x_1, x_2, x_3 \ldots, x_n$ führen zur Formel

$$(10)\quad \bar{x}_H = \frac{n}{\sum_{i=1}^{n} \frac{1}{x_i}}$$

Die Zusammenfassung der Ursprungswerte zu k ($k \leq n$) unterschiedlichen Beobachtungswerten $x_1, x_2, x_3 \ldots, x_n$, mit den Häufigkeiten $f_1, f_2, f_3, \ldots, f_k$ (mit $\sum_{i=1}^{k} f_i = n$) führt zur Formel

$$(11)\quad \bar{x}_H = \frac{n}{\sum_{i=1}^{k} \frac{1}{x_i} \cdot f_i}$$

Die Bildung von k Klassen von Beobachtungen und Zuordnung aller Beobachtungen innerhalb der Klassen zur jeweiligen Klassenmitte x_i^m ($i = 1, 2, \ldots, k$) führt zur Näherungsformel

(12) $$\bar{x}_H \cong \frac{n}{\sum_{i=1}^{k} \frac{1}{x_i^m} \cdot f_i}$$

Für das Beispiel 1 erhält man für das harmonische Mittel mit Hilfe der Daten aus Arbeitstabelle 1:

$$\bar{x}_H = \frac{12}{\frac{1}{40} \cdot 2 + \frac{1}{50} \cdot 5 + \frac{1}{60} \cdot 2 + \frac{1}{70} + \frac{1}{80} + \frac{1}{90}} = 54{,}24\, Min$$

Bei Klassenbildung ergibt sich mit Hilfe der Daten aus der zweiten Arbeitstabelle der Näherungswert

$$\bar{x}_H \cong \frac{12}{\frac{1}{45} \cdot 7 + \frac{1}{65} \cdot 3 + \frac{1}{85} \cdot 2} = 53{,}28\, Min$$

Das harmonische Mittel ist ein zur Mittelung von Beziehungszahlen geeigneter Mittelwert.

Beziehungszahlen sind Quotienten von Beobachtungswerten von zwei verschiedenen Merkmalen, die in einem sinnvollen Zusammenhang zueinander stehen, wie beispielsweise die Geschwindigkeit als Quotient von zurückgelegter Wegstrecke und dafür benötigter Zeit oder das Pro-Kopf-Einkommen als Quotient des Volkseinkommens und der Bevölkerung eines Landes.

Beispiel 2: Geburtenraten

Als Beispiel 2 wird eine weitere Beziehungszahl, die Anzahl der Lebendgeborenen je 1000 Einwohner, für die europäischen Länder Deutschland, Frankreich, Italien, Belgien, Niederlande und Luxemburg für das Jahr 1996 herangezogen.

Tabelle 3.4: Geburtenraten

Land	D	F	I	B	N	L	Gesamt
Lebendgeborene 1996 (in 1000)	796	734	538	116	189	6	2379
Lebendgeborene 1996 je 1000 Einwohner	9,7	12,6	9,4	11,4	12,2	13,7	$\bar{x}_H$

Aus den Angaben der Tabelle liefert das harmonische Mittel das Ergebnis:

$$\bar{x}_H = \frac{2379}{\frac{1}{9,7} \cdot 796 + \frac{1}{12,6} \cdot 734 + \frac{1}{9,4} \cdot 538 + \frac{1}{11,4} \cdot 116 + \frac{1}{12,2} \cdot 189 + \frac{1}{13,7} \cdot 6}$$

$$= 10,6 \, Geb./1000E$$

Bei dieser Anwendung ist zu beachten, daß die Anzahl der Lebendgeborenen der einzelnen Länder die Funktion der Gewichte f_i übernimmt.

Die Verwendung des harmonischen Mittels ist noch zu begründen. Gesucht ist als Beziehungszahl der Quotient aus der Zahl der Lebendgeborenen in den sechs europäischen Ländern insgesamt und der Gesamtzahl der Einwohner dieser Länder, also $\sum_{i=1}^{6} G_i / \sum_{i=1}^{6} E_i$, wobei die Anzahl der Lebendgeborenen des Landes i mit G_i, die Einwohnerzahl mit E_i bezeichnet wird. Die Anwendung des harmonischen Mittels ist korrekt, wenn es diese Beziehungszahl ergibt, was sich leicht zeigen läßt; denn das harmonische Mittel mit den Lebendgeborenen G_i als Gewichten und den G_i / E_i als individuellen Beziehungszahlen lautet:

$$\bar{x}_H = \frac{\sum_{i=1}^{6} G_i}{\frac{1}{G_1/E_1} \cdot G_1 + \ldots + \frac{1}{G_6/E_6} \cdot G_6} = \frac{\sum_{i=1}^{6} G_i}{\sum_{i=1}^{6} E_i}$$

Es ergibt somit die geforderte Beziehungszahl für alle Länder insgesamt. Als Faustregel kann man sagen, daß das harmonische Mittel die geeignete Maßzahl zur Mittelung von Beziehungszahlen ist, falls die Größe im Zähler der Beziehungszahlen zur Gewichtung verwendet wird. Man sieht auch, daß die arithmetische Mittelung der Beziehungszahlen erforderlich ist, falls die Werte im Nenner der Beziehungszahlen (in diesem Beispiel die Einwohnerzahlen der einzelnen Länder) als Gewichte verwendet werden.

Eigenschaften

a) Größenbeziehung zum arithmetischen Mittel

Gemäß Definition liegt eine Beziehung zwischen dem harmonischen und dem arithmetischen Mittel vor. Das harmonische Mittel ist der Kehrwert aus dem arithmetischen Mittel der Kehrwerte der Beobachtungswerte. Zwischen beiden Werten gilt die Größenbeziehung $\bar{x} \geq \bar{x}_H$.

b) Abweichungen der Einzelwerte

Die Abweichungen der Kehrwerte der Einzelwerte vom Kehrwert des harmonischen Mittels nach oben und unten gleichen sich in der Summe aus, d.h. es gilt die Beziehung

$$(13) \quad \sum_{i=1}^{n} \left(\frac{1}{x_i} - \frac{1}{\bar{x}_H} \right) = 0$$

c) Transformationseigenschaft

Ist $y = \frac{a}{b} \cdot x$, so lautet das zugehörige harmonische Mittel $\bar{y}_H = \frac{a}{b} \cdot \bar{x}_H$.

3.5 Geometrischer Mittelwert

Voraussetzung und Definition:
Für die Berechnung des geometrischen Mittels sind verhältnisskalierte Merkmale erforderlich. Das geometrische Mittel ist gleich der n-ten Wurzel aus dem Produkt der n Beobachtungswerte.

Je nach Datensituation kann man eine der folgenden Berechnungsformeln anwenden.

Angaben in Form von n Ursprungswerten $x_1, x_2, ..., x_n$ führen zur Formel:

$$(14) \quad \bar{x}_G = \sqrt[n]{x_1 \cdot x_2 \cdot ..... \cdot x_n}$$

Zusammenfassung der Ursprungswerte zu k ($k \leq n$) unterschiedlichen Beobachtungswerten $x_1, x_2, ..., x_k$, mit den Häufigkeiten $f_1, f_2, ..., f_k$ (mit $\sum_{i=1}^{k} f_i = n$) führt zur Formel:

$$(15) \quad \bar{x}_G = \sqrt[n]{x_1^{f_1} \cdot x_2^{f_2} \cdot ..... \cdot x_k^{f_k}} = x_1^{\frac{f_1}{n}} \cdot x_2^{\frac{f_2}{n}} \cdot ..... \cdot x_k^{\frac{f_k}{n}}$$

Werden k Klassen von Beobachtungswerten gebildet und alle Beobachtungen innerhalb der Klassen den jeweiligen Klassenmitten x_i^m ($i=1,2,...,k$) zugeordnet, kann man das geometrische Mittel näherungsweise mit Hilfe der Formel

$$(16) \quad \bar{x}_G \cong \sqrt[n]{y_1^{f_1} \cdot y_2^{f_2} \cdot ..... \cdot y_k^{f_k}} = y_1^{\frac{f_1}{n}} \cdot y_2^{\frac{f_2}{n}} \cdot ..... \cdot y_k^{\frac{f_k}{n}}$$

berechnen. In dieser Formel wurde zur Vereinfachung der Schreibweise $x_i^m = y_i$ ($i=1,2,...,k$) gesetzt.

Für Beispiel 1 erhält man für das geometrische Mittel wie folgt:

$$\bar{x}_G = \sqrt[12]{40^2 \cdot 50^5 \cdot 60^2 \cdot 70 \cdot 80 \cdot 90} = 55{,}78\, Min$$

Bei Verwendung der Merkmalsklassen nach Tabelle 3.3 ergibt sich der Näherungswert

$$\bar{x}_G \cong \sqrt[12]{45^7 \cdot 65^3 \cdot 85^2} = 54{,}85\, Min$$

Das geometrische Mittel ist der zur Mittelung von Wachstumsraten geeignete Mittelwert.

Eine **Wachstumsrate** ist der Quotient aus der Veränderung des Beobachtungswertes eines Merkmals zwischen zwei Zeitpunkten (Zeitperioden) und dem Ausgangswert des Merkmals. Beispiele sind die Wachstumsrate des Preises für Butter bestimmter Qualität vom 1.3.98 bis zum 1.3.99 oder die Wachstumsrate des Sozialprodukts in Deutschland von 1997 bis 1998.

Die Wachstumsrate eines Preises vom Zeitpunkt $t-1$ bis t ist

$$(17) \quad \frac{p_t - p_{t-1}}{p_{t-1}} = \frac{p_t}{p_{t-1}} - 1$$

Der Quotient $\dfrac{p_t}{p_{t-1}}$ ist eine **Preismeßzahl**.

3.5 Geometrischer Mittelwert

> Eine Meßzahl ist allgemein der Quotient zweier Beobachtungswerte eines Merkmals zu verschiedenen Zeitpunkten (Zeitperioden) oder in verschiedenen Regionen.

Beispiel 3: Wachstumsraten
Als Beispiel wird das Bevölkerungswachstum Deutschlands von 1990 bis 1996 herangezogen.

Tabelle 3.5: Wachstumsraten der Bevölkerung in Deutschland

Jahr	1990	1991	1992	1993	1994	1995	1996
Bevölkerung B_t (1000 Personen)	79365	79984	80594	81179	81422	81661	81896
Wachstumsrate $\frac{B_t - B_{t-1}}{B_{t-1}}$ (%)	-.-	0,78	0,76	0,73	0,30	0,29	0,29
Meßzahlen $\frac{B_t}{B_{t-1}}$	-.-	1,0078	1,0076	1,0073	1,0030	1,0029	1,0029

Die durchschnittliche jährliche Wachstumsrate $\overline{w}$ der Bevölkerung Deutschlands von 1990 bis 1996 wird aus den Wachstumsraten ermittelt, indem man (durch Addition der Zahl 1 zu den Wachstumsraten) zu den Bevölkerungsmeßzahlen übergeht, das geometrische Mittel der Bevölkerungsmeßzahlen berechnet und hiervon den Wert 1 abzieht. Dies geschieht nach der Formel

$$\overline{w} = \sqrt[6]{1{,}0078 \cdot 1{,}0076 \cdot 1{,}0073 \cdot 1{,}0030 \cdot 1{,}0029 \cdot 1{,}0029} - 1 = 0{,}0052 = 0{,}52\%$$

In Symbolen ausgedrückt lautet diese Berechnungsformel:

$$\overline{w} = \sqrt[6]{(B_{91}/B_{90}) \cdot (B_{92}/B_{91}) \cdot \ldots \cdot (B_{96}/B_{95})} - 1 = \sqrt[6]{B_{96}/B_{90}} - 1$$

Diese Berechnungsweise der durchschnittlichen jährlichen Wachstumsrate ist zu begründen. Gesucht ist diejenige Wachstumsrate w, die bei jährlicher Anwendung den Bevölkerungsbestand von 1990 auf den von 1996 anwachsen läßt:

$$B_{96} = B_{90} \cdot (1+w)^6$$

Daraus ergibt sich durch Umformung

$$w = \sqrt[6]{B_{96}/B_{90}} - 1$$

Die Wachstumsrate $\overline{w}$ stimmt also mit der gewünschten Wachstumsrate w überein. Die Verwendung des arithmetischen Mittels der Wachstumsraten würde nicht zu der Rate führen, die den Anfangsbestand der Bevölkerung bei fortgesetzter Anwendung auf den Endbestand anwachsen läßt.

Eigenschaften

Die Analogie des geometrischen Mittels zum arithmetischen besteht darin, daß die Bildung des Produkts der Beobachtungswerte an die Stelle der Summenbildung und die Berechnung der n-ten Wurzel daraus an die Stelle der Division durch n tritt. Daher kann man Eigenschaften des geometrischen Mittels analog zum arithmetischen Mittel ableiten.

a) Ausgleich der relativen Abweichungen

Die relativen Abweichungen der Einzelwerte vom geometrischen Mittel gleichen sich nach oben und unten im Produkt aus, d.h. es gilt:

$$(18) \quad \boxed{\frac{x_1}{\overline{x}_G} \cdot \frac{x_2}{\overline{x}_G} \cdot \ldots \cdot \frac{x_n}{\overline{x}_G} = 1}$$

Dies ist die Entsprechung zum Ausgleich der Differenzen beim arithmetischen Mittel.

b) Ausgleich der Differenzen:

Die Logarithmierung der Beziehung (18) führt zu der vom arithmetischen Mittel her bekannten Gesamtsumme von Null:

$$(19) \quad \boxed{\sum_{i=1}^{n} (\log x_i - \log \overline{x}_G) = 0} \quad \text{und}$$

$$(20) \quad \boxed{\sum_{i=1}^{n} \log x_i = n \cdot \log \overline{x}_G}$$

c) Transformationseigenschaft

Ist $y = a \cdot x^b$ eine Funktion von x, so gilt $\overline{y}_G = a \cdot \overline{x}_G^b$

d) Größenbeziehung

Zwischen dem arithmetischen, geometrischen und harmonischen Mittel gilt die Größenbeziehung $\bar{x} \geq \bar{x}_G \geq \bar{x}_H$

3.6 Median

Voraussetzung und Definition:
Die Berechnung des Medians setzt ordinale oder metrische Merkmale voraus. Seine Berechnung ist also, im Gegensatz zum arithmetischen Mittel, auch für ordinale Merkmale zulässig. Die Grundidee des Medians besteht darin, für die in aufsteigender Größe geordnete Reihe der Beobachtungswerte einen Merkmalswert zu ermitteln mit der Eigenschaft, daß 50% der Beobachtungswerte kleiner und die restlichen 50% größer als dieser Merkmalswert sind.

Anhand der Summenfunktion für relative Häufigkeiten kann man das Konzept des Medians illustrieren:

Der Median $\tilde{x}$ ist derjenige Merkmalswert, für den die relative Häufigkeitssummenfunktion den Wert $F(\tilde{x}) = 0{,}5$ annimmt.

Bild 3.1 enthält die Summenfunktion in Beispiel 1 für den Fall, daß die Beobachtungswerte in Klassen eingeteilt und innerhalb der Klassen als gleichverteilt angenommen werden (Daten aus Tabelle 3.3, Spalte 8). Der Median ist in der Graphik eingetragen.

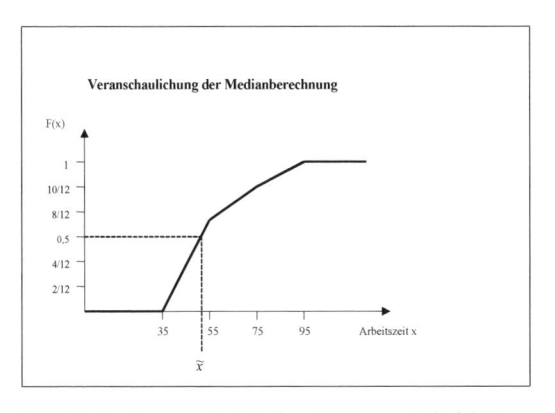

Bild 3.1: Bestimmung des Medians (Daten aus Beispiel 1)

Man erhält ihn anschaulich, indem man beim Ordinatenwert 0,5 eine Parallele zur Abszisse bis zum Schnittpunkt mit der Summenfunktion zeichnet und den Abszissenwert des Schnittpunktes bestimmt. Analytisch erhält man den Median durch Auflösung der Summenfunktion im Punkt 0,5 nach x.

Schwieriger ist die Bestimmung des Medians für den Fall, daß die Häufigkeitssummenfunktion eine Treppenfunktion ist.

Zur Veranschaulichung wird wieder Beispiel 1 herangezogen für den Fall der Berechnung der Summenfunktion aus den Ursprungswerten. Die zugehörige Summenfunktion ist in Bild 3.2 dargestellt (Daten aus Tabelle 3.2, letzte Zeile):

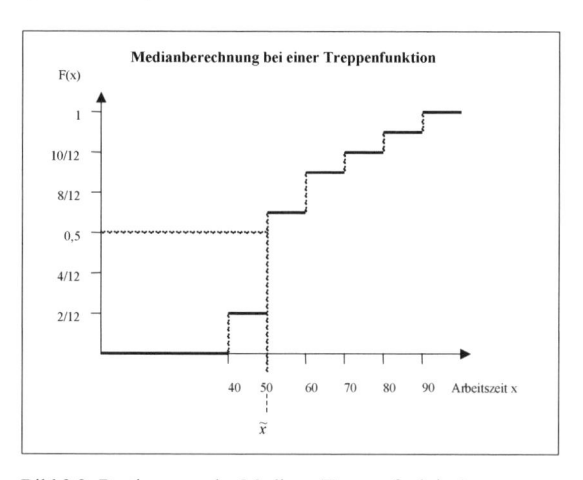

Bild 3.2: Bestimmung des Medians (Treppenfunktion)

Die Parallele zur Abszisse im Abstand 0,5 hat keinen Schnittpunkt mit der Summenfunktion; es gibt also keinen Merkmalswert x mit der Eigenschaft $F(x) = 0,5$ und damit keinen Median nach obiger Vorstellung. Um auch für diesen Fall einen Medianwert bestimmen zu können, definiert man den Median $\widetilde{x}$ als Merkmalswert, der die beiden Ungleichungen:

(21) $f(X \leq \widetilde{x}) \geq 0,5$ und $f(X \geq \widetilde{x}) \geq 0,5$

für die relativen Häufigkeiten erfüllt. In anderen Anwendungen kann der Fall eintreten, daß die Parallele zur Abszisse auf eine Treppe der Summenfunktion trifft; in diesem Fall gibt es unendlich viele Merkmalswerte x mit $F(x) = 0,5$ und damit auch unendlich viele Medianwerte.

Berechnung aus der relativen Häufigkeitssummenfunktion:

Hier ist zu unterscheiden, ob die Summenfunktion eine Treppenfunktion ist oder ob sie aus einer Häufigkeitsdichtefunktion hervorgegangen ist. Ist die Summenfunktion eine Treppenfunktion, so sind zwei Fälle zu unterscheiden: Falls die Summenfunktion den Wert 0,5 nicht annimmt, ist der Median gleich dem kleinsten Merkmalswert, an dem die Summenfunktion größer als 0,5 ist. Falls die Summenfunktion auf einer Treppe den Wert 0,5 annimmt, erfüllt jeder Abszissenwert dieser Treppenstufe die Bedingung des Medians; als Konvention definiert man das arithmetische Mittel aus dem Anfangs- und Endwert der Treppenstufe als Median.

Ist die Summenfunktion aus einer Häufigkeitsdichtefunktion hervorgegangen, wird zunächst die Medianklasse bestimmt; sie ist die Klasse Nr. i (alle $x_{i-1}^o \leq x < x_i^o$) mit der Eigenschaft, daß an ihrer Untergrenze $F(x_{i-1}^o) \leq 0,5$ und an ihrer Obergrenze $F(x_i^o) > 0,5$ gilt. Der Median wird dann bestimmt, indem für diese Klasse $F(x) = 0,5$ gesetzt und diese Gleichung nach x aufgelöst wird.

Anwendung: Beispiel 1

In Bild 3.2 hat die Parallele zur Abszisse im Abstand 0,5 keinen Schnittpunkt mit der Summenfunktion. Diese ist für $x = 50$ erstmals größer als 0,5 und somit ist $\tilde{x} = 50\, Min$.

In Bild 3.1 fällt der Median in die erste Merkmalsklasse, da $F(x = 35) = 0 < 0,5$ und $F(x = 55) = \dfrac{7}{12} > 0,5$. Die Summenfunktion hat in diesem Abschnitt die Gleichung

$$F(x) = \frac{7}{240} \cdot x - \frac{245}{240} \quad (35 \leq x < 55)$$

Die Auflösung von $F(x) = 0,5$ nach x ergibt den Median $\tilde{x} \cong 52\, Min$.

130 3 Mittelwerte

Berechnung aus geordneten Ursprungswerten:

Hier werden wiederum zwei Fälle unterschieden.

Fall 1: Ist $\dfrac{n}{2}$ nicht ganzzahlig, so gilt für den Median

(22) $\boxed{\tilde{x} = x_i \text{ , wobei } \dfrac{n}{2} < i < \dfrac{n}{2} + 1}$

Fall 2: Ist $\dfrac{n}{2}$ ganzzahlig, so lautet der Median

(23) $\boxed{\tilde{x} = \dfrac{x_{i-1} + x_i}{2} \text{ , wobei } i = \dfrac{n}{2} + 1}$

Anwendung: Beispiel 1

Wegen $n = 12$ ist $\dfrac{n}{2} = 6$, also ganzzahlig, $i = 7$ und damit

$$\tilde{x} = \dfrac{x_6 + x_7}{2} = \dfrac{50 + 50}{2} = 50 \, Min$$

Eigenschaften

Bei seiner Anwendung steht der Median häufig in Konkurrenz zum arithmetischen Mittel und hat dabei einige Vorteile.

a) Offene Flügelklassen

Häufig sind für die Flügelklassen von Häufigkeitsverteilungen keine Schranken angegeben, wie zum Beispiel bei einer Einkommensverteilung, in der die unterste Klasse mit „höchstens 10.000 DM" oder die höchste Klasse mit „100.000 DM oder mehr" festgelegt wird. Der Median kann im Gegensatz zu anderen Mittelwerten (zum Beispiel dem arithmetischen Mittel) auch bei diesen unvollständigen Angaben berechnet werden, falls er nicht in eine der Flügelklassen fällt.

b) Extremwerte

Der Median ist, wiederum im Gegensatz zum arithmetischen Mittel, von Extremwerten unabhängig, da in seine Berechnung nur die Reihenfolge der Werte, nicht aber ihre Größe eingeht. Bei Vorliegen von Extremwerten oder stark schiefen Verteilungen ist daher die Verwendung des Medians anstelle des arithmetischen Mittels zu empfehlen.

c) Skalenniveau der Merkmale

Die Berechnung des Medians ist, im Gegensatz zum arithmetischen Mittel, auch bei ordinalskalierten Merkmalen zulässig.

d) Lineare Transformation

Ist $y = ax + b$ eine lineare Funktion von x, so wird $\widetilde{y} = a\widetilde{x} + b$.

3.7 Modus (häufigster Wert)

> Voraussetzung und Definition:
> Die Berechnung des Modus ist für beliebige Skalenniveaus zulässig. Der Modus ist derjenige Beobachtungswert, der mit der größten Häufigkeit auftritt.

Bei der Berechnung ist danach zu unterscheiden, ob die Daten als Häufigkeitsfunktion oder Häufigkeitsdichtefunktion zur Verfügung stehen. Bei einer Häufigkeitsfunktion ist der Modus derjenige Beobachtungswert, der mit der größten absoluten oder relativen Häufigkeit auftritt. Bei Angaben in Form einer Häufigkeitsdichtefunktion wird zunächst die Merkmalsklasse mit der größten Häufigkeitsdichte als Modalklasse ausgewählt. Als Modus wird dann die Mitte dieser Klasse festgelegt.

Beispiel 4: Anzahl der Unternehmen nach Wirtschaftszweigen

Als Beispiel einer Häufigkeitsfunktion zeigt Bild 3.3 die Verteilung der Unternehmen im Produzierenden Gewerbe nach Wirtschaftszweigen in Deutschland für das Jahr 1996. Das Verarbeitende Gewerbe ist der Modus dieser Verteilung.

3 Mittelwerte

Bestimmung des Modus für eine Häufigkeitsfunktion

Anzahl der Unternehmen 1996

- Bergbau, Gewinnung von Steinen und Erden: 787
- Verarbeitendes Gewerbe (=Modus): 38770
- Energie und Wasserversorgung: 1113
- Baugewerbe: 24848

Wirtschaftszweig

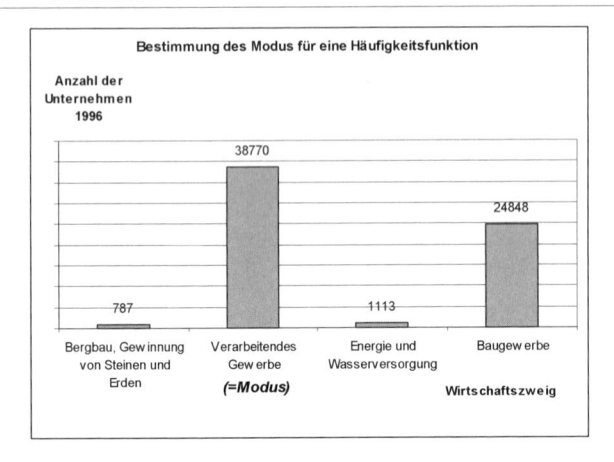

Bild 3.3: Anzahl der Unternehmen nach Wirtschaftszweigen

Als Beispiel für eine Häufigkeitsdichtefunktion wird Beispiel 1 (vgl. Tabelle 3.3, Spalte 6) herangezogen. Klasse Nr. 1 ist die Modalklasse, die Mitte dieser Klasse bildet den Median $\bar{x}_M = 45\,Min$

Bestimmung des Modus für eine Häufigkeitsdichtefunktion

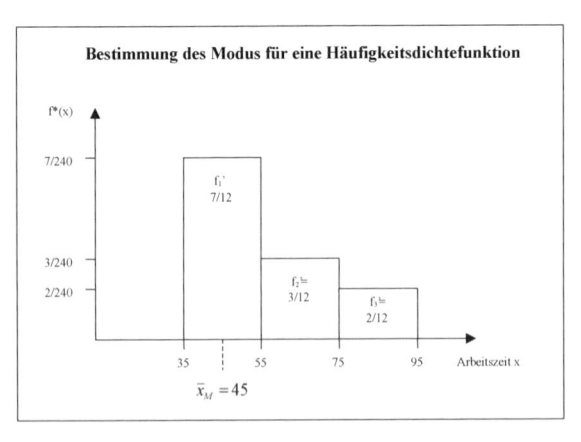

$f^*(x)$

- 7/240 — $f_1' = 7/12$
- 3/240, 2/240 — $f_2' = 3/12$, $f_3' = 2/12$

35 | 55 | 75 | 95 Arbeitszeit x

$\bar{x}_M = 45$

Bild 3.4: Bestimmung des Modus (Daten der Tabelle 3.3)

Eigenschaften

a) Abhängigkeit von Kategorienbildung

Der Modus hat den Vorteil, daß seine Berechnung für alle Skalenniveaus zulässig ist. Jedoch ist er davon abhängig, welche Kategorien für die Merkmale gebildet werden. Im obigen Beispiel 4 (Wirtschaftszweige) hängt er von der Wirtschaftszweigbildung ab. Würde man, was naheliegend ist, den großen Bereich des Verarbeitenden Gewerbes weiter unterteilen, so könnte der Modus zum Bergbau wandern. In gewissem Umfang hängt der Modus auch von der Klassenbildung ab; würde man im Beispiel des Bildes 3.4 die Klassen anders definieren, würde sich die Modalklasse und deren Klassenmitte verändern. Dennoch ist die Klassenbildung häufig unumgänglich. Beispielsweise kann man bei Verteilungen, in denen alle Beobachtungswerte verschieden sind, ohne Klassenbildung keinen Modus ermitteln.

b) Mehrgipflige Verteilungen

Die Aussagekraft des Modus ist eingeschränkt, wenn die Verteilung zwei oder mehr Gipfel von Häufigkeiten enthält. Man spricht dann von bimodalen, trimodalen usw. Verteilungen.

c) Modus, Median und arithmetisches Mittel im Größenvergleich

Bei schiefen Verteilungen zeigt sich häufig eine typische Größenbeziehung von Modus, Median und arithmetischem Mittel. Bei linkssteilen Verteilungen ergibt sich häufig die Reihung $\bar{x}_M < \tilde{x} < \bar{x}$, bei rechtssteilen Verteilungen die umgekehrte Reihenfolge. Für die linkssteile Häufigkeitsfunktion nach Beispiel 1 (vgl. Tabelle 3.1, Zeile 4) ist $\bar{x}_M = \tilde{x} < \bar{x}$, wie in Bild 3.5 illustriert wird.

134 3 Mittelwerte

> **Größenvergleich von Modus, Median und arithmetischem Mittel am Beispiel einer linkssteilen Verteilung**
>
> f(x)
>
> 5/12
>
> 2/12
> 1/12
>
> 40 50 60 70 80 90 Arbeitszeit x
>
> $\tilde{x} = \bar{x}_M = 50$ $\bar{x} = 57{,}5$

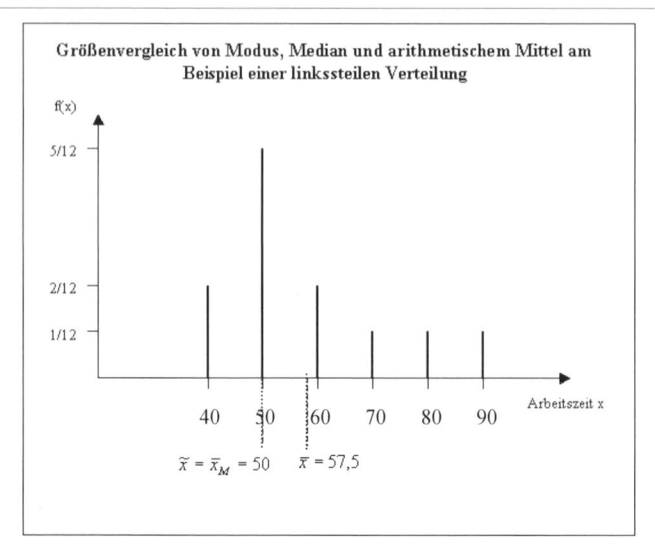

Bild 3.5: Vergleich der Mittelwerte

3.8 Anwendungsbeispiele

Gegeben seien die 20 Körpergrößenangaben, die schon im zweiten Anwendungsbeispiel des ersten Kapitels verwendet wurden.

Tabelle 3.6: Ausgangsdaten

155	161	167	165
177	171	183	185
166	170	171	175
187	188	193	195
176	172	179	178

Bei der Berechnung von Mittelwerten beschränken wir uns auf die in der statistischen Praxis wichtigsten, nämlich auf das arithmetische Mittel, den Median und den Modus.

Das arithmetische Mittel aus den Ursprungsdaten kann man berechnen, indem man die Summe der gegebenen Werte bestimmt (3514) und diese durch 20 dividiert. Damit ergibt sich der Wert 175,7 cm.

Den Median erhält man, indem man die Reihe der Ursprungswerte der Größe nach sortiert, um dann den zehnten Wert (175 cm) und den elften

Wert (176 cm) zu identifizieren. Der Median wird üblicherweise als der mittlere dieser beiden Werte bestimmt, hier als 175,5 cm.

Der Modus ist, ausgehend von den Ursprungsdaten, der am häufigsten auftretende Merkmalswert. Mit Blick auf die sortierte Reihe zeigt sich, daß dies der Wert 171 cm ist.

3.9 Problemlösungen mit SPSS

Um die im vorangegangenen Abschnitt drei genannten Mittelwerte mit SPSS zu bestimmen, gehen Sie wie folgt vor:

1. Verwenden Sie die Daten der Datei SPSS03.SAV und wählen Sie ANALYSIEREN/ DESKRIPTIVE STATISTIKEN/HÄUFIGKEITEN.
2. Übertragen Sie die Variable Groesse in das Feld VARIABLE.
3. Klicken Sie die Schaltfläche STATISTIK an.
4. Klicken Sie im Bereich LAGEMAßE die Stichworte MITTELWERT, MEDIAN und MODALWERT an.
5. Klicken Sie die Schaltfläche WEITER an.
6. Klicken Sie die Schaltfläche OK an.

SPSS erzeugt jetzt die Ausgabe des Bildes 3.6.

Statistiken		
GROESSE		
N	Gültig	20
	Fehlend	0
Mittelwert		175,7000
Median		175,5000
Modus		171,00

Bild 3.6: Mittelwertberechnungen

3.10 Literaturhinweise

Bamberg, G., Baur, F.: Statistik, 12. Aufl. München/Wien 2002
Bortz, J.: Lehrbuch der Statistik für Sozialwissenschaftler, 5. Aufl. Berlin u.a. 1999
Kromrey, H. : Empirische Sozialforschung, 10. Aufl. Opladen 2002
Maaß, S.: Einführung in die deskriptive Statistik, Eigenverlag Buchhandlung Büttner, Nürnberg 1996
Menges, G.: Statistik 1, Theorie, Opladen 1972
Monka, M., Voß, W.: Statistik am PC – Lösungen mit Excel, 3. Aufl. München/Wien 2002

4 Streuungs-, Konzentrations-, Schiefe- und Wölbungsmaße

4.1 Streuungsmaße

Genauso wie die statistischen Mittelwerte (siehe Kapitel 3) haben die Maßzahlen der Streuung, der Konzentration, der Schiefe und der Wölbung die Aufgabe, empirische Häufigkeitsverteilungen zu beschreiben. Gehen wir im folgenden immer von einer Datenmenge mit n Merkmalswerten $x_1, x_2, x_3 ..., x_i, ..., x_n$ aus, so bezeichnet man die Unterschiedlichkeit oder die Differenziertheit zwischen den n Merkmalswerten der Datenmenge als Streuung. Beispielsweise nennt man die Unterschiede der einzelnen Merkmalswerte in bezug auf ihr arithmetisches Mittel Streuung der n Merkmalswerte um ihr arithmetisches Mittel. Zur Illustration dienen die Angaben der Tabelle 4.1.

Tabelle 4.1: Ausgangsdaten

Monatliche Familien- ausgaben in DM	Anzahl der Familien in Region A	Anzahl der Familien in Region B	Anzahl der Familien in Region C	Anzahl der Familien in Region D
100	-	5	10	10
200	20	10	4	4
300	-	5	2	3
400	-	-	4	2
500	-	-	-	1
Summe	20	20	20	20
Mittelwert	200	200	200	200

Dargestellt sind hier die monatlichen Familienausgaben zum Beispiel für Getränke für Familien verschiedener Regionen. Es wurden jeweils 20 Familien befragt.

Man kann die mittlere Ausgabensumme pro Familie als arithmetisches Mittel zu jeweils DM 200 berechnen. Dennoch gibt es eine markante Besonderheit in den Regionen und das ist die Streuung der einzelnen Merkmalswerte. In der Region A sind alle 20 Merkmalswerte gleich 200 DM je Familie und damit bestehen keine Unterschiede, die Streuung ist null. Anders ist die Situation in den Regionen B, C und D. Die Unter-

138 4 Streuungs-, Konzentrations-, Schiefe- und Wölbungsmaße

schiedlichkeit, die Streuung zwischen den Ausgabenwerten ist offensichtlich am größten in der Region D.

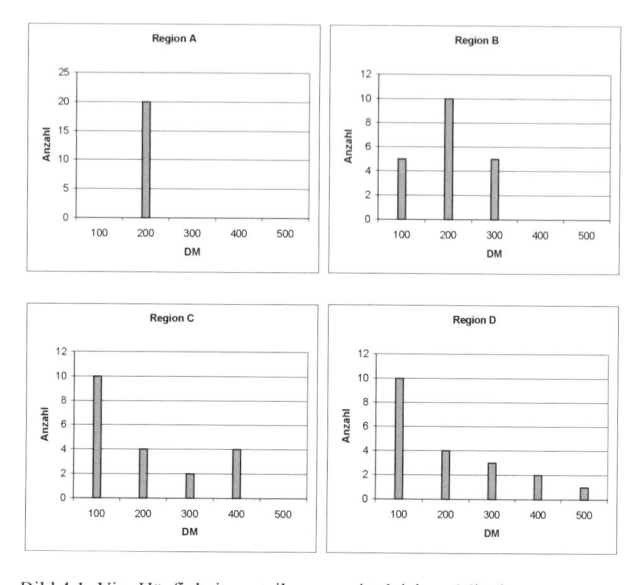

Bild 4.1: Vier Häufigkeitsverteilungen mit gleichem Mittelwert

Die Graphiken des Bildes 4.1 präsentieren die empirischen Häufigkeitsverteilungen für die einzelnen Regionen. Man gewinnt drei Erkenntnisse: Obwohl die mittlere Ausgabensumme je Familie 200 DM in den Regionen ist, besitzt jede Region ihre eigene spezifische Streuungssituation. Hinsichtlich der Streuungsgröße, ohne daß schon gemessen wurde, kann man eine Reihenfolge mit D, C, B und A angeben. Eine zweite Erkenntnis ist, daß der Mittelwert $\bar{x} = 200$ DM an Aussagewert verliert, je größer die Streuung ist. Und schließlich müssen die Häufigkeitsverteilungen für die Regionen C und D als linkssteil charakterisiert werden, während die Verteilung der Region B eine symmetrische ist (hier fallen arithmetisches Mittel, Median und Modus in einem Wert zusammen).

Vor den folgenden Berechnungen ist eine Anmerkung erforderlich: Auch bei den Maßzahlen der Streuung muß, so wie es auch bei den Mittelwerten der Fall war, unterschieden werden, ob die Ausgangsdaten

4.1 Streuungsmaße 139

in Form von Einzelwerten vorliegen (das ist in Tabelle 4.1 der Fall) oder als gruppiertes Datenmaterial.

Letzteres könnte aus der Tabelle 4.1 zum Beispiel für die Regionen C und D wie folgt abgeleitet sein:

Tabelle 4.2: Gruppierung, Region C

Ausgabengruppe	Häufigkeit n_j	Mittelwert $\bar{x}_j$
0 bis 100	10	100,00
Über 100 bis 300	6	233,33
Über 300 bis 500	4	400,00

Tabelle 4.3: Gruppierung, Region D

Ausgabengruppe	Häufigkeit n_j	Mittelwert $\bar{x}_j$
0 bis 100	10	100,00
Über 100 bis 300	7	242,86
Über 300 bis 500	3	433,33

Mit n_j wird die Gruppenhäufigkeit und mit $\bar{x}_j$ das arithmetische Mittel der j-ten Gruppe bezeichnet. Die Gruppenmittelwerte $\bar{x}_j$ errechnen sich nach:

(1) $$\bar{x}_j = \frac{\sum_{i=1}^{n_j} x_{ij} n_{ij}}{\sum_{i=1}^{n_j} n_{ij}}$$ wobei $$\sum_{i=1}^{n_j} n_{ij} = n_j$$

Für die Region D ergeben sich die Gruppenmittelwerte wie folgt:

  Erste Gruppe $j=1$ $(100 \cdot 10)/10 = 100$
  Zweite Gruppe $j=2$ $(200 \cdot 4 + 300 \cdot 3)/7 = 242,86$
  Dritte Gruppe $j=3$ $(400 \cdot 2 + 500 \cdot 1)/3 = 433,33$

Es ist ersichtlich, daß es in den einzelnen Gruppen eine gewisse Streuung der Einzelwerte um den jeweiligen Gruppenmittelwert gibt. In der ersten Gruppe ist die Streuung zwar Null, weil alle Familien den Einzelwert 100 haben, aber in den anderen beiden Gruppen schwanken bzw. streuen die Einzelwerte um den jeweiligen Gruppenmittelwert.

Aus den Gruppenmittelwerten läßt sich nun wiederum der Gesamtmittelwert berechnen. Die formelmäßige Darstellung ist (k = Anzahl der Gruppen):

$$(2) \quad \bar{x} = \frac{\sum_{j=1}^{k} \bar{x}_j n_j}{\sum_{j=1}^{k} n_j} \quad \text{wobei} \quad \sum_{j=1}^{k} n_j = n$$

In unserem Beispiel ist für die Region D die Rechnung wie folgt:

$$(100 \cdot 10 + 242{,}86 \cdot 7 + 433{,}33 \cdot 3) / 20 = 200{,}00$$

Man erkennt eine Streuung der Gruppenmittelwerte um den Gesamtmittelwert von 200.

Das Beispiel macht deutlich, daß es beim Vorliegen gruppierten Datenmaterials sowohl eine Streuung innerhalb der Gruppen (Streuung der Merkmalswerte um den Gruppenmittelwert) als auch eine Streuung der Gruppenmittel um den Gesamtmittelwert gibt. Auf diesen Sachverhalt werden wir später noch einmal zurückkommen.

Zur Messung der Streuung kennt die Statistik eine Vielzahl verschiedener Maßzahlen, die für die theoretische und praktische Arbeit von unterschiedlicher Bedeutung sind.

4.1.1 Die Spannweite

Die erste und einfachste Maßzahl ist die Spannweite S (auch Variationsbreite genannt).

> Die Spannweite ist als Differenz zwischen dem größten Merkmalswert und dem kleinsten Merkmalswert definiert.

$$(3) \quad S = x_{\max} - x_{\min}$$

Bezüglich unserer Ausgangstabelle erhalten wir für die einzelnen Regionen die folgenden Spannweiten:

$S(A) = 200 - 200 = 0$
$S(B) = 300 - 100 = 200$
$S(C) = 400 - 100 = 300$
$S(D) = 500 - 100 = 400$

Natürlich bekommt man einen gewissen groben Eindruck über die Unterschiedlichkeit der Ausgabenbeträge in den Regionen. Da S sich aber nur auf die beiden extremen Merkmalswerte stützt, keine Informationen außer diesen beiden einbezieht, ist die Aussagekraft über die Streuung der gesamten Datenmenge unzureichend.

Im täglichen Umgang wird S häufig angewandt, auch das Wort **Spanne** wird benutzt, wenn man Preisspannen, Einkommensspannen oder niedrigste und höchste Einschaltquoten verdeutlichen will. Für eine echte Messung der Streuung einer gegebenen Datenmenge ist die Spannweite S aber nicht geeignet.

4.1.2 Der mittlere Quartilsabstand

Es handelt sich bei diesem Maß um die halbierte Differenz zwischen dem dritten und dem ersten Quartilswert.

Diese verbesserte Maßzahl stützt sich auf die statistischen **Quantile**, (auch Häufigkeitswerte). Die Tabelle 4.4 enthält für Region D, abgeleitet aus Tabelle 4.1, die absoluten f_i und relativen Häufigkeiten f_i' und F_i (kumuliert):

Tabelle 4.4: Daten zur Berechnung des Quartilsabstandes

Monatliche Ausgaben in DM	f_i	f_i'	F_i
100	10	0,50	0,50
200	4	0,20	0,70
300	3	0,15	0,85
400	2	0,10	0,95
500	1	0,05	1,00
Insgesamt	20	1,00	

Liegt die Datenmenge nach der Größe der Merkmalswerte geordnet vor, so kann man anhand der kumulierten relativen Häufigkeiten sagen, daß zum Beispiel 70% der Familien einen Ausgabenbetrag bis zu 200 DM aufweisen. Bei dieser Aussage werden 70% des unteren Teils der empirischen Verteilung abgeschnitten, so daß kein Merkmalswert dieser 70% über 200 liegt. Man sagt, das 0,7-Quantil oder 70%-Quantil ist 200 DM.

Dementsprechend ist das 95%-Quantil 400 DM. Allgemein ist x_p das p-Quantil. Folgerichtig ist dann das 0,5- oder 50%-Quantil $x_{0,5}$ der Zentralwert (Median; siehe Kapitel 3). Ein Streuungsmaß läßt sich mit Hilfe der Quantile (0,25-Quartil sowie 0,75-Quartil) definieren. Üblich ist der mittlere Quartilsabstand QA:

(4) $\quad \boxed{QA = 0,5 \cdot (x_{0,75} - x_{0,25})}$

Im Beispiel ist:

$$QA = 0,5 \cdot (300 - 100) = 100$$

Der mittlere Quartilsabstand ist eigentlich nichts anderes als die halbe Spannweite der mittleren 50% der Merkmalswerte in einer der Größe nach geordneten Reihe.

Der Quartilsabstand QA stützt sich auch nur auf zwei Merkmalswerte, genau wie die Spannweite S, aber bei dem Streuungsmaß QA wird jeweils das untere und obere Viertel der Wertereihe (sie enthalten häufig extreme Merkmalswerte) abgeschnitten, bevor die eigentliche Streuungsmessung beginnt.

Für die Region D ist die Familie mit den 500 DM ein sogenannter Ausreißer, der aber nicht in die Streuungsberechnung mit Hilfe des Quartilsabstands einbezogen wird. Damit ähnelt die Streuungssituation der Region D der Streuungssituation in Region C. Der mittlere Quartilsabstand für die Region C ist:

$$QA = 0,5 \cdot (300 - 100) = 100$$

Es ergibt sich der gleiche Wert wie für Region D.

Liegt das Datenmaterial in Gruppen aufbereitet vor, muß zur Bestimmung der Quartile eine Interpolation vorgenommen werden. Am Beispiel einer Einkommensverteilung wird das in Tabelle 4.5 gezeigt.

Das 0,25-Quartil $x_{0,25}$ liegt in der zweiten Gruppe „600 bis unter 1200 DM", ausgehend von den kumulierten relativen Häufigkeiten für 1-Personen-Haushalte bzw. in der vierten Gruppe „1800 bis unter 2500 DM" für 2-Personen-Haushalte. Mit $x_m^{(o)}$ und $x_m^{(u)}$ wird die obere bzw. untere Gruppengrenze der Gruppe m, in die der **Quartilswert** fällt, bezeichnet. Dann ist $x_p - x_m^{(u)}$ oder $x_{0,25} - x_m^{(u)}$ der gesuchte

Betrag, um den die untere Gruppengrenze erhöht werden muß, damit man auf x_p oder $x_{0,25}$ kommt.

Tabelle 4.5: Einkommensverteilungen

Monatliches Haushaltsnettoeinkommen (DM)	1-Personen-Haushalt	1-Personen-Haushalt	2-Personen-Haushalt	2-Personen-Haushalt
	f_i'	F_i	f_i'	F_i
bis unter 600	5,76	5,76	0,38	0,38
600 bis unter 1200	26,55	32,31	4,17	4,55
1200 bis unter 1800	30,37	62,68	12,02	16,57
1800 bis unter 2500	24,36	87,04	24,61	41,18
2500 bis unter 3500	7,58	94,62	27,04	68,22
3500 bis unter 5000	3,94	98,56	22,06	90,28
5000 und mehr	1,44	100,00	9,72	100,00
insgesamt	100,00		100,00	

Dieser Betrag wird mit den relativen Häufigkeiten durch die folgende Proportion (**Interpolation**) ermittelt:

$$(5) \quad \frac{x_p - x_m^{(u)}}{x_m^{(o)} - x_m^{(u)}} = \frac{p - \sum_{j=1}^{m-1} f'_j}{f'_m}$$

Zum Beispiel ist für den 1-Personen-Haushalt:

$$x_{0,25} - 600 = (1200 - 600)(0,25 - 0,0576)/0,2655 = 434,80\,DM$$

und $\quad x_{0,25} = 1034,80\,DM$

Für $x_{0,75}$ errechnet sich:

$$x_{0,75} - 1800 = (2500 - 1800)(0,75 - 0,6268)/0,2436 = 354,02\,DM$$

und $\quad x_{0,75} = 2154,02\,DM$

Der entsprechende mittlere Quartilsabstand ist

$$QA = 0,5 \cdot (2154,02 - 1034,80) = 559,61\,DM$$

Für den 2-Personen-Haushalt ergibt sich entsprechend ein QA-Wert von 960,62 DM. Die Streuung der mittleren 50% der 2-Personen-Haushalte ist mit 960,62 DM größer als die der mittleren 50% der 1-Personen-Haushalte mit 559,61 DM.

144 4 Streuungs-, Konzentrations-, Schiefe- und Wölbungsmaße

Es lassen sich auch Streuungsmaße auf der Basis anderer Quantile definieren, zum Beispiel gestützt auf die **Dezentile** $x_{0,10}$ und $x_{0,90}$.

Derartige Streuungsmaße würden sich auf die Spannweite der mittleren 80% der Merkmalswerte beziehen, weil mit den Dezentilen jeweils die unteren und die oberen 10% der Verteilung abgeschnitten werden. Streuungsmaße auf der Grundlage von Quantilen sind aber für die Streuungsmessung nicht zufriedenstellend, weil sie nur zwei Merkmalswerte berücksichtigen.

4.1.3 Das Streuungsmaß von Gini

> Beim Streuungsmaß von Gini werden alle Merkmalswerte berücksichtigt (siehe Formel (6)).

Beim Streuungsmaß von Gini, einem italienischen Statistiker, werden die Unterschiede jedes Merkmalswerts zu allen anderen Merkmalswerten in die Berechnung einbezogen. Bei den Merkmalswerten unserer Datenmenge sind das $0,5 \cdot n(n-1)$ Differenzen der Art $(x_i - x_k)$ mit $i > k$ und $i, k = 1, 2, ..., n$, wobei die Merkmalswerte in steigender Richtung der Größe nach geordnet sind.

Das Streuungsmaß nach Gini ist dann gleich der Summe der obigen Differenzen dividiert durch die Anzahl der Differenzen. Die Formel für g lautet:

$$(6) \quad g = \frac{2}{n(n-1)} \sum_{i=1}^{n} \sum_{k=1}^{n} (x_i - x_k) = \frac{2}{n(n-1)} \sum_{i=1}^{n} (n+1-2i) x_{n+1-i}$$

Als Beispiel sind hier von fünf Leichtathleten die Weitsprungergebnisse in Metern gemessen und nach aufsteigender Größe geordnet aufgeschrieben:

7,90; 8,03; 8,10; 8,20; 8,47

Es ergibt sich folgende Rechnung für g nach der zweiten Formel

$$g = \frac{2}{5 \cdot 4}(4 \cdot 8,47 + 2 \cdot 8,20 + 0 \cdot 8,10 - 2 \cdot 8,03 - 4 \cdot 7,90) = 0,262 m$$

Die mittlere Abweichung der Weitsprungergebnisse untereinander beträgt 26,2 cm, d.h., die Leistung jedes Sportlers von der jedes anderen weicht im Mittel um 26,2 cm ab.

Wenn n ungerade ist (das Beispiel zeigt es), fällt der mittlere Merkmalswert für $i = \dfrac{n+1}{2}$ (das ist der Zentralwert in einer Reihe) aus der Rechnung heraus, weil dann in der Formel oben
$(n+1-2i) = n+1-2 \cdot \dfrac{n+1}{2} = 0$. Das Beispiel ist ein solcher Fall.

Das Streuungsmaß g hat praktisch und theoretisch keine Bedeutung.

Viel wichtiger als die bisher beschriebenen Streuungsmaße sind die, bei denen die einzelnen Merkmalswerte und ihre Unterschiede mit einem festen Bezugspunkt verglichen und alle Merkmalswerte in die Betrachtung einbezogen werden.

Wenn man beispielsweise wissen möchte, um wieviel cm die Weitspringer im Mittel von der Bestleistung abweichen, wäre die Leistung von 8,47 m ein solcher fester Bezugspunkt.

Grundlage der Rechnung wäre die Formel

(7) $\quad \boxed{\dfrac{1}{n}\sum\limits_{i=1}^{n}(x_i - x_{\max})}$

Hier gibt es nur negative Abweichungen. Für die Weitspringer ergibt sich nach dieser Formel ein Betrag von 0,33 m, d.h., im Mittel liegen die Weitsprungleistungen um 33 cm unter der Bestleistung.

Der wichtigste Bezugspunkt für die Messung der Streuung der Merkmalswerte einer Datenmenge ist sowohl aus praktischer wie auch aus theoretischer Sicht das arithmetische Mittel. Nur dieses wird deshalb im folgenden als Bezugspunkt zugrunde gelegt.

4.1.4 Die mittlere absolute Abweichung

Die mittlere absolute Abweichung bezieht alle Abweichungen der Merkmalswerte von ihrem arithmetischen Mittel in die Berechnung mit ein.

Da die Summe aller dieser Abweichungen gleich 0 ist (Nulleigenschaft des arithmetischen Mittels), werden die absoluten Beträge der Abweichungen verwendet. Die mittlere (durchschnittliche) absolute Abweichung ist wie folgt definiert:

(8) $$d = \frac{1}{n}\sum_{i=1}^{n}|x_i - \bar{x}|$$

Für die fünf Weitspringer ergibt sich beispielsweise folgende Rechnung (das arithmetische Mittel errechnet sich aus der Summe der 5 Werte dividiert durch 5 und liegt bei 8,14 m):

$$d = \begin{bmatrix} |7,90-8,14| + |8,03-8,14| + |8,10-8,14| \\ + |8,20-8,14| + |8,47-8,14| \end{bmatrix} / 5 = 0,156 m$$

Demnach weichen die Leistungen der einzelnen Sportler um ca. 16 cm nach oben oder nach unten von ihrem arithmetischen Mittel ab. Berechnet man die Summe der Abweichungen unterhalb bzw. oberhalb des Mittelwerts separat, so erhält man einmal $-0,39$ und zum anderen $+0,39$, was die Nulleigenschaft des arithmetischen Mittels bestätigt. Betrachtet man die mittlere Leistung von 8,14 m als eine Zielsetzung, so müßten die Athleten mit einer geringeren als der mittleren Leistung ihr Weitsprungergebnis im Mittel um $0,39/3 = 0,13 m$ oder 13 cm erhöhen, um wenigstens die mittlere Leistung zu erreichen. Es kann manchmal sinnvoll sein, die Abweichungen in einer Richtung getrennt zu betrachten.

Wird die mittlere absolute Abweichung d für das Ausgabenbeispiel der Region D (Tabelle 4.1) berechnet, müssen die Häufigkeiten f_i beachtet werden. Die entsprechende Formel lautet:

(9) $$d = \frac{\sum_{i=1}^{k}|x_i - \bar{x}|f_i}{\sum_{i=1}^{k}f_i}$$

$$d = \frac{\begin{bmatrix} |100-200|10 + |200-200|4 + \\ |300-200|3 + |400-200|2 + |500-200| \end{bmatrix}}{10+4+3+2+1} = \frac{2000}{20} = 100 DM$$

Die monatlichen Ausgabenbeträge weichen somit im Mittel um 100 DM nach oben oder nach unten vom arithmetischen Mittel 200 DM ab. Übrigens läßt sich auch hier wieder die Nulleigenschaft des arithmetischen Mittel bestätigen. Die Summe der absoluten Beträge unterhalb bzw. oberhalb des Mittelwerts ist jeweils 1000.

Es ist notwendig darauf hinzuweisen, daß das Streuungsmaß d auch eine Information über die Aussagekraft des arithmetischen Mittels gibt. Ist das Streuungsmaß klein, so ist der Mittelwert ein guter Repräsentant der entsprechenden Datenmenge, und umgekehrt, ist die Streuung erheblich, so ist das arithmetische Mittel keine brauchbare Widerspiegelung des typischen Werteniveaus einer Datenmenge. Groß und klein des Streuungsmaßes läßt sich ungefähr im Vergleich mit dem jeweiligen Mittelwert der Datenmenge beschreiben. Im Ausgabenbeispiel macht die Streuungsgröße 50% des zugehörigen Mittelwerts aus. Im Sportbeispiel ist dieses Verhältnis nur ca. 2% (0,156/8,14 = 0,01916 oder 1,92%). Hier ist das arithmetische Mittel ein besserer Repräsentant als im Ausgabenbeispiel.

Dieser Überlegung folgend kann man eine relative absolute Abweichung

$$(10) \quad \boxed{d_r = \frac{d}{\bar{x}}}$$

definieren, die für Vergleiche geeignet, sowohl das konkrete Größenniveau als auch die Dimensionen der Merkmalswerte eliminiert.

Die mittlere und demzufolge auch die relative absolute Abweichung haben den Wert 0 als untere Grenze (Streuung ist 0, d.h. $\bar{x} = x_i$ für alle i), wachsen aber unbegrenzt nach oben.

4.1.5 Varianz und Standardabweichung.

Die Varianz ist die mittlere quadrierte Abweichung der Merkmalswerte vom arithmetischen Mittel.

Die Standardabweichung ist die (positive) Quadratwurzel aus der Varianz.

Bei der mittleren absoluten Abweichung wurden die absoluten Beträge berücksichtigt, um die Wirkung der Nulleigenschaft des arithmetischen Mittels zu kompensieren. Eine zweite Möglichkeit für diese Kompensation ist das Quadrieren der Abweichungen der Merkmalswerte vom

arithmetischen Mittel. Diese Möglichkeit führt uns zu einem weiteren Streuungsmaß, dem wichtigsten für Theorie und Praxis.
Auf der Grundlage der quadrierten Abweichungen der Merkmalswerte von ihrem arithmetischen Mittel definiert man die Varianz s^2 wie folgt:

(11) $$s^2 = \frac{1}{n}\sum_{i=1}^{n}(x_i - \bar{x})^2$$

Für das Sportlerbeispiel ergibt sich der Wert $s^2 = 0{,}0368$.
Da es sich hierbei um eine mittlere quadrierte Abweichung vom arithmetischen Mittel handelt, kann der Wert nicht mit der mittleren absoluten Abweichung d verglichen werden. Das führt dazu, ein anderes Maß als Wurzel aus der Varianz zu formulieren. Die Standardabweichung s ist die Wurzel aus der Varianz, also:

(12) $$s = \sqrt{\frac{1}{n}\sum_{i=1}^{n}(x_i - \bar{x})^2}$$

Für das Zahlenbeispiel ergibt sich s zu $0{,}1917$ m oder ca. 20 cm. Im Mittel weichen die Leistungen vom arithmetischen Mittelwert nach oben oder nach unten vom arithmetischen Mittel um ca. 20 cm ab.
Die Standardabweichung ist größer als die mittlere absolute Abweichung. Das hängt damit zusammen, daß bei der Berechnung von s größere Abweichungen stärker gewichtet werden als kleinere, während bei der mittleren absoluten Abweichung alle Abweichungen gleichgewichtet sind. Eine zweckmäßige Rechenformel für die Varianz ist

(13) $$s^2 = \frac{1}{n}\sum_{i=1}^{n}x_i^2 - \left[\frac{1}{n}\sum_{i=1}^{n}x_i\right]^2$$

d.h., die Varianz ist gleich der Differenz aus dem Mittelwert der quadrierten Werte und dem Quadrat des Mittelwerts.
Sollen die Varianz und die Standardabweichung für das Ausgabenbeispiel berechnet werden, müssen die unterschiedlichen Häufigkeiten

beachtet werden, weshalb sich die obigen Definitionsformeln modifizieren zu

$$(14) \quad s^2 = \frac{\sum_{i=1}^{k}(x_i - \bar{x})^2 f_i}{\sum_{i=1}^{k} f_i} \qquad \text{wobei} \qquad \sum_{i=1}^{k} f_i = n$$

$$(15) \quad s = \sqrt{\frac{\sum_{i=1}^{k}(x_i - \bar{x})^2 f_i}{\sum_{i=1}^{k} f_i}}$$

Für die Region D ergibt sich der Wert $s^2 = 15000$. *Damit ist* $s = \sqrt{15000} = 122{,}47\,DM$. *Die Monatsausgaben weichen um 122,47 DM im Mittel nach oben oder nach unten vom arithmetischen Mittel ab. Auch hier ist* $s > d$.
Die Standardabweichung für die anderen Regionen sind : Für C 118,32; für B 70,71 und für A wie ersichtlich 0. Die Aussagekraft des arithmetischen Mittels ist für die Region D am geringsten wegen der größten Streuung (der Mittelwert ist für alle Regionen mit 200 DM gleich).
Die Streuung läßt sich auch verdeutlichen, wenn man ein Streuungsintervall $[\bar{x} - s; \bar{x} + s]$ oder für Region D: 200-122,47 bis 200+122,47, d.h., 77,53 bis 322,47 berechnet. Im Mittel liegen also die Ausgabenbeträge zwischen 77,53 und 322,47 DM. Man kann allerdings nicht sagen, wie viele von den 20 Merkmalswerten in diesem Intervall liegen. Auf diesen Sachverhalt kommen wir später noch einmal zurück. Für Vergleiche ist es zweckmäßig, ein relativiertes Streuungsmaß zu definieren. Auf der Grundlage der Standardabweichung wird der **Variationskoeffizient** v wie folgt bestimmt:

$$(16) \quad v = \frac{s}{\bar{x}} \cdot 100 (\%)$$

Der Variationskoeffizient für die Region D ist 61,24 %, während er bei dem Sportbeispiel nur 2,36 % beträgt.

Die Varianz besitzt die quadratische Minimumseigenschaft, d.h. die mittlere quadratische Abweichung vom arithmetischen Mittel ist immer kleiner als die von einem beliebigen anderen Bezugswert. Nennen wir diesen beliebigen Wert a, so gilt folgende Identität:

$$(17) \quad \frac{1}{n}\sum_{i=1}^{n}(x_i - a)^2 = \frac{1}{n}\sum_{i=1}^{n}\left[(x_i - \bar{x}) + (\bar{x} - a)\right]^2$$

$$= \frac{1}{n}\sum_{i=1}^{n}(x_i - \bar{x})^2 + \frac{2(\bar{x} - a)}{n}\sum_{i=1}^{n}(x_i - \bar{x}) + (\bar{x} - a)^2$$

Der mittlere Term rechts vom Gleichheitszeichen enthält die Abweichungssumme der Merkmalswerte von $\bar{x}$, die bekanntlich 0 ist, so daß der Term insgesamt auch 0 wird. Deshalb ergibt sich:

$$(18) \quad \frac{1}{n}\sum_{i=1}^{n}(x_i - a)^2 = \frac{1}{n}\sum_{i=1}^{n}(x_i - \bar{x})^2 + (\bar{x} - a)^2$$

D.h., für $a \neq \bar{x}$ ist die auf a bezogene Varianz immer größer als die auf das arithmetische Mittel bezogene. Diese Eigenschaft kann man sich bei der Varianzberechnung praktisch zu Nutzen machen, wenn es rechnerisch einfacher ist, zunächst von a auszugehen. Dann gilt folgende Gleichung:

$$(19) \quad s^2 = \frac{1}{n}\sum_{i=1}^{n}(x_i - \bar{x})^2 = \frac{1}{n}\sum_{i=1}^{n}(x_i - a)^2 - (\bar{x} - a)^2$$

Diese Beziehung wird häufig auch als **Verschiebungssatz** der Varianz bezeichnet.

Zerlegungssatz der Varianz:
Eine ganz besondere Bedeutung für viele statistische Methoden besitzt die Zerlegung der Varianz. Beim Beispiel über die Familienausgaben haben wir nach erfolgter Datengruppierung vorgeführt, daß es eine

4.1 Streuungsmaße 151

Streuung in den Gruppen um die Gruppenmittelwerte sowie eine Streuung der Gruppenmittel um den Gesamtmittelwert gibt.

Das läßt sich auch am Einkommensbeispiel demonstrieren. Es gibt sicher eine Streuung der Einkommenswerte innerhalb der Gruppen wie auch eine Streuung der Gruppenmittel um den Gesamtmittelwert.

Man kann nun zeigen, daß bei gruppiertem Datenmaterial die Gesamtvarianz der Datenmenge in eine Varianz in den Gruppen und eine Varianz zwischen den Gruppen zerlegt werden kann.

Wenn die Datenmenge der n Merkmalswerte in k Gruppen (auch Klassen oder Größenklassen) aufgeteilt wird, so soll x_{ij} den i-ten Wert in der j-ten Gruppe bezeichnen ($j = 1,2,...,k$). Mit n_j Werten in der j-ten Gruppe ist dann das arithmetische Mittel in dieser Gruppe

(20) $$\overline{x}_j = \frac{1}{n_j} \sum_{i=1}^{n_j} x_{ij}$$

Dann läßt sich die Gesamtvarianz

(21) $$s^2 = \frac{1}{n} \sum_{j=1}^{k} \sum_{i=1}^{n_j} (x_{ij} - \overline{x})^2$$

auf folgende Art darstellen:

(21a) $$s^2 = \frac{1}{n} \sum_{j=1}^{k} \sum_{i=1}^{n_j} \left[(x_{ij} - \overline{x}_j) + (\overline{x}_j - \overline{x})\right]^2$$

Werden die eckige Klammer ausgerechnet und die Summen aufgelöst, so erhält man:

(21b)
$$s^2 = \frac{1}{n}\sum_{j=1}^{k}\sum_{i=1}^{n_j}(x_{ij} - \bar{x}_j)^2 + \\ + \frac{2}{n}\sum_{j=1}^{k}(\bar{x}_j - \bar{x})\sum_{i=1}^{n_j}(x_{ij} - \bar{x}_j) + \frac{1}{n}\sum_{j=1}^{k}\sum_{i=1}^{n_j}(\bar{x}_j - \bar{x})^2$$

Führt man mit s_j^2 die Varianz der j-ten Gruppe ein, so läßt sich die erste Doppelsumme schreiben als

(21c)
$$\frac{1}{n}\sum_{j=1}^{k}\sum_{i=1}^{n_j}(x_{ij} - \bar{x}_j)^2 = \frac{1}{n}\sum_{j=1}^{k}n_j s_j^2$$
denn

(21d)
$$n_j s_j^2 = \sum_{i=1}^{n_j}(x_{ij} - \bar{x}_j)^2$$

Der zweite Term, das Summenprodukt, ist Null, weil die Summe

(21e)
$$\sum_{i=1}^{n_j}(x_{ij} - \bar{x}_j) = 0 \quad \text{für alle } j = 1, 2, \ldots, k$$

wegen der Nulleigenschaft von $\bar{x}_j$.

Der dritte Term schließlich führt zu

(21f)
$$\frac{1}{n}\sum_{j=1}^{k}n_j(\bar{x}_j - \bar{x})^2$$

weil die Klammer $(\bar{x}_j - \bar{x})^2$ für die Summierung über i eine Konstante ist.
Somit erhalten wir folgende Zerlegungsgleichung:

4.1 Streuungsmaße 153

(22) $$s^2 = \frac{1}{n}\sum_{j=1}^{k} n_j s_j^2 + \frac{1}{n}\sum_{j=1}^{k} n_j (\bar{x}_j - \bar{x})^2 \qquad \text{wobei} \qquad n = \sum_{j=1}^{k} n_j$$

Der erste Ausdruck ist die mittlere (gewogene) Varianz innerhalb der Gruppen oder auch kürzer innere oder interne Varianz.
Der zweite Ausdruck ist die mittlere (gewogene) Varianz der Gruppenmittelwerte um den Gesamtmittelwert, d.h., die Varianz außerhalb der Gruppen oder auch kürzer äußere oder externe Varianz. Die Zerlegung einer Gesamtvarianz in eine innere und in eine äußere Varianz spielt im Zusammenhang mit anderen statistischen Methoden eine große Rolle.

Die obige Zerlegungsgleichung läßt sich anhand des Ausgabenbeispiels für die Region D illustrieren. Die Gruppenvarianzen werden wie folgt berechnet:

Gruppe1:

$$\frac{(100-100)^2}{10} = 0, \text{ d.h. } s_1^2 = 0 \qquad \textit{Alle Werte sind gleich } \bar{x}_1.$$

Gruppe2:

$$\frac{(200-242{,}86)^2 \cdot 4 + (300-242{,}86)^2 \cdot 3}{7} = 2448{,}9796 = s_2^2$$

und $s_2 = 49{,}4872$

Gruppe3:

$$\frac{(400-433{,}33)^2 \cdot 2 + (500-433{,}33)^2}{3} = 2222{,}2222 = s_3^2$$

und $s_3 = 47{,}1405$

Somit kann Tabelle 4.6 aufgestellt werden ($\bar{x} = 200$):

Tabelle 4.6: Arbeitstabelle

Ausgabengruppen	n_j	s_j^2	$\bar{x}_j$	$\bar{x}_j - \bar{x}$	$(\bar{x}_j - \bar{x})^2$
0 bis 100	10	0,000	100,00	-100,00	10000,00
Über 100 bis 300	7	2448,9796	242,86	42,86	1836,9796
Über 300 bis 500	3	2222,2222	433,33	233,33	54442,8889

Mit den Zahlen der Tabelle 4.6 kann zunächst eine mittlere innere Varianz berechnet werden:

$$\frac{10 \cdot 0 + 7 \cdot 2448{,}9796 + 3 \cdot 2222{,}2222}{20} = 1190{,}4762$$

Darüber hinaus kann eine mittlere äußere Varianz bestimmt werden:

$$\frac{10 \cdot 10000 + 7 \cdot 1836{,}9796 + 3 \cdot 54442{,}8889}{20} = 13809{,}3762$$

Damit ergibt sich eine Gesamtvarianz von 14999,8524, aus der man durch Radizierung eine Gesamtstandardabweichung von 122,47 erhält. Das ist genau der Wert, den wir auch aus den Einzelwerten oben bereits errechnet hatten.

Hier muß noch einmal betont werden, daß die Zerlegung für die Varianz gilt, nicht aber für die Standardabweichung. Die Zerlegungsgleichung macht deutlich, daß eine Streuungsberechnung bei gruppiertem Datenmaterial zu einem Informationsverlust führt, wenn die innere Varianz außer acht gelassen werden muß, weil zum Beispiel auf die Einzeldaten nicht zurückgegriffen werden kann.

Kommen wir noch einmal auf das **Streuungsintervall** $[\bar{x} - s; \bar{x} + s]$ zurück. Ohne Kenntnis der konkreten Verteilung kann keine Information darüber gegeben werden, wie viele Merkmalswerte in einem solchen Intervall liegen. Eine grobe Aussage über diesen Sachverhalt läßt sich allerdings, ohne Kenntnisse über die Verteilung zu besitzen, mit Hilfe der **Tschebyscheff'schen Ungleichung** machen.

> Diese Ungleichung gestattet eine Aussage über den Mindestanteil der Merkmalswerte, deren Abweichung vom arithmetischen Mittel einen vorgegebenen festen Wert nicht überschreitet.

Für die Datenmenge mit n Werten wird die vorgegebene Abweichung mit $e = |x - \bar{x}|$ bezeichnet. Dann gibt es r Werte mit $|x_i - \bar{x}| \geq e$ und m Werte mit $|x_i - \bar{x}| < e$ Werte, wobei $r + m = n$.

Folgende Gleichung gilt:

$$(23) \quad \boxed{ns^2 = \sum_{i=1}^{n}(x_i - \bar{x})^2 = \sum_{i=1}^{r}(x_i - \bar{x})^2 + \sum_{i=1}^{m}(x_i - \bar{x})^2}$$

Läßt man die zweite Summe rechts weg, so ist

(23a) $$ns^2 \geq \sum_{i=1}^{r}(x_i - \overline{x})^2$$

Ersetzt man die Klammer durch die vorgegebene Abweichung e, so bleibt obige Ungleichung erhalten, weil die entsprechenden r Abweichungen nach Voraussetzung alle größer als e bzw. wenigstens gleich e sind. Deshalb ist

(23b) $$ns^2 \geq \sum_{i=1}^{r} e^2$$ und (23c) $$ns^2 \geq re^2$$

e ist für die Summation eine Konstante.
Unter Beachtung von $r + m = n$ ist

(23d) $$\frac{s^2}{e^2} \geq 1 - \frac{m}{n}$$

m/n ist der relative Anteil der Merkmalswerte, die eine Abweichung kleiner als e vom arithmetischen Mittel aufweisen. Nennt man diesen Anteil $h_u = \dfrac{m}{n}$ und drückt die vorgegebene Abweichung e mit Hilfe der Standardabweichung s aus, also zum Beispiel $e = \pm c \cdot s$, wobei c ein Proportionalitätsfaktor größer oder gleich 1 ist, so lautet die Ungleichung:

(23e) $$\frac{1}{c^2} \geq 1 - h_u$$ und schließlich

(24) $$h_u \geq 1 - \frac{1}{c^2}$$

Diese **Tschebyscheff'sche Ungleichung** besagt, daß wenigstens ein Anteil von h_u Prozent der Merkmalswerte einer Verteilung innerhalb eines Intervalls von $\bar{x} - cs$ bis $\bar{x} + cs$ liegen muß. So liegen zum Beispiel mindestens 75% der Werte in einem Intervall mit der doppelten Standardabweichung ($c = 2$); für $c = 3$ ergeben sich ca. 89% und für $c = 4$ ca. 94%.

Wie man leicht feststellen kann, fallen beim Sportlerbeispiel alle Werte in das Intervall mit zweifacher Standardabweichung, beim Ausgabenbeispiel für Region D sind es 19 von 20 Werten. Die Beispiele zeigen, daß die besprochene Ungleichung tatsächlich nur eine grobe Orientierung gibt.

4.2 Konzentrationsmaße

Betrachtet man noch einmal die Graphiken in Bild 4.1, so fällt neben der unterschiedlichen Streuungssituation der Merkmalswerte in den Regionen der Umstand auf, daß sich in den Regionen eine abweichende Häufung der Einheiten auf einen Wert oder mehrere Werte einstellt. Eine entsprechende Extremsituation gibt es dazu in Region A, in der eine vollständige Häufung auf einen Wert vorliegt. Auch in den anderen Regionen findet man derartige Häufungen, zum Beispiel in Region D auf den Wert 100. Die Häufung der Einheiten auf einen Merkmalswert oder auf mehrere Werte bzw. bei gruppiertem Datenmaterial auf eine Gruppe oder auf mehrere Gruppen bezeichnet man als **Konzentration**, wobei die Ausprägung des Merkmals unerheblich ist. Demzufolge finden wir in der Region A eine totale Konzentration vor, während das Fehlen jeglicher Konzentration durch eine Gleichverteilung (4 Einheiten für jeden Merkmalswert) gegeben wäre.

Unterschiedliche Konzentrationen sind auch beim Beispiel der Einkommensverteilung zu erkennen. Der 1-Personenhaushalt weist mit seinen 30,37% in einer Größenklasse eine etwas höhere Konzentration auf als der 2-Personenhaushalt mit seinen 27,04%. Oder mit anderen Worten: Beim 1-Personenhaushalt konzentrieren sich 81,28% der Haushalte auf die drei Größenklassen von 600 DM bis 2500 DM, wo hingegen sich nur 73,71% der 2-Personenhaushalte auf die drei Größenklassen von 1800 DM bis 5000 DM konzentrieren. Auch diese Aussage zeigt die höhere Konzentration bei den 1-Personenhaushalten, wobei die konkreten Größenklassen ohne Belang sind.

Es geht nun darum, diese unterschiedlichen Grade der Konzentration zu messen. Am Beispiel der Daten der Tabelle 4.7 werden Möglichkeiten der Konzentrationsmessung vorgeführt. Die Zahl der Haushalte und die in ihnen lebenden Personen sind in Tabelle 4.7 nach der Haushaltsgröße (gemessen in Personen) klassiert.

In dieser Tabelle 4.7 sind die Ausgangsdaten, die relativen Häufigkeiten h_j für die Haushalte sowie l_j für die Personen, wie auch die entsprechenden kumulierten Häufigkeiten H_j und L_j angegeben (j ist der Laufzeiger der Haushaltsgrößengruppen).

Tabelle 4.7: Haushaltsgrößen

Haushaltsgröße in Personen	Zahl der Haushalte	Zahl der Personen	h_j	H_j	l_j	L_j
1	700	700	0,35	0,35	0,15	0,15
2	560	1120	0,28	0,63	0,25	0,40
3	360	1080	0,18	0,81	0,24	0,64
4	280	1120	0,14	0,95	0,25	0,89
5	100	500	0,05	1,00	0,11	1,00
Insgesamt	2000	4520	1,00		1,00	

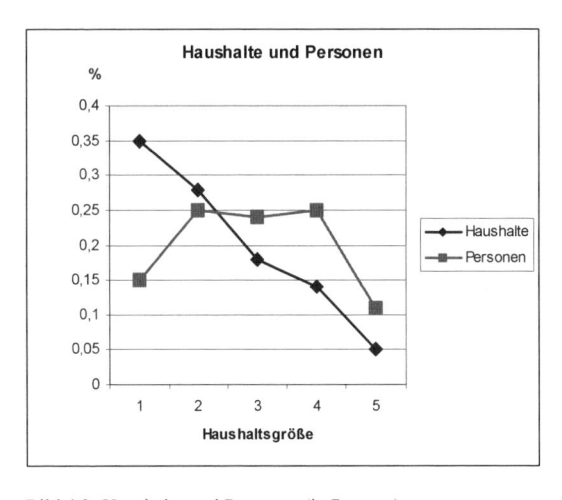

Bild 4.2: Haushalte und Personen (in Prozent)

Bild 4.2 zeigt, wie unterschiedlich sich die Anteile der Haushalte verglichen mit denen der Personen in bezug auf die Haushaltsgrößen verhalten. Die Haushaltsanteile sinken mit wachsender Haushaltsgröße, während die Personenanteile eher relativ gleich sind für verschiedene

158   *4 Streuungs-, Konzentrations-, Schiefe- und Wölbungsmaße*

Haushaltsgrößen (Ausnahmen sind die erste und letzte Gruppe). Anders ausgedrückt: Die Konzentration der Personen in bezug auf die Haushaltsgrößen ist nicht besonders ausgeprägt, ihre Verteilung ähnelt mehr einer Gleichverteilung. Der Schnittpunkt der beiden Streckenzüge ist deshalb interessant, weil die zu ihm gehörige Abszisse die mittlere Haushaltsgröße der Datenmenge widerspiegelt. Das hängt damit zusammen, daß die Personenzahl gleich dem Produkt von Haushaltsgröße x und Zahl der Haushalte n ist und für die Abszisse x_s des Schnittpunkts gilt:

$$(25) \quad \boxed{\frac{n_s}{\sum_{j=1}^{k} n_j} = \frac{n_s x_s}{\sum_{j=1}^{k} n_j x_j}}$$

Die Schnittpunktsabszisse x_s ergibt sich damit als gewogenes arithmetisches Mittel $\bar{x}$ (Gesamtzahl der Personen dividiert durch Gesamtzahl der Haushalte). Bild 4.3 zeigt die Unterschiede im Verhalten der Haushalts- und Personenanteile in ähnlicher Weise.

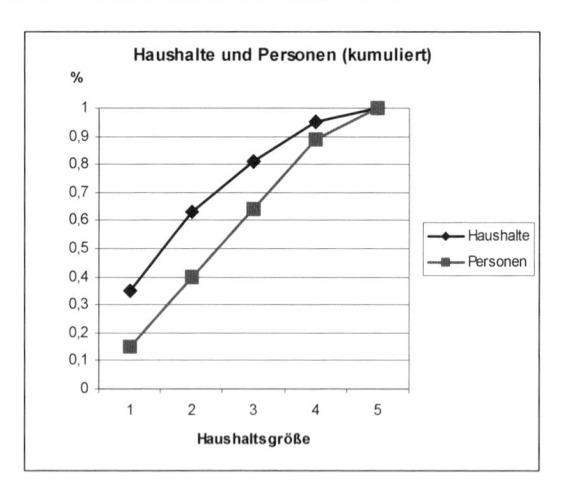

Bild 4.3: Kumulierte Werte

4.2 Konzentrationsmaße

Der Streckenzug der Personenanteile verläuft ziemlich geradlinig (geringe Konzentration), während der der Haushaltsanteile gekrümmt ist (ausgeprägte Konzentration).

Im allgemeinen gibt es zwei Problemstellungen bei der Konzentrationsmessung:

1. Messung der Konzentrationsauprägung eines Merkmals. Das entspricht zum Beispiel der Messung der Konzentration der Zahl der Haushalte oder die der Personenzahl auf die Haushaltsgrößen. Auch die Konzentration der 1-Personenhaushalte bzw. die der 2-Personenhaushalte auf die Einkommensgruppen gehört zu diesem Problem.
2. Messung der Konzentration eines Merkmals in bezug auf ein zweites Merkmal. Das entspricht zum Beispiel der Messung der Konzentration der Zahl der Personen in bezug auf die Zahl der Haushalte oder umgekehrt.

Beim ersten Problem vergegenwärtigen wir uns den Fall der Gleichverteilung, zum Beispiel bei der Zahl der Haushalte. Dann wären alle h_j gleich einer Konstanten (bei den Haushalten $h_j = 0{,}2$ für alle j). Folglich ist die Varianz der relativen Häufigkeiten gleich null. Das ist der Fall der fehlenden Konzentration. Weicht aber die wirkliche Verteilung von einer Gleichverteilung ab, gibt es eine gewisse Konzentration und die Varianz der h_j ist größer null. Also kann die Varianz der relativen Häufigkeiten ein Indikator für die Konzentration sein. Damit der Normierung wegen das Konzentrationsmaß zwischen 0 und 1 liegt, wird die Varianz der h_j durch ihren Maximalwert dividiert. Dieser Maximalwert ist bei totaler Konzentration gegeben, d.h. wenn alle Werte sich auf eine Gruppe beziehen.

Das Konzentrationsmaß C ist wie folgt definiert

(26) $$C = \frac{s_h}{s_{h,\max}}$$

Dabei ist

(26a) $$s_h^2 = \frac{1}{k}\sum_{j=1}^{k}(h_j - \overline{h})^2 = \frac{1}{k}\sum_{j=1}^{k}h_j^2 - \frac{1}{k^2} = \frac{k\sum_{j=1}^{k}h_j^2 - 1}{k^2}$$

und (26b) $$s_{h,\max}^2 = \frac{1}{k} - \frac{1}{k^2}$$ und (26c) $$\sum_{j=1}^{k}h_j^2 = 1$$

Für das Konzentrationsmaß C gilt

(27) $$C = \sqrt{\frac{k\sum_{j=1}^{k}h_j^2 - 1}{k-1}}$$ mit $0 \leq C \leq 1$

Für die Haushalte ergibt sich $C = 0{,}2632$ und für die Personen $C = 0{,}1466$. Bei den Haushalten ist die Konzentration ausgeprägter als bei den Personen.

Bei der zweiten Problemstellung fragen wir zunächst nach dem Verhältnis der beiden Verteilungen für den Fall fehlender Konzentration. Dieser Fall wurde beim ersten Problem durch eine Gleichverteilung dargestellt, jetzt wird die fehlende Konzentration durch die Gleichheit beider Verteilungen widergespiegelt. Diese Situation läge vor, wenn in Bild 4.3 die beiden Streckenzüge zusammenfielen, d.h. die Häufigkeiten beider Merkmale gleich wären und es nur einen Streckenzug gäbe. Wenn aber die beiden Streckenzüge auseinanderfallen, wie in unserem Beispiel, liegt eine gewisse Konzentration des einen Merkmals bezogen auf das andere vor. Das bedeutet, daß die Fläche zwischen den beiden Streckenzügen in Bild 4.3 ein Maß für die Konzentration des einen Merkmals in bezug auf das andere ist. Da die Haushaltsgröße für die Flächenmessung ohne Belang ist, wird Bild 4.3 modifiziert, und es entsteht die sogenannte Lorenz-Kurve in Bild 4.4.

Abgetragen sind die jeweiligen kumulierten Häufigkeiten H_j und L_j sowie die Gerade als graphisches Bild des totalen Fehlens einer Konzentration. Die Fläche F zwischen der Geraden und dem Streckenzug (**Lorenz-Kurve**) ist ein Maß der Konzentration.

4.2 Konzentrationsmaße

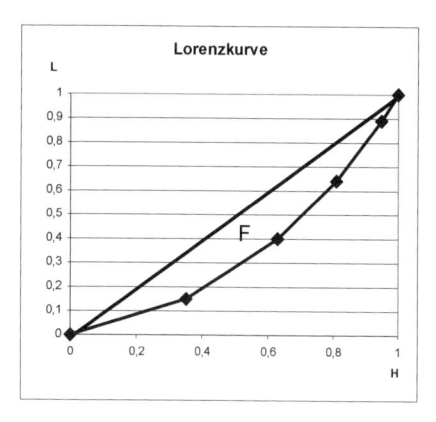

Bild 4.4: Lorenzkurve

Wegen der Normierung des Konzentrationsmaßes wird die Fläche F durch ihren Maximalwert F_{max} dividiert und das **Konzentrationsmaß** K definiert als

(28) $$K = \frac{F}{F_{max}} \qquad 0 \leq K \leq 1$$

F_{max} ist in dem Quadrat mit der Seitenlänge 1 gleich der Fläche unterhalb der Diagonalen, also gleich 0,5 und somit gilt für K:

(28a) $$K = 2 \cdot F$$

Die Fläche F ergibt sich als Differenz aus der Fläche unterhalb der Diagonalen und der Fläche T unterhalb des Streckenzugs, d.h. $F = 0,5 - T$ und demzufolge

(28b) $$K = 1 - 2 \cdot T$$

T ist gleich der Summe der Flächen der jeweiligen Trapeze unter den einzelnen Strecken des Streckenzugs. Für T erhält man:

(28c) $$T = 0{,}5 \sum_{j=1}^{k} h_j (L_j + L_{j-1})$$

und somit für K

(29) $$K = 1 - \sum_{j=1}^{k} h_j (L_j + L_{j-1})$$

Für das Beispiel ist $K = 0{,}2976$.

4.3 Schiefe- und Wölbungsmaße

4.3.1 Die statistischen Momente

Ausgehend von der Datenmenge mit n Merkmalswerten, einem beliebigen festen Bezugspunkt a sowie einer ganzen Zahl $r \geq 0$ ist das statistische **Moment** r – ter Ordnung (oder das r – te statistische Moment) um a definiert als

(30) $$m_r(a) = \frac{1}{n} \sum_{i=1}^{n} (x_i - a)^r$$

Besonders bedeutsam sind vor allem die Momente für $a = 0$ und $a = \bar{x}$. Das gewöhnliche Moment ($a = 0$) von r – ter Ordnung ist gegeben durch

(31) $$m_r(0) = \frac{1}{n} \sum_{i=1}^{n} x_i^r$$

4.3 Schiefe- und Wölbungsmaße

Für $r = 1$ ist das gewöhnliche Moment 1. Ordnung gleich dem arithmetischen Mittel, denn

$$(32) \quad m_1(0) = \frac{1}{n}\sum_{i=1}^{n} x_i = \bar{x}$$

Das gewöhnliche Moment 2. Ordnung ($r = 2$) ist das sogenannte quadratische Mittel (Mittelwert der quadrierten Merkmalswerte):

$$(33) \quad m_2(0) = \frac{1}{n}\sum_{i=1}^{n} x_i^2$$

Mit den gewöhnlichen Momenten 1. und 2. Ordnung läßt sich beispielsweise die Varianz erklären, denn es gilt:

$$(34) \quad s^2 = m_2(0) - [m_1(0)]^2 = \frac{1}{n}\sum_{i=1}^{n} x_i^2 - \left[\frac{1}{n}\sum_{i=1}^{n} x_i\right]^2$$

Diese Formel wurde oben bei der Varianzberechnung angegeben. Die Varianz ist gleich der Differenz aus dem Mittel der quadrierten Werte und dem Quadrat des Mittelwerts.

Das **zentrale Moment** ($a = \bar{x}$) der r – ten Ordnung ist definiert als

$$(35) \quad m_r(\bar{x}) = \frac{1}{n}\sum_{i=1}^{n} (x_i - \bar{x})^r$$

Das zweite zentrale Moment ($r = 2$) ist die Varianz:

$$(36) \quad m_2(\bar{x}) = \frac{1}{n}\sum_{i=1}^{n} (x_i - \bar{x})^2 = s^2$$

Vergleicht man dieses zweite zentrale Moment mit der obigen Formel für die Varianz, so erkennt man gewisse Beziehungen zwischen gewöhnlichen und zentralen Momenten.

(37) $$s^2 = m_2(\bar{x}) = m_2(0) - [m_1(0)]^2$$

Die zentralen Momente 3. und 4. Ordnung werden bei bestimmten Schiefe- und Wölbungsmaßen benötigt, deshalb kommen wir darauf in den folgenden Abschnitten zurück.

4.3.2 Maßzahlen der Schiefe

Es war früher bereits festgestellt worden, daß die empirischen Häufigkeitsverteilungen für die Regionen C und D im Ausgabenbeispiel als linkssteil zu bezeichnen sind (siehe Bild 4.1).

Maßzahlen der Schiefe sollen eine Information darüber geben, inwieweit solche asymmetrischen Verteilungen von symmetrischen abweichen, egal ob sie nun links- oder rechtssteil sind.

Eine sehr einfache Möglichkeit geht von den Größenbeziehungen zwischen den Mittelwerten bei eingipfligen asymmetrischen Verteilungen aus (siehe auch Kapitel 2). Bei linkssteilen Verteilungen gilt:

Arithmetisches Mittel > Median > Modus

Bei einer rechtssteilen Verteilung gilt entsprechend:

Arithmetisches Mittel < Median < Modus

Eine Maßzahl zur Einschätzung der Schiefe einer Verteilung stützt sich auf das 3. zentrale Moment. Dieser Koeffizient ist wie folgt definiert:

(38) $$Sk = \frac{m_3(\bar{x})}{s^3}$$

Für die Regionen des Ausgabenbeispiels ergeben sich folgende Werte: Für D 0,9799, für C 0,7244 und für B ergibt sich der Wert 0. Die Asymmetrie der Verteilung in Region D ist stärker ausgeprägt als in der Region C (man vergleiche dazu auch Bild 4.1).

4.3.3 Maßzahlen der Wölbung

> Unter Wölbung einer Verteilung wird die Steilheit oder auch Hochgipfligkeit (engl. peakedness) verstanden. Begriffe wie **Kurtosis** oder **Exzeß** werden gleichbedeutend verwendet.

Eine einfache Möglichkeit zur Bemessung dieser Eigenschaft besteht darin, die Anteile der Merkmalswerte zu ermitteln, die in einem vorgegebenen Intervall $[\bar{x} - cs; \bar{x} + cs]$ liegen, wobei $c \leq 1$ gewählt werden sollte. Je höher der Anteil der Werte in einem solchen Intervall, desto stärker gewölbt ist die entsprechende Verteilung.

Wendet man dieses Kriterium auf die Daten der Tabelle 4.7 an und setzt $c = 0{,}5$, so erhält man für die Haushaltsverteilung ($\bar{x} = 2{,}26$ und $s = 1{,}21134$) einen Anteil von 28% in einem Intervall von 1,66 bis 2,87.

Ein anderes Wölbungsmaß stützt sich auf das 4. und 2. zentrale Moment. Je höher das Verhältnis

(39) $$\boxed{W = \frac{m_4(\bar{x})}{s^4}}$$

desto aufgewölbter oder hochgipfliger ist die Verteilung.

Das 4. Moment für die Haushaltsverteilung ist 5,0389. Deshalb ist

$$W = \frac{5{,}0389}{1{,}21134^4} = 2{,}3244$$

R.A. Fisher hat die Wölbung einer Verteilung mit der einer Normalverteilung verglichen (siehe Kapitel 10), bei der das obige Verhältnis $W = 3$ ist. Sein Wölbungsmaß γ lautet

(40) $$\boxed{\gamma = \frac{m_4(\bar{x})}{s^4} - 3 = W - 3}$$

Für die Normalverteilung ist $\gamma = 0$. Ist W größer als 3, so fällt die Verteilung aufgewölbter, hochgipfliger als die Normalverteilung aus. Andererseits ist die Verteilung flacher gewölbt, weniger steil als die Normalverteilung, wenn W kleiner als 3 ist. In unserem Beispiel ist die Haushaltsverteilung flacher gewölbt als die Normalverteilung.

4.4 Anwendungsbeispiel

Erneut gehen wir aus von dem Körpergrößenbeispiel, das schon in den vorangegangenen Kapiteln aufgetaucht war.

Tabelle 4.8: Ausagangsdaten

155	161	167	165
177	171	183	185
166	170	171	175
187	188	193	195
176	172	179	178

Wir betrachten hier ausschließlich die Berechnung der Standardabweichung, die als das wichtigste der statistischen Streuungsmaße angesehen werden darf. Um diese zu berechnen, muß zunächst das arithmetische Mittel bestimmt werden. Dieses hatte sich in Kapitel 3 zu 175,7 ergeben. Im nächsten Arbeitsschritt sind alle Differenzen zwischen den Merkmalswerten und dem arithmetischen Mittel zu bestimmen, diese sind zu quadrieren und die Quadrate müssen aufaddiert werden. Dies führt zu der Summe 2128,2. Dividiert man diese Summe durch $n = 20$ (Zahl der Beobachtungen), erhält man die Varianz (106,41). Die Quadratwurzel daraus ist die Standardabweichung. Sie ergibt sich zu 10,32 cm.

4.5 Problemlösungen mit SPSS

Mit SPSS geht die Berechnung der Standardabweichung (und anderer Streuungsmaße) viel einfacher. Vorzugehen ist wie folgt:

1. Verwenden Sie die Daten der Datei SPSS04.SAV und wählen Sie ANALYSIEREN/DESKRIPTIVE STATISTIKEN/HÄUFIGKEITEN.
2. Übertragen Sie die Variable Groesse in das Feld VARIABLE.
3. Klicken Sie die Schaltfläche STATISTIK an.
4. Klicken Sie im Bereich STREUUNG die Kontrollkästchen bei STD._ABWEICHUNG, bei VARIANZ, SPANNWEITE, MINIMUM und MAXIMUM an.
5. Klicken Sie im Bereich VERTEILUNG die Kontrollkästchen bei SCHIEFE und bei WÖLBUNG an.
6. Klicken Sie die Schaltfläche WEITER an.
7. Klicken Sie die Schaltfläche OK an.

SPSS erzeugt jetzt die Ausgabe des Bildes 4.5.

Statistiken

GROESSE

N	Gültig	20
	Fehlend	0
Standardabweichung		10,5835
Varianz		112,0105
Schiefe		,080
Standardfehler der Schiefe		,512
Kurtosis		-,440
Standardfehler der Kurtosis		,992
Spannweite		40,00
Minimum		155,00
Maximum		195,00

Bild 4.5: Streuungs-, Schiefe- und Wölbungsmaße

Sie erkennen übrigens, daß SPSS als Standardabweichung den Wert 10,58 (gerundet) berechnet, während wir oben den Wert 10,32 berechnet haben. Dieser Unterschied erklärt sich daraus, daß SPSS die Varianz (112,01 im Gegensatz zu dem obigen Wert von 106,41) als *erwartungstreue Schätzung* der Grundgesamtheitsvarianz bestimmt. Diese kommt dadurch zustande, daß die Summe der quadrierten Abweichungen vom Mittelwert nicht durch $n = 20$, sondern durch $n - 1 = 19$ dividiert wird. Dem entsprechend wird auch die Standardabweichung, die ja als die Quadratwurzel aus der Varianz definiert ist, größer.

4.6 Literaturhinweise

Bortz, J.: Lehrbuch der Statistik für Sozialwissenschaftler, 5. Aufl. Berlin u.a. 1999
Kromrey, H.: Empirische Sozialforschung, 10. Aufl. Opladen 2002
Menges, G.: Statistik 1, Theorie, Opladen 1972
Monka, M., Voß, W.: Statistik am PC – Lösungen mit Excel, 3. Aufl. München/Wien 2002

5 Bivariate Statistik

5.1 Übersicht

In den Kapiteln 3 und 4 wurden Möglichkeiten gezeigt, die Ausprägungen eines einzelnen Merkmals darzustellen und statistisch zu analysieren. Typischerweise werden in statistischen Untersuchungen jedoch mehrere Merkmale je statistischer Einheit erhoben. Wir befinden uns dann in dem Fall mehrdimensionaler Merkmale bzw. Häufigkeitsverteilungen. Die verschiedenen Merkmale werden zwar durchaus isoliert untersucht (mit univariaten Methoden), doch in vielen Fällen soll festgestellt werden, ob es einen Zusammenhang bzw. eine Abhängigkeit zwischen den gemeinsam auftretenden Merkmalen gibt.

> In diesem Kapitel beschränken wir uns auf die Darstellung von Methoden für die Untersuchung des Zusammenhangs zwischen zwei Merkmalen (bivariate Statistik).

Generell werden bei der Analyse mehrdimensionaler Merkmale üblicherweise drei Gesichtspunkte angesprochen:

a) Besteht überhaupt ein Zusammenhang?
b) Wie stark ist dieser Zusammenhang?
c) Durch welche funktionale Form kann der Zusammenhang beschrieben werden?

Die Frage a) wird im Rahmen der deskriptiven Statistik anhand von Maßzahlen und teilweise auch Diagrammen behandelt. Eine statistisch befriedigende Antwort kann allerdings nur auf Grundlage der Wahrscheinlichkeitsrechnung gegeben werden. Die entsprechenden Methoden befinden sich demgemäß in den Kapiteln, die zum Gebiet der schließenden Statistik gehören.

Die Beantwortung der Frage b) erfolgt (wiederum innerhalb der deskriptiven Statistik) durch Berechnung von sogenannten **Korrelations-** und **Assoziationsmaßen**, und zwar in Abhängigkeit vom Skalenniveau der Merkmale.

Maße für die Stärke des Zusammenhangs heißen bei quantitativen Merkmalen **Korrelationskoeffizienten** und **Bestimmtheitsmaße**, bei Rangmerkmalen **Rangkorrelationskoeffizienten** und bei qualitativen Merkmalen **Assoziations-** sowie **Kontingenzkoeffizienten**.

Aus dieser Unterscheidung nach dem Skalenniveau leitet sich im übrigen die Gliederung dieses Kapitels ab. Eine weitere Differenzierung ergibt sich aus der Unterscheidung zwischen Einzeldaten und gruppiertem Datenmaterial, wobei letzteres häufig aus Sekundärstatistiken stammt. So liegt insgesamt eine Vielzahl von Maßzahlen vor, die hier nur in Auswahl dargestellt werden können.

Die Frage c) ist nur sinnvoll für quantitative (metrisch meßbare) Merkmale. Sie wird im Rahmen der **Regressionsrechnung** beantwortet.

> Unabhängig von den verschiedenen Methoden und Maßzahlen stellt sich in jedem Fall das Problem der sachlichen Interpretation der berechneten Zusammenhänge.

Angesprochen ist damit die Unterscheidung von formaler Logik und Sachlogik. Insbesondere sollte beachtet werden, daß Kausalbeziehungen nicht rein formal (statistisch) aufgespürt bzw. gedeutet werden können. Zudem gilt insbesondere für die Anwendung deskriptiver Verfahren, daß sich alle daraus gewonnenen Aussagen immer nur auf den zugrunde liegenden Datensatz beziehen. Mögliche Verallgemeinerungen erlauben erst die Verfahren der schließenden Statistik.

5.2 Zweidimensionale Häufigkeitsverteilungen

5.2.1 Grundbegriffe

Die Notation und die tabellarische Darstellung bei zweidimensionalen Merkmalen geschieht in Analogie zur univariaten Statistik. Ausgangspunkt seien die Merkmale X und Y, die an denselben Merkmalsträgern (statistischen Einheiten) erhoben werden. Es gelte folgende Schreibweise:

x_i : i – te Merkmalsausprägung des Merkmals X, $i = 1,2,...,r$

y_j : j – te Merkmalsausprägung des Merkmals Y, $j = 1,2,...,s$

f_{ij} : absolute Häufigkeit der Ausprägungskombination (x_i, y_j)

n : Anzahl der Merkmalsträger (beobachtete Wertepaare)

f'_{ij} : relative Häufigkeit der Wertepaare (x_i, y_j) ($f'_{ij} = f_{ij}/n$)

Damit gilt:

(1) $$\sum_{i=1}^{r}\sum_{j=1}^{s} f_{ij} = n$$

(2) $$\sum_{i=1}^{r}\sum_{j=1}^{s} f'_{ij} = 1$$

Die Gesamtheit aller Kombinationen von Merkmalsausprägungen der Merkmale X und Y mit den dazugehörigen absoluten oder relativen Häufigkeiten heißt **zweidimensionale Häufigkeitsverteilung**. Die tabellarische Darstellung einer zweidimensionalen Häufigkeitsverteilung heißt **zweidimensionale Häufigkeitstabelle** und läßt sich für die absoluten Häufigkeiten folgendermaßen schreiben:

Merkmal X	Merkmal Y					
	y_1	y_2	...	y_j	...	y_s	Σ
x_1	f_{11}	f_{12}	...	f_{1j}	...	f_{1s}	$f_{1\bullet}$
x_2	f_{21}	f_{22}	...	f_{2j}	...	f_{2s}	$f_{2\bullet}$
...	...	...	...	...	...	...	...
x_i	f_{i1}	f_{i2}	...	f_{ij}	...	f_{is}	$f_{i\bullet}$
...	...	...	...	...	...	...	...
x_r	f_{r1}	f_{r2}	...	f_{rj}	...	f_{rs}	$f_{r\bullet}$
Σ	$f_{\bullet 1}$	$f_{\bullet 2}$	...	$f_{\bullet j}$	...	$f_{\bullet s}$	n

Hierbei gilt:

(3) $$f_{i\bullet} = \sum_{j=1}^{s} f_{ij} \qquad f_{\bullet j} = \sum_{i=1}^{r} f_{ij} \qquad \sum_{i=1}^{r} f_{i\bullet} = \sum_{j=1}^{s} f_{\bullet j} = n$$

Für die relativen Häufigkeiten gilt analog:

(4) $$f'_{i\bullet} = \sum_{j=1}^{s} f'_{ij} \qquad f'_{\bullet j} = \sum_{i=1}^{r} f'_{ij} \qquad \sum_{i=1}^{r} f'_{i\bullet} = \sum_{j=1}^{s} f'_{\bullet j} = 1$$

172   5 Bivariate Statistik

Im Falle zweier metrisch oder ordinal meßbarer Merkmale wird die Tabelle **Korrelationstabelle** genannt. Im Falle zweier nominal meßbarer Merkmale heißt sie **Kontingenztabelle**.

5.2.2   Randverteilungen

Die Ränder der zweidimensionalen Häufigkeitstabelle, die die Zeilen- bzw. Spaltensummen enthalten, zeigen die eindimensionalen Verteilungen der beiden Merkmale. Die eindimensionale Verteilung des Merkmals X (Y), bei der die Ergebnisse des Merkmals Y (X) unberücksichtigt bleiben, heißt Randverteilung oder **marginale Verteilung** von X (Y).

$f_{i\bullet}(f'_{i\bullet})$ bezeichnet die Randverteilung der absoluten (relativen) Häufigkeiten von X und $f_{\bullet j}(f'_{\bullet j})$ die Randverteilung der absoluten (relativen) Häufigkeiten von Y.

Beispiel
Tabelle 5.1 enthält die Angaben von 50 Prüflingen über das Ergebnis ihrer Prüfung und den jeweiligen Prüfer.

Tabelle 5.1: Beispiel 1

Ergebnis	Prüfer			Summe
	A	B	C	
Bestanden	50	45	55	150
Nicht bestanden	10	25	15	50
Summe	60	70	70	200

10 Prüflinge haben bei Prüfer A nicht bestanden: $f_{21} = 10$; 55 haben bei C bestanden: $f_{13} = 55$ usw.

Besondere Bedeutung hat im Falle von zweidimensionalen Häufigkeitsverteilungen die Frage, ob das Auftreten bestimmter Ausprägungen des Merkmals X von der Realisation bestimmter Ausprägungen des Merkmals Y (bzw. umgekehrt) abhängt. Dies führt zum Begriff der bedingten Verteilung und der Unabhängigkeit von Merkmalen.

5.2.3   Bedingte Verteilung

Die bedingte (konditionale) Verteilung des Merkmals X (Y) für gegebenes y_j (x_i) ist die Häufigkeitsverteilung des Merkmals X (Y), die

5.2 Zweidimensionale Häufigkeitsverteilungen

sich für einen bestimmten Wert $y_i(x_i)$ des Merkmals Y (X) ergibt. Für klassiertes Material steht $y_i(x_i)$ für die Klassenmitte. Die jeweilige bedingte Verteilung der absoluten Häufigkeiten wird geschrieben als

$f(x_i | Y = y_j)$ bzw. $f(y_j | X = x_i)$ oder kurz $f(x_i | y_j)$ bzw. $f(y_j | x_i)$ für ($i = 1,2,...,r; j = 1,2,...,s$)

und kann unmittelbar aus der zweidimensionalen Häufigkeitstabelle abgelesen werden.
Die bedingten relativen Häufigkeiten ergeben sich durch Division der jeweiligen bedingten absoluten Häufigkeiten durch den zugehörigen Wert der Randverteilung:

(5) $$f'(x_i | y_j) = \frac{f(x_i | y_j)}{f_{\bullet j}} \quad bzw. \quad f'(y_j | x_i) = \frac{f(y_j | x_i)}{f_{i \bullet}}$$

für ($i = 1,2,...,r; j = 1,2,...,s$)

Hinweis
Der Begriff der bedingten Verteilung ist im Rahmen der deskriptiven Statistik nur für gruppiertes Material (im Unterschied zu Einzeldaten) sinnvoll.

Auch hierzu ein Beispiel, ausgehend von dem vorangegangenen Beispiel:
Die bedingten (relativen) Verteilungen $f'(x_i | y_j)$ geben für jeden der drei Prüfer die Anteile der Prüflinge an, die bestanden bzw. nicht bestanden haben, und sind folgender Tabelle zu entnehmen:

Tabelle 5.2: Bedingte Verteilung 1 (Beispiel 1)

Ergebnis	Prüfer			Insgesamt
	A	B	C	
Bestanden	0,833	0,643	0,786	0,750
Nicht bestanden	0,167	0,357	0,214	0,250
Summe	1,000	1,000	1,000	1,000

Die bedingten (relativen) Verteilungen $f'(y_j | x_i)$ geben an, wie sich die Prüflinge, die bestanden (x_1 = bestanden) bzw. nicht bestanden (x_2 = nicht bestanden) haben, auf die Prüfer verteilen:

Tabelle 5.3: Bedingte Verteilung 2 (Beispiel 1)

Ergebnis	Prüfer			Summe
	A	B	C	
Bestanden	0,333	0,300	0,367	1,000
Nicht bestanden	0,200	0,500	0,300	1,000
Insgesamt	0,300	0,350	0,350	1,000

5.2.4 Unabhängigkeit von Merkmalen

Der Fall einer (empirischen) Unabhängigkeit zwischen den Merkmalen X und Y kann nun über die bedingten Verteilungen formuliert werden: Das Merkmal X ist vom Merkmal Y empirisch unabhängig, wenn die bedingten Verteilungen der relativen Häufigkeiten $f'(x_i | y_j)$ für alle Spalten $j = 1, 2, ..., s$ übereinstimmen.

Mit anderen Worten, bei unabhängigen Merkmalen gibt es keine Unterschiede in den bedingten relativen Häufigkeitsverteilungen eines Merkmals.

Hinweis

Die bedingten Verteilungen der absoluten Häufigkeiten werden bei Unabhängigkeit im allgemeinen nicht übereinstimmen (sie sind vielmehr proportional) und kommen daher für die Untersuchung der Unabhängigkeit von Merkmalen nicht in Betracht.

Eigenschaften

a) Die Unabhängigkeit ist eine symmetrische Beziehung. Ist das Merkmal X vom Merkmal Y unabhängig, so auch Y von X. Damit stimmen die bedingten Verteilungen $f(y_j | x_i)$ für alle $i = 1, 2, ..., r$ überein.

b) Bei Unabhängigkeit gilt $f_{ij} = \dfrac{f_{i\bullet} \cdot f_{\bullet j}}{n}$ bzw. $f'_{ij} = f'_{i\bullet} \cdot f'_{\bullet j}$

für $(i = 1, 2, ..., r; j = 1, 2, ..., s)$

c) Im Falle der Unabhängigkeit entsprechen die bedingten relativen Häufigkeitsverteilungen den jeweiligen Randverteilungen:

$$f'(x_i \mid y_j) = \frac{f(x_i \mid y_j)}{f_{\bullet j}} = f'_{i\bullet} \quad \text{für } i = 1,2,\ldots,r \text{ bzw.}$$

$$f'(y_j \mid x_i) = \frac{f(y_j \mid x_i)}{f_{i\bullet}} = f'_{\bullet j} \quad \text{für } j = 1,2,\ldots,s$$

Für das obige Prüfungsbeispiel würde folgende, über $f_{ij} = \dfrac{f_{i\bullet} \cdot f_{\bullet j}}{n}$ berechnete Häufigkeitsverteilung eine empirische Unabhängigkeit des Prüfungsergebnisses vom Prüfer darstellen:

Tabelle 5.4: Verteilung bei Unabhängigkeit (Beispiel 1)

Ergebnis	Prüfer			Summe
	A	B	C	
Bestanden	45	52,5	52,5	150
Nicht bestanden	15	17,5	17,5	50
Summe	60	70,0	70,0	200

Für die bedingten (relativen) Häufigkeiten $f'(x_i \mid y_j)$ ergeben sich dann identische Werte:

Tabelle 5.5: Relative Verteilung bei Unabhängigkeit (Beispiel 1)

Ergebnis	Prüfer			Insgesamt
	A	B	C	
Bestanden	0,75	0,75	0,75	0,75
Nicht bestanden	0,25	0,25	0,25	0,25
Summe	1,00	1,00	1,00	1,00

Der Begriff empirische Unabhängigkeit soll darauf hinweisen, daß die Unabhängigkeit (oder Abhängigkeit) nur für einen vorliegenden Datensatz gilt und nicht zwangsläufig allgemein. Die nachfolgenden Abschnitte beschäftigen sich, in Abhängigkeit vom Skalenniveau der Variablen, mit statistischen Maßzahlen, die Hinweise auf das Vorhandensein und die Stärke der empirischen Abhängigkeit zwischen Merkmalen geben können.

5.3 Metrisch meßbare Merkmale: Regression und Korrelation

5.3.1 Lineare Regression

In der Regressionsrechnung wird die Abhängigkeit eines metrisch meßbaren Merkmals Y (abhängige Variable, Regressand) von einer (**Einfachregression**) oder mehreren (**multiple Regression**) metrisch meßbaren Merkmalen X_i (unabhängige Variablen, Regressoren) untersucht.

> Die bivariate Statistik beschränkt sich auf den Fall der Einfachregression.

Hier geht es demnach um den Zusammenhang zwischen der abhängigen Variablen Y und der unabhängigen Variablen X. Im Vordergrund steht dabei die Form oder die Tendenz des Zusammenhangs, die möglichst gut in einer Funktion $y = f(x)$ ausgedrückt werden soll. Das einfachste Modell ist hierbei eine lineare Abhängigkeit zwischen den Variablen Y und X.

Beispiel

Die folgende Tabelle enthält Beobachtungspaare (x_i, y_i) für die Merkmale Leistung (in kW) und Höchstgeschwindigkeit (in km/h) von 10 zufällig ausgewählten Mittelklassewagen:

Tabelle 5.6: Beispiel eines bivariaten Datenbestandes

Leistung X (kW)	72	64	81	76	84	67	77	70	86	88
Höchstgeschw. Y (km/h)	187	177	194	184	196	182	190	180	192	195

Die Daten werden zunächst in ein Streuungsdiagramm (Punktewolke) übertragen, wie es Bild 5.1 zeigt.
Diese Punktewolke in Bild 5.1 legt bereits einen linearen Zusammenhang nahe, der durch die eingetragene Gerade widergespiegelt wird.

5.3 Metrisch meßbare Merkmale: Regression und Korrelation 177

Leistung und Höchstgeschwindigkeit bei PKW's

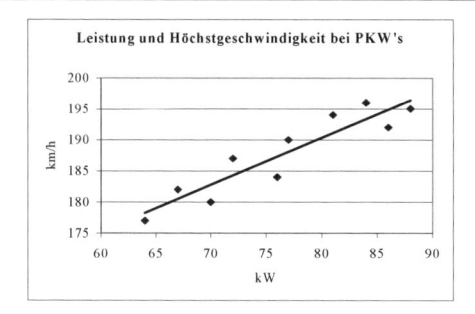

(km/h vs. kW Streudiagramm mit Regressionsgerade)

Bild 5.1: Punktewolke

a) Regressionsfunktion

Gegeben seien zwei metrisch meßbare Merkmale X und Y. Y sei die abhängige Variable (**Regressand**), X die unabhängige Variable (**Regressor**). Die Funktion $\hat{y} = a + b \cdot x$ heißt lineare Regressionsfunktion von Y bezüglich X.

Die Bezeichnung $\hat{y}$ steht für die geschätzten y-Werte. Sie symbolisiert, daß die Regressionsfunktion jedem beobachteten x-Wert nicht den tatsächlich beobachteten y-Wert zuordnet, sondern einen mittleren $\hat{y}$-Wert, der auf der Regressionsgeraden liegt. Der tatsächliche y-Wert liegt in der Regel oberhalb oder unterhalb der Regressionsgeraden, kann aber auch auf die Gerade selbst fallen. Die Beobachtungswerte streuen folglich um die Regressionsfunktion. Für die Bestimmung der besten Anpassung (und damit der geringsten Streuung) unter theoretisch unendlich vielen Geraden wird im allgemeinen die Methode der Kleinsten Quadrate (KQ) verwendet.

b) Methode der kleinsten Quadrate

Die Koeffizienten a und b der linearen Regressionsfunktion $\hat{y} = a + b \cdot x$ werden so bestimmt, daß die Summe der Abweichungsquadrate (SAQ) zwischen beobachteten und geschätzten y-Werten zu einem Minimum wird. Bei insgesamt n Wertepaaren gilt:

(6)
$$SAQ(a,b) = \sum_{i=1}^{n} u_i^2 = \sum_{i=1}^{n}(y_i - \hat{y}_i)^2 =$$
$$= \sum_{i=1}^{n}(y_i - a - bx_i)^2 \to Min$$

Hierbei heißt die Differenz $u_i = y_i - \hat{y}_i$ Residuum des i–ten Beobachtungswertes und stellt die Abweichung des geschätzten vom beobachteten Wert dar.
Die partiellen Ableitungen der Funktion SAQ(a,b)

(7)
$$\frac{\partial SAQ(a,b)}{\partial a} = \sum_{i=1}^{n} 2(y_i - a - bx_i) \cdot (-1)$$
$$\frac{\partial SAQ(a,b)}{\partial b} = \sum_{i=1}^{n} 2(y_i - a - bx_i) \cdot (-x_i)$$

werden gleich null gesetzt (notwendige Bedingung für ein Minimum), und man gewinnt die sogenannten Normalgleichungen einer linearen KQ-Regressionsfunktion:

(8) $$\sum_{i=1}^{n} y_i = na + b \sum_{i=1}^{n} x_i$$

(9) $$\sum_{i=1}^{n} x_i y_i = a \sum_{i=1}^{n} x_i + b \sum_{i=1}^{n} x_i^2$$

Die Normalgleichungen werden nach den Regressionskoeffizienten a und b aufgelöst.

Hinweis
Ein direkte Lösung der Minimierungsaufgabe, d.h. ohne Verwendung der Differentialrechnung, wird nach Einführung des Korrelationskoeffiezienten nach Bravais-Pearson dargestellt.

c) Regressionskoeffizienten

Die Koeffizienten einer linearen KQ-Regressionsfunktion $\hat{y} = a + b \cdot x$ lassen sich bestimmen über

$$(10) \quad b = \frac{n\sum_{i=1}^{n} x_i y_i - \sum_{i=1}^{n} x_i \sum_{i=1}^{n} y_i}{n\sum_{i=1}^{n} x_i^2 - \left(\sum_{i=1}^{n} x_i\right)^2} \quad \text{und} \quad (11) \quad a = \bar{y} - b\bar{x}$$

wobei $\bar{x}$ und $\bar{y}$ für die jeweiligen arithmetischen Mittel stehen.
Man berechnet also zuerst die Steigung b und dann das Absolutglied a. Die Formel für die Berechnung von b kann noch in anderer Weise angegeben werden:

$$(12) \quad b = \frac{\frac{1}{n}\sum_{i=1}^{n}(x_i - \bar{x})(y_i - \bar{y})}{\frac{1}{n}\sum_{i=1}^{n}(x_i - \bar{x})^2} = \frac{s_{xy}}{s_x^2}$$

Hierbei entspricht der Nenner der **Varianz** von X und der Zähler der sog. **Kovarianz** von X und Y, die mit s_{xy} abgekürzt wird.

d) Kovarianz

Für die gemeinsam auftretenden, metrisch meßbaren Merkmale X und Y heißt

$$(13) \quad Cov(X,Y) = s_{xy} = \frac{1}{n}\sum_{i=1}^{n}(x_i - \bar{x})(y_i - \bar{y}) = \frac{1}{n}\sum_{i=1}^{n} x_i y_i - \bar{x}\,\bar{y}$$

Kovarianz zwischen X und Y, wobei $\bar{x}$ und $\bar{y}$ die jeweiligen arithmetischen Mittel sind.
Der Ausdruck nach dem letzten Gleichheitszeichen erlaubt eine vereinfachte Berechnung. Die Kovarianz bezeichnet in Analogie zur Varianz die gemeinsame Streuung zweier Variablen. Während die Varianz defi-

nitionsgemäß nur positive Werte annehmen kann, kann die Kovarianz sowohl positiv wie auch negativ ausfallen. Das Vorzeichen bestimmt, ob die Werte der Merkmale X und Y gleichgerichtet oder gegenläufig auftreten, mit anderen Worten, ob sie positiv oder negativ korreliert sind.

Beispiel

Für das Beispiel in Tabelle 5.6 ergeben sich folgende Werte:

$$b = \frac{n\sum_{i=1}^{n} x_i y_i - \sum_{i=1}^{n} x_i \sum_{i=1}^{n} y_i}{n\sum_{i=1}^{n} x_i^2 - \left(\sum_{i=1}^{n} x_i\right)^2} = \frac{10 \cdot 144050 - 765 \cdot 1877}{10 \cdot 59131 - 765^2}$$

$$= \frac{4595}{6085} = 0{,}7551$$

bzw.

$$b = \frac{Cov(X,Y)}{Var(X)} = \frac{\frac{1}{n}\sum_{i=1}^{n}(x_i - \bar{x})(y_i - \bar{y})}{\frac{1}{n}\sum_{i=1}^{n}(x_i - \bar{x})^2} = \frac{45{,}95}{60{,}85} = 0{,}7551$$

und

$$a = \bar{y} - b\bar{x} = 187{,}7 - 0{,}755 \cdot 76{,}5 = 129{,}93$$

Die Regressionsgerade lautet damit

$$\hat{y} = 129{,}93 + 0{,}7551 x$$

Sie besagt, daß bei einer Änderung der Leistung um ein kW die Höchstgeschwindigkeit im Durchschnitt um rund 0,76 km/h zunimmt. Man kann die Geradengleichung auch für die Aussage heranziehen, daß bei einer Leistung von 80 kW eine Höchstgeschwindigkeit von durchschnittlich

$$\hat{y} = 129{,}93 + 0{,}7551 \cdot 80 \approx 190 \ km/h$$

zu erwarten ist.

Allgemein gibt der Koeffizient b an, um wie viele Einheiten sich der Wert des Merkmals Y im Durchschnitt ändert, wenn der Wert des Merkmals X um eine Einheit variiert wird.
Die lineare KQ-Regressionsfunktion weist folgende Eigenschaften auf:

Die Gerade geht durch den Punkt $(\bar{x}, \bar{y})$, den sogenannten Schwerpunkt oder Mittelpunkt. Dies folgt aus der Umformung der Berechnungsformel für das Absolutglied: Aus $a = \bar{y} - b\bar{x}$ wird $\bar{y} = a + b\bar{x}$.

Die Summe der Residuen und damit auch ihr arithmetisches Mittel ist gleich Null:

$$\sum_{i=1}^{n} u_i = \sum_{i=1}^{n}(y_i - \hat{y}_i) = 0 \qquad \text{und} \qquad \bar{u} = \frac{1}{n}\sum_{i=1}^{n} u_i = 0$$

Die Varianz der Residuen ist minimal. Damit kann das der Methode der kleinsten Quadrate zugrunde liegende Minimierungskalkül auch formuliert werden als die Bestimmung einer Geraden, für die die Streuung der Residuen um die Gerade (gemessen als Varianz) minimal wird.

e) Residuenvarianz

Für die Varianz der Residuen gilt wegen $\bar{u} = 0$

$$(14) \quad \boxed{Var(u) = s_u^2 = \frac{1}{n}\sum_{i=1}^{n}(u_i - \bar{u})^2 = \frac{1}{n}\sum_{i=1}^{n} u_i^2}$$

f) Umgekehrte Regressionsgerade

Formuliert wird häufig auch die (umgekehrte) Regressionsgerade von X bezüglich Y. Sachlich ist dies in vielen Fällen nicht zu begründen. So würde es im obigen Beispiel wohl wenig sinnvoll erscheinen, die Leistung als von der Höchstgeschwindigkeit abhängig zu betrachten - allenfalls in dem Sinne, daß man von der Höchstgeschwindigkeit auf die Leistung schließen möchte. Formal läßt sich die Umkehrung jedoch vollziehen. Die Rollen von X und Y werden dann vertauscht und es ergibt sich der folgende Formelsatz:

$$(15) \quad \boxed{\hat{x} = a' + b'y}$$

(16) $$b' = \frac{n\sum_{i=1}^{n} x_i y_i - \sum_{i=1}^{n} x_i \sum_{i=1}^{n} y_i}{n\sum_{i=1}^{n} y_i^2 - \left(\sum_{i=1}^{n} y_i\right)^2} \quad bzw.$$

$$b' = \frac{\frac{1}{n}\sum_{i=1}^{n}(x_i - \bar{x})(y_i - \bar{y})}{\frac{1}{n}\sum_{i=1}^{n}(y_i - \bar{y})^2} = \frac{s_{xy}}{s_y^2}$$

(17) $a' = \bar{x} - b'\bar{y}$

Da auch die Regressionsgerade von X bezüglich Y durch den Mittelpunkt $(\bar{x}, \bar{y})$ geht, schneiden sich die beiden Geraden in genau diesem Punkt. Zusammenfallen werden sie übrigens nur dann, wenn alle Beobachtungswerte exakt auf einer Geraden liegen.

g) Weitere Methoden zur Gewinnung von Geraden bester Anpassung

Die Methode der kleinsten Quadrate stellt nicht die einzige Möglichkeit dar, Geraden „bester" Anpassung abzuleiten. So kann auch die Funktion

(18) $$SAA(a,b) = \sum_{i=1}^{n}|u_i| = \sum_{i=1}^{n}|y_i - a - bx_i|$$

die Summe der absoluten Abweichungen, minimiert werden. Dies führt jedoch zu einem wesentlich höheren mathematischen Aufwand.

Eine weitere Alternative besteht darin, anstelle der Residuen $u_i = y_i - \hat{y}_i$ die senkrechten Abstände e_i zu nehmen und deren Quadratsumme zu minimieren. Man spricht dann von **orthogonaler Regression**. Dieser Ansatz wird im Rahmen multivariater Verfahren berücksichtigt.

5.3.2 Nichtlineare Regression

Selbstverständlich können die erhobenen Daten tendenziell einen anderen als linearen Verlauf annehmen. Für nichtlineare Verläufe kann ebenfalls auf die Methode der kleinsten Quadrate zurückgegriffen werden. Dabei werden die Koeffizienten einer nichtlinearen Regressionsfunktion $\hat{y} = f(x)$ so bestimmt, daß die Summe der Abweichungsquadrate (SAQ) zwischen beobachteten y – Werten und geschätzten $\hat{y}$ – Werten zu einem Minimum wird. Bei insgesamt n Wertepaaren gilt:

$$(19) \quad SAQ = \sum_{i=1}^{n} u_i^2 = \sum_{i=1}^{n} (y_i - \hat{y}_i)^2 = \sum_{i=1}^{n} (y_i - f(x_i))^2 \to Min$$

Die Lösung einer solchen Minimierungsaufgabe führt in der Regel zu einem erheblichen Rechenaufwand, der nur mit geeigneter Software geleistet werden kann. Beispielhaft sollen nun Formelsätze für zwei typische Fälle nichtlinearer Verläufe angegeben werden, und zwar für eine Parabelfunktion und eine logistische Funktion.

Hinweis

Die Funktionstypen

$$(20) \quad \hat{y} = ax^b \qquad \text{(Potenzfunktion) und}$$

$$(21) \quad \hat{y} = ab^x \qquad \text{(Exponentialfunktion)}$$

sind in den Logarithmen linear und lassen sich wie oben behandeln.

a) Parabelfunktion

$$(22) \quad \hat{y} = a + bx + cx^2$$

$$
\text{(23)} \quad \begin{aligned} SAQ = \sum_{i=1}^{n} u_i^2 = \sum_{i=1}^{n}(y_i - \hat{y}_i)^2 = \\ = \sum_{i=1}^{n}(y_i - a - bx_i - cx_i^2)^2 \to Min \end{aligned}
$$

$$
\text{(23a)} \quad \sum_{i=1}^{n} y_i = na + b\sum_{i=1}^{n} x_i + c\sum_{i=1}^{n} x_i^2
$$

$$
\text{(23b)} \quad \sum_{i=1}^{n} x_i y_i = a\sum_{i=1}^{n} x_i + b\sum_{i=1}^{n} x_i^2 + c\sum_{i=1}^{n} x_i^3
$$

$$
\text{(23c)} \quad \sum_{i=1}^{n} x_i^2 y_i = a\sum_{i=1}^{n} x_i^2 + b\sum_{i=1}^{n} x_i^3 + c\sum_{i=1}^{n} x_i^4
$$

b) Logistische Funktion

$$
\text{(24)} \quad \hat{y} = \frac{k}{1 + e^{a + b \cdot x}}
$$

mit $b < 0$ und bekanntem k (die Sättigungsgrenze bei Wachstumsprozessen).

Aus der linearisierten Form

$$
\text{(24a)} \quad \ln\left(\frac{k}{\hat{y}} - 1\right) = a + bx
$$

lassen sich folgende Schätzgleichungen ableiten:

(25a)
$$a = \frac{\sum_{i=1}^{n} x_i^2 \sum_{i=1}^{n} \ln(\frac{k}{y_i} - 1) - \sum_{i=1}^{n} x_i \sum_{i=1}^{n} x_i \ln(\frac{k}{y_i} - 1)}{n \sum_{i=1}^{n} x_i^2 - \left(\sum_{i=1}^{n} x_i\right)^2}$$

(25b)
$$b = \frac{n \sum_{i=1}^{n} x_i \ln(\frac{k}{y_i} - 1) - \sum_{i=1}^{n} x_i \sum_{i=1}^{n} \ln(\frac{k}{y_i} - 1)}{n \sum_{i=1}^{n} x_i^2 - \left(\sum_{i=1}^{n} x_i\right)^2}$$

5.4 Zusammenhangsmaße für metrische Daten

Die Regressionsfunktion beschreibt die durchschnittliche oder tendenzielle Abhängigkeit des Merkmals Y von Merkmal X. Sie sagt jedoch nichts darüber aus, wie stark dieser Zusammenhang ist. Die für das obige Beispiel geschätzte Regressionsgerade könnte genau so gut durch eine Punktewolke verlaufen, die größer ist in dem Sinne, daß die y – Werte stärker um die Gerade streuen, aber dieselben Koeffizienten liefern. Aus diesem Grunde wird die Regressionsrechnung ergänzt um Maßzahlen, die Auskunft geben über die Stärke des Zusammenhangs zwischen X und Y.

5.4.1 Streuungszerlegung und Bestimmtheitsmaß

Im Falle einer linearen Regression kann die Varianz der abhängigen Variablen in zwei Komponenten zerlegt werden. Zunächst wird die Beziehung

(26) $\boxed{y_i - \bar{y} = (y_i - \hat{y}_i) + (\hat{y}_i - \bar{y})}$

quadriert und anschließend summiert:

(26a)
$$\sum_{i=1}^{n}(y_i - \bar{y})^2 = \sum_{i=1}^{n}(y_i - \hat{y}_i)^2 + 2\sum_{i=1}^{n}(y_i - \hat{y}_i)(\hat{y}_i - \bar{y}) + \sum_{i=1}^{n}(\hat{y}_i - \bar{y})^2$$

Nach Umformungen unter Ausnutzung der Normalgleichungen erhält man

(26b)
$$\sum_{i=1}^{n}(y_i - \bar{y})^2 = \sum_{i=1}^{n}(y_i - \hat{y}_i)^2 + \sum_{i=1}^{n}(\hat{y}_i - \bar{y})^2$$

Diese sog. Streuungszerlegung läßt sich schreiben als

(26c)
$$\frac{1}{n}\sum_{i=1}^{n}(y_i - \bar{y})^2 = \frac{1}{n}\sum_{i=1}^{n}(\hat{y}_i - \bar{y})^2 + \frac{1}{n}\sum_{i=1}^{n}(y_i - \hat{y}_i)^2$$

bzw. wegen $\frac{1}{n}\sum_{i=1}^{n}y_i = \frac{1}{n}\sum_{i=1}^{n}\hat{y}_i = \bar{y}$ als

(26d)
$$Var(y) = Var(\hat{y}) + Var(u)$$

und in Kurzform als

(26e)
$$s_y^2 = s_{\hat{y}}^2 + s_u^2$$

Anmerkung

$s_{\hat{y}}^2$ kann bestimmt werden als $s_{\hat{y}}^2 = b^2 s_x^2$

Im Beispiel ergibt sich $s_{\hat{y}}^2 = b^2 s_x^2 = 0{,}7551^2 \cdot 60{,}85 = 34{,}70$ *und damit* $s_y^2 = s_{\hat{y}}^2 + s_u^2$ *als* $40{,}61 = 34{,}70 + 5{,}91$.

Gemäß der Streuungszerlegung läßt sich also die gesamte Varianz der abhängigen Variablen aufteilen in die Varianz der Regressionswerte, die durch die unabhängige Variable erklärt wird, und in die Varianz der Residuen, die durch die unabhängige Variable nicht erklärt wird. Ein starker linearer Zusammenhang spiegelt sich in einem kleinen Wert für die Residuenvarianz und in einer hohen Übereinstimmung von $s_{\hat{y}}^2$ und $s_{\hat{y}}^2$ wider. Entsprechend wird folgende Maßzahl definiert:

(27) $$B^2 = \frac{s_{\hat{y}}^2}{s_y^2} = 1 - \frac{s_u^2}{s_y^2} \qquad \text{mit } 0 \leq B^2 \leq 1$$

Dieses sog. **Bestimmtheitsmaß** drückt damit den Anteil der durch die unabhängige Variable X erklärten Varianz an der gesamten Varianz der abhängigen Variablen Y aus. Für den Fall, daß alle Beobachtungswerte auf der Regressionsgeraden liegen, gilt $B^2 = 1$. Zur weiteren Interpretation ist festzustellen, daß die Werte von B^2 über dem Intervall $[0,1]$ nicht linear verlaufen.

$B = +\sqrt{B^2}$ heißt **Bestimmtheitskoeffizient**. Die Größe $1 - B^2$ drückt aus, welcher Anteil der Streuung der y – Werte nicht durch die Regressionsfunktion erklärt werden kann.

Für das obige Zahlenbeispiel ergeben sich die Werte $B^2 = 0,854$ und $B = 0,924$.

Hinweis

Das Konzept des Bestimmtheitsmaßes läßt sich übertragen auf den Fall einer qualitativen (erklärenden) und einer quantitativen (abhängigen) Variablen. Siehe hierzu Ferschl, Franz: Deskriptive Statistik, 3. korr. Auflage, Würzburg 1985, S. 250ff.

5.4.2 Korrelationskoeffizient nach Bravais-Pearson

Diese Maßzahl für die Stärke des (linearen) Zusammenhangs zwischen zwei Merkmalen basiert auf der Kovarianz und ist folgendermaßen definiert:

$$(28) \quad r_{xy} = \frac{Cov(X,Y)}{s_x s_y} = \frac{s_{xy}}{s_x s_y}$$

Häufig wird statt r_{xy} nur das Symbol r verwendet.

Im Beispiel ist $r_{xy} = 0{,}924$.

Eigenschaften des Korrelationskoeffizienten

a) r ist maßstabsunabhängig und normiert auf $-1 \le r \le +1$. Das Vorzeichen deutet auf einen positiven (gleichläufigen) bzw. negativen (gegenläufigen) Zusammenhang zwischen den Merkmalen. Der Korrelationskoeffizient sagt nichts über die Art des Zusammenhangs aus.

b) Im Falle eines linearen Zusammenhangs drückt ein r – Wert von absolut nahe an 1 eine enge lineare Beziehung zwischen den beiden Merkmalen aus. Liegen alle Beobachtungswerte auf einer Geraden, so gilt $|r|=1, r=+1$ bei einer steigenden und $r=-1$ bei einer fallenden Geraden. Zur weiteren Interpretation ist zu sagen, daß die Werte von $|r|$ über dem Intervall $[0,1]$ nicht linear verlaufen.

c) Besteht ein linearer Zusammenhang, so gilt $r^2 = B^2$.

d) Für unabhängige Merkmale gilt wegen $Cov(X,Y)=0$ auch $r=0$. Dagegen folgt aus $r=0$ nicht die Unabhängigkeit von X und Y.

Anmerkungen

a) Der Regressionskoeffizient b läßt sich unter Verwendung von r schreiben als

$$(29) \quad b = r \frac{s_y}{s_x}$$

b) Das Produkt der beiden Regressionskoeffizienten b und b' ergibt gerade r^2:

$$(30) \quad b \cdot b' = \frac{s_{xy}}{s_x^2} \cdot \frac{s_{xy}}{s_y^2} = r^2$$

c) Die Residualvarianz $s_{\hat{y}}^2$ kann in folgender Weise zerlegt werden:

$$(31) \quad s_{\hat{y}}^2 = (bs_x - rs_y)^2 + (\bar{y} - a - b\bar{x})^2 + s_y^2(1 - r^2)$$

Die Herleitung dieser Zerlegung findet man bei Maier, Helmut: A Direct Solution of the Problem of Linear Regresssion by Analysis of Variance, Student (1998), Vol. 2, No. 3, S. 259-270. Sie ermöglicht die Bestimmung der Koeffizienten der linearen Regressionsfunktion $\hat{y} = a + b \cdot x$ (nach der KQ-Methode) ohne Differentialrechnung. Die Minimierung der Residualvarianz verlangt, daß die beiden ersten Terme der obigen Zerlegung null werden. Daraus ergeben sich folgende Bestimmungsgleichungen für die Regressionsparameter: $bs_x - rs_y = 0$ und $\bar{y} - a - b\bar{x} = 0$. Die Lösungen sind die bekannten Formelsätze für a und b, die lediglich die Kenntnis der Lage- und Streuungsparameter $\bar{x}, \bar{y}, s_x, s_y, s_{xy}$ voraussetzen.

5.4.3 Korrelationsindex

Eine weitere, allerdings sehr grobe Maßzahl zur Messung des Zusammenhangs zweier Merkmale basiert auf der Häufigkeit, mit der überdurchschnittlich hohe bzw. niedrige Merkmalswerte für X und Y gleichgerichtet bzw. gegenläufig auftreten. Berechnet wird einerseits die Anzahl der Fälle mit $(x_i - \bar{x})(y_i - \bar{y}) > 0$, bezeichnet als n_1, und andererseits die Anzahl der Fälle mit $(x_i - \bar{x})(y_i - \bar{y}) < 0$, bezeichnet als n_2. Tritt $(x_i - \bar{x})(y_i - \bar{y}) = 0$ auf, wird zu n_1 und n_2 jeweils der Wert 0,5 addiert. Sind die Variablen positiv (negativ) korreliert, wird n_1 (n_2) hoch ausfallen. Ist der Zusammenhang nicht sehr ausgeprägt, werden n_1 und n_2 etwa gleich sein.

Für das Beispiel in Tabelle 5.6 ergeben sich die Werte der Tabelle 5.7.
Wegen der starken positiven Korrelation zwischen X und Y sind alle Produkte $(x_i - \bar{x})(y_i - \bar{y})$ positiv. Somit ist $n_1 = n = 10$.
Die Zahl

(32) $$K = \frac{n_1 - n_2}{n_1 + n_2} = \frac{n_1 - n_2}{n}$$

heißt **Korrelationsindex**. Es gilt $-1 \leq K \leq +1$.

Tabelle 5.7: Arbeitstabelle zur Berechnung des Korrelationsindex

Leistung X (kW)	72	64	81	76	84	67	77	70	86	88
$(x_i - \bar{x})$, $\bar{x} = 76{,}5$	-4,5	-12,5	4,5	-0,5	7,5	-9,5	0,5	-6,5	9,5	11,5
Höchstgeschw. Y (km/h)	187	177	194	184	196	182	190	180	192	195
$(y_i - \bar{y})$, $\bar{y} = 187{,}7$	-0,7	-10,7	6,3	-3,7	8,3	-5,7	2,3	-7,7	4,3	7,3
Vorzeichen $(x_i - \bar{x})(y_i - \bar{y})$	pos.	pos.	pos.	pos.	pos.	pos.	pos.	pos.	pos.	pos.

Der Korrelationsindex drückt die Differenz zwischen gleichsinnigen und gegenläufigen Differenzenpaaren $(x_i - \bar{x}; y_i - \bar{y})$ im Verhältnis zur Gesamtzahl der Beobachtungspaare aus. Im Beispiel ist K wegen $n_1 = n = 10$ gleich 1. Der Korrelationskoeffizient nach Bravais-Pearson beträgt 0,924. Er mißt den Zusammenhang feiner als der Korrelationsindex.

5.5 Ordinal meßbare Merkmale: Rangkorrelation

Bei ordinal meßbaren Merkmalen verbietet sich wegen des Fehlens definierter Abstände die Darstellung der Beobachtungspaare in einem Streudiagramm ebenso wie die Anwendung der oben dargestellten Regressions- und Korrelationsrechnung. Bei Rangmerkmalen wird die Stärke des Zusammenhangs zwischen zwei Merkmalen gemessen an der Stärke der Übereinstimmung der Reihenfolge von Merkmalsausprägungen. Man spricht demgemäß von Rangkorrelationsrechnung.

5.5.1 Rangkorrelationskoeffizient nach Spearman

a) Ungruppiertes Datenmaterial

Die Beobachtungswerte des Merkmals X und die zugehörigen des Merkmals Y werden aufsteigend bzw. absteigend sortiert und anschließend numeriert. Durch die Numerierung erhält man zu jedem Wert x_i bzw. y_i ($i = 1,2,...,n$) eine Rangzahl Rx_i bzw. Ry_i.

Stimmen Beobachtungswerte überein (Auftreten von **ties** oder **Verbundwerten**), so bekommen sie dieselbe Rangnummer, und zwar berechnet als arithmetisches Mittel der Ränge, die für diese Werte zur Verfügung stehen. Man ersetzt also die Beobachtungswertepaare (x_i, y_i) durch Rangziffernpaare (Rx_i, Ry_i).

Der Spearman'sche Rangkorrelationskoeffizient ist dann der oben eingeführte Korrelationskoeffizient nach Bravais-Pearson für die Rangnummern und läßt sich folgendermaßen darstellen (Ein Beweis findet sich zum Beispiel bei Ferschl, Franz: Deskriptive Statistik, 3. korr. Auflage, Würzburg 1985, S. 285.):

$$(33) \quad \rho = 1 - \frac{6 \sum_{i=1}^{n} d_i^2}{n(n^2 - 1)} \quad \text{mit } d_i = Rx_i - Ry_i \quad \text{wobei } -1 \leq \rho \leq +1$$

Für den Fall, daß $Rx_i = Ry_i$ für alle i, folgt wegen

$$d_i = 0 \ (i = 1,2,...,n) \ \rho = 1.$$

Es liegt dann ein vollständig gleichläufiger Zusammenhang zwischen den beiden Variablen vor. Analog ist bei $\rho = -1$ der Zusammenhang zwischen den Variablen vollständig gegenläufig. Zur weiteren Interpretation ist zu sagen, daß die Werte von $|\rho|$ über dem Intervall $[0,1]$ nicht linear verlaufen.

Beispiel

Es soll überprüft werden, ob für acht Studenten ein Zusammenhang zwischen der Klausurnote in Statistik und der in Volkswirtschaftslehre (VWL) besteht

Tabelle 5.8: Ausgangsdaten zur Berechnung des Rangkorrelationskoeffizienten

Student	A	B	C	D	E	F	G	H
Statistik-Note x_i	3,7	4,0	2,7	2,0	4,0	5,0	3,3	2,3
VWL-Note y_i	4,0	3,7	2,0	2,0	1,0	5,0	1,3	3,0

Nach der aufsteigenden Sortierung und Rangziffernvergabe entsteht die Tabelle 5.9:

Tabelle 5.9: Arbeitstabelle zur Berechnung des Rangkorrelationskoeffizienten

Student	D	H	C	G	A	B	E	F
Rx_i	1	2	3	4	5	6,5	6,5	8
Ry_i	3,5	5	3,5	2	7	6	1	8
d_i^2	6,25	9,00	0,25	4,00	4,00	0,25	30,25	0,00

Aus den Werten ergibt sich $\rho = 0,357$. Es besteht demnach ein eher schwacher Zusammenhang zwischen den Noten in den beiden Fächern.

Hinweis

Werden wie im Beispiel mittlere Rangzahlen für gleiche Beobachtungswerte vergeben, stimmt ρ nicht exakt mit dem Korrelationskoeffizienten nach Bravais-Pearson für die Rangzahlen überein. Allerdings sind die Abweichungen so gering, daß im allgemeinen ρ wie oben verwendet wird.

b) Rangkorrelation bei gruppierten Daten

Die Verwendung von Rangzahlen bei der Berechnung von Rangkorrelationskoeffizienten bringt Nachteile mit sich, wenn eine große Zahl von Beobachtungspaaren mit sehr vielen Übereinstimmungen (ties) vorliegt. Dieser Fall tritt auf, wenn die Merkmale nur wenige Ausprägungen besitzen und die Daten dementsprechend in Tabellenform vorliegen.

Beispiel

Folgende Tabelle enthält die Daten von 50 Personen, die sich zu ihrem (Hoch-)Schulabschluß (Merkmal X) und zur Zufriedenheit im augenblicklich ausgeübten Beruf (Merkmal Y) geäußert haben:

5.5 Ordinal meßbare Merkmale: Rangkorrelation

Tabelle 5.10: Ausgangsdaten für die Rangkorrelation bei gruppierten Daten

(Hoch-)Schulabschluß	Zufriedenheit im Beruf		
	zufrieden	nicht zufrieden	Summe
Haupt- oder Realschule (H)	12	13	25
Abitur (A)	10	5	15
Universität/Fachhochschule (U)	8	2	10
Summe	30	20	50

Im Hinblick auf die Konstruktion eines Zusammenhangsmaßes werden Paarvergleiche durchgeführt. Bei n Beobachtungswertpaaren wird jedes der n Paare mit den ($n-1$) übrigen Paaren verglichen, und zwar um festzustellen, ob für die Paare bezüglich beider Merkmale eine gleiche oder verschiedene Ordnung vorliegt. Eine gleiche Ordnung liegt im obigen Beispiel vor, wenn beim Vergleich der Paare (x_i, y_i) und (x_j, y_j) festgestellt wird, daß eine Person sowohl einen höheren (Hoch-)Schulabschluß als auch eine höheren Zufriedenheitsgrad aufweist. Man spricht in solchen Fällen von **konkordanten** (gleichsinnigen) Paaren. Bei entgegengesetzter Ordnung werden die Paare als **diskordant** (gegensinnig) bezeichnet. Liegen im Extremfall nur konkordante Paare vor, so besteht ein vollständig gleichgerichteter Zusammenhang zwischen den beiden Merkmalen. Das andere Extrem wäre gekennzeichnet durch das ausschließliche Auftreten von diskordanten Paaren, also durch einen vollständig gegenläufigen Zusammenhang zwischen den Variablen. Die vorgeschlagenen Zusammenhangsmaße sind dementsprechend auf das Intervall $[-1,+1]$ normiert und basieren auf der Häufigkeit der verschiedenen Ordnungsmöglichkeiten, die beim Paarvergleich auftreten können. Diese sind in folgender Übersicht zusammengefaßt:

Tabelle 5.11: Paarvergleiche

x_i ist im Vergleich zu x_j	y_i ist im Vergleich zu y_j	Bezeichnung
größer (höher)	größer (höher)	konkordant
größer (höher)	gleich	gleich nur bezüglich Y (tie nur bei Y)
größer (höher)	kleiner (niedriger)	diskordant
gleich	größer (höher)	gleich nur bezüglich X (tie nur bei X)
gleich	gleich	gleich bezüglich (tie bei) X und Y
gleich	kleiner (niedriger)	gleich nur bezüglich X (tie nur bei X)
kleiner (niedriger)	größer (höher)	diskordant
kleiner (niedriger)	gleich	gleich nur bezüglich Y (tie nur bei Y)
kleiner (niedriger)	kleiner (niedriger)	konkordant

Beispiel

Angewendet auf das Beispiel, hilft folgende Tabelle bei der Bestimmung der Häufigkeiten, mit denen die neun Fälle beim Paarvergleich auftreten:

Tabelle 5.12: Arbeitstabelle zu den Paarvergleichen

	(H,Z)	(H,N)	(A,Z)	(A,N)	(U,Z)	(U,N)
(H,Z)	$n_{xy}=66$	$n_x=156$	$n_y=120$	$n_d=60$	$n_y=96$	$n_d=24$
(H,N)		$n_{xy}=78$	$n_k=130$	$n_y=65$	$n_k=104$	$n_y=26$
(A,Z)			$n_{xy}=45$	$n_x=50$	$n_y=80$	$n_d=20$
(A,N)				$n_{xy}=10$	$n_k=40$	$n_y=10$
(U,Z)					$n_{xy}=28$	$n_x=16$
(U,N)						$n_{xy}=1$

Hierbei bedeutet $n_{xy}=66$ (auf einen zusätzlichen Index für die Felder der Tabelle wird verzichtet), daß 66 Paarvergleiche bezüglich X und Y gleich ausfielen.

Es sind dies die Fälle $(x_i, y_i) = (H,Z)$ und $(x_j, y_j) = (H,Z)$. Die Zahl 66 ergibt sich als Produkt $f_{11}(f_{11}-1)/2$, mit f_{11} als absolute Häufigkeit der Ausprägungskombination (x_i, y_j).

Sie kann damit direkt aus der zweidimensionalen Häufigkeitstabelle berechnet werden. Dies gilt analog für die anderen Werte auf der Hauptdiagonalen. Weitere Eintragungen befinden sich nur oberhalb der Hauptdiagonalen, da die Richtung der Vergleiche ohne Belang ist. In der hier gewählten Schreibweise bezeichnet beispielsweise $n_x = 156$ die Zahl der Paarvergleiche mit $(x_i, y_i) = (H,Z)$ und $(x_j, y_j) = (H,N)$ und allgemein eine Übereinstimmung nur bezüglich X (tie nur bei X). n_y steht für die Zahl der Vergleiche mit Gleichheit nur bezüglich Y (tie nur bei Y), n_d für Diskordanz und n_k für Konkordanz. Die Werte für n_x, n_y, n_d und n_k erhält man durch Multiplikation der jeweiligen Häufigkeiten aus der zweidimensionalen Häufigkeitstabelle.

Zum Beispiel gilt $n_x = 156 = f_{11}f_{12}$ *und* $n_k = 130 = f_{12}f_{21}$. *Die Gesamtzahl der Vergleiche beläuft sich auf* $n(n-1)/2$, *im Beispiel auf 1225.*

Auf Basis der konkordanten und diskordanten Beobachtungspaare werden Zusammenhangsmaße formuliert, die im folgenden vorgestellt werden.

5.5.2 Rangkorrelationskoeffizient (Konkordanzkoeffizient) nach Goodman und Kruskal

Dieser Rangkorrelationskoeffizient ist wie folgt definiert:

$$(34) \quad \boxed{\gamma = \frac{n_k - n_d}{n_k + n_d}}$$

Der Koeffizient γ berücksichtigt keine ties. Er liegt zwischen −1 (keine konkordanten Paare) und +1 (keine diskordanten Paare) und beschreibt damit die Extremfälle gegenläufig und gleichläufig.

Im Beispiel gilt:

$$\gamma = \frac{274-104}{274+104} = 0,450$$

5.5.3 Rangkorrelationskoeffizient (Konkordanzkoeffizient) nach Kendall

Dieser Rangkorrelationskoeffizient ist wie folgt definiert:

(35) $$\tau = \frac{n_k - n_d}{n(n-1)/2} = \frac{2(n_k - n_d)}{n(n-1)}$$

Der Koeffizient τ berücksichtigt alle Paarvergleiche, also einschließlich der drei Arten von Gleichheiten (ties). Er ist normiert auf $-1 \leq \tau \leq +1$. Treten ausschließlich konkordante Paare auf, so stimmt die Gesamtzahl der Vergleiche $n(n-1)/2$ mit n_k überein und man erhält $\tau = 1$. Es würde dann ein vollständig gleichgerichteter Zusammenhang zwischen den beiden Untersuchungsvariablen vorliegen. Im umgekehrten Fall eines völlig gegenläufigen Zusammenhangs wäre $n_k = 0$ und wegen $n_d = n(n-1)/2$ wäre $\tau = -1$. Stimmt die Zahl der konkordanten und diskordanten Paare überein, nimmt τ den Wert null an und drückt aus, daß es keine Tendenz zu gleicher Ordnung bzw. entgegengesetzter Ordnung der Paare gibt.

Im Beispiel gilt:

$$\tau = \frac{170}{1225} = 0,139$$

Hinweis
Es gilt $\tau \leq \gamma$, da $n \cdot (n-1)/2 \geq n_k + n_d$.

5.6 Nominal meßbare Merkmale: Assoziationsmaße

Die bislang vorgestellten Zusammenhangsmaße sind auf nominal skalierte Merkmale nicht anwendbar, weil bei diesen für die Merkmalsausprägungen keine natürliche Ordnung besteht. Basis für die Konstruktion von Zusammenhangsmaßen, die Assoziationsmaße genannt werden, ist vielmehr die zweidimensionale Häufigkeitsverteilung, dargestellt in sog. Kontingenztabellen. Die Assoziationsmaße sind im allgemeinen so konstruiert, daß sie im Falle der Unabhängigkeit zweier Merkmale den Wert 0 annehmen und bei vollständiger Abhängigkeit den Wert 1.

5.6.1 Assoziationsmaße auf Basis der Größe χ^2 (Chi-Quadrat): Kontingenzkoeffizienten

Die beobachtete Häufigkeitsverteilung wird verglichen mit der Verteilung, die sich bei Unabhängigkeit der Merkmale ergeben würde. Wie im Abschnitt 5.2 über zweidimensionale Häufigkeitsverteilungen ausgeführt, bekommt man die Besetzungszahlen der Tabellenfelder bei Unabhängigkeit der Merkmale über die Berechnung von $f_{i\bullet}f_{\bullet j}/n$ (siehe Abschnitt 5.2.4). Diese „hypothetischen" Häufigkeiten sollen folgendermaßen geschrieben werden:

(36) $$\tilde{f}_{ij} = \frac{f_{i\bullet}f_{\bullet j}}{n}$$ für $i = 1,2,...,r$ und $j = 1,2,...,s$

Die Abweichungen zwischen tatsächlichen und hypothetischen Häufigkeiten werden in der Größe χ^2 zusammengefaßt, und zwar als Summe von relativen quadrierten Abweichungen:

(37) $$\chi^2 = \sum_{i=1}^{r}\sum_{j=1}^{s}\frac{(f_{ij} - \tilde{f}_{ij})^2}{\tilde{f}_{ij}}$$

Für unabhängige Merkmale gilt offensichtlich $\chi^2 = 0$.

Beispiel:
Angaben von 50 Prüflingen über das Ergebnis ihrer Prüfung und den jeweiligen Prüfer, verbunden mit der Fragestellung, ob das Ergebnis vom Prüfer abhängt.

Tabelle 5.13: Ausgangsdaten

Ergebnis	Prüfer			Summe
	A	B	C	
bestanden	50	45	55	150
nicht bestanden	10	25	15	50
Summe	60	70	70	200

Tabelle 5.14: Häufigkeitsverteilung bei Unabhängigkeit

Ergebnis	Prüfer			Summe
	A	B	C	
bestanden	45	52,5	52,5	150
nicht bestanden	15	17,5	17,5	50
Summe	60	70	70	200

$$\chi^2 = \sum_{i=1}^{r}\sum_{j=1}^{s} \frac{(f_{ij} - \widetilde{f}_{ij})^2}{\widetilde{f}_{ij}} = \frac{(50-45)^2}{45} +$$

$$+ \frac{(45-52,5)^2}{52,5} + \ldots + \frac{(15-17,5)^2}{17,5} = 6,984$$

χ^2 ist nicht auf 1 normiert und insbesondere von n abhängig. Im wesentlichen kommen daher folgende drei Maßzahlen zur Anwendung, die auf χ^2 basieren und zwischen 0 und 1 normiert sind:

a) Kontingenzkoeffizient nach Pearson

$$(38) \quad C = \sqrt{\frac{\chi^2}{\chi^2 + n}} \quad \textit{mit } 0 < C < 1 \textit{ und } C_{\max} = \sqrt{\frac{w-1}{w}}$$

wobei $w = \min(r-1, s-1)$

Da C bei einem eindeutigen Zusammenhang zwischen den Merkmalen den Wert 1 nicht exakt annimmt und bei Unabhängigkeit nicht exakt den Wert 0, wird C in folgender Weise korrigiert:

b) Korrigierter Kontingenzkoeffizient nach Pearson

(38a) $$C_{korr} = \sqrt{\frac{\chi^2}{\chi^2 + n} \cdot \frac{w}{w-1}} \quad \text{mit } 0 \leq C_{korr} \leq 1$$

c) Kontingenzkoeffizient nach Cramér

(39) $$V = \sqrt{\frac{\chi^2}{nw}} \quad \text{wobei } w = \min(r-1, s-1)$$

Hinweis

Die Maßzahlen verlaufen über dem Intervall $[0,1]$ nicht linear.
Für das obige Beispiel ergeben sich die Werte $C = 0{,}184$, $C_{korr} = 0{,}260$ und $V = 0{,}187$. Alle Werte deuten auf einen geringen Zusammenhang zwischen den beiden Merkmalen, auch wenn die Durchfallquoten der drei Prüfer mit 16,7%, 35,7% und 21,4% deutlich differieren.

5.6.2 Maße der prädikativen Assoziation

Im Rahmen der Regressionsrechnung ist es möglich, bei Kenntnis einer Ausprägung des Merkmals X den Wert des Merkmals Y zu schätzen (vorauszusagen). Die Güte dieser Schätzung wird ausgedrückt durch das Bestimmtheitsmaß. Das Konzept der prädikativen Assoziation beruht auf der Idee, bei Kenntnis der Verteilung eines Merkmals X die Verteilung des Merkmals Y vorauszusagen. Eine ausführliche Beschreibung des Konzepts und des typischerweise sozialwissenschaftlichen Hintergrunds findet man bei Benninghaus, Hans: Deskriptive Statistik, 5. Aufl., Stuttgart 1985, S. 125 ff. Kernpunkt der Entwicklung von Maßen der prädikativen Assoziation ist die Überlegung, daß es bei einer vollständigen Abhängigkeit des Merkmals Y vom Merkmal X zu jedem x_i ($i = 1, 2, \ldots, r$) genau eine Ausprägung y_j ($j = 1, 2, \ldots, s$) gibt. Diese tritt dann gerade mit der Häufigkeit $f_{i \bullet}$ der Randverteilung von X auf, da alle anderen Häufigkeiten in der i-ten Zeile der zweidimensionalen Häufigkeitstabelle 0 sind. D.h., der Wert der bedingten Verteilung

$f(y_j | x_i)$ ist gleich $f_{i\bullet}$. Ist die Abhängigkeit nicht perfekt, so kann sie gemessen werden an der Differenz zwischen $f_{i\bullet}$ und dem häufigsten Wert der bedingten Verteilung $f(y_j | x_i)$, der als $f_{max}(y_j | x_i)$ bezeichnet werden soll. Die Differenz beziffert die statistischen Einheiten, die auf die anderen y-Ausprägungen $(y_1, y_2, ... y_{j-1}, y_{j+1}, ..., y_s)$ verteilt wurden.

Beispiel

In einer Untersuchung wurden 200 Ehepaare nach ihrer Entscheidung bei einer Wahl gefragt. Vermutet wird, daß die Wahl der Ehefrau (Merkmal Y) von der Wahl des Ehemannes (Merkmal X) abhängt.

Tabelle 5.15: Ausgangsdaten für Assoziationsmaße

Partei des Ehemannes	Partei der Ehefrau			
	A	B	C	Summe
A	48	18	8	74
B	10	65	6	81
C	12	7	26	45
Summe	70	90	40	200

In 65 Fällen wählte die Ehefrau ebenfalls die Partei B, wenn der Ehemann die Partei B wählte: $f(y_2 | x_2) = 65$. *Dies ist der häufigste Wert der bedingten Verteilung* $f(y_j | x_2)$: $f_{max}(y_j | x_2) = 65$. *Die zu* $f_{2\bullet} = 81 =$ *restlichen 16 Merkmalsträger wählten entweder Partei A (10 Fälle) oder Partei C (6 Fälle).*

Bei vollständiger Abhängigkeit würde sich Tabelle 5.16 ergeben.
Wählte zum Beispiel der Mann Partei B, so wählte in jedem Fall auch die Ehefrau die Partei B:

$$f(y_2 | x_2) = 90 = f_{2\bullet}. \quad f(y_2 | x_1) = f(y_2 | x_3) = 0.$$

Tabelle 5.16: Verteilung bei vollständiger Abhängigkeit

Partei des Ehemannes	Partei der Ehefrau			
	A	B	C	Summe
A	70	0	0	70
B	0	90	0	90
C	0	0	40	40
Summe	70	90	40	200

5.6 Nominal meßbare Merkmale: Assoziationsmaße

Die Summe der Differenzen $f_{i\bullet} - f_{\max}(y_j | x_i)$ und die entsprechende Differenz $n - f_{\max,\bullet j}$ der Randverteilung von Y bilden die Grundlage für das **Assoziationsmaß nach Goodman und Kruskal**.

$$(40) \quad \lambda_{y|x} = \frac{\sum_{i=1}^{r} f_{\max}(y_j | x_i) - f_{\max,\bullet j}}{n - f_{\max,\bullet j}}$$

Der Zähler ergibt sich aus der Umformung des Ausdrucks

$$n - f_{\max,\bullet j} - \sum_{i=1}^{r}\left(f_{i\bullet} - f_{\max}(y_j | x_i)\right)$$

womit $\lambda_{y|x}$ auch geschrieben werden kann als

$$(40a) \quad \lambda_{y|x} = 1 - \frac{\sum_{i=1}^{r}\left(f_{i\bullet} - f_{\max}(y_j | x_i)\right)}{n - f_{\max,\bullet j}}$$

Aus dieser Darstellung ist ersichtlich, daß im Falle einer vollständigen Abhängigkeit wegen $f_{i\bullet} = f_{\max}(y_j | x_i)$ für alle $i = 1,2,...,r$ $\lambda_{y|x} = 1$ gilt. Bei Unabhängigkeit zwischen den Merkmalen X und Y nimmt $\lambda_{y|x}$ den Wert 0 an.

Im Beispiel ergibt sich $\lambda_{y|x} = \dfrac{49}{110} = 0{,}445$.

Die Maßzahl λ ist nicht symmetrisch konzipiert. Dies ist ein Grund für ihre Verwendung in den Sozialwissenschaften, wo häufig einseitige Abhängigkeiten vorliegen. Für die Untersuchung der Abhängigkeit des Merkmals X vom Merkmal Y gilt entsprechend:

$$(40b) \quad \lambda_{x|y} = \frac{\sum_{j=1}^{s} f_{\max}(x_i | y_j) - f_{\max,i\bullet}}{n - f_{\max,i\bullet}}$$

Bei gegenseitiger Abhängigkeit läßt sich als symmetrisches Maß definieren:

$$(41) \quad \lambda = \frac{\sum\limits_{j=1}^{s} f_{\max}(x_i \mid y_j) + \sum\limits_{i=1}^{r} f_{\max}(y_j \mid x_i) - f_{\max, i\bullet} - f_{\max, \bullet j}}{2n - f_{\max, i\bullet} - f_{\max, \bullet j}}$$

Es gilt $0 \leq \lambda_{y|x}, \lambda_{x|y}, \lambda \leq 1$.

5.7 Zusammenfassung

Die Anwendung der dargestellten Zusammenhangsmaße hängt ab vom Skalenniveau der jeweils vorliegenden Merkmale. So setzen Bestimmtheitsmaß und Korrelationskoeffizient metrisch meßbare Variablen voraus. Der Rangkorrelationskoeffizient und der Konkordanzkoeffizient basieren auf Rangmerkmalen. Die Kontingenzkoeffizienten und die Maße der prädikativen Assoziation kommen zur Anwendung, wenn nominal skalierte Merkmale vorliegen. Treten bei einer Untersuchung von Abhängigkeiten Variablen mit unterschiedlichen Skalenniveaus auf, ist das Merkmal mit dem niedrigsten Skalenniveau maßgebend. Selbstverständlich ist es möglich, für metrisch meßbare Variablen alle Zusammenhangsmaße zu berechnen sowie für Rangmerkmale zusätzlich Assoziationsmaße. Im allgemeinen kommen jedoch die „höherwertigen" Maßzahlen zum Einsatz.

5.8 Anwendungsbeispiele

Beispiel 1

Gegeben seien die Angaben zu Körpergröße und Körpergewicht zufällig ausgewählter Personen in Tabelle 5.17, die verwendet werden sollen, um die Parameter einer linearen Regressionsfunktion zu bestimmen.

Tabelle 5.17: Ausgangsdaten für die Regressionsrechnung

cm	kg
177	77
172	70
166	71
191	90
185	95
187	90
163	60
180	79
179	81
171	74

Benutzt man die Formeln zur Berechnung des Ordinatenabschnitts a und der Steigung b (siehe Abschnitt 5.3.1), so ergibt sich (gerundete Werte):

$$a = -115{,}95 \qquad b = 1{,}01$$

In diesem Zusammenhang bietet es sich auch an, zur Bemessung der Stärke des Zusammenhangs zwischen den beiden Untersuchungsvariablen den Korrelationskoeffizienten von Bravais/Pearson zu berechnen, wobei sich hier der Wert $r = 0{,}936$ (gerundet) ergibt.

Beispiel 2

Zur Berechnung des Zusammenhangs zwischen zwei ordinalskalierten Variablen greifen wir auf den Rangkorrelationskoeffizienten von Spearman zurück (siehe Formel (33)). Benutzen wir der Einfachheit halber die Daten des Beispiels 1 (obwohl diese ja metrisch skaliert sind, kann gleichwohl auch der Rangkorrelationskoeffizient berechnet werden), ergibt sich der Wert $\rho = 0{,}912$ (gerundet).

Für nominalskalierte Variablen bietet sich der Kontingenzkoeffizient von Pearson an (siehe Formel (38)). Gegeben seien die Daten der Tabelle 5.18, die die beiden Untersuchungsvariablen Geschlecht und bevorzugte politische Partei betrifft.

Tabelle 5.18: Ausgangsdaten Beispiel 3

	Männer	Frauen	Summe
CDU/CSU	3	4	7
SPD	5	3	8
F.D.P.	2	3	5
Die Grünen	2	1	3
Sonstige	1	0	1
Summe	13	11	24

Die Berechnung des Kontingenzkoeffizienten führt zum Wert $C = 0{,}279$ (gerundet).

5.9 Problemlösungen mit SPSS

Die Regressionsrechnung aus Beispiel 1 führen Sie mit SPSS wie folgt durch:

1. Verwenden Sie die Daten der Datei SPSS05.SAV und wählen Sie ANALYSIEREN/REGRESSION/LINEAR
2. Übertragen Sie die Variable kg ins Feld ABHÄNGIGE VARIABLE.
3. Übertragen Sie die Variable cm ins Feld UNABHÄNGIGE VARIABLE(N).
4. Klicken Sie OK an.

SPSS erzeugt unter anderem die Ausgabe, die in Bild 5.2 dargestellt ist.

Koeffizienten[a]						
		Nicht standardisierte Koeffizienten		Standardisierte Koeffizienten		
Modell		B	Standardfehler	Beta	T	Signifikanz
1	(Konstante)	-115,947	25,986		-4,462	,002
	CM	1,099	,147	,936	7,499	,000

a. Abhängige Variable: KG

Bild 5.2: Parameter der Regressionsfunktion

In dieser Ausgabetabelle finden Sie unter dem Stichwort NICHT-STANDARDISIERTE KOEFFIZIENTEN (B) die beiden Parameter. Interessant sind in diesem Zusammenhang auch die Angaben im rechten Teil der Ausgabetabelle. Dort wird angegeben, daß der t-Wert des Ordinatenabschnitts (Regressionskonstante) bei $t = -4{,}462$, derjenige der Steigung

(Regressionskoeffizient) bei $t = 7,499$ liegt. Unter dem Stichwort SIGNIFIKANZ wird im einen Fall der Wert 0,002, im anderen der Wert 0,000 ausgegeben.
Im Vorgriff auf die Erläuterungen in Kapitel 13 (Testverfahren) soll an dieser Stelle darauf hingewiesen werden, daß mit diesen zusätzlichen Angaben folgende Fragen beantwortet werden können: Betrachtet man den Ausgangsdatenbestand als Zufallsstichprobe (siehe Kapitel 2), so interessiert das Problem, ob zum Beispiel der beobachtete Regressionskoeffizient ($b = 1,099$) als signifikant von null verschieden anzusehen ist, ob also nicht unterstellt werden muß, daß in der Grundgesamtheit, aus der die Stichprobe stammt, die Steigung der Regressionsfunktion null ist, und der Stichprobenbefund davon nur zufälligerweise abweicht. Diese Frage wird über eine Testentscheidung herbeigeführt (siehe Kapitel 13), und läßt sich wie folgt umformulieren:
Wie wahrscheinlich ist es, Gültigkeit der Hypothese über die Grundgesamtheit (keine Steigung) einmal vorausgesetzt, daß in einer Zufallsstichprobe der gegebenen Größe der tatsächliche b – Wert (1,099) oder ein noch weiter von null abweichender b – Wert realisiert werden kann? Ist diese Wahrscheinlichkeit sehr gering, wird die Hypothese über die Grundgesamtheit (man nennt sie auch Nullhypothese) verworfen.
Zur Berechnung dieser sog. **Überschreitungswahrscheinlichkeit** ist die t –Verteilung zu benutzen (siehe Kapitel 10), wobei sich als Überschreitungswahrscheinlichkeit der Wert ergibt, den SPSS unter dem Stichwort SIGNIFIKANZ ausgibt. Er ist in diesem Fall so klein, daß nur 0,000 ausgegeben wird. Die Hypothese, daß in der Grundgesamtheit keine Steigung vorliegt, wird deshalb aufgrund des gegebenen Stichprobenbefundes verworfen.
Unter der Überschrift Modellzusammenfassung (R) gibt SPSS auch den Korrelationskoeffizienten von Bravais/Pearson aus. Diesen können Sie auch über die Menüposition ANALYSIEREN/KORRELATION/BIVARIAT berechnen lassen.
Wenn der bivariate Datenbestand graphisch (als Punktwolke) dargestellt werden soll, gehen Sie wie folgt vor:
1. Wählen Sie die Menüposition GRAFIKEN/STREUDIAGRAMM.
2. Wählen Sie EINFACH und klicken Sie die Schaltfläche DEFINIEREN an.
3. Übertragen Sie die Variable cm in das Feld X-ACHSE.
4. Übertragen Sie die Variable kg in das Feld Y-ACHSE.
5. Klicken Sie OK an.

SPSS erzeugt jetzt die Punktwolke des Bildes 5.3.

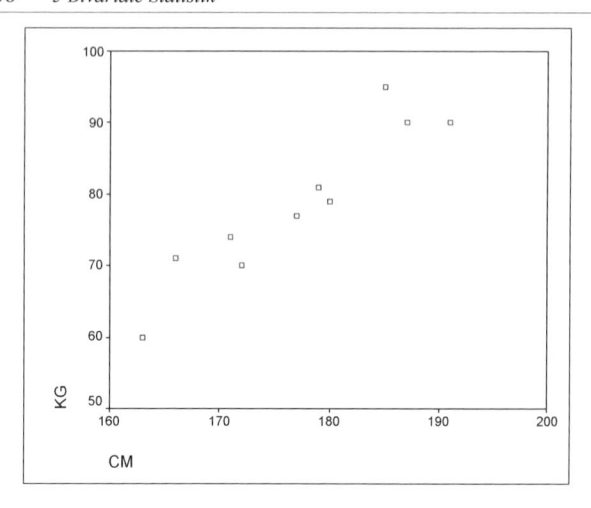

Bild 5.3: Bivariate Verteilung (Punktwolke)

Zur Berechnung des Rangkorrelationskoeffizienten von Spearman (siehe Beispiel 2) wählen Sie die Menüposition ANALYSIEREN/KORRELATION/ BIVARIAT und klicken nach Übertragen der Variablen in das Feld VARIABLEN das Kontrollkästchen bei SPEARMAN an. SPSS erzeugt dann den Wert 0,912 aus.

Zur Berechnung des Kontingenzkoeffizienten nach Pearson müssen die Daten als Ursprungsliste vorliegen. Kodiert man, ausgehend von den Angaben des Beispiels 3, CDU/CSU mit 1, SPD mit 2 usw., männlich mit 1 und weiblich mit 2, so erzeugt man eine zweispaltige Datenmatrix mit den Variablen Partei und Sex (für Geschlecht). Von dieser ausgehend, berechnet man C mit SPSS wie folgt:

1. Verwenden Sie die Daten der Datei SPSS05B.SAV und wählen Sie ANALYSIEREN/ZUSAMMENFASSEN/KREUZTABELLEN.
2. Übertragen Sie die Variable Partei in den Bereich ZEILEN.
3. Übertragen Sie die Variable Sex in den Bereich SPALTEN.
4. Klicken Sie auf die Schaltfläche STATISTIK.
5. Klicken Sie das Kontrollkästchen im Bereich NOMINAL bei KONTINGENZKOEFFIZIENT an.
6. Klicken Sie WEITER an.
7. Klicken Sie OK an.

Unter dem Stichwort KREUZTABELLE gibt Ihnen SPSS jetzt die bivariate Verteilung und unter dem Stichwort SYMMETRISCHE MAßE (Kontingenzkoeffizient) den C-Wert 0,279 aus (siehe Bild 5.4).

PARTEI * SEX Kreuztabelle

Anzahl

		SEX		Gesamt
		männlich	weiblich	
PARTEI	CDU/CSU	3	4	7
	SPD	5	3	8
	F.D.P.	2	3	5
	Die Grünen	2	1	3
	Sonstige	1		1
Gesamt		13	11	24

Symmetrische Maße

		Wert	Näherungsweise Signifikanz
Nominal- bzgl. Nominalmaß	Kontingenzkoeffizient	,279	,731
Anzahl der gültigen Fälle		24	

a. Die Null-Hyphothese wird nicht angenommen.

b. Unter Annahme der Null-Hyphothese wird der asymptotische Standardfehler verwendet.

Bild 5.4: Kreuztabelle und Zusammenhangsmaß

Unter dem Stichwort NÄHERUNGSWEISE SIGNIFIKANZ wird hier die Überschreitungswahrscheinlichkeit 0,731 angegeben. Betrachtet man die Ausgangsdaten als Zufallsstichprobenbefund, so ist diese Überschreitungswahrscheinlichkeit so hoch, daß die Hypothese, in der Grundgesamtheit gibt es keinen Zusammenhang zwischen den beiden Untersuchungsvariablen, nicht verworfen werden kann.

5.10 Literaturhinweise

Bortz, J.: Lehrbuch der Statistik für Sozialwissenschaftler, 5. Aufl. Berlin u.a. 1999

Ferschl, F.: Deskriptive Statistik, 3. Aufl. Würzburg 1985

Monka, M., Voß, W.: Statistik am PC – Lösungen mit Excel, 3. Aufl. München/Wien 2002

Sachs, L.: Angewandte Statistik, 10. Aufl. Berlin u.a. 2002

Tiede, M.: Statistik – Regressions- und Korrelationsanalyse. München/Wien 1987

Voß, W. : Praktische Statistik mit SPSS, 2. Aufl. München/Wien 2000

6 Verhältnis- und Indexzahlen

6.1 Verhältniszahlen

6.1.1 Begriff, Arten und Eigenschaften von Verhältniszahlen

Kennzahlen, die als Quotient gebildet sind, heißen **Verhältniszahlen**.

Nach Aussagezweck und je nachdem, wie Zähler und Nenner des Quotienten definiert sind unterscheidet man verschiedene Arten von Verhältniszahlen, wie Bild 6.1 verdeutlicht.

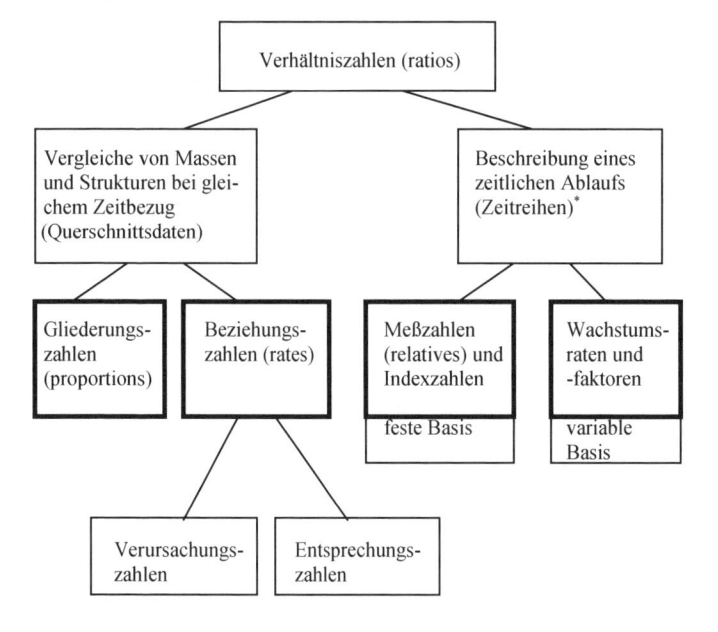

```
                    Verhältniszahlen (ratios)
                   /                         \
    Vergleiche von Massen            Beschreibung eines
    und Strukturen bei glei-         zeitlichen Ablaufs
    chem Zeitbezug                   (Zeitreihen)*
    (Querschnittsdaten)
       /        \                       /         \
  Gliederungs-  Beziehungs-       Meßzahlen      Wachstums-
  zahlen        zahlen (rates)    (relatives) und raten und
  (proportions)                   Indexzahlen    -faktoren
                                   /      \
                              feste Basis  variable
                                           Basis
           /        \
    Verursachungs-  Entsprechungs-
    zahlen          zahlen
```

Bild 6.1: Arten von Verhältniszahlen

　　* Es ist zu berücksichtigen, daß Meßzahlen und Indizes auch für räumliche
　　　Vergleiche benutzt werden.

6 Verhältnis- und Indexzahlen

> Bei **Gliederungszahlen (Quoten, Anteilswerten)** ist der Zähler eine Teilmenge des Nenners.

Die Gesamtheit (Nennermenge) wird nach einem in der Regel kategorialen (nominalskalierten) Merkmal in m Teilmassen zerlegt. Mit dem Umfang n_i der i-ten Teilgesamtheit und n der Gesamtheit bzw. den Merkmalssummen S_i und S ist eine Gliederungszahl

(1) $\boxed{G_i = \dfrac{n_i}{n}}$ oder $\boxed{G_i = \dfrac{S_i}{S}}$ $(i = 1, 2, ..., m)$

> **Quoten** sind dimensionslos (bzw. sie haben, wenn sie - wie in der Praxis üblich - mit 100 multipliziert werden die Maßeinheit vH oder Prozent).

Das gleiche gilt für Wachstumsraten aber auch Meßzahlen und Indexzahlen. Auf die verbreitete Multiplikation mit 100 wird im folgenden nicht mehr besonders hingewiesen. Es gilt folglich:

$0 \leq G_i \leq 1$ und $\sum G_i = 1$ (bzw. 100%).

> Bei **Beziehungszahlen** sind Zähler und Nenner Umfänge oder Merkmalssummen von selbständigen Massen, die jedoch in sinnvoller Beziehung zueinander stehen sollten. Sie sind deshalb auch in der Regel nicht dimensionslos und die Relation ist auch umkehrbar.

Die Bölkerungsdichte (als Entsprechungszahl), d.h. Wohnbevölkerung/ Fläche ist genauso sinnvoll, wie der reziproke Wert, die Arealitätsziffer (Fläche/Wohnbevölkerung).

> Wenn die Zählermasse als von der Nennermasse verursacht gelten kann, spricht man auch von **Verursachungszahlen**.

Beispiele

Produktivität oder Geburtenrate (birth rate, Lebendgeborene/ Wohnbevölkerung).

Die amtliche Statistik nennt übrigens jetzt Geburtenrate, was üblicherweise Fruchtbarkeitsrate (fertility rate) genannt wird und auch in Deutschland (als man das Wort Fruchtbarkeit noch nicht politisch unkorrekt fand) so genannt wurde (Bezugnahme auf die Anzahl der Frauen im Alter zwischen 15 und 45 Jahren, statt auf die Wohnbevölkerung).

6.1 Verhältniszahlen

Die Begriffe Quote und Rate werden im Alltagsleben leider ziemlich willkürlich gebraucht, wobei offenbar allein zählt, wie schön sich eine Vokabel anhört. So ist zum Beispiel eine Arbeitslosenrate eine Quote oder eine Schuldenstandsquote (Schuldenstand/Sozialprodukt) kann keine Quote, sondern nur eine Beziehungszahl sein, weil der Zähler (die Bestandsgröße Schuldenstand) nicht Teil des Nenners (die Stromgröße Sozialprodukt) ist.

Eine **Meßzahl** setzt einen (meist aktuellen) Wert y_t ins Verhältnis zum Basiswert y_0 (bei gleichbleibend definierter Variable Y; eine dem räumlichen Vergleich dienende Meßzahl ist analog definiert). Der Begriff der Meßzahl ist zu unterscheiden vom Oberbegriff Maßzahl (Kennzahl, engl. statistic). Maßzahlen sind alle Arten von zusammenfassenden Größen für Datensätze (zum Beispiel auch Mittelwerte, Korrelationskoeffizienten, Streuungsmaße usw.)

Indexzahlen hingegen sind meist definiert als Mittelwerte von Meßzahlen (also zusammengefaßte, aggregierte Meßzahlen). Somit ergibt sich:

(2) $\boxed{m_{0t} = \dfrac{y_t}{y_0}}$ \qquad ($t = 0,1,2,...,T; diskret$)

bzw. die mit 100 multiplizierte Größe $m_{0t}^* = 100 \cdot m_{0t}$. Dabei ist t die (variable) **Berichtsperiode** und 0 die (meist zurückliegende und für die Untersuchung konstante; dieser Hinweis ist zu beachten, weil häufig irrtümlich davon ausgegangen wird, zum Beispiel beim Gedanken der Zeitumkehrbarkeit, die beiden Größen 0 und t stünden logisch auf der gleichen Stufe, wenn die Größe t Zeit bedeutet) **Basisperiode (Referenzperiode)**. Meßzahlen haben Eigenschaften, die in Bild 6.2 auf der folgenden Seite zusammengestellt sind.

Bei der **Umbasierung** (Basiswechsel) ist die bisherige Meßzahl m_{0t} auf die neue Basis s umzustellen. Es ist die Umkehrung der **Verkettung**, bei der zwei Meßzahlenreihen zur Basis 0 und s zu einer langen Reihe zusammenzufügen sind (die Reihe mit der Basis 0 ist mindestens bis s geführt worden).

Eigenschaft	Inhalt der Forderung
Identität	$m_{00} = m_{tt} = 1$ bei Identität von Basis- und Berichtsperiode
Dimensionalität	$\frac{\alpha y_t}{\alpha y_0} = m_{0t} = \frac{y_t}{y_0}$ Unabhängigkeit von der Maßeinheit der Meßwerte
Zeitumkehrbarkeit	$m_{t0} = 1/m_{0t}$ Vertauschung von Basis- und Berichtsperiode
Verkettbarkeit[1]	für je drei Perioden 0, s und t gilt $m_{0t} = m_{0s} m_{st}$ (= Verkettung); Folgerung: es gilt dann auch $m_{st} = \frac{m_{0t}}{m_{0s}}$ (= Umbasierung)
Faktorumkehrprobe	ist für alle Perioden die Größe W das Produkt aus P und Q, so gilt für die entsprechenden Meßzahlen $m_{0t}^W = m_{0t}^P * m_{0t}^Q$ [2]

Bild 6.2: Eigenschaften von Meßzahlen

    1) auch genannt: Zirkularität, Transitivität

    2) d.h. eine Wertmeßzahl (m^W) ist das Produkt aus Preis- (m^P) und Mengenmeßzahl (m^Q).

Operation	Mit Meßzahlen	
	m_{0t}, m_{st} usw.	m_{0t}^*, m_{st}^* (mit 100 multiplizierte Meßzahlen)
Umbasierung	$m_{st} = m_{0t}/m_{0s}$	$m_{st}^* = \left(m_{0t}^*/m_{0s}^*\right) \cdot 100$
Verkettung	$m_{0t} = m_{0s} \cdot m_{st}$	$m_{0t}^* = \left(m_{0s}^* * m_{st}^*\right)/100$

Bild 6.3: Umbasierung und Verkettung

Auch **Wachstumsfaktoren** und **Wachstumsraten** sind als Quotienten Verhältniszahlen im weiteren Sinne.

6.1.2 Rechnen mit Wachstumsraten

Es sollte bei einer Zeitreihe von y zwischen einer diskreten Zeitvariable ($t = 0,1,2,...,T$) und einer stetigen Zeit unterschieden werden. Wir schreiben y_t im ersten und $y(t)$ im zweiten Fall.

a) Traditionelle Wachstumsraten

Bei **diskreter** Zeitvariable ist die (traditionelle) Wachstumsrate r_t und der Wachstumsfaktor w_t wie folgt definiert

(3) $$r_t = \frac{y_t - y_{t-1}}{y_{t-1}} = w_t - 1$$ (3a) $$w_t = \frac{y_t}{y_{t-1}} = 1 - r_t$$

Es gilt folglich $y_t = y_0 \cdot w_1 \cdot w_2 \cdot ... \cdot w_t$ und bei Wachstum mit konstanter Wachstumsrate der bekannte Zusammenhang (die Formel ist auch bekannt aus der Berechnung einer Verzinsung mit Zinseszins):

(4) $$y_t = y_0 w^t = y_0 (1+r)^t$$

Hieraus ergeben sich für die Aggregation über Zeitintervalle (**zeitliche Aggregation**) die folgenden Hinweise:

Die Abhängigkeit der Wachstumsrate von der Länge des Zeitintervalls: einer monatlichen Verzinsung von 2% entspricht nicht eine jährliche Verzinsung von 24% sondern von 26,8%, denn $1{,}02^{12} = 1{,}268$.

Als **mittlere Wachstumsrate** $\bar{r}$ soll diejenige konstante Wachstumsrate bezeichnet werden, die über den gleichen Zeitraum von 0 bis T zum gleichen Wachstum von y_0 zu y_T geführt hätte wie die tatsächlichen (unterschiedlichen) Wachstumsraten $r_1, r_2, ..., r_T$. Daher ist

(5) $$\bar{r} = (w_1 \cdot ... \cdot w_T)^{1/T} - 1 = \sqrt[T]{\prod w_t} - 1 = \sqrt[T]{y_T/y_0} - 1$$

zu berechnen über das geometrische Mittel der Wachstumsfaktoren w_t und nicht als arithmetisches Mittel der Wachstumsraten.

Beispiel

Ausgehend von $y_0 = 150$ habe sich die Größe y verändert zu $y_1 = 165$, $y_2 = 132$ und $y_3 = 171{,}6$, also mit den Wachstumsraten +10%, -20% und +30%. Die mittlere Wachstumsrate ist nicht 20/3, also +6,67%, sondern $\sqrt[3]{1{,}1 \cdot 0{,}8 \cdot 1{,}3} - 1 = \sqrt[3]{171{,}6/150} - 1 = 0{,}0459$, also rund 4,6%.

Bei stetiger Zeitvariable ist die (traditionelle) Wachstumsrate $r(t)$ einer stetigen Funktion $y = y(t)$

(6) $$r(t) = \frac{y'(t)}{y(t)} = \frac{dy/dt}{y} = \frac{d\ln(y)}{dt}$$

Einige Beispiele zeigt die Übersicht des Bildes 6.4.

	Funktion $y(t)$ (oder einfach y)	Ableitung $y'(t)$	Wachstumsrate $r(t) = y'/y$
1	$y(t) = (a+bt)^\alpha$	$y'(t) = \alpha b(a+bt)^{\alpha-1}$	$r(t) = ab(a+bt)^{-1}$
2	Potenzfunktion $y(t) = bt^\alpha$	$y'(t) = b\alpha t^{\alpha-1}$	$r(t) = \alpha/t$ (hyperbolisch)
3	$y(t) = \dfrac{k}{1+e^{a-bt}}$	$y'(t) = by(k-y)/k$	$r(t) = b + \beta y;\ \beta = -b/k$

Bild 6.4: Funktionen, Ableitungen und Wachstumsraten

Bei Wachstum mit konstanter Wachstumsrate $r(t) = \alpha$ (für jeden Wert von t) erhält man:

$$y(t) = y(0)e^{\alpha t} = y(0)\exp(\alpha t)$$

Zwischen Wachstumsrate und -faktor (wenn diese konstant sind) bei stetiger und diskreter Zeit gelten die folgenden Beziehungen:

(7) $\boxed{e^\alpha = w = 1 + r}$ und somit $\boxed{\alpha = \ln(1+r)}$

In Verbindung mit der bekannten Reihenentwicklung von e^α und $\ln(1+r)$ gilt also:

(8) $$r = e^\alpha - 1 = \alpha + \frac{\alpha^2}{2!} + \frac{\alpha^3}{3!} + \frac{\alpha^4}{4!} + \ldots$$

für die Umrechnung von α in r und

(8a) $$\alpha = \ln(1+r) = r - \frac{r^2}{2!} + \frac{r^3}{3!} + \frac{r^4}{4!} + \ldots$$

für die umgekehrte Betrachtung.

Wie man sieht, gilt nur bei kleinen Wachstumsraten $r \approx \alpha$.
Sehr oft werden auch Fehler gemacht bei der Berechnung von Wachstumsraten einfacher Funktionen, zum Beispiel eines Quotienten. Sind die Nominaleinkommen x um 30% gestiegen und das Preisniveau y um 10%, so wird die Zunahme der Realeinkommen z gerne wie folgt berechnet:

$$r_z(t) = r_x(t) - r_y(t) = 0{,}3 - 0{,}1 = 0{,}2$$

Das wäre aber nur zulässig bei stetiger Zeit (oder kleinen Wachstumsraten). Richtig gerechnet (vgl. Bild 6.5) ergibt sich dagegen $w_z = w_x / w_y = 1{,}3 / 1{,}1 = 1{,}182$, also eine Zunahme um 18,2% und nicht um 20%.

	diskrete Zeit	*stetige Zeit*
Produkt $z = xy$	$w_z = w_x w_y$	$r_z(t) = r_x(t) + r_y(t)$
Quotient $z = x/y$	$w_z = w_x/w_y$	$r_z(t) = r_x(t) - r_y(t)$
Kehrwert $z = 1/y$	$w_z = 1/w_y$	$r_z(t) = -r_y(t)$

Bild 6.5: Wachstumsraten von Produkten, Quotienten und Kehrwerten

b) Log-changes

Traditionelle Wachstumsraten und Wachstumsfaktoren haben die folgenden Nachteile:

- Sie sind nicht symmetrisch: $\dfrac{y_t - y_{t-1}}{y_{t-1}} \neq \dfrac{y_{t-1} - y_t}{y_t}$ und
- ihre Summe bei zeitlicher Aggregation (zum Beispiel $r_t + r_{t+1}$) ist nicht sinnvoll zu interpretieren.

Ein allgemeineres Konzept der Wachstumsrate wäre:

$$Wachstumsrate = \frac{absolute\,Veränderung\,(\Delta y)}{Niveau\,(N(y))}$$

Man kann als Niveau $N(y)$ die Größe y_{t-1} nehmen, das arithmetisches Mittel $\dfrac{1}{2}(y_t + y_{t-1})$ oder das logarithmische Mittel $L(y_t, y_{t-1}) = L(y_{t-1}, y_t)$, das definiert ist als

(9) $L(y_t, y_{t-1}) = \dfrac{y_t - y_{t-1}}{\ln(y_t / y_{t-1})}$, wenn $y_t \neq y_{t-1}$

und $L(y_t, y_{t-1}) = y$, wenn $y_t = y_{t-1} = y$

Daraus folgt, daß logarithmierte Wachstumsfaktoren, sog. log-changes

(10) $Dy_t = \ln\left(\dfrac{y_t}{y_{t-1}}\right) = \ln(y_t) - \ln(y_{t-1}) = \ln(w_t)$

auch als Wachstumsraten (bezogen auf das Niveau $L()$ statt y_{t-1}) aufzufassen sind, denn sie sind auch so darzustellen:

(11) $Dy_t = \ln\left(\dfrac{y_t}{y_{t-1}}\right) = \dfrac{y_t - y_{t-1}}{L(y_t, y_{t-1})}$

Das Symbol Dy_t soll bedeuten log-change der Variablen Y für die Periode $t(t = 0,1,...)$. Der Buchstabe D sollte hier keine Assoziationen mit der Differentialrechnung nahelegen. Er soll nur bedeuten, daß von der im folgenden genannten Größe (also von y_t, wenn es heißt Dy_t) der logarithmierte Wachstumsfaktor zu bilden ist. Log changes weisen nicht die genannten Nachteile traditioneller Wachstumsraten auf. Der wichtigste Grund für die Einführung des Konzepts der log-changes an dieser Stelle ist, daß einige neuere Indexformeln hierauf Bezug nehmen. Vorteile haben log-changes auch bei der Aggregration über Waren, worauf hier jedoch nicht eingegangen wird. Zeitliche Aggregation, also Summation über aufeinanderfolgende Zeitintervalle $\sum_{i=0}^{n} Dy_{t+i}$ ergibt:

$$(12) \quad \ln\left(\frac{y_t}{y_{t-1}}\right) + \ldots + \ln\left(\frac{y_{t+n}}{y_{t+n-1}}\right) = \ln\left(\frac{y_{t+n}}{y_{t-1}}\right)$$

also den log-change über das gesamte (aggregierte) Zeitintervall. Folglich ist auch bei der Mittelung von (auf L statt y_{t-1} bezogenen) log-change Wachstumsraten das arithmetische, nicht das geometrische Mittel zu bilden. Die Addition in Gleichung (12) ist das Analogon zur Verkettung von Meßzahlen durch Multiplikation.

6.1.3 Aggregation, Strukturabhängigkeit, Standardisierung

Alle Verhältniszahlen sind Mittelwerte durch Aggregation, d.h. eine auf die Gesamtmasse bezogene (sog. rohe) Verhältniszahl ist ein Mittel der entsprechenden Verhältniszahlen der Teilmassen. So ist zum Beispiel die rohe Todesrate d (crude death rate) ein Mittel der altersspezifischen Todesraten d_x (age specific death rates), denn wenn gilt D_x = Anzahl der (im Jahre t) im Alter x Gestorbenen (d.h. nach Vollendung von x Jahren Lebensdauer), entsprechend L_x = Anzahl der (im Jahre t) Lebenden im Alter x, dann ist

$$(13) \quad d = \frac{D}{L} = \frac{\sum_x D_x}{\sum_x L_x} = \sum_x \frac{D_x}{L_x} \frac{L_x}{L} = \sum_x d_x g_x$$

also ein gewogenes arithmetisches Mittel der d_x gewogen mit der (Alters-)Struktur der Nennermasse ($g_x = L_x / L$).

Allgemein gilt:

Eine aggregierte Verhältniszahl $Q = X / Y$ ist das gewogene arithmetische Mittel der Teil-Verhältniszahlen

$$Q_j = x_j / y_j \ (j = 1, 2, \ldots, J) \ Q = \Sigma Q_j g_j$$

mit Gewichten g_j, die sich auf die Struktur der Nennermasse (Y) beziehen, bzw. Q ist das mit der Struktur der Zählermasse (X) gewogene harmonische Mittel der Q_j.

Zwei Beziehungszahlen Q_A und Q_B für Gesamtheiten A und B, die sich jeweils in J Teilmassen gliedern lassen, können sich unterscheiden aufgrund unterschiedlicher

a) Teil-Beziehungszahlen Q_{Aj}, Q_{Bj} und/oder unterschiedlicher

b) Gewichte der Nennermasse g_{Ayj}, g_{Byj}.

Unterschiedlichkeit aufgrund von a) gilt als echter Unterschied, diejenige wegen b) als strukturell bedingt. Ausschaltung des Struktureffekts (Herausarbeiten des echten Unterschieds) durch Bezugnahme auf gleiche Gewichte (Standardgewichte) g_j^*, also Berechnung von

$$Q_A^* = \Sigma Q_{Aj} g_j^* \text{ und } Q_B^* = \Sigma Q_{Bj} g_j^*$$

heißt **Standardisierung** (die Größen Q^* sind standardisierte Verhältniszahlen). Der Unterschied zwischen Q_A^* und Q_B^* ist Ausdruck echter Verschiedenheit, beim Vergleich von Q_A mit Q_B ist dieser Unterschied überlagert von Struktureffekten.

Der Struktureffekt kann auch einen echten Unterschied überkompensieren. Die Tatsache, daß ein Mittelwert oder eine Verhältniszahl für eine Gesamtheit A größer sein kann, als für eine andere Gesamtheit B, obgleich diese Größe (Mittelwert oder Verhältniszahl) in allen Teilgesamtheiten von A kleiner ist als in denen von B, ist bekannt als **Simpson-Paradoxon** (nach Th. Simpson 1710 - 1761).

Es hat zum Beispiel keinen Sinn, die Lohnsteigerung auf Basis von Durchschnittslöhnen zur Zeit t und 0 (also durch Vergleich von $\bar{x}_t$ mit $\bar{x}_0$) beurteilen zu wollen, weil sich Veränderungen in der Struktur der

Beschäftigung auf die Durchschnitte auswirken. Der Durchschnittslohn kann steigen auch wenn er in keiner Branche steigt, nur deshalb, weil Arbeitnehmer von Branchen, in denen geringere Löhne bezahlt werden zu solchen mit höheren Löhnen abwandern.

Zweck der Berechnung eines Lohnindexes im Unterschied zu einer bloßen Meßzahl von Durchschnittslöhnen ist gerade die Ausschaltung des Struktureffekts.

	additive Zerlegung $E + S$	
	echter Unterschied (E)	strukturell bedingt (S)
Beziehungszahl $Q = X/Y$	$\sum (Q_{jA} - Q_{jB})g_{jA}$ $= \sum (\Delta Q_j)g_{jA}$	$\sum (g_{jA} - g_{jB})Q_{jB}$ $= \sum (\Delta g_j)Q_{jB}$
alternativ	$\sum (\Delta Q_j)g_{jB}$	$\sum (\Delta g_j)Q_{jA}$
Gesamtmittelwert zu zwei Perioden	$\sum (\bar{x}_{jt} - \bar{x}_{j0})g_{j0} =$ $\sum \Delta \bar{x}_j g_{j0}$	$\sum (g_{j0} - g_{jt})\bar{x}_{jt} =$ $\sum \Delta g_j \bar{x}_{jt}$
alternativ	$\sum \Delta \bar{x}_j g_{jt}$	$\sum \Delta g_j \bar{x}_{j0}$

	multiplikative Zerlegung* $E \cdot S$	
	echter Unterschied (E)	strukturell bedingt (S)
Ausgabenverhältnis (Verhältnis von Preis-Mengen-Produkten) W_{0t}	reine Preiskomponente E_p reine Mengenkomponente E_q	Interaktion zwischen Preis- und Mengenänderung

Bild.6.6: Struktureffekte bei Beziehungszahlen und Mittelwerten

* Das Ausgabenverhältnis (der Wertindex) ist das Produkt von
$E = E_p E_q$ und S . Einzelheiten hierzu im Rahmen der Indextheorie.

Zur Notation in Bild 6.6:
Teilaggregate x_j , y_j ($X = \sum x_j, Y = \sum y_j$), Beziehungszahlen (Q_j) und Mittelwerte ($\bar{x}_j$) für die Teilgesamtheiten, Vergleichsmassen A , B bzw. Vergleichsperioden 0 , t .
Es gilt $Q_A = \sum Q_{Aj} g_{Aj}$ und Q_B entsprechend, analog ist $\bar{x} = \sum \bar{x}_j g_j$.

Bei der Zerlegung (Dekomposition) eines Verhältnisses von Aggregaten (Produktsummen) ist eine multiplikative üblicher als eine additive Zerlegung.
Der Gesamtunterschied (additive Zerlegung) ist stets $E + S$, also beispielsweise (ersten Zeile) die Differenz $Q_A - Q_B$ ist die Summe

$$\sum (\Delta Q_j) g_{jA} + \sum (\Delta g_j) Q_{jB} \text{ oder die Summe } \sum (\Delta Q_j) g_{jB} + \sum (\Delta g_j) Q_{jA}$$

6.2 Indexzahlen

> Indexzahlen (Indizes) sind Maßzahlen (beschreibende Kennzahlen) für den Vergleich einer Gesamtheit von Erscheinungen, Maße der aggregierten Veränderung.

So ist zum Beispiel ein Preisindex in der Regel ein summarisches (zusammengefaßtes) Maß von Preisveränderungen (im zeitlichen Vergleich; zumindest direkte Indizes werden auch für den interregionalen Vergleich benutzt), etwa ein Mittelwert von Preis-Meßzahlen für $i = 1,2,...n$ Waren.

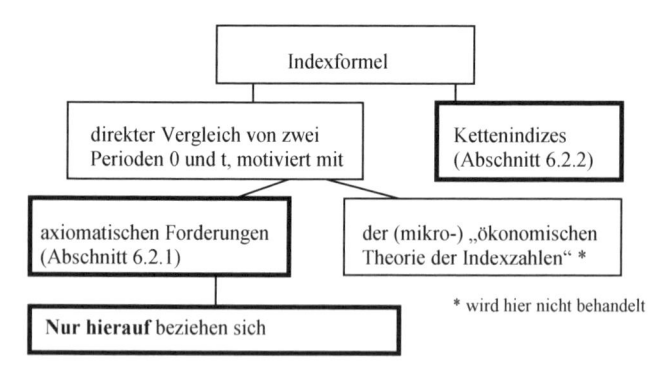

```
                    Indexformel
                   /            \
   direkter Vergleich von zwei    Kettenindizes
   Perioden 0 und t, motiviert mit  (Abschnitt 6.2.2)
      /              \
axiomatischen      der (mikro-) „ökonomischen
Forderungen        Theorie der Indexzahlen" *
(Abschnitt 6.2.1)
                                    * wird hier nicht behandelt
Nur hierauf beziehen sich
```

a) die folgende Definition eines Preisindexes

(14) $\quad P_{0t} = P(\boldsymbol{p}_0, \boldsymbol{q}_0, \boldsymbol{p}_t, \boldsymbol{q}_t)$

als Funktion von Preis- und Mengenvektoren
b) die Axiome aus Bild 6.11

Bild 6.7 : Prinzipien der Konstruktion von Indexformeln

6.2.1 Direkte Indexformeln

a) Traditionelle Indexformeln: Laspeyres, Paasche

Vorläufer der heute üblichen Indizes waren ungewogene Indizes. Man erkennt an ihnen welche Konstruktionsprinzipien erforderlich sind, damit Indexformeln bestimmte Minimimalforderungen an Indizes (Axiome, siehe Bild 6.11) erfüllen. Die Preisindexformel von Dutot (D)

$$(15) \quad P_{0t}^D = \frac{\overline{p}_t}{\overline{p}_0} = \frac{\sum p_{it}}{\sum p_{i0}}$$

ist nicht sinnvoll, weil sie die Kommensurabilität nicht erfüllt (es macht dann einen Unterschied, ob Preise als Kilo- oder als Pfundpreise notiert werden). Es gilt:

> Eine Meßzahl von Mittelwerten (und alle [ungewogene] Summen von Preisen verwendende Indexformeln) ist nicht kommensurabel, wohl aber ein Mittelwert von Meßzahlen.

Ein solches Mittel (ungewogens arithmetisches Mittel) von Preismeßzahlen ist

$$(16) \quad P_{0t}^C = \frac{1}{n} \sum \frac{p_{it}}{p_{i0}} \qquad \text{Preisindexformel von Carli (}C\text{)}$$

Ein ungewogenes geometrisches Mittel von Preismeßzahlen ist die Formel von Jevons.

> Ungewogene Indizes können der unterschiedlichen Bedeutung der Waren nicht Rechnung tragen, haben keine Ausgabeninterpretation und eignen sich nicht zur Deflationierung.

Preisindizes nach Laspeyres und Paasche haben eine doppelte Interpretation, als

- gewogenes Mittel von Preismeßzahlen (**Meßzahlenmittelwertformel**)
- und als Verhältnis von Ausgaben- bzw. Einnahmenaggregate (**Aggregatformel**; der berühmte **Idealindex** von I. Fisher oder auch Kettenindizes aller Art besitzen keine der beiden Interpretationen).

Zur Vereinfachung ist im folgenden das Subskript i (Warenart) weggelassen worden. Die Vektorschreibweise in Bild 6.8 zeigt, daß die Indizies lineare Indizes sind (Preisindizes linear in den Preisen, Mengenindizes linear in den Mengen).

Formel von	Meßzahlenmittelwertformel	Aggregatformel
Laspeyres	(17) $P_{0t}^L = \sum \dfrac{p_t}{p_0} \dfrac{p_0 q_0}{\sum p_0 q_0}$ gewogenes **arithmetisches** Mittel Gewichte: Ausgabenanteile zur **Basis**zeit	(18) $P_{0t}^L = \dfrac{\sum p_t q_0}{\sum p_0 q_0} = \dfrac{\boldsymbol{p}_t' \boldsymbol{q}_0}{\boldsymbol{p}_0' \boldsymbol{q}_0}$ Zähler: fiktives Ausgabenaggregat Nenner: tatsächliche Ausgaben
Paasche	(19) $P_{0t}^P = \sum \dfrac{p_t}{p_0} \dfrac{p_0 q_t}{\sum p_0 q_t}$ oder: gewogenes **harmonisches** Mittel, Gewichte: Ausgabenanteile zur **Berichts**zeit	(20) $P_{0t}^P = \dfrac{\sum p_t q_t}{\sum p_0 q_t} = \dfrac{\boldsymbol{p}_t' \boldsymbol{q}_t}{\boldsymbol{p}_0' \boldsymbol{q}_t}$ Zähler: tatsächliche Ausgaben, Nenner: fiktives Ausgabenaggregat

Bild 6.8: Indexformeln

In manchen Lehrbüchern (nicht in der Praxis) spielt auch der Preis- (oder gar der Mengen-) index nach Lowe eine gewisse Rolle. Ein solcher Index kann jedoch nicht kommensurabel sein. Schon wegen der Unmöglichkeit, kg-, Liter-, Stück-Mengen usw. zu einer Gesamtmenge zu addieren, sind Durchschnittsmengen auch meist gar nicht definiert.

Wertindex (zum Beispiel Lebenshaltungskostenindex im Unterschied zum Preisindex für die Lebenshaltung nach Laspeyres)

$$(21) \quad \boxed{W_{0t} = \frac{\sum p_{it} q_{it}}{\sum p_{i0} q_{i0}}} \quad \text{oder einfach} \quad \boxed{W_{0t} = \frac{\sum p_t q_t}{\sum p_0 q_0}}$$

Mengenindizes gewinnt man aus Preisindizes durch Vertauschen von Mengen und Preisen:

$$(22) \quad \boxed{Q_{0t}^L = \frac{\sum q_t p_0}{\sum q_0 p_0}} \quad \textbf{(Laspeyres)}$$

(22a) $$Q_{0t}^P = \frac{\sum q_t p_t}{\sum q_0 p_t}$$ (**Paasche**)

Wertindex als Indexprodukt

(23) $$W_{0t} = P_{0t}^L Q_{0t}^P = P_{0t}^P Q_{0t}^L$$

Diese grundlegende Formel ist Basis der **Preisbereinigung**. Danach erfüllt das Paar P^L, Q^P bzw. P^P / Q^L den Produkttest, nicht jedoch die anspruchsvollere (und in ihrer Bedeutung meist völlig überschätzte) Faktorumkehrbarkeit, denn es ist meist $P^L Q^L > W$ und $P^P Q^P < W$.

aus einem	ist zu errechnen ein	Vorgehensweise
Wert = $\sum p_t q_t$ (einer **nominalen** Größe, zu **jeweiligen** Preisen)	**Volumen** = $\sum p_0 q_t$ (eine **reale** Größe, zu **konstanten** Preisen des Basisjahres)	Division des Wertes durch einen[1] Paasche Preisindex liefert $V_t = \frac{W_t}{P_{0t}^P}$
Wertindex $W_{0t} = \frac{\sum p_t q_t}{\sum p_0 q_0}$	Laspeyres-Mengenindex[2] $Q_{0t}^L = \frac{\sum q_t p_0}{\sum q_0 p_0}$	Division durch einen[1] Paasche Preisindex liefert $Q_{ot}^L = \frac{W_{0t}}{P_{0t}^P}$ [2]

Bild 6.9: Preisbereinigung (Deflationierung; auch Realwert- oder Volumenrechnung genannt; siehe auch Bild 6.10)

1) sich auf das gleiche Aggregat beziehend
2) als Maß für die Veränderung von Volumen

Preise p, Mengen q, t = Berichtszeit, 0 = Basiszeit, Summierung über alle n Waren

Wertindex (24) $$W_{0t} = \frac{\sum p_t q_t}{\sum p_0 q_0}$$

Laspeyres Preisindex (25) $$P_{0t}^L = \frac{\sum p_t q_0}{\sum p_0 q_0}$$

Verwendung für: spezielle Preisniveaus
(z.B. Preisindizes für die Lebenshaltung)

Paasche Preisindex (26) $$P_{0t}^P = \frac{\sum p_t q_t}{\sum p_0 q_t}$$

Verwendung für: Preisbereinigung
(Deflationierung z.B. des Sozialprodukts)

Vertauschung von Preisen und Mengen in den Formeln führt zu Mengenindizes

Laspeyres Mengenindex (27) $$Q_{0t}^L = \frac{\sum q_t p_0}{\sum q_0 p_0}$$

Paasche Mengenindex (28) $$Q_{0t}^P = \frac{\sum q_t p_t}{\sum q_0 p_t}$$

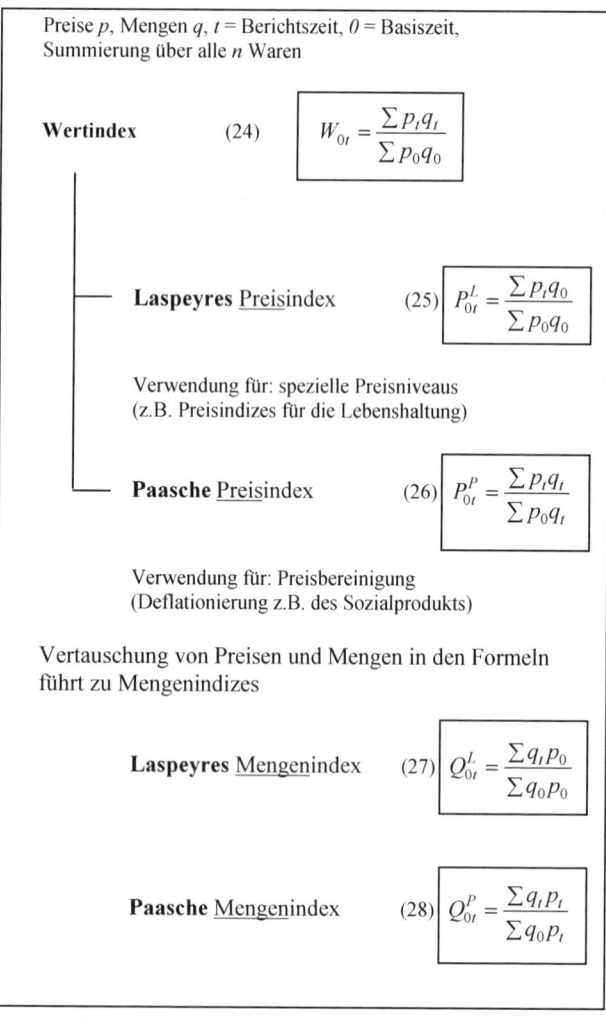

Bild 6.10: Übersicht über die Indexformeln von Laspeyres und Paasche

b) Formel von Ladislaus v. Bortkiewicz

(Größenrelation zwischen Laspeyres- und Paasche-Preisindex) Die Kovarianz von Preis- (b_i) und Mengenmeßzahlen (c_i) mit den Gewichten g_i (Ausgabenanteile zur Basiszeit) lautet:

(29) $$\boxed{C = \sum (b_i - P^L)(c_i - Q^L)g_i = Q^L(P^P - P^L)}$$

Daraus folgt $W = P^L Q^L + C$, denn mit $g_i = \dfrac{p_{i0} q_{i0}}{\sum p_{i0} q_{i0}}$, $b_i = \dfrac{p_{it}}{p_{i0}}$, und $c_i = \dfrac{q_{it}}{q_{i0}}$ gilt:

$$P^L_{0t} = \sum g_i b_i \text{ und } Q^L_{0t} = \sum g_i c_i \text{ sowie}$$
$$W_{0t} = \sum b_i c_i g_i = P^L Q^P = P^P Q^L$$

Dann gilt

$$C = Q^L(P^P - P^L) = P^L(Q^P - Q^L) \text{ also}$$

wenn negative Kovarianz $C < 0$ dann $P^L > P^P$ und $Q^L > Q^P$
wenn positive Kovarianz $C > 0$ dann $P^L < P^P$ und $Q^L < Q^P$

6.2.2 Axiome und Axiomensysteme

Zu einigen fundamentalen Forderungen an sinnvolle Indexformeln (Indexaxiome) vgl. Bild 6.11. Wichtige Axiome, die erst in neuerer Zeit mehr beachtet werden, sind insbesondere Aggregationseigenschaften, wie zum Beispiel strukturelle und additive Konsistenz. Eine große Rolle spielen auch immer noch Axiome (oder Proben, Tests), die aus der Indexphilosophie von Irving Fisher stammen, wie dessen reversal tests.
Für das in Bild 6.11 dargestellte Axiomensystem gelten die folgenden Notation:
Preis- und Mengenvektoren (jeweils n Komponenten [Waren]) p_0, q_0, p_t, q_t. Die Indexfunktion $P : \mathsf{R}^{4n} \Rightarrow \mathsf{R}$ sollte danach die folgenden Axiome erfüllen (ein Großteil der Axiome kann man auch ohne Bezug-

6 Verhältnis- und Indexzahlen

nahme auf Mengen darstellen. Die Funktion ist dann $\mathsf{R}^{2n} \Rightarrow \mathsf{R}$. Bezieht man Mengen in die Definition des Axioms ein, dann ist z.T. zu unterscheiden zwischen der strengen und der schwachen (wenn $q_t = q_0$) Forderung).

P1	**Monotonie:** a) in Berichtspreisen $P(p_0, p_t^*) > P(p_0, p_t)$, wenn $p_{it}^* \geq p_{it}$ und für mindestens eine Ware i gilt: $p_{it}^* > p_{it}$ b) in Basispreisen $P(p_0, p_t) > P(p_0^*, p_t)$ wenn analog gilt: $p_{i0}^* \geq p_{i0}$ und $p_{i0}^* > p_{i0}$ für mindestens ein i (eine Ware)
P2	**Lineare Homogenität:**[a] $P(p_0, \mu p_t) = \mu P(p_0, p_t)$ mit $\mu \in \mathsf{R}_+$ (nicht zu verwechseln mit Proportionalität: $P(p_0, \mu p_0) = \mu$, wobei $p_{it} = \mu p_{i0}$ für alle i)
P3	**Identität:**[b] $P(p_0, p_t) = 1$ wenn $p_{it} = p_{i0}$ für alle i also $p_t = p_0$
P4	**Dimensionalität:** $P(\mu p_0, \mu p_t) = P(p_0, p_t)$ mit $\mu \in \mathsf{R}_+$ (Unabhängigkeit von der Währungseinheit der Preise)
P5	**Kommensurabilität:** $P(\Lambda p_0, \Lambda p_t, \Lambda^{-1} q_0, \Lambda^{-1} q_t) = P(p_0, p_t, q_0, q_t)$ mit $\Lambda = diag(\lambda_1, ..., \lambda_n)$ und $|\lambda_i| > 0$ (Unabhängigkeit von der Mengeneinheit, auf die sich die Preisnotierung bezieht).

Bild 6.11: Axiomensystem von Eichhorn und Voeller

[a] Unter Homogenität vom Grade -1 versteht man die Forderung P(μp_0, p_t) =μ^{-1}P(p_0, p_t). Sie ist erfüllt, wenn P2 und P4 gelten.
[b] Axiome P2 und P3 stellen zusammen sicher, daß die sog. Proportionalitätsprobe erfüllt ist.

Anmerkung

Das System ist konsistent (widerspruchsfrei, erfüllbar) und unabhängig (nicht-redundant). Ein schwächeres System von Eichhorn und Voeller kommt mit vier Axiomen aus: statt P3 und P5 strikte Proportionalität.

a) Strukturelle Konsistenz (der Deflationierung)

Gilt für nominale Teilaggregate $W = W_1 + W_2 + ... + W_m$ und soll für die realen Teilaggregate

$V_j = W_j / P_j$ ($j = 1,2,...,m$) gelten, $\dfrac{W}{P} = V = \dfrac{W_1}{P_1} + ... + \dfrac{W_m}{P_m} = V_1 + ... + V_m$,

dann muß

$$(30) \quad \boxed{P^{-1} = \sum \frac{W_j}{W} P_j^{-1}}$$

d.h. der Gesamt-Deflator P ein harmonisches Mittel der m Teil-Deflatoren sein (Gewichte $W_j / \sum W_j = W_j / W$), also ein direkter Paasche-Preisindex. Deflationierung mit einem anderen Index als P^P liefert strukturell inkonsistente Ergebnisse (Volumen addieren sich nicht in gleicher Weise wie Werte, das Ergebnis der Deflationierung ist abhängig vom Aggregationsgrad).

b) Additive Konsistenz (Konsistenz der Indexformel)

Wenn ein Gesamtaggregat zu Teilaggregaten $j = 1,2,...,m$ zerlegt werden kann, dann soll sich der Gesamtindex aus den Teilindizes in der gleichen Weise zusammensetzen, wie der Gesamtindex aus den Meßzahlen. Im Falle von P^L gilt zum Beispiel der folgende Zusammenhang:

$$(31) \quad \boxed{P_{0t}^L = \sum_j \frac{W_{j,o}}{\sum W_{j,o}} P_{j,0t}^L}$$

d.h. der Gesamtindex P_{0t}^L ist das arithmetisches Mittel der m Teil-Indizes $P_{j,0t}^L$ mit den Wertanteilen zur Basiszeit als Gewichte. Lineare (= additive) Indizes (s.u.), wie P^L oder P^P sind auch additiv konsistent. Die Umkehrung gilt nicht.

228   6 Verhältnis- und Indexzahlen

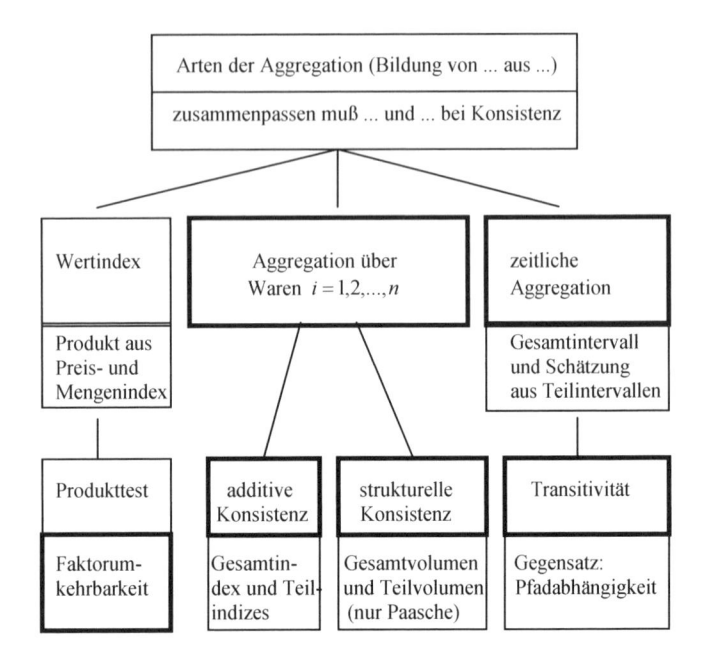

```
┌─────────────────────────────────────────────┐
│ Arten der Aggregation (Bildung von ... aus ...) │
│ zusammenpassen muß ... und ... bei Konsistenz │
└─────────────────────────────────────────────┘
```

Wertindex	Aggregation über Waren $i = 1,2,...,n$	zeitliche Aggregation
Produkt aus Preis- und Mengenindex		Gesamtintervall und Schätzung aus Teilintervallen
Produkttest	additive Konsistenz	strukturelle Konsistenz	Transitivität
Faktorumkehrbarkeit	Gesamtindex und Teilindizes	Gesamtvolumen und Teilvolumen (nur Paasche)	Gegensatz: Pfadabhängigkeit

Bild 6.12: Konsistenzforderungen bei bestimmten Aggregationsarten

c) Faktorumkehrprobe (factor reversal test, F)

Die Wertsteigerung kann in das Produkt einer nach der gleichen Indexformel berechneten Preis- und Mengenkomponente zerlegt werden. Fisher's sogenannter Idealindex

$$(32) \quad P_{0t}^F = \sqrt{P_{0t}^L P_{0t}^P}$$

ist das geometrische Mittel aus der Laspeyres- und Paasche Preisindexformel (bei Mengenindizes analog Q^F als geometrisches Mittel aus Q^L und Q^P).

Der Idealindex erfüllt F (und Z, nicht aber T), denn $W_{0t} = P^F{}_{0t} Q^F{}_{0t}$.

d) Zeitumkehrbarkeit (time reversal test, Z)

Vertauschung von Basis- und Berichtsperiode führt zum reziproken Preisindex $P_{0t}P_{t0} = 1$.

Nicht erfüllt vom Paar Laspeyres/Paasche, denn

$$P^L{}_{0t}P^P{}_{t0} = P^P{}_{0t}P^L{}_{t0} = 1.$$

e) Zirkularität (Verkettbarkeit, Transitivität, T)

Nach dieser Forderung (auch Rundprobe [circular test]) soll für beliebige Einteilungen des Intervalls in zwei Teilintervalle $[0,t)$ in $[0,s)$ und $[s,t)$ also für jedes s gelten:

(33) $\boxed{P_{0t} = P_{0s}P_{st}}$

Das bedeutet zum Beispiel, daß das Ergebnis für ein Jahr konsistent ist mit dem, was man durch Aggregation der beiden Halbjahresergebnisse erhält. Die Forderung gilt entsprechend bei Einteilung in mehr als zwei Teilintervalle. Dies wird oft dahingehend mißverstanden, daß ein als Produkt definierter Index, wie der Kettenindex verkettbar sei. Dabei wird jedoch vergessen, daß betont werden muß „für jedes s ", und genau das ist bei einem Kettenindex, der stets pfadabhängig ist **nicht** der Fall). Wenn Identität gilt, dann folgt Z aus T (die Umkehrung gilt nicht).

f) Umbasierung (rescaling) und Verkettung (splicing)

Von Zeitumkehrbarkeit und Verkettbarkeit als Axiome sind die entsprechenden Rechenoperationen zu unterscheiden, die analog des Bildes 6.3 durchgeführt werden, auch wenn sie genau genommen (fehlende Verkettbarkeit) nicht gerechtfertigt sind: Verkettung gemäß Gleichung (33), Umbasierung mit

(34) $\boxed{P_{st} = \dfrac{P_{0t}}{P_{0s}}}$

g) Additivität (= Linearität) der Indexfunktion

Additivität als spezielle Form der Monotonie) bedeutet in der Notation des Bildes 6.11 bei P1a:

$$P(\boldsymbol{p}_0, \boldsymbol{p}_t^*) = P(\boldsymbol{p}_0, \boldsymbol{p}_t) + P(\boldsymbol{p}_0, \Delta\boldsymbol{p}_t^*)$$

wenn für p_t^*, p_t und Δp_t^* gilt: $p_t^* = p_t + \Delta p_t^*$

und bei P1b:

$$[P(p_0^*, p_t)]^{-1} = [P(p_0, p_t)]^{-1} + [P(\Delta p_0^*, p_t)]^{-1}$$

wenn entsprechend gilt: $p_0^* = p_0 + \Delta p_0^*$

Äquivalent ist:
Indizes sind additiv, wenn sie als Quotient von Skalarprodukten

$$\frac{a' p_t}{b' p_0}$$

darstellbar sind, wie die Preisindizes von Laspeyres ($P_{0t}^L : a = b = q_0$) und Paasche ($a = b = q_t$).

6.2.3 Neuere Vorschläge für Indexformeln

Im folgenden werden einige über die traditionelle Betrachtung von Laspeyres und Paasche hinausgehende Formel-Vorschläge vorgestellt. Die Auflistung ist nicht vollständig, umfaßt jedoch vier Denkrichtungen, die (älteren) Versuche Formeln zu mitteln (Fisher sprach von crossing und rectifying. Die Mittelungen waren auch motiviert mit der Suche nach Formeln, die reversal tests erfüllen. Insofern überschneiden sich die Denkrichtungen Nr. 1 und 2. Mit den log-change indices sind auch zahlreiche Formeln wiederentdeckt worden, die Betrachtung sogenannter idealer Indizes und Indizes auf der Basis geometrischer Mittel sowie der Ansatz von Divisia.

a) Kompromißformeln

Es war lange üblich und vor allem in der Tradition von Irving Fisher begründet, nach neuen Indexformeln zu suchen, indem man bekannte Formeln bzw. Gewichtungsschemen mittelt.

b) Formeln, die Faktorumkehrbarkeit erfüllen (ideale Indizes)

Es ist eines der Rätsel der Indextheorie, warum man so viel Mühe verwendete, Formeln zu finden, die Faktorumkehrbarkeit erfüllen, andererseits aber wenig Mühe verwendete, zu begründen, warum es wünschenswert sein sollte, daß ein Preis-(P)-Mengenindex (Q) - Paar diese äußerst restriktive Forderung erfüllt. Der Idealindex von Fisher erfüllt sie, weil in der multiplikativen Zerlegung von W_{0t}

$$(35) \quad \boxed{W_{0t} = \frac{p_t'q_t}{p_0'q_0} = \left(\frac{p_t'q_0}{p_0'q_0}\right)\left(\frac{q_t'p_0}{q_0'p_0}\right)\left(\frac{p_t'q_t}{p_t'q_0}\cdot\frac{p_0'q_0}{p_0'q_t}\right) = E_P E_Q S}$$

quasi jeweils die halbe Strukturkomponente (S) der reinen Preis- (E_P), bzw. reinen Mengenkomponente (E_Q) zugeschlagen wird, denn es gilt:

$$(36) \quad \boxed{P_{0t}^F = E_P\sqrt{S} = P_{0t}^L\sqrt{S}} \quad \text{und} \quad \boxed{Q_{0t}^F = E_Q\sqrt{S} = Q_{0t}^L\sqrt{S}}$$

In Bild 6.13 sind die Formeln für Preisindizes angegeben, die Formeln für Mengenindizes sind hieraus einfach zu entwickeln.

Mittelung von	arithmetisches Mittel	geometrisches Mittel
Mengen	Marshall und Edgeworth (37) $$P_{0t}^{ME} = \frac{\sum p_{it}(q_{i0}+q_{it})}{\sum p_{i0}(q_{i0}+q_{it})}$$	Walsh* (38) $$P_{0t}^{W} = \frac{\sum p_{it}\sqrt{q_{i0}q_{it}}}{\sum p_{i0}\sqrt{q_{i0}q_{it}}}$$
Formeln	Drobisch (39) $P_{0t}^{DR} = \frac{1}{2}\left(P_{0t}^L + P_{0t}^P\right)$	Fisher (40) $P_{0t}^F = \sqrt{P_{0t}^L P_{0t}^P}$

Bild 6.13: Kompromißformeln

* man könnte dies auch Walsh-I-Index nennen, denn es gibt auch einen Walsh-II-Index, der weiter unten angesprochen wird.

Neuere Indexformeln sind in Bild 6.14 dargestellt.

6 Verhältnis- und Indexzahlen

```
                    ┌─────────────────────────────────────┐
                    │   Indexformeln auf der Basis einer  │
                    │   Dekomposition der Wertänderung    │
                    └─────────────────────────────────────┘
```

Additives Modell	Multiplikatives Modell
($\Delta W = \Delta P + \Delta Q$)	($W_{0t} = P_{0t} Q_{0t}$) mit Zeitvariable t

Formeln von   diskret   stetig

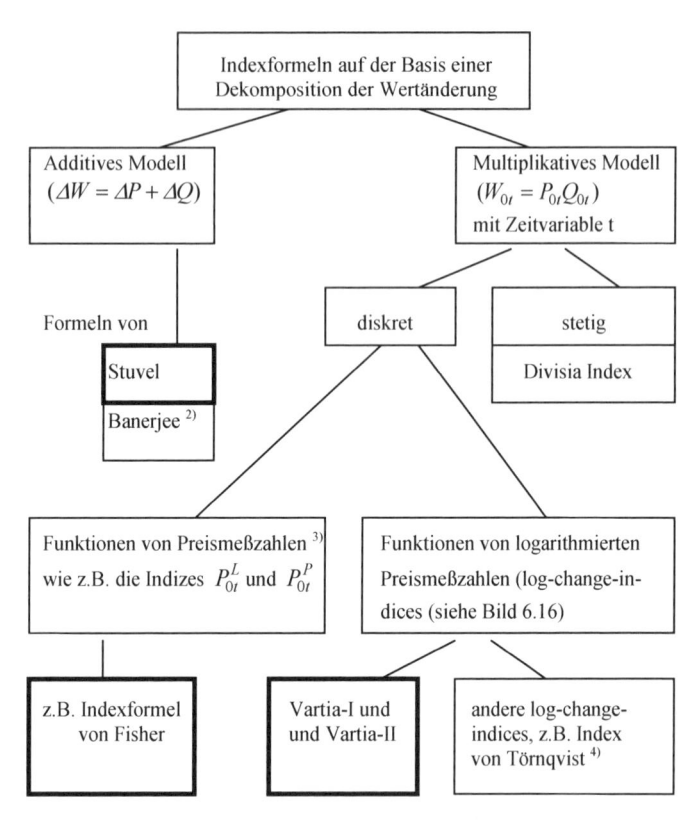

Stuvel   Divisia Index

Banerjee [2]

Funktionen von Preismeßzahlen [3] wie z.B. die Indizes P_{0t}^L und P_{0t}^P	Funktionen von logarithmierten Preismeßzahlen (log-change-indices (siehe Bild 6.16)

z.B. Indexformel von Fisher	**Vartia-I und Vartia-II**	andere log-change-indices, z.B. Index von Törnqvist [4]

Bild 6.14: Neuere Indexformeln, speziell ideale Indizes (stärker umrandet)

1) auf Banerjee's factorial approach soll hier nicht weiter eingegangen werden.
2) als arithmetishe oder andere Mittelwerte (log-change indices kann man als geometrische Mittel von Preismeßzahlen darstellen).
3) auch Indizes, die nicht aus einem Dekompositionsmodell hergeleitet sind, wie z.B. der Cobb-Douglas Index (der transitiv ist) oder Verfeinerungen der Törnqvist Formel um besser Faktorumkehrbarkeitzu approximieren (Formeln von Theil, Sato usw.).

Die Formeln von Stuvel, sie erscheinen auch als Spezialfälle im Ansatz von Banerjee (Preisindex P^{ST} und Mengenindex Q^{ST}) lauten:

$$(41) \quad P_{0t}^{ST} = \frac{P_{0t}^L - Q_{0t}^L}{2} + \sqrt{\left(\frac{P_{0t}^L - Q_{0t}^L}{2}\right)^2 + W_{0t}}$$

$$(42) \quad Q_{0t}^{ST} = \frac{Q_{0t}^L - P_{0t}^L}{2} + \sqrt{\left(\frac{Q_{0t}^L - P_{0t}^L}{2}\right)^2 + W_{0t}}$$

b) Log-change-Indizes

Sie beruhen auf einer Mittelung der logarithmierten Preis- bzw. Mengen- und Wertmeßzahlen. Mit der Notation $v_{it} = p_{it} q_{it}$ (für **absolute** Werte, v_{i0} entsprechend) und $w_{it} = v_{it} / \sum v_{it} = v_{it} / V_t$ für **relative** Werte (Ausgabenanteile) sowie

$$(43) \quad Dp_{i,0t} = \ln\left(\frac{p_{it}}{p_{i0}}\right)$$

und $Dq_{i,0t}$ und $Dv_{i,0t}$ entsprechend definiert, ist ein Log-change Preis-Index generell (deshalb Symbol *) aufgebaut nach dem Muster

$$(44) \quad \ln\left(P_{0t}^*\right) = \sum_i g_i \left(Dp_{i,0t}\right) \qquad \text{so daß} \qquad P_{0t}^* = \prod \left(\frac{p_{it}}{p_{i0}}\right)^{g_i}$$

mit $0 \leq g_i \leq 1$ und $\sum_i g_i = 1$

(Mengenindex analog). Die folgenden Spezialfälle des Bildes 6.15 sind relativ bekannt.

Name des Index	Gewicht g	Formel[1]
Cobb-Douglas P^{CD}	$g_i = \alpha_i$ (beliebige Konstanten, keine Ausgabenanteile)	$P^{CD}_{0t} = \Pi \left(\dfrac{p_{it}}{p_{i0}} \right)^{\alpha_i}$
logarithmic Laspeyres $DP^{L\,[2]}$	$g_i = w_{i0}$ (Ausgabenanteile der Basisperiode)	$\ln\!\left(DP^L_{0t}\right) = \sum \ln(p_{it}/p_{0t}) w_{i0}$
Logarithmic Paasche DP^P	$g_i = w_{it}$ (Ausgabenanteile der Berichtsperiode)	$DP^P_{0t} = \Pi \left(\dfrac{p_{it}}{p_{i0}} \right)^{w_{it}}$

Bild 6.15: Spezialfälle

1) in der Form $\ln(DP^*)$ oder DP^*
2) verschiedentlich auch unter anderem Namen vorgeschlagen (z.B. von W. A. Jöhr).

Der Cobb Douglas Index ist der einzige Index, der Transitivität (Verkettbarkeit) und die fünf fundamentalen Axiome der Abbildung 6.11 erfüllt (das ist eines der in der axiomatischen Theorie so beliebten uniqueness theorems). So wie Fisher's ideal index P^F_{0t} das geometrische Mittel der (gewöhnlichen) Laspeyres und Paasche Formel ist (also von P^L_{0t} und P^P_{0t}) ist (entsprechend Q^F_{0t}), so ist der Törnqvist Index (oder Törnqvist - Theil Index)

$$(45)\quad P^T_{0t} = \prod_{i=1}^{n} \left(\frac{p_{it}}{p_{i0}} \right)^{\overline{w}_i} \quad \text{mit } \overline{w}_i = \tfrac{1}{2}(w_{i0} + w_{it}),\ Q^T_{0t} \text{ entsprechend}$$

das geometrische Mittel von DP^L_{0t} und DP^P_{0t}, also der entsprechenden log-change-Indizes ($P^T_{0t} = \sqrt{DP^L_{0t} DP^P_{0t}}$). Beide Indizes (Fisher und Törnqvist) spielen eine große Rolle in der ökonomischen Theorie der Indexzahlen. Es gibt gewisse Parallelitäten, jedoch erfüllt das Paar P^T_{0t}, Q^T_{0t} nicht die Faktorumkehrbarkeit. Der Quotient $Q = W_{0t}/P^T_{0t}$ kann

6.2 Indexzahlen

auch nicht als Mengenindex angesehen werden, denn für $\ln(Q)$ gilt wegen

(46)
$$\ln(W_{0t}) = \ln\left(\frac{V_t}{V_0}\right) = \sum\left(\ln\left(\frac{v_{it}}{v_{i0}}\right)\frac{L(w_{it}, w_{i0})}{\sum L(w_{it}, w_{i0})}\right) =$$
$$= \sum \ln\left(\frac{p_{it}q_{it}}{p_{i0}q_{i0}}\right) \cdot \lambda_i$$

(λ_i sind die Gewichte des Vartia-II Indexes)

(47)
$$\ln(Q) = \ln(W_{0t}) - \ln(P_{0t}^T) =$$
$$= \sum \ln\left(\frac{p_{it}}{p_{i0}}\right)(\lambda_i - \overline{w}_i) + \sum \ln\left(\frac{q_{it}}{q_{i0}}\right) \cdot \lambda_i$$

Dies bedeutet, daß sich Q (wegen des ersten Summanden, der $\ln(P^{W2}) - \ln(P^T)$ ist) verändern kann, ohne daß sich auch nur eine Menge ändert (also für alle i gelten kann $q_{it} = q_{i0}$ (das bedeutet, daß der Törnqvist Index noch nicht einmal den (gegenüber der Faktorumkehrbarkeit) schwächeren Produkttest erfüllt). Es ist offensichtlich, daß für die einzelne Ware i jeweils gilt:

(48) $\boxed{Dv_{i,0t} = Dp_{i,0t} + Dq_{i,0t}}$ oder

$$\ln(v_{it}/v_{i0}) = \ln(p_{it}/p_{i0}) + \ln(q_{it}/q_{i0})$$

daß aber die entsprechende Relation für die Gesamtheit der n Waren ($i = 1, 2, ..., n$)

(49) $\boxed{\sum g_i \ln(v_{it}/v_{i0}) = \sum g_i \ln(p_{it}/p_{i0}) + \sum g_i \ln(q_{it}/q_{i0})}$

nur bei ganz bestimmten Gewichten g_i erfüllt ist. Vartia fand die Gewichte gemäß Abbildung 6.16 des Vartia-I Indexes (P_{0t}^{V1}) und des Vartia-II Indexes (P_{0t}^{V2}), so daß diese Indexformeln jeweils die Faktorumkehrbarkeit erfüllen. Das folgt für den Vartia-II Index auch, denn es gilt

(50a) $$\ln\left(Q_{0t}^{V2}\right) = \sum \ln\left(\frac{q_{it}}{q_{i0}}\right) \cdot \lambda_i \quad \text{und}$$

(50b) $$\ln\left(P_{0t}^{V2}\right) = \sum \ln\left(\frac{p_{it}}{p_{i0}}\right) \cdot \lambda_i$$

c) Stetige Zeitvariable (Divisia-Indizes)

Wenn für alle Waren ($i = 1, 2, ..., n$) zu jedem Zeitpunkt stetige Preis- und Mengenfunktionen $p_i(t)$ und $q_i(t)$ gegeben sind (hieran scheitert meist die praktische Umsetzbarkeit des Ansatzes von Francois Divisia (1925)), dann ist die Wertfunktion (absoluter Wert) nach Definition

(51) $$V(t) = \sum_{i=1}^{n} p_i(t) q_i(t) \quad \text{und damit auch}$$

(52) $$\frac{dV(t)}{V(t)} = \frac{\sum_i q_i(t)\, dp_i(t)}{\sum_i q_i(t)\, p_i(t)} + \frac{\sum_i p_i(t)\, dq_i(t)}{\sum_i q_i(t)\, p_i(t)}$$

Entsprechend kann man zum Zeitpunkt t ein absolutes Preis- und Mengenniveau $P(t)$ und $Q(t)$ postulieren, so daß gilt $V(t) = P(t) Q(t)$. Man beachte, daß damit nicht Faktorumkehrbarkeit angenommen wird oder sich als besondere Leistung dieses Ansatzes herausstellt, sondern einfach folgt aus Gleichung (14) für infinitesimal kleine Zeitintervalle von t bis $t + dt$. Ist das Intervall hinreichend klein, dann gibt es einfach keinen Platz für eine Strukturkomponente neben der reinen Preis- und Mengenkomponente. Es liegt nahe, die Ausdrücke $dP(t)/P(t)$ und $dQ(t)/Q(t)$ umzuformen, so daß der Divisia-Preisindex P_{0t}^{Div} über seine (stetige) Wachstumsrate

$$(53) \quad \frac{dP(t)/dt}{P(t)} = \frac{d \ln P(t)}{dt} = \Sigma_i \left(\frac{q_i(t) p_i(t)}{\Sigma q_i(t) p_i(t)} \right) \frac{dp_i(t)/dt}{p_i(t)}$$

definiert werden kann (der Mengenindex Q_{0t}^{Div} entsprechend). Der eingeklammerte Ausdruck auf der rechten Seite von Gleichung (53) ist der Ausgabenanteil $w_i(t)$ der Ware i im Zeitpunkt t. Die Wachstumsrate von $P(t)$ ist also ein gewogenes Mittel der Wachstumsraten der $p_i(t)$ (es hat sich eingebürgert, eine Größe G immer dann **Divisia** zu nennen (zum Beispiel eine Divisia Geldmenge), wenn die Wachstumsrate von G als gewogenes Mittel definiert ist. Der Preisindex $P_{0t}^{Div} = \frac{P(t)}{P(0)}$ ergibt sich dann durch Integration

$$(54) \quad P(t) = P(0) \exp \left(\int_0^t \Sigma w_i(\tau) \frac{d \ln p_i(\tau)}{d\tau} d\tau \right)$$

und Q_{0t}^{Div} entsprechend. Das Problem ist, daß das Integral in Gleichung (54) (entsprechend bei $Q(t)$ zur Bestimmung von $Q_{0t}^{Div} = Q(t)/Q(0)$ im Unterschied zu dem von $V(t)$ bei Bestimmung $W_{0t} = V(t)/V(0)$ pfadabhängig ist (eine ähnliche Erscheinung gibt es bei Kettenindizes, zu deren Rechtfertigung gerne (zu unrecht) auf den Divisia.Index verwiesen wird), und daß es für die in der Praxis stets notwendige Approximation bei diskreter Zeit sehr unterschiedliche Möglichkeiten gibt. Es scheint, daß auch im Falle des Divisia-Intergralindex (wie so oft in der Indextheorie) ein Ansatz gerne maßlos überschätzt wird.

6 Verhältnis- und Indexzahlen

```
┌─────────────────────────────┐
│   Log-change-Index allgemein│
│   $\ln(P^*_{0t}) = \sum_i g_i(Dp_{i,0t})$ │
└─────────────────────────────┘
```

| Gewichte g_i auf der Basis (von Funktionen) absoluter Werte (z.B. Ausgaben v_i) | Gewichte g_i auf der Basis relativer Werte (Ausgabenanteile) w_i [2] |

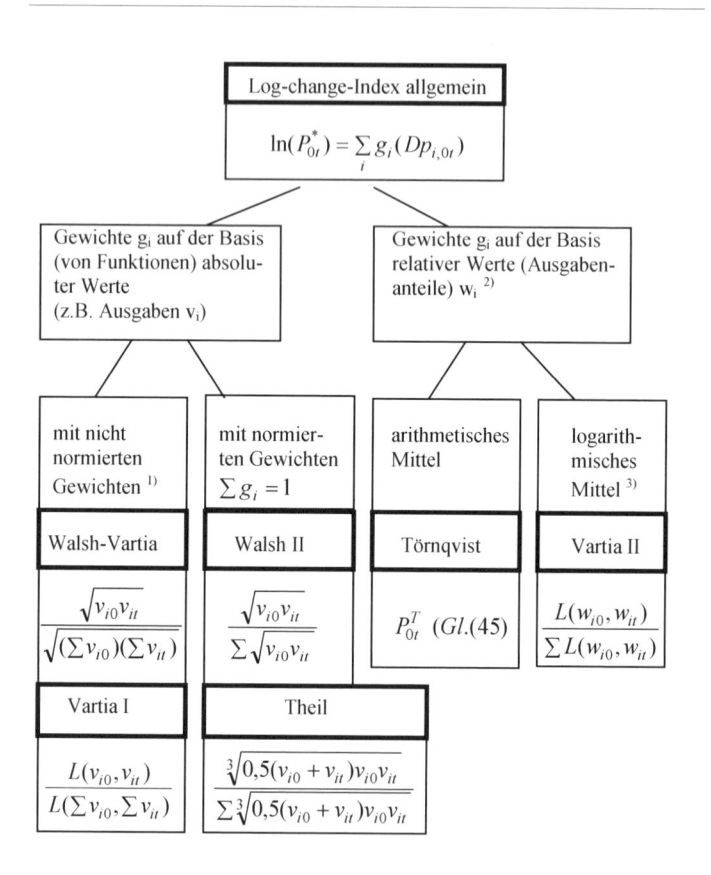

mit nicht normierten Gewichten [1]	mit normierten Gewichten $\sum g_i = 1$	arithmetisches Mittel	logarithmisches Mittel [3]
Walsh-Vartia	**Walsh II**	**Törnqvist**	**Vartia II**
$\dfrac{\sqrt{v_{i0}v_{it}}}{\sqrt{(\sum v_{i0})(\sum v_{it})}}$	$\dfrac{\sqrt{v_{i0}v_{it}}}{\sum \sqrt{v_{i0}v_{it}}}$	P^T_{0t} (Gl.(45))	$\dfrac{L(w_{i0}, w_{it})}{\sum L(w_{i0}, w_{it})}$
Vartia I	**Theil**		
$\dfrac{L(v_{i0}, v_{it})}{L(\sum v_{i0}, \sum v_{it})}$	$\dfrac{\sqrt[3]{0{,}5(v_{i0}+v_{it})v_{i0}v_{it}}}{\sum \sqrt[3]{0{,}5(v_{i0}+v_{it})v_{i0}v_{it}}}$		

Bild 6.16:: Wägungsschemen bei einigen Log-change-Indizes

1) im allgemeinen gilt $\sum_i L(v_{i0}, v_{it}) \neq L(\sum v_{i0}, \sum v_{it})$ und

   $\sum_i \sqrt{v_{i0}v_{it}} \neq \sqrt{\sum v_{i0} \cdot \sum v_{it}}$, so daß sich die Gewichte nicht zu 1 addieren.

2) zu nennen wäre auch die wenig bekannte Formel von Rao mit relativierten harmonischen Mitteln als Gewichte
   $g_i = w_{i0}w_{it}(w_{i0}+w_{it}) / \sum w_{i0}w_{it}(w_{i0}+w_{it})$.

3) es gilt $\sqrt{w_0 w_t} \leq L(w_0, w_t) \leq \tfrac{1}{2}(w_0 + w_t) = \overline{w}$.

Ähnlich wie bei Kettenindizes wird ein Zwei-Perioden-Vergleich für die Eckpunkte eines Intervalls von 0 bis t bei Divisia gewonnen durch Betrachtung des Prozesses in den Zwischenzeitpunkten τ mit $0 \leq \tau \leq t$. Bei genügend kleinen Intervallen (oder Preisbewegungen) sind die Unterschiede zwischen Indizes auf der Basis von

Preismeßzahlen $\dfrac{p_{it}}{p_{i0}}$, log changes $\ln\left(\dfrac{p_{it}}{p_{i0}}\right) \approx \dfrac{p_{it}}{p_{i0}} - 1$ und Preisdifferentialen $\dfrac{d \ln p_i(\tau)}{d\tau}$

trotz unterschiedlicher konzeptioneller Grundlagen gering. Liegen aber 0 und t weiter auseinander, kann es erhebliche Unterschiede geben.

6.2.4 Kettenindizes

Die Standardkritik am direkten Preisindex nach Laspeyres P_{0t}^L (als Maß der Inflation) bzw. an Volumen, die man als Ergebnis einer Deflationierung mit einem (direkten) Paasche Preisindex erhält, ist, daß in P_{0t}^L die Mengen, bzw. in P_{0t}^P die Preise (allgemein die Gewichte) für eine gewisse Zeit (im Interesse des reinen Preisvergleichs) konstant gehalten werden und daß das Wägungsschema veraltet. Es müsse statt dessen jeweils mit möglichst aktuellen (relevanten, repräsentativen) Gewichten gerechnet werden. Nicht viel mehr als dies steckt hinter der in neuerer Zeit vehement wiederbelebten Forderung nach Kettenindizes (sie sind leider in internationalen Empfehlungen für die Verwendung in der amtlichen Statistik vorgeschrieben worden).

Die Definition eines Kettenindexes umfaßt stets zwei Elemente (siehe Abbildung 6.17):

a) Die **Kette** $\overline{P}_{0t}^C$ (C = chain), das konstante Element: Zwei-Periodenvergleich (zwischen 0 und t) indirekt als Produkt
$P_{0t} = P_{01}P_{12}...P_{t-1,t}$ (analog zur Verkettung) und

b) das variable Element, das **Kettenglied** $P_t^C = P_{t-1,t}$ (link), das je nach verwendeter Indexformel unterschiedlich ist, um Beispiel nach Laspeyres, Paasche usw.

Befürworter von Kettenindizes vergleichen meist P_t^C (statt $\overline{P}_{0t}^C$) mit P_{0t}. Dem Vorteil, daß $\overline{P}_{0t}^{LC}$ (auch) von den aktuelleren Mengen q_{t-1} abhängt, nicht nur von den veralteten Mengen q_0 wie in P_{0t} stehen folgende gravierende Nachteile gegenüber:

1) Kettenindizes erlauben keine Interpretation im Sinne des reinen Preisvergleichs, als Meßzahlenmittelwert oder als Verhältnis von Aggregaten. Axiome sind auf sie nicht anwendbar: Trotz gleicher Preise in Periode 0 und 2 muß nicht gelten $P_{02} = 1$ (Identität verletzt, ebenso können Monotonie und andere Axiome verletzt sein).
2) Verkettung als Form der zeitlichen Aggregation ist pfadabhängig: ein Kettenindex ist kein Zwei-Perioden-Vergleich, sondern ein summarisches Maß für die Gestalt einer Zeitreihe (für einen Verlauf). Das Ergebnis für das Intervall von 0 bis t ist in der Regel unterschiedlich, je nach dem, wie es in Teilintervalle zerlegt wird und wie sich Preise und Mengen in den Zwischenperioden $1,2,...,t-1$ entwickeln. Bei zyklischer Bewegung der Preise (der Verlauf zwischen 0 und t wiederholt sich) kann die Kette für Periode $2t, 3t,...$ im Wert ständig zunehmen (wenn der Index $\overline{P}_{0t} > 1$ ist, denn dann ist $\overline{P}_{0,2t} = (\overline{P}_{0t})^2 > \overline{P}_{0t}$), oder abnehmen (wenn $\overline{P}_{0t} < 1$), selbst dann wenn die Preise in $0, t, 2t,...$ alle gleich sind.
3. Ungünstige Aggregationseigenschaften: keine additive - und (bei Deflationierung) strukturelle Konsistenz. Volumen V_t nicht nur abhängig von q_t und p_0, sondern auch von allen Preisen $p_1,...,p_t$, so daß man kaum von "in konstanten" Preisen p_0 sprechen kann.
4. Erheblicher Mehraufwand für Datenbeschaffung (häufigere Feststellung des Wägungsschemas [der Warenkörbe], der in der Regel ohnehin aufwendigere Teil der Indexberechnung).

Es werden trotz dieser Nachteile weiter vehement Kettenindizes gefordert, offenbar deshalb, weil vielen an Indexformeln nichts auch nur annähernd so wichtig zu sein scheint, wie die Aktualität der Gewichte.

Kettenindex

Definition der **Kettenglieder** (links)	Verkettung zur **Kette**
$P_t^C = P_{t-1,t}$ ein Index (genügt Axiomen)	$\overline{P}_{0t}^C = P_1^C P_2^C ... P_t^C$ kein Index [1]
Beispiele:	Beispiele:
Laspeyres: $P_t^{LC} = \dfrac{\sum p_t q_{t-1}}{\sum p_{t-1} q_{t-1}}$	$\overline{P}_{0t}^{LC} = P_1^{LC} P_2^{LC} ... P_t^{LC}$
Paasche: $P_t^{PC} = \dfrac{\sum p_t q_t}{\sum p_{t-1} q_t}$	$\overline{P}_{0t}^{PC} = P_1^{PC} P_2^{PC} ... P_t^{PC}$
ein Warenkorb q_{t-1} bzw. q_t [2]	**viele** Warenkörbe $q_0, q_1, ...$

Bild 6.17: Definition von Kettenindizes

1) d.h. diese Größe muß nicht (und wird in der Regel auch nicht) Axiome erfüllen, selbst wenn das einzelne Kettenglied dies tut.
2) bei unterjährigem Vergleich zum Vorjahr (ein Monat verglichen mit dem gleichem Monat im Vorjahr) wird jedoch schon beim einzelnen Kettenglied mit zwei Warenkörben gerechnet.

6.3 Literaturhinweise

Allen, R. G. D.: Index Numbers in Theory and Practice, London 1975

Diewert, W. E./Nakamura, A. O. (Editors): Essays in Index Number Theory, Volume I, Amsterdam/London/New York/Tokio 1993

Eichhorn, W./ Voeller, J.: Theory of the Price Index. Fisher's Test Approach and Generalizations, Lecture Notes in Economics and Mathematical Systems, Berlin u.a., Vol. 140, 1976

Lippe, P. von der: Chain Indices. A Study in Price Index Theory, Bd. 16 der Reihe Spektrum der Bundesstatistik, hrsg. vom Statistischen Bundesamt, Stuttgart 2001. Hier und auch in den weiteren Texten (downloads) unter www.vwl.uni-essen.de/tes weitere Details und Literaturangaben

Olt, B.: Axiom und Struktur in der statistischen Preisindextheorie, Frankfurt/Main u.a., zugl. Karlsruhe Univ.Diss. 1995

Pollak, R. A.: The Theory of the Cost-of-Living Index, New York/Oxford 1989

Selvanathan, E. A./ Rao, D. S. P.: Index Numbers, A Stochastic Approach, Basingstoke/Hampshire/London 1995

Vartia, Y. O./Vartia P. L. I.: Descriptive Index Number Theory and the Bank of Finland Currency Index, in: Scandinavian Journal of Economics 86 (3), pp. 352-364, 1984

7 Zeitreihenanalyse

7.1 Definitionen und Beispiele

> Unter einer **Zeitreihe** ist eine Folge von zeitlich geordneten Beobachtungswerten eines mindestens auf Intervallskalenniveau gemessenen Merkmals zu verstehen.

Daten in Form von Zeitreihen fallen in nahezu allen wissenschaftlichen Disziplinen an, in den Naturwissenschaften ebenso wie in den Wirtschaftswissenschaften. Dementsprechend vielfältig sind die jeweils verwendeten analytischen Werkzeuge. Hier sollen ausschließlich ökonomische Zeitreihen betrachtet werden, wobei sich die folgende Darstellung auf wichtige Aspekte der deskriptiven Zeitreihenanalyse beschränkt, auf stochastische Zeitreihenmodelle sei am Schluß nur kurz hingewiesen.

> In der Regel wird angenommen, daß die Beobachtungswerte **diskret** und **äquidistant** sind, also in gleichen zeitlichen Abständen vorliegen. In der Praxis sind die meisten Zeitreihen, insbesondere ökonomische, Jahres-, Vierteljahres-, Monats-, Wochen- oder Tagesreihen.

Die Werte einer Zeitreihe seien im folgenden mit $x_1, x_2, ..., x_T$ bezeichnet, wobei sich die Indizes auf Zeitpunkte bzw. Zeitintervalle (wie zum Beispiel Monate) beziehen. Mit T sei die *Länge* einer Zeitreihe bezeichnet.

> Im Gegensatz zu Beobachtungswerten, die nicht zeitlich indiziert sind (sogenannte **Querschnittsdaten**, wie sie zum Beispiel in der Regel bei Befragungen anfallen), spielt bei Zeitreihen die Abfolge der Werte eine entscheidende Rolle.

Während man Querschnittsdaten beliebig anordnen kann, ist dies bei Zeitreihenwerten nicht mehr möglich. Vielmehr ist ihre chronologische Abfolge jeweils geradezu charakteristisch für eine konkrete Reihe. Deswegen können graphische Darstellungen von Zeitreihen Informationen sowohl über gewisse grundlegende Eigenschaften von Reihen als auch über die Art der zu verwendenden Analyseinstrumente liefern. Nachstehend seien deshalb Plots ausgewählter Reihen wiedergegeben, an Hand derer grundlegende Zusammenhänge illustriert werden können. Die Daten für alle nachfolgend dargestellten Zeitreihen sind auf der CD-ROM „Deutsche Bundesbank - 50 Jahre Deutsche Mark" zu finden.

Beispiel 1

Die Umlaufrendite inländischer Inhaberschuldverschreibungen (insgesamt, Jahresdurchschnitte) in der BRD zeigt für die Jahre 1955 – 1997 den Verlauf in Bild 7.1.

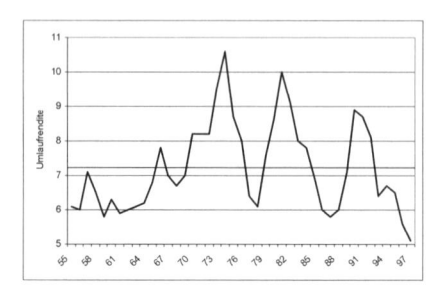

Bild 7.1: Umlaufrendite

Die Werte dieser Reihe schwanken offensichtlich um einen konstanten Wert (die eingezeichnete horizontale Linie stellt das arithmetische Mittel aller 43 Beobachtungswerte dar). Die Abweichungen vom Mittelwert nach oben oder unten sind nur vorübergehender Natur, d.h. die Reihenwerte werden im Zeitablauf weder tendenziell größer noch tendenziell kleiner. Mit anderen Worten, die Reihe weist keinen **Trend** auf.

Beispiel 2

Der Preisindex für die Lebenshaltung in der BRD zeigt für die Jahre 1948-1997 (Basis 1991=100) das Bild 7.2.

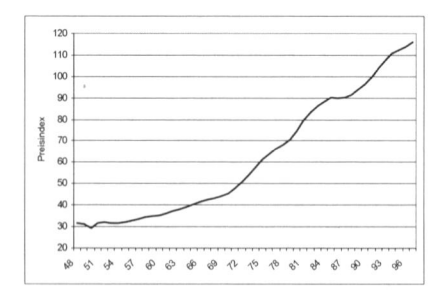

Bild 7.2: Preisindex für die Lebenshaltung

Beispiel 3

Für die Erwerbstätigen im Inland (in Mio.) von 1950-1997 erhält man den Verlauf in Bild 7.3.

Im Gegensatz zu Beispiel 1 werden die Reihenwerte in den beiden letzten Beispielen im Zeitablauf tendenziell immer größer. Diese Reihen weisen einen **positiven Trend** auf. In Beispiel 3 sind außerdem die Auswirkungen konjunktureller Einflüsse auf den Arbeitsmarkt erkennbar.

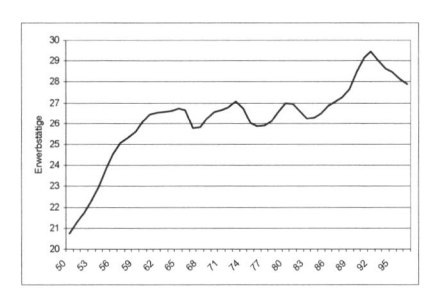

Bild 7.3: Erwerbstätigkeit

Ökonomische Reihen können aber auch einen **negativen Trend** aufweisen, wie die Graphik in Beispiel 4 (Erwerbstätige in der Land- und Forstwirtschaft, Fischerei, 1950-1997) zeigt.

Beispiel 4

Erwerbstätige in der Landwirtschaft

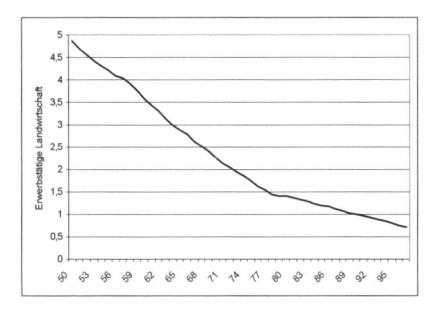

Bild 7.4: Erwerbstätige in der Landwirtschaft

246   7 Zeitreihenanalyse

Beispiel 5

*Die Quartalsreihe Sparquote der privaten Haushalte in der BRD von 1970/1- 1994/4 weist keinen Trend auf, sie oszilliert um einen konstanten Wert, jedoch kann eine jahreszeitlich bedingte Regelmäßigkeit beobachtet werden, d.h. diese Reihe weist eine **saisonale Komponente** auf:*

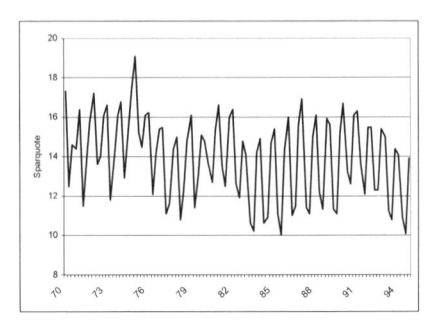

Bild 7.5: Sparquote der privaten Haushalte

Beispiel 6

Viele ökonomische Reihe weisen sowohl einen Trend als auch eine saisonale Komponente auf, wie zum Beispiel die Monatsreihe Arbeitslosenquote in der BRD (Arbeitslose im Verhältnis zu den abhängig Beschäftigten) von 1960/1-1998/3:

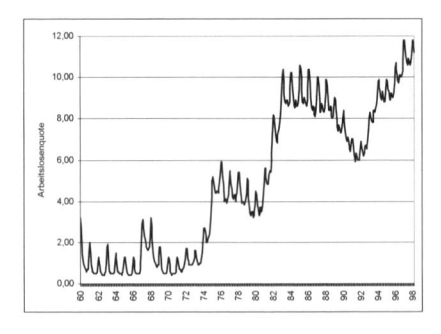

Bild 7.6: Arbeitslosenquote

7.2 Das traditionelle Zeitreihen-Komponentenmodell

> Die obigen Beispiele legen die Auffassung nahe, daß man sich eine ökonomische Zeitreihe aus mehreren **Bewegungskomponenten** zusammengesetzt denken kann.

Traditionellerweise geht man bei unterjährigen Daten von den folgenden vier Komponenten aus:

a) einer **Trendkomponente** T_t, deren Verlauf als durch langfristig wirkende Ursachen bedingt angesehen wird. Oft wird unterstellt, daß sie monoton wächst (zum Beispiel auf Grund des technischen Fortschrittes) oder monoton fällt (zum Beispiel als Folge eines Bevölkerungsrückganges oder struktureller Veränderungen in einer Volkswirtschaft wie in Beispiel 4).

b) einer **zyklischen Komponente** Z_t, wie in Beispiel 3 ersichtlich, deren Verlauf den Konjunkturzyklus reflektiert und für die deshalb eine wellenförmige Bewegung postuliert wird.

c) einer **Saisonkomponente** S_t (vgl. Beispiele 5 und 6), deren Verlauf auf jahreszeitliche und institutionelle Ursachen zurückgeführt wird. Für sie wird ebenfalls ein wellenförmiger Verlauf angenommen.

d) und schließlich einer **irregulären Komponente** U_t, deren Verlauf nicht auf die bei den anderen Komponenten aufgeführten Ursachenkomplexe zurückgeführt werden kann. Es wird angenommen, daß die U_t – Werte relativ (d.h. im Vergleich zu den Werten von T_t, Z_t und S_t) klein sind und quasi regellos um den Wert Null schwanken. Die U_t sind **Residualgrößen**, die den Charakter von **Zufallsschwankungen** aufweisen sollen.

Häufig werden die Komponenten T_t und Z_t nicht getrennt betrachtet, sondern zur sogenannten **glatten Komponente** G_t zusammengefaßt. Dies hängt nicht zuletzt damit zusammen, daß eine Trennung dieser beiden Komponenten mit traditionellen zeitreihenanalytischen Werkzeugen als problematisch anzusehen ist.

> Die eben skizzierte inhaltliche Deutung der einzelnen Zeitreihen-Komponenten reicht aber für Zeitreihenanalysen nicht aus. Dazu ist mindestens eine Vorstellung darüber erforderlich, wie die einzelnen Komponenten im Zeitablauf zusammenwirken.

Das einfachste Modell postuliert eine **additive Überlagerung** dieser Komponenten.
Für eine unterjährige Zeitreihe x_t gilt mit diesem Postulat somit:

(1) $\quad x_t = T_t + Z_t + S_t + U_t, \, t = 1,2,...,T \quad$ bzw. $\quad x_t = G_t + S_t + U_t$

Wäre x_t eine Jahresreihe (oder auch Zweijahres-, Fünfjahres-, usw. Reihe), dann hätte natürlich die saisonale Komponente S_t keinen Sinn.
Anstelle einer additiven könnte man aber auch an eine **multiplikative Verknüpfung** der einzelnen Komponenten denken. Dann ergäbe sich:

(2) $\quad x_t = T_t \cdot Z_t \cdot S_t \cdot U_t = G_t \cdot S_t \cdot U_t$

Bei dieser Verknüpfung muß allerdings angenommen werden, daß die U_t regellos um den Wert Eins schwanken. Formal kann dieses Modell durch Logarithmierung jedoch auf ein Modell mit additiver Verknüpfung zurückgeführt werden.
Neben diesen reinen Typen sind auch Mischformen denkbar, also Modelle, in denen sowohl additive als auch multiplikative Verknüpfungen vorkommen, also zum Beispiel:

(3) $\quad x_t = (T_t + Z_t) \cdot S_t + U_t$

7.3 Saisonbereinigungsverfahren

7.3.1 Zielsetzung

Ein wichtiges praktisches Problem der Zeitreihenanalyse ist die **Saisonbereinigung** von Zeitreihen. Dabei geht es im wesentlichen darum, die saisonale Komponente zu identifizieren und zu eliminieren.

Es ist unmittelbar einleuchtend, daß saisonbereinigte Reihen in der Praxis eine wichtige Rolle spielen. Ist zum Beispiel eine Zunahme der Anzahl der Arbeitslosen ein Indiz für einen sich verschlechternden

Arbeitsmarkt oder ist diese nur jahreszeitlich bedingt, also kurzfristiger Natur? Ist ein Umsatzrückgang nur saisonal bedingt oder muß angenommen werden, daß sich die Marktposition des Unternehmens verschlechtert hat? Um diese und ähnliche Fragen beantworten zu können, muß eine (unterjährige) Reihe bereinigt werden. Mit Hilfe von bereinigten Reihen kann man dann versuchen, die Frage zu beantworten, wie die Entwicklung verlaufen wäre, wenn keine jahreszeitlichen Einflüsse wirksam gewesen wären.

Nachfolgend seien nun zwei elementare Bereinigungsverfahren besprochen, die zwar heute keine unmittelbare große praktische Bedeutung mehr haben (obgleich sie in wichtigen PC-Programmen wie SPSS, SYSTAT, EVIEWS verfügbar sind), bei denen man aber wichtige praktische Probleme der Saisonbereinigung, die auch bei gebräuchlichen komplizierteren Verfahren auftreten, auf relativ einfache Weise studieren kann.

7.3.2 Saisonbereinigung im additiven Komponentenmodell bei konstanter und variabler Saisonfigur

Ausgangspunkt sei das obige traditionelle Komponentenmodell in der additiven Version.

Ohne Beschränkung der Allgemeinheit seien Monatsreihen zugrunde gelegt. Dieses Komponentenmodell allein reicht jedoch nicht aus, um eine Saisonbereinigung durchzuführen. Vielmehr ist es erforderlich, für die einzelnen Komponenten spezielle **Verlaufshypothesen** einzuführen. Im einzelnen sei angenommen:

a) die Saisonkomponente sei für alle gleichnamigen Monate gleich, d.h.

(4) $\boxed{S_t = S_{t+12}}$ $\qquad t = 1, 2, ..., T$

Anders ausgedrückt: Es wird eine streng periodische (konstante) Saisonfigur unterstellt. Als **Saisonfigur** wird das 12-Tupel $(S_1, S_2, ..., S_{12})$ bezeichnet. Dieses Postulat besagt, daß der jahreszeitliche Einfluß auf eine Reihe jeweils für alle Januar-, für alle Februar-,... sowie für alle Dezemberwerte gleich ist.

b) die glatte Komponente G_t kann innerhalb eines Zeitraumes von 13 Monaten durch eine lineare Funktion der Zeit hinreichend genau approximiert werden.

Unter diesen beiden Voraussetzungen und der weiteren Voraussetzung, daß die Saisonfigur auch auf die Summe Null normiert wird, d.h. es gilt $S_1 + S_2 + ... + S_{12} = 0$, kann die glatte Komponente mit Hilfe eines sogenannten gleitenden symmetrischen 12-Monats-Durchschnitts geschätzt werden.

Gleitende Durchschnitte besitzen eine Glättungseigenschaft.

Ihre Berechnung und Wirkungsweise sei an folgenden einfachen Beispielen illustriert. Angenommen, eine Reihe nehme die 20 Werte

1,3,5,2,3,2,10,3,6,2,0,3,7,9,7,3,3,0,12,9

an, die den Zeitpunkten $t_1, t_2, ..., t_{20}$ zugeordnet seien. Ein symmetrischer gleitender 3-er Durchschnitt zum Beispiel ergibt sich aus

(1+3+5)/3=3,33; (3+5+2)/3=3,3; (3+5+2)/3=3,33 ...
... (0+12+9)/3=7

Zu beachten ist dabei, daß am Reihenanfang und am Reihenende jeweils ein Wert verloren geht. Der erste Durchschnittswert wird dem Zeitpunkt t_2 zugeordnet und der letzte dem Zeitpunkt t_{20-1}. Ein symmetrischer gleitender 5-er Durchschnitt ergibt sich aus

(1+3+5+2+3)/5=2,8; (3+5+2+3+2)/5=3;
...(3+3+0+12+9)/5=5,4,

wobei der erste Durchschnittswert dem Zeitpunkt t_3 und der letzte dem Zeitpunkt t_{20-2} zugeordnet wird.

Bei diesem gleitenden Durchschnitt gehen an beiden Reihenrändern jeweils zwei Werte verloren. In den beiden Bildern 7.7 und 7.8 auf der folgenden Seite sind jeweils die Originalreihe zusammen mit einem symmetrischen gleitenden 3-er bzw. 5-er Durchschnitt dargestellt.

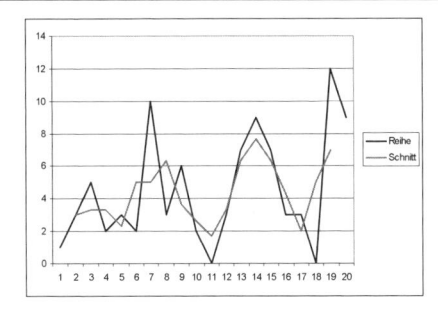

Bild 7.7: Gleitende 3-er Schnitte

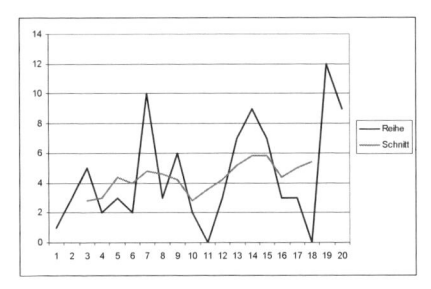

Bild 7.8: Gleitende 5-er Schnitte

Wie man sieht, verlaufen die beiden Durchschnittsreihen weniger volatil als die Originalreihe, wobei der 5-er Durchschnitt glatter verläuft als der 3-er Durchschnitt.

Für praktische Zwecke störend ist der Verlust von Werten an beiden Enden einer Zeitreihe (vor allem am aktuellen Ende), der um so höher ausfällt, je länger der gleitende Durchschnitt gewählt wird. Dies legt die Idee nahe, asymmetrische gleitende Durchschnitte zu bilden, d.h. den Durchschnittswert nicht der jeweiligen Mitte, sondern dem rechten Rand des Stützbereiches (d.h. den Werten, die der Mittelwertbildung zugrundegelegt werden) zuzuordnen.

Für obiges Beispiel erhält man zum Beispiel für den asymmetrischen gleitenden 5-er Durchschnitt das Resultat des Bildes 7.9.

252 7 Zeitreihenanalyse

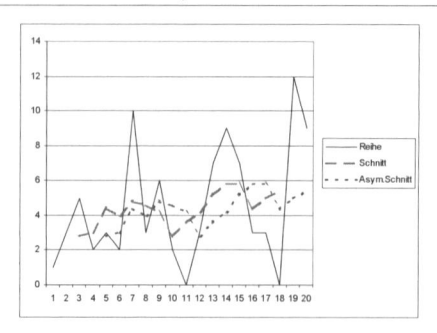

Bild 7.9: Gleitender 5-er Schnitt und asymmetrischer Schnitt

Wie man aus einem Vergleich mit dem ebenfalls eingezeichneten symmetrischen gleitenden 5-er Durchschnitt ersehen kann, hinkt der asymmetrische dem symmetrischen Durchschnitt hinterher und zwar um genau zwei Zeiteinheiten, d.h. der asymmetrische Durchschnitt weist gegenüber der Originalreihe eine Phasenverschiebung um zwei Zeiteinheiten auf. Asymmetrische gleitende Durchschnitte stellen somit nur eine scheinbare Lösung des sogenannten Randproblems dar.

Bei den beiden Beispielen für symmetrische gleitende Mittelwerte wird von einer ungeraden Länge des **Stützbereiches** ausgegangen (3 bzw. 5) mit der Konsequenz, daß die gemittelten Werte jeweils einem bestimmten Zeitpunkt zugeordnet werden können. Das ist bei einer geraden Länge des Stützbereiches nicht mehr möglich.

Würde man zum Beispiel einen symmetrischen gleitenden 12-er Durchschnitt für eine Zeitreihe berechnen, die im Januar beginnt, dann müßte der erste Durchschnittswert einem Zeitpunkt zugeordnet werden, der zwischen den Monaten Juni und Juli liegt. Um dies zu vermeiden, berechnet man diesen Durchschnitt als gleitenden 13- Monatsdurchschnitt, wobei jeweils die beiden Januarwerte, die beiden Februarwerte usw. sukzessiver Jahre mit dem Gewicht 1/24 in die Berechnung eingehen, so daß die Summe der Gewichte wieder Eins beträgt. Der erste Durchschnittswert wird dem Juli, der zweite dem August usw. zugeordnet.

Somit gilt

(5) $$\hat{G}_t = \frac{1}{12}(\frac{1}{2}x_{t-6} + \sum_{i=t-5}^{t+5} x_i + \frac{1}{2}x_{t+6})$$

7.3 Saisonbereinigungsverfahren

wobei $\hat{G}_t$ die geschätzte glatte Komponente bezeichnet. Eine Normierung der Saisonfigur auf die Summe Null bedeutet keine Einschränkung der Allgemeinheit des obigen Modellansatzes, da ja im Fall einer von Null verschiedenen Summe eine Konstante von den S-Werten subtrahiert und der glatten Komponente zugeschlagen werden könnte. Erst diese Normierung macht die Saisonkomponente identifizierbar.

Schließlich sei als dritte Hypothese angenommen, daß

c) die Summe oder ein gewogenes arithmetisches Mittel über die Werte der irregulären Komponente ungefähr den Wert Null ergibt.

Da der gleitende 12-Monats-Durchschnitt $\hat{G}_t$ als Schätzung für die glatte Komponente betrachtet werden kann, stellen die Differenzen $X_t - \hat{G}_t$, die um die (geschätzte) glatte Komponente bereinigte Reihe dar. Auf Grund der Additivität des Zeitreihenmodells kann deshalb geschrieben werden:

(6) $\quad \boxed{x_t - \hat{G}_t \approx S_t + U_t}$

Das Weitere beruht nun im wesentlichen darauf, daß die um die glatte Komponente bereinigten Werte für gleichnamige Monate gemittelt werden.

Zur Darstellung dieser Operation ist es zweckmäßig, wenn die Reihenwerte nicht wie bisher einfach durchnumeriert werden, sondern eine Doppelindizierung eingeführt wird: Mit x_{ij} sei der Zeitreihenwert für den j-ten Monat ($j = 1, 2, ..., 12$) des i-ten Jahres ($i = 1, 2, ..., T$) bezeichnet. Wegen der angenommenen Konstanz der Saisonfigur gilt:

(7) $\quad \boxed{S_{ij} = S_j} \qquad i = 1, 2, ..., T$

Eine Mittelung über m_j gleichnamige Monate ergibt:

(8) $\quad \boxed{\widetilde{S}_j = \frac{1}{m_j}\sum_{i=1}^{m_j}(x_{ij} - G_{ij}) = \frac{1}{m_j}\sum_{i=1}^{m_j}(S_{ij} + U_{ij}) = \frac{1}{m_j}\sum_{i=1}^{m_j}S_{ij} + \frac{1}{m_j}\sum_{i=1}^{m_j}U_{ij} = S_j}$

da nach Postulat c) für das arithmetische Mittel der U_{ij} der Wert Null gesetzt werden kann. m_j bezeichnet die Anzahl der Jahre, für welche diese Mittelbildung für den Monat j vorgenommen werden kann (da bei der Schätzung von G infolge der gleitenden Durchschnitte Reihenwerte sowohl am Anfang als auch am Ende verloren gehen, ist diese Anzahl nicht für alle Monate gleich).

Mit der Bestimmung von $\tilde{S}_1, \tilde{S}_2, ..., \tilde{S}_{12}$ ist die Saisonkomponente praktisch schon bestimmt. Die noch geforderte Normierung läßt sich dadurch durchführen, daß das arithmetische Mittel

(9) $$\boxed{\overline{S} = \frac{1}{12}\sum_{j=1}^{12} \tilde{S}_j}$$

von jedem $\tilde{S}_j$ subtrahiert wird. Das ergibt die sogenannten **Saisonveränderungszahlen** (oder **Saisonindizes**):

(10) $$\boxed{\hat{S}_j = \tilde{S}_j - \overline{S}}$$

Die **saisonbereinigte Reihe** ist schließlich durch die Differenzen

(11) $$\boxed{x_{ij} - \hat{S}_j}$$

gegeben.

Beispiel 6

Für die Reihe Arbeitslosenquote ergeben sich die Saisonindizes der Tabelle 7.1.

Tabelle 7.1: Saisonindizes

j	Index	j	Index
1	0,8908	7	-0,2471
2	0,8361	8	-0,2885
3	0,3567	9	-0,4467
4	-0,0279	10	-0,3721
5	-0,3235	11	-0,2068
6	-0,4189	12	0,2477

Die Saisonindizes reflektieren offensichtlich die saisonalen Bewegungen der Zeitreihe (zum Beispiel saisonale Erhöhung der Arbeitslosenquote in den Monaten Januar-März usw.). Die beiden Bilder 7.10 und 7.11 zeigen die saisonbereinigte Reihe und ihre glatte Komponente.

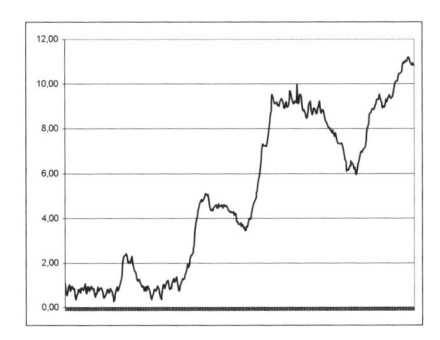

Bild 7.10: Saisonbereinigte Arbeitslosenquote

Es ist erkennbar, daß die glatte Komponente wesentlich ruhiger verläuft als die saisonbereinigte Reihe. Allerdings ist die glatte Komponente an beiden Reihenrändern jeweils um sechs Monate verkürzt, mit der Konsequenz, daß diese Komponente für eine Diagnose der Entwicklung am aktuellen Rand nicht zur Verfügung steht.

Die Annahme einer exakt periodischen Saisonfigur ist strenggenommen praktisch nie gerechtfertigt.

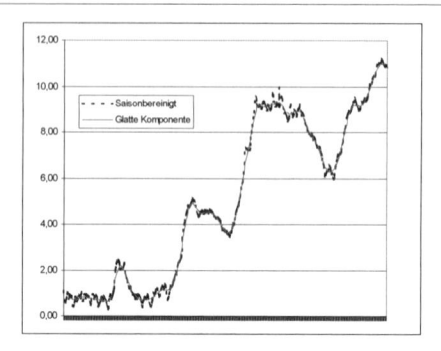

Bild 7.11: Saisonbereinigte Arbeitslosenquote und glatte Komponente

Allenfalls ist diese bei gewissen Reihen als erste Approximation gerechtfertigt. Nicht selten verändern sich Saisonfiguren relativ rasch. Im einfachsten Fall einer veränderlichen Saisonfigur verstärken sich die saisonalen Ausschläge proportional zu einem ansteigenden Trend, d.h. sie sind positiv korreliert mit dem Trend. In diesem Fall kann von folgendem Postulat ausgegangen werden:

(12) $\boxed{S_{ij} = a_j G_{ij}}$ $\qquad j = 1,2,...,12$

Hier wird nicht mehr die absolute Größe der Saisonausschläge, sondern die relative (bezogen auf die glatte Komponente) als konstant angenommen. Dieses Postulat ersetzt die obige Annahme a). Behalten wir aber alle anderen sonstigen obigen Postulate bei, dann kann für eine Saisonbereinigung ähnlich wie vorher vorgegangen werden.

7.3.3 In der Praxis eingesetzte Verfahren

Hier sollen einige Verfahren erwähnt werden, die in der Praxis zum Beispiel statistischer Ämter, Ministerien usw. eingesetzt werden.
Das weltweit am häufigsten verwendete Verfahren stellt zweifellos **Census X-11** des Bureau of the Census (Washington) dar. Da diesem Verfahren kein ausformuliertes Zeitreihenmodell zugrunde liegt, kann es nicht in geschlossener Form, sondern nur in Form einer Folge von Arbeitsgängen, dargestellt werden (vgl. dazu Findley u.a., 1998).

7.3 Saisonbereinigungsverfahren

> Charakteristisch für das Verfahren ist sein iterativer Aufbau und der Einsatz gleitender Durchschnitte verschiedener Bauart.

Um Analysen bis zum letzten Reihenwert auch für die glatte Komponente durchführen zu können, werden spezielle Randausgleichsprozeduren eingesetzt. Seit einiger Zeit ist die Variante Census X-12 verfügbar, wobei diese Weiterentwicklung im wesentlichen in einer Kombination aus einer verbesserten Version von X-11 und einer ARIMA-Modellierung der zu bereinigenden Zeitreihe besteht. Damit können Reihenwerte prognostiziert werden, so daß auch am aktuellen Reihenrand symmetrische gleitende Durchschnitte berechenbar sind.

In der Bundesrepublik Deutschland ist Census das Bereinigungsverfahren der Deutschen Bundesbank.

Das Statistische Bundesamt der BRD dagegen verwendet das **Berliner Verfahren** (heute in der Version IV).

> Dieses Verfahren beruht auf einem **Regressionsmodell**, wobei die glatte Komponente durch ein Polynom dritter Ordnung der Zeit und die Saisonfigur durch ein trigonometrisches Polynom der Zeit mit den saisonalen Frequenzen 1/12, 2/12, ..., 6/12 modelliert wird (vgl. Nullau 1970, Nourney/Söll 1976, Nourney 1983).

Schließlich sei das Verfahren Seats erwähnt, das (neben Census X-12) bei der Eurostat verwendet wird (beide Verfahren sind im Programmpaket DEMETRA, das von Eurostat als CD-ROM bezogen werden kann, enthalten).

> Bei Seats handelt es sich um ein Verfahren, das auf einer ARIMA-Modellierung einer Zeitreihe beruht, wobei der ARIMA-Prozeß in anschließend in einzelne Komponenten (wie Trend, Saison usw.) zerlegt wird (sogenannte **kanonische Zerlegung**), vgl. Maravall/Gomez 1994.

Alle genannten Verfahren enthalten Prozeduren zur Behandlung von speziellen Effekten, die in konkreten Zeitreihen auftreten können, zum Beispiel Ausreißer oder Effekte, die zum Beispiel auf bewegliche Feiertage (zum Beispiel Ostern) oder einer unterschiedlichen Anzahl von Arbeitstagen/Monat (sogenannte arbeitstägliche Bereinigung) zurückzuführen sind usw.

7.3.4 Einige praktische Probleme der Saisonbereinigung

a) Verlaufsannahmen

Zunächst sei festgehalten, daß alle Bereinigungsverfahren, die auf dem traditionellen Komponentenmodell beruhen, stets spezielle **Verlaufsannahmen** hinsichtlich der einzelnen Komponenten treffen müssen.

Die obigen Annahmen, nämlich Linearität der glatten Komponente innerhalb einer Zeitspanne von 13 Monaten, eine streng periodische Saisonfigur oder eine Saisonfigur, die sich streng proportional zur glatten Komponente entwickelt, sind nur die denkbar einfachsten Verlaufsannahmen. Kompliziertere Bereinigungsverfahren arbeiten mit komplexeren Verlaufsannahmen. Hier sei lediglich angemerkt, daß alle diese Verlaufshypothesen empirisch nicht testbar sind, wenigstens nicht direkt, da für die einzelnen Reihenkomponenten keine Beobachtungswerte vorliegen.

Häufig ist man weniger an der saisonbereinigten Reihe als an der glatten Komponente interessiert. Beide unterscheiden sich dadurch, daß die saisonbereinigte Reihe noch die irreguläre Komponente enthält, deshalb also in der Regel wesentlich unruhiger verläuft als die glatte Komponente. Dies kann für eine Diagnose störend sein, insbesondere am sogenannten aktuellen Rand.

b) Randausgleichsproblem

Bei der Diagnose will man häufig nur wissen, ob die weitere Entwicklung nach oben oder nach unten geht, oder ob sie etwa auf dem letzten Niveau verharren wird. Für eine derartige Diagnose ist nun die glatte Komponente wegen ihres ruhigeren Verlaufs im allgemeinen geeigneter als die saisonbereinigte Reihe. Allerdings ist die Schätzung dieser Komponente am aktuellen Rand problematischer als die Schätzung der Saisonkomponente an dieser Stelle. Somit ist bei allen genannten Verfahren ein **Randausgleichsproblem** zu lösen. Solche Lösungen sind immer mit einer Einführung zusätzlicher Verlaufshypothesen verbunden.

c) Randstabilität

Ein weiteres Problem, das von großer praktischer Bedeutung ist, bezieht sich auf die sogenannte **Randstabilität** von Saisonbereinigungsverfahren. Wird eine Reihe aktualisiert, d.h. wird ein neuer Reihenwert hinzugefügt, dann stellt sich die Frage, ob die bisher bereinigten Werte, insbesondere am aktuellen Rand, unverändert bleiben. Dies ist in der Regel nicht der Fall. Je nachdem, inwieweit Änderungen eintreten, spricht man von einem mehr oder weniger randstabilen Verfahren.

Keines der drei oben aufgeführten Verfahren (Census, Berliner, Seats) ist perfekt randstabil.

Das Problem der Randstabilität besteht natürlich auch für die glatte Komponente. Im allgemeinen dürfte die glatte Komponente weniger randstabil sein als die saisonbereinigte Reihe, da die Bestimmung dieser Komponente am aktuellen Rand im allgemeinen ein schwierigeres Problem darstellt als die Bereitstellung (nur) saisonbereinigter Werte für diesen Reihenabschnitt.

> Das Problem der Randstabilität mahnt zur Vorsicht bei der aktuellen Diagnose bereinigter Reihen.

Insbesondere muß davor gewarnt werden, eine Veränderung des bereinigten letzten Reihenwertes im Vergleich zum bereinigten Wert des Vormonats oder des gleichnamigen Monats des Vorjahres eilfertig als Trendwende zu interpretieren, gleichgültig ob man dafür den saisonbereinigten Wert oder den Wert der glatten Komponente heranzieht. Schon im nächsten Monat kann sich diese angebliche Trendwende ins Gegenteil verkehren. Es dauert in der Regel mehrere Monate bis sich die bereinigten Werte stabilisiert haben, d.h. sich nicht mehr verändern, wenn eine Reihe fortlaufend aktualisiert wird, wobei die Länge der dafür abzuwartenden Zeitspanne jeweils verfahrensspezifisch ist.

7.4 Prognosen

Als weiteres praktisch wichtiges Gebiet der Zeitreihenanalyse sind **Prognoseverfahren** zu nennen. Die Vielfalt der einschlägigen Prognosemodelle bzw. Prognoseverfahren ist heute kaum mehr überblickbar (vgl. zum Beispiel Rudolph 1998).

7.4.1 Klassifikation von Prognoseverfahren

Prognoseverfahren können nach verschiedenen Kriterien klassifiziert werden. So kann man etwa folgende Unterscheidungen treffen:

a) **Qualitative / quantitative Prognoseverfahren**

Bei qualitativen Verfahren werden die relevanten Größen (Variablen) verbalargumentativ miteinander verknüpft. Solche Ansätze, auch als **heuristische Prognoseverfahren** (oder **Szenarien, Delphi-Methode**) bezeichnet, werden zum Beispiel zur Vorhersage von politischen Entwicklungstendenzen verwendet.

Im Gegensatz dazu verknüpfen **quantitative Modelle** die Variablen durch mathematische Operationen.

b) Univariate / multivariate Prognoseverfahren

Bei **univariaten Verfahren** werden einzelne Zeitreihen für sich allein betrachtet und aus ihrem bisherigen zeitlichen Verlauf prognostiziert. Der einzige erklärende Faktor ist dabei die Zeit.

Bei **multivariaten Modellen** wird eine Reihe mit Hilfe anderer Reihen prognostiziert, die als sozusagen kausale Variablen dienen und die nach substanzwissenschaftlichen Gesichtspunkten ausgewählt werden sollten.

c) Kurz-/ mittel-/ langfristige Prognoseverfahren

Hierbei dient der **Prognosezeitraum** (oder **Prognosehorizont**) als Abgrenzungskriterium. Allerdings ist die Abgrenzung der Fristen nicht eindeutig. Für ökonomische Reihen sind etwa folgende Abgrenzungen gebräuchlich: kurzfristig bis etwa drei Monate, mittelfristig von etwa vier Monaten bis zu zwei Jahren und langfristig über zwei Jahre.

Diese Abgrenzungen sind allerdings reine Konventionen und außerdem fließend. Es ist auch zu beachten, daß im konkreten Fall bei einer solchen Abgrenzung die Periodizität einer Reihe beachtet werden muß. Angenommen, eine Reihe sei auf der Basis von Tageswerten (zum Beispiel Devisenkurse) gegeben, dann muß ein Prognosehorizont von zum Beispiel zwei Monaten schon als langfristig bezeichnet werden. Außerdem ist der Charakter der Reihe selbst zu berücksichtigen. Liegt etwa die Weltbevölkerung auf Jahresbasis vor, dann wäre bei einem Prognosehorizont von zum Beispiel vier Jahren durchaus von einer kurzfristigen Prognose zu sprechen. Von einer Langfristprognose würde man wohl erst bei einem Horizont von etwa 40 – 50 Jahren sprechen können.

7.4.2 Linearer Trend

Als einfachste Methode sei zunächst das Verfahren der linearen Trendextrapolation vorgestellt. Dabei geht es zunächst darum, in eine gegebene Zeitreihe, wenn es inhaltlich-theoretische Überlegungen einerseits und das optische Bild der Zeitreihe andererseits erlauben, eine lineare Trendfunktion von der Form

(13) $\boxed{\hat{x}_t = a + bt}$

hineinzulegen, wobei a der Ordinatenabschnitt und b der Steigungskoeffizient der linearen Funktion ist. Diese beiden Parameter werden mit der Methode der kleinsten Quadrate bestimmt (siehe Kapitel 5), wobei sich die folgenden Berechnungsformeln ergeben:

(14a) $$b = \frac{n\sum_i t_i x_i - \sum_i t_i \sum_i x_i}{n\sum_i t_i^2 - \left(\sum_i t_i\right)^2}$$ für $i = 1, 2, \ldots, n$

(14b) $$a = \bar{x} - b\bar{t}$$

Beispiel
Gegeben ist die folgende (äquidistante) Zeitreihe von Gewichtsangaben zu verschiedenen Wochentagen:

Tabelle 7.2: Ausgangsdaten für die Berechnung eines linearen Trends

Tag	Mo	Di	Mi	Do	Fr	Sa	So
Kg	77,5	77,5	77,4	77,6	77,6	77,8	77,9

Diese Daten stellen sich graphisch so dar, wie es Bild 7.12 zeigt.

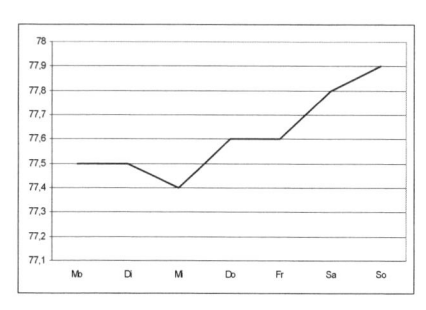

Bild 7.12: Gewichtsentwicklung

Die Verwendung der Formeln (14a) und (14b) zur Berechnung der Parameter der linearen Trendfunktion führt zu folgenden (gerundeten) Werten:

$a = 77{,}3 \quad b = 0{,}07$

Die entsprechende Funktion wird zusammen mit den Ausgangswerten in Bild 7.13 dargestellt.

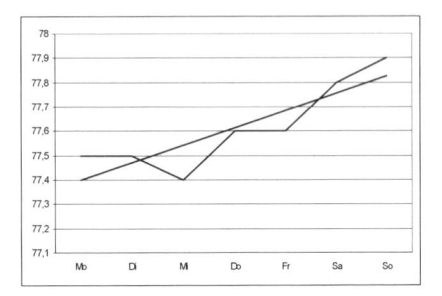

Bild 7.13: Ausgangsdaten und lineare Trendfunktion

Mit dieser Trendfunktion können nun Prognosen durchgeführt werden. Berücksichtigt man, daß die Wochentage mit 1,2,...,7 numeriert wurden, kann die Prognose für den Montag der folgenden Woche so durchgeführt werden, daß in die Geradengleichung

(15) $\hat{x}_t = 77{,}329 + 0{,}0715 t$

an der Stelle t der Wert 8 eingesetzt wird, wobei sich der Wert 77,9 ergibt.

Für die Qualität derartiger Prognosen gelten die folgenden Überlegungen: Die Prognose wird um so treffsicherer sein,

a) je länger die gegebene Zeitreihe ist,
b) je enger die empirischen Punkte um die Trendgerade herum streuen,
c) je besser das lineare Modell die tatsächlichen Entwicklung beschreiben kann.

7.4.3 Exponential smoothing

Wir wenden uns jetzt den Verfahren des sogenannten exponential smoothing zu, die in der Praxis weitverbreitet sind, und die in den meisten Programmpaketen (wie zum Beispiel SPSS, SYSTAT, EVIEWS)

7.4 Prognosen

verfügbar sind. Ihre Popularität beruht darauf, daß sie keinen komplizierten mathematischen Apparat erfordern und daß sie nicht selten beim Vergleich mit den Resultaten wesentlich komplizierterer Prognoseverfahren gut abschneiden.

> Sie gelten als robust in dem Sinn, daß sie zum Beispiel auch für sehr kurze Reihen verwendbar sind.

Bei **Exponential Smoothing-Prognosen** (kurz: ES-Prognosen) handelt es sich um univariate Prognosen für kurz- bis höchstens mittelfristige Horizonte.

Auf Verfahren für Langfristprognosen soll hier nicht eingegangen werden. Es sei aber darauf hingewiesen, daß vor den sogenannten Trendextrapolationen, die sich bei praktischen Prognoseproblemen einer beträchtlichen Popularität erfreuen (siehe Abschnitt 7.4.2.), gewarnt werden muß. Bei diesen Extrapolationen wird der Trend einer Reihe durch eine einfache (meistens lineare) Funktion der Zeit approximiert, deren Parameter im Rahmen eines Regressionsmodelles geschätzt werden. Es ist leicht einsehbar, daß dabei ganz unsinnige Resultate zustande kommen können. Würde man beispielsweise eine lineare Trendfunktion für das obige Beispiel 4 schätzen, dann erhielte man die Trendgleichung

$$4,480 - 0,0896t$$

Diese Funktion würde schon für das Jahr 2000 ($t = 51$) zu einem negativen prognostizierten Wert führen. Betrachtet man den Verlauf der Reihe, dann liegt eher der Ansatz einer nicht-linearen als einer linearen Trendfunktion nahe. Für eine quadratische Trendfunktion zum Beispiel erhält man den Ausdruck

$$5,15 - 0,172t + 0,001676t^2$$

Diese Funktion, die eine bessere **Anpassung** als die lineare aufweist, hat aber die Eigenschaft, daß die Anzahl der Erwerbstätigen in der Land- und Forstwirtschaft ab dem Jahr 2001 kontinuierlich ansteigen würde, was sicher als unrealistisch zu bezeichnen ist. Am plausibelsten scheint noch eine **Exponentialfunktion** zu sein, mit der man die beiden eben genannten Probleme vermeidet und für die man die Schätzung

$$5,42 e^{-0,0419t}$$

erhält. Allerdings ist auch dabei zu bedenken, daß das Postulat einer konstanten Abnahmerate für lange Prognosehorizonte problematisch sein dürfte. Im allgemeinen sollten Langfristprognosen hauptsächlich auf der Basis von substanzwissenschaftlichen Überlegungen erfolgen. Langfristprognosen unter ausschließlicher Verwendung statistischer Werkzeuge führen leicht zu einer Überforderung statistischer Methoden.

> Grundsätzlich können Exponential-Smoothing-Verfahren danach unterschieden werden, welche Komponenten jeweils in einer Reihe vorhanden sind. ES-Verfahren sind verschieden für Reihen mit bzw. ohne Trendkomponente, mit bzw. ohne Saisonkomponente, sowie schließlich für Reihen, die sowohl eine Trend- als auch eine Saisonkomponente enthalten.

Außerdem unterscheiden sich die Verfahren danach, ob diese beiden Komponenten additiv oder multiplikativ miteinander verknüpft sind. Dementsprechend existiert schon innerhalb der Klasse der ES-Prognoseverfahren eine beträchtliche Vielfalt.

> Hier werden wir uns nur mit den für die Praxis wichtigsten Modellen beschäftigen, dem einfachen ES sowie den ES-Modellen nach Holt und Winters.

Das einfachste ES-Verfahren ist für Zeitreihen gedacht, die weder eine Trend- noch eine Saisonkomponente enthalten, also für Reihen, die lediglich um ein konstantes Niveau (oder einen konstanten **Level**) schwanken, wie etwa die Zeitreihe in Beispiel 1. Für den geglätteten Level einer solchen Reihe gilt dabei die rekursive Beziehung:

(16) $\boxed{L_t = \alpha x_t + (1-\alpha)L_{t-1}}$

Diese zeigt, wie der Level L_t einer Reihe durch einen neu hinzukommenden Reihenwert aktualisiert wird. α wird als **Glättungsparameter** bezeichnet ($0 < \alpha < 1$).

Die m – Schritt-Prognose zum Zeitpunkt t, die alle bis dahin verfügbaren Reihenwerte miteinbezieht, ist gegeben durch

(17) $\boxed{\hat{x}_t(m) = L_t}$ $\qquad m = 1, 2, \ldots$

d.h. der letzte Level-Wert wird für alle zukünftigen Zeitpunkte fortgeschrieben. Die 2- und Mehr-Schrittprognosen sind somit identisch mit der 1-Schritt-Prognose. Dies zeigt, daß dieses einfachste Modell nicht geeignet ist für Reihen, die einen Trend aufweisen.

Für obige **Rekursionsbeziehung** ist offensichtlich ein **Startwert** erforderlich, für $t=1$ muß L_0 bekannt sein.

Für dieses **Startwertproblem** existieren in der Praxis verschiedene Lösungen. Die wohl einfachste Lösung ist die, daß $L_0 = x_1$, also gleich dem ersten Reihenwert, gesetzt wird. Eine andere ad hoc Lösung wäre etwa die, für L_0 das arithmetische Mittel aller Reihenwerte zu verwenden. In den verschiedenen Software-Paketen sind solche Lösungen nebst weiteren mehr oder weniger komplizierten Startwertprozeduren anzutreffen. Startwertprobleme treten bei allen ES-Verfahren auf.

Das einfachste ES-Verfahren verfügt über einen einzigen Parameter, den sogenannten Glättungsparameter. Dieser muß vorgegeben werden.

Prognosen sind in der Regel sensitiv sind gegenüber verschiedenen Werten des Glättungsparameters. Dies kann man erkennen, wenn man sich an den Extremwerten orientiert.

Für $\alpha = 1$ erhält man $L_t = x_t$, d.h. für diesen Parameterwert hat das Verfahren kein Gedächtnis: Die m – Schritt-Prognosewerte sind gleich dem letzten Reihenwert. Alle früheren Reihenwerte sind dafür irrelevant. Für Parameterwerte in der Nähe von Null besitzt das Modell ein langes Gedächtnis, auf die Prognosewerte haben auch weit zurückliegende Reihenwerte einen Einfluß.

Das Modell ist im Hinblick auf die Intensität der Veränderungen von Reihenwerten um so adaptiver, je größer der Glättungsparameter ist. Deshalb stellt sich die Frage, ob es Kriterien für eine objektive Festlegung dieses Parameters gibt. Dabei sind keine Kriterien aus der statistischen Schätztheorie gemeint, sondern pragmatischere Kriterien, zum Beispiel die Minimierung des **ex-post-Prognosefehlers** und darauf basierend der mittlere quadratische Prognosefehler bzw. die Quadratwurzel daraus, der **root mean square error** (RMS).

Dabei werden im ex-post-Bereich die 1-Schritt-Prognosen – bei einem vorgegebenen Glättungsparameter α mit den jeweils zugehörigen Reihenwerten verglichen. Ihre Differenzen sind die ex-post-Prognosefehler. Quadriert und summiert man diese, dann erhält man nach Division durch die Anzahl der Reihenwerte den mittleren quadratischen Prognosefehler bzw. nach Wurzelziehen den RMS.

Diese Prozedur kann für verschiedene Werte durchgeführt werden, wobei man zum Beispiel mit $\alpha = 0{,}01$ beginnt und dann diesen Wert sukzessive vergrößert (Schrittweite zum Beispiel jeweils 0,01), bis schließlich etwa $\alpha = 0{,}99$. Für jedes α im Gitter $[0{,}01; 0{,}99]$ wird der quadratische ex-post-Prognosefehler berechnet.

Als optimales α wird dasjenige angesehen, bei dem dieser Fehler minimal wird. Für das obige Beispiel 1 erhält man auf diese Weise einen optimalen Glättungsparameter von 0,99 mit einem m – Schrittprognosewert von 5,01.
Die obige Rekursionsbeziehung für das einfache ES-Verfahren kann durch sukzessives Einsetzen in folgende Form überführt werden:

$$(18) \quad L_t = \alpha x_t + \alpha(1-\alpha)x_t - 1 + \alpha(1-\alpha)^2 x_{t-2} + ...$$

Diese Beziehung zeigt, daß der geglättete Level zum Zeitpunkt t nichts anderes ist als ein gewogener Durchschnitt aus dem aktuellen Reihenwert und früheren Reihenwerten (theoretisch: unendlich vielen früheren Werten), wobei die Gewichte monoton (genauer: exponentiell) abnehmen. Letzteres erklärt die Bezeichnung exponential smoothing.
Interessanter als das einfache ES-Verfahren ist das ES-Verfahren nach Holt, bei dem vorausgesetzt wird, daß eine Reihe eine **Trendkomponente**, aber keine Saisonkomponente besitzt. Im gebräuchlichsten Fall wird unterstellt, daß diese Trendfunktion **lokal-linear** ist, d.h. es wird keine Konstanz der beiden Parameter dieser Trendfunktion unterstellt wie bei der oben beschriebenen linearen Trendextrapolation, vielmehr werden sie als zeitlich veränderlich angesehen und durch exponentielle Glättung fortgeschrieben. Die Prognosefunktion ist linear und lautet:

$$(19) \quad \hat{x}_t(m) = L_t + mT_t \qquad m = 1,2,...$$

Dabei wird der Level L_t und der Trend T_t gemäß folgenden rekursiven Beziehungen fortlaufend aktualisiert:

$$(20a) \quad L_t = \alpha x_t + (1-\alpha)(L_{t-1} + T_{t-1})$$

$$(20b) \quad T_t = \beta(L_t - L_{t-1}) + (1-\beta)T_{t-1}$$

mit den beiden Glättungsparametern α und β. Ist der letzte Reihenwert erreicht, dann kann sich L_t und T_t nicht mehr verändern, d.h. alle ex-ante-

Prognosewerte sind durch diejenige Gerade gegeben, die durch den letzten L_t – bzw. T_t – Wert bestimmt ist.

Dieses ES-Modell verfügt über zwei Glättungsparameter, die auf die gleiche Weise wie beim einfachen ES-Modell optimiert werden können: Für eine Folge von Wertekombinationen in einem zweidimensionalen Gitter wird diejenige Kombination als optimal angesehen, welche die Summe der quadrierten ex-post-Prognosefehler bzw. den RMS minimiert.

Eine Dreijahres-Prognose der Reihe von Beispiel 2 mit so bestimmten optimalen Glättungsparameter liefert für die Jahre 1998-2000 die Werte 118,06, 120,03, 121,99. Ex-post und Echtprognosen sind zusammen mit der Reihe in Bild 7.14 dargestellt.

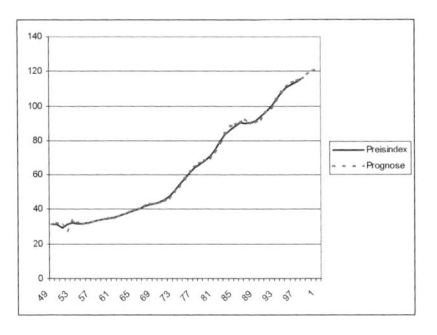

Bild 7.14: Ausgangsreihe und Echtprognose

Hier ist RMS=0.0597 und für den letzten Reihenwert erhält man L_{1997}=116,1 und T_{1997}=1,96.

Das ES-Modell nach Holt-Winters ist für Reihen gedacht, die sowohl eine Trend- als auch Saison-Komponente besitzen. Dabei wird davon ausgegangen, daß der nicht-saisonale Teil einer Reihe nach dem Holt-Modell erfaßbar ist (was somit eine lokal-lineare Trendfunktion impliziert), während die Saisonalität durch Saisonindizes berücksichtigt wird, die wiederum fortgeschrieben werden.

Die zusätzliche Berücksichtigung der Saisonkomponente erfordert einen weiteren Glättungsparameter. Das Winters-Modell verfügt also insgesamt über drei Glättungsparameter. Man unterscheidet ein additives und ein multiplikatives Winters-Modell, je nachdem, ob man eine additive oder eine multiplikative Verknüpfung von Trend- und Saisonkomponente postuliert.

Beim additiven Modell lautet die Prognosefunktion:

(21a) $$\hat{x}_t(m) = L_t + mT_t + S_t(m)$$

(21b) $$L_t = \alpha(x_t - S_{t-s}) + (1-\alpha)(L_{t-1} + T_{t-1}) \qquad m = 1, 2, \ldots$$

(21c) $$T_t = \beta(L_t - L_{t-1}) + (1-\beta)T_{t-1}$$

(21d) $$S_t = \gamma(x_t - L_t) + (1-\gamma)S_{t-s}$$

Dabei ist γ der Glättungsparameter für die Saisonindizes, s die Periodizität der Reihe (zum Beispiel $s = 12$ für Monatsreihen) und S_t der Saisonindex zum Zeitpunkt t.

Für das multiplikative Modell lauten die entsprechenden Gleichungen:

(22a) $$\hat{x}_t(m) = (L_t + mT_t)S_t(m)$$

(22b) $$L_t = \alpha \frac{x_t}{S_{t-s}} + (1-\alpha)(L_{t-1} + T_{t-1})$$

(22c) $$T_t = \beta(L_t - L_{t-1}) + (1-\beta)T_{t-1}$$

(22d) $$S_t = \gamma \frac{x_t}{L_t} + (1-\gamma)S_{t-s}$$

Für die drei Glättungsparameter α, β und γ kann man wieder optimale Werte in derselben Weise wie oben finden:

Man sieht wieder diejenige Wertekombination aus einem dreidimensionalen Parameterraum als optimal an, welche die Summe der quadrierten ex-post-Prognosefehler minimiert.

> Obwohl das multiplikative Modell in der Praxis dominiert, sollte dieses nicht per se dem additiven vorgezogen werden.

Prognostiziert man beispielsweise die nächsten 12 Monate für die Reihe Arbeitslosenquote aus Beispiel 6 mit Hilfe des multiplikativen Holt-Winters-Modell, dann ergeben sich unsinnige (weil viel zu hohe) Werte, was daran liegt, daß die Saisonkomponente dieser Reihe nicht mit dem Trend korreliert ist.

Deshalb ist für diese Reihe das additive Modell angezeigt, für das man ab April 1998 die Prognosewerte 10,83, 10,56, 10,49, 10,66, 10,63, 10,49, 10,58, 10,76, 11,23, 11,93, 11,86 und 11,37 erhält, die in Bild 7.15 zusammen mit den Reihenwerten ab 1990/1 dargestellt sind.

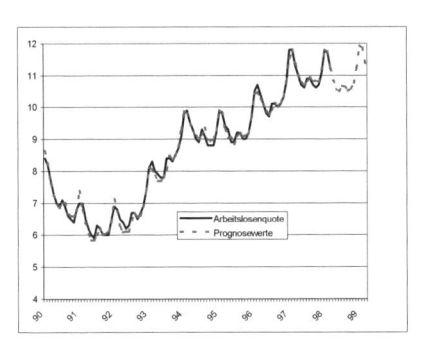

Bild 7.15: Arbeitslosenquote – Ausgangs- und Prognosewerte

7.5 Stochastische Zeitreihenmodelle

Die bisherigen Ausführungen beziehen sich auf Aspekte der deskriptiven Zeitreihenanalyse. Wahrscheinlichkeitstheoretisch fundierte Analysen von Zeitreihen werden erst möglich, wenn man stochastische Zeitreihenmodelle betrachtet. Solche beruhen auf der Theorie der stochastischen Prozesse.

> Unter einem **stochastischen Prozeß** kann (etwas vereinfachend) eine (zeitliche) Folge von Zufallsvariablen verstanden werden.

Anschaulich gesprochen kann man mit **Zufallsvariablen** Größen beschreiben, die keine fest determinierten Werte annehmen, sondern nur bestimmte Werte mit bestimmten Wahrscheinlichkeiten.

> Eine für die Zeitreihenanalyse wichtige Klasse von stochastischen Prozessen bilden die **stationären Prozesse** und innerhalb dieser wiederum die schwach stationären Prozesse.

Charakteristisch für diese Prozesse ist, daß sie einen konstanten Mittelwert (oder Erwartungswert) und eine konstante Varianz besitzen. Außerdem hängt die sogenannte **Autokorrelation** eines solchen Prozesses, d.h. die Korrelation von Zufallsvariablen verschiedener Zeitpunkte, nur von der Zeitdifferenz der betrachteten Zufallsvariablen ab und nicht von der absoluten Zeit. Deshalb ist die Korrelation zum Beispiel zwischen den Variablen X_5 und X_{10} gleich groß wie die Korrelation zwischen X_{12} und X_{17}, da die Differenz jeweils fünf Zeiteinheiten beträgt.

Innerhalb der Klasse der schwach stationären Prozesse unterscheidet man verschiedene Typen von Prozessen. Der einfachste Typ ist dadurch charakterisiert, daß die Zufallsvariablen einen Erwartungswert von Null haben und paarweise unkorreliert sind. Dieser Prozeß wird als **weißes Rauschen** (white-noise) bezeichnet (beispielsweise kann die irreguläre Komponente im traditionellen Zeitreihen-Komponentenmodell als weißes Rauschen interpretiert werden).

Der Prozeß

(23) $$X_t = c + \varphi X_{t-1} + \varepsilon_t$$

wird **autoregressiver Prozeß 1. Ordnung** genannt (kurz: AR(1)-Prozeß), wobei ε_t weißes Rauschen bezeichnet und c eine Konstante. Diese Bezeichnung erklärt sich dadurch, daß der Prozeß in jedem Zeitpunkt t sozusagen auf sich selbst zurückgreift, wobei der **time-lag** eine Zeiteinheit beträgt.

Ein AR(1)-Prozeß ist stationär, falls für den Prozeßparameter φ gilt:

$$-1 < \varphi < 1$$

Für $\varphi = 1$ liegt ein sogenannter **random-walk** vor, der nicht-stationär ist. Allgemein liegt ein AR(p)-Prozeß vor, wenn gilt:

(24) $$X_t = c + \varphi_1 X_{t-1} + \varphi_2 X_{t-2} + \ldots + \varphi_p X_{t-p} + \varepsilon_t, \varphi_p \neq 0$$

Dieser Prozeß ist ebenfalls nicht für beliebige Parameter $\varphi_1, \varphi_2, \ldots, \varphi_p$ stationär, sondern nur für solche, für die alle Wurzeln des Polynoms

(25) $$\varphi(z) = 1 - \varphi_1 z - \varphi_2 z^2 - \ldots - \varphi_p z^p$$

betragsmäßig größer als Eins sind.
Eine weitere Prozeßklasse stellen die **Moving-Average-Prozesse** dar.
Der Prozeß

(26) $$X_t = c + \varepsilon_t + \theta_1 \varepsilon_{t-1} + \ldots + \theta_q \varepsilon_{t-q}$$

heißt Moving-Average-Prozeß der Ordnung q (kurz: MA(q)-Prozeß) mit den Prozeßparametern $\theta_0 = 1, \theta_1, \ldots, \theta_q$ ($\theta_q \neq 0$), wobei ε_t wieder weißes Rauschen bezeichnet.

Üblich ist auch die Bezeichnung **Gleitender-Durchschnitts-Prozeß**.

MA-Prozesse sind in Grunde nichts anderes als gewogene Mittel aus unkorrelierten Zufallsvariablen, wobei jedoch die Summe der Gewichte im allgemeinen nicht Eins ist. MA-Prozesse sind stationär für beliebige Parameter.
Beide Prozeßtypen können auch kombiniert werden. Dann erhält man sogenannte ARMA-Prozesse. Ein ARMA-Prozeß der Ordnung (p,q) (kurz: ARMA(p,q)-Prozeß) ist definiert durch:

(27) $$X_t = c + \varphi_1 X_{t-1} + \ldots + \varphi_p X_{t-p} + \varepsilon_t + \theta_1 \varepsilon_{t-1} + \ldots + \theta_q \varepsilon_{t-q}$$

ARMA-Prozesse bilden gewissermaßen eine Obermenge der reinen AR- bzw. MA-Prozesse. Diese können als ARMA($p,0$)- bzw. ARMA($0,q$)- Prozesse aufgefaßt werden.

> Die bisher betrachteten Prozesse waren stationär, was insbesondere impliziert, daß sie einen zeitunabhängigen Erwartungswert besitzen.

Derartige Prozesse sind somit für eine Modellierung trendbehafteter Zeitreihen, wie sie in der Praxis beinahe die Regel sind, nicht direkt brauchbar.
Dieselbe Feststellung trifft auch für eine Modellierung saisonaler Reihen zu. Eine Modellierung trend- und/oder saisonbehafteter Zeitreihen verlangt deshalb eine breitere Modellbasis, was gleichbedeutend damit ist, daß auch nicht-stationäre Prozesse einzubeziehen sind.

> Eine praktisch wichtige Modellklasse für trendbehaftete Zeitreihen, die aber keine Saisonkomponente aufweisen, stellen ARIMA-Modelle dar.

Die den nicht-saisonalen ARIMA-Prozessen zugrundeliegende Idee ist einfach. Sie besteht in dem Postulat, daß vorhandene Trends durch Differenzenbildung eliminiert werden können und zwar so, daß nach Differenzenbildung eine Reihe verbleibt, die stationär ist. Das bedeutet, daß grundsätzlich von einer ganz bestimmten Klasse von nicht-stationären Prozessen ausgegangen wird, die dadurch charakterisiert werden kann, daß nach Differenzenbildung Stationarität vorliegt und damit die bisher betrachteten ARMA-Prozesse zur Modellierung herangezogen werden können.

Die Differenz zum Beispiel 1. Ordnung ist $X_t - X_{t-1}$. Derartige Prozesse werden als **ARIMA(p,d,q)-Prozeß** bezeichnet (=AutoRegressive-Integrated-Moving- Average-Prozeß), wobei d die Differenzenordnung bezeichnet (meistens ist in der Praxis $d = 1$ ausreichend).

An Stelle von Integration wäre allerdings der Ausdruck Summation sachlich gerechtfertigt, da durch Summation die Differenzenbildung wieder rückgängig gemacht werden kann. Dieser Schritt ist zum Beispiel erforderlich, wenn man mit ARIMA-Modellen prognostiziert, da man ja bei Prognosen wieder auf das Niveau des Prozesses kommen muß.

> Prozesse, die nach Differenzenbildung stationär sind, werden allgemein als **integrierte Prozesse** bezeichnet.

Zur Modellierung von Zeitreihen, die sowohl Trend als auch Saisonalität aufweisen, wurden **saisonale ARIMA-Modelle** entwickelt.
Grundlegend für saisonale ARIMA-Modelle ist die Vorstellung, daß im Prinzip die Saisonalität durch einen saisonalen ARIMA-Prozeß erfaßbar ist.
Beispielsweise lautet ein saisonaler autoregressiver Prozeß 1. Ordnung für Monatsdaten:

(28) $$u_t = \Phi u_{t-12} + \varepsilon_t$$

Analog kann man saisonale MA-Prozesse definieren und allgemein saisonale ARIMA-Prozesse.

Kombiniert man einen nicht-saisonalen ARIMA-Prozeß mit einem saisonalen ARIMA-Prozeß, dann erhält man einen saisonalen ARIMA-Prozeß.

Solche Prozesse können zur Modellierung beispielsweise ökonomischer Zeitreihen herangezogen werden, wobei ihre unbekannten Parameter aus der vorliegenden Zeitreihe zu schätzen sind. Auf der Basis solcher Modelle können zum Beispiel kurz- bis mittelfristige Prognosen erstellt werden.

Alle hier betrachteten stochastischen Zeitreihenmodelle sind lineare Modelle. Die Forschung hat sich in den letzten Jahren verstärkt mit nicht-linearen Zeitreihenmodellen beschäftigt. Als Beispiel sei etwa auf GARCH-Modelle verwiesen, die es erlauben, zeitvariante Varianzeigenschaften von Reihen zu modellieren, wie sie zum Beispiel bei Finance-Daten in Form von Volatilitätsclustern auftreten.

7.6 Anwendungsbeispiel

Gegeben sei die Zeitreihe über das täglich gemessene Körpergewicht (in kg), die in Tabelle 7.3 vorgestellt wird.

Tabelle 7.3: Gewichtsangaben

Woche1	kg	Woche2	kg	Woche3	kg	Woche4	kg
Mo	77,2	Mo	77,4	Mo	77,6	Mo	77,9
Di	77,1	Di	77,3	Di	77,5	Di	77,8
Mi	76,9	Mi	77,1	Mi	77,3	Mi	77,6
Do	76,8	Do	77,2	Do	77,4	Do	77,7
Fr	77,1	Fr	77,4	Fr	77,5	Fr	77,6
Sa	77,2	Sa	77,4	Sa	77,5	Sa	77,8
So	77,3	So	77,6	So	77,8	So	77,9

Um aus diesen Angaben beispielsweise eine lineare Trendfunktion zu bestimmen, ist es zweckmäßig, die Wochentage mit 1,2,...,28 durchzunumerieren. Dann ergibt sich als Ordinatenabschnitt der linearen Trendfunktion der Wert $a = 76{,}98$ und als Steigung $b = 0{,}031$ (gerundete Werte; siehe Formeln (14a) und (14b)).

Zur graphischen Darstellung einer solchen Zeitreihe verweisen wir auf den folgenden Abschnitt.

Auch der Einsatz anderer (nichtlinearer) Trendfunktionen und weiterer Verfahren wird im Zusammenhang mit dem Einsatz von SPSS im folgenden Abschnitt gezeigt.

7.7 Problemlösungen mit SPSS

Zunächst sollen die Daten des obigen Beispiels graphisch dargestellt werden. Dazu sind die folgenden SPSS-Arbeitsschritte erforderlich:

1. Verwenden Sie die Daten der Datei SPSS07.SAV und wählen Sie nach Anklicken einer freien Zelle der ersten Zeile (zum Beispiel Spalte var0003) die Menüposition DATEN/DATUM DEFINIEREN.
2. Wählen Sie im Bereich FÄLLE ENTSPRECHEN den Begriff TAG.
3. Geben Sie im Feld bei PERIODIZITÄT AUF HÖHERER EBENE den Wert 7 ein.
4. Klicken Sie OK an.
5. Wählen Sie die Menüposition GRAFIKEN/SEQUENZ.
6. Übertragen Sie die Variable kg ins Feld VARIABLEN.
7. Übertragen Sie die Variable day ins Feld ZEITACHSENBESCHRIFTUNG.
8. Klicken Sie OK an.

SPSS erzeugt jetzt die Graphik des Bildes 7.16.

Zur Bestimmung der Parameter der linearen Trendfunktion gehen Sie wie folgt vor:

1. Wählen Sie Menüposition ANALYSIEREN/REGRESSION/LINEAR.
2. Übertragen Sie die Variable kg ins Feld ABHÄNGIGE VARIABLE.
3. Übertragen Sie die Variable day ins Feld UNABHÄNGIGE VARIABLE(N).
4. Klicken Sie Ok an.

7.7 Problemlösungen mit SPSS   275

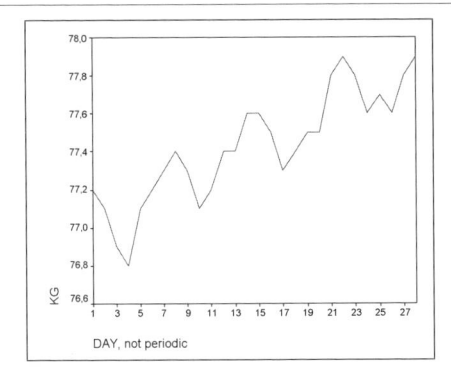

Bild 7.16: Zeitreihe

SPSS berechnet jetzt die Parameter der linearen Trendfunktion (siehe Bild 7.17, Tabelle KOEFFIZIENTEN; NICHTSTANDARDISIERTE KOEFFIZIENTEN, B).

Koeffizienten[a]

Modell		Nicht standardisierte Koeffizienten		Standardisierte Koeffizienten	T	Signifikanz
		B	Standardfehler	Beta		
1	(Konstante)	76,795	,075		1027,243	,000
	DAY, not periodic	3,073E-02	,003	,871	9,058	,000

a. Abhängige Variable: KG

Bild 7.17: Parameter der linearen Trendfunktion

Wie man die übrigen Angaben dieser Ausgabetabelle interpretieren kann, wurde schon im Zusammenhang mit den Beispielen in Kapitel 5 erläutert. Die Signifikanzangaben zeigen, daß die beiden Parameter der Trendfunktion als signifikant von null verschieden anzusehen sind.

Zur Bestimmung einer nichtlinearen Trendfunktion gehen Sie so vor, wie es gerade beschrieben wurde, wählen aber im Menü ANALYSIEREN/ REGRESSION die Option KURVENANPASSUNG. Dann werden Ihnen verschiedene Funktionstypen angeboten, zum Beispiel logarithmische, quadratische, exponentielle und andere Funktionen. Finden Sie dabei den gewünschten Funktionstyp nicht, so können Sie über ANALYSIEREN/ REGRESSION/NICHTLINEAR auch eigene Funktionstypen definieren.

7.8 Literaturhinweise

Findley, D.F., Monsell, B.C., Bell, W.R., Otto, M.C., Chen, B. Ch.: New Capabilities and New Methods of the X-12 ARIMA Seasonal-Adjustment Program, in: Journal of Business & Economic Statistics, April 1998, Vol. 16, No.2
Siehe auch: http://www.census.gov/srd/www/x12a
Leiner, B.: Einführung in die Zeitreihenanalyse, München 1982
Maravall, A., Gomez, V.: Program SEATS „Signal Extraction in Arima Time Series"- Instructions for the User, EUI Working Paper ECO No.94/28, European University Institute, Florenz 1994
Monka, M., Voß, W.: Statistik am PC – Lösungen mit Excel, 3. Aufl. München/Wien 2002
Nourney, M.: Umstellung der Zeitreihenanalyse, in: Wirtschaft und Statistik 11/1983, S.841-852
Nourney, M., Söll, H.: Analyse von Zeitreihen nach dem Berliner Verfahren, Version 3, in: K.-A. SCHÄFFER (Hrsg.): Beiträge zur Zeitreihenanalyse, Sonderheft 9 zum Allgemeinen Statistischen Archiv, 1976.
Nullau, B.: Probleme bei praktischen Anwendungen des Berliner Verfahrens, in: W. WETZEL (Hrsg.): Neuere Entwicklungen auf dem Gebiet der Zeitreihenanalyse, Sonderheft I zum Allgemeinen Statistischen Archiv, 1970
Rudolph, A.: Prognoseverfahren in der Praxis, Würzburg 1998
Stier, W.: Methoden der Zeitreihenanalyse, Berlin/New York 2000
Tiede, M.: Statistik – Regressions- und Korrelationsanalyse, München/Wien 1987
Voß, W. : Praktische Statistik mit SPSS, 2. Aufl. München/Wien 2000

8 Kombinatorik

8.1 Allgemeines

> Die **Kombinatorik** ist ein Teilgebiet der Mathematik und beschäftigt sich mit der Frage, wie viele Möglichkeiten es gibt, Elemente anzuordnen oder aus einer Menge von Elementen zu ziehen.

Die Bedeutung der Kombinatorik für die Wahrscheinlichkeitsrechnung (siehe Kapitel 9 und 10) ergibt sich daraus, daß zum Beispiel nach dem Ansatz von **Laplace** die Wahrscheinlichkeit für ein Ereignis bei gleich wahrscheinlichen Elementarereignissen durch den Quotienten der Anzahl der günstigen durch die Anzahl der möglichen Fälle gegeben ist (**klassischer Wahrscheinlichkeitsbegriff**). Die Kombinatorik hilft dabei, die jeweiligen Anzahlen zu berechnen.
Zum Verständnis der folgenden Ausführungen muß man den Begriff der Fakultät und den des Binomialkoeffizienten kennen. Diese werden hier kurz erläutert:
Die **Fakultät** ist wie folgt definiert:

(1) $\quad n! = 1 \cdot 2 \cdot 3 \cdot \ldots \cdot (n-1) \cdot n$

Per Definition gilt ferner:

(2) $\quad 0! = 1$

Der zweite wichtige Ausdruck in der Kombinatorik ist der **Binomialkoeffizient** (gelesen als n über k):

(3) $\quad \binom{n}{k} = \dfrac{n!}{k! \cdot (n-k)!} \quad$ mit $n \geq k \geq 0;\ n, k \in N_0$

Beispiel

$$\binom{5}{3} = \frac{5!}{3! \cdot (5-3)!} = \frac{120}{6 \cdot 2} = 10$$

Für große Werte von n kann die Berechnung auf Schwierigkeiten stoßen, da bereits $70! > 10^{100}$ ist und auf den meisten Rechnern zu einem Überlauf führt. In diesem Fall kann man sich die Tatsache zunutze machen, daß mit $(n-k)!$ im Nenner alle bis auf die größten k Glieder von $n!$ herausgekürzt werden.

Beispiel

$$\binom{100}{3} = \frac{100!}{3! \cdot (100-3)!} = \frac{100 \cdot 99 \cdot 98}{3 \cdot 2 \cdot 1} = 161700$$

Zum Vereinfachen von Rechnungen kann man ferner folgende Zusammenhänge nutzen:

(4a) $$\binom{n}{0} = \binom{n}{n} = 1$$

(4b) $$\binom{n}{1} = \binom{n}{n-1} = n$$

(4c) $$\binom{n}{k} = \binom{n}{n-k}$$

8.2 Anordnung von Elementen (Permutation)

Gegeben seien n unterscheidbare Elemente.

Die Permutation $P(n)$ bezeichnet die Anzahl der Möglichkeiten, diese Elemente in unterschiedlicher Reihenfolge anzuordnen.

8.3 Auswahl von Elementen (Variationen und Kombinationen)

Es gilt:

(5) $\boxed{P(n) = n!}$

Dieses Ergebnis kann man sich relativ leicht plausibel machen: Für die erste Position stehen noch alle n Elemente zur Verfügung. Für die zweite Position stehen nur noch $n-1$ Elemente zur Auswahl, da eins bereits für die erste Position verbraucht wurde. Für die letzte Position schließlich bleibt nur noch eine einzige Möglichkeit. Die Gesamtzahl der Anordnungen ergibt sich durch die Multiplikation der Möglichkeiten für jede einzelne Position, also

$$n \cdot (n-1) \cdot \ldots \cdot 2 \cdot 1 = n!$$

Beispiel

Die Elemente a, b und c können in $3! = 6$ unterschiedlichen Reihenfolgen angeordnet sein, nämlich:

abc, acb, bac, bca, cab, cba

Gibt es m Gruppen von Elementen, die innerhalb einer Gruppe nicht mehr unterscheidbar sind, so gilt:

(6) $\boxed{P(n|n_1, n_2, \ldots, n_m) = \dfrac{n!}{n_1! \cdot n_2! \cdot \ldots \cdot n_m!}}$

Dabei gibt n_i an, wie viele untereinander nicht unterscheidbare Elemente es in der Gruppe i gibt. Es muß gelten: $n_1 + n_2 + \ldots + n_m = n$.

Beispiel

Wie viele Anordnungen von zweimal a und dreimal b gibt es?

$$P(5 \mid 2, 3) = \frac{5!}{2! \cdot 3!} = 10$$

8.3 Auswahl von Elementen (Variationen und Kombinationen)

> Die Fragestellung, um die es hier geht, lautet: Wie viele Möglichkeiten gibt es, aus einer Menge von n (zumindest theoretisch unterscheidbaren) Elementen k zu ziehen.

Dabei sind zwei Dimensionen mit je zwei Ausprägungen zu unterscheiden:

a1) Die Reihenfolge der gezogenen Elemente ist von Bedeutung

Die Anordnung ist bei einem Zufallsexperiment zum Beispiel dadurch gegeben, daß die Elemente nacheinander gezogen und in dieser Reihenfolge angeordnet werden. Dieser Fall wird als **Variation** bezeichnet.

Beispiel

Mehrstellige Glückszahlen wie etwa beim Spiel 77 o.ä.

a2) Die Reihenfolge der gezogenen Elemente ist nicht von Bedeutung

In einigen Fällen ist die Reihenfolge zwar bekannt, aber nicht relevant.

Beispiele

Ziehung der Lottozahlen, Augensumme beim mehrmaligen Werfen eines Würfels oder beim einmaligen Werfen unterscheidbarer Würfel.

In anderen Fällen werden die Elemente gleichzeitig und in nicht unterscheidbarer Form ermittelt, so daß keine Reihenfolge bestimmt werden kann.

Beispiele

Gleichzeitiges Werfen zweier Würfel oder Münzen; gleichzeitiges Ziehen mehrerer Kugeln aus einer Trommel.

Diese Fälle, bei denen die Reihenfolge der Elemente ohne Bedeutung ist, werden als **Kombination** bezeichnet.

b1) Elemente können nur einmal vorkommen

Dieser Fall - auch als Ziehung ohne Wiederholung oder Ziehung ohne Zurücklegen bezeichnet - tritt dann auf, wenn die Elemente aus einem begrenzten Reservoir entnommen werden, ohne sie nach ihrer Entnahme wieder zurückzulegen.

Beispiele

Lottoziehung, Austeilen von Spielkarten.

8.3 Auswahl von Elementen (Variationen und Kombinationen)

b2) Elemente können mehrmals vorkommen

Dieser Fall - auch als Ziehung mit Wiederholung oder Ziehung mit Zurücklegen bezeichnet - tritt dann auf, wenn die Elemente nach ihrer Ziehung zurückgelegt werden oder sich durch ihre Auswahl nicht verbrauchen. Diese Variante ist dadurch ausgezeichnet, daß die Wahrscheinlichkeit, ein bestimmtes Element auszuwählen, nicht von den bisher ausgewählten Elementen abhängt.

Beispiele
Werfen eines Würfels oder einer Münze.

Durch Kombination dieser Bedingungen ergeben sich insgesamt vier Fälle, die in Tabelle 8.1 dargestellt sind.

Tabelle 8.1: Variationen und Kombinationen

	Variation (Reihenfolge von Bedeutung)	Kombination (Reihenfolge nicht von Bedeutung)
mit Wiederholung (mit Zurücklegen)	n^k	$\binom{n+k-1}{k}$
ohne Wiederholung (ohne Zurücklegen)	$\dfrac{n!}{(n-k)!} = \binom{n}{k} \cdot k!$	$\binom{n}{k}$

Für die Fälle ohne Wiederholung muß gelten: $n \geq k \geq 1$.

Zu jedem der vier Fälle hier eine kurze Erläuterung sowie ein Beispiel:

8.3.1 Variation mit Wiederholung

Für jedes der k geordneten Elemente gibt es alle n Möglichkeiten, insgesamt also

(7) $\quad \boxed{n \cdot n \cdot \ldots \cdot n = n^k}$

Beispiel
Wie viele dreistellige Zahlen (inkl. führender Nullen) gibt es?
Für jede der drei Stellen gibt es 10 Ziffern zur Auswahl, also $10^3 = 1000$
Möglichkeiten (die Zahlen von 000 bis 999).

8.3.2 Variation ohne Wiederholung

Es werden k Elemente aus n möglichen entnommen, wobei die Reihenfolge von Bedeutung ist. Für das erste gezogene Element stehen damit n Elemente der Grundmenge zur Auswahl, für das zweite noch $n-1$ und für das letzte (k-te) nur noch $n-(k-1)$. Insgesamt gilt also für die Zahl der Möglichkeiten:

$$(8) \quad n \cdot (n-1) \cdot \ldots \cdot (n-k+1) = \frac{n!}{(n-k)!}$$

Beispiel
Wie viele verschiedene Möglichkeiten für die Vergabe von Gold, Silber und Bronze gibt es bei einem Endlauf mit 8 Teilnehmern?

$$\frac{8!}{5!} = 8 \cdot 7 \cdot 6 = 336$$

8.3.3 Kombination mit Wiederholung

Ein Zufallsexperiment mit n verschiedenen Ausgängen wird k-mal wiederholt oder gleichzeitig ausgeführt. Dabei ist die Reihenfolge der einzelnen Ergebnisse nicht von Bedeutung.

Beispiel
Wie viele verschiedene Ergebnisse kann man beim gleichzeitigen Werfen von 5 Münzen erzielen?

$$\binom{2+5-1}{5} = \binom{6}{5} = 6 \quad \text{(0-mal Wappen bis 5-mal Wappen)}$$

8.3.4 Kombination ohne Wiederholung

Wie beim Fall der Variation ohne Wiederholung werden k Elemente gezogen. Da die Reihenfolge nicht mehr von Bedeutung ist, reduziert sich jedoch die Anzahl der unterscheidbaren Möglichkeiten. Dazu ist durch die Anzahl möglicher Reihenfolgen der gezogenen Elemente zu teilen, also durch $P(k) = k!$. Es gilt also:

(9) $$\frac{n \cdot (n-1) \cdot \ldots \cdot (n-k+1)}{k!} = \frac{n!}{k! \cdot (n-k)!} = \binom{n}{k}$$

Beispiel

Wie viele Möglichkeiten gibt es beim Lotto 6 aus 49?

$$\binom{49}{6} = \frac{49!}{6! \cdot 43!} = 13983816$$

8.4 Anwendungsbeispiele

Anwendungsbeispiele kombinatorischer Aufgabenstellungen finden sich in den vorangegangenen Abschnitten. Weitere Beispiele an dieser Stelle dürften deshalb entbehrlich sein.

8.5 Problemlösungen mit SPSS

Der Einsatz des Statistikprogramms SPSS für kombinatorische Aufgabenstellungen ist nicht erforderlich, da es hier nur um einfache arithmetische Berechnungen geht.
Der Vollständigkeit halber sei darauf aufmerksam gemacht, daß derartige Berechnungen sehr gut zum Beispiel mit dem Tabellenkalkulationsprogramm Excel durchgeführt werden können, das u.a. die Funktion FAKULTÄT zur Verfügung stellt, um Fakultäten zu berechnen. Somit ist es beispielsweise möglich, Variationen und Kombinationen gemäß folgender Formeln zu berechnen:

Variationen: $\dfrac{n!}{(n-k)!}$

Kombinationen $\binom{n}{k} = \dfrac{n!}{k!(n-k)!}$

8.6 Literaturhinweise

Monka, M., Voß, W.: Statistik am PC – Lösungen mit Excel, 3. Aufl. München/Wien 2002
Tiede, M., Voß, W.: Schließen mit Statistik – Verstehen, München/Wien 2000

9 Wahrscheinlichkeitsrechnung

> Gegenstand der Wahrscheinlichkeitsrechnung sind Modelle für reale Vorgänge, die dem Zufall unterliegen. Sie ermöglicht, trotz Zufall quantitative Aussagen über diese Vorgänge zu treffen.

In der Statistik ist die Wahrscheinlichkeitsrechnung der wesentliche Baustein zur gesicherten Übertragung und Verallgemeinerung der Ergebnisse der beschreibenden Statistik. Sie ist Grundlage der Methoden der Schließenden Statistik. Diese ermöglichen den kontrollierten, wahrscheinlichkeitsbasierten Schluß von einer zufälligen Stichprobe auf die Grundgesamtheit oder auf eine andere zufällige Teilgesamtheit.

Beispiele
Schluß von 400 zufällig ausgewählten Individuen auf alle Individuen einer Population,
Schluß von 200 zufällig ausgewählten Käufern auf alle Käufer einer Marke,
Schluß von 100 zufällig ausgewählten Werkstücken auf 250 andere zufällig ausgewählte oder auf alle Werkstücke eines Produktionsloses.

Wie die schließende Statistik nutzt auch die stochastische Modellierung zentrale Konzepte der Wahrscheinlichkeitsrechnung, nämlich das Zufallsprinzip und seine Gesetzmäßigkeiten, für die Modellierung und Analyse realer Zufallsvorgänge. So trifft Planung auf zukünftige Größen, die Planung von Produktion und Absatz eines Unternehmens zum Beispiel auf zukünftige und daher unsichere Nachfrage. Stochastische Planungsmodelle gehen davon aus, daß zukünftige Größen, zum Beispiel die unsichere Nachfrage, wie zufällig eintreten, so daß die Wahrscheinlichkeitsrechnung nutzbar und quantitative Aussagen in Form von Wahrscheinlichkeitsaussagen möglich werden.

9.1 Grundbegriffe

Die Grundlagen der Wahrscheinlichkeitsrechnung beruhen auf realen **Zufallsvorgängen**.

> Zufallsvorgänge sind Vorgänge der Realität mit den Eigenschaften
> (E1) Die Menge der möglichen Ergebnisse ist schon vor der Durchführung des Vorgangs bekannt.
> (E2) Der Vorgang ist unter denselben Bedingungen tatsächlich oder gedanklich wiederholbar.

286 9 Wahrscheinlichkeitsrechnung

Man unterscheidet tatsächlich wiederholbare Zufallsvorgänge und gedanklich wiederholbare Zufallsvorgänge.

Beispiele
Tatsächlich wiederholbare Zufallsvorgänge
  ein Würfel wird gespielt
  eine Karte wird gezogen
Gedanklich wiederholbare Zufallsvorgänge
  Ermittlung der Lebensdauer einer Glühlampe
  Feststellung der Ausfälle einer Maschine pro Schicht
  Feststellung der Niederschlagsmenge eines Tages
  Ermittlung der Tagesumsätze einer Filiale
  Auswahl von 100 Kunden einer Bank

Ungewiß ist, welches der möglichen Ergebnisse eines Zufallsvorgangs tatsächlich eintreten wird. Daher belegt man die ungewissen Ergebnisse im Alltag mit Attributen oder Werten der Wahrscheinlichkeit ihres Eintretens. Die Wahrscheinlichkeitsrechnung formalisiert und präzisiert diesen intuitiven Umgang mit Zufallsvorgängen und Wahrscheinlichkeiten.

Jeder mögliche Ausgang eines Zufallsvorgangs heißt **Ergebnis** ω. Die nicht-leere Menge aller möglichen Ausgänge heißt **Ergebnismenge** Ω :

$$\Omega = \{ \omega : \omega \text{ ist Ergebnis des Zufallsvorgangs}\}.$$

Eine Teilmenge A der Ergebnismenge Ω wird als **Ereignis** des Zufallsvorgangs bezeichnet (praktisch ausreichend, aber nicht allgemein).

Beispiele für die Ergebnismenge Ω und ein Ereignis A bei 10 Zufallsvorgängen sind

1. Münzwurf : $\Omega = \{Kopf, Zahl\} \{Kopf\}$
   $A = \{Kopf\}$

2. Würfelwurf : $\Omega = \{Augenzahl/1,2,3,4,5,6\}$
   $A = \{4,5,6\}$

3. Würfelwurf : $\Omega = \{6, \overline{6}(keine Sechs)\}$
   $A = \{6\}$

4. Würfelwurf : $\Omega = \{(i, j) : i = 1,...,6; j = 1,...,6\}$
   $A = \{(6,6)\}$

5. Maschinenausfälle pro Schicht : $\Omega = \{0,1,2,3,...\}$
   $A = \{0\}$

9.1 Grundbegriffe

6. *Reifendruck* : $\Omega = \{x : 0 \le x \le 10\}$
   $A = \{x \ne 2{,}0\}$

7. *Niederschlagsmenge pro Tag und Fläche:* $\Omega = \{y : 0 \le y \le 10\}$
   $A = \{y : y < 1\}$

8. *Niederschlagsmenge pro Tag und Fläche:* $\Omega = \{nichts, wenig, viel\}$
   $A = \{nichts\}$

9. *Quartalsergebnis einer AG [in DM]* : $\Omega = \{y : y \in \mathsf{R}\}$
   $A = \{y : y \ge 0\}$

10. *Quartalsergebnis einer AG* : $\Omega = \{Gewinn, Verlust\}$
    $A = \{Gewinn\}$

Ergebnisse können durch Wörter, Zahlen, Zahlenpaare,... oder Symbole ausgedrückt werden. **Ergebnismengen** und **Ereignisse** können endlich (Beispiele 1,2,3,4,8,10), abzählbar (Beispiel 5) oder überabzählbar (Beispiele 6,7,9) sein. Derselbe reale Zufallsvorgang kann, je nach Interesse, durch verschiedene Ergebnismengen beschrieben werden (Beispiele 7,8 bzw. 9,10).

Aus gegebenen Ereignissen lassen sich durch bestimmte Operationen neue Ereignisse bilden, etwa in Beispiel 10 aus $A = \{Gewinn\}$ durch Komplementbildung das Ereignis $\overline{A} = \{Verlust\}$.

Ereignisse können wie Mengen, Ereignisoperationen können wie Mengenoperationen gehandhabt werden, wie Bild 9.1 zeigt.

9 Wahrscheinlichkeitsrechnung

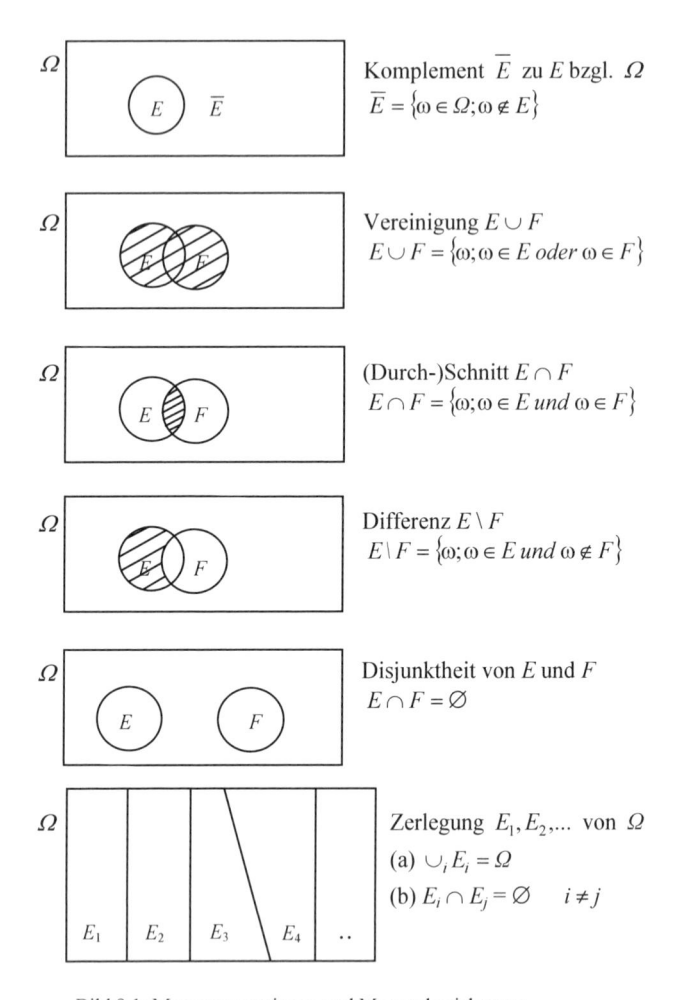

Ω — E, $\overline{E}$	Komplement $\overline{E}$ zu E bzgl. Ω $\overline{E} = \{\omega \in \Omega; \omega \notin E\}$
Ω — $E \cup F$ (schraffiert)	Vereinigung $E \cup F$ $E \cup F = \{\omega; \omega \in E \text{ oder } \omega \in F\}$
Ω — $E \cap F$ (schraffiert)	(Durch-)Schnitt $E \cap F$ $E \cap F = \{\omega; \omega \in E \text{ und } \omega \in F\}$
Ω — $E \setminus F$ (schraffiert)	Differenz $E \setminus F$ $E \setminus F = \{\omega; \omega \in E \text{ und } \omega \notin F\}$
Ω — E, F getrennt	Disjunktheit von E und F $E \cap F = \emptyset$
Ω — $E_1, E_2, E_3, E_4, ..$	Zerlegung $E_1, E_2, ...$ von Ω (a) $\cup_i E_i = \Omega$ (b) $E_i \cap E_j = \emptyset \quad i \neq j$

Bild 9.1: Mengenoperationen und Mengenbeziehungen

Die Mengenbeziehungen in Bild 9.1 wurden dargestellt anhand von Venn-Diagrammen, in denen das Ergebnis einer Operation durch Schraffur markiert ist.

Aus den Mengenoperationen folgen Rechenregeln für Mengen, die analog für Ereignisse gelten (siehe Bild 9.2).

Idempotenz	$E \cup E = E$	$E \cap E = E$
Identität	$E \cup \emptyset = E$	$E \cap \emptyset = \emptyset$
Identität	$E \cup \Omega = \Omega$	$E \cap \Omega = E$
Kommutativgesetze	$E \cup F = F \cup E$	$E \cap F = F \cap E$
De-Morgan-Regeln	$\overline{E \cup F} = \overline{E} \cap \overline{F}$	$\overline{E \cap F} = \overline{E} \cup \overline{F}$
Assoziativgesetze	$(E \cup F) \cup G =$ $= E \cup (F \cup G) =$ $= E \cup F \cup G$ $(E \cap F) \cap G =$ $= E \cap (F \cap G) =$ $= E \cap F \cap G$	
Distributivgesetze	$E \cap (F \cup G) =$ $= (E \cap F) \cup (E \cap G)$ $E \cup (F \cap G) =$ $= (E \cup F) \cap (E \cup G)$	
Einschmelzungsregeln	$E \cup (E \cap F) = E$	$E \cap (E \cup F) = E$

Bild 9.2: Rechenregeln für Mengen und Ereignisse

Obwohl die Symbolik von Mengen und Ereignissen identisch ist, unterscheiden sich die Sprechweisen. So spricht man vom **unmöglichen Ereignis** statt von der leeren Menge.

Wir fügen in Bild 9.3 eine Zusammenstellung wichtiger Schreib- und Sprechweisen bei der Bildung von Ereignissen an (vgl. Bamberg, G./ Baur, F.: Statistik. 9. Aufl. 1996, Fig. 25):

9 Wahrscheinlichkeitsrechnung

realer Zufallsvorgang	Ereignisse ⇔	Mengen
Beschreibung des zugrunde liegenden Sachverhalts	Bezeichnung (Sprechweise)	Darstellung (Schreibweise)
1. E tritt sicher ein	E ist sicheres Ereignis	$E = \Omega$
2. E tritt sicher nicht ein	E ist unmögliches Ereignis	$E = \emptyset$
3. wenn E eintritt, tritt F ein	E ist Teilereignis von F	$E \subset F$
4. Genau dann, wenn E eintritt, tritt F ein	E und F sind äquivalente Ereignisse	$E = F$
5. Wenn E eintritt, tritt F nicht ein	E und F sind disjunkte Ereignisse	$E \cap F = \emptyset$
6. Genau dann, wenn E eintritt, tritt F nicht ein	E und F sind komplementäre Ereignisse	$F = \overline{E}$
7. Genau dann, wenn mindestens ein E_j eintritt (auch: genau dann, wenn E_1 oder E_2... eintritt), tritt E ein	E ist Vereinigung der E_j	$E = \cup_j E_j$
8. Genau dann, wenn alle E_j eintreten (auch: genau dann, wenn E_1 und E_2 und...eintreten), tritt E ein	E ist Durchschnitt der E_j	$E = \cap_j E_j$

Bild 9.3: Zusammenstellung wichtiger Schreib- und Sprechweisen bei der Bildung von Ereignissen

Elemente ω können zu einer Menge E, Mengen können zu einem Mengensystem F zusammengefaßt werden. Analog können Ergebnisse ω zu einem Ereignis E, und können Ereignisse zu einem Ereignissystem F zusammengefaßt werden. Das folgende Ereignissystem ist wegen seiner Abgeschlossenheit für die Zuordnung von und besonders das Rechnen mit Maßen geeignet.

Definition

Ein System F von Ereignissen $A, A_1, A_2,... \subset \Omega$ heißt σ-**Algebra** von Ereignissen oder Ereignisalgebra, wenn es die folgenden Eigenschaften hat:

9.1 Grundbegriffe

(E1) $\Omega \in F$, $\emptyset \in F$,

(E2)   mit $A \in F$ ist auch $\overline{A} \in F$,

(E3)   mit $A_1, A_2, \ldots \in F$ ist auch $\cup_{i=1}^{\infty} A_i \in F$,

(E4)   mit $A_1, A_2, \ldots \in F$ ist auch $\cap_{i=1}^{\infty} A_i \in F$.

Falls Ω endlich oder abzählbar ist, hat die **Potenzmenge** $F = P(\Omega)$ gerade (E1) bis (E4).

Falls Ω überabzählbar und $\Omega = R$ ist, hat das Borel-System B gerade (E1) bis (E4). B ist das System der **Borel-Mengen**, benannt nach dem französ. Mathematiker Emile Borel, 1871-1956; es ist die kleinste von der Menge aller linksoffenen Intervalle (a, b] aus R erzeugte σ-Algebra mit $B \subset P(R)$.

Allgemein definiert man: Die Elemente aus F heißen **Ereignisse**.

Beispiel

Zum Würfelwurf mit $\Omega = \{1,2,3,4,5,6\}$ sind folgende Ereignissysteme denkbar

1. $F = \{\emptyset, \Omega\}$ triviale σ-Algebra

2. $F = \{\emptyset, \{1,2,3\}, \{4,5,6\}, \Omega\}$

                                      kleinste σ-Algebra mit $\{1,2,3\}$

3. $F = P(\Omega) = \{\emptyset, \{1\}, \{2\}, \ldots, \{1,2\}, \ldots, \{1,2,3\}, \ldots, \Omega\}$

                                                     größte σ-Algebra

Für die Betrachtung des speziellen Ereignisses "eine Augenzahl von höchstens 3 wird geworfen", d.h. für $A=\{1,2,3\}$, ist das 1. System zu klein, ist das 2. System die kleinste durch $A=\{1,2,3\}$ erzeugte σ-Algebra und gerade ausreichend. Das 3. System erlaubt die Betrachtung aller bei einem Würfelwurf möglichen Ereignisse.

Den Elementen (Ereignissen) A aus F werden Wahrscheinlichkeiten $P(A)$ zugeordnet.

Man verwendet die folgenden Bezeichnungen:

(Ω, F):   Meßraum, d.h. auf F kann "gemessen" oder gerechnet werden.

(Ω, F, P):   Wahrscheinlichkeitsraum (Maßraum mit dem Wahrscheinlichkeitsmaß P)

292   9 Wahrscheinlichkeitsrechnung

Er enthält eine auf F definierte Mengenfunktion P (probability), die jedem Ereignis $A \in$ F eine Angabe oder Wahrscheinlichkeit $P(A)$ zuordnet.

$P(A)$: Wahrscheinlichkeit als Maß für die Chance von Ereignis A, einzutreten, sich zu realisieren.

Ω und F können je nach Fragestellung mehr oder weniger mächtig ("detailliert oder grob") sein. Der Wahrscheinlichkeitsraum (Ω, F, P) kann als Modell eines realen Zufallsvorgangs dienen.

9.2   Wahrscheinlichkeiten

9.2.1   Zur Geschichte

Die Betrachtung und Handhabung von Wahrscheinlichkeiten geht zurück auf die Berechnung der Chancen von Glücksspielen im 16. Jahrhundert. Bekannt sind erste Schriften über Wahrscheinlichkeiten bestimmter Resultate beim Würfelspiel von G. Cardano (1501-1576) und Galileo Galilei (1564-1642). Die Anfragen des Spielers Antoine Chevalier de Méré bei dem französischen Philosophen und Mathematiker Blaise Pascal (1623-1662) führten zur ausgiebigen Diskussion kombinatorischer Fragen (Ist das Paar "Sechs, Sechs" bei zwei Würfen mit einem Würfel wahrscheinlicher als bei einem Wurf mit zwei Würfeln?). Diese wurden von Christian Huygens (1629-1695) in einem ersten Buch zur Wahrscheinlichkeitstheorie des Würfelns (1657) aufgenommen. Seine Veranschaulichung der Ergebnisse durch das Urnenmodell (d.h. Ziehen von gut durchmischten Kugeln unterschiedlicher Farben aus einer Urne oder Schale) ist noch heute gebräuchlich. Der Baseler Mathematiker Jakob Bernoulli (1654-1705) führte erstmals in seinem Buch "Ars Conjectandi" das Bernoulli-Modell, die Binomialverteilung und die Gesetze der großen Zahlen aus. Carl Friedrich Gauss (1777-1855) arbeitete in seiner Theorie der Beobachtungsfehler weitere Verteilungsmodelle für Wahrscheinlichkeiten aus, darunter die für die klassische Schließende Statistik grundlegende Normalverteilung (auch Gauß-Verteilung oder wegen ihres Graphen die Gauß'sche Glocke genannt).

9.2.2 Wahrscheinlichkeitsbegriff

Eine inhaltliche Interpretation des Wahrscheinlichkeitsbegriffs versuchen folgende Antworten:

- $P(A)$ sind objektiv gegeben, "von Natur aus", zum Beispiel beim Würfel. (Auch bei verzerrtem Würfel?)
- $P(A)$ werden subjektiv gegeben, von Person zu Person variierend für denselben Zufallsvorgang, je nach individueller Intuition, Einsicht oder Erkenntnis
- **v. Mises-Grenzwert der Wahrscheinlichkeit**

(1) $$P(A) = \lim_{n \to \infty} \frac{h(A)}{n}$$

- **Häufigkeitsinterpretation der Wahrscheinlichkeit**

(2) $$P(A) \approx \frac{h(A)}{n} \qquad n \text{ groß}$$

Dabei ist $h(A)$ die Häufigkeit des Auftretens von A bei n Wiederholungen des Zufallsvorgangs.

Die Häufigkeitsinterpretation ist für endliche Ergebnismengen Ω sinnvoll; sie hat eine unmittelbare Verbindung zur deskriptiven Statistik und kennt eine theoretische Begründung (siehe auch Kapitel 11.2.3). Sie besagt kurz:

Die relativen Häufigkeiten von Ereignissen $A_1, A_2, \ldots$ bestimmen näherungsweise deren Wahrscheinlichkeiten $P(A_1), P(A_2), \ldots$

Alle inhaltlichen Interpretationen sind hypothetisch, nicht unstrittig oder nicht immer praktikabel.

- **Wahrscheinlichkeitsbegriff nach Kolmogorov**

Keinen inhaltlich definierten, sondern einen formalen, unserem intuitiven Umgang mit Maßen (zum Beispiel der Häufigkeit oder auch dem Längenmaß) folgenden Wahrscheinlichkeitsbegriff gab A.N. Kolmogorov 1933:

Definition

Gegeben ist ein Meßraum (Ω, F).

Eine Mengenfunktion $P: \mathsf{F} \to \mathsf{R}$ mit

Axiom 1:	$P(A) \geq 0$	für alle $A \in \mathsf{F}$	(Nichtnegativität)
Axiom 2:	$P(\Omega) = 1$		(Normierung)
Axiom 3:	$P(A_1 \cup A_2 \cup ...) = \sum_{i=1}^{\infty} P(A_i)$		(Additivität)

für $A_1, A_2, ... \in \mathsf{F}$ mit $A_i \cap A_j = \varnothing$ ($\forall\ i \neq j$)

heißt **Wahrscheinlichkeitsmaß** auf F. Die Zahl $P(A)$ heißt **Wahrscheinlichkeit** von Ereignis A ($A \in \mathsf{F}$).

Die Wahrscheinlichkeit ist also ein nicht-negatives, normiertes additives Maß. Es ordnet jedem Ereignis A aus F eine reelle Zahl zwischen 0 und 1 so zu, daß auf F die vollständige oder σ-Additivität (Axiom 3) erfüllt ist. D.h. es sind Eigenschaften von P festgelegt. Aber durch diese Definition ist die Wahrscheinlichkeitszuordnung P auf (Ω, F) noch nicht eindeutig festgelegt.

Die Axiome reichen, um auf (Ω, F) mit Wahrscheinlichkeiten rechnen zu können.

Einige Folgerungen aus den Axiomen werden explizit formuliert als **Rechenregeln für Wahrscheinlichkeiten**:

Komplementär-Wahrscheinlichkeit:

(3) $\boxed{P(\overline{A}) = 1 - P(A)}$

Wahrscheinlichkeit für ein unmögliches Ereignis:

(4) $\boxed{P(\varnothing) = 0}$

Additionssatz für zwei beliebige Ereignisse:

(5) $\boxed{P(A \cup B) = P(A) + P(B) - P(A \cap B)}$

Wahrscheinlichkeit für ein Teilereignis:

(6) $\boxed{P(A) \leq P(B)}$ für $A \subset B$

Wie die Kolmogorov-Axiome, so nehmen auch ihre Folgerungen unsere intuitiven Vorstellungen eines Maßes auf; die Folgerungen (3) bis (6) sind zum Beispiel gewohnte Eigenschaften eines Längenmaßes.

9.3 Elementare Wahrscheinlichkeitsmodelle

Elementare Wahrscheinlichkeitsmodelle sind alternative Wahrscheinlichkeitsräume (Ω, F, P), die unter Einhaltung der Kolmogorov-Axiome jeweils ein P auf F eindeutig festlegen.

9.3.1 Gleichmöglichkeitsmodell (Laplace-Modell) oder klassisches Wahrscheinlichkeitsmodell

Hier hat der Wahrscheinlichkeitsraum die Komponenten

$\Omega = \{\omega_1, \omega_2, ..., \omega_n\}$ $\mathsf{F} = P(\Omega)$ Ω ist endlich

$P(\{\omega_i\}) = \dfrac{1}{n}$ $(i = 1, 2, ..., n)$ Gleichmöglichkeit

Alle Ergebnisse ω_i sind gleichmöglich, d.h. alle Ereignisse $\{\omega_i\}$ sind gleichwahrscheinlich.

Daraus folgt für alle Ereignisse $A \subset \Omega$ und $A \in \mathsf{F}$ die **klassische Definition der Wahrscheinlichkeit** nach P.S. de Laplace, 1749-1827:

(7) $\boxed{P(A) = \dfrac{\text{Anzahl der } \omega_i \text{ in } A}{\text{Gesamtzahl der } \omega_i \text{ in } \Omega}}$

oder

$P(A) = \dfrac{\text{Anzahl der für } A \text{ günstigen Ergebnisse}}{\text{Anzahl der gleichmöglichen Ergebnisse}}$

Das Gleichmöglichkeitsmodell ist ein sog. A-priori-Modell, da von einem Zufallsvorgang a-priori Endlichkeit und Gleichmöglichkeit bekannt sein müssen. Es beschreibt Zufallsvorgänge, die wie das zufällige Ziehen gleichartiger Kugeln aus einer Urne oder Schale (Urnenmodell) ablaufen.

Beispiele

Austeilen von Karten beim Kartenspiel
Ziehen von Lottozahlen
Zufällige Auswahl von Personen
Ziehen einer Zufallsstichprobe

Bei mehrfachem Ziehen ist zu unterscheiden:
1. Ziehen mit Zurücklegen
2. Ziehen ohne Zurücklegen

der gezogenen Kugeln in die Urne nach jedem Zug. Denn vor jedem neuen Zug ist durch vorangehende Ergebnisse der Urneninhalt unverändert (bei 1.) oder verändert (bei 2.).

Die **Kombinatorik** ist hier ein nützliches Instrument für Wahrscheinlichkeitsberechnungen, weil sie es ermöglicht Auswahlanzahlen unter verschiedenen Bedingungen zu berechnen (siehe Kapitel 8).

9.3.2 Das Bernoulli-Modell

Hier hat der Wahrscheinlichkeitsraum die Komponenten

$$\Omega = \{\omega_1, \omega_2\} \qquad \mathsf{F} = \mathsf{P}(\Omega)$$
$$P(\{\omega_1\}) = p \qquad 0 < p < 1$$

Für $p \neq 0{,}5$ liegt keine Gleichmöglichkeit der Ergebnisse ω_1, ω_2 vor. Als Indikatormodell verwendet, beschreibt es stochastisch, ob ω_1 vorliegt oder nicht (ω_2 ist "Rest"). Weitere Eigenschaften und Erweiterungen des Bernoulli-Modells sind den Kapiteln 10.3 bis 10.6 zu entnehmen.

9.3.3 Statistisches Wahrscheinlichkeitsmodell und von-Mises-Modell

Ausgangspunkt ist eine statistische Masse $E = \{e_1, \ldots, e_N\}$, die nach einem Merkmal A mit den möglichen Ausprägungen $a_1, \ldots, a_m$ gerade n-mal zufällig untersucht wird. Das Modell hat

9.3 Elementare Wahrscheinlichkeitsmodelle

$$\Omega = \{a_1,...,a_m\} \qquad \mathsf{F} = \mathsf{P}(\Omega)$$

und die statistische oder Häufigkeitsinterpretation

(8) $\quad P(\{a_i\}) = \dfrac{h(a_i)}{n} \qquad i = 1,...,m$

bzw. den Grenzwert nach Richard v. Mises

(9) $\quad P_{Mises}(\{a_i\}) = \lim\limits_{n \to \infty} \dfrac{h(a_i)}{n} \qquad i = 1,...,m$

Die tatsächliche n-malige oder (für $n \to \infty$) beliebige Wiederholbarkeit desselben Zufallvorganges ist praktisch in vielen Fällen nicht gegeben.

Beispiel

Wiederholtes Werfen einer Münze mit relativen Häufigkeiten für das Ereignis „Kopf tritt ein"

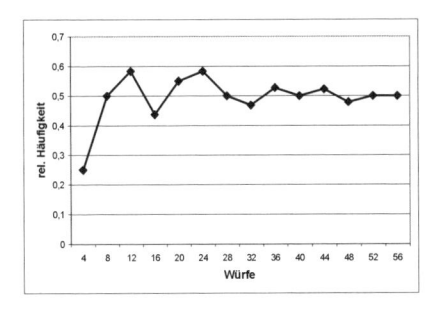

Bild 9.4: Wiederholtes Werfen einer Münze

9.3.4 Weitere elementare Wahrscheinlichkeitsmodelle

9.3.4.1 Geometrisches Modell

$\Omega = \{1,2,3,...\}$ $\qquad$ $\mathsf{F} = P(\Omega)$

$P(\{i\}) = 0.5^i$ $\qquad$ für $i = 1,2,3,...$

Dieser Sonderfall des geometrischen Modells mit $p = 0.5$ hat abnehmende Wahrscheinlichkeiten für wachsende i. Hier sind weder Endlichkeit der Ergebnismenge Ω noch Gleichmöglichkeit der Ergebnisse gegeben. Wegen Additivitätsaxiom 3 ist hier für Ereignisse $A \in \mathsf{F}$

$$P(A) = \sum_{i \mid i \in A} 0.5^i \qquad \text{für } A \in \mathsf{F}$$

9.3.4.2 Überabzählbarer Ereignisraum

$\Omega = \mathsf{R}$ $\qquad$ $\mathsf{F} = \{(-\infty, 0], (0, +\infty), \emptyset, \Omega\}$

$$P((-\infty;0]) = \frac{1}{4} \quad \Rightarrow \quad P((0;+\infty)) = \frac{3}{4}$$

Die letzte Angabe ist wegen Rechenregel 1 redundant.

Die Wahrscheinlichkeitszuordnung ist ein konstruktives Vorgehen. Sie kann für mächtige Ereignissysteme F sehr aufwendig sein. Es reicht allgemein, wenn P für die kleinste F-"erzeugende" σ-Algebra angegeben wird.

- Falls Ω endlich und $\mathsf{F} = \mathsf{P}(\Omega)$ sind, reicht es,

  $P(\{\omega_i\})$ *für alle* $i = 1,...,n$ anzugeben.

- Falls $\Omega = \mathsf{R}$ und $\mathsf{F} = \mathsf{B}$ (Borel-System) reicht es,

  $P((-\infty, x])$ *für alle* $x \in \mathsf{R}$ anzugeben.

In beiden Fällen liegt die Wahrscheinlichkeitszuordnung P dann auf dem gesamten Ereignissystem F eindeutig fest. Es ist es naheliegend, mit Hilfe einer meßbaren Abbildung $X : \Omega \to \mathsf{R}$ den Wahrscheinkeitsraum (Ω, F, P) zu einem Wahrscheinlichkeitsraum ($\mathsf{R}, \mathsf{B}, P_X$) zu "vereinfachen":

$$(\Omega, \mathsf{F}, P) \xrightarrow{X} (\mathsf{R}, \mathsf{B}, P_X)$$

mit $P_X((-\infty, x]) = F_X(x) \ x \in \mathsf{R}$

Dabei heißt X **Zufallsvariable** und F_X heißt **Verteilungsfunktion** (eine Funktion, die die **Kolmogorov-Axiome** erfüllt). Jetzt kann ein realer Zufallsvorgang einfach durch eine Funktion, die Verteilungsfunktion einer Zufallsvariablen, modelliert und analysiert werden. Dies zeigt anschaulich das folgende Bild 9.5:

Realität	Wahrscheinlichkeitsrechnung
tatsächlicher Zufallsvorgang ⟶	(Ω, F, P) als Modell
oder gedanklicher Zufallsvorgang	↓
z.B. Stichprobenauswahl	($\mathsf{R}, \mathsf{B}, P$) vereinfachtes Modell
	↓
reale Sachverhalte ⟵	Verteilungsfunktion F

Bild 9.5: Realität und Wahrscheinlichkeitsrechnung

9.4 Bedingte Wahrscheinlichkeit, Multiplikationssatz, Unabhängigkeit von Ereignissen

9.4.1 Bedingte Wahrscheinlichkeit

Statt das Interesse auf die gesamte Ergebnismenge Ω eines Wahrscheinlichkeitsraums (Ω, F, P) zu richten, kann sich wegen einer besonderen Frage, nach bestimmter Zeit (zum Beispiel bei zufälliger Lebensdauer) o.ä. das Interesse auf eine Teilmenge $B \subset \Omega$ beschränken (siehe dazu Bild 9.6).

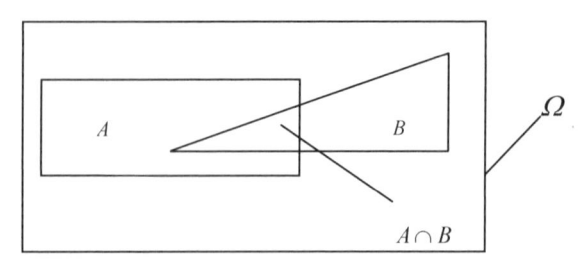

Bild 9.6: Teilmenge des Ereignisraums

Das Triple ($B, \mathsf{F_B}, P_B$) mit System $\mathsf{F_B} = \{A \cap B; A \in \mathsf{F}\}$ ist wieder ein Wahrscheinlichkeitsraum. Die durch B bedingte Wahrscheinlichkeitszuordnung P_B läßt sich aus P berechnen.

Definition

Zu (Ω, F, P) und Ereignis $B \in \mathsf{F}$ mit $P(B) > 0$ heißt

$$(10) \quad P_B(A) := P(A|B) := \frac{P(A \cap B)}{P(B)} \qquad \text{für } A \in \mathsf{F}$$

Dies ist die **bedingte Wahrscheinlichkeit** von A (unter der Bedingung B ; gegeben B).

Eine bedingte Wahrscheinlichkeit von A kann größer, gleich oder kleiner sein als die nicht bedingte Wahrscheinlichkeit von A.

Häufige Sprechweisen für das Ereignis $(A|B)$ sind:

Ereignis A, unter Einschränkung B, gegeben B, unter der Bedingung B, wenn B eintritt;

Ereignis A, nachdem B eingetreten ist (genau genommen falsch, aber hilfreich).

9.4.2 Multiplikationssatz

Aus der Definition der bedingten Wahrscheinlichkeit folgt durch einfache Umformung unmittelbar der Multiplikationssatz für zwei Ereignisse $A, B \in \mathsf{F}$

(11) $\boxed{P(A \cap B) = P(A|B) \cdot P(B) = P(B|A) \cdot P(A)}$

Bei drei Ereignissen ist dieser Satz rekursiv zweimal anzuwenden usw.

$$P(A \cap B \cap C) = P(A|B \cap C) \cdot P(B|C) \cdot P(C)$$
$$\ldots = P(C|A \cap B) \cdot P(B|A) \cdot P(A)$$

Sind $P(A|B)$ und $P(B)$ bekannt, verwendet man den Multiplikationssatz zur Berechnung von $P(A \cap B)$.

Sind $P(A \cap B)$ und $P(B)$ bekannt, verwendet man die Definition der bedingten Wahrscheinlichkeit zur Berechnung von $P(A|B)$.

9.4.3 Stochastische Unabhängigkeit

Ein formaler Sonderfall der bedingten Wahrscheinlichkeit bzw. des Multiplikationssatzes wird für die Definition einer grundlegenden Beziehung zwischen Ereignissen, Ereignissystemen, Zufallsvorgängen und Zufallsvariablen verwendet.

Definition

Zwei Ereignisse $A, B \in \mathsf{F}$ mit der Eigenschaft

(12) $\boxed{P(A \cap B) = P(A) \cdot P(B)}$

heißen (stochastisch) unabhängig.

Die Äquivalenz der Gleichung (12) mit $P(A|B) = P(A)$, falls $P(B) > 0$, bzw. mit $P(B|A) = P(B)$, falls $P(A) > 0$, begründet den Namen dieser Eigenschaft, aber auch ihre manchmal unvollständige asymmetrische Interpretation (unvollständig: „A ist unabhängig von B").

Die **stochastische Unabhängigkeit** ist eine symmetrische Eigenschaft: „A und B sind unabhängig".

Sind A und B unabhängig, so sind auch $\overline{A}$ und $\overline{B}$, $\overline{A}$ und B sowie A und $\overline{B}$ unabhängig.

Stets unabhängig sind A und Ω sowie A und $\varnothing$ (für alle $A \in \mathsf{F}$).

Die stochastische Unabhängigkeit ist eine formale Eigenschaft, d.h. bei der Modellierung realer Zufallsvorgänge: Reale Unabhängigkeit impliziert stochastische Unabhängigkeit, aber stochastische Unabhängigkeit impliziert nicht reale Unabhängigkeit.

Bei mehr als zwei Ereignissen sind (a) die paarweise und (b) die totale Unabhängigkeit zu unterscheiden, d.h. formal sind zu unterscheiden

(a) $\quad P(A_i \cap A_j) = P(A_i) \cdot P(A_j) \quad$ für alle möglichen Paare $(i \neq j)$

(b) $\quad P(A_1 \cap A_2 \cap ...)$ hat $P(\bigcap_{i \in I} A_i) = \prod_{i \in I} P(A_i)$

für alle mögl. Indexmengen I

Totale Unabhängigkeit ist also definiert durch Unabhängigkeit aller Paare, Tripel,... von Ereignissen. In der Statistik betrachtet man häufig mehrere verbundene Zufallsvorgänge, etwa das mehrmalige Werfen eines Würfels oder einer Münze, die Beobachtung einer Eigenschaft an mehreren Objekten, das Beantworten einer Frage durch mehrere Personen, die Beobachtung von mehreren Antworten einer Person, das Ziehen von mehreren Kugeln aus einer Urne usw. Zur Vereinfachung wird im folgenden $n = 2$ gesetzt.

Definition

Ein Zufallsvorgang heißt verbundener Zufallsvorgang, wenn seine Ergebnismenge das kartesische Produkt der Ergebnismengen Ω_1 bzw. Ω_2 im 1. bzw. 2. Zufallsvorgang ist:

(13) $\quad \boxed{\Omega = \Omega_1 \times \Omega_2 = \{(\omega_1, \omega_2) | \omega_1 \in \Omega_1 \text{ und } \omega_2 \in \Omega_2\}}$

Das Paar (ω_1, ω_2) ist ein Ergebnis des verbundenen Zufallsvorganges.

Beispiel

Ein Münzwurf verbunden mit einem Würfelwurf hat die Ergebnismenge

$$\Omega = \Omega_1 \times \Omega_2 = \{K, Z\} \times \{1, 2, ..., 6\} =$$
$$= \{(K,1), (K,2), ..., (K,6), ..., (Z,1), (Z,2), ..., (Z,6)\}$$

9.4 Bedingte Wahrscheinlichkeit, Multiplikationssatz, Unabhängigkeit

mit der Ergebnismenge Ω_1 des Münzwurfs und der Ergebnismenge Ω_2 des Würfelwurfs.

Ereignisse sind wie üblich definiert, also $E \subset \Omega = \{(\omega_i, \omega_j), \ldots\}$, $E \in \mathsf{F}$

zum Beispiel E : "Kopf und ungerade Zahl" mit

$$E = \{(K,1),(K,3),(K,5)\}.$$

Hier treten spezielle Ereignisse auf, die Rand- und Rechteckereignisse mit der Form

- Randereignisse: $A \times \Omega_2$ mit $A \subset \Omega_1$, $\quad \Omega_1 \times B$ mit $B \subset \Omega_2$
- Rechteckereignisse: $\quad E = A \times B = (A \times \Omega_2) \cap (\Omega_1 \times B)$

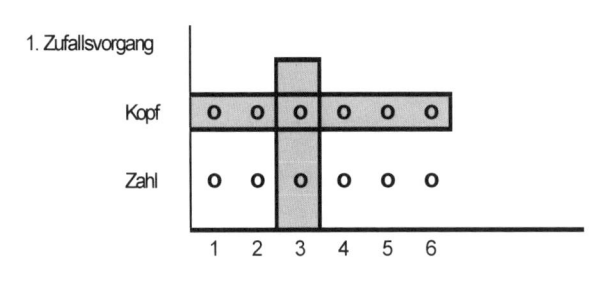

Bild 9.7: Zwei verbundene Zufallsvorgänge

Mit $\Omega = \Omega_1 \times \Omega_2$, mit der Verknüpfung $\mathsf{F} = \mathsf{F}_1 \otimes \mathsf{F}_2$ so, daß F die kleinste, alle interessierenden Rand- und Rechteckereignisse aus Ω enthaltende σ-Algebra ist, sowie mit der Wahrscheinlichkeitszuordnung für jedes Randereignis aus F so, daß (E1) erfüllt ist:

(E1) $\quad P(A_i \times \Omega_2) = P_1(A_i) \qquad A_i \in \mathsf{F}_1$

$\quad\quad\quad P(\Omega_1 \times B_j) = P_2(B_j) \qquad B_j \in \mathsf{F}_2$

wird aus zwei Wahrscheinlichkeitsräumen ($\Omega_1, \mathsf{F}_1, P_1$) und ($\Omega_2, \mathsf{F}_2, P_2$) eine neuer Wahrscheinlichkeitsraum (Ω, F, P) gebildet.

Definition

(Ω ,F,P) mit der Eigenschaft (E1) sowie

(E2) $\quad P(A_i \times B_j) = P_1(A_i) \cdot P_2(B_j)$ für alle Rechteckereignisse aus F

heißt unabhängige Kombination zweier Wahrscheinlichkeitsräume.
Verbundene Zufallsvorgänge in (Ω ,F,P) mit (E1) und (E2) heißen (stochastisch) unabhängige Zufallsvorgänge.
Nach dem **Anderson-Jessen-Theorem** existiert mindestens ein P mit (E1) und es existiert genau ein P mit (E1) und (E2). Die stochastische Unabhängigkeit von zwei Zufallsvorgängen läßt sich weiter verallgemeinern. Dabei gilt das Theorem analog für $n > 2$ sowie für abzählbar viele Zufallsvorgänge bzw. Wahrscheinlichkeitsräume. Das Theorem gilt auch, falls die Ereignissysteme F_i abzählbar sind.

9.5 Einige Sätze der Wahrscheinlichkeitsrechnung

Additionssatz für n paarweise disjunkte Ereignisse

(14) $\boxed{P\left(\bigcup_{i=1}^{n} A_i\right) = \sum_{i=1}^{n} P(A_i)}$ endliche Additivität

(15) $\boxed{P\left(\bigcup_{i=1}^{n} A_i\right) = 1}$ für eine Zerlegung $A_1,...,A_n$ von Ω

(16) $\boxed{P(A \cup \overline{A}) = 1}$ für die Zerlegung A, $\overline{A}$ von Ω

Additionssatz für n beliebige Ereignisse

(17) $$P\left(\bigcup_{i=1}^{n} A_i\right) = \sum_{k=1}^{n}(-1)^{k-1} S_k$$

endliche Additivität mit Summen S_k

$$S_k = \sum_{i \in I_k} P\left(\bigcap_{i \in I_k} A_i\right)$$

über alle möglichen Mengen I_k von k Indizes

Additionssatz für n=3 beliebige Ereignisse

(18) $$\begin{aligned} P(A \cup B \cup C) &= P(A) + P(B) + P(C) - \\ &- P(A \cap B) - P(A \cap C) - P(B \cap C) + P(A \cap B \cap C) \end{aligned}$$

Multiplikationssatz für n total unabhängige Ereignisse

(19) $$P\left(\bigcap_{i=1}^{n} A_i\right) = \prod_{i=1}^{n} P(A_i)$$

Multiplikationssatz für n beliebige Ereignisse

(20) $$\begin{aligned} P\left(\bigcap_{i=1}^{n} A_i\right) &= P(A_1) \cdot P(A_2|A_1) \cdot P(A_3|A_1 \cap A_2) \cdot \ldots \cdot \\ &\cdot P(A_n|A_1 \cap A_2 \cap A_3 \cap \ldots \cap A_{n-1}) \end{aligned}$$

Theorem von Bayes

Aus der Definition der bedingten Wahrscheinlichkeiten für eine Zerlegung von Ω folgt:

Zu (Ω, F, P) und der Zerlegung $B_1, B_2, \ldots$ von Ω mit $P(B_i) > 0; i = 1, 2, \ldots$ gilt für jedes Ereignis $A \in$ F der

Satz der totalen Wahrscheinlichkeit:

(21) $\quad \boxed{P(A) = \sum_i P(A|B_i) \cdot P(B_i)}$

und, falls die Wahrscheinlichkeit $P(A) > 0$, das
Theorem von Bayes:

(22) $\quad \boxed{P(B_i|A) = \dfrac{P(A|B_i) \cdot P(B_i)}{P(A)}} \quad i = 1,2,...$

Die totale Wahrscheinlichkeit ist ein gewichtetes arithmetisches Mittel. Das Theorem von Bayes hat eine häufige Interpretation und Anwendung: Man verwendet die Wahrscheinlichkeiten ($i = 1,2,...$)

$\quad P(B_i)\quad$ als a-priori Wahrscheinlichkeiten (vorher)

$\quad P(B_i|A)\quad$ als a-posteriori Wahrscheinlichkeiten (nachher),

d.h. vor bzw. nach Ablauf des Zufallsvorgangs und Beobachtung von Ereignis A oder vor bzw. nach Erhalt der Zusatzinformation A (daher auch: „B_i im Lichte neuer Information").

Die Formel von Bayes ist dabei eher normativ als deskriptiv für die Informationsverarbeitung von Individuen zu sehen. Die normative Entscheidungstheorie benutzt dieses Theorem zur Berechnung des Wertes von Zusatz- und Stichprobeninformation für eine Entscheidung.

Beispiel zum Theorem von Bayes

Ein Pkw wird von drei Personen (V, M, S) anteilig zu 60%, 10% und 30% genutzt, d.h.

$\quad P(V) = 0.6; \qquad P(M) = 0.1; \qquad P(S) = 0.3$

Der Pkw hatte einen Unfall (U). Kennt man nicht den Fahrer während des Unfalls, wohl aber die Unfallwahrscheinlichkeiten mit zum Beispiel

$\quad P(U|V) = 0.1; \qquad P(U|M) = 0.2; \qquad P(U|S) = 0.05,$

so berechnet man die totale Wahrscheinlichkeit für einen Unfall des Pkw mit

$$P(U) = P(U|V) \cdot P(V) + P(U|M) \cdot P(M) + P(U|S) \cdot P(S)$$
$$= \quad 0.1 \cdot 0.6 \quad + \quad 0.2 \cdot 0.1 \quad + \quad 0.05 \cdot 0.3 = 0.095$$

und nach der Formel von Bayes

$$P(V|U) = P(U|V) \cdot P(V)/P(U) = 0.1 \cdot 0.6 / 0.095 = 0.63$$
$$P(M|U) = P(U|M) \cdot P(M)/P(U) = 0.2 \cdot 0.1 / 0.095 = 0.21$$
$$P(S|U) = P(U|S) \cdot P(S)/P(U) = 0.05 \cdot 0.3 / 0.095 = 0.16$$

Ergebnis: Person V ist also mit der größten Wahrscheinlichkeit (von 63%) der Unfallfahrer.

9.6 Literaturhinweise

Bamberg, G./Baur, F.: Statistik, 12. Aufl. München/Wien 2002
Bauer, H.: Wahrscheinlichkeitstheorie, 5. Aufl. Berlin 2002
Hinderer, K: Grundbegriffe der Wahrscheinlichkeitstheorie, 3. Aufl. Berlin/Heidelberg/New York 1985
Kolmogorov, A.N.: Grundbegriffe der Wahrscheinlichkeitsrechnung, 1933, Neuauflage, Berlin/Heidelberg/New York 1977
Krengel, U.: Einführung in die Wahrscheinlichkeitstheorie und Statistik, 6. Aufl., Braunschweig u.a. 2002
Krickeberg, K./Ziezold, H.: Stochastische Methoden, 4. Aufl. Berlin/Heidelberg/New York 1995
Müller, H.P. (Hrsg.): Lexikon der Stochastik, Wahrscheinlichkeitsrechnung und Mathematischen Statistik, 5. Aufl. Berlin 1991

10 Wahrscheinlichkeitsverteilungen

10.1 Grundkonzepte

10.1.1 Zufallsvariablen

Die Ergebnisse von Zufallsexperimenten können sehr unterschiedlich aussehen, zum Beispiel Herz-Bube beim Ziehen einer Skatkarte oder Zahl-Wappen-Wappen beim dreimaligen Werfen einer Münze.

> Um mit den Ergebnissen von Zufallsexperimenten rechnen zu können, müssen diese in reelle Zahlen transformiert werden.

Dafür gibt es verschiedene Möglichkeiten:

- Das Zufallsexperiment liefert mehr oder weniger direkt eine Zahl als Ergebnis, zum Beispiel beim Werfen eines Würfels.
- Bei mehrfach durchgeführten Zufallsexperimenten wird die Anzahl verwendet, mit der ein bestimmtes Ereignis vorkommt, zum Beispiel Anzahl der Wappen beim mehrmaligen Werfen einer Münze.
- Jedem Ergebnis eines Zufallsexperiments kann eine beliebige Zahl zugeordnet werden, zum Beispiel Wappen gleich 0, Zahl gleich 1.

In allen Fällen liegt eine eindeutige Abbildung vor, die jedem (Elementar-) Ereignis des Zufallsexperiments eindeutig eine reelle Zahl zuordnet. Diese Funktion X wird als **Zufallsvariable** bezeichnet. Formal kann dies so geschrieben werden:

(1) $\quad \boxed{X : \omega \rightarrow X(\omega); \; X(\omega) \in \mathbb{R}}$

Diese Funktion ist in der Regel nicht eindeutig umkehrbar, da beispielsweise zum Ereignis zweimal Wappen bei drei Würfen mehrere mögliche Elementarereignisse existieren: WWZ, WZW, ZWW.

> Ebenso wie bei den Merkmalen in der deskriptiven Statistik können auch diskrete und stetige Zufallsvariablen unterschieden werden.

Diskrete Zufallsvariablen besitzen nur endlich viele oder abzählbar unendlich viele mögliche Zustände.

Beispiel

Augenzahlen beim Werfen eines Würfels

Demgegenüber können **stetige Zufallsvariablen** zumindest innerhalb eines Intervalls unendlich viele mögliche Zustände annehmen.

Beispiel

Körpergröße von Personen

10.1.2 Wahrscheinlichkeitsfunktion und Dichtefunktion

a) Diskrete Zufallsvariable

Bei diskreten Zufallsvariablen läßt sich jedem möglichen Ereignis genau eine bestimmte Eintrittswahrscheinlichkeit zuordnen.

Besonders deutlich wird die bei Zufallsexperimenten mit einer relativ kleinen Anzahl von Ergebnissen. In diesen Fällen wird die Zuordnung meist in Form einer Tabelle angegeben.

Beispiel

Eine Münze wird dreimal geworfen. Wie groß ist die Wahrscheinlichkeit dafür, daß x_i – mal Wappen oben liegt?

Die Lösung läßt sich leicht nach dem Satz von Laplace berechnen: Es gibt 8 gleich wahrscheinliche Elementarereignisse, die auf 4 Werte x_i (0, 1, 2 und 3) der Zufallsvariablen X abgebildet werden (siehe Tabelle 10.1).

Tabelle 10.1: Dreifacher Münzwurf - tabellarisch

x_i	0	1	2	3
$P(x_i)$	0,125	0,375	0,375	0,125

Die graphische Darstellung dieser Daten führt zu Bild 10.1.

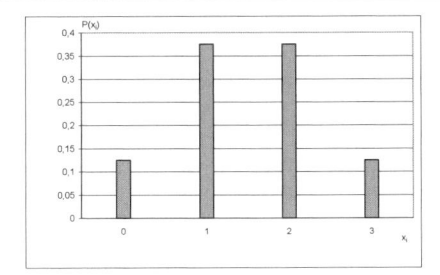

Bild 10.1: Dreifacher Münzwurf - graphisch

Die Zuordnung der Wahrscheinlichkeiten $P(x_i)$ zu den möglichen Ergebnissen x_i des Zufallsexperiments erfolgt über die sogenannte **Wahrscheinlichkeitsfunktion** f_X. Dabei gilt: $P(x_i) = f_X(x_i)$.

Gemäß den **Axiomen von Kolmogorov** muß die Wahrscheinlichkeitsfunktion f_X einer diskreten Zufallsvariablen folgende Bedingungen erfüllen:

(2a) $\boxed{0 \leq f_X(x_i) \leq 1}$ und (2b) $\boxed{\sum_i f_X(x_i) = 1}$

b) Stetige Zufallsvariable

Eine **stetige Zufallsvariable** weist ein völlig anderes Verhalten auf:

> Da es unendlich viele mögliche Ausprägungen gibt, ist die Wahrscheinlichkeit dafür, daß genau ein bestimmtes Ereignis eintritt, gleich null.

Dies bedeutet jedoch nicht, daß dieses Ereignis damit unmöglich wäre. Anstelle von Wahrscheinlichkeiten werden bei stetigen Zufallsvariablen *Dichten* angegeben und zwar in Form einer sogenannten **Dichtefunktion** $f_X(X)$. Diese besitzt folgende Eigenschaften:

- Die Dichte kann nicht negativ werden. Sie kann aber - anders als Wahrscheinlichkeiten - Werte größer 1 annehmen.
- Ebenso wie die Summe aller Werte der Wahrscheinlichkeitsfunktion 1 beträgt, besitzt das bestimmte Integral der Dichtefunk-

tion vom −∞ bis +∞ (also die Fläche unterhalb der gesamten Dichtefunktion) den Wert 1.
- Die Wahrscheinlichkeit für den Eintritt genau eines bestimmten Wertes beträgt 0. Endliche Wahrscheinlichkeiten können sich dagegen für den Eintritt eines Wertes innerhalb eines bestimmten Intervalls ergeben. Die Wahrscheinlichkeit dafür entspricht dann dem bestimmten Integral über dieses Intervall.

Für eine stetige Zufallsvariable bzw. deren Dichtefunktion $f_X(X)$ gilt:

(3a) $\quad f_X(x) \geq 0$ 	(3b) $\quad \int_{-\infty}^{+\infty} f_X(x) = 1$

(3c) $\quad P(a < X < b) = \int_a^b f_X(x)\,dx$

Dabei spielt es bei (3c) grundsätzlich keine Rolle, ob die Grenzen zum Intervall dazu gehören (≤) oder nicht (<), da die Eintrittswahrscheinlichkeit für die Grenzen 0 beträgt.
Da es bei stetigen Zufallsvariablen unendlich viele mögliche Zustände geben kann, läßt sich die Dichtefunktion nicht tabellarisch, sondern nur in Form einer Funktionsschreibweise angeben. Hier ein Beispiel des besonders einfachen Falls der stetigen Gleichverteilung (auch Rechteckverteilung genannt):

(4) $\quad f_X(x) = \begin{cases} 0{,}2 & \text{für } 1 \leq x \leq 6 \\ 0 & \text{sonst} \end{cases}$

Die graphische Darstellung dieser Dichtefunktion ist eine Parallele zur X-Achse im Abstand 0,2 zwischen den Werten 1 und 6.
Die Wahrscheinlichkeit dafür, daß die so verteilte Zufallsvariable einen Wert zwischen 2 und 4 annimmt, berechnet sich für dieses Beispiel zu

$$P(2 < X < 4) = \int_2^4 0{,}2\,dx = \left[0{,}2 \cdot x\right]_2^4 = 0{,}8 - 0{,}4 = 0{,}4$$

10.1.3 Verteilungsfunktion

Für viele Fragestellungen ist es von Relevanz, wie groß die Wahrscheinlichkeit dafür ist, daß eine Zufallsvariable X einen bestimmten Wert x nicht überschreitet. Gesucht ist also

(5) $\boxed{P(X \leq x)}$ bzw. $\boxed{P(-\infty < X \leq x)}$

Definition

Eine Funktion, die diese Wahrscheinlichkeit für jeden Wert $x \in \mathsf{R}$ angibt, wird **Verteilungsfunktion** genannt und mit $F_X(x)$ bezeichnet. Dabei sind wieder diskrete und stetige Zufallsvariablen zu unterscheiden.

a) Verteilungsfunktion einer diskreten Zufallsvariablen

Diese Verteilungsfunktion ergibt sich durch Addition aller Wahrscheinlichkeiten für $x_i \leq x$:

(6) $\boxed{F_X(x) = \sum_{x_i \leq x} f_X(x_i)}$

Die Verteilungsfunktion muß dabei folgende Eigenschaften besitzen:

a) F_X ist monoton steigend
b) F_X ist rechtsseitig stetig
c) $\lim_{x \to -\infty} F_X(x) = 0$
d) $\lim_{x \to +\infty} F_X(x) = 1$

Es handelt sich also um eine Funktion, die von $-\infty$ kommend bei 0 beginnt, treppenförmig bis auf 1 ansteigt und dort bis $+\infty$ verbleibt.

b) Verteilungsfunktion einer stetigen Variablen

Hier gilt das bisher Gesagte analog. Anstelle der Summation wird dabei die Integration verwendet. Es gilt damit:

(7) $\boxed{F_X(x) = \int_{-\infty}^{x} f_X(t)\, dt}$

Die Verteilungsfunktion besitzt im stetigen Fall dieselben Eigenschaften wie im diskreten; lediglich die Eigenschaft rechtsseitig stetig wird durch stetig ersetzt.

Die Verteilungsfunktion ist insbesondere für das Berechnen von Wahrscheinlichkeiten bei stetigen Zufallsvariablen von Bedeutung, da gilt:

(8) $$P(a < X < b) = \int_a^b f_X(x)\, dx = F_X(b) - F_X(a)$$

10.1.4 Parameter für Wahrscheinlichkeitsverteilungen

Ebenso wie in der deskriptiven Statistik gibt es auch für Zufallsvariable eine Reihe von Parametern, mit denen eine Verteilung beschrieben werden kann. Die beiden wichtigsten sind der Erwartungswert und die Varianz bzw. Standardabweichung.

Diese Parameter werden ausführlicher erläutert und auch in den theoretischen Wahrscheinlichkeitsverteilungen ab Abschnitt 10.2 jeweils behandelt.

a) Erwartungswert

Der **Erwartungswert** einer Wahrscheinlichkeitsverteilung entspricht dem arithmetischen Mittel in der deskriptiven Statistik. Für eine diskrete Zufallsvariable X ergibt sich auch eine identische Formel:

(9) $$E(X) = \sum_i x_i f_X(x_i)$$

Der Erwartungswert wird oft auch als μ_X oder kurz μ geschrieben.

Beispiel

Wie groß ist der Erwartungswert beim Werfen eines Würfels?

Lösung

$$E(X) = \sum_i i \cdot \frac{1}{6} = 1 \cdot \frac{1}{6} + 2 \cdot \frac{1}{6} + 3 \cdot \frac{1}{6} + 4 \cdot \frac{1}{6} + 5 \cdot \frac{1}{6} + 6 \cdot \frac{1}{6} = 3{,}5$$

Der Erwartungswert einer stetigen Zufallsvariablen X wird analog dazu durch Integration bestimmt:

(10) $$E(X) = \int_{-\infty}^{+\infty} x f_X(x)\, dx$$

Beispiel

Wie groß ist der Erwartungswert bei einer Rechteckverteilung im Intervall zwischen 1 und 6 (siehe Gleichung (4))?

Lösung

$$E(X) = \int_{-\infty}^{+\infty} x f_X(x)\,dx = \int_{1}^{6} x \cdot 0{,}2\, dx = \left[0{,}1 x^2\right]_{1}^{6} = 3{,}6 - 0{,}1 = 3{,}5$$

b) Varianz und Standardabweichung

Der zweite wichtige Parameter ist die **Varianz** bzw. die daraus abgeleitete **Standardabweichung**. Für eine diskrete Zufallsvariable X ist die Varianz wie folgt definiert:

(11) $$\begin{aligned}VAR(X) &= \sum_i \left(x_i - E(X)\right)^2 \cdot f_X(x_i) = \\ &= \sum_i \left(x_i^2 \cdot f_X(x_i)\right) - \left(E(X)\right)^2\end{aligned}$$

Die Formel nach dem zweiten Gleichheitszeichen ist zur ersten äquivalent und kann nach dem sogenannten Verschiebungssatz hergeleitet werden. Diese Form erleichtert das Berechnen meist erheblich und wird deshalb überwiegend angewandt. Es ist jedoch mit einem deutlich höheren Rundungsfehler zu rechnen.

Anstelle von $VAR(X)$ wird oft auch σ_X^2 oder kurz σ^2 geschrieben.

Beispiel

Wie groß ist die Varianz beim Werfen eines Würfels?

10 Wahrscheinlichkeitsverteilungen

Lösung

$$VAR(X) = \sum_i \left(x_i^2 f_X(x_i)\right) - \left(E(X)\right)^2$$

$$= \left(1^2 \cdot \frac{1}{6} + 2^2 \cdot \frac{1}{6} + 3^2 \cdot \frac{1}{6} + 4^2 \cdot \frac{1}{6} + 5^2 \cdot \frac{1}{6} + 6^2 \cdot \frac{1}{6}\right) - 3{,}5^2$$

$$= \frac{91}{6} - 3{,}5 = 2{,}91\overline{6}$$

Analog dazu hier die Formel für die Varianz einer stetigen Zufallsvariablen X:

(12)
$$VAR(X) = \int_{-\infty}^{+\infty} (x - E(X))^2 f_X(x)\, dx$$
$$= \int_{-\infty}^{+\infty} x^2 f_X(x)\, dx - (E(X))^2$$

Beispiel

Wie groß ist die Varianz bei einer Rechteckverteilung im Intervall zwischen 1 und 6 (siehe Gleichung (4))?

Lösung

$$VAR(X) = \int_{-\infty}^{+\infty} x^2 f_X(x)\, dx - (E(X))^2$$

$$= \int_1^6 x^2 \cdot 0{,}2\, dx - 3{,}5^2 = \left[\frac{0{,}2}{3} x^3\right]_1^6 - 3{,}5^2$$

$$= 14{,}4 - 0{,}0\overline{6} - 12{,}25 = 2{,}08\overline{3}$$

Sowohl für den diskreten als auch den stetigen Fall ist die **Standardabweichung** definiert als die (positive) Quadratwurzel der Varianz:

(13) $\sigma_X = +\sqrt{VAR(X)}$

10.1.5 Funktionen von Zufallsvariablen

Zufallsvariablen können innerhalb von Funktionen verwendet werden. Für den einfachsten Fall einer linearen Abhängigkeit einer Größe Y von einer Zufallsvariablen X gilt:

(14) $\boxed{Y = aX + b}$

Beispiel

Y ist der monatliche Rechnungsbetrag für das Telefonieren. Dieser hängt ab von der Anzahl X der Gebühreneinheiten, dem Preis a je Gebühreneinheit sowie der gesprächsunabhängigen monatlichen Grundgebühr b.

Da X verschiedene, vom Zufall abhängige Werte annimmt, handelt es sich bei Y ebenfalls um eine Zufallsvariable. Für Erwartungswert und Varianz von Y gilt:

(15) $\boxed{E(Y) = aE(X) + b}$ und (16) $\boxed{VAR(Y) = a^2 VAR(X)}$

Beispiel

Es fallen durchschnittlich 500 Gebühreneinheiten zu je 0,12 DM an, wobei die Varianz 10.000 beträgt. Die Grundgebühr beträgt 25 DM. Die durchschnittliche Telefonrechnung beträgt dann

$$E(Y) = 0{,}12\, DM/GE \cdot 500\, GE + 25\, DM = 85\, DM$$

bei einer Varianz von

$$VAR(Y) = (0{,}12\, DM/GE)^2 \cdot 10.000\, GE^2 = 144\, DM^2$$

Bei einer Verallgemeinerung auf r Zufallsvariablen X_i sieht die lineare Verknüpfung so aus:

(17) $\boxed{Y = a_1 X_1 + a_2 X_2 + \ldots + a_r X_r + b = \sum_{i=1}^{r}(a_i X_i) + b}$

Es gilt:

(18)
$$E(Y) = a_1 E(X_1) + a_2 E(X_2) + \ldots + a_r E(X_r) + b$$
$$= \sum_{i=1}^{r} \left(a_i E(X_i)\right) + b$$

Sofern alle Zufallsvariablen X_i stochastisch unabhängig voneinander sind, gilt zusätzlich:

(19)
$$VAR(Y) = a_1^2 \cdot VAR(X_1) + a_2^2 \cdot VAR(X_2) + \ldots + a_r^2 \cdot VAR(X_r)$$
$$= \sum_{i=1}^{r} a_i^2 \cdot VAR(X_i)$$

10.2 Gleichverteilung

Die Gleichverteilung ist die einfachste theoretische Verteilung. Bei ihr wird davon ausgegangen, daß alle möglichen Ereignisse dieselbe Wahrscheinlichkeit besitzen.

Dabei lassen sich zwei Fälle unterscheiden:

X kann eine diskrete Zufallsvariable mit endlich vielen Zuständen x_i mit $i = 1, 2, \ldots, n$ sein, die nach der Definition von Laplace alle dieselbe Eintrittswahrscheinlichkeit

(20) $$P(x_i) = \frac{1}{n}$$

besitzen.

Beispiel

Bei einem Wurf mit einem Würfel können die diskreten Ereignisse 1,2,...,6 auftreten, die alle die Wahrscheinlichkeit 1/6 besitzen.

Die Wahrscheinlichkeitsfunktion lautet:

(21) $$f_X(x_i) = \frac{1}{n}$$

10.2 Gleichverteilung

Die Verteilungsfunktion läßt sich für beliebige x_i in allgemeiner Form so schreiben:

$$(22) \quad F_X(x) = \begin{cases} 0 & \text{für } x < x_1 \\ \dfrac{i}{n} & \text{für } x_i \leq x < x_{i+1};\ i = 1,\ldots,n-1 \\ 1 & \text{für } x_n \leq x \end{cases}$$

Für den Spezialfall, daß die Ausprägungen $1, 2, \ldots, n$ lauten, lassen sich der Erwartungswert

$$(23) \quad E(X) = \frac{n+1}{2}$$

und die Varianz

$$(24) \quad VAR(X) = \frac{n^2 - 1}{12}$$

allgemein angeben.
Die graphische Darstellung der Wahrscheinlichkeitsfunktion, hier am Beispiel eines Würfels, sieht so aus, wie es Bild 10.2 zeigt.

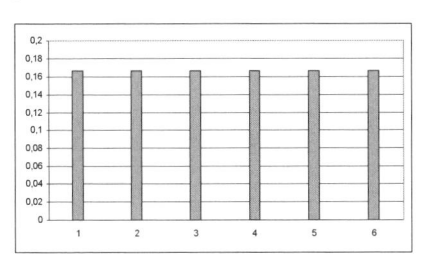

Bild 10.2: Wahrscheinlichkeitsfunktion des einfachen Würfelwurfs

Die dazugehörige Verteilungsfunktion sieht so aus, wie es Bild 10.3 zeigt.

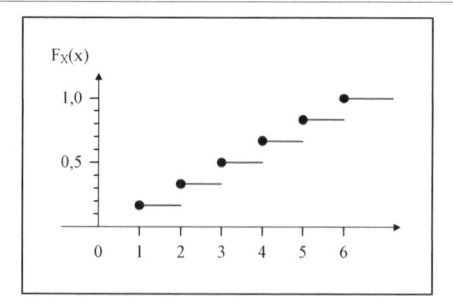

Bild 10.3: Verteilungsfunktion beim einfachen Würfelwurf

Für den Fall einer stetigen Zufallsvariablen geht man davon aus, daß alle Werte zwischen einer unteren Grenze a und einer oberen Grenze b gleich wahrscheinlich sind; genauer: die Dichte ist in diesem Intervall überall gleich groß und größer null. Außerhalb dieses Bereichs beträgt die Dichte null. Aufgrund der graphischen Darstellung der Dichtefunktion spricht man dann auch von einer **Rechteckverteilung**.

Beispiel

Ein Zeiger auf einer Achse wird gedreht und bleibt nach einiger Zeit zufällig in eine bestimmte Richtung zeigend stehen. Alle Winkel zwischen $0°$ und $360°$ sind dann gleich wahrscheinlich.

Die Dichtefunktion der Rechteckverteilung lautet:

$$(25) \quad f_X(x) = \begin{cases} \dfrac{1}{b-a} & \text{für } a < x < b \\ 0 & \text{sonst} \end{cases}$$

Die Verteilungsfunktion ergibt sich durch Integration:

$$(26) \quad F_X(x) = \begin{cases} 0 & \text{für } x < a \\ \dfrac{x-a}{b-a} & \text{für } a \leq x \leq b \\ 1 & \text{für } x > b \end{cases}$$

Der Erwartungswert beträgt

(27) $$E(X) = \frac{b+a}{2}$$

Er entspricht also genau der Mitte zwischen den beiden Grenzen. Die Varianz ergibt sich nach folgender Formel:

(28) $$VAR(X) = \frac{(b-a)^2}{12}$$

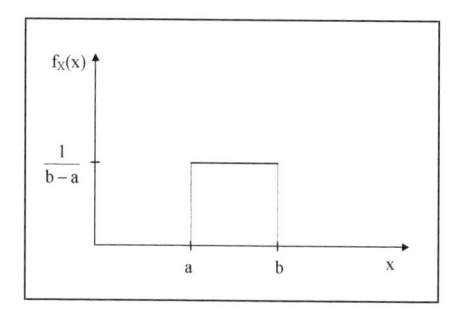

Bild 10.4: Dichtefunktion der Rechteckverteilung

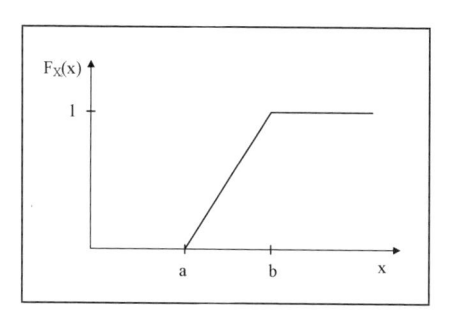

Bild 10.5: Verteilungsfunktion der Rechteckverteilung

Die Wahrscheinlichkeit dafür, daß genau ein bestimmter Wert eintritt, ist wie bei allen stetigen Verteilungen gleich 0. Daraus kann aber umgekehrt nicht auf die Unmöglichkeit dieses Ereignisses geschlossen werden. Die Wahrscheinlichkeit dafür, daß ein Wert innerhalb eines bestimmten Intervalls liegt, entspricht der Fläche in diesem Bereich unterhalb der Dichtefunktion.

Beispiel

Ein Autofahrer hat ein Handy dabei und fährt regelmäßig eine bestimmte Strecke mit einer Länge von 80 km. Zwischen km 30 und km 40 besteht ein sogenanntes Funkloch, in dem kein Handyempfang möglich ist. Wie groß ist die Wahrscheinlichkeit dafür, daß ein wichtiger Anruf, der während der Fahrt erfolgt, innerhalb des Funklochs ankommt? Dabei wird unterstellt, daß die Anrufe gleichverteilt während der gesamten Fahrt auftreten und die gesamte Strecke mit konstanter Geschwindigkeit durchfahren wird. Die Dichte beträgt 1/80 km, das Funkloch entspricht dem Intervall zwischen km 30 und 40. Damit gilt:

$$P = \frac{1}{80\,km} \cdot (40\,km - 30\,km) = 12{,}5\%$$

In der zusammenfassenden Übersicht der Tabelle 10.2 ist bei der diskreten Gleichverteilung vom Spezialfall $x_i = 1, 2, \ldots, n$ ausgegangen worden:

Tabelle 10.2: Übersicht über die Gleich- und Rechteckverteilung

Verteilung	Gleichverteilung
Typ	diskret
Kurzschreibweise	$G(n)$
Parameter	n Anzahl der Ausprägungen
$E(X)$	$\dfrac{n+1}{2}$
$VAR(X)$	$\dfrac{n^2-1}{12}$
Wahrscheinlichkeitsfunktion	$f_X(x_i) = \dfrac{1}{n}$
Verteilungsfunktion	$F_X(x) = \begin{cases} 0 & \text{für } x < x_1 \\ \dfrac{i}{n} & \text{für } x_i \leq x < x_{i+1};\ i = 1, \ldots, n-1 \\ 1 & \text{für } x_n \leq x \end{cases}$

Verteilung	Rechteckverteilung
Typ	stetig
Kurzschreibweise	Re$(a;b)$
Parameter	a untere Grenze b obere Grenze
$E(X)$	$\dfrac{b+a}{2}$
$VAR(X)$	$\dfrac{(b-a)^2}{12}$
Dichtefunktion	$f_X(x) = \begin{cases} \dfrac{1}{b-a} & \text{für } a<x<b \\ 0 & \text{sonst} \end{cases}$
Verteilungsfunktion	$F_X(x) = \begin{cases} 0 & \text{für } x<a \\ \dfrac{x-a}{b-a} & \text{für } a \leq x \leq b \\ 1 & \text{für } x>b \end{cases}$

10.3 Binomialverteilung

Das Binomialverteilung ist die wohl wichtigste diskrete Verteilung. Ihr liegt folgendes Prinzip zugrunde:

Die Basis ist ein Zufallsexperiment, das genau zwei mögliche, sich gegenseitig ausschließende Ergebnisse A und $\overline{A}$ haben kann. Für die Wahrscheinlichkeiten gelte:

$P(A) = P$

$P(\overline{A}) = 1 - P$

Ein solches dichotomes Zufallsexperiment nennt man auch **Bernoulli-Experiment.**

Das Zufallsexperiment werde n – mal durchgeführt, wobei die Ergebnisse der Wiederholungen unabhängig von den bisher durchgeführten Zufallsexperimenten sind. Von Interesse ist, unabhängig von der Reihenfolge, die Anzahl x, mit der bei n Wiederholungen das Ereignis A auftritt.

Die Wahrscheinlichkeit dafür, daß das Ereignis A genau x – mal eintritt, läßt sich folgendermaßen herleiten:

Es wird angenommen, das Ereignis A sei die ersten x – mal eingetreten, die restlichen $(n-x)$ – mal nicht:

$$A, A, ..., A, \overline{A}, \overline{A}, ..., \overline{A}$$

Die Wahrscheinlichkeit dafür, daß dies in genau dieser Reihenfolge geschieht, beträgt:

$$\underbrace{P \cdot P \cdot ... \cdot P}_{x-mal} \cdot \underbrace{(1-P) \cdot (1-P) \cdot ... \cdot (1-P)}_{(n-x)-mal} = P^x \cdot (1-P)^{n-x}$$

Dasselbe Ergebnis, nämlich x – maliger Eintritt von A, kann auch durch andere Anordnungen der Ereignisse A und $\overline{A}$ erreicht werden, die alle dieselbe Wahrscheinlichkeit von $P^x \cdot (1-P)^{n-x}$ besitzen. Die Anzahl der möglichen Anordnungen kann mit Hilfe der Kombinatorik berechnet werden und entspricht einer Kombination ohne Wiederholung. Es gilt damit:

(29) $\boxed{P(A \text{ tritt } x - \text{mal ein}) = \binom{n}{x} P^x (1-P)^{n-x}} \quad x = 0, 1, ..., n$

Das Zufallsexperiment ist durch zwei Parameter bestimmt: die Wahrscheinlichkeit P für den Eintritt von A und die Anzahl n der Wiederholungen des einzelnen Zufallsexperiments. Die Ergebnisgröße ist die Anzahl x der Eintritte von A und folgt einer sogenannten Binomialverteilung, die kurz als $B(n;P)$ geschrieben wird. Die konkrete Wahrscheinlichkeit dafür, daß A genau x – mal eintritt, wird so angegeben:

(29a) $\boxed{B(x \mid n; P) = \binom{n}{x} P^x (1-P)^{n-x}} \quad x = 0, 1, ..., n$

Beispiel
Wie groß ist die Wahrscheinlichkeit dafür, bei 10 Würfen mit einem Würfel genau dreimal eine 6 zu werfen?

$$P(X=3) = B(3 \mid 10; \frac{1}{6}) = \binom{10}{3} \cdot \left(\frac{1}{6}\right)^3 \cdot \left(\frac{5}{6}\right)^7$$

$$= 120 \cdot \frac{1}{216} \cdot \frac{78125}{279936} \approx 0{,}155$$

Die Wahrscheinlichkeitsfunktion ist

$$(30) \quad f_X(x) = \binom{n}{x} P^x (1-P)^{n-x} \qquad x = 0,1,\ldots,n$$

Die Verteilungsfunktion wird durch Kumulation bestimmt:

$$(31) \quad F_X(x) = \sum_{k \leq x} f_X(k) \qquad k = 0,1,2,\ldots$$

Der Erwartungswert der Binomialverteilung ergibt sich für n Wiederholungen offensichtlich zu:

$$(32) \quad E(X) = n \cdot P$$

Die Varianz beträgt:

$$(33) \quad VAR(X) = n \cdot P \cdot (1-P)$$

Für den Fall $P = 0{,}5$ besitzt die Wahrscheinlichkeitsfunktion eine symmetrische Gestalt. Bild 10.6 zeigt die Binomialverteilung $B(10;0{,}5)$.

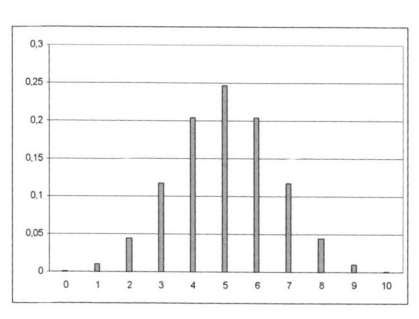

Bild 10.6: Binomialverteilung $B(10;0{,}5)$

Für ein anderes P verschiebt sich das Maximum und es ergibt sich zum Beispiel für eine $B(10;0,25)$ – Verteilung die asymmetrische Verteilung des Bildes 10.7.

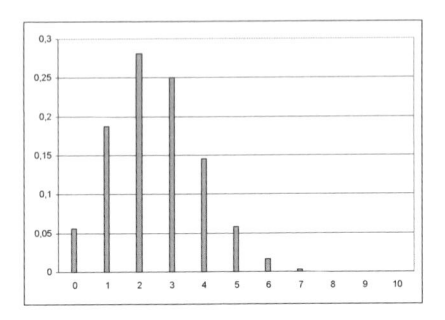

Bild 10.7: Asymmetrische Binomialverteilung $B(10;0,25)$

Die Binomialverteilung ist reproduktiv. Wenn X und Y zwei unabhängige $B(n_1;P)$ – bzw. $B(n_2;P)$ – verteilte Zufallsvariablen sind, so ist die Summe $X+Y$ $B(n_1+n_2;P)$ – verteilt.

Hier noch zwei Beispiele zur Verdeutlichung der Binomialverteilung anhand konkreter Problemstellungen:

Beispiel 1

Die Wahrscheinlichkeit, einen Elfmeter beim Fußball zu verwandeln, betrage 80%. Wie groß ist beim Elfmeterschießen die Wahrscheinlichkeit dafür, daß eine Mannschaft bei 5 Versuchen mehr als 3 Treffer erzielt?

Es handelt sich um eine Binomialverteilung mit den Einzelereignissen Tor und kein Tor sowie den Parametern n=5 und P=0,8. Zum Berechnen der gesuchten Wahrscheinlichkeit sind die Einzelwahrscheinlichkeiten für 4 und 5 Treffer zu addieren:

$$P(X>3) = P(X=4) + P(X=5) = B(4|5;0,8) + B(5|5;0,8)$$
$$= \binom{5}{4} \cdot 0,8^4 \cdot 0,2^1 + \binom{5}{5} \cdot 0,8^5 \cdot 0,2^0$$
$$= 5 \cdot 0,08192 + 1 \cdot 0,32768 = 73,728\%$$

Beispiel 2

Ein Hotelbesitzer geht davon aus, daß 10% der Buchungen nicht zustande kommen. Deshalb hat er für seine 10 Betten 11 Buchungen angenommen. Wie groß ist die Wahrscheinlichkeit dafür, daß zu viele Gäste kommen (zwischen den Gästen wird Unabhängigkeit unterstellt)?
Es liegt eine Binomialverteilung mit n=11 und P=0,9 vor. Gesucht ist die Wahrscheinlichkeit dafür, daß genau 11 Gäste kommen.

$$P(X=11) = B(11|11; 0,9) = \binom{11}{11} \cdot 0,9^{11} \cdot 0,1^0$$

$$= 1 \cdot 0,3138 \cdot 1 = 31,38\%$$

Tabelle 10.3: Übersicht über die Binomialverteilung

Verteilung	Binomialverteilung
Typ	diskret
Kurzschreibweise	$B(n;P)$
Parameter	n Zahl der Wiederholungen
	P Eintrittswahrscheinlichkeit
$E(X)$	$n \cdot P$
$VAR(X)$	$n \cdot P \cdot (1-P)$
Wahrscheinlichkeitsfunktion	$f_X(x) = \binom{n}{x} P^x (1-P)^{n-x}$
Verteilungsfunktion	$F_X(x) = \sum_{k \leq x} f_X(k)$
Reproduktivität	$B(n_1;P) + B(n_2;P) \to B(n_1+n_2;P)$
mögliche Approximationen	$Ps(n \cdot P)$, wenn $n \geq 50, P \leq 0,1$ und $n \cdot P \leq 10$
	$N(n \cdot P; n \cdot P \cdot (1-P))$, wenn $n \cdot P \cdot (1-P) > 9$

10.4 Multinomiale Verteilung

Die Binomialverteilung läßt sich dahingehend verallgemeinern, daß es nicht nur zwei, sondern mehr mögliche Ereignisse für jedes einzelne Zufallsexperiment gibt.

Ein Zufallsexperiment liefert $m \geq 2$ mögliche Ereignisse $A_1, A_2, ..., A_m$, die jeweils mit den Wahrscheinlichkeiten $P_1, P_2, ..., P_m$ auftreten. Dabei gilt:

$$\sum_{j=1}^{m} P_j = 1$$

Das Experiment wird n – mal durchgeführt, und für jedes Ereignis A_j wird die absolute Anzahl x_j der Ereigniseintritte festgestellt. Dabei muß gelten:

$$\sum_{j=1}^{m} x_j = n$$

Die resultierende mehrdimensionale diskrete Verteilung wird Multinomial- oder auch Polynomialverteilung genannt. Für den Spezialfall $m = 2$ ergibt sich die Binomialverteilung.
Die Wahrscheinlichkeit für ein bestimmtes Ergebnis läßt sich analog zur Binomialverteilung herleiten:

$$(34) \quad \boxed{\begin{array}{l} f_m(x_1; x_2; ...; x_m \mid n; P_1; P_2; ...; P_m) \\ = \dfrac{n!}{x_1! x_2! ... x_m!} \cdot P_1^{x_1} \cdot P_1^{x_2} \cdot ... \cdot P_1^{x_m} \end{array}}$$

Beispiel
In einer Urne befinden sich 10 rote, 20 grüne und 30 blaue Kugeln. Es werden 5 Kugeln mit Zurücklegen gezogen. Wie groß ist die Wahrscheinlichkeit dafür, genau 2 rote, 2 grüne und 1 blaue Kugel zu ziehen?

$$f_m(2;2;1 \mid 5; \frac{10}{50}; \frac{20}{50}; \frac{20}{50}) = \frac{5!}{2! \cdot 2! \cdot 1!} \cdot 0{,}2^2 \cdot 0{,}4^2 \cdot 0{,}4^1$$
$$= 30 \cdot 0{,}00256 = 7{,}68\%$$

Verteilungsfunktion und Erwartungswerte lassen sich aufgrund der mehrdimensionalen Verteilung nicht unmittelbar angeben. Dagegen können die eindimensionalen Randverteilungen, bei denen es sich um Binomialverteilungen handelt, gut abgeleitet werden.

$$(35) \quad \boxed{P(X_j = x_j) = \binom{n}{x_j} P_j^{x_j} (1-P_j)^{n-x_j}} \quad \text{mit } j = 1, 2, ..., m$$

Es gilt dann:

(36) $\boxed{E(X_j) = n \cdot P_j}$

(37) $\boxed{VAR(X_j) = n \cdot P_j \cdot (1 - P_j)}$

Tabelle 10.4: Übersicht über die Multinomialverteilung

Verteilung	multinomiale Verteilung
Typ	diskret
Kurzschreibweise	$Mn(n; P_1; P_2; ...; P_m)$
Parameter	n Zahl der Wiederholungen P_j Wahrscheinlichkeit für A_j
Wahrscheinlichkeits- funktion	$f_m(x_1;...;x_m \mid n; P_1;...;P_m) = \dfrac{n!}{x_1!...x_m!} \cdot P_1^{x_1} \cdot ... \cdot P_1^{x_m}$

10.5 Geometrische Verteilung

Die geometrische Verteilung basiert wie die Binomialverteilung auf einer Folge voneinander unabhängiger Zufallsexperimente mit jeweils zwei möglichen Ergebnissen.

Die zwei möglichen Ergebnisse A und $\overline{A}$ treten mit den Wahrscheinlichkeiten P bzw. $1-P$ auf. Relevant ist jetzt die Anzahl der Versuche, die benötigt werden, damit A zum ersten Mal auftritt.

Allgemein ergibt sich folgende Ergebniskette:

$$\overline{A}, \overline{A}, ..., \overline{A}, A$$

Sofern x Wiederholungen notwendig sind, beträgt die Wahrscheinlichkeit dafür:

$$\underbrace{(1-P) \cdot (1-P) \cdot ... \cdot (1-P)}_{(x-1)-mal} \cdot P = P(1-P)^{x-1}$$

Damit gilt für die Wahrscheinlichkeitsfunktion:

(38) $\boxed{f_X(x) = P(1-P)^{x-1}}$ $\qquad x = 1, 2, 3, ...$

Die geometrische Verteilung besitzt nur den Parameter P und wird kurz als $Ge(P)$ geschrieben.

Die Verteilungsfunktion lautet:

(39) $$F_X(x) = \begin{cases} 0 & \text{für } x < 1 \\ 1-(1-P)^m & \text{für } m \leq x < m+1; \quad m = 1,2,3,... \end{cases}$$

Für Erwartungswert und Varianz der geometrischen Verteilung gilt:

(40) $$E(X) = \frac{1}{P}$$

(41) $$VAR(X) = \frac{1-P}{P^2}$$

Beispiel
Bei einem Würfelspiel benötigt man eine Sechs. Wie oft muß man im Schnitt dafür würfeln?

$$P = \frac{1}{6}; \ E(X) = \frac{1}{P} = 6$$

Für kleine P ($\leq 0{,}1$) kann die geometrische Verteilung durch die stetige **Exponentialverteilung** approximiert werden.

Tabelle 10.5: Übersicht über die geometrische Verteilung

Verteilung	geometrische Verteilung
Typ	diskret
Kurzschreibweise	$Ge(P)$
Parameter	P Eintrittswahrscheinlichkeit
$E(X)$	$\dfrac{1}{P}$
$VAR(X)$	$\dfrac{1-P}{P^2}$
Wahrscheinlichkeitsfunktion	$f_X(x) = P(1-P)^{x-1}$
Verteilungsfunktion	$F_X(x) = \begin{cases} 0 & \text{für } x<1 \\ 1-(1-P)^m & \text{für } m \leq x < m+1;\ m=1,2,3,.. \end{cases}$
mögliche Approximationen	$Gx(P)$, wenn $P \leq 0{,}1$

10.6 Hypergeometrische Verteilung

Die hypergeometrische Verteilung ähnelt der Binomialverteilung, basiert aber auf einem Urnenexperiment ohne Zurücklegen.

In einer Urne befinden sich N Kugeln, von denen M eine bestimmte Eigenschaft A besitzen, die übrigen $N-M$ Kugeln nicht. Es werden n Kugeln ohne Zurücklegen gezogen. Von Bedeutung ist die Anzahl x der gezogenen Kugeln mit der Eigenschaft A.

Die Wahrscheinlichkeit dafür, daß genau x der n gezogenen Kugeln die Eigenschaft A besitzen, läßt sich nach der Wahrscheinlichkeitsdefinition von Laplace mit Hilfe der Kombinatorik ableiten:

Die Anzahl der möglichen Fälle ist die Anzahl der Kombinationen, n Elemente aus einer Menge von M Elementen ohne Wiederholung zu ziehen. Sie beträgt:

$$\binom{N}{n}$$

Für die Berechnung der Anzahl der günstigen Fälle ist die Menge der N Kugeln in zwei Gruppen zu unterteilen. Aus der Menge der M Kugeln mit der Eigenschaft A werden x gezogen, aus der Menge der $N-M$ Kugeln ohne diese Eigenschaft $n-x$. Die Gesamtanzahl der günstigen

Fälle ergibt sich aus der Multiplikation der jeweiligen Anzahl möglicher Kombinationen:

$$\binom{M}{x} \cdot \binom{N-M}{n-x}$$

Die Wahrscheinlichkeit, genau x Elemente mit der Eigenschaft A zu ziehen, ergibt sich dann zu:

(42) $$P(x) = \frac{\binom{M}{x} \cdot \binom{N-M}{n-x}}{\binom{N}{n}}$$

Dies entspricht der Wahrscheinlichkeitsfunktion der hypergeometrischen Verteilung, die kurz als $H(N;M;n)$ geschrieben wird.

Beispiel

Wie groß ist die Wahrscheinlichkeit dafür, mit einem Tip 4 Richtige im Lotto 6 aus 49 zu haben?

Ausgehend von einem konkreten Tip befinden sich in der Trommel mit $N=49$ Kugeln $M=6$, die angekreuzt wurden, und $49-6=43$, für die das nicht der Fall ist. Werden $n=6$ Kugeln gezogen, so beträgt die Wahrscheinlichkeit für 4 Richtige:

$$H(4|49;6;6) = \frac{\binom{6}{4}\binom{49-6}{6-4}}{\binom{49}{6}} = \frac{15 \cdot 903}{13983816} = 0{,}097\%$$

Die Wahrscheinlichkeitsfunktion lautet:

(43) $$f_X(x) = \begin{cases} \dfrac{\binom{M}{x} \cdot \binom{N-M}{n-x}}{\binom{N}{n}} & \text{für } \max(0;\ M+n-N) \\ & \leq x \leq \min(n;M) \\ 0 & \text{sonst} \end{cases}$$

Die Verteilungsfunktion ergibt sich durch Kumulation:

$$(44) \quad F_X(x) = \sum_{k \leq x} f_X(k) \quad k = 0,1,2,\ldots$$

Der Erwartungswert beträgt

$$(45) \quad E(X) = n \frac{M}{N}$$

und die Varianz

$$(46) \quad VAR(X) = n \frac{M}{N} \left(1 - \frac{M}{N}\right) \cdot \frac{N-n}{N-1}$$

Diese Formeln besitzen große Ähnlichkeit mit denen der Binomialverteilung. Dort gilt $E(X) = n \cdot P$ und $VAR(X) = n \cdot P \cdot (1-P)$. Die Anfangswahrscheinlichkeit, eine Kugel mit der Eigenschaft A zu ziehen, beträgt $P = M/N$.

Der Unterschied zwischen hypergeometrischer und Binomialverteilung ergibt sich erst bei den folgenden Ziehungen, da einmal mit und einmal ohne Zurücklegen gezogen wird.

Berücksichtigt man die Entsprechung von P und M/N, so ist der Erwartungswert der hypergeometrischen Verteilung identisch mit dem der Binomialverteilung. Auch die Varianzen ähneln sich weitgehend und unterscheiden sich lediglich durch den Faktor

$$\frac{N-n}{N-1}$$

Dieser Faktor wird auch als **Endlichkeitskorrekturfaktor** bezeichnet. An ihm kann der Unterschied zwischen hypergeometrischer und Binomialverteilung sehr gut verdeutlicht werden:

Ist $n=1$, so besitzt der Endlichkeitskorrekturfaktor den Wert 1. Es gibt also keinen Unterschied zwischen hypergeometrischer und Binomialverteilung, da das Zurücklegen bei nur einer Ziehung nicht relevant ist.

Ist $n=N$, werden also alle Kugeln gezogen, besitzt der Endlichkeitskorrekturfaktor den Wert 0. Es gibt also keine Streuung mehr, da beim Ziehen aller Kugeln zwangsläufig genau M gezogene die Eigenschaft A besitzen (sicheres Ereignis).

Für alle Werte dazwischen besitzt der Endlichkeitskorrekturfaktor einen Wert zwischen 0 und 1, der einer geringeren Streuung der hypergeometrischen gegenüber der Binomialverteilung entspricht. Dies läßt sich schon daran plausibel erklären, daß mit Zurücklegen grundsätzlich jedesmal eine Kugel mit der Eigenschaft A gezogen werden kann, während dies mit vielen gezogenen (und damit in der Urne fehlenden) Kugeln dieser Art ohne Zurücklegen immer unwahrscheinlicher und für $n > M$ sogar unmöglich wird.

Umgekehrt wird der Unterschied zwischen hypergeometrischer und Binomialverteilung für große N sehr klein. Bei einer Menge von 1 Mio. Kugeln hat es fast keinen Einfluß auf die folgenden Ziehungen, ob die gezogenen Kugeln zurückgelegt werden oder nicht. Allgemein gilt, daß für $n/N < 0,05$, wenn also weniger als 5% der Kugeln gezogen werden, die hypergeometrische durch die Binomialverteilung approximiert werden kann.

Tabelle 10.6: Übersicht über die hypergeometrische Verteilung

Verteilung	Hypergeometrische Verteilung
Typ	diskret
Kurzschreibweise	$H(N;M;n)$
Parameter	N Gesamtzahl der Kugeln M Anzahl Kugeln mit gewünschter Eigenschaft n Zahl der Wiederholungen
$E(X)$	$n\dfrac{M}{N}$
$VAR(X)$	$n\dfrac{M}{N}\left(1-\dfrac{M}{N}\right)\cdot\dfrac{N-n}{N-1}$
Wahrscheinlichkeitsfunktion	$f_X(x) = \begin{cases} \dfrac{\binom{M}{x}\cdot\binom{N-M}{n-x}}{\binom{N}{n}} & \text{für max}(0;\ M+n-N) \\ & \leq x \leq \min(n;M) \\ 0 & \text{sonst} \end{cases}$
Verteilungsfunktion	$F_X(x) = \sum_{k\leq x} f_X(k) \quad k=0,1,2,\ldots$
mögliche Approximation	$B(n;M/N)$, wenn $n/N < 0,05$

10.7 Poisson-Verteilung

Die Poisson-Verteilung leitet sich als Grenzfall aus der Binomialverteilung ab.

Dabei wird die Zahl n der Wiederholungen sehr groß (theoretisch unendlich), während die Wahrscheinlichkeit P für den einzelnen Ereigniseintritt sehr klein wird (theoretisch gegen null geht). Gleichzeitig muß das Produkt $n\cdot P$, das dem Erwartungswert entspricht, konstant bleiben. Formal ergibt sich dadurch folgende Wahrscheinlichkeitsfunktion:

$$(47)\quad \lim_{n\to\infty}\binom{n}{x}P^x(1-P)^{n-x} = \frac{\lambda^x}{x!}e^{-\lambda} = f_X(x)$$

mit $x = 0,1,2,\ldots$ und $n\cdot P = \lambda$

Die Verteilungsfunktion ergibt sich durch Kumulation der Einzelwahrscheinlichkeiten.

Bei der Poisson-Verteilung sind der Erwartungswert und die Varianz gleich dem Parameter λ:

(48) $\boxed{E(X) = VAR(X) = \lambda}$

Als Kurzschreibweise wird meist $Ps(\lambda)$ verwendet.

Ein Beispiel für eine Poisson-Verteilung ist die Anzahl der Druckfehler auf der Seite eines Buches. Die Anzahl der Versuche entspricht hier zum Beispiel der Anzahl der Zeichen auf einer Seite. Die Wahrscheinlichkeit für einen Druckfehler für ein einzelnes Zeichen ist sehr gering. Bei zum Beispiel 2000 Zeichen pro Seite und einer Einzelwahrscheinlichkeit von P=0,0005 ergibt sich im Schnitt ein Druckfehler pro Seite.

Die Formel der Binomialverteilung mit

$$P(X=1) = \binom{2000}{1} \cdot 0{,}0005^1 \cdot (1-0{,}0005)^{1999} = 36{,}7971\%$$

ist jedoch wenig praktikabel. Statt dessen wird in solchen Fällen die Näherung durch die Poisson-Verteilung verwendet, die nur den Parameter $\lambda = 1$ enthält:

$$P(X=1) = \frac{1^1}{1!} \cdot e^{-1} = 36{,}7879\%$$

Die Näherung wird allgemein als akzeptabel angesehen, wenn gilt:

$n \geq 50, \ P \leq 0{,}1, \ n \cdot P \leq 10$

Weitere typische Anwendungsfälle für die Poisson-Verteilung sind Fälle, in denen die Anzahl von Ereigniseintritten innerhalb einer bestimmten Zeitperiode (etwa in einer Minute) betrachtet wird, zum Beispiel:

- Anzahl der Fahrzeuge, die eine bestimmte Stelle passieren
- Anzahl der ankommenden Kunden an einer Kasse
- Anzahl der ankommenden Telefongespräche in der Telefonauskunft

10.7 Poisson-Verteilung   337

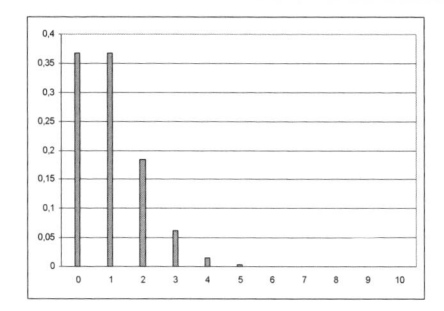

Bild 10.8: Poisson-Verteilung mit $\lambda = 1$

Für größere λ nähert sich die Verteilung immer mehr der Normalverteilung an.

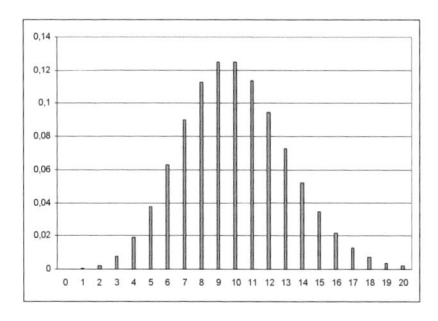

Bild 10.9: Poisson-Verteilung mit $\lambda = 10$

Die Poisson-Verteilung ist reproduktiv. Wenn X und Y zwei unabhängige, $Ps(\lambda_1)-$ bzw. $Ps(\lambda_2)-$ verteilte Zufallsvariablen sind, so ist die Summe $X + Y$ $Ps(\lambda_1 + \lambda_2)-$ verteilt.

Tabelle 10.7: Übersicht über die Poisson-Verteilung

Verteilung	Poisson-Verteilung
Typ	diskret
Kurzschreibweise	$Ps(\lambda)$
Parameter	λ Erwartungswert
$E(X)$	λ
$VAR(X)$	λ
Wahrscheinlichkeitsfunktion	$f_X(x) = \dfrac{\lambda^x}{x!} e^{-\lambda}$
Verteilungsfunktion	$F_X(x) = \sum_{k \leq x}^{x} f_X(k) \quad k = 0,1,2,...$
Reproduktivität	$Ps(\lambda_1) + Ps(\lambda_2) \to Ps(\lambda_1 + \lambda_2)$
mögliche Approximation	$N(\lambda; \lambda)$ wenn $\lambda \geq 10$

10.8 Normalverteilung

Die Normalverteilung ist die wohl wichtigste Wahrscheinlichkeitsverteilung überhaupt.

Dies beruht darauf, daß zum einen viele technische (zum Beispiel Fertigungstoleranzen) und biologische (zum Beispiel Körpermaße) Größen normalverteilt sind und zum anderen andere - diskrete wie stetige - Verteilungen in der Praxis oft durch die Normalverteilung angenähert werden können. Zudem ergibt sich nach den Grenzwertsätzen aus der Überlagerung einer größeren Zahl (in der Regel $n > 30$) einzelner Zufallsvariablen beliebiger Verteilungen eine näherungsweise normalverteilte Größe.

Diese Eigenschaft stellt die Grundlage vieler Schätz- und Testverfahren aus der induktiven Statistik dar.

Die Dichtefunktion der Normalverteilung sieht so aus:

$$(49) \quad f_X(x) = \frac{1}{\sigma \cdot \sqrt{2\pi}} \cdot e^{-\frac{(x-\mu)^2}{2\sigma^2}}$$

Die Dichtefunktion besitzt die beiden Parameter μ und σ bzw. σ^2 und wird meist in der Kurzschreibweise $N(\mu;\sigma^2)$ angegeben. Die graphische Darstellung wird häufig auch als (Gauß'sche) Glockenkurve bezeichnet (siehe Bild 10.10).

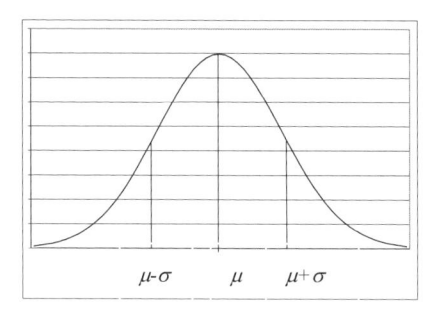

Bild 10.10: Dichtekurve der Normalverteilung

Die Dichtefunktion verläuft symmetrisch zu ihrem Maximum am Punkt μ und besitzt überall im Intervall ($-\infty;+\infty$) eine endliche Dichte. Aufgrund der Symmetrie gilt:

(50) $E(X) = \mu$

Die Varianz ist über den Parameter σ^2 unmittelbar vorgegeben, d.h.

(51) $VAR(X) = \sigma^2$

Die Wendepunkte der Dichtefunktion liegen im Abstand von genau σ um μ herum und umschließen 68,3% der Fläche unterhalb der Kurve. In einem Abstand von $\pm 3\sigma$ liegen 99,7% aller Werte der Zufallsvariablen, so daß der Bereich außerhalb dieser Grenzen in der Regel vernachlässigt werden kann.

Die Verteilungsfunktion $F_X(X)$ kann nicht elementar angegeben werden, so daß sie aus Tabellen abgelesen werden muß. Da es unendlich viele verschiedene Normalverteilungen gibt, werden die Tabellen nur für die Verteilung $N(0;1)$, die sogenannte **Standardnormalverteilung**, zur Verfügung gestellt.

Um solche Tabellen zum Beispiel zum Berechnen von Wahrscheinlichkeiten bei einer beliebigen normalverteilten Zufallsvariablen nutzen zu können, muß diese deshalb zunächst in die Standardnormalverteilung transformiert werden.

Dazu geht man von folgender Überlegung aus:

Gegeben sei eine Zufallsvariable X, die $N(\mu;\sigma^2)$ – verteilt ist. Gesucht ist die Wahrscheinlichkeit dafür, daß die Zufallsvariable Werte zwischen x_1 und x_2 annimmt. Dies entspricht der Fläche unterhalb der Dichtefunktion zwischen diesen Punkten.

Die weitere Vorgehensweise beruht darauf, die gegebene Normalverteilung durch Verschieben und Stauchen bzw. Dehnen so zu verändern, daß sie in die Standardnormalverteilung übergeht. Die Punkte x_1 und x_2 werden dann in die neuen Punkte z_1 und z_2 überführt, wobei die Fläche zwischen diesen unterhalb der Standardnormalverteilung gleich der ursprünglichen Fläche ist. Diese Transformation entspricht der folgenden Beziehung:

$$(52) \quad \boxed{Z = \frac{1}{\sigma}X - \frac{\mu}{\sigma} = \frac{X-\mu}{\sigma}}$$

Für die Punkte x_1 und x_2 gelten dann folgende Transformationsformeln:

$$z_1 = \frac{x_1 - \mu}{\sigma} \quad \text{und} \quad z_2 = \frac{x_2 - \mu}{\sigma}$$

Es gilt dann:

$$(53) \quad \boxed{P(x_1 \leq X \leq x_2) = P\left(\frac{x_1-\mu}{\sigma} \leq Z \leq \frac{x_2-\mu}{\sigma}\right) = F_Z(z_2) - F_Z(z_1)}$$

Dabei ist Z eine standardnormalverteilte Zufallsvariable.

Beispiel

Eine Zufallsvariable sei normalverteilt mit dem Mittelwert 5 und der Standardabweichung 4. Es ist die Wahrscheinlichkeit dafür zu ermitteln, daß die Zufallsvariable Werte zwischen 6 und 7 annimmt.

Lösung
Zunächst sind die Werte 6 und 7 in korrespondierende Punkte der Standardnormalverteilung zu transformieren:

$$z_1 = \frac{6-5}{2} = 0{,}5 \qquad z_2 = \frac{7-5}{2} = 1$$

Dann gilt (wie aus den Tabellen für die Standardnormalverteilung entnommen werden kann; siehe auch Software-Lösung am Ende dieses Kapitels):

$$P(6 \leq X \leq 7) = P(0{,}5 \leq Z \leq 1)$$
$$= F_Z(1) - F_Z(0{,}5) = 0{,}8413 - 0{,}6915 = 0{,}1498$$

Die Zufallsvariable nimmt also mit einer Wahrscheinlichkeit von 14,98% Werte zwischen 6 und 7 an.

Tabelle 10.8: Übersicht über die Normalverteilung

Verteilung	Normalverteilung
Typ	stetig
Kurzschreibweise	$N(\mu; \sigma^2)$
Parameter	μ: Erwartungswert σ^2: Varianz
$E(X)$	μ
$VAR(X)$	σ^2
Dichtefunktion	$f_X(x) = \dfrac{1}{\sigma \cdot \sqrt{2\pi}} \cdot e^{-\frac{(x-\mu)^2}{2\sigma^2}}$
Reproduktivität	$N(\mu_1; \sigma_1^2) + N(\mu_2; \sigma_2^2) \to N(\mu_1 + \mu_2; \sigma_1^2 + \sigma_2^2)$

10.9 Exponentialverteilung

Eine stetige Zufallsvariable ist exponentialverteilt, wenn sie folgende Dichtefunktion besitzt:

$$(54) \quad f_X(x) = \begin{cases} \lambda \cdot e^{-\lambda \cdot x} & \text{für } x \geq 0 \text{ und } \lambda > 0 \\ 0 & \text{sonst} \end{cases}$$

Die Exponentialverteilung hat somit nur den Parameter λ und wird meist in der Kurzform $Ex(\lambda)$ angegeben.
Durch Integration ergibt sich daraus folgende Verteilungsfunktion:

$$(55) \quad F_X(x) = \begin{cases} 1 - e^{-\lambda \cdot x} & \text{für } x \geq 0 \text{ und } \lambda > 0 \\ 0 & \text{sonst} \end{cases}$$

Für Erwartungswert und Varianz gilt:

$$(56) \quad E(X) = \frac{1}{\lambda} \qquad (57) \quad VAR(X) = \frac{1}{\lambda^2}$$

Damit sind Erwartungswert und Standardabweichung der Exponentialverteilung gleich.

Die Exponentialverteilung wird vor allem im Zusammenhang mit der Warteschlangentheorie und der Lebensdauer bzw. dem Ausfall von technischen Geräten verwendet.

Wegen dieses Zeitbezuges wird anstelle von x oft auch t als Variable verwendet.

Beispiel

Es ist bekannt, daß an einer Kasse durchschnittlich alle 2 Minuten ein Kunde ankommt. Wie groß ist die Wahrscheinlichkeit dafür, daß der Abstand zwischen zwei Kunden größer als 4 Minuten ist, wenn man exponentialverteilte Zwischenankunftszeiten (zeitlicher Abstand zwischen der Ankunft zweier Kunden) unterstellt?

Lösung
Aus dem Erwartungswert $E(T) = 2$ *Min. ergibt sich der Parameter* $\lambda = 0{,}5$. *Es gilt dann:*

$$P(T > 4) = 1 - F_T(4|0{,}5) = 1 - (1 - e^{-0{,}5 \cdot 4}) = e^{-2} = 13{,}5\%$$

Die Exponentialverteilung besitzt eine Eigenschaft, die insbesondere bei der Anwendung auf Probleme im Bereich Ausfallraten und Lebensdauer kritisch zu prüfen ist. Der Erwartungswert einer exponentialverteilten Zufallsvariablen hängt nicht davon ab, wieviel Zeit bisher vergangen ist. Anders ausgedrückt: Hat zum Beispiel ein technisches Gerät das Alter t, so ist die zu erwartende Restlebensdauer genauso groß wie bei einem neuen Gerät. Dies trifft sicherlich nur für bestimmte Geräte ohne mechanischen Verschleiß oder vergleichbare Alterserscheinungen zu.

Tabelle 10.9: Übersicht über die Exponentialverteilung

Verteilung	Exponentialverteilung
Typ	stetig
Kurzschreibweise	$Ex(\lambda)$
Parameter	λ : z.B. Ankunftsrate, Ausfallrate
$E(X)$	$\dfrac{1}{\lambda}$
$VAR(X)$	$\dfrac{1}{\lambda^2}$
Dichtefunktion	$f_X(x) = \begin{cases} \lambda \cdot e^{-\lambda \cdot x} & \text{für } x \geq 0 \text{ und } \lambda > 0 \\ 0 & \text{sonst} \end{cases}$
Verteilungsfunktion	$F_X(x) = \begin{cases} 1 - e^{-\lambda \cdot x} & \text{für } x \geq 0 \text{ und } \lambda > 0 \\ 0 & \text{sonst} \end{cases}$

10.10 Chi-Quadrat-Verteilung

Die Chi-Quadrat-Verteilung (χ^2-Verteilung) ergibt sich aus folgendem stochastischen Modell:
Es seien $Z_1, Z_2, ..., Z_n$ unabhängige, standardnormalverteilte Zufallsvariablen. Dann besitzt die Größe

(58) $$\chi^2(n) = Z_1^2 + Z_2^2 + \ldots + Z_n^2$$

eine (zentrale) χ^2 – Verteilung mit n **Freiheitsgraden**.
Es handelt sich um eine stetige Verteilung, deren Dichte nur für $x \geq 0$ positiv ist, da nur positive Quadratzahlen addiert werden. Die Dichtefunktion lautet:

(59) $$f_X(x;n) = \begin{cases} \dfrac{1}{2^{\frac{n}{2}} \cdot \Gamma(\frac{n}{2})} \cdot x^{\frac{n}{2}-1} \cdot e^{-\frac{x}{2}} & \text{für } x \geq 0 \\ 0 & \text{für } x < 0 \end{cases}$$

Dabei ist $\Gamma(x)$ die **Gammafunktion**, für die gilt:

(60) $$\Gamma(x) = \int_0^\infty t^{x-1} \cdot e^{-t} \cdot dt \quad \text{mit } x > 0$$

Die Verteilungsfunktion ist nicht elementar darstellbar. Die Verteilung wird deshalb in der Form $\chi^2(p;n)$ mit $P(\chi^2(n) \leq \chi^2(p;n)) = p$ mit n Freiheitsgraden und $p = 1 - \alpha$ angegeben. Die konkreten Werte sind Tabellen zu entnehmen.
Für Erwartungswert und Varianz gilt:

(61) $$E(\chi^2(n)) = n$$ (62) $$VAR(\chi^2(n)) = 2n$$

Die χ^2 – Verteilung wird für die verschiedenen **Chi-Quadrat-Tests** sowie das Berechnen von **Konfidenzintervallen** für Varianzen benötigt. Sie gehört damit zur Gruppe der sogenannten **Testverteilungen**.

Tabelle 10.10: Übersicht über die Chi-Quadrat-Verteilung

Verteilung	Chi-Quadrat-Verteilung
Typ	stetige Testverteilung
Kurzschreibweise	$\chi^2(p;n)$
Parameter	p Quantil n Zahl der Freiheitsgrade
$E(X)$	n
$VAR(X)$	$2n$
Dichtefunktion	$f_X(x;n) = \begin{cases} \dfrac{1}{2^{\frac{n}{2}} \cdot \Gamma(\frac{n}{2})} \cdot x^{\frac{n}{2}-1} \cdot e^{-\frac{x}{2}} & \text{für } x \geq 0 \\ 0 & \text{für } x < 0 \end{cases}$
mögliche Approximation	$N(n;2n)$, wenn $n \geq 100$

10.11 t-Verteilung

Die t – Verteilung (auch **Studentverteilung** genannt) ergibt sich aus folgendem Modell:
Eine Zufallsvariable Z sei standardnormalverteilt, die davon unabhängige Zufallsvariable U sei χ^2 – verteilt mit v Freiheitsgraden. Dann ist die Zufallsvariable

(63) $$T(v) = \frac{Z}{\sqrt{\dfrac{U}{v}}}$$

t – verteilt mit v Freiheitsgraden.
In Tabellen wird der Wert für $t(p;v)$ angegeben, für den gilt:
$F_t(t;v) = p$.
Zur Vereinfachung werden oft getrennte Tabellen für ein- und zweiseitige Schätzungen bzw. Tests angegeben, aus denen der Wert t für gegebenes α und v direkt abgelesen werden kann.
Die t – Verteilung ähnelt der Standardnormalverteilung und liegt symmetrisch um den Nullpunkt. Sie verläuft flacher, nähert sich aber mit größeren Freiheitsgraden der Standardnormalverteilung an und erreicht

sie theoretisch für $v = \infty$. In der Praxis wird meist ab $v > 30$ anstelle der t-Verteilung die Standardnormalverteilung als Näherung verwendet.

Für Erwartungswert und Varianz, die erst ab einer bestimmten Zahl von Freiheitsgraden angegeben werden können, gilt:

(64) $\boxed{E(T(v)) = 0 \quad \text{für } v \geq 2}$

(65) $\boxed{VAR(T(v)) = \dfrac{v}{v-2} \quad \text{für } v \geq 3}$

Die t-Verteilung wird vor allem für Schätz- und Testverfahren zum Mittelwert einer Grundgesamtheit benötigt, deren Varianz nicht bekannt ist. Sie gehört damit zur Gruppe der sogenannten **Testverteilungen**.

Tabelle 10.11: Übersicht über die t-Verteilung

Verteilung	t-Verteilung
Typ	stetige Testverteilung
Kurzschreibweise	$t(p;v)$
Parameter	p Quantil
	v Zahl der Freiheitsgrade
$E(X)$	0 für $v \geq 2$
$VAR(X)$	$\dfrac{v}{v-2}$ für $v \geq 3$

10.12 F-Verteilung

Das stochastische Modell der F-Verteilung (**Fisher-Verteilung**) sieht so aus:

Es seien χ_1 und χ_2 zwei unabhängige χ^2-verteilte Zufallsvariablen mit den Freiheitsgraden und v_2. Dann ist die Zufallsvariable

(66) $\boxed{F(v_1;v_2) = \dfrac{\chi_1^2/v_1}{\chi_2^2/v_2}}$

F – verteilt mit den Freiheitsgraden v_1 und v_2.

Die F – Verteilung wird in Tabellen als $F(p;v_1;v_2)$ angegeben. Da die Verteilung mit zwei Freiheitsgraden sehr aufwendig zu tabellieren ist, wird sie in der Regel nur für einige wenige Wahrscheinlichkeiten p aufgeführt.

Für Erwartungswert und Varianz, die erst ab einer bestimmten Zahl von Freiheitsgraden angegeben werden können, gilt:

(67) $$E(X) = \frac{v_2}{v_2 - 2} \quad \text{für } v_2 \geq 3$$

(68) $$VAR(X) = \frac{2v_2^2(v_1 + v_2 - 2)}{v_1(v_2 - 2)^2(v_2 - 4)} \quad \text{für } v_2 \geq 5$$

Ist eine Zufallsvariable X $F(p;v_1;v_2)$ – verteilt,

so ist X^{-1} $F(p;v_2;v_1)$ – verteilt. Daraus läßt sich die Beziehung

(69) $$F(p;v_1;v_2) = \frac{1}{F(1-p;v_2;v_1)}$$

ableiten. Deshalb werden in der Regel nur Quantile ab $p \geq 0{,}5$ tabelliert.

Die F – Verteilung wird u.a. für die Berechnung des Konfidenzintervalls eines Anteilswertes einer Grundgesamtheit benötigt. Sie gehört damit zur Gruppe der sogenannten **Testverteilungen**.

Tabelle 10.12: Übersicht über die F-Verteilung

Verteilung	F-Verteilung
Typ	stetige Testverteilung
Kurzschreibweise	$F(p;v_1;v_2)$
Parameter	p Quantil v_1, v_2 Zahl der Freiheitsgrade
$E(X)$	$\dfrac{v_2}{v_2-2}$ für $v_2 \geq 3$
$VAR(X)$	$\dfrac{2v_2^2(v_1+v_2-2)}{v_1(v_2-2)^2(v_2-4)}$ für $v_2 \geq 5$

10.13 Anwendungsbeispiele

Anwendungsbeispiele für den Einsatz der unterschiedlichen Wahrscheinlichkeitsverteilungen finden sich in den vorangegangenen Abschnitten. Weitere Beispiele an dieser Stelle dürften deshalb entbehrlich sein.

10.14 Problemlösungen mit SPSS

Der Einsatz des Statistikprogramms SPSS für die Bestimmung von Wahrscheinlichkeiten ist nicht erforderlich, da es hier nur um einfache arithmetische Berechnungen geht.

Der Vollständigkeit halber sei darauf aufmerksam gemacht, daß derartige Berechnungen sehr gut zum Beispiel mit dem Tabellenkalkulationsprogramm Excel durchgeführt werden können, das u.a. folgende Funktion zur Verfügung stellt, um Wahrscheinlichkeiten zu berechnen:

- BINOMVERT: Binomialverteilung
- NORMVERT: Normalverteilung
- CHIVERT: Chi-Quadrat-Verteilung
- POISSON: Poisson-Verteilung
- HYPERGEOMVERT: Hypergeometrische Verteilung
- EXPONVERT: Exponentialverteilung
- FVERT: F-Verteilung
- TVERT: t-Verteilung

10.15 Literaturhinweise

Monka, M., Voß, W.: Statistik am PC – Lösungen mit Excel, 3. Aufl. München/Wien 2002
Tiede, M., Voß, W.: Schließen mit Statistik – Verstehen, München/Wien 2000

11 Stochastische Prozesse

11.1 Grundbegriffe

$X_1, X_2, X_3,...$ heißt Folge von Zufallsvariablen. Solche Folgen sind geeignet, zufallsabhängige Zustände oder Zustandsänderungen im Zeitablauf (im Längsschnitt) oder über Regionen, Individuen, Objekte usw. (im Querschnitt) zu beschreiben.

Beispiele

Anzahlen $X_1, X_2, X_3,...$ der von einem Haushalt zufällig gekauften Kaffeepackungen in Woche 1, 2, 3,...,
Zuwächse $X_1, X_2, X_3,...$ der Schadenssummen einer Versicherung in Region 1, 2, 3,... usw.

In der Statistik werden Folgen von Zufallsvariablen für die theoretische Begründung von Modellen und Verfahren untersucht.
Die asymptotischen Gesetzmäßigkeiten bestimmter Folgen begründen zentrale Konzepte der klassischen schließenden Statistik.
In neueren Anwendungen der Statistik sind die stochastischen Folgen und die allgemeineren stochastischen Prozesse ein häufig gebrauchtes Instrument für die Modellierung, Analyse und Prognose von realen Zeitreihen und Response-Phänomenen. So können Veränderungen von Schadenssummen, Aktienkursen, Kundenpräferenzen u.ä. Monat für Monat oder allgemeiner jederzeit und für jede Schadenssparte, Aktie, Präferenzobjekt getrennt beobachtet und entsprechend als Zufallsvektoren mit stetiger nicht-zufälliger Indexmenge - bei zufälliger Beobachtung auch entsprechend mit zufälliger Indexmenge - modelliert, analysiert und prognostiziert werden.
Hinsichtlich Zahl, Eigenschaften und Beziehungen der real auftretenden Größen steht eine Liste von weit geeigneten und untersuchten Grundtypen stochastischer Prozesse zur Verfügung.

11.2 Gesetze der großen Zahlen

Gesetze der großen Zahlen geben an, wie sich Folgen $X_1, X_2, ..., X_n$ von Zufallsvariablen und bestimmten Funktionen dieser Zufallsvariablen bei wachsender Zahl n verhalten. Speziell für **Stichprobenvariablen** $X_1, X_2, ..., X_n$ und bestimmte **Stichprobenparameter** erhält man Gesetze über ihr Verhalten bei wachsendem Stichprobenumfang n.

> Von schwachen Gesetzen spricht man, wenn das relativ schwache Konzept der Konvergenz in Wahrscheinlichkeit benutzt wird.

> Von starken Gesetzen spricht man, wenn das Konzept der fast sicheren Konvergenz (d.h. Konvergenz mit der Wahrscheinlichkeit 1) genutzt wird.

Die bekanntesten Schwachen Gesetze der großen Zahlen basieren auf der Ungleichung und dem daraus folgenden Satz von P.N. Tschebyscheff, 1821-1894

11.2.1 Satz von Tschebyscheff

Zu einer Folge $X_1, X_2, X_3, ...$ von (abhängigen oder unabhängigen) Zufallsvariablen mit den Erwartungswerten $E(X_n) = \mu_n$ und den Varianzen $V(X_n) = \sigma_n^2$ ($n = 1,2,3,...$), für die $\lim\limits_{n \to \infty} \sigma_n^2 = 0$, ist die Wahrscheinlichkeit

(1) $\quad \boxed{\lim\limits_{n \to \infty} P(|X_n - \mu_n| < \varepsilon) = 1} \qquad \varepsilon > 0$

Man sagt: Die Folge der Abweichungen $X_n - \mu_n$ konvergiert in Wahrscheinlichkeit (schwach) gegen Null. Denn ε ist zwar positiv, aber beliebig klein. Der Satz von Tschebyscheff enthält zwei wichtige Sonderfälle.

11.2.2 Schwaches Gesetz der großen Zahlen in der Form von Tschebyscheff

Das Mittel $\overline{X}_n$ einer Folge $X_1, X_2, X_3, \ldots$ paarweise unkorrelierter Zufallsvariablen mit demselben Erwartungswert μ und derselben endlichen Varianz σ^2 ist

$$\overline{X}_n := \frac{1}{n} \cdot \sum_{i=1}^{n} X_i \quad \text{mit} \quad E(\overline{X}_n) = \mu \quad \text{und} \quad Var(\overline{X}_n) = \frac{\sigma^2}{n}, \quad n = 1, 2, 3, \ldots$$

und hat bei wachsender Zahl n die Wahrscheinlichkeit

(2) $\quad \boxed{\lim_{n \to \infty} P(|\overline{X}_n - \mu| < \varepsilon) = 1} \quad \varepsilon > 0$

Man sagt: Die Folge der arithmetischen Mittel $\overline{X}_n$ konvergiert in Wahrscheinlichkeit (schwach) gegen den gemeinsamen Erwartungswert μ. Die Stichprobenpraxis interpretiert: Für sehr große n liegt das Mittel $\overline{X}_n$ von n unabhängigen Beobachtungen mit Sicherheit in einem sehr kleinen zentralen Intervall $[\mu - \varepsilon; \mu + \varepsilon]$, d.h. sehr nahe bei dem Mittel μ der Grundgesamtheit.

Dieses Gesetz liefert eine theoretische Begründung, unter alternativen Mittelwertkonzepten der deskriptiven Statistik das arithmetische Mittel zu bevorzugen.

11.2.3 Schwaches Gesetz der großen Zahlen in der Form von Bernoulli

Der Anteil $\dfrac{X}{n}$ einer Folge paarweise unkorrelierter Bernoulli-verteilter Zufallsvariablen $X_1, X_2, X_3, \ldots$ mit

$$P(X_i = 1) = p = P(A)$$

für das Eintreten eines Ereignisses A, d.h. mit demselben Erwartungswert $E(X_i) = p$ und derselben Varianz $Var(X_i) = p(1-p)$ ist

$$\frac{X}{n} := \frac{1}{n} \cdot \sum_{i=1}^{n} X_i \quad \text{mit } E\left(\frac{X}{n}\right) = p \text{ und } Var\left(\frac{X}{n}\right) = \frac{p(1-p)}{n}$$

$n = 1, 2, 3, \ldots$

und hat bei wachsendem n die Wahrscheinlichkeit

(3) $$\lim_{n \to \infty} P\left(\left|\frac{X}{n} - p\right| < \varepsilon\right) = 1 \qquad \varepsilon > 0$$

Also: Die Folge der relativen Häufigkeiten $\frac{X}{n}$ eines Ereignisses A konvergiert bei wachsender Zahl von unabhängigen Versuchswiederholungen (schwach) gegen seine Wahrscheinlichkeit $P(A)$.

Dieses Gesetz liefert eine theoretische Begründung für die praktische Bestimmung von Wahrscheinlichkeiten nach dem Häufigkeitskonzept: Die relative Häufigkeit eines Ereignisses bestimmt näherungsweise seine Wahrscheinlichkeit (vgl. Kapitel 9).

11.2.4 Schwaches Gesetz der großen Zahlen nach Chintschin

Das Mittel $\overline{X}_n$ einer Folge $X_1, X_2, X_3, \ldots$ von unabhängigen identisch verteilten Zufallsvariablen mit demselben endlichen Erwartungswert $E(X_i) = \mu$ hat bei wachsendem n die Wahrscheinlichkeit

(4) $$\lim_{n \to \infty} P\left(\left|\overline{X}_n - \mu\right| < \varepsilon\right) = 1$$

Hier ist die Forderung endlicher Varianzen ersetzt durch die Forderung nach unabhängigen identischen Verteilungen der Zufallsvariablen.

11.2.5 Starkes Gesetz der großen Zahlen von Kolmogorov

Die Starken Gesetze der großen Zahlen verwenden ein stärkeres Konvergenzkonzept, die Konvergenz fast sicher (auch: fast überall oder mit Wahrscheinlichkeit 1).

Das Mittel $\overline{X}_n$ einer Folge $X_1, X_2, X_3,...$ unabhängiger Zufallsvariablen mit $E(X_i) = \mu$ und $Var(X_i) = \sigma_i^2$, für die $\sum_{i=1}^{\infty} \sigma_i^2 / i^2 < \infty$ gilt, hat für wachsendes n die Wahrscheinlichkeit

(5) $$P\left(\lim_{n \to \infty} \left| \overline{X}_n - \frac{1}{n} \sum_{i=1}^{n} \mu_n \right| = 0 \right) = 1$$

11.2.6 Starkes Gesetz der großen Zahlen von Borel und Cantelli

Ein Sonderfall für unabhängige und identisch verteilte Zufallsvariablen X_i mit $E(X_i) = \mu$ und $Var(X_i) = \sigma^2$ für $i = 1,2,3,...$ ist das Starke Gesetz der großen Zahlen von Borel und Cantelli. Hier sagt man kurz: Das arithmetische Mittel $\overline{X}_n$ (einer Stichprobe) konvergiert fast sicher (mit Wahrscheinlichkeit 1) gegen das Mittel μ (ihrer Grundgesamtheit). Den Sonderfall für unabhängige identisch Bernoulli-verteilte Zufallsvariablen, d.h. ein zum Schwachen Gesetz von Bernoulli analoges Starkes Gesetz für relative Häufigkeiten, hat Borel formuliert. Im Sonderfall unabhängiger identisch verteilter Zufallsvariablen ist deren endlicher Erwartungswert bereits hinreichend für die Gültigkeit des Starken Gesetzes der großen Zahlen. Die Konvergenz mit Wahrscheinlichkeit 1 impliziert die Konvergenz in Wahrscheinlichkeit, daher gilt: Unterliegt eine Folge dem Starken Gesetz der großen Zahlen, so unterliegt sie auch dem entsprechenden Schwachen Gesetz der großen Zahlen.

11.3 Zentrale Grenzwertsätze

Zentrale Grenzwertsätze geben Bedingungen an für die Konvergenz einer Folge von Verteilungen gegen die Normalverteilung.
Eine Folge von Zufallsvariablen $X_1, X_2, X_3, \ldots$ mit den Verteilungsfunktionen $F_1(x), F_2(x), F_3(x), \ldots$ heißt asymptotisch mit F^* verteilt (konvergent in Verteilung), wenn

(6) $\quad \boxed{\lim_{n \to \infty} F_n(x) = F^*(x)} \quad$ für jede Stetigkeitsstelle $x \in \mathbb{R}$

wobei F^* selbst wieder eine Verteilungsfunktion ist (siehe Bild 11.1 weiter unten).

F^* ist häufig die Verteilungsfunktion der Einpunkt-Verteilung mit dem Parameter μ oder der Normalverteilung mit den Parametern μ und σ oder der χ^2-Verteilung mit dem Parameter n.

11.3.1 Zentraler Grenzwertsatz nach Lindeberg und Levy

$X_1, X_2, X_3, \ldots$ ist eine Folge unabhängiger Zufallsvariablen, die dieselbe Verteilung mit endlichem Erwartungswert μ und endlicher Varianz σ^2 haben. Dann ist die Folge der Summen asymptotisch

(7) $\quad \boxed{X_n := \sum_{i=1}^{n} X_i \stackrel{as}{\sim} Normal(n\mu, \sigma\sqrt{n})}$

und die Folge der Mittel asymptotisch

(8) $\quad \boxed{\overline{X}_n := \frac{\sum_{i=1}^{n} X_i}{n} \stackrel{as}{\sim} Normal\left(\mu, \frac{\sigma}{\sqrt{n}}\right)}$

und die Folge der standardisierten Mittel asymptotisch

11.3 Zentrale Grenzwertsätze

(9) $$Z_n := \frac{\overline{X}_n - \mu}{\sigma} \sqrt{n} \overset{as}{\sim} Normal\,(0,1)$$

Kann also eine Variable als zufällige Summe einer großen Anzahl unabhängiger "identischer" Summanden gesehen werden, so ist sie annähernd normalverteilt. Praktisch bedeutet dies: $F_{Z_n}(z) \approx \Phi(z)$ in jeder Stetigkeitsstelle $z \in \mathbb{R}$, wobei Φ die Verteilungsfunktion der Standardnormalverteilung ist. Der Approximationsfehler ist klein, wenn $n \geq 30$ (Faustregel).

Dieser Grenzwertsatz nach Lindeberg und Levy wird für Methoden der schließenden Statistik mit ihren einfachen Zufallsstichproben aus derselben Grundgesamtheit am häufigsten gebraucht.

Beispiel

Zu den unabhängigen, im Intervall $[-0{,}5;+0{,}5]$ identisch rechteckverteilten Zufallsvariablen $X_1, X_2, X_3, \ldots$ mit $E(X_i) = 0$ und $Var(Xi) = \dfrac{1}{12}$ bezeichne $Y_1, Y_2, Y_3, \ldots$ die Folge ihrer Summen

$$Y_n := \sum_{i=1}^{n} X_i \qquad n = 1,2,3,\ldots$$

Deren Dichtefunktionen $f_n(y)$ lauten für $n = 1,2,3$:

$f_1(y) = 1 \qquad\qquad\qquad\qquad -0.5 \leq y \leq 0.5$

$f_2(y) = \begin{cases} 1 + y & -1 \leq y \leq 0 \\ 1 - y & 0 \leq y \leq 1 \end{cases}$

$f_3(y) = \begin{cases} 0.5(1.5 + y)^2 & -1.5 \leq y \leq -0.5 \\ 0.5 + (0.5 + y)(0.5 - y) & -0.5 \leq y \leq +0.5 \\ 0.5(1.5 - y)^2 & +0.5 \leq y \leq +1.5 \end{cases}$

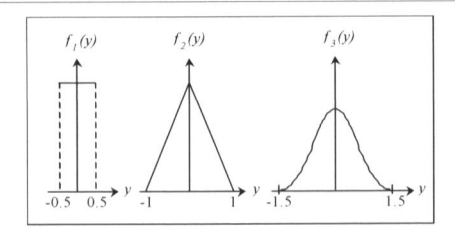

Bild 11.1: Dichtefunktionen f_n von Y_n, $n = 1,2,3$

In Bild 11.1 ist schon für die Folge der ersten drei Summen deutlich die Annäherung an die Dichtefunktion der Normalverteilung zu erkennen.

11.3.2 Zentraler Grenzwertsatz von deMoivre und Laplace

Die Folge der Summen X_n von n unabhängigen identisch Bernoulli-verteilten Zufallsvariablen X_i mit dem Parameter p hat die exakte Verteilung

$$X_n := \sum_{i=1}^{n} X_i \sim Binomial\,(n,p) \qquad (n = 1,2,...)$$

mit $E(X_n) = \mu_n = n \cdot p \qquad Var(X_n) = \sigma_n^2 = n \cdot p \cdot (1-p)$

und hat die asymptotische Verteilung ($n \to \infty$)

$$X_n := \sum X_i \overset{as}{\sim} Normal\left(np; \sqrt{np \cdot (1-p)}\right)$$

und nach Standardisierung

$$Z_n := \frac{X_n - n \cdot p}{\sqrt{n \cdot p \cdot (1-p)}} \overset{as}{\sim} Normal\,(0,1)$$

Man spricht von der **Normalapproximation** der Binomialverteilung

$F_{Z_n}(z) \approx \Phi(z)$, $z \in \mathsf{R}$.

Anmerkung

F_{Z_n} ist die "treppenartige" Verteilungsfunktion der diskreten Zufallsvariablen Z_n, aber Φ ist die „glatte" Verteilungsfunktion einer stetigen Zufallsvariablen. Daher ist eine Verbesserung der Approximation für kleines n durch explizite Verwendung von Klassen $[x_n - 0{,}5; x_n + 0{,}5]$ gebräuchlich, die sog. **Stetigkeitskorrektur**; sie bedeutet nach Standardisierung

$$(10) \quad F_{Z_n}(z) \approx \Phi\left(z + \frac{0.5}{\sqrt{n \cdot p \cdot (1-p)}}\right) \qquad z \in \mathsf{R}$$

Die Normalapproximation der Binomialverteilung ist um so besser, je größer n und je näher p bei 0,5 (Symmetrie) oder zusammengefaßt als Faustregel:

$$n \cdot p > 10 \quad \text{und} \quad n \cdot (1-p) > 10$$

Ähnliche Faustregeln finden sich auch für andere Verteilungen, etwa: $\lambda > 100$ für die Normalapproximation der **Poissonverteilung** (als Grenzfall der Binomialverteilung), sowie

$\dfrac{n}{N} < 0{,}05$ und $p = \dfrac{M}{N}$ für die Normalapproximation der **hypergeometrischen Verteilung** mit den Parametern n, M, N.

Abschwächungen der Annahmen des Zentralen Grenzwertsatzes von deMoivre und Laplace betreffen die identischen Verteilungen sowie die identischen Erwartungswerte und Varianzen.

11.3.3 Zentraler Grenzwertsatz nach Ljapunoff

$X_1, X_2, X_3, \ldots$ bezeichne eine Folge unabhängiger Zufallsvariablen mit den Erwartungswerten $\mu_1, \mu_2, \mu_3, \ldots$ und den Varianzen $\sigma_1^2, \sigma_2^2, \sigma_3^2, \ldots$.
Die Folge ihrer standardisierten Summen Z_n ist

(11) $$Z_n := \frac{\sum_{i=1}^{n} X_i - \sum \mu_i}{\sqrt{\sum \sigma_i^2}} \stackrel{as}{\sim} Normal\,(0,1)$$

wenn die folgende hinreichende Bedingung erfüllt ist:

(12) $$\lim_{n \to \infty} \frac{\sqrt[3]{\sum_i E(X_i - \mu_i)^3}}{\sqrt{\sum E(X_i - \mu_i)^2}} = 0$$

Die Summe unabhängiger Zufallsvariablen ist also asymptotisch standard-normalverteilt, und zwar bei so gut wie beliebigen Verteilungen der Summanden.

Lindeberg und Feller haben Ljapunoffs hinreichende Bedingung durch eine notwendige und hinreichende Bedingung ersetzt. Diese bedeutet anschaulich, daß die einzelnen Summanden der Summe Z_n gleichmäßig klein sein müssen (gleichmäßig beschränkt, mit Varianzen $\sigma_i^2 > 0$ sowie $\lim \sqrt{\sum \sigma_i^2} = \infty$).

Beweise der Grenzwertsätze erfolgen durch Grenzübergänge der Verteilungsfunktionen (deMoivre und Laplace) oder einfacher mit Hilfe erzeugender Funktionen der Verteilungen.

Anmerkung

Die zentralen Grenzwertsätze machen keine Aussage zur Konvergenz-Geschwindigkeit.

Die Praxis benutzt die zentralen Grenzwertsätze zur Normalapproximation der Verteilung zunächst für fast jede als standardisierte Summe vorstellbare Zufallsvariable X_n mit einer (nicht tabellierten oder unbekannten) Verteilung F_X, d.h. gesuchte Wahrscheinlichkeiten setzt man zunächst

(13) $$P(a < X_n < b) = F_X(b) - F_X(a) \approx \Phi(b) - \Phi(a)$$

zum Beispiel bei Liefer- und Produktionszeiten, Qualitätsschwankungen, Nachfragemengen usw.

11.4 Allgemeine Beschreibung stochastischer Prozesse

11.4.1 Grundlagen

Reale Systeme unterliegen Zufallseinflüssen, die in die Beschreibung der Systemvariablen, vor allem der Zustandsvariablen aufgenommen werden. Die Modellierung von Systemen und Systementwicklungen als stochastische Prozesse kann auf eine Liste von speziellen Prozessen zurückgreifen, deren Eigenschaften und Verhalten weitgehend untersucht und damit für Systemprognose und optimale Systemgestaltung nutzbar sind.

Definition

Die Gesamtheit $\{X(t), t \in \tau\}$ der Zufallsvariablen $X(t)$ heißt **stochastischer Prozeß** mit dem Parameterraum τ (auch: Indexmenge τ).
Der Parameter t (oft als Zeit bezeichnet) ist häufig aus einem **Parameterraum** τ der Form

(14)
$$\begin{array}{ll} \tau = [0, \infty) & \tau = (-\infty, +\infty) \\ \tau = \{0,1,2,...\} & \tau = \{...,-1,0,1,2,...\} \end{array}$$

Der Parameter t kann zeitlich, räumlich oder sachlich interpretiert oder abstrakt sein.

Beispiele

zeitlich: $X(t)$ *als Anzahl der defekten Stücke bis zum Zeitpunkt t*
räumlich: $X(t)$ *als Anzahl der Fehler auf einem Faden der Länge t,*
auf einem Blech der Größe t,
in einem Quader des Volumens t.

Jede Zufallsvariable $X(t)$ eines stochastischen Prozesses hat eine Menge $M(t)$ möglicher Realisationen $x(t): M(t) = \{x(t)\}$, t fest.

11 Stochastische Prozesse

Zu einem stochastischen Prozeß $\{X(t), t \in \tau\}$ beobachtet man über die Zeit eine Funktion $x(t), t \in \tau$. Diese „Spur durch die Zeit" oder **Trajektorie** heißt **Stichprobenpfad**.
Die Menge der möglichen Realisationen eines stochastischen Prozesses umfaßt also die Gesamtheit $M = \{x(t), t \in \tau\}$ aller möglicher Stichprobenpfade $x(t), t \in \tau$. Für die Beschreibung vieler Prozesse nützlicher, weil im allgemeinen knapper, ist der sogenannte **Zustandsraum** ρ eines Prozesses:

(15) $\quad \boxed{\rho = \cup_t M(t)} \quad$ Zustandsraum eines Prozesses

Dabei ist der Zustandsraum häufig $\rho = \{0,1\}$, so etwa bei der Qualitätskontrolle und bei der Übermittlung binär codierter Daten, oder man hat $\rho = \{-1,+1\}$, $\rho = \{s; a < s < b\}$, $\rho = \{s; 0 \le s\}$.

Eine erste **Klassifikation** unterscheidet stochastische Prozesse:

1. mit diskretem Parameter- und diskretem Zustandsraum

Beispiele

Monatlich beobachtete Konsumentenpräferenzen
Anzahl der defekten Stücke in der Qualitätskontrolle

2. mit kontinuierlichem Parameterraum und diskretem Zustandsraum

Beispiele

Über eine Zeitperiode beobachtete Anzahl gelagerter Stücke
Über einen Tag beobachtete Anzahl der Wartenden an einer Bedienungsstation (wie Haltestelle, Abfertigungsschalter, Zapfsäule ...)

3. mit diskretem Parameterraum und kontinuierlichem Zustandsraum

Beispiel

Am Ende eines Tages jeweils festgestellter Vorrat an flüssigen Betriebsstoffen oder Schüttgütern

4. mit kontinuierlichem Parameterraum und kontinuierlichem Zustandsraum

Beispiel

Kontinuierlich beobachteter Inhalt eines Wasserreservoirs

Die Prozesse 1. und 3. werden auch als Prozesse in diskreter Zeit und im häufigen Sonderfall mit $\tau = \{1,2,3,...\}$ als **stochastische Folgen** mit den Zufallsvariablen X_t (statt $X(t)$) bezeichnet.

Man spricht von einem
- **Punktprozeß**, wenn der Zustandsraum ρ abzählbar ist (vergleiche 1. und 2.),
- **Diffusionsprozeß**, wenn der Zustandsraum ρ überabzählbar ist (vergleiche 3. und 4.)

Die Zufallsvariablen $X(t)$ eines stochastischen Prozesses sind für festes t ein- oder mehrdimensional, je nach Erfordernissen bei der Modellierung des realen Zufallsphänomens.

Beispiel

Die zufällige Bewegung eines Teilchens im Raum wird man mittels drei Koordinaten beschreiben, so daß $X(t) = [U(t), V(t), W(t)]$.

Das **Wahrscheinlichkeitsgesetz** oder **Verteilungsgesetz** eines stochastischen Prozesses ordnet interessierenden Ereignissen, zum Beispiel der Realisation eines bestimmten Stichprobenpfades oder einer bestimmten Teilmenge von Pfaden in bestimmten Zeitperioden, Wahrscheinlichkeiten zu (eindeutig und unter Beachtung der Kolmogorov-Axiome). Es ist unter gewissen Konsistenzbedingungen auch bei überabzählbarem Parameterraum durch die Verteilungsfunktionen aller endlichen Ordnungen k vollständig beschrieben, d.h. durch

(16) $$F_{t_1,...,t_k}(x_1, x_2, ..., x_k) = P(X_1(t_1) \leq x_1, ..., X_k(t_k) \leq x_k)$$

für jede mögliche Auswahl $x_1, x_2, ..., x_k$ aus ρ, für jede mögliche Parametermenge $t_1 < ... < t_k \in \tau$ und jede Ordnung $k = 1, 2, ...$ Es kann auch in Form entsprechender Wahrscheinlichkeits- bzw. Dichtefunktionen angegeben sein.

Beispiel: Symmetrischer Bernoulli-Prozeß

Zwei Spieler werfen eine Münze. Zeigt die Münze "Kopf", erhält Spieler A eine DM von seinem Mitspieler, zeigt die Münze "Zahl", zahlt A eine DM an seinen Mitspieler. Vom Zufall abhängig sind offensichtlich sowohl die einzelnen Auszahlungen $X(t)$ als auch die Gewinnsumme $S(t)$ des Spiels in t Versuchen. Beide Folgen für $t = 1,2,...,T$ sind jeweils ein stochastischer Prozeß in diskreter Zeit (Anzahl Versuche) und mit diskretem Zustandsraum. Für die Auszahlungen hat man die Angaben der Tabelle 11.1:

Tabelle 11.1: Prozeß der Auszahlungen im Beispiel 1

$\{X(t), t = 1,2,...,T\}$	Auszahlungsprozeß
$X(t) = -1$ oder $X(t) = +1 \quad t = 1,2,...,T$ d.h. $M(t) = \{-1,+1\}$	Auszahlungen im Versuch t
$\rho = \cup_t M(t) = \{-1,+1\}$	Zustandsraum
$\tau = \{1,2,...,T\}$	Parameterraum
$(x(1) = 1, x(2) = 1,...,x(T) = 1)$	ein möglicher Stichprobenpfad
$P(X(t) = 1) = P(X(t) = -1) = 0.5$ für $t = 1,2,...,T$ und $X(1), X(2),...$ unabhängig	Verteilungsgesetz

Man sagt kurz: $\{X(t), t = 1,...,T\}$ ist ein **symmetrischer Bernoulli-Prozeß** mit Zustandsraum ρ, Parameterraum τ und i.i.d. (independent, identically distributed) Zufallsvariablen ($p = 0.5$). Analog lassen sich Gut-Schlecht-Prüfungen, der Verlauf (Steigen-Nichtsteigen) von Aktienkursen u.ä. binäre Prozesse beschreiben.

11.4.2 Kennzahlen

Wichtige Kennzahlen von Zufallsvariablen sind ihre **ersten Momente**. Analog beschreibt man Charakteristika einer Folge von Zufallsvariablen bzw. allgemeiner, eines stochastischen Prozesses $\{X(t), t \in \tau\}$ durch Folgen von Kennzahlen bzw. Kennlinien. Sind dessen Zufallsvariablen $X(t)$ eindimensional, dann heißt die von der Zeit t abhängige Funktion

11.4 Allgemeine Beschreibung stochastischer Prozesse

(17) $\quad \mu(t) = E[X(t)] \quad t \in \tau$

die **Mittelwertfunktion** des Prozesses und beschreibt seine mittlere Entwicklung über die Zeit

(18) $\quad \sigma^2(t) = Var[X(t)] \quad t \in \tau$

die **Varianzfunktion** des Prozesses und beschreibt seine mittlere Variation über die Zeit. Man spricht auch von der Streuung (Breite) um den mittleren Stichprobenpfad.

Im symmetrischen Bernoulli-Prozeß (vgl. Beispiel 1) mit $p = 0,5$ sind diese Funktionen konstant:

$$\mu_X(t) = 0 \quad \sigma_X^2(t) = 1 \quad t \in \tau$$

Für zwei Zeiten $t_1, t_2 \in \tau$ heißen die Erwartungswerte γ und ρ

$$\gamma(t_1, t_2) = Cov[X(t_1), X(t_2)] \quad \text{mit} \quad \gamma(t,t) = \sigma^2(t)$$
$$\rho(t_1, t_2) = \gamma(t_1, t_2) / [\sigma(t_1)\sigma(t_2)] \quad \text{mit} \quad \rho(t,t) = 1$$

die Auto-Kovarianzfunktion bzw. die **Auto-Korrelationsfunktion** des stochastischen Prozesses.

Es gelten folgende Zusammenhänge und Eigenschaften:

(E1) $\quad \gamma(t_1, t_2) = E[X(t_1)X(t_2)] - \mu(t_1) \cdot \mu(t_2)$

(E2) $\quad \gamma(t_1, t_2) = \gamma(t_2, t_1) \quad$ (Symmetrie)

und nach der **Schwarz'schen Ungleichung**

(E3) $\quad |\gamma(t_1, t_2)| \leq \sqrt{\gamma(t_1, t_1)\gamma(t_2, t_2)} = \sigma(t_1) \cdot \sigma(t_2)$

Bei Betrachtung von n Zeitpunkten ist für beliebige reelle Paare a_i, a_j

(E4) $\quad \sum_{i=1}^{n} \sum_{j=1}^{n} \gamma(t_i, t_j) a_i a_j \geq 0 \quad$ (Nichtnegative Definitheit) da die Doppelsumme die (stets positive) Varianz der Linearkombination $a_1X_1+...+a_nX_n$ ist. Entsprechendes gilt für ρ, besonders $|\rho(t_1,t_2)| \le 1$ nach (E3).

Sind $Z(t) = [X(t), Y(t)]$ die zweidimensionalen Zufallsvariablen eines Prozesses, heißen

(19a) $$\gamma_{XY}(t_1,t_2) = Cov[X(t_1), Y(t_2)]$$

(19b) $$\rho_{XY}(t_1,t_2) = \gamma_{XY}(t_1,t_2)/[\sigma_X(t_1)\sigma_Y(t_2)]$$

die Kreuz-Kovarianzfunktion bzw. die **Kreuz-Korrelationsfunktion** des stochastischen Prozesses.

Symmetrieeigenschaft (E2) gilt nicht für verschiedene Zufallsvariablen: $\gamma_{XY}(t_1,t_2) \ne \gamma_{XY}(t_2,t_1)$.

Sind $X(t) = [X_1(t), X_2(t),..., X_m(t)]$ die m-dimensionalen Zufallsvariablen eines stochastischen Prozesses, hat die Mittelwertfunktion

(20) $$\mu(t) = [\mu_1(t),..., \mu_m(t)]$$

m Komponenten in jedem t und ist die Varianzfunktion

(21) $$\sigma^2(t) = E\left([X(t)-\mu(t)][X(t)-\mu(t)]'\right)$$

eine symmetrische $m \times m$-Matrix in jedem t und ist die Kovarianzfunktion in jedem Paar t_1, t_2

(22) $$\gamma(t_1,t_2) = E\left([X(t_1)-\mu(t_1)][X(t_2)-\mu(t_2)]'\right)$$

eine $m \times m$-Matrix von Elementen, die zwar quadratisch in der Form, aber im allgemeinen nicht symmetrisch in den Elementen ist.

Die Kreuz-Korrelationsfunktion der m - bzw. n -dimensionalen Zufallsvariablen $X(t)$ bzw. $Y(t)$ zweier Prozesse mit demselben Parameterraum ist für jedes Paar t_1, t_2 schließlich eine weder quadratische noch symmetrische $m \times n$ -Matrix. In manchen Anwendungen spricht man auch von Profilen (statt m -dimensionalen Funktionen oder Kennlinien) und Profilmatrizen.

Kovarianzfunktionen bzw. Korrelationsfunktionen geben die Entwicklung der nicht-normierten bzw. normierten Stärke der linearen Abhängigkeit zwischen den in t_1 und t_2 betrachteten Zufallsvariablen an. Die graphische Darstellung von $\gamma(t, t+c)$ als Funktion von c (und t fest) heißt **Korrelogramm**.

Prinzipiell möglich, aber für den Anwender im allgemeinen von geringerem Interesse ist neben der angeführten Mittelbildung für jeweils festes t mit anschließender Betrachtung der Mittel aller $t \in \tau$ auch die Mittelbildung für jeweils einen festen Stichprobenpfad mit anschließender Betrachtung der Mittel aller Stichprobenpfade und die Bildung des totalen Mittels, d.h. einer einzigen Kennzahl zur Repräsentation eines stochastischen Prozesses.

Spezielle stochastische Prozesse können durch Verteilungseigenschaften wie spezielle Abhängigkeiten der auftretenden Variablen, die Vorgabe spezieller Verteilungsmodelle u.ä., weitere spezielle Prozesse können durch Anforderungen an die Momentfunktionen (Mittelwertfunktion usw.) definiert werden. Auf solchen im allgemeinen vereinfachten Grundtypen stochastischer Prozesse basieren empirische Anwendungen mit ihren begrenzten Möglichkeiten der Datenerhebung.

11.5 Klassen spezieller stochastischer Prozesse

Das Verteilungsgesetz eines stochastischen Prozesses kann statt durch eine Familie konsistenter gemeinsamer Verteilungs- oder Dichtefunktionen auch durch eine Familie konsistenter bedingter Dichtefunktionen festgelegt werden. Diese beschreiben Abhängigkeiten, d.h. sie können zur Definition „schwacher" Abhängigkeiten der Zufallsvariablen Verwendung finden.

Definition
Ein stochastischer Prozeß $\{X(t), t \in \tau\}$ heißt **Markov-Prozeß**, wenn für jede Folge von Zeitpunkten $t_1 < t_2 < ... < t_k < t_{k+1}, k = 1, 2, ...$ aus dem

Parameterraum die bedingten Dichtefunktionen die Markov-Eigenschaft erfüllen, d.h.

(23) $$f_{t_{k+1}|t_1\ldots t_k}(x_{k+1}|x_1,\ldots,x_k) = f_{t_{k+1}|t_k}(x_{k+1}|x_k)$$

für jede mögliche Auswahl $x_1,\ldots,x_{k+1} \in \rho$.

Die **Markov-Eigenschaft** besagt, daß die bedingte Dichtefunktion von $X(t_{k+1})$ nicht von der gesamten „Vorgeschichte", sondern nur vom laufenden, letzten Wert $x(t_k) \equiv x_k$ abhängt. Beschreibt $X(t)$ den Zustand eines Systems im Zeitpunkt t, so hängt hier also die zukünftige Entwicklung des Systems nur vom gegenwärtigen Zustand ab, gleichgültig auf welchem Pfad dieser erreicht wurde.

Für die vollständige Beschreibung des Verteilungsgesetzes werden entsprechend nur noch die bedingten Dichtefunktionen, auch **Übergangsdichten** genannt, der Form

(24) $$f_{t_2|t_1}(x_2|x_1) \qquad x_1, x_2 \in \rho;\ t_1 < t_2$$

für jedes Paar $t_1 < t_2 \in \tau$ sowie eine Dichtefunktion erster Ordnung oder **Ausgangsdichte**

(25) $$f_{t_0}(x_0) \qquad x_0 \in \rho$$

für einen festen Zeitpunkt t_0 benötigt. Die speziellen Konsistenzbedingungen der Dichtefunktionen eines Markov-Prozesses sind unter dem Namen **Chapman-Kolmogorov-Gleichungen** bekannt.

Ein Markov-Prozeß heißt **Markov-Kette**, wenn der Parameterraum höchsten abzählbar und der Zustandsraum endlich sind. Eine Markov-Kette heißt **homogene** Markov-Kette, wenn die Übergangswahrscheinlichkeiten für feste Zeitabstände konstant, d.h. unabhängig vom Zeitpunkt des Übergangs sind. Ihr Verteilungsgesetz ist durch eine Ausgangsverteilung und die Matrix der Übergangswahrscheinlichkeiten $p_{ij} := P(X(t+1) = j | X(t) = i)$ *mit* $i, j \in \rho$ vollständig gegeben.

Ein Markov-Prozeß heißt **Semi-Markov-Prozeß**, wenn der Zeitparameter t selbst Zufallsvariable ist. Sind die Dichtefunktionen einer Zu-

11.5 Klassen spezieller stochastischer Prozesse

fallsvariablen $X(t+1)$ nicht nur bedingt durch den letzten Wert x_t, sondern durch die „Vorgeschichte der Länge v", d.h. die letzen v Werte

$$x_t, x_{t-1}, ..., x_{t-v+1} \text{ mit } v = 0,1,2,...$$

spricht man allgemeiner von Markov-Prozessen der Ordnung v (Abhängigkeit v). Markov-Prozesse der Ordnung v mit $1 \leq v \leq 4$ wurden für die Markenwahl $X(t+1)$ bei zahlreichen Gütern des täglichen Bedarfs statistisch nachgewiesen und für Marktanalysen und Marktprognosen eingesetzt.

Eine Klasse sehr einfach zu beschreibender stochastischer Prozesse sind die homogenen unabhängigen Prozesse mit diskretem Zustands- und Parameterraum (vgl. den symmetrischen Bernoulli-Prozeß in Beispiel 1). Hier wird f_{t_1} kürzer f_1 usw. geschrieben.

Definition

Ein diskreter stochastischer Prozeß $\{X(t), t = 1, 2, ...\}$ heißt

a) unabhängig, wenn für die gemeinsamen Dichte- bzw. Wahrscheinlichkeitsfunktionen gilt

$$f_{1,...,k}(x_1,...,x_k) = f_1(x_1) \cdot ... \cdot f_k(x_k)$$

b) unabhängig und homogen oder **i.i.d.-Prozeß** (independent, identically distributed), wenn gilt

$$f_{1,...,k}(x_1,...,x_k) = \prod_{i=1}^{k} f(x_i)$$

für jede mögliche Auswahl $x_1,...,x_k \in \rho$ und für jede natürliche Zahl k. Im ersten Fall legen alle Dichten erster Ordnung, im Fall des i.i.d.-Prozesses genau eine Dichte erster Ordnung das Verteilungsgesetz des Prozesses vollständig fest.

Weitere Vereinfachungen ergeben sich, wenn Zustandsraum und Parameterraum endlich sind und besonders, wenn die auftretenden Verteilungsmodelle spezifiziert sind.

Definition

Eine Folge $\{X(t), t = 1, 2, ...\}$ von unabhängigen Zufallsvariablen mit identischen Bernoulli-Verteilungen heißt **Bernoulli-Prozeß**.

Das Verteilungsgesetz eines Bernoulli-Prozesses ist durch die Wahrscheinlichkeiten

(26) $$P(X(t)=1) = p \qquad P(X(t)=0) = 1-p \qquad t = 1,2...$$

und damit allein durch den Parameter $p, 0 < p < 1$ vollständig festgelegt.

Definition

Die Folge $\{S(t), t = 1,2,...\}$ mit $S(t) = X(1) + ... + X(t)$ heißt **Bernoulli-Zählprozeß** oder **Binomialprozeß**, wobei $X(1),...,X(t)$ unabhängige und identisch Bernoulli-verteilte Zufallsvariable sind.

Diese besonders einfachen und trotzdem häufigen stochastischen Prozesse treten im Zusammenhang mit unabhängigen dichotomen Messungen (zum Beispiel Gut-Schlecht-Prüfungen) und binären Modellierungen, etwa bei der Verwendung von Indikatorvariablen, auf.

Beispiel

Aus einer Lieferung von N Objekten werden zufällig n Objekte entnommen und auf ihre Brauchbarkeit (gut; $X(t) = 1$) bzw. Unbrauchbarkeit (schlecht; $X(t) = 0$) geprüft, wobei der Hersteller einen Anteil von p unbrauchbaren Objekten angibt. Der Prüfvorgang kann durch einen Bernoulli-Prozeß $\{X(t), t = 1,2,...,n\}$ mit dem Parameter p modelliert werden. Der Zustandsraum ist $\rho = \{0,1\}$. Jeder der insgesamt 2^n möglichen Stichprobenpfade hat die Wahrscheinlichkeit

(27) $$P(x(1),...,x(n)) = p^j (1-p)^{n-j} \qquad x(t) \in \{0,1\}$$

wobei j die Anzahl der auftretenden Einsen (brauchbare Objekte) ist ($j = 0,1,...,n$).

Werden die Variablen eines neuen Prozesses einfach definiert als deterministische Transformation der Variablen eines anderen Prozesses (Basisprozeß) wie etwa die Zählvariablen $S(t)$ des Binomialprozesses als Summe der i.i.d.-Variablen des Bernoulli-Prozesses oder eine Erneuerungsgesamtzeit als Summe von i.i.d. Erneuerungsintervallen, kann man deren Verteilungen und damit das Verteilungsgesetz des neuen Prozesses prinzipiell aus dem Verteilungsgesetz des Basisprozesses berechnen.

11.5 Klassen spezieller stochastischer Prozesse

Damit können weitere Klassen von Prozessen über Basisprozesse mit einfachen Verteilungsgesetzen definiert werden.

Definition

Ein stochastischer Prozeß $\{S(t), t \in \tau\}$ heißt Prozeß mit unabhängigen Zuwächsen, wenn für alle möglichen Zeitpunkte $t_1 < t_2 < ... < t_k$ aus τ und alle Ordnungen $k = 1, 2, ...$ die Zuwächse

$$S(t_2) - S(t_1), S(t_3) - S(t_2), ..., S(t_k) - S(t_{k-1})$$

voneinander unabhängig sind.

Das Verteilungsgesetz eines Prozesses mit unabhängigen Zuwächsen ist eindeutig festgelegt durch die Dichten der Zuwächse $S(t) - S(t')$ für alle $t' < t$ und die Dichte erster Ordnung $f_{t_0}(x)$ zu einem Zeitpunkt $t_0 \in \tau$ (Ausgangsdichte).

Ein Prozeß mit unabhängigen Zuwächsen ist zugleich ein Markov-Prozeß (die Umkehrung gilt nicht).

Beispiel

Binomialprozeß mit Zuwächsen der Zählvariablen S

$$S(t) - S(t-1) = X(t) \qquad t = 1, 2, ...$$

wobei die Zuwächse $X(t)$ i.i.d. Bernoulli(p)-verteilt sind. Aber die folgenden Zuwächse

$$S(1) = X(1) \qquad \sim Bin(1, p) \equiv Bernoulli(p)$$
$$S(3) - S(1) = X(3) + X(2) \qquad \sim Bin(2, p)$$
$$S(6) - S(3) = X(6) + X(5) + X(4) \qquad \sim Bin(3, p)$$

*sind zwar unabhängig, aber nicht mehr identisch verteilt, sondern in Abhängigkeit von Zeitabstand c (d.h. von der Länge c des für den Zuwachs betrachteten Zeitintervalls) gerade Binomial (c, p)-verteilt. Immerhin sind die Zuwächse für festes c homogen, d.h. von den Zeitpunkten selbst unabhängig. Auch der **Poisson-Prozeß** und der **Wiener-Prozeß** (siehe Gleichung (30)) sind Prozesse mit unabhängigen Zuwächsen.*

Definition

Ein stochastischer Prozeß $\{N_0(t), t \geq 0\}$ mit dem Ausgangsniveau $N_0(0) = 0$ und unabhängigen Zuwächsen $N_0(t) - N_0(t')$ so, daß für jedes $0 \leq t' < t$ die Poisson-Verteilung

(28) $$P(N_0(t) - N_0(t') = k) = \frac{(t-t')^k}{k!} e^{-(t-t')} \quad k = 0,1,\ldots$$

gilt, heißt **Standard-Poisson-Prozeß** (nach S. D. Poisson, 1781-1840).

Definition

Ein stochastischer Prozeß $\{W_0(t), t \geq 0\}$ mit dem Ausgangsniveau $W_0(0) = 0$ und unabhängigen Zuwächsen $W_0(t) - W_0(t')$ so, daß für jedes $0 \leq t' < t$ die Normalverteilung

(29) $$f_{W_0(t)-W_0(t')}(u) = \frac{1}{\sqrt{2\pi(t-t')}} e^{-u^2/2(t-t')} \quad -\infty < u < +\infty$$

gilt, heißt **Standard-Wiener-Prozeß** (nach N. Wiener, 1894-1964).
Die Ausgangsverteilung beider Prozesse ist offensichtlich eine Einpunkt-Verteilung im Niveau 0. Die Unabhängigkeit ihrer Zuwächse ist aus ihrem Zusammenhang mit dem Bernoulli-Prozeß plausibel.
In Analogie zur Herleitung der Poissonverteilung bzw. der Normalverteilung als Grenzverteilungen einer Folge von binomialverteilten Zufallsvariablen, d.h. von Summen i.i.d. Bernoulli(p)-verteilter Zuwächse $X(t)$, läßt sich der

- Standard-Poisson-Prozeß mittels i.i.d. Zuwächsen
  $X(t) \sim$ Bernoulli ($p = \Delta t$)
- Standard-Wiener-Prozeß mittels i.i.d. Zuwächsen
  $X'(t) = \sqrt{\Delta t}\, X(t)$, wobei $X(t)$ symmetrisch Bernoulliverteilt
  mit $p = \Delta t$

durch den Grenzübergang $\Delta t \to 0$ herleiten. Beide Prozesse können durch Einführung der üblichen Parameter flexibler gestaltet werden, ohne daß die Unabhängigkeit der Zuwächse berührt wird

Definition

Ein stochastischer Prozeß $\{N(t), t \geq 0\}$ mit

(30) $$N(t) = N_0(\lambda t) \quad \lambda > 0$$

heißt **Poisson-Prozeß** mit der Intensität λ.

11.5 Klassen spezieller stochastischer Prozesse

Ein stochastischer Prozeß $\{W(t), t \geq 0\}$ mit

(31) $\quad W(t) = \mu t + \sigma W_0(t) \qquad \sigma > 0, -\infty < \mu < +\infty$

heißt **Wiener-Prozeß** mit dem **Driftparameter** μ und der **Intensität** σ.

Parameteraum τ	Zustandsraum ρ	
	diskret	kontinuierlich
Diskret	Binomial-Prozeß	—
Kontinuierlich	Poisson-Prozeß	Wiener-Prozeß

Bild 11.2: Spezielle Prozesse mit unabhängigen Zuwächsen

Definition
Ein stochastischer Prozeß $\{X(t), t \in \tau\}$ heißt **Gauß-Prozeß**, wenn alle seine Dichten k-ter Ordnung $f_{t_1...t_k}(x_1,...,x_k), k = 1,2,...$ gerade k-dimensionale Normal-(Gauß-)verteilungen sind.
Ein Gauß-Prozeß ist durch seine Mittelwert- und Kovarianzfunktion vollständig festgelegt.
Wie die Normal- oder Gauß-Verteilung hat auch der Gauß-Prozeß einige angenehme Eigenschaften:

(E1) Jede lineare Transformation der Zufallsvariablen eines Gauß-Prozesses führt wieder zu einem Gauß-Prozeß.

(E2) Gauß-Prozesse mit der Kovarianzeneigenschaft

$$\gamma(t_3, t_1) = \frac{\gamma(t_3, t_2) \cdot \gamma(t_2, t_1)}{\sigma^2(t_2)} \quad \text{für jedes } t_1 \leq t_2 \leq t_3 \in \tau$$

haben die Markov-Eigenschaft und umgekehrt.
Sie heißen **Gauß-Markov-Prozesse**.

Sind die Zufallsvariablen eines Gauß-Markov-Prozesses m-dimensional, lautet die Eigenschaft (E2):

$$\gamma(t_3, t_1) = \gamma(t_3, t_2)[\Sigma(t_2)]^{-1}\gamma(t_2, t_1)$$

mit der $m \times m$-Kovarianzmatrix $\quad \Sigma(t_2) = (\sigma_{rs}(t_2))$.

(E3) Ein Gauß-Prozeß mit $t \geq 0$, konstanter Mittelwertfunktion $\mu(t) = 0$ und Korrelationsfunktion $\rho(t,t') = \min(t;t')$ ist identisch mit einem Standard-Wiener-Prozeß.

Bei Modellen mit stochastischen Störtermen (sog. Fehlern in den Gleichungen) wird häufig angenommen, daß die Störterme einem Gauß-Markov-Prozeß folgen.

11.6 Stationäre Prozesse

Bei der Analyse mancher realer Situationen kann man davon ausgehen, daß kurz- bis mittelfristig keine Änderungen eintreten, daß der Endausbau eines Objekts vollzogen ist, daß ein Markt keine Störungen erfährt, daß ein dynamisches System einen Gleichgewichtszustand erreicht hat u.ä. Der Zustand solcher Systeme wird durch einen stochastischen Prozeß modelliert, dessen Verteilungsgesetz invariant gegen Zeitverschiebungen ist.

Definition

Ein stochastischer Prozeß $\{X(t), t \in \tau\}$ mit Dichten k-ter Ordnung f heißt

- streng stationär, wenn für jedes $k = 1,2,...$ bzw.
- stationär von der Ordnung K, wenn für $k = 1,2,...,K$

(32) $\boxed{f_{t_1+c,...,t_k+c}(x_1,...,x_k) = f_{t_1,...,t_k}(x_1,...,x_k)}$

für jede Wahl von Zeitpunkten $t_1 < t_2 < ... < t_k \in \tau$ und $t_1+c,...,t_k+c \in \tau$ mit $c > 0$.

Strenge Stationarität verlangt also die angegebene Verteilungsinvarianz nicht nur für die ersten K, sondern für alle Ordnungen. Bei Stationarität von der Ordnung $K = 2$ ändern sich alle ein- und zweidimensionalen Verteilungen durch eine Verschiebung um c Zeiteinheiten nicht.

Das heißt für die Dichten der $X(t)$ bzw. die gemeinsamen Dichten von $X(t_1)$ und $X(t_2)$

$f_t(x) = f_{t+c}(x) = f(x)$ für jedes t und $t+c \in \tau$

$f_{t_1,t_2}(x_1,x_2) = f_{t_1+c,t_2+c}(x_1,x_2)$ für jedes $t_1+c < t_2+c \in \tau$ mit $c > 0$,

11.6 Stationäre Prozesse

und für zwei Zeitpunkte t_1 und $t_2 = t_1 + c$:

$$f_{t_1, t_1+c}(x_1, x_2) = f(x_1, x_2; t_2 - t_1 = c).$$

Die Dichtefunktionen der Ordnung 1 sind also identisch, die der Ordnung 2 hängen nur von der Zeitdifferenz c (time-lag) ab, nicht vom Betrachtungszeitpunkt. Damit folgt für die

- Mittelwertfunktion $\quad\mu(t+c) = \mu(t) = \mu$
- Varianzfunktion $\quad\sigma^2(t+c) = \sigma^2(t) = \sigma^2$
- Auto-Korrelationsfunktion $\rho(t_1+c, t_2+c) = \rho(t_1, t_2)$
- Auto-Kovarianzfunktion $\gamma(t_1+c, t_2+c) = \gamma(t_1, t_2)$

und für zwei Zeitpunkte t_1 und $t_2 = t_1 + c$:

$$\beta(t_1, t_1+c) = \beta(c) \quad \gamma(t_1, t_1+c) = \beta(c) - \mu^2 =: \gamma(c),$$

d.h. auch Kovarianzfunktion und Korrelationsfunktion hängen nur noch von der Zeitdifferenz ab.

Die Umkehrung gilt nicht, da im allgemeinen allein Mittelwert und Varianz nicht eine gesamte Verteilung bzw. Mittelwertfunktion und Kovarianzfunktion nicht das gesamte Verteilungsgesetz eines stochastischen Prozesses festlegen können. Jedoch läßt sich neben der oben aufgeführten Stationarität in den Verteilungen eine schwächere Stationarität in den Momenten definieren.

Definition

Ein stochastischer Prozeß $\{X(t), t \in \tau\}$ mit konstanter Mittelwertfunktion und endlicher Auto-Kovarianzfunktion γ so, daß

$$\gamma(t_1+c, t_2+c) = \gamma(t_1, t_2) \quad \text{bzw.} \quad \gamma(t_1, t_2 = t_1 + c) = \gamma(c)$$

für jedes t_1, t_2 und $t_1+c, t_2+c \in \tau$ heißt **schwach stationärer Prozeß**.
Die Auto-Kovarianzfunktion schwach stationärer Prozesse hat die allgemeinen Eigenschaften einer Kovarianzfunktion, insbesondere die Symmetrie $\gamma(c) = \gamma(-c)$. Darüber hinaus impliziert sie hier eine konstante Varianzfunktion.

Ein **streng stationärer Prozeß** ist zum Beispiel der **reine Zufallsprozeß** (auch **White-Noise-Prozeß** oder **Weißes Rauschen** genannt):

$\{U(t), t \in \tau\}$ mit U_t i.i.d.-verteilt.

Zum Beispiel

$\{U(t), t \in \tau\}$ mit $U(t) \sim$ i.i.d. symm. Bernoulli (p) für alle $t \in \tau$

$\{U(t), t \in \tau\}$ mit $U(t)$ ~ i.i.d. Normal $(0,\sigma)$ für alle $t \in \tau$

Reine Zufallsprozesse sind häufig Komponenten allgemeiner definierter stationärer oder nichtstationärer Prozesse, wie zum Beispiel der linearen Prozesse.

Im symmetrischen Bernoulli-Prozeß (vgl. Beispiel 1) mit $p = 0{,}5$ hat der Zählprozeß $\{S(t), t \in \tau\}$

$$\mu_S(t) = 0 \qquad \sigma_S^2(t) = t \qquad t \in \tau$$

Er ist mittelwertstationär, aber weder varianz- noch kovarianzstationär, also nicht schwachstationär. Der Bernoulli-Zählprozeß oder Binomial-Prozeß mit $p = 0{,}5$ hat

$$\mu_S(t) = t \cdot p = \frac{t}{2} \qquad \sigma_S^2(t) = tp(1-p) = \frac{t}{4} \qquad t \in \tau$$

d.h. hat Zeitabhängigkeit in Mitteln und Varianzen. Ergodische Prozesse sind schwach stationär.

Das Verteilungsgesetz eines Gauß-Prozesses ist bereits durch Mittelwertfunktion und Auto-Kovarianzfunktion vollständig festgelegt. Daher gilt: Ein schwach stationärer Gauß-Prozeß ist zugleich streng stationär.

Zu jedem schwach stationären Prozeß gibt es neben der zeitlichen Darstellung eine sog. **Spektraldarstellung (kanonische Zerlegung)**, d.h. er kann als eine Summe („Überlagerung") von Sinus- und Kosinusfunktionen mit zufälligen unkorrelierten Amplitudenfaktoren und Frequenzen λ_j, $j = 0,...,\infty$ geschrieben werden.

In einer Spektralanalyse lassen sich die Beiträge der Schwingungen mit Frequenz λ_j zur Prozeßvarianz $\sigma^2 \equiv \gamma(0)$ untersuchen.

Die **Fouriertransformation** der (absolut konvergenten) Kovarianzfunktion $\gamma(c)$ heißt **Spektrum**.

Die Fouriertransformation der Korrelationsfunktion $\rho(c) = \gamma(c)/\gamma(0)$ heißt **Spektraldichte** $f(\lambda)$.

Da jeweils dieselbe Information enthalten ist, kann die Prozeßanalyse (Zerlegung der Prozeßvarianz σ^2) im Zeit- oder im Frequenzbereich ablaufen, manchmal unter Abwägung zwischen inhaltlicher Interpretation und formaler „Glätte" (so ist $f(\lambda)$ eine stetige nicht-negative symmetrische periodische Funktion mit Periode 1).

Mit Hilfe bedingter Erwartungswerte bzw. dem Konzept der Nichtprognostizierbarkeit kann eine weitere Klasse stochastischer Prozesse definiert werden (Existenz der Erwartungswerte $E(X(t))$ vorausgesetzt).

Definition

Ein stochastischer Prozeß $\{X(t), t \in \tau\}$ mit

$$E\big(X(t_2) - X(t_1)\big|X(t'), t' \leq t_1\big) = 0$$

für jedes $t_1 \leq t_2 \in \tau$

heißt **Martingal**.

Die Nichtprognostizierbarkeit aus einer „Vorgeschichte" wird auch in folgender Form gegeben:

$$E\big(X(t_{n+1})\big|X(t_1) = x_1, \ldots, X(t_n) = x_n\big) = x_n$$

Martingal ist der Name eines alten französischen Glücksspiels mit der Eigenschaft, daß der nach $n-1$ Schritten erwartete Gewinnzuwachs im n-ten Schritt gleich 0 ist oder anders

$$E\big(X_n\big|X_1, \ldots, X_{n-1}\big) = x_{n-1}$$

Gilt für eine Folge von Gewinnen oder allgemein Zufallsvariablen X_n, $n = 1,2,\ldots$, die Ungleichung

$$E\big(X_n\big|X_1, \ldots, X_{n-1}\big) \leq x_{n-1} \quad \text{bzw.} \quad E\big(X_n\big|X_1, \ldots, X_{n-1}\big) \geq x_{n-1}$$

spricht man von **Supermartingal**(-folge) bzw. **Submartingal**(-folge). Beispiele für Martingale sind Prozesse mit unabhängigen Zuwächsen. Ein stochastischer Prozeß $\{X_t; t = 1,2,\ldots\}$ mit $X_t = U_1 + U_2 + \ldots + U_t$ ist

- ein Martingal, wenn $E(U_i) = 0$ für alle i
- ein Supermartingal, wenn $E(U_i) \geq 0$ für alle i
- ein Submartingal, wenn $E(U_i) \leq 0$ für alle i.

Martingale haben eine konstante Mittelwertfunktion (mittelwertstationär) und eine nichtfallende Varianzfunktion sowie weitreichende Ungleichungs- und Konvergenzeigenschaften.

Bei Zeitreihen steht im allgemeinen für die Schätzung von Mittelwert-, Varianz- und Auto-Kovarianzfunktion gerade eine Beobachtung für jeden Zeitpunkt zur Verfügung, und zwar nur über einen endlichen Beobachtungszeitraum $t = 1,\ldots,T$. Hier ist die (schwache) Stationarität wesentliche Voraussetzung für eine empirische Prozeßanalyse.

Für die Zeitreihenanalyse wurden 1976 von G.E.P. Box und G.M. Jenkins unter dem Namen **ARIMA-Modelle** Sonderfälle des linearen stochastischen Prozesses $\{X_t; t = 1,2,...\}$ mit

(33) $$X_t = \sum_{i=0}^{\infty} b_i U_{t-i} \qquad U_{t-i} \text{ i.i.d.}, \qquad \sum_{i=0}^{\infty} |b_i| < \infty$$

eingeführt. (33) heißt auch **linearer Filter** oder **Moving-Average-Prozeß** der Ordnung ∞, kurz $MA(\infty)$.

Basis-Prozeß zum $MA(\infty)$ ist also ein Weißes Rauschen. Bricht (34) nach $q < \infty$ Summanden ab, heißt der Prozeß $MA(q)$-Prozeß.

Ein $MA(q)$-Prozeß ist schwach stationär. Seine Auto-Korrelationsfunktion $\gamma(c)$ hat $\gamma(c) = 0$ für $c > q$. Liegen die Wurzeln seiner charakteristischen Gleichung (Lösungen des Polynoms q-ten Grades)

$$\sum_{i=0}^{q} b_i z^i = 0$$

außerhalb des Einheitskreises um den Ursprung der reell/imaginären Zahlenebene, kann er als autoregressiver Prozeß der Ordnung ∞, kurz $AR(\infty)$, geschrieben (invertiert) werden

(34) $$X_t = \sum_{i=1}^{\infty} a_i X_{t-i} + U_t$$

Bricht (34) nach p Summanden ab, heißt der Prozeß $AR(p)$-Prozeß.

Ein $AR(p)$ ist schwach stationär, wenn die Wurzeln seiner charakteristischen Gleichung außerhalb des Einheitskreises liegen. Ein $AR(p)$-Prozeß ist stets invertierbar.

Parsimonische Beschreibungen erreicht man mit gemischten Prozessen vom ARMA(p,q)-Typ

(35) $$X_t = a_1 X_{t-1} + ... + a_p X_{t-p} + b_1 U_{t-1} + ... + b_q U_{t-q} + U_t$$

11.6 Stationäre Prozesse

Ein **ARMA(p,q)-Prozeß** ist stationär, falls der $AR(p)$-Teilprozeß schwach stationär ist.

Nichtstationäre Prozesse $\{Y_t; t = 1,2,...\}$ versucht man durch, falls erforderlich d-fache, Differenzenbildung, d.h. durch

$d = 1$: $\quad Y_t - Y_{t-1} =: X_t \quad$ oder

$d = 2$: $\quad (Y_t - Y_{t-1}) - (Y_{t-1} - Y_{t-2}) =: X_t \quad$ usw.

auf die schwache Stationärität zurückzuführen. Diese zurückgeführten Prozesse heißen ARIMA(p,d,q)-Prozesse.

Weiterentwicklungen ermöglichen die Erfassung und Modellierung von saisonalen Effekten (SARIMA), Schwellen- oder Threshold-Effekten (TARIMA), von m-dimensionalen Komponenten (VARIMA), von empirischen Auffälligkeiten der Prozeßvarianz σ_U^2 durch Heteroskedastizität oder eigene autoregressive Prozesse üblicher Art (ARCH) oder generalisierter Art (GARCH, EGARCH), von langwährenden Abhängigkeiten („langem Gedächtnis" ARFIMA) usw.

Beispiel

Der Gauß-Prozeß $\{X(t); t = 0,1,2,...\}$ mit $X(t) = aX(t-4) + U(t)$ und $U(t) \sim i.i.d.$ Normal $(0, \sigma^2)$, $t = 1,2,...$ beschreibe die Entwicklung einer ökonomischen Zustandsvariablen über fortlaufende Quartale, wobei $X(0) = 0$. Auf der Basis von 100 Quartalswerten ist geschätzt:
$a = 0.5$.

a) Die gegebene Gleichung für $X(t)$ ist ein autoregressiver Prozeß (AR) und läßt sich durch sukzessives Einsetzen als Moving-Average-Prozeß (MA) schreiben:

(36) $\quad \boxed{\begin{aligned} X_t &= 0.5[0.5X(t-8) + U(t-4)] + U(t) = ... \\ &= \sum_i 0.5^i U(t-4i) + X(0) \qquad i = 0,1,2,... \end{aligned}}$

Der Prozeß hat die konstante Mittelwert- und die konstante Varianzfunktion, wie man aus der MA-Form errechnet:

$E[X(t)] = 0 \qquad Var[X(t)] = \frac{4}{3}\sigma^2 \qquad t = 0,1,2,...$

Die Auto-Kovarianzfunktion ist (t = 0,1,2,...):

$$(37) \quad \begin{aligned} \gamma(t,t-c) &= Cov\big[X(t), X(t-c)\big] \\ &= E\big[X(t) \cdot X(t-c)\big] = \frac{4}{3}\sigma^2 \cdot \left(\frac{1}{2}\right)^{c/4} \quad c = 0,4,8,... \end{aligned}$$

und Null sonst.

Sie hängt also nicht von t *, sondern nur von der Zeitdifferenz* $i = \frac{c}{4}$ *ab.*
Daraus folgt: Der Prozeß ist schwach stationär. Als Gauß-Prozeß ist er damit auch streng stationär.

b) Für $c = 0$ *erhält man die Kovarianz*

$$(38) \quad \gamma(c=0) = \gamma(t,t-0) = Var\big[X(t)\big] = \frac{4}{3}\sigma^2$$

Der Auto-Korrelationskoeffizient $\rho(c)$ *zweier Zufallsvariablen* $X(t)$ *und* $X(t-c)$ *ist daher:*

$$(39) \quad \rho(c) = \gamma(c)/\gamma(0) = \rho(c) = 0.5^{c/4} \quad \frac{c}{4} = 0,1,2,...$$

c) Empirische Analyse

Aus einem Datensatz $(x_1,...,x_{100})$ *steht für jede Zeit* t *nur ein Wert* x_t *zur Verfügung. Wegen Stationarität schätzt man die konstante Mittelwertfunktion durch* $\hat{\mu} = \bar{x}$ *und die konstante Varianzfunktion durch* $\hat{\sigma}^2 = \frac{4}{3}s^2$.

Die empirischen Autokorrelationskoeffizienten nach Bravais-Pearson sind für jedes $c = 1,2,...$ *zu schätzen. Mit einem Test (zum Beispiel* **Bart-**

***lett-Test*)** *sind Hypothesen* $H_0 : \rho(c) = 0$ *gegen* $H_a : \rho(c) > 0$ *zu prüfen, besonders für* $c = 1,2,3,5,6,7$.

Falls die Konstanz von Mittelwert- bzw. Varianzfunktion und damit die schwache Stationarität über den Beobachtungszeitraum 1,...,100 in Frage steht, kann zum Beispiel der Datensatz geteilt werden (etwa an der Stelle eines vermuteten Strukturbruchs) und die Stationarität bzw. Varianzen für beide Teildatensätze überprüft werden. Da der vorliegende Prozeß ein Sonderfall der Klasse linearer Prozesse ist, kann auch auf das hier entwickelte spezielle statistische Instrumentarium zurückgegriffen werden.

Sehr unterschiedliche Eigenschaften, d.h. sehr unterschiedliche Analysen und Prognosen findet man bei Varianten solcher linearen Basis-Modelle, zum Beispiel bei dem „Random Walk" der Differenzen

$$X(t) - X(t-4) = U(t), \text{ mit } U(t) \text{ i.i.d. Normal } (0,\sigma), \ t = 1,2,...$$

(37) $\boxed{X(t) - X(t-4) = U(t)}$ reiner Random Walk

ohne bzw. mit zusätzlichen Parametermodellen und Autokorrelationsstrukturen.

11.7 Literaturhinweise

Bhat, U.N.: Elements of Applied Stochastic Processes, 2. Aufl. New York 1984
Müller, P.H.: Lexikon der Stochastik, Wahrscheinlichkeitsrechnung und Mathematische Statistik, 5. Aufl. Berlin 1991
Heymann, D.P./Sobel, M.J. (ed.): Stochastic Models (Handbooks in Operations Research and Management Science, Vol. 2, Amsterdam 1990
Kulkarni, V.G.: Modeling, Analysis, Design and Control of Stochastic Systems, Berlin u.a. 1999
Schlittgen, R./Streitberg, B.: Zeitreihenanalyse, 5. Aufl. München/Wien 1994

12 Statistische Schätztheorie

12.1 Einleitung

Im Zusammenhang mit der statistischen Schätztheorie sei auch auf Kapitel 2, Abschnitt 2.5 ff., verwiesen, wo wichtige Aspekte der Schätzungen auf Stichprobenbasis besprochen werden.

> **Statistische Inferenz** ist eine auf Beobachtungen gegründete, in ein Wahrscheinlichkeitsmodell eingebettete, mit einem Grad der Verläßlichkeit verbundene Aussage über eine zufällige Variable oder einen ein-, mehr- oder unendlich-dimensionalen Parameter (im letztgenannten Fall handelt es sich in der Regel um die Schätzung einer Funktion, zum Beispiel einer Dichte oder einer Verteilungsfunktion).

Bei einer Schätzung wird eine Aussage über einen Parameter θ gesucht. Zur Verfügung steht ein zufälliger Vektor Y, dessen Verteilung von θ abhängt.

Ein **Punktschätzer** $\hat{\theta}(Y)$ ist eine Schätzfunktion, die jedem beobachtetem y einen Schätzwert $\hat{\theta}(y)$ zuordnet.

Ist zum Beispiel θ ein eindimensionaler Parameter und $\hat{\theta}(Y)$ die Schätzfunktion, welche der Variablen $Y = (Y_1,...,Y_n)$ das arithmetische Mittel zuordnet, so ist

$$\hat{\theta}(Y) = \frac{1}{n}\sum_{i=1}^{n} Y_i = \overline{Y}$$

Beispiel 1

Ist zum Beispiel $n = 5$ und wird $y = (2;7;1;4;6)$ beobachtet, so wird in diesem Fall θ durch den Schätzwert

$$\hat{\theta}(y) = \frac{1}{5}(2 + 7 + 1 + 4 + 6) = 4$$

geschätzt.

Ein **Bereichsschätzer** ist eine Vorschrift, die jedem y einen Bereich K_y zuordnet. Wird der Wert y beobachtet, so lautet die Bereichsschätzung für θ:

$\theta \in K_y$

Je nach Art der Wahrscheinlichkeitsmodelle unterscheiden wir Bayesianische (bzw. subjektivistische) und frequentistische (bzw. objektivistische) Inferenz. In der Bayesianischen Statistik können Punkt- und Bereichsschätzer aus einem gemeinsamen Konzept heraus behandelt werden. In der frequentistischen Statistik gibt es dafür getrennte Theorien.

12.2 Bayesianische Schätztheorie

> Für die Bayesianische oder subjektive Schule ist Wahrscheinlichkeit eine Gradzahl, die angibt, wie stark das jeweilige Individuum an das Eintreten eines bestimmten Ereignisses glaubt.

In einem parametrischen Modell wird der Zustand der Umwelt als Wert eines Parameters Θ gekennzeichnet. Θ wird als zufällige Variable aufgefaßt; die Realisation θ von Θ ist der wahre Umweltzustand. Das Wissen über Θ wird als A-priori-Wahrscheinlichkeitsverteilung modelliert. Informationen über die Umwelt erhalten wir durch die Beobachtung der zufälligen Variablen Y. Ohne Einschränkung der Allgemeinheit betrachten wir den Fall stetiger Variablen. Dann gilt:

$f_{Y,\Theta} := f_{Y,\Theta}(y;\theta)$ gemeinsame Verteilung von Y und θ.

$f_{Y|\Theta} := f_{Y|\Theta}(y|\theta)$ bei festem θ: bedingte Dichte von Y gegeben θ,

bei festem y: die Likelihood von θ.

$f_{\Theta|Y} := f_{\Theta|Y}(\theta;y)$ bei festem y: die A-posteriori-Verteilung von Θ.

$f_\Theta := f_\Theta(\theta)$ a-priori-Dichte von Θ,

Grad der Plausibilität von θ.

Sind die Variablen diskret, so steht der Buchstabe f für die entsprechende diskrete Wahrscheinlichkeit. Die durch die Beobachtung y gelieferte Information über Θ verändert das A-priori-Wissen zum A-posteriori-Wissen. Dem entspricht die Transformation der A-priori-Dichte f_Θ in die A-posteriori-Dichte $f_{\Theta|Y}$.

Nach dem Satz von Bayes gilt:

(1) $$f_{\Theta|Y} = c \cdot f_{Y|\Theta} f_\Theta$$

Dabei ist c ein Integrationsfaktor, der $\int f_{\Theta|y}(\theta)d\theta = 1$ erzwingt. Zur Bestimmung der A-posteriori-Verteilung $f_{\Theta|Y}$ muß nicht die Beobachtung y explizit bekannt sein, sondern nur $f_{Y|\Theta}(y|\theta)$, die **Likelihood** von θ bei gegebenem y. Also gilt für Bayesianer das Likelihood-Prinzip:

> Die Likelihood enthält die gesamte Information der Stichprobe.

Bei der Berechnung von $f_{\Theta|Y}$ genügt es, wenn die Likelihood nur bis auf einen von θ unabhängigen, multiplikativen Faktor $g(y)$ bestimmt ist, da dieser Faktor nur den Wert der Integrationskonstante c beeinflußt.

12.2.1 Bayesianische Punkt- und Bereichsschätzer

Ist $P_{\Theta|Y}$ die A-posteriori-Wahrscheinlichkeitsverteilung von Θ nach Beobachtung von Y, so ist jeder Bereich B mit

(2) $$P_{\Theta|Y}(\Theta \in B) \geq 1-\alpha$$

ein Bereichsschätzer für Θ zum Niveau α. Nimmt man die Bereiche maximaler Wahrscheinlichkeit, erhält man kürzeste Schätzbereiche.

> Punktschätzer lassen sich als Bereichsschätzer der Länge Null auffassen.

In diesem Sinn ist zum Beispiel der Modus der A-posteriori-Dichte ein naheliegender Punktschätzer. Weitere Punktschätzer erhalten wir, wenn wir die mit einer Fehlschätzung verbundenen Kosten berücksichtigen. $v(\hat{\theta};\theta)$ sei der Verlust, der mit einer Schätzung $\hat{\theta}$ verbunden ist. Der Bayesschätzer $\hat{\theta}_{\text{Bayes}}$ minimiert den Erwartungswert $E[v(\hat{\theta};\Theta)]$ dieses Verlustes. Dabei wird bei der Bildung des Erwartungswertes über dieje-

nige Verteilung von Θ integriert, die dem jeweiligen Informationsstand entspricht: Vor der Beobachtung mit der A-priori- und nach der Beobachtung mit der A-posteriori-Verteilung von Θ. Ist der Verlust proportional zum quadrierten Schätzfehler $v(\hat{\theta};\theta) = c \cdot (\hat{\theta} - \theta)^2$,
dann ist $\hat{\theta}_{\text{Bayes}}$ der Erwartungswert der A-posteriori-Verteilung $\underset{\Theta|y}{E}(\Theta)$.

Ist der Verlust proportional zu dem Absolutbetrag des Schätzfehlers $v(\hat{\theta};\theta) = |\hat{\theta} - \theta|$, so ist $\hat{\theta}_{\text{Bayes}}$ der Median der A-posteriori-Verteilung von Θ. Bei einer quasi konstanten Verlustfunktion

$$v(\hat{\theta};\theta) = \begin{cases} c & \text{falls } \hat{\theta} \neq \theta \\ 0 & \text{falls } \hat{\theta} = \theta \end{cases},$$

die nur bei einer korrekten Schätzung Null ist, ist $\hat{\theta}_{\text{Bayes}}$ der bereits oben erwähnte Modus der A-posteriori-Dichte.

12.2.2 Schätzung einer Wahrscheinlichkeit

Wir erläutern die Schätzung am Beispiel der Binomialverteilung $B_n(\theta)$:
Es sei θ die unbekannte Wahrscheinlichkeit, mit der ein Ereignis A bei einem Versuch eintritt. Es werden n unabhängige Versuche durchgeführt. Y sei die Anzahl der Erfolge. Es wurde $Y = y$ beobachtet. Dann ist $Y \approx B_n(\theta)$ und

(3) $$f_Y(y|\theta) = \binom{n}{y} \theta^y (1-\theta)^{n-y}$$

Die A-priori-Unsicherheit über θ werde durch eine **Betaverteilung** für θ beschrieben: $\Theta \approx Beta(a;b)$ mit der Dichte:

(4) $$f_\Theta(\theta) = \frac{\Gamma(a+b)}{\Gamma(a)\Gamma(b)} \theta^{a-1}(1-\theta)^{b-1}$$

12.2 Bayesianische Schätztheorie

Dabei ist $\Gamma(x)$ die **Gammafunktion**. Für natürliche Zahlen $n \geq 1$ ist $\Gamma(n+1) = n!$. Die A-posteriori-Verteilung für θ ist dann eine $Beta(a + y; b + n - y)$-Verteilung:

$$f_{\Theta|Y}(\theta|y) = c \cdot \theta^{a+y-1}(1-\theta)^{n-y+b-1}$$

Beispiel 2

Es sei $n = 10, y = 3, a = b = 2$.
Dann ist die Likelihood $f_Y(y|\theta)$ proportional zu $\theta^3(1-\theta)^7$; die A-priori-Dichte ist $f_\Theta(\theta) = 6 \cdot \theta \cdot (1-\theta)$; die A-posteriori-Dichte ist $f_{\Theta|Y}(\theta|y) = 6435 \cdot \theta^4(1-\theta)^8$.

In Bild 12.1 ist die A-priori-Dichte dünn ausgezeichnet, die Likelihood gepunktet und die A-posteriori-Dichte fett gezeichnet. Um die Likelihood in der Größenordnung mit den anderen beiden Dichten vergleichbar zu machen, wurde sie mit einer Konstanten multipliziert, so daß die Fläche unter allen drei Kurven gleich 1 ist.

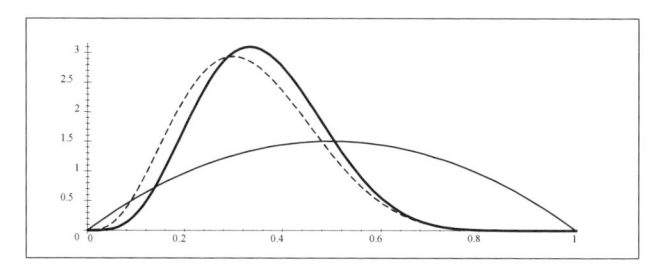

Bild 12.1: A-priori- und A-posteriori-Dichte bei Schätzung einer Wahrscheinlichkeit

Um ein Schätzintervall für Θ zum Niveau α zu finden, schneiden wir an beiden Rändern der A-posteriori-Dichte jeweils einen Bereich mit der Wahrscheinlichkeit $\dfrac{\alpha}{2}$ ab. Im dazwischen liegenden Intervall liegt Θ mit Wahrscheinlichkeit $1-\alpha$.

Schätzintervalle minimaler Länge erhalten wir, wenn wir den Graph der Dichte mit einer Höhenlinie in der Höhe h schneiden. Die Abszissen

der Schnittpunkte seien θ_{uh} und θ_{oh}. Innerhalb des Intervalls $[\theta_{uh};\theta_{oh}]$ ist die A-posteriori-Dichte mindestens h.
Ist $P_{\Theta|Y}(\theta_{uh} \leq \Theta \leq \theta_{uh}) = 1 - \alpha_h$, so ist $\theta_{uh} \leq \Theta \leq \theta_{oh}$ ein Schätzintervall minimaler Länge zum Niveau $1 - \alpha_h$. Zum Beispiel ergibt sich für $h = 0{,}555$ das Intervall $0{,}126 \leq \Theta \leq 0{,}599$ zum Niveau $\alpha_h = 0{,}05$.

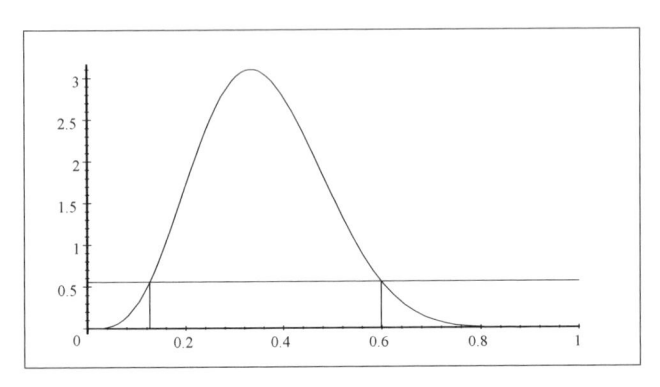

Bild 12.2: Schätzintervall zum Niveau 0,95 für Θ

Je nach Wahl der Verlustfunktion erhalten wir andere Punktschätzer für θ. Als A-posteriori-Dichte ergab sich die $Beta(5;9)$-Verteilung.

Der Erwartungswert der $Beta(a;b)$-Verteilung ist $\dfrac{a}{a+b}$, der Modus ist $\dfrac{a-1}{a+b-2}$.

Der Median ist numerisch bestimmt. Also ist $\hat{\theta}_{\text{Bayes}}$

- Erwartungswert bei einer quadratischen Verlustfunktion: $\hat{\theta}_{\text{Bayes}} = 0{,}357$,

- Median bei einer Betrags-Verlustfunktion: $\hat{\theta}_{\text{Bayes}} = 0{,}359$,

- Modus bei einer konstanten Verlustfunktion: $\hat{\theta}_{\text{Bayes}} = 0{,}333$.

12.3 Frequentistische Schätztheorie

> Im frequentistischen Ansatz müssen wir sorgfältig zwischen zufälligen Variablen und deterministischen Parametern unterscheiden. A-priori-Verteilungen für die Parameter liegen in der Regel nicht vor.

Der wahre Parameter θ ist Element eines Parameterraums Θ. Das Vorwissen über θ kann bei der Auswahl des Parameterraums berücksichtigt werden. Eine Punktschätzung ist eine Abbildung des Stichprobenraums in den Parameterraum.

12.3.1 Maximum-Likelihood-Methode

> Das Bindeglied zwischen Bayesianischer und frequentistischer Schule ist die Likelihood, die in beiden Ansätzen die Information aus der Stichprobe über den Parameter verkörpert.

12.3.1.1 Die Likelihood

Gegeben sei ein Wahrscheinlichkeitsmodell, das von einem Parameter θ abhängt. A sei eine Beobachtung, die innerhalb des Modells die Wahrscheinlichkeit $P(A\|\theta) > 0$ besitzt. Dann heißt

(5) $$L(\theta|A) = c(A)\ P(A\|\theta)$$

die **Likelihood** von θ bei gegebener Beobachtung A. Dabei ist $c(A)$ eine beliebige, nicht von θ abhängende Konstante. Zwei Likelihood-Funktionen von θ bei gegebenem A heißen gleich, wenn sie bis auf einen multiplikativen, nicht von θ abhängenden Faktor übereinstimmen.

Ist Y eine stetige zufällige Variable mit der Dichte $f(y;\theta)$, so können wir die Realisation von Y nur mit einer endlichen Meßgenauigkeit beobachten. Liegt Y in einer kleinen Umgebung von a, so ist

$$P(a - \varepsilon \leq Y \leq a + \varepsilon \| \theta) \approx f(a\|\theta) \cdot 2\varepsilon$$

Da die Likelihood nur bis auf einen multiplikativen Faktor bestimmt ist, können wir nun die Likelihood von θ bei beobachtetem $Y = a$ für stetige und diskrete zufällige Variable gemeinsam definieren: Die Likelihoodfunktion von θ bei beobachtetem $Y = a$ ist:

(6) $$L(\theta|Y = a) \cong \begin{cases} f(a\|\theta) & \text{wenn } Y \text{ stetig ist} \\ P(Y = a\|\theta) & \text{wenn } Y \text{ diskret ist} \end{cases}$$

Statt von der Likelihoodfunktion sprechen wir auch kurz von der Likelihood.

Anmerkung

Ist die Likelihoodfunktion auf dem Definitionsbereich beschränkt, kann sie eindeutig gemacht werden, wenn man fordert, daß sie im Maximum den Wert 1 annehmen soll. Wir sprechen dann von einer skalierten Likelihood.

Beispiel 3

Bild 12.3 zeigt den Zusammenhang zwischen Likelihood und Wahrscheinlichkeitsverteilung am Beispiel der Binomialverteilung. Über der $y - \theta$ -Ebene ist die Wahrscheinlichkeit $P(Y = k\|\theta)$ aufgetragen. Ein Schnitt parallel zur y-Achse durch θ_0 liefert die sechs diskreten Werte der Binomialverteilung $B_5(\theta_0)$ nämlich:

$$P(Y = k\|\theta_0) = \binom{5}{k}\theta_0^k(1-\theta_0)^{5-k} \; ; \; k = 0,1,\ldots,5$$

Schneiden wir den Graphen bei festem $Y = k_0$ in θ -Richtung, erhalten wir die Likelihoodfunktion $L(\theta | Y = k_0)$. Durchläuft k_0 die Werte 0, 1, 2, 3, 4, 5, erhalten wir sechs stetige Likelihoodfunktionen, zum Beispiel für $k_0 = 3$ die Funktion

$$L(\theta|Y = 3) = \binom{5}{3}\theta^3(1-\theta)^2 \quad \theta \in [0;1]$$

(Die Wahrscheinlichkeit ist hier unverändert als Likelihood übernommen.)

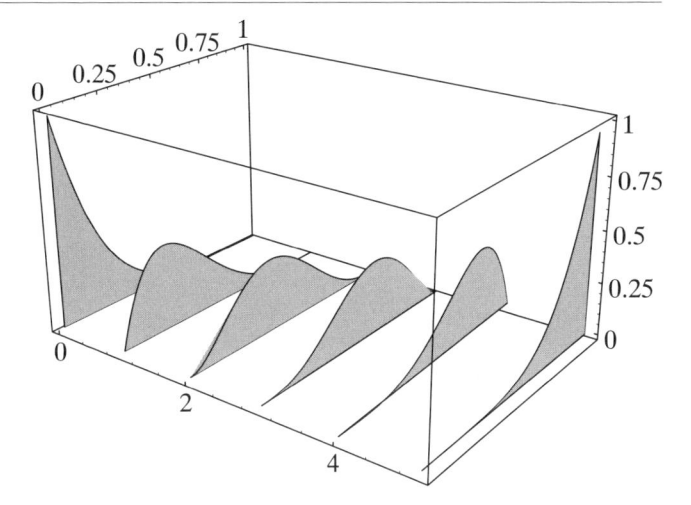

Bild 12.3: Wahrscheinlichkeitsverteilung und Likelihood bei der Binomialverteilung mit $n = 5$

12.3.1.2 Inhaltliche Bedeutung der Likelihood

Sind θ_1 und θ_2 zwei konkurrierende Parameter des Modells, so ist θ_1 um so plausibler als θ_2, je größer der Likelihood-Quotient

$$\frac{L(\theta_1|A)}{L(\theta_2|A)}$$

ist. Während die Likelihood noch mehrdeutig ist, ist der Likelihood-Quotient eindeutig. Er ist ein relatives Maß für die Plausibilität des Parameters θ bei gegebener Beobachtung A.

Das Likelihood-Prinzip gilt auch für die objektivistische Statistik, wenn auch aus anderen Gründen. Jedoch ist der Geltungsbereich des Prinzips umstritten. Hängt die Likelihood nicht direkt von y, sondern nur mittelbar über eine Funktion $T(y)$ ab, so genügt die Kenntnis von $T(y)$, um die Likelihood zu bestimmen. Da die Likelihood die gesamte Information der Stichprobe y enthält, kann durch die Transformation von y auf $T(y)$ nichts von der Information verlorengegangen sein.

Definition

Eine Schätzfunktion *T(Y)* für den Parameter θ heißt suffizient, wenn die Likelihood von θ nur von *T(Y)* abhängt. Eine suffiziente Statistik komprimiert demnach ohne Verlust die Information über einen Parameter aus einer Stichprobe.

Die **Log-Likelihood** $l(\theta|A)$ ist der natürliche Logarithmus der Likelihoodfunktion

(7) $\quad \boxed{l(\theta|A) = \ln L(\theta|A)}$

Da der Logarithmus eine streng monotone und daher umkehrbare Transformation ist, enthält $l(\theta|A)$ dieselbe Information wie $L(\theta|A)$.

12.3.1.3 Multiplikationsformel für Likelihoods

Sind die Ereignisse $A_1,...,A_n$ unabhängig, bzw. sind die zufälligen Variablen $Y_1,...,Y_n$ unabhängig, so ist

$$L(\theta|A_1 \cap ... \cap A_n) = \prod_{i=1}^{n} L(\theta|A_i)$$

$$L(\theta|Y_1 = y_1;...;Y_n = y_n) = \prod_{i=1}^{n} L(\theta|Y_i = y_i)$$

Für die Log-Likelihood erhält die Multiplikationsformel die Gestalt

$$l(\theta|A_1 \cap ... \cap A_n) = \sum_{i=1}^{n} l(\theta|A_i)$$

Anschaulich sagt diese Formel: Bei unabhängigen Quellen ist die Gesamtinformationen die Summe der Einzelinformationen.

12.3.1.4 Der Maximum-Likelihood-Schätzer

Der Maximum-Likelihood-Schätzer (ML-Schätzer) $\hat{\theta}$ von θ bei beobachtetem Ereignis A ist derjenige Wert von θ, bei dem die Likelihood im Parameterraum maximal wird:

(8) $$L(\hat{\theta}|A) \geq L(\theta|A) \quad \forall \theta \in \Theta$$

Der ML-Schätzer kann in theoretisch wichtigen Standardmodellen analytisch bestimmt werden, muß aber in den meisten praktisch relevanten Fällen numerisch approximiert werden.

Beispiel 4: Binomialverteilung

Y sei $B_n(\theta)$ verteilt. Dann gilt:

Verteilung $\quad P(Y=y\|\theta) = \binom{n}{k} \theta^k (1-\theta)^{n-k}$

Likelihood $\quad L(\theta|y) = \theta^y (1-\theta)^{n-y}$

Log-Likelihood $\quad l(\theta|y) = y \ln\theta + (n-y) \ln(1-\theta)$

ML-Schätzer $\quad$ (9) $\quad \boxed{\hat{\theta} = y/n}$

Zur Bezeichnung:

Sind $Y_1,...,Y_n$ n unabhängige identisch verteilte Variablen mit derselben Verteilung F_Y, schreiben wir dafür auch als Abkürzung: $Y_1,...,Y_n$ sind i.i.d. (independent, identically distributed) verteilt wie F_Y. Man sagt auch $Y_1,...,Y_n$ bilden eine einfache Stichprobe vom Umfang n.

Beispiel 5: Normalverteilung

Sind $Y_1,...,Y_n$ i.i.d. normalverteilt, $Y_i \sim N(\mu;\sigma^2)$, so gilt:

$$f(y\|\mu;\sigma^2) = \frac{1}{\sigma\sqrt{2\pi}} \exp\left(-\frac{(y-\mu)^2}{2\sigma^2}\right)$$

$$L(\mu|y_1,...y_n) = \prod_{i=1}^{n} \frac{1}{\sigma} \exp\left(-\frac{(y_i-\mu)^2}{2\sigma^2}\right) = \frac{1}{\sigma^n} \exp\left(-\frac{1}{2\sigma^2} \sum_{i=1}^{n}(y_i-\mu)^2\right)$$

$$= \frac{1}{\sigma^n} \exp\left(-\frac{1}{2\sigma^2}\left[\sum_{i=1}^{n}(y_i-\bar{y})^2 + n(\mu-\bar{y})^2\right]\right)$$

Die ML-Schätzer sind

$$(10)\quad \hat{\mu} = \bar{y} = \frac{1}{n}\sum_{i=1}^{n} y_i \quad \text{und} \quad \hat{\sigma} = \sqrt{\frac{1}{n}\sum_{i=1}^{n}(y_i - \bar{y})^2}$$

12.3.1.5 Likelihood bei diskretem Parameterraum

Beispiel 6

Es soll die Anzahl der Fische in einem Teich geschätzt werden. Bei Capture-Recapture-Schätzungen wird ein Teil der Tiere gefangen, markiert und wieder ausgesetzt. Nach einer Weile, wenn sich die Tiere wieder zufällig mit den anderen vermischt haben, werden erneut einige Tiere gefangen. Es seien N Fische im Teich und m Fische markiert. Es sei Y die Anzahl der markierten Fische, die bei einer zweiten Stichprobe von insgesamt n gefangenen Fischen gefunden wurden. Y ist hypergeometrisch verteilt:

$$(11)\quad L(N) := L(N|m;\, n;\, y) = \frac{\binom{m}{y}\binom{N-m}{n-y}}{\binom{N}{n}}$$

Der unbekannte Parameter θ ist N. Der Parameterraum ist die Menge der natürlichen Zahlen. Zur Maximierung der Likelihood berechnet man den Quotienten $\dfrac{L(N-1)}{L(N)}$. Aus der Definition des Binomialquotienten folgt:

$$\frac{L(N-1)}{L(N)} < 1 \Leftrightarrow N < \frac{m}{y} n$$

Solange $N < \dfrac{m}{y} n$ ist, wächst die Likelihood beim Wechsel von $N-1$ zu N. Falls $N > \dfrac{m}{y} n$ ist, fällt sie. Wegen der Ganzzahligkeit von N ist $\hat{N}$ diejenige natürliche Zahl, die am nächsten an $\dfrac{m}{y} n$ liegt:

$$\hat{N} \approx \frac{m}{y} n$$

12.3.1.6 Die Informationsfunktion

Es sei θ ein eindimensionaler Parameter mit der Log-Likelihood $l(\theta|y)$.

Je größer die Krümmung der Log-Likelihood an der Stelle $\hat{\theta}$ ist, um so schärfer wird $\hat{\theta}$ als plausibelster Wert gegenüber seiner Umgebung herausgearbeitet. Je kleiner die Krümmung, um so vager sind die Aussagen über die Plausibilität der einzelnen Parameterwerte. Ein Maß für die Krümmung ist die zweite Ableitung. In einer Umgebung des Maximums ist die zweite Ableitung negativ. Wir multiplizieren daher die zweite Ableitung mit -1, um zu positiven Kriterien zu kommen und definieren:

(12) $\boxed{I(\theta|y) := -\dfrac{d^2}{d\theta^2} l(\theta|y)}$

(12) heißt die Informationsfunktion. An der Stelle $\theta = \hat{\theta}$ nimmt sie den Wert $I(\hat{\theta}|y)$ an. Dieser Wert heißt die beobachtete Information. Sie ist die Krümmung der Log-Likelihood im Maximum. Die Fisher-Information $FI(\theta)$ ist der Erwartungswert der Informationfunktion. $FI(\theta)$ ist die „mittlere" Krümmung der Likelihood:

(13) $\boxed{FI(\theta) = E\left[I(\theta|Y)\right]}$

Werden mehrere Variable zur gleichen Zeit betrachtet, ist es sinnvoll, den Namen der jeweils betrachteten Variable als Index an $FI(\theta)$ zu hängen und zum Beispiel statt $FI(\theta)$ ausführlicher $FI_Y(\theta)$ zu schreiben. Sind $Y_1,...,Y_n$ i.i.d. verteilte zufällige Variable, dann läßt sich die Fisher-Information durch die mittlere beobachtete Information der Stichprobe schätzen:

$$(14) \quad \widehat{FI}_Y(\theta) = \frac{1}{n} I\!\left(\hat{\theta}\big|y_1,...,y_n\right)$$

12.3.1.7 Asymptotische Eigenschaften des ML-Schätzers

Der ML-Schätzer $\hat{\theta}$ ist eine Funktion der beobachteten $y_1,...,y_n$. Da die y_i selbst Realisation der zufälligen Variablen Y_i sind, ist $\hat{\theta}$ Realisation der zufälligen Variable $\hat{\theta}(Y_1,...,Y_n)$. Sind $Y_1,...,Y_n$ i.i.d verteilte zufällige Variable, so existiert (unter mathematischen Regularitätsvoraussetzung) mit Wahrscheinlichkeit 1 der ML-Schätzwert $\hat{\theta} := \hat{\theta}^{(n)} = \hat{\theta}(Y_1,...,Y_n)$.

Unter diesen Bedingungen ist $\hat{\theta}$ asymptotisch normalverteilt:

$$\lim_{n\to\infty} P\!\left(\left(\hat{\theta}^{(n)} - \theta\right)\sqrt{n FI_Y(\theta)} \le x\right) = \Phi(x)$$

Dabei ist $\Phi(x)$ die Verteilungsfunktion der Standardnormalverteilung $N(0;1)$. Anschaulicher aber unpräziser gesagt, gilt:

$$\hat{\theta}^{(n)} \approx N\!\left(\theta; \frac{1}{n FI_Y(\theta)}\right) \approx N\!\left(\theta; \frac{1}{I\!\left(\hat{\theta}\big|y_1,...,y_n\right)}\right)$$

Der Kehrwert der Krümmung der Likelihood im Maximum schätzt die Varianz des ML-Schätzers.

12.3.1.8 Numerische Maximierung der Likelihood

Zur Bestimmung des ML-Schätzers ist es günstiger, mit der Log-Likelihood $l(\theta) = l(\theta|y_1,...,y_n)$ als mit der Likelihood $L(\theta|y_1,...,y_n)$ zu arbeiten, da bei der iterativen Berechnung die Schätzung der asymptotischen Kovarianzmatrix von $\hat{\Theta}$ als Nebenergebnis mit abfällt. Um $l(\theta)$ zu maximieren, machen wir den Iterationsansatz $\theta_{k+1} = \theta_k + \delta_k$. In erster Näherung ist dann:

$$l(\theta_{k+1}) = l(\theta_k) + \delta'_k \frac{\partial}{\partial \theta} l(\theta_k) + \cdots$$

Ist θ_{k+1} nahe bei θ_k, so ist $l(\theta_{k+1})$ größer als $l(\theta_k)$, falls $\delta'_k \frac{\partial}{\partial \theta} l(\theta_k) > 0$ ist. Dies läßt sich aber erreichen, wenn wir eine beliebige positiv-definite Matrix M_k als Arbeitsmatrix wählen und $\delta_k = M_k \frac{\partial}{\partial \theta} l(\theta_k)$ setzen. Dann ist

$$\delta'_k \frac{\partial}{\partial \theta} l(\theta_k) = \left(\frac{\partial}{\partial \theta} l(\theta_k) \right) M_k \frac{\partial}{\partial \theta} l(\theta_k) > 0$$

12.3.1.9 Newton-Raphson-Verfahren

In einer Umgebung des Maximums $\hat{\theta}$ ist die Hessematrix der zweiten Ableitungen $\left(\frac{\partial^2}{\partial \theta \partial \theta'} l(\theta) \right)$ negativ-definit. Also ist

$$M_k = -\left(\frac{\partial^2}{\partial \theta \partial \theta'} l(\theta_k) \right)^{-1}$$

positiv-definit und läßt sich als Arbeitsmatrix verwenden. In dem Maß wie θ_k gegen $\hat{\theta}$ konvergiert, konvergiert M_k gegen $I(\hat{\theta}|y_1,...,y_n)^{-1}$ und damit gegen die Schätzung der asymptotischen Kovarianzmatrix von $\hat{\theta}$.

12.3.1.10 Fisher-Scoring

Wir ersetzen die zweite Ableitung durch ihren Erwartungswert und verwenden als Arbeitsmatrix M_k demnach die Inverse der Fisherinformationsmatrix $M_k = (FI_Y(\theta_k))^{-1}$.

12.3.2 Gütekriterien

12.3.2.1 Erwartungstreue

Der **systematische Schätzfehler** oder **Bias** ist die Abweichung zwischen dem wahren Parameter und dem Erwartungswert der Schätzfunktion:

$$Bias := \theta - E(\hat{\theta}).$$

$\hat{\theta}$ heißt erwartungstreu, unverfälscht oder Englisch unbiased, falls der Bias Null ist, d.h. $E(\hat{\theta}) = \theta$ ist. Konvergiert der Bias mit wachsendem Stichprobenumfang gegen Null, so heißt die Schätzfunktion asymptotisch unverfälscht. In der Regel sind ML-Schätzer asymptotisch erwartungstreu.

Beispiel 7: Normalverteilung

Es seien $Y_1,...,Y_n$ *i.i.d.* $N(\mu;\sigma^2)$ *verteilt. Dann ist* $\hat{\mu} = \bar{y}$ *der ML-Schätzer für* μ. *Daher ist* $(\bar{y})^2$ *der ML-Schätzer für* μ^2. *Nun ist*

$E(\hat{y}) = E(\bar{y}) = \mu$ *und* $E(\hat{y}^2) = E(\bar{y}^2) = \mu^2 + \dfrac{\sigma^2}{n}$. *Daher wird* μ

erwartungstreu, μ^2 *nur asymptotisch erwartungstreu geschätzt. Weiter*

ist $\hat{\sigma}^2 = \dfrac{1}{n-1}\sum_{i=1}^{n}(y_i - \bar{y})^2$ *ein erwartungstreuer Schätzer für* σ^2, *dagegen ist* $\hat{\sigma}$ *nur asymptotisch erwartungstreu für* σ.

Ist der Parameterraum konvex und beschränkt, und sind die Verteilungen auf dem Rand des Parameterraums nicht ausgeartet, so existieren keine erwartungstreuen Schätzer. Ist zum Beispiel $Y \sim N(\mu;\sigma^2)$, und wird der Parameterraum auf nicht negative μ beschränkt, so existiert kein erwartungstreuer Schätzer für μ. (Siehe Berger 1990)

12.3.2.2 Effizienz

Ist ein Schätzer $\hat{\theta}$ erwartungstreu, so ist er um so besser, je kleiner seine Varianz ist. $\hat{\theta}$ heißt effizient oder auch wirksam in einer Klasse erwartungstreuer Schätzfunktionen, wenn er unter allen Schätzern dieser Klasse minimale Varianz besitzt.

Beispiel 8: Lineares Regressionsmodell
Im linearen Regressionsmodell sind Y_i unabhängige zufällige Variable mit $E(Y_i) = x_i'\beta$ und $Var(Y_i) = \sigma^2$. Dabei sind die Werte der Regressoren x_i bekannt, der Vektor β der Regressionskoeffizienten und die Varianz σ^2 sind unbekannt. Nach dem Satz von Gauß-Markov ist der Kleinst-Quadrat-Schätzer $\hat{\beta}$ effizient in der Klasse der linearen Schätzfunktionen. Sind die Y_i darüber hinaus normalverteilt, so ist $\hat{\beta}$ effizient in der Klasse aller Schätzfunktionen.

Unter gewissen Regularitätsvoraussetzungen kann die Varianz von $\hat{\theta}$ eine nur von der Verteilung von Y abhängende, untere Schranke nicht unterschreiten.
Die **Ungleichung von Rao-Cramer** besagt: Sind $Y_1,...,Y_n$ i.i.d. verteilt nach $F(y\|\theta)$ und ist $\hat{\theta}$ ein erwartungstreuer Schätzer von θ, so ist unter Regularitätsbedingungen:

$$(15) \quad Var(\hat{\theta}) \geq \frac{1}{nF\mathbf{I}_Y(\theta)}$$

Diese Ungleichung von Rao-Cramer liefert für jeden erwartungstreuen Schätzer $\hat{\theta}$ bei hinreichend oft differenzierbarer Likelihood eine nicht von $\hat{\theta}$, sondern nur von $F(y\|\theta)$ abhängende Untergrenze für die Varianz. Die Varianz des besten Schätzers kann also nur in der Größenordnung $\frac{1}{n}$ gegen Null gehen. Ein erwartungstreuer Schätzer $\hat{\theta}$ ist effizient, wenn in der Rao-Cramer-Ungleichung das Gleichheitszeichen steht.

Es läßt sich zeigen, daß effiziente Schätzer nur existieren können, wenn die Verteilung der Y_i zur Exponentialfamilie gehört.

12.3.2.3 Relative Effizienz

Ist $\hat{\theta}$ irgend ein erwartungstreuer Schätzer für den Parameter θ, so mißt $Var(\hat{\theta})$ die Genauigkeit der Schätzung. $\hat{\theta}$ ist um so genauer, je kleiner $Var(\hat{\theta})$ ist. Da im Regelfall die untere Schranke $(nFI_Y(\theta))^{-1}$ nicht unterboten werden kann, mißt man die relative Effizienz des Schätzers durch

(16) $$\boxed{0 \le \frac{(n \cdot FI_Y(\theta))^{-1}}{Var(\hat{\theta})} \le 1}$$

Konvergiert mit wachsendem Stichprobenumfang die relative Effizienz gegen 1, heißt $\hat{\theta}$ asymptotisch effizient. ML-Schätzer sind demnach asymptotisch effizient.

12.3.2.4 Die mittleren quadratischen Abweichungen oder der Mean Square Error (MSE)

Zwei wesentliche Beurteilungskriterien für jede Schätzfunktion $\hat{\theta}$ eines ein- oder mehrdimensionalen Parameters θ sind die Matrix der mittleren quadratischen Abweichungen:

$$\boldsymbol{M}MSE(\hat{\theta}) = E\left(\theta - \hat{\theta}\right)\left(\theta - \hat{\theta}\right)' = Cov(\hat{\theta}) + \left(\theta - E(\hat{\theta})\right)\left(\theta - E(\hat{\theta})\right)'$$

und deren eindimensionaler Spur:

$$MSE(\hat{\theta}) = E\left\|\theta - \hat{\theta}\right\|^2 = \sum_{i=1}^{n} Var(\hat{\theta}_i) + \|Bias\|^2$$

Dabei ist $\|a\| = \sqrt{\sum a_i^2}$ die euklidische Norm im R^n.

Beispiel 9 : Normalverteilung

Es seien $Y_1,...,Y_n$ *i.i.d.* $N(\mu;\sigma^2)$ *verteilt und* $Q := \sum(Y_i - \bar{Y})^2$. *Dann ist* $\frac{1}{n}Q$ *der ML-Schätzer für* σ^2. *Dagegen ist* $\frac{1}{n-1}Q$ *ein erwartungstreuer Schätzer und* $\frac{1}{n+1}Q$ *der Schätzer mit minimalem MSE unter allen Varianzschätzern der Bauart* $\frac{1}{m}Q$.

12.3.2.5 Konsistenz

Konvergiert der Schätzer $\hat{\theta}^{(n)}$ mit wachsendem Stichprobenumfang gegen den wahren Parameter θ, heißt $\hat{\theta}^{(n)}$ konsistent. Je nachdem, welche Konvergenzbegriffe zugrundegelegt werden, unterscheidet man starke und schwache Konsistenz. $\hat{\theta}^{(n)}$ ist zum Beispiel konsistent, wenn sein MSE mit wachsendem n gegen Null geht. Daher sind ML-Schätzer konsistent.

12.3.3 Weitere Konstruktionsprinzipien für Punktschätzer

Konstruktionsprinzipien von Schätzfunktionen differieren je nach Vorkenntnis über das Modell und die Variablen sowie den Ansprüchen an die Eigenschaften der Schätzfunktionen. Wir skizzieren hier nur einige Verfahren. Der Einfachheit halber gehen wir davon aus, daß die Stichprobe $Y = (Y_1,...,Y_n)$ aus n unabhängigen zufälligen eindimensionalen Variablen besteht.

12.3.3.1 Schätzfunktionen auf Basis der empirischen Verteilungsfunktion

Eine Eigenschaft ist genau dann statistisch faßbar, wenn sie sich als Eigenschaft einer Wahrscheinlichkeitsverteilung beschreiben läßt. Ein Parameter θ ist genau dann ein Verteilungsparameter der Verteilung von Y, wenn θ sich als Funktion der Verteilungsfunktion $F(y)$ von Y darstellen läßt: $\theta = \theta(F)$. Mathematisch korrekt müßten wir von einem **Funktional** sprechen: Das Funktional bildet die Menge der Verteilungsfunktionen in den reellen Zahlen ab. Zum Beispiel läßt sich der Erwartungswert darstellen als:

(17) $\quad \mu = E(Y) = \int y dF(y)$

Wir setzen nun voraus, daß alle Y_i dieselbe Verteilungsfunktion $F(y)$ besitzen. Dann konvergiert die beobachtete, empirische Verteilungsfunktion $\hat{F}^{(n)}(y)$ mit Wahrscheinlichkeit 1 gleichmäßig gegen $F(y)$. Ersetzt man nun in dem Ausdruck $\theta(F)$, der θ in Abhängigkeit von F darstellt, F durch $\hat{F}^{(n)}$, so erhält man in der Regel einen konsistenten Schätzer von θ, nämlich $\hat{\theta} = \theta(\hat{F}^{(n)})$. Diese Methode liefert zum Beispiel für den Erwartungswert als Schätzer das arithmetische Mittel:

(18) $\quad \hat{\mu} = \int y d\hat{F}^{(n)}(y) = \frac{1}{n} \sum_{i=1}^{n} y_i = \bar{y}$

Schätzer dieser Art werden vor allem im Bereich der Momenten-Schätzer, der robusten Schätzer und der Resampling-Verfahren verwendet.

12.3.3.2 Die Methode der kleinsten Quadrate

Ist die Likelihood unbekannt, aber ist bekannt, wie der Erwartungswert $\mu = E(Y)$ vom Parameter abhängt, $\mu = \mu(\theta)$, so kann man μ nach der Methode der kleinsten Quadrate schätzen. Bei dieser Schätzung macht man sich die Minimalitätseigenschaften des Erwartungswertes zunutze. Für alle $a \in \mathbb{R}^n$ gilt: $E\|Y - \mu\|^2 \leq E\|Y - a\|^2$. Liegen nun die Beobachtungen $y_1, ..., y_n$ vor, so sucht man als Schätzwert $\hat{\theta}$ den Wert, für den $\sum_{i=1}^{n}(y_i - \mu_i(\hat{\theta}))^2$ minimal wird. Dieser Schätzer von θ heißt der KQ-Schätzer. Sind die $Y_1, ..., Y_n$ unabhängig voneinander $N(\mu; \sigma^2)$ verteilt, so stimmt der KQ-Schätzer mit dem ML-Schätzer überein.

> Das wichtigste Anwendungsgebiet der Methode der kleinsten Quadrate ist die Regressionsrechnung.

12.3.3.3 Robuste Schätzer

Für wichtige Familien von Wahrscheinlichkeitsverteilungen lassen sich nach den obigen Kriterien gute oder gar optimale Schätzer konstruieren. Diesen Schätzern begegnet man heute wieder mit Mißtrauen, da sie zu genau auf spezielle Verteilungsmodelle zugeschnitten sind. In der Praxis paßt das gewählte Modell oft nicht so gut; dann hat man zwar optimale Schätzer, aber im ungeeigneten Modell, und trifft als Konsequenz unbrauchbare bis falsche Entscheidungen. Daher verwendet man häufiger Schätzer, die zwar weniger effizient sind, dafür aber nicht so engherzig mit den Modellvoraussetzungen umgehen. Die Theorie dieser sogenannten robusten Schätzer ist mathematisch anspruchsvoll und ihre Berechnung meist numerisch aufwendig. Gütekriterien für robuste Schätzer sind zum Beispiel die folgenden:

Der **Bruchpunkt** gibt an, welchen Anteil extremer Ausreißer ein Schätzer $\hat{\theta}^{(n)}$ vertragen kann, ehe er selbst unsinnig wird. So ist zum Beispiel der Bruchpunkt des arithmetischen Mittels und der Varianz gleich Null, während der Bruchpunkt des Medians und der des Medians der absoluten Abweichungen vom Median (MAD) gleich 0,5 ist.

Die **Sensitivitätskurve** $SC_{\hat{\theta}}(y|y_1,...,y_{n-1})$ gibt an, wie sich eine Schätzfunktion $\hat{\theta}^{(n)}$ bei einer zusätzlichen Beobachtung verhält:

(19) $$SC_{\hat{\theta}}(y|y_1,...,y_{n-1}) = n\left(\hat{\theta}^{(n)} - \hat{\theta}^{(n-1)}\right)$$

Die **Influenzkurve** $Infl(y;T,F)$ läßt sich interpretieren als Grenzfall der Sensitivitätskurve bei unendlich großem Stichprobenumfang. Sie mißt den Effekt einer infinitesimalen Störung im Punkt y. Ist $T(F)$ das von der Verteilung F abhängende Schätzfunktional, so ist die Influenzkurve definiert als

(20) $$\boxed{Infl(y;T,F) = \lim_{t \to 0} \frac{T((1-t)F + t\delta_y) - T(F)}{t}}$$

12.3.3.4 Konstruktionsprinzipien für robuste Schätzer

M-Schätzer

ML-Schätzer lassen sich in vielen Fällen durch Lösung einer Minimierungsaufgabe bestimmen. Bei den M-Schätzern wird die Likelihood durch eine geeignete Abstandsfunktion ersetzt, die ihrerseits von der angestrebten Influenzfunktion abhängt. Damit lassen sich gewünschte Robustheitseigenschaften vorgeben. Prototyp der M-Lage-Schätzer ist Hubers M-Schätzer.

L-Schätzer

L-Schätzer sind gewichtete Linearkombination der geordneten Stichprobe, der Orderstatistik. Die bekanntesten Lageschätzer sind das getrimmte Mittel und das winsorisierte Mittel.

Getrimmte Mittel $T_n(\alpha)$

Hier werden die $\alpha \cdot 100\%$ kleinsten und größten Werte der Beobachtungen weggelassen, und aus dem Rest wird das Mittel gebildet. Sind $y_{(1)}, ..., y_{(n)}$ die der Größe nach geordneten Beobachtungen, so ist

$$T_n(\alpha) = \frac{1}{n - 2[\alpha n]} \sum_{i=[\alpha n]+1}^{n-[\alpha n]} y_{(i)}$$

(Dabei entsteht $[\alpha n]$ aus αn, wenn alle Stellen nach dem Komma gestrichen werden.)

Winsorisierte Mittel $W_n(\alpha)$

Die beim Trimmen gestrichenen Beobachtungen werden hier durch die erste bzw. letzte nicht gestrichene Beobachtung ersetzt

$$W_n(\alpha) = \frac{1}{n} \left\{ [\alpha n] y_{[\alpha n]+1} + \sum_{i=[\alpha n]+1}^{n-[\alpha n]} y_{(i)} + [\alpha n] y_{n-[\alpha n]} \right\}$$

Beispiel 10
Es sei $n = 25$, $\alpha = 10\%$.

Dann sind $[\alpha n] = [2,5]$ *und* $T_{25}(0,1) = \dfrac{1}{21} \sum\limits_{i=3}^{23} y_{(i)}$ *sowie*

$$W_{25}(0,1) = \frac{1}{25}\left\{ 2y_{(3)} + \sum_{i=3}^{23} y_{(i)} + 2y_{(23)} \right\}$$

R-Schätzer

R-Schätzer wurden von Hodges und Lehmann aus den Prinzipien des Rangtests entwickelt. Am bekanntesten ist der Hodge-Lehmann-Lageschätzer, der sich aus dem Wilcoxon-Rangtest ergibt.

(21) $\hat{\mu}_{\text{Hodge-Lehmann}} := Median\left\{ \dfrac{y_i + y_j}{2} \mid \forall i,j = 1,...,n \right\}$

12.3.4 Bereichsschätzer

12.3.4.1 Prognoseintervalle

> Eine **Prognose** ist eine Aussage über ein Ereignis, bei dem noch nicht feststeht, ob es eingetreten ist, eintreten wird oder eintreten könnte.

Prognosen sollten präzise und sicher sein; in der Regel sind sie das eine nur auf Kosten des anderen. Der Ausgang einer Prognose ist keine nachträgliche Rechtfertigung für das Vertrauen, das wir vorher in die Prognose setzen. Nicht das einzelne zufällige Ergebnis ist relevant, sondern das Verfahren, das zu dieser Prognose geführt hat. Modellieren wir das unbekannte Ereignis als Realisation einer eindimensionalen zufälligen Variablen Y, so heißt jedes Intervall $[a,b]$ ein $(1-\alpha)$-Prognose-Intervall, falls gilt: $P\{a \leq Y \leq b\} \geq 1-\alpha$.

$a \leq Y \leq b$ ist die Prognose. Ein $(1-\alpha)$-Prognoseintervall erlaubt es, Wahrscheinlichkeitsaussagen über mögliche oder zukünftige Realisationen der zufälligen Variablen Y zu machen. Ist zum Beispiel $Y \sim N(\mu;\sigma^2)$, so ist $P(|Y - \mu| \leq 1{,}96 \cdot \sigma) = 0{,}95$.

Damit ist $\mu - 1{,}96 \cdot \sigma \leq Y \leq \mu + 1{,}96 \cdot \sigma$ ein 95%-Prognoseintervall für Y.

Mit 95 % Wahrscheinlichkeit wird eine Realisation von Y in diesem Intervall liegen, und zwar für jeden Wert von μ und σ. Je kleiner α ist, um so größer wird das Prognoseintervall. Damit wird die Prognose gleichzeitig sicherer und unpräziser. Sind μ und σ bekannt, so ist die Prognose verifizierbar. Sind μ und σ unbekannt, so ist sie auch bei beobachtetem $Y = y$ nicht verifizierbar. Die Verläßlichkeit der Prognose ist davon unberührt. Sie beruht allein auf dem starken Gesetz der großen Zahlen. Dies sichert, daß bei einer wachsenden Zahl von unabhängigen Wiederholungen des Versuchs mit der Prognose über Y der Anteil der richtigen Prognosen mit Wahrscheinlichkeit Eins gegen $1-\alpha$ konvergiert.

12.3.4.2 Konfidenz-Prognosemenge

Es sei Y eine k-dimensionale zufällige Variable, deren Verteilung von einem p-dimensionalen Parameter $\theta \in \Theta \subset \mathsf{R}^p$ abhängt. Für jeden Wert von θ sei ein Prognosebereich $K_\theta \subset \mathsf{R}^k$ definiert mit

(22) $\boxed{P\bigl(Y \in K_\theta \mid \theta\bigr) \geq 1-\alpha \ \ \forall \theta \in \Theta}$

Die Menge

(23) $\boxed{K := \bigcup_{\theta \in \Theta}(\theta; K_\theta) \subset \mathsf{R}^p \times \mathsf{R}^k}$

heißt Konfidenz-Prognosemenge zum Niveau $1-\alpha$. Je nach dem, ob wir y festhalten und θ variieren oder θ festhalten und y variieren, erhalten wir K_θ- oder K_y-Schnitte:

θ-Schnitt: θ fest und y variiert: $K_\theta = \{y \mid (y;\theta) \in K\}$

y-Schnitt: y fest und θ variiert: $K_y = \{\theta \mid (y;\theta) \in K\}$

Für jedes Paar $(y;\theta)$ gilt demnach

$(y;\theta) \Leftrightarrow K \Leftrightarrow y \in K_\theta \Leftrightarrow \theta \in K_y$

In Bild 12.4 ist K symbolisch als elliptischer Bereich in der zweidimensionalen $(y;\theta)$-Ebene dargestellt. Auf der Abszisse ist y, auf der Ordinate ist θ abgetragen. Die fette Linie markiert den θ-Schnitt K_θ für $\theta=2$, die doppelte Linie den y-Schnitt K_y für $y=1$. Beide Linien schneiden sich im Punkt $(y;\theta) = (1;2)$.

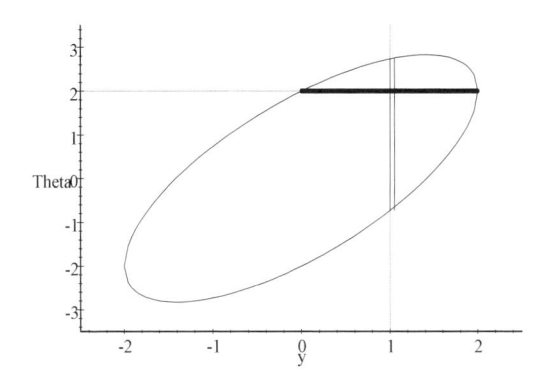

Bild 12.4: Die Konfidenz-Prognosemenge mit einem K_θ-Schnitt (fett) und einem K_y-Schnitt (gedoppelt)

12.3.4.3 Konfidenzbereiche

Die für alle Y und θ gültige Wahrscheinlichkeitsaussage
$$P(Y \in K_\theta \;\|\; \theta) \geq 1 - a$$
wird zur Behauptung verschärft $Y \in K_\theta$.

Diese Behauptung mag im Einzelfall falsch sein. Auf Grund des Gesetzes der Großen Zahlen wird sie aber in $(1-\alpha) \cdot 100\%$ aller Fälle richtig sein.

Wird nun $Y = y$ beobachtet und erklärt man die Behauptung $y \in K_\theta$ für wahr, so muß man auch die logisch äquivalente Aussage $\theta \in K_y$ als wahr akzeptieren. Dies Aussage ist eine Bereichsabschätzung für den unbekannten Parameter θ.

Wir nennen K_y einen Konfidenzbereich zum Konfidenzniveau $(1-\alpha)\cdot 100\%$ für θ bei gegebenem y.

Wird stets nach dieser Strategie verfahren, nämlich bei Beobachtung von $y \in K_\theta$ die Aussage $\theta \in K_y$ zu behaupten, so sind im Schnitt $(1-\alpha)\cdot 100\%$ aller Behauptungen wahr. Je nach dem, ob θ oder y bekannt ist, können wir nun Annahmebereiche für Tests über θ, Prognosebereiche für Y oder Konfidenzbereiche für θ konstruieren:

- Fest vorgegebenes θ_0: Die Strategie liefert die Aussage $y \in K_{\theta_0}$. Dies ist eine Prognose über ein zukünftiges Y bzw. ein Annahmebereich für den Test zum Niveau a der Hypothese $H_0 : \theta = \theta_0$.
- Fest vorgegebenes y_0: Die Strategie liefert: $\theta \in K_{Y_0}$. Dies ist ein Konfidenzbereich für θ zum Niveau $1-\alpha$.

Gilt die zentrale Wahrscheinlichkeitsabschätzung $P(Y \in K_\theta \,\|\, \theta) \geq 1-a$ nur approximativ, etwa bei Übertragung asymptotischer Aussagen auf endliche Stichprobenumfänge, so sind auch die abgeleiteten Konfidenz-, Annahme- und Prognosebereiche in gleicher Weise nur approximativ richtig.

12.3.4.4 Konstruktion von Konfidenzbereichen durch Pivot-Variable

Eine zufällige Variable $\pi := \pi(Y;\theta)$, die sowohl vom unbekannten Parameter als auch von der Beobachtung abhängt, heißt **Pivot-Variable**, wenn die Verteilung von π explizit bekannt ist. Während Y eine beobachtbare Variable mit unbekannter Verteilung ist, ist π eine nicht beobachtbare Variable mit bekannter Verteilung. Da die Verteilung von π bekannt ist, können wir für π eine $1-\alpha$ - Prognose aufstellen:

$$P(a \leq \pi \leq b) = 1-\alpha$$

Nun berücksichtigen wir, daß π von y und θ abhängt und lesen $a \leq \pi \leq b$ als eine Prognose über $\pi(y;\theta)$ zum Niveau $1-\alpha$:

$$a \leq \pi(y;\theta) \leq b$$

Lösen wir diese Ungleichung nach y auf, erhalten wir eine Prognose für y; lösen wir sie nach θ auf, erhalten wir einen Konfidenzbereich für θ.

Beispiel 11: Konfidenzintervall für μ bei der Normalverteilung

Wir bestimmen Konfidenzintervalle für μ bei der Normalverteilung. Es seien $Y_1,...,Y_n$ i.i.d. $\sim N(\mu;\sigma^2)$. Wir unterscheiden zwei Fälle:

a) σ sei bekannt. Dann erhält man durch Standardisierung von $\overline{Y}$ die Pivotvariable

$$\pi := \frac{\overline{Y}-\mu}{\sigma}\sqrt{n} = N(0;1)$$

Ist $\alpha = \alpha_1 + \alpha_2$ und τ_α das α-Quantil der $N(0;1)$, so gilt mit Wahrscheinlichkeit α:

$$P(\tau_{\alpha_1} \leq \pi \leq \tau_{1-\alpha_2}) = 1-\alpha$$

Die Prognose $\tau_{\alpha_1} \leq \pi \leq \tau_{1-\alpha_2}$ für π wird zur Prognose über $\overline{Y}$:

$$\tau_{\alpha_1} \leq \frac{\overline{y}-\mu}{\sigma}\sqrt{n} \leq \tau_{1-\alpha_2}$$

Damit erhalten wir das Konfidenzintervall für μ zum Niveau $1-\alpha$:

$$(24)\quad \boxed{\overline{y} - \tau_{1-\alpha_2}\sigma\sqrt{n} \leq \mu \leq \overline{y} - \tau_{\alpha_1}\sigma\sqrt{n}}$$

b) σ sei unbekannt. Definiert man

$$\hat{\sigma}^2 := \frac{1}{n-1}\sum(Y_i - \overline{Y})^2$$

so ist die studentisierte Variable

$$\pi := \frac{\overline{Y}-\mu}{\hat{\sigma}}\sqrt{n} \sim t(n-1)$$

t-verteilt mit $n-1$ Freiheitsgraden, also eine Pivotvariable. Wie bei der Normalverteilung erhält man das Konfidenzintervall für μ aus der folgenden Ungleichung:

$$(25) \quad \boxed{t(n-1)_{\alpha_1} \leq \frac{\overline{y}-\mu}{\hat{\sigma}}\sqrt{n} \leq t(n-1)_{1-\alpha_2}}$$

Beispiel 12: Konfidenzintervall für σ^2 bei der Normalverteilung

Es sollen die Voraussetzungen von Beispiel 9 gelten. Dann ist

$$\pi := \frac{\sum(Y_i - \overline{Y})^2}{\sigma^2} = \frac{(n-1)\hat{\sigma}^2}{\sigma^2} \sim x^2(n-1)$$

das heißt, π ist Chi-Quadrat-verteilt mit $n-1$ Freiheitsgraden. Also ist π eine Pivotvariable. Das Konfidenzintervall für σ^2 ist

$$(26) \quad \boxed{\frac{(n-1)\hat{\sigma}^2}{x^2(n-1)_{1-\alpha_2}} \leq \sigma^2 \leq \frac{(n-1)\hat{\sigma}^2}{x^2(n-1)_{\alpha_1}}}$$

12.3.4.5 Konfidenzbereiche für Funktionen von Parametern

Ist $\tau = g(\theta)$ eine Funktion von θ und ist K_Y ein Konfidenzintervall für θ, so ist die Menge aller τ, zu denen sich ein θ aus dem Konfidenzintervall K_Y findet, mit $\tau = g(\theta)$

$$\{\tau \mid \tau = g(\theta); \theta \in K_y\}$$

bei gegebenem y ein Konfidenzintervall für τ zum Niveau $1-\alpha$.

Beispiel 13: Konstruktion eines Konfidenzintervalls für Quantil τ_γ der Exponentialverteilung

Zu gegebenem $0 < \gamma < 1$ ist der Quantilswert τ_γ definiert durch $F(\tau_\gamma \| \theta) = \gamma$. Für die Exponentialverteilung ist $F(y \| \theta) = 1 - e^{-\theta y}$. Daher gilt:

$$1 - e^{-\theta \tau_\gamma} = \gamma \Leftrightarrow \tau_\gamma = \frac{-\ln(1-\gamma)}{\theta}$$

Aus dem Konfidenzintervall für θ erhalten wir demnach das folgende Konfidenzintervall für das Quantil τ_γ:

$$(27) \quad \frac{n\bar{y}(-\ln(1-\gamma))}{\Gamma(n;1)_{1-\alpha_2}} \leq \tau_\gamma \leq \frac{n\bar{y}(-\ln(1-\gamma))}{\Gamma(n;1)_{\alpha_1}}$$

12.3.4.6 Asymptotische Konfidenzbereiche

In vielen Fällen können keine Pivotvariablen angegeben werden, da die exakte Verteilung der Variablen nicht explizit angebbar oder unbekannt ist. In diesen Fällen helfen mitunter asymptotische Aussagen. Unter gewissen Regularitätsbedingungen ist der Maximum-Likelihood-Schätzer asymptotisch normalverteilt (vergl. 12.3.17):

$$\hat{\theta} \approx N_k\left(\theta; Cov\,\hat{\theta}\right)$$

Dann ist

$$\pi := \left(\theta - \hat{\theta}\right)'\left(Cov\,\hat{\theta}\right)^{-1}\left(\theta - \hat{\theta}\right) \sim x^2(k)$$

eine Pivotvariable. Die Kovarianzmatrix $Cov\left(\hat{\theta}\right)$ wird meist asymptotisch über die Fisher-Informationsmatrix und diese über die beobachtete Information in θ geschätzt:

$$(28) \quad \left(Cov\,(\hat{\theta})\right)^{-1} \approx nF\boldsymbol{I}_Y(\theta) \approx \boldsymbol{I}\!\left(\hat{\theta}\,|\,y_1,...,y_n\right)$$

Die Konfidenzbereiche werden dann wie in den vorangegangenen Beispielen berechnet.

Beispiel 14: Binomialverteilung

Es sei $Y \sim B_n(\theta)$ eine binomial verteilte Variable. Der ML-Schätzer für θ ist

$$\hat{\theta} := \frac{Y}{n} \approx N(\theta; \theta\,(1-\theta)/n)$$

Dann ist

$$\pi := \frac{\hat{\theta} - \theta}{\sqrt{\hat{\theta} - \theta}} \cdot \sqrt{n} \approx N(0;1)$$

eine asymptotische Pivotvariable. Mit der Abkürzung $\tau := \tau_{1-\alpha/2}$ *erhalten wir die Konfidenz-Prognosemenge:*

$$K := \left\{ (y;\theta) \mid \left(\hat{\theta} - \theta\right)^2 \leq \tau^2 \frac{\theta(1-\theta)}{n} \right\}$$

K *ist eine von n und* α *abhängige Ellipse (siehe Bild 12.5).*

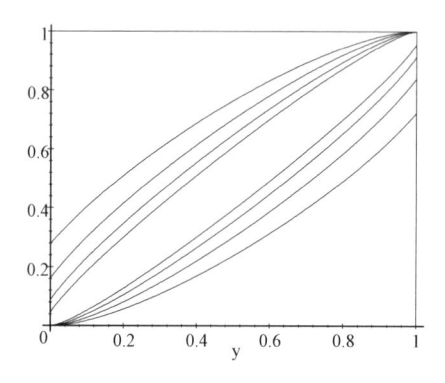

Bild 12.5: Konfidenzprognosemengen für die Binomialverteilung

In Bild 12.5 sind die Ellipsen für $n = 10; 20; 40; 80$ und

$\alpha = 0{,}05;\ \tau^*_{1-\alpha/2} = 1{,}96$

gezeichnet. Die über das Einheitsquadrat, den Definitionsbereich von θ und $\hat{\theta}$ hinausragenden Teile der Ellipsen sind in Bild 12.5 abgeschnitten. Man sieht, wie mit steigendem Stichprobenumfang die Konfidenz-Prognosemenge schmaler und damit die Konfidenz- und Prognoseintervalle schärfer werden.

In Bild 12.6 ist die Ellipse für den Fall $n = 40$ gesondert herausgegriffen worden. Horizontale Schnitte der Ellipsen liefern Annahmebereiche für Tests der Hypothese $H_0 : \theta = \theta_0$ gegen die zweiseitige Alternative $\theta \neq \theta_0$:

12.3 Frequentistische Schätztheorie

$$\theta_0 - \sqrt{\frac{\theta_0(1-\theta_0)}{n}} \leq \hat{\theta} \leq \theta_0 + \tau\sqrt{\frac{\theta_0(1-\theta_0)}{n}}$$

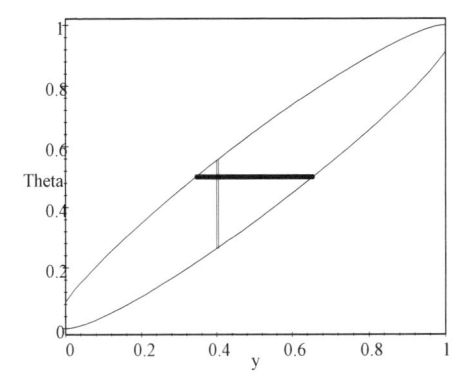

Bild 12.6: Konfidenzprognosemenge für die $B_{40}(\theta)$ mit je einem Konfidenz- und Prognoseintervall

In Bild 12.6 ist $\theta_0 = 0{,}5$ gewählt worden. Der Annahmebereich ist das Intervall $[0{,}345; 0{,}655]$. Vertikale Schnitte liefern Konfidenzintervalle für θ bei gegebenem $\hat{\theta}$:

$$\frac{n}{n+\tau^2}\left(\hat{\theta}+\frac{\tau^2}{2n}-\tau\sqrt{\frac{\hat{\theta}(1-\hat{\theta})}{n}+\frac{\tau^2}{4n^2}}\right) \leq \theta \leq \frac{n}{n+\tau^2}\left(\hat{\theta}+\frac{\tau^2}{2n}+\tau\sqrt{\frac{\hat{\theta}(1-\hat{\theta})}{n}+\frac{\tau^2}{4n^2}}\right)$$

Bei großem n und kleinem τ ist das Konfidenzintervall approximativ gegeben durch:

$$(29) \quad \boxed{\hat{\theta} - \tau\sqrt{\frac{\hat{\theta}(1-\hat{\theta})}{n}} \leq \theta \leq \hat{\theta} + \tau\sqrt{\frac{\hat{\theta}(1-\hat{\theta})}{n}}}$$

Diese Approximation ist jedoch wesentlich schlechter als das exakt berechnete Intervall. In Bild 12.6 ist $\hat{\theta} = 0{,}4$ gewählt worden. Das Konfidenzintervall für θ ist $[0{,}263; 0{,}554]$.

Oft lassen sich die asymptotischen Verteilungen erst nach geeigneten Transformationen bestimmen.

Beispiel 15: Konfidenzintervalle für den Korrelationskoeffizienten

Es seien (X, Y) zweidimensional normalverteilt mit dem Korrelationskoeffizienten ρ. Weiter seien (X_i, Y_i), $i = 1, \ldots, n$, i.i.d. verteilt wie (X, Y). Ist r der empirische Korrelationskoeffizient der Stichprobe und

$$z(r) := \frac{1}{2} \log\left(\frac{1+r}{1-r}\right)$$

die Fisher'sche z-Transformation, so gilt für große n asymptotisch:

$$z(r) \sim N\left(z(\rho); \frac{1}{n-3}\right)$$

Daher ist $\pi := (z(r) - z(\rho))\sqrt{n-3} \sim N(0;1)$ eine asymptotische Pivotvariable. Ein Konfidenzintervall für $z(\rho)$ ist

$$(30) \quad \boxed{z(r) - \frac{\tau_{1-\alpha/2}}{\sqrt{n-3}} \leq z(\rho) \leq z(r) + \frac{\tau_{1-\alpha/2}}{\sqrt{n-3}}}$$

Da $z(r)$ eine monoton wachsende Funktion ist mit der Umkehrfunktion

$$z^{-1}(t) := \frac{e^{2t}-1}{e^{2t}+1}$$

ergibt sich das Konfidenzintervall für ρ als:

$$(31) \quad \boxed{z^{-1}\left[z(r) - \frac{\tau_{1-\alpha/2}}{\sqrt{n-3}}\right] \leq \rho \leq z^{-1}\left[z(r) - \frac{\tau_{1-\alpha/2}}{\sqrt{n-3}}\right]}$$

12.3.4.7 Explizite Konstruktion der Konfidenzbereiche durch Prognoseintervalle

Mitunter kann man keine Pivotvariablen finden, dafür aber die Prognoseintervalle für jeden Wert von θ explizit angeben. Dann wird die Konfidenz-Prognosemenge K schichtweise durch die K_θ-Schnitte aufgebaut. Wir zeigen dies am Beispiel der Binomialverteilung.

Es sei $Y \sim B_n(\theta)$, n sei aber so klein, daß die Normalapproximation zu grob ist. Zu jedem θ werden nun natürliche Zahlen $i(\theta)$ und $j(\theta)$ gesucht mit $P(i(\theta) \leq Y \leq j(\theta) \| \theta) = 1 - \alpha$.

Das Prognoseintervall $i(\theta) \leq Y \leq j(\theta)$ für Y bei gegebenem θ bildet dann den K_θ-Schnitt. Da die Verteilung von Y diskret ist, lassen sich nur in Ausnahmefällen Zahlen i und j angeben, für die exakt $P(i(\theta) \leq Y \leq j(\theta) \| \theta) = 1 - \alpha$ gilt. Daher bleibt man lieber auf der sicheren Seite und wählt $P(i(\theta) \leq Y \leq j(\theta) \| \theta) = 1 - \alpha$. Bei zweiseitigen Konfidenz-Bereichen sind $i(\theta)$ und $j(\theta)$ durch die Vorgabe von α noch nicht eindeutig bestimmt. Wir betrachten den Fall, wo bei der Verteilung der $B_n(\theta)$ links und rechts symmetrisch mindestens $\alpha/2$ abgeschnitten wird. Dann ist $i(\theta)$ die größte Zahl mit

$$P(Y < i(\theta) \| \theta) \leq \alpha/2$$
$$P(Y \leq i(\theta) \| \theta) > \alpha/2$$

und $j(\theta)$ die kleinste Zahl mit

$$P(Y > j(\theta) \| \theta) \leq \alpha/2$$
$$P(Y \geq j(\theta) \| \theta) > \alpha/2$$

Lassen wir θ von 0 bis 1 variieren, so liefert die Gesamtheit der so konstruierten θ-Schnitte die Konfidenz-Prognosemenge K.

Beispiel 16
Für ein Zahlenbeispiel sei $n = 8$, $\alpha = 0.20$ gewählt. Für $\theta = 0.5$ erhalten wir $i(\theta) = 2$ und $j(\theta) = 6$.
Daher ist $2 \leq Y \leq 6$ das Prognoseintervall. Da Y nur ganze Zahlen annehmen kann, besteht die Prognose für Y nur aus den Zahlen

$Y = 2; 3; 4; 5; 6$. Bild 12.7 zeigt für ausgewählte Werte von θ die prognostizierten Y-Werte.

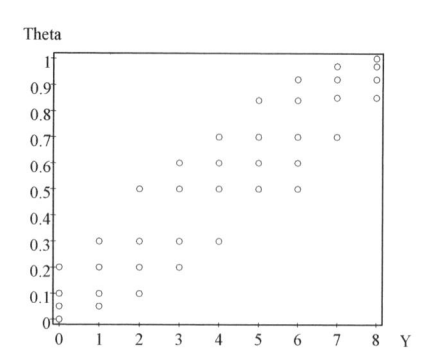

Bild 12.7: Prognostizierte Y-Werte für ausgewählte Werte von θ

Wie Bild 12.8 zeigt, läßt sich diese Punktmenge durch zwei Treppenkurven begrenzen, sie umschließen die Konfidenz-Prognosemenge **K**.

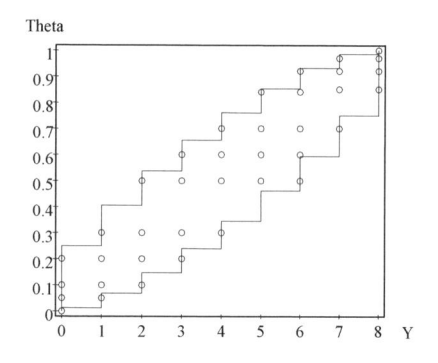

Bild 12.8: Die berandete Konfidenz-Prognosemenge

Zur Konstruktion von **K** genügt es, für jede Beobachtung $Y = i$ nur den oberen Eckpunkt $\theta_{max}(i)$ der oberen Treppenkurve und den entsprechenden $\theta_{min}(i)$ der unteren Treppenkurve zu bestimmen. Dabei ist $\theta_{max}(i)$ definiert durch

12.3 Frequentistische Schätztheorie

$$P(Y \le i \mid \theta_{max}(i)) = \sum_{k=0}^{i} \binom{n}{k} \theta^k (1-\theta)^{n-k} = \alpha/2$$

$$P(Y \ge i \mid \theta_{min}(i)) = \sum_{k=i}^{n} \binom{n}{k} \theta^k (1-\theta)^{n-k} = \alpha/2$$

Damit ist das Konfidenzintervall für θ bei gegebenen $Y = i$:

$$\theta_{min}(i) \le \theta \le \theta_{max}(i)$$

Die folgende Tabelle zeigt die Werte von $\theta_{max}(i)$ und $\theta_{min}(i)$ für $n = 8$ und $\alpha = 0{,}20$:

i	0	1	2	3	4	5	6	7	8
$\theta_{max}(i)$	0,250	0,406	0,548	0,655	0,760	0,853	0,931	0,987	1
$\theta_{min}(i)$	0	0,013	0,069	0,147	0,240	0,345	0,463	0,594	0,75

Bild 12.9 zeigt die so gewonnene Konfidenzprognosemenge. Zum Beispiel erhalten wir an der Stelle $Y = 4$ das Konfidenzintervall $0{,}3446 \le \theta \le 0{,}8532$.

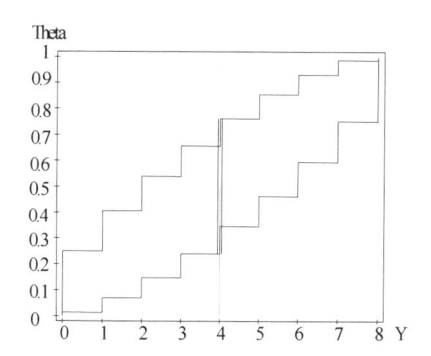

Bild 12.9: Das Konfidenzintervall für $Y = 4$

Die Werte $\theta_{min}(i)$ und $\theta_{max}(i)$ lassen sich auch mit Hilfe der Quantile der F- oder der Beta-Verteilung direkt aus der definierenden Gleichung errechnen: Für $\theta_{max}(i) =: \theta$ gilt:

$$\frac{\alpha}{2} = P\left(Y \le i \| \theta_{\max}\right) = F_{B_n(\theta_{\max})}(i) = F_{Beta(n-i;i+1)}\left(1 - \theta_{\max}\right)$$

$$= 1 - F_{F(2(i+1);2(n-i))}\left(\frac{n-i}{i+1} \; \frac{\theta}{1-\theta}\right)$$

Also ist $1 - \theta_{\max}$ das $\alpha/2$-Quantil der Beta-$(n-i;i+1)$-Verteilung, bzw. $\left(\dfrac{n-i}{i+1} \; \dfrac{\theta_{\max}}{1-\theta_{\max}}\right)$ das $1-\alpha/2$-Quantil der $F(2(i+1);2(n-i))$-Verteilung.

12.4 Anwendungsbeispiele

Bei der Besprechung konkreter Anwendungsbeispiele beschränken wir uns auf zwei besonders wichtige Fälle aus dem Bereich der Intervallschätzungen, nämlich auf die Schätzung eines arithmetischen Mittels und auf die Schätzung des Anteilswertes.

Im ersten Beispiel gehen wir von einer Zufallsstichprobe vom Umfang $n = 100$ aus, in der die Körpergröße erwachsener Männer erfaßt wurde. Es ergab sich ein arithmetisches Mittel von 175 cm bei einer Standardabweichung von 12 cm. In welchen Grenzen ist der unbekannte Mittelwert der Grundgesamtheit zu erwarten, wenn ein Vertrauensniveau von 95% unterstellt wird?

Die Beantwortung dieser Frage ist einfach, wenn man sich daran erinnert, daß der Zufallsstichprobenmittelwert in seiner Eigenschaft als Zufallsvariable approximativ einer Normalverteilung folgt mit dem Mittelwert

$$\mu_{\bar{X}} = \mu_0$$

und der Standardabweichung

$$\sigma_{\bar{X}} = \frac{\sigma}{\sqrt{n}} \approx \frac{s}{\sqrt{n}} = \frac{12}{\sqrt{100}} = 1{,}2.$$

Die Grenzpunkte des 95%-Vertrauensintervalls ergeben sich dann wie folgt:

$$\hat{\mu}_{1,2} = 175 \pm 1{,}96 \cdot 1{,}2$$

(siehe auch Abschnitt 12.3.4.1.) Der unbekannte Mittelwert der Grundgesamtheit ist also mit einem Vertrauen von 95% in den Grenzen zwischen 172,648 und 177,352 (cm) zu erwarten.

Im zweiten Beispiel wurde in einer Zufallsstichprobe vom Umfang n = 2000 ein Frauenanteil von 51,3% beobachtet. In welchen Grenzen liegt der Frauenanteil in der Grundgesamtheit bei einem Vertrauen von 90%?

Bei dieser Aufgabe ergeben sich die Schätzgrenzen wie folgt:

$$\hat{\pi}_{1,2} = 51{,}3 \pm 1{,}645 \cdot \sqrt{\frac{51{,}3 \cdot (100 - 51{,}3)}{2000}} = 51{,}3 \pm 1{,}12$$

Der Frauenanteil der Grundgesamtheit ist also mit einem Vertrauen von 90% im Bereich 49,46% bis 52,42% zu erwarten.

12.5 Softwarelösungen

Da bei der Bestimmung von Schätzwerten nur einfache arithmetische Operationen erforderlich sind, ist der Einsatz von Software zur Lösung entsprechender Aufgabenstellungen nicht angebracht.

12.6 Literaturhinweise

Berger, J.: On the inadmissibility of unbiased estimators. Statistics and Probability letters, 1990, Seite 381-384

Bohley, P.: Statistik – Einführendes Lehrbuch für Wirtschafts- und Sozialwissenschaftler. München Wien 1989

Büning, H. /Trenkler, G.: Nichtparametrische statistische Verfahren. Berlin 1978

Cox, D.R./Hinkley, D.: Theoretical Statistics. New York 1984

Efron, B.: The Jackknife, the Bootstrap and Other Resampling Plans. SIAM Monograph 38, 1981

Hartung, J./Klösener, K.H./Elpelt,B.: Statistik. München Wien 1989

Rüger, B.: Test- und Schätztheorie, Band. I: Grundlagen. München Wien 1999

Schlittgen, R.: Einführung in die Statistik – Analyse und Modellierung von Daten. München Wien 1996

13 Parametrische Tests bei großen Stichproben

13.1 Grundkonzepte

> Ein statistischer Test, auch **Signifikanztest** genannt, beantwortet die Frage, ob eine Hypothese im Licht empirischer Befunde als bestätigt angesehen kann, oder ob sie zu verwerfen ist.

Es geht dabei also nicht darum, ob die Hypothese richtig oder falsch ist, denn diese Entscheidung kann der Test nicht liefern. Somit liegt eine Entscheidungssituation vor, die so skizziert werden kann, wie es Bild 13.1 zeigt.

	Hypothese WAHR	*Hypothese* FALSCH
Entscheidung		
Hypothese bestätigen	korrekt	Fehler vom Typ II
Hypothese verwerfen	Fehler vom Typ I	korrekt

Bild 13.1: Entscheidungssituation beim Hypothesentest

Gegeben ist also eine Hypothese, d.h. eine Aussage über die Realität. Das Testverfahren liefert eine Entscheidung über Bestätigung oder Verwerfung der Hypothese, wobei, wie in Bild 13.1 zu sehen ist, zwei Typen von Fehlentscheidungen auftreten können.

> Von **verteilungsgebundenen Testverfahren** spricht man, wenn die Verteilung der interessierenden Untersuchungsvariablen in der Grundgesamtheit für das Verfahren bedeutsam ist; ist dies nicht der Fall, spricht man von **verteilungsfreien Testverfahren**.

> Ein **Parametertest** liegt vor, wenn eine Aussage (Hypothese) über einen Parameter, also zum Beispiel über einen Mittelwert oder einen Anteilswert geprüft wird. Darüber wird (für das Vorliegen großer Zufallsstichproben) in diesem Kapitel gesprochen, während wichtige nichtparametrische Tests in Kapitel 14 angesprochen werden.

Die generelle Vorgehensweise beim parametrischen Test kann, bevor ein praktisches Anwendungsbeispiel vorgestellt wird, wie folgt skizziert werden:

1. Vorzugeben ist die zu prüfende **Nullhypothese** (H_0).
2. Vorzugeben ist weiterhin ein Signifikanzniveau (α). Es handelt sich dabei um eine kleine Wahrscheinlichkeit (zum Beispiel 5% oder 10%), die, wie weiter unten noch erläutert wird, als Wahrscheinlichkeit dafür angesehen werden kann, die Nullhypothese zu verwerfen, obwohl sie zutrifft (α – **Fehler** oder **Fehler erster Art**).
3. Entscheidung, ob ein ein- oder ein zweiseitiger Test durchgeführt werden soll.
4. Bereitstellung eines empirischen Datenbestandes auf der Grundlage einer **einfachen Zufallsstichprobe**, deren Umfang n nicht zu klein sein sollte (Faustregel zum Beispiel beim Mittelwerttest: $n > 30$).
5. Berechnung des Stichprobenparameters, also beispielsweise des Stichprobenmittelwerts.
6. Berechnung der Wahrscheinlichkeit, mit der der Stichprobenparameter oder ein noch weiter vom Wert der Nullhypothese abweichender Wert zu erwarten ist. Diese Wahrscheinlichkeit wird häufig **Überschreitungswahrscheinlichkeit** (oder statistische Signifikanz) genannt.
7. Ist diese Überschreitungswahrscheinlichkeit kleiner oder gleich dem Signifikanzniveau (beim zweiseitigen Test orientiert man sich am halben Signifikanzniveau), wird die zu prüfende Hypothese verworfen, andernfalls gilt sie als bestätigt.

13.2 Test des arithmetischen Mittels

Beispiel

Die zu prüfende Nullhypothese möge besagen, daß deutsche Männer im Durchschnitt acht Zigaretten pro Tag rauchen. Das Signifikanzniveau betrage 10%. Es soll ein zweiseitiger Test durchgeführt werden. Die Entscheidung dafür gründet sich darauf, daß Stichprobenmittelwerte, die zu weit unter dem behaupteten Wert liegen, genauso zur Verwerfung der Nullhypothese führen sollen, wie solche, die zu weit nach oben abweichen. Es wird eine einfache Zufallsstichprobe vom Umfang $n = 100$ gezogen. In dieser Zufallsstichprobe ergibt sich ein tagesdurchschnittlicher Zigarettenkonsum von $\bar{x} = 7$ Zigaretten (bei einer Standardabweichung von $s = 4$ Zigaretten). Widerspricht der Stichprobenbefund (7 Zigaretten) der Aussage der Nullhypothese (8 Zigaretten) oder nicht?

Anmerkung

Auf den ersten Blick scheint zweifelsohne ein Widerspruch vorzuliegen, der dazu veranlassen könnte, die Nullhypothese zu verwerfen. Allerdings muß berücksichtigt werden, daß, weil wir ja eine Zufallsstichprobe gezogen haben, zufälligerweise der Stichprobenmittelwert vom Hypothesenwert abweichen könnte.

Wenn die beobachtete Abweichung zwischen Stichprobenbefund und Nullhypothesenwert zufälliger Natur ist, würde der Stichprobenbefund nicht dazu taugen, die Nullhypothese zu verwerfen. Wäre die Abweichung aber so groß, daß sie nicht mehr als zufällig deklariert werden könnte, müßte die Nullhypothese sinnvollerweise verworfen werden. In diesem Fall würde man von einer signifikanten (nicht zufälligen) Abweichung sprechen. Daher übrigens der Name **Signifikanztest**.

Ob nun eine bestimmte Abweichung zwischen Hypothesenwert und Stichprobenbefund signifikant (groß) ist oder nicht (zufällig), entscheidet man mit Hilfe der Wahrscheinlichkeitsstatistik. Man formuliert die folgende zentrale Frage:

> Wie wahrscheinlich ist es, Gültigkeit der Nullhypothese vorausgesetzt, daß der beobachtete Stichprobenbefund oder ein noch weiter von der Nullhypothese abweichender Befund (7 oder weniger Zigaretten im Tagesdurchschnitt) in einer reinen Zufallsstichprobe vom Umfang 100 auftauchen kann?

Ist diese Wahrscheinlichkeit klein (unerwartetes Ergebnis, Gültigkeit der Nullhypothese vorausgesetzt), wird die Nullhypothese verworfen. Ist hingegen die Wahrscheinlichkeit groß, ist also das aufgetreten, was (bei Gültigkeit der Nullhypothese) auch zu erwarten war, wird sie bestätigt.

Wie berechnet man nun die fragliche Wahrscheinlichkeit, die weiter oben als Überschreitungswahrscheinlichkeit bezeichnet wurde?

Es gelten die folgenden zentralen Überlegungen:

> Der Zufallsstichprobenmittelwert ist Ausprägung einer Zufallsvariablen. Diese Zufallsvariable folgt einer Wahrscheinlichkeitsverteilung, und diese wird jetzt benötigt. Diese Wahrscheinlichkeitsverteilung heißt **Stichprobenverteilung** für den Zufallsstichprobenmittelwert, und diese ist näherungsweise eine **Gauß'sche Normalverteilung**.

Diese Feststellung ist Resultat des sog. **Zentralen Grenzwerttheorems** von Laplace und Ljapunov, das in allgemeiner Form besagt, daß die Summe voneinander unabhängiger Zufallsvariablen näherungsweise normalverteilt ist. Diese Näherung wird um so besser, je größer die

Anzahl der Zufallsvariablen ist (je größer die Zufallsstichprobe ist), und wird mit zunehmendem Stichprobenumfang immer weniger von den Verteilungsverhältnissen in der Grundgesamtheit beeinflußt.

Die bei $n = 100$ einsetzbare Normalverteilung hat folgende Parameter:

(1) Mittelwert: $\quad\boxed{\mu_{\bar{x}} = \mu_0}$

(2) Standardabweichung: $\quad\boxed{\sigma_{\bar{x}} = \dfrac{\sigma}{\sqrt{n}}}$

Bei der Berechnung der Standardabweichung der zu verwendenden Normalverteilung benötigt man σ, die Standardabweichung der Grundgesamtheit. Die ist aber in der Regel unbekannt. Sie kann aber durch die Standardabweichung der Stichprobe s geschätzt werden. Nutzt man diese Ersetzungsmöglichkeit, ergibt sich als Streuung der zu verwendenden Normalverteilung bei unserem Beispiel der Wert 0,4 (siehe Bild 13.2).

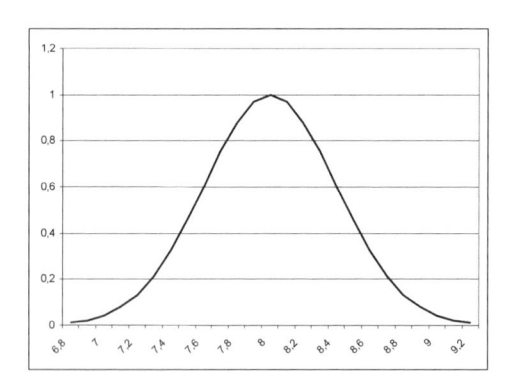

Bild 13.2: Stichprobenverteilung für das Zigarettenbeispiel

Die zu berechnende Überschreitungswahrscheinlichkeit ist also die Fläche links vom Wert 7 unter der Kurve $N(8;0,4)$ des Bildes 13.2.

Diese Fläche kann bestimmt werden, wenn man den beobachteten Wert 7 standardisiert, indem man berechnet

$$z = \frac{7-8}{0,4} = -2,5$$

und in der Tabelle der Verteilungsfunktion der **Standardnormalverteilung** (siehe die folgende Tabelle 13.1) die Fläche rechts von +2,5 nachschlägt.

Tabelle 13.1: Überschreitungswahrscheinlichkeiten gegebener z – Werte (gerundet ; $P = P(Z>z)$)

z	P	z	P	z	P	z	P	z	P	z	P
0,00	0,500	0,50	0,308	1,00	0,159	1,50	0,067	2,00	0,023	2,50	0,006
0,02	0,492	0,52	0,301	1,02	0,154	1,52	0,064	2,02	0,022	2,52	0,006
0,04	0,484	0,54	0,295	1,04	0,149	1,54	0,062	2,04	0,021	2,54	0,006
0,06	0,476	0,56	0,288	1,06	0,145	1,56	0,059	2,06	0,020	2,56	0,005
0,08	0,468	0,58	0,281	1,08	0,140	1,58	0,057	2,08	0,019	2,58	0,005
0,10	0,460	0,60	0,274	1,10	0,136	1,60	0,055	2,10	0,018	2,60	0,005
0,12	0,452	0,62	0,268	1,12	0,131	1,62	0,053	2,12	0,017	2,62	0,004
0,14	0,444	0,64	0,261	1,14	0,127	1,64	0,050	2,14	0,016	2,64	0,004
0,16	0,436	0,66	0,255	1,16	0,123	1,66	0,048	2,16	0,015	2,66	0,004
0,18	0,429	0,68	0,248	1,18	0,119	1,68	0,046	2,18	0,015	2,68	0,004
0,20	0,421	0,70	0,242	1,20	0,115	1,70	0,045	2,20	0,014	2,70	0,004
0,22	0,413	0,72	0,236	1,22	0,111	1,72	0,043	2,22	0,013	2,72	0,003
0,24	0,405	0,74	0,230	1,24	0,108	1,74	0,041	2,24	0,012	2,74	0,003
0,26	0,397	0,76	0,224	1,26	0,104	1,76	0,039	2,26	0,012	2,76	0,003
0,28	0,390	0,78	0,218	1,28	0,100	1,78	0,038	2,28	0,011	2,78	0,003
0,30	0,382	0,80	0,212	1,30	0,097	1,80	0,036	2,30	0,011	2,80	0,003
0,32	0,374	0,82	0,206	1,32	0,093	1,82	0,034	2,32	0,010	2,82	0,002
0,34	0,367	0,84	0,200	1,34	0,090	1,84	0,033	2,34	0,010	2,84	0,002
0,36	0,359	0,86	0,195	1,36	0,087	1,86	0,031	2,36	0,009	2,86	0,002
0,38	0,352	0,88	0,189	1,38	0,084	1,88	0,030	2,38	0,009	2,88	0,002
0,40	0,345	0,90	0,184	1,40	0,081	1,90	0,029	2,40	0,008	2,90	0,002
0,42	0,337	0,92	0,179	1,42	0,078	1,92	0,027	2,42	0,008	2,92	0,002
0,44	0,330	0,94	0,174	1,44	0,075	1,94	0,026	2,44	0,007	2,94	0,002
0,46	0,323	0,96	0,168	1,46	0,072	1,96	0,025	2,46	0,007	2,96	0,002
0,48	0,316	0,98	0,164	1,48	0,069	1,98	0,024	2,48	0,007	2,98	0,001
0,50	0,308	1,00	0,159	1,50	0,067	2,00	0,023	2,50	0,006	3,00	0,001

Anmerkung

Diese Tabelle weist nur positive z – Werte aus; wegen der Symmetrie der Normalverteilung und der Standardnormalverteilung entspricht die Fläche rechts von +2,5 der interessierenden Fläche links von –2,5.

Es ergibt sich der Wert 0,006 (gerundet). Es besteht demnach eine Wahrscheinlichkeit von ca. 0,6% dafür, daß in einer Zufallsstichprobe vom Umfang 100, Gültigkeit der Nullhypothese vorausgesetzt, ein Mittelwert auftritt, der 7 oder kleiner ist.

Weil die Wahrscheinlichkeit des Stichprobenbefundes oder eines noch weiter vom Nullhypothesenwert abweichenderen Befundes kleiner ist als das halbe Signifikanzniveau (zweiseitiger Test), wird die Nullhypothese verworfen.

Anmerkungen zum Begriff des Entscheidungsfehlers

Wenn man eine wahre Hypothese (zu Unrecht) verwirft, begeht man den sogenannten α – **Fehler** (auch **Fehler vom Typ I** oder **Fehler erster Art** genannt), wenn eine falsche Hypothese (zu Unrecht) bestätigen oder beibehalten wird, begeht man den β – **Fehler** (**Fehler vom Typ II** oder **Fehler zweiter Art**).

Wahrscheinlichkeiten der Entscheidungsfehler

Beim **Fehler vom Typ I** führt eine einfache Überlegung zur Bestimmung der Wahrscheinlichkeit:

Gültigkeit der Nullhypothese vorausgesetzt, besteht eine Wahrscheinlichkeit von genau $\alpha\%$ dafür, daß der Stichprobenbefund so weit vom Nullhypothesenwert abweicht, daß die Nullhypothese verworfen wird. Genau diese Entscheidung ist aber, Gültigkeit der Nullhypothese vorausgesetzt, falsch, so daß die Wahrscheinlichkeit des Fehlers erster Art genauso groß ist wie das vorgegebene Signifikanzniveau.

Beim **Fehler zweiter Art** gilt folgende Überlegung: Die Wahrscheinlichkeit, eine unzutreffende Nullhypothese beizubehalten, also zu bestätigen bzw. nicht zu verwerfen, obwohl sie falsch ist, wird davon abhängen, wie groß der wahre (und unbekannte) numerische Wert des Mittelwerts (durchschnittlicher Zigarettenkonsum) in der Grundgesamtheit ist.

Um diese Wahrscheinlichkeit berechnen zu können, ist es erforderlich, der Nullhypothese eine bestimmte Alternativhypothese H_a gegenüberzustellen.

Man stelle sich einmal vor, nicht der Mittelwert, den die Nullhypothese behauptet ($\mu_0 = 8$) sei der wahre Wert, sondern der (wahre) Alternativwert sei ($\mu_a = 7{,}5$) (Zigaretten im Schnitt). Wenn das nun wahr sein sollte, dann ist die Stichprobenverteilung für den Zufallsstichprobenmittelwert nicht die Gauß'sche Normalverteilung mit dem Mittelwert

$\mu_{\bar{x}} = \mu_0 = 8$, sondern diejenige Normalverteilung, deren Mittelwert bei $\mu_a = 7{,}5$ liegt.

Genau genommen hat man es nun, wie es Bild 13.3 verdeutlicht, mit zwei Stichprobenverteilungen zu tun, also mit zwei Normalverteilungen. Beide haben die gleiche Streuung. Sie liegen aber an unterschiedlichen Stellen des Achsenkreuzes, denn die erste hat den Mittelwert 8 (bei ihr wird die Gültigkeit der Nullhypothese unterstellt), die andere hat den Mittelwert 7,5 (bei ihr wird die Gültigkeit der Alternativhypothese unterstellt).

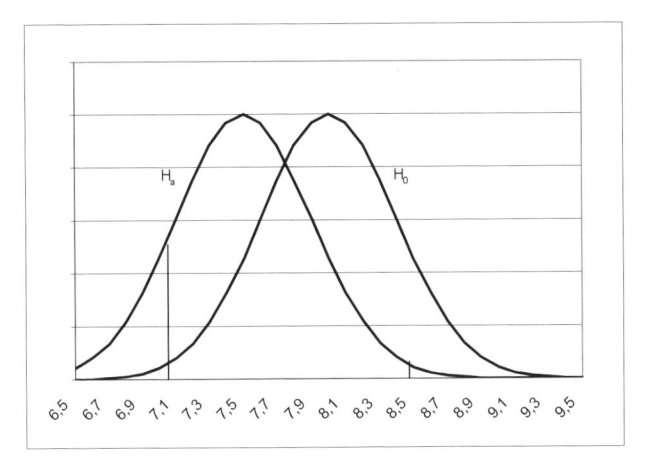

Bild 13.3: Stichprobenverteilungen für die Gültigkeit der Nullhypothese (H_0) oder der Alternativhypothese (H_a)

Die Wahrscheinlichkeit des β – Fehlers entspricht der Fläche unter der linken Verteilung (Mittelwert 7,5) im Bereich der Annahme der Nullhypothese. Anders formuliert: Immer dann, wenn ein Stichprobenbefund im Annahmebereich der Nullhypothese auftaucht, wird die Nullhypothese bestätigt. Ist aber die linke Verteilung gültig, ist also die Alternativhypothese (7,5) zutreffend, ist diese Bestätigung ein Entscheidungsfehler, es ist der β – Fehler unterlaufen.

Um diese Wahrscheinlichkeit zu berechnen, müssen die Entscheidungspunkte mit den Parametern der linken Verteilung standardisiert werden, um dann die Fläche zwischen diesen beiden z-Werten zu bestimmen.

Dies setzt allerdings zunächst voraus, daß man die Entscheidungspunkte (**Rückweisungspunkte**) kennt.

Beispiel zur Berechnung des Fehlers zweiter Art

Es sei für die folgenden Berechnungen – abweichend vom obigen Rechenbeispiel - ein zweiseitiges Signifikanzniveau von 5% unterstellt (2,5% auf jeder Seite). Bei diesem Signifikanzniveau liegen die standardisierten Rückweisungspunkte bei -1,96 und +1,96. Wenn diese Punkte entstandardisiert werden, erhält man zum Beispiel für den rechtsseitigen Wert:

$$1{,}96 = \frac{x_{r2} - 8}{0{,}4} \text{ oder } x_{r2} = 8 + 1{,}96 \cdot 0{,}4 = 8{,}78$$

Entsprechend ist wegen der Symmetrie der linksseitige entstandardisierte Rückweisungspunkt 7,22. Sollte also ein Stichprobenmittelwert auftauchen, der größer als 7,22 ist oder kleiner als 8,78, wird die Nullhypothese bestätigt.

Wenn diese beiden Rückweisungspunkte mit den Parametern der linken Verteilung (Alternativhypothese trifft zu) standardisiert werden, ergeben sich die folgenden beiden z – Werte:

$$z_1 = \frac{7{,}22 - 7{,}5}{0{,}4} = -0{,}70 \qquad z_2 = \frac{8{,}78 - 7{,}5}{0{,}4} = 3{,}20$$

Damit ist die Bestimmung des β – Fehlers möglich:

$$\beta = P(7{,}22 < \overline{X} < 8{,}78 | H_0) = P(-0{,}7 < Z < 3{,}2) = 0{,}758$$

Es ergibt sich der Wert 0,758. Die Wahrscheinlichkeit, auf der Grundlage einer Zufallsstichprobe vom Umfang 100 die Nullhypothese (fälschlicherweise) zu bestätigen, obwohl nicht 8, sondern 7,5 der wahre Mittelwert der Grundgesamtheit ist, beträgt demnach fast 76%.

Hier wurde eine vergleichsweise hohe Irrtumswahrscheinlichkeit berechnet, die zunächst vielleicht irritiert. Schaut man sich noch einmal Bild 13.3 mit den beiden deckungsgleichen, aber verschobenen Stichprobenverteilungen an, erkennt man, daß die Wahrscheinlichkeit für den Fehler zweiter Art größer wird, sofern die Alternativhypothese näher an die Nullhypothese heranrückt. Weiter ist erkennbar, daß β kleiner wird, wenn der Stichprobenumfang n erhöht wird: Vergrößerung des Stichprobenumfangs bedeutet Verkleinerung von

(3) $$\sigma_{\bar{x}} = \frac{\sigma}{\sqrt{n}}$$

also Verkleinerung der Streuung beider Stichprobenverteilungen. Mithin wird die Fläche unter der linken Verteilung über dem Annahmebereich (und das ist β) kleiner. Schließlich wird β aus dem gleichen Grund kleiner, wenn es gelingen könnte, die Streuung der Grundgesamtheit (σ) zu verkleinern.

Hinweis

An dieser Stelle ist ein Hinweis auf das Problem kleiner Stichprobenumfänge erforderlich: Ein Test für das arithmetische Mittel bei unbekannter Standardabweichung der Grundgesamtheit, wenn also diese durch die der Zufallsstichprobe ersetzt wird, läßt sich bei kleinem Stichprobenumfang nicht mehr in der beschriebenen Weise durchführen. In diesem Fall nutzt man den Umstand, daß

(4) $$\frac{\bar{X} - \mu}{\frac{s}{\sqrt{n}}}$$

(bei normalverteilter Grundgesamtheit) seinerseits eine Zufallsvariable, einer t-Verteilung mit $v = n-1$ Freiheitsgraden folgt. Die für die Testentscheidung erforderliche Überschreitungswahrscheinlichkeit muß dann mit dieser t-Verteilung bestimmt werden.

13.3 Test für den Anteilswert

Beispiel
*Eine vor wenigen Jahren durchgeführte Hochschulstatistik wies aus, daß 40% aller Studierenden während ihres Studiums im Elternhaus wohnen. Eine Forschergruppe möchte mit Hilfe einer Stichprobe vom Umfang $n = 100$ und einer **Irrtumswahrscheinlichkeit** (mit diesem Begriff wird in der statistischen Praxis das **Signifikanzniveau** α bezeichnet) von 10% zweiseitig feststellen, ob dieser Wert auch heute noch zutreffend ist.*

In der Zufallsstichprobe ergibt sich ein Anteilswert von Studierenden, die bei ihren Eltern wohnen, von 35%.

Die Herbeiführung der Testentscheidung entspricht genau den bisher angestellten Überlegungen:

Der Stichprobenanteilswert $p = 0,35$ ist Ausprägung einer Zufallsvariablen P. Diese Zufallsvariable folgt einer Wahrscheinlichkeitsverteilung, nämlich der Stichprobenverteilung für den Zufallsstichprobenanteilswert. Diese Stichprobenverteilung ist approximativ eine Normalverteilung mit den folgenden Parametern:

(5) Mittelwert: $$\mu_p = \pi_0$$

(6) Standardabweichung: $$\sigma_p = \sqrt{\frac{\pi_0(1-\pi_0)}{n}}$$

Als Mittelwert der zu verwendenden Normalverteilung ergibt sich also der Wert 0,4, als Standardabweichung 0,049 (gerundet). Gesucht ist die Überschreitungswahrscheinlichkeit für $p = 0,35$.

Standardisiert man den Wert $p = 0,35$ und nutzt man wieder die Tabelle der Verteilungsfunktion der Standardnormalverteilung (siehe oben, Tabelle 13.2), ergibt sich als Überschreitungswahrscheinlichkeit der Wert 0,154 (gerundet).

Es zeigt sich also, daß die Wahrscheinlichkeit dafür, unter den gegebenen Bedingungen einen Stichprobenanteilswert zu erhalten, der 35% oder noch kleiner ist (noch weiter von der Nullhypothese abweicht) 15,4% beträgt. Diese Überschreitungswahrscheinlichkeit ist größer als das vorgegebene Signifikanzniveau – mithin kann die Nullhypothese nicht verworfen werden.

13.4 Test für die Standardabweichung

Beispiel

Die Behauptung, die Streuung der (normalverteilten) Einkommen der Arbeiter einer relativ einheitlichen Qualifikationsstufe könnte durch $\sigma = 200\ DM$ numerisch bemessen werden, soll mit einer Stichprobe *vom Umfang* $n = 200$ *geprüft werden. In der Zufallsstichprobe ergibt sich eine Standardabweichung von* $s = 220\,DM$. *Der Test soll mit einem einseitigen Signifikanzniveau von 5% erfolgen.*

Die Stichprobenstandardabweichung $s = 220\,DM$ ist Ausprägung einer Zufallsvariablen S. Diese Zufallsvariable folgt einer Wahrscheinlichkeitsverteilung, nämlich der Stichprobenverteilung für die Zufallsstichprobenstandardabweichung. Diese Stichprobenverteilung ist approximativ eine Normalverteilung mit den folgenden Parametern:

(7) Mittelwert:
$$\mu_s = \sigma_0$$

(8) Standardabweichung:
$$\sigma_s = \frac{\sigma}{\sqrt{2n}}$$

Hier ergibt sich also als Mittelwert der zuständigen Wahrscheinlichkeitsverteilung der Wert 200, als Streuung der Wert 10. Gesucht ist die Überschreitungswahrscheinlichkeit für $s = 220$, also die Fläche rechts von 220 unter $N(200;10)$.

Es ergibt sich der Wert 0,023. Es besteht also eine Wahrscheinlichkeit von 2,3% dafür, daß in einer Zufallsstichprobe vom Umfang $n = 200$ eine Standardabweichung von 220 oder noch größer auftaucht. Diese Wahrscheinlichkeit ist kleiner als das Signifikanzniveau, mithin ist die Nullhypothese zu verwerfen.

13.5 Test für die Differenz zweier Mittelwerte

Beispiel

Bei einer Zufallsstichprobe vom Umfang $n_1 = 100$ *aus abhängig Beschäftigten in Nordrhein-Westfalen ergab sich ein durchschnittliches Monatseinkommen von DM 3200 bei einer Standardabweichung von DM 500. Eine zweite Zufallsstichprobe vom Umfang* $n_2 = 400$ *in Bayern ergab sich bei einer entsprechenden Personengruppe ein Durchschnittseinkommen von DM 3300 bei einer Standardabweichung von DM 750. Widerspricht dieser Befund der Hypothese, daß die Durch-*

schnittseinkommen *überall (d. h. in beiden Bundesländern) gleich seien? Getestet werden soll mit einem zweiseitigen Signifikanzniveau von 10%.*

Die Differenz aus Stichprobenmittelwerten

$$d_{\bar{x}} = \bar{x}_1 - \bar{x}_2 = 3300 - 3200 = 100$$

ist Ausprägung einer Zufallsvariablen $D_{\bar{x}}$. Diese Zufallsvariable folgt einer Wahrscheinlichkeitsverteilung, nämlich der Stichprobenverteilung für die Differenz aus Zufallsstichprobenmittelwerten. Diese Stichprobenverteilung ist approximativ eine Normalverteilung mit den folgenden Parametern:

(9) Mittelwert: $\quad\boxed{\mu_{D\bar{x}} = D_\mu = \mu_1 - \mu_2 = 0}$

(10) Standardabweichung: $\quad\boxed{\sigma_{D\bar{x}} = \sqrt{\dfrac{\sigma_1^2}{n_1} + \dfrac{\sigma_2^2}{n_2}}}$

Da σ_1 und σ_2 unbekannt sind, werden diese beiden Grundgesamtheitsstreuungen wieder durch die entsprechenden Werte aus den Stichproben abgeschätzt, so daß man erhält:

$$\sigma_{D\bar{x}} = \sqrt{\dfrac{s_1^2}{n_1} + \dfrac{s_2^2}{n_2}} = \sqrt{\dfrac{500^2}{100} + \dfrac{750^2}{400}} = 62,5$$

Hinweis

Wenn man die unbekannten Grundgesamtheitsstreuungen durch die bekannten Stichprobenstandardabweichungen ersetzt, wie es hier geschehen ist, dann verstößt man eigentlich gegen die Behauptung der Nullhypothese, die ja von der Identität der Grundgesamtheiten ausgeht, bzw. davon, daß es nur eine einzige Grundgesamtheit gibt. Man kann diesem Umstand dadurch Rechnung tragen, daß man aus den beiden Stichprobenvarianzen eine gemeinsame Varianz erzeugt und zwar als mit den Stichprobenumfängen gewichtetes arithmetisches Mittel aus s_1^2 und s_2^2. Man spricht von einer sogenannten **gepoolten Varianz**.

Die Überschreitungswahrscheinlichkeit ergibt sich hier zu 0,0548. Da diese Überschreitungswahrscheinlichkeit größer ist als $\alpha/2$, kann die Nullhypothese bestätigt werden.

13.6 Test für die Differenz zweier Anteilswerte

Beispiel

Eine Statistik der Geburten in einer bayrischen Kleinstadt ergab, daß bei 225 Geburten 120 Knabengeburten auftraten. Eine entsprechende Zählung in Hamburg ergab bei 900 Geburten 442 Knabengeburten. Die Frage ist zu prüfen, ob diese Unterschiede nur zufällig oder wesentlich sind. (10% Signifikanzniveau zweiseitig).
Prüfhypothese ist $H_0 : \pi_1 - \pi_2 = 0$.

Den empirischen Befunden können die folgenden Angaben entnommen werden:

$$n_1 = 225 \quad n_2 = 900 \quad p_1 = 0{,}5333 \quad p_2 = 0{,}4911 \quad d_p = 0{,}0422$$

Diese zuletzt genannte Differenz aus Stichprobenanteilswerten (0,0422) ist Ausprägung einer Zufallsvariablen D_P.

Diese Zufallsvariable folgt der Stichprobenverteilung für die Differenz aus Zufallsstichprobenanteilswerten. Diese Stichprobenverteilung ist approximativ eine Normalverteilung mit den folgenden Parametern:

(11) Mittelwert:
$$\mu_{Dp} = D_\pi = \pi_1 - \pi_2 = 0$$

(12) Standardabweichung:
$$\sigma_{Dp} = \sqrt{\frac{\pi_1(1-\pi_1)}{n_1} + \frac{\pi_2(1-\pi_2)}{n_2}}$$

Auch hier verwenden wir ersatzweise die Stichprobenanteilswerte (siehe auch obigen Hinweis zum Poolen), wobei sich ergibt:

$$\sigma_{Dp} = \sqrt{\frac{p_1(1-p_1)}{n_1} + \frac{p_2(1-p_2)}{n_2}} = 0{,}03646$$

Als Überschreitungswahrscheinlichkeit erhält man hier den Wert 0,1235 (gerundet). Die Wahrscheinlichkeit dafür, daß eine Anteilswertdifferenz in den gegebenen Zufallstichproben auftritt, die 0,0422 ist oder größer, beträgt also 12,45%. Damit kann die Nullhypothese nicht verworfen werden.

13.7 Test für die Differenz zweier Standardabweichungen

Beispiel

Einer Gruppe von empirischen Wirtschaftsforschern ist bekannt, daß die Verteilung der Beschäftigten auf die Unternehmen eines bestimmten Wirtschaftszweiges angenähert durch eine Normalverteilung dargestellt werden kann. Bei der Untersuchung von Strukturveränderungen im Zeitablauf mit Hilfe von zwei zeitlich versetzten Studien interessieren neben den durchschnittlichen Beschäftigungszahlen pro Unternehmen auch deren Streuungen zu den beiden Zeitpunkten. Bei der zufälligen Auswahl von je 50 Unternehmen ergab sich für einen ersten Stichtag eine Standardabweichung von 20, für einen zweiten Stichtag von 15 Beschäftigten. Kann bei einem Signifikanzniveau von 5% behauptet werden, die Streuungsverhältnisse hätten sich verändert?

Die Differenz aus Stichprobenstandardabweichungen

$$d_s = s_1 - s_2 = 20 - 15 = 5$$

ist Ausprägung einer Zufallsvariablen D_S. Diese Zufallsvariable folgt der Stichprobenverteilung für die Differenz aus Zufallsstichprobenstandardabweichungen. Diese Stichprobenverteilung ist approximativ eine Normalverteilung mit den folgenden Parametern:

(13) Mittelwert: $\quad \boxed{\mu_{Ds} = D_\sigma = \sigma_1 - \sigma_2 = 0}$

(14) Standardabweichung: $\quad \boxed{\sigma_{Ds} = \sqrt{\dfrac{\sigma_1^{\,2}}{2n_1} + \dfrac{\sigma_2^{\,2}}{2n_2}}}$

Da σ_1 und σ_2 unbekannt sind, werden diese beiden Grundgesamtheitsstreuungen wieder durch die entsprechenden Werte aus den Stichproben abgeschätzt, so daß man erhält:

$$\sigma_{Ds} = \sqrt{\frac{s_1^2}{2n_1} + \frac{s_2^2}{2n_2}} = 3{,}54$$

Die Überschreitungswahrscheinlichkeit ergibt sich hier zu 0,079 (gerundet). Es besteht also eine Wahrscheinlichkeit von 7,9% dafür, daß eine Differenz von Stichprobenstandardabweichungen auftritt, die 5 oder größer ist. Die Nullhypothese wird damit bestätigt.

13.8 Die Güte eines Tests

Die vorangegangenen Beispiele haben verdeutlicht, daß statistische Tests Verfahren sind, die auf die Widerlegung einer statistischen Hypothese (Nullhypothese) abstellen.

Um zu beurteilen, wie brauchbar ein statistischer Test ist, wird man sich im konkreten Fall dafür interessieren, mit welcher Wahrscheinlichkeit eine nicht zutreffende Nullhypothese auch als falsch erkannt wird. Diese Wahrscheinlichkeit kann mit $1 - \beta$ quantifiziert werden.

Je größer $1 - \beta$ ist, desto besser ist der Test, desto größer ist die Güte des Tests. In anderer Formulierung:

> Unter der Güte eines Tests (man spricht auch von der sogenannten **Trennschärfe**) versteht man die Wahrscheinlichkeit, keinen Fehler zweiter Art zu begehen, also diesen Fehler zu vermeiden.

Es taucht nun die Frage auf, wie sich die Güte eines Tests verbessern läßt. Offenkundig ist es so, daß mit der Verringerung des β – Fehlers (bei jedem Wert der Alternativhypothese H_a) die Güte eines statistischen Tests ansteigt. Der β – Fehler wiederum läßt sich verringern, wenn man das Signifikanzniveau erhöht.

> Am wirksamsten läßt sich die Gütefunktion eines Tests jedoch durch eine Erhöhung des Stichprobenumfanges verbessern.

Unter sonst gleichen Umständen verringert sich mit höherem Stichprobenumfang die Streuung der Stichprobenverteilung. Die Rückweisungspunkte der Nullhypothese rücken näher an den Nullhypothesenwert heran, so daß dann sämtliche β – Fehler kleiner werden.

Anmerkungen

In diesem Kapitel wurde dargestellt, wie ein parametrischer Signifikanztest durchgeführt wird, wenn die Daten aus einer nicht zu kleinen

Zufallsstichprobe stammen. Ist die Stichprobe zu klein, kann im Fall einer Mittelwerthypothese mit der t – Verteilung gearbeitet werden. Darüber wurde weiter oben schon gesprochen. Beim Anteilswerttest ist in einem solchen Fall die Binomialverteilung zu verwenden (siehe Kapitel 10). Beim Test der Standardabweichung ist die Chi-Quadrat-Verteilung zu verwenden (siehe Kapitel 10), allerdings muß hier Normalverteilung der Grundgesamtheit vorausgesetzt werden. Bei den Differenzentests gelten entsprechende Überlegungen.

Ergänzend anzumerken ist weiterhin, daß auch andere Parameter geprüft werden können, so etwa der Regressionskoeffizient, der Korrelationskoeffizient (siehe Kapitel 5) oder andere.

13.9 Varianzanalyse

Im Anschluß an den Mittelwertdifferenzentest (siehe Abschnitt 13.5) stellt sich die Frage, wie man eine Hypothese testen kann, die sich auf die Unterschiede der Mittelwerte aus mehr als zwei Zufallsstichproben bezieht. Das geeignete Instrument hierfür ist die Varianzanalyse, wobei hier die Beschränkung auf die **Varianzanalyse einfacher Klassifikation** erfolgt. Dieser Name weist darauf hin, daß es auch Varianzanalysen zweifacher oder mehrfacher Klassifikation gibt, worauf aber nicht eingegangen wird.

Beispiel

Man stelle sich vor, in allen 16 Bundesländern würde je eine Zufallsstichprobe erhoben, um im Rahmen einer sozioökonomischen Bestandsaufnahme Informationen über die Einkommensverhältnisse zu gewinnen. In jeder Zufallsstichprobe können dann zur zusammenfassenden Charakterisierung der Daten das arithmetische Mittel ausrechnen – man erhält also 16 Stichprobenmittelwerte, die sich mehr oder weniger deutlich voneinander unterscheiden werden.

Es interessiert nun die Frage, ob aufgrund des empirischen Befundes die Hypothese verworfen werden muß, alle 16 Stichproben stammen aus einer einzigen Grundgesamtheit.

Der Name Varianzanalyse ist etwas irreführend, weil nicht Varianzen in der Aussage der zu prüfenden Nullhypothese auftauchen, sondern Mittelwertunterschiede. Darauf sollte besonders geachtet werden. Allerdings stützt sich die Vorgehensweise des Tests auf Varianzen, wie gleich erläutert wird; daher stammt die Bezeichnung.

Wie läuft dieses Verfahren ab? Man stelle sich vor, es werden r voneinander unabhängige Stichproben der Umfänge n_i (n_1=Umfang der ersten

13.9 Varianzanalyse

Stichprobe; n_i = Umfang der i–ten Stichprobe; $i=1,2,...,r$) gezogen, wie das folgende Beispiel zeigt. In diesem Beispiel geht es um drei Bundesländer, in denen eine jeweils unterschiedliche Anzahl zufällig ausgewählter Haushalte danach befragt werden, wie viele Kinder unter 14 Jahren es in diesen Haushalten gibt. Die Ausgangsdaten finden sich in der Tabelle 13.2.

Tabelle 13.2: Ausgangsdaten zur Varianzanalys

Saarland	Bayern	Niedersachsen
2	4	2
0	2	3
1	5	1
3	3	2
	4	1
	3	3

Die erste Stichprobe hat also den Umfang 4, die beiden anderen jeweils den Umfang 6, $r=3$, d. h. es liegen drei Stichproben vor. Berechnet man die arithmetischen Mittel in den Stichproben, so ergeben sich die folgenden Werte:

$$\bar{x}_1 = 1{,}5;\ \bar{x}_2 = 3{,}5;\ \bar{x}_3 = 2{,}0$$

> Die zu prüfende Nullhypothese lautet: Alle Stichproben stammen aus der gleichen Grundgesamtheit, oder anders formuliert: Die beobachteten Mittelwertunterschiede sind nur zufälliger Natur und statistisch nicht signifikant.

Um diese Hypothese zu prüfen, greift man auf die sogenannte **Quadratsummenzerlegung** zurück, die sich folgendermaßen darstellen läßt:

$$(15)\quad \sum_i \sum_j (x_{ij} - \bar{x})^2 = \sum_i n_i (\bar{x}_i - \bar{x})^2 + \sum_i \sum_j (x_{ij} - \bar{x}_i)^2$$

Die Bezeichnungen sind die folgenden:

x_{ij} Merkmalswert Nr. j in der Stichprobe Nr. i
$\bar{x}$ Gesamtmittelwert (Mittelwert aller Stichprobenmittelwerte)
n_i Umfang der Stichprobe Nr. i
$\bar{x}_i$ Mittelwert der Stichprobe Nr. i

In Worten bedeutet Gleichung (15): Die Summe aller quadrierten Abweichungen der Merkmalswerte vom Gesamtmittelwert (Term links vom Gleichheitszeichen) läßt sich in zwei Teile zerlegen:

1. Die Summe aller mit den Stichprobenumfängen gewichteten quadrierten Abweichungen der Stichprobenmittelwerte vom Gesamtmittelwert;
2. Die Summe aller quadrierten Abweichungen der Merkmalswerte von ihrem jeweiligen Stichprobenmittelwerten.

In Kurzform schreibt man diese Quadratsummenzerlegung wie folgt:

$q = q_1 + q_2$

Man kann die erste Quadratsumme q als ein Maß der Variation aller Werte auffassen. Die Quadratsumme q_1 bringt zum Ausdruck wie die Streuungsverhältnisse zwischen den Stichproben (zwischen den Bundesländern) sind; die Quadratsumme q_2 bringt zum Ausdruck wie die Streuungsverhältnisse innerhalb der Stichproben sind.
Berechnet man diese Größen, so ergibt sich:

$q = 25{,}938 \quad q_1 = 11{,}438 \quad q_2 = 14{,}5$

Aus den Werten q_1 und q_2 können Varianzen berechnet werden.
Bei der Varianz 1 wird die Quadratsumme q_1 durch $r - 1 = 2$ dividiert; bei der Varianz 2 wird q_2 durch $n - 3 = 16 - 3 = 13$ dividiert. Das ergibt die folgenden Werte:

Varianz 1: 5,719 (Varianz zwischen den Stichproben)
Varianz 2: 1,115 (Varianz innerhalb der Stichproben)

Was bedeuten diese Werte? Offensichtlich ist es so, daß die Differenzierung zwischen den Stichproben zu einer größeren Streuung der Merkmalswerte führt, als sie innerhalb der Stichproben vorliegt. Man kann diesen Befund auch so formulieren: Die Differenzierung nach dem Bundesland führt zu deutlich unterschiedlicheren Werten der interessierenden Untersuchungsvariablen als es Unterschiede innerhalb der Stichproben selbst gibt. Oder noch anders und kürzer: Die Variable Bundesland scheint Merkmalswertunterschiede zu begründen.

Es sei an die zu prüfende Hypothese erinnert. Sie lautete: Die drei Stichproben stammen aus nur einer Grundgesamtheit, bzw. die Variable Bundesland übt keinen signifikanten Einfluß auf die Variable Kinderzahl aus. Eventuelle Mittelwertunterschiede zwischen der verschiedenen

Stichproben aus mehreren Bundesländern sind zufälliger Natur. Der Vergleich der beiden Varianzen zeigt, daß diese Hypothese kaum aufrechterhalten bleiben kann.

Testentscheidung

Um zu einem diesbezüglichen Urteil zu gelangen, ist zunächst noch die folgende Überlegung erforderlich: Wenn die Nullhypothese zutrifft, dann müßten beide berechneten Varianzen erwartungstreue Schätzfunktionen für die eine einzige Grundgesamtheitsvarianz sein. Anders formuliert: Es wäre bei zutreffender Nullhypothese zu erwarten, daß die erste Varianz ungefähr so groß ist wie sie zweite Varianz. Je größer der eventuelle Varianzunterschied wird, je weiter der Quotient aus beiden demnach vom Wert 1 abweicht, desto eher muß die Nullhypothese verworfen werden.

Dies zu überprüfen ist nun die Aufgabenstellung des sogenannten **Varianzquotiententests**, der mit der F – Verteilung durchgeführt werden kann. Dieser Test prüft, ob

$$\frac{Varianz_1}{Varianz_2} = \frac{5{,}719}{1{,}115} = 5{,}129$$

(gerundet) signifikant von 1 abweicht. Zuständig ist die F – Verteilung mit $v_1 = 2$ und $v_2 = 13$ Freiheitsgraden. Wendet man sie an, zeigt sich sofort, daß die Nullhypothese zu verwerfen ist.

13.10 Ergänzungen

Der Vollständigkeit halber sei an dieser Stelle darauf aufmerksam gemacht, daß auch Hypothesen über andere Parameter getestet werden können. Beispielsweise steht man nicht selten vor der Aufgabe, die Koeffizienten einer linearen Regressionsfunktion (Ordinatenabschnitt a und Steigung b; siehe Kapitel 5) daraufhin zu testen, ob sie signifikant von null verschieden sind. Einzusetzen ist in diesem Fall die t – Verteilung (siehe Kapitel 10). Ein Beispiel dazu findet sich in Kapitel 5, Abschnitt 5.9. Entsprechendes gilt etwa für den Korrelationskoeffizienten von Bravais/Pearson oder für andere statistische Maßzahlen.

13.11 Anwendungsbeispiele

Aus der Vielzahl denkbarer Aufgabenstellungen werden in diesem Abschnitt vier Beispiele ausgewählt:
- Test des arithmetischen Mittels
- Anteilswerttest
- Mittelwertdifferenzentest
- Varianzanalyse einfacher Klassifikation

Beispiel 1

Es soll die Hypothese getestet werden, das Durchschnittsalter erwachsener Deutscher liegt bei 45 Jahren. Zur Überprüfung dieser Hypothese wird eine Zufallsstichprobe vom Umfang $n = 203$ gezogen, in der sich als Durchschnittsalter der Wert 43,07 bei einer Standardabweichung von 15,52 ergibt. Wie lautet die Testentscheidung bei einem einseitigen Signifikanzniveau von 5%?

Um die Testentscheidung herbeizuführen, bestimmt man die Überschreitungswahrscheinlichkeit für den Wert 43,07 unter Nutzung der Normalverteilung mit dem Mittelwert 45 und der Standardabweichung (Stichprobenfehler), die sich aus $s = 15,52$ geteilt durch die Wurzel aus dem Stichprobenumfang schätzen läßt (1,089). Damit ergibt sich ein z – Wert von $z = -1,77$ (gerundet). Der Entscheidungspunkt bei einem Signifikanzniveau von 5% liegt bei $-1,645$. Somit ist die Nullhypothese zu verwerfen.

Beispiel 2

Zu testen ist die Hypothese, der Anteilswert von Frauen liegt bei 50%. In der im ersten Beispiel verwendeten Stichprobe ergibt sich ein Frauenanteil von $p = 50,7\%$. Das Signifikanzniveau sei wieder 5% einseitig.

Der zu prüfende z – Wert ergibt sich zu 0,199 (zu verwenden ist eine Normalverteilung mit dem Mittelwert 50 (%) und der Standardabweichung, die sich aus der Wurzel aus $50 \cdot (100 - 50)$ geteilt durch $n = 203$ ergibt). Die Überschreitungswahrscheinlichkeit dieses z – Wertes liegt bei 0,421 (=42,1%). Diese ist größer als das vorgegebene Signifikanzniveau, weshalb die zu testende Hypothese als bestätigt gilt.

Beispiel 3

Im Beispiel 3 wird die Hypothese getestet, ausgehend von dem bisher verwendeten Datenbestand, daß das Durchschnittsalter der Männer dem der Frauen entspricht. Im Stichprobenbefund liegt das Durchschnitts-

alter der Männer bei 43,78 (Standardabweichung 15,31), das der Frauen bei 32,39 (Standardabweichung 15,77).

Der z – Wert liegt mithin bei 0,637. Seine Überschreitungswahrscheinlichkeit beträgt 0,26 (gerundet, einseitig). Die Nullhypothese wird bestätigt.

Beispiel 4

Bei der Varianzanalyse einfacher Klassifikation soll die Hypothese getestet werden, daß das Durchschnittsalter in allen Bundesländern gleich sei. Das Signifikanzniveau sei 5%.

Da der Rechenaufwand bei diesem Beispiel schon vergleichsweise hoch ist, sei auf den folgenden Abschnitt verwiesen, wo die Lösung dieser Aufgabe mit SPSS präsentiert wird.

13.12   Problemlösungen mit SPSS

Beispiel 1

Beim Beispiel 1 (Test des arithmetischen Mittels) verlangt SPSS die folgenden Arbeitsschritte:

1. Verwenden Sie die Daten der Datei SPSS13.SAV und wählen Sie die Menüposition ANALYSIEREN/MITTELWERTE VERGLEICHEN/T-TEST BEI EINER STICHPROBE.
2. Übertragen Sie die Variable Alter in das Feld TESTVARIABLE(N).
3. Geben Sie bei TESTWERT den Wert 45 ein.
4. Klicken Sie auf die Schaltfläche OPTIONEN.
5. Geben Sie beim Stichwort KONFIDENZINTERVALL den Wert 90 ein (dies entspricht einem einseitigen Signifikanzniveau von 5% und einem zweiseitigen von 10%).
6. Klicken Sie auf die Schaltfläche WEITER.
7. Klicken Sie OK an.

SPSS erzeugt jetzt die Ausgabe des Bildes 13.4.

	Test bei einer Sichprobe					
	Testwert = 45					
					90% Konfidenzintervall der Differenz	
	T	df	Sig. (2-seitig)	Mittlere Differenz	Untere	Obere
ALTER	-1,772	202	,078	-1,9310	-3,7314	-,1307

Bild 13.4: Test des arithmetischen Mittels

Unter der Überschrift SIG.(2-SEITIG) erhalten Sie die zweiseitige Überschreitungswahrscheinlichkeit (0,078), was einer einseitigen von 0,039 (3,9%) entspricht. Sie ist kleiner als das vorgegebene Signifikanzniveau, weshalb die zu testende Hypothese verworfen wird.

Sie erkennen darüber hinaus, daß Ihnen von SPSS auch ein Konfidenzintervall ausgerechnet wird, das Sie zur Intervallschätzung des arithmetischen Mittels verwenden können.

Beispiel 2

Beim Beispiel 2 (Anteilswerttest) ist mit SPSS wie folgt zu verfahren:

1. Verwenden Sie die Daten der Datei SPSS13.SAV und wählen Sie ANALYSIEREN/NICHTPARAMETRISCHE TESTS/BINOMIAL.
2. Übertragen Sie die Variable sex in den Bereich TESTVARIABLEN.
3. Der Testanteil ist mit 0,50 schon vorgegeben. Sollten Sie einen anderen Wert testen wollen, müßte dieser im Feld TESTANTEIL geändert werden.
4. Klicken Sie OK an.

SPSS zeigt jetzt unter dem Stichwort ASYMPTOTISCHE SIGNIFIKANZ den Wert 0,888 (Überschreitungswahrscheinlichkeit; siehe Bild 13.5). Sie ist größer als das vorgegebene Signifikanzniveau, weshalb die zu testende Hypothese als bestätigt gilt.

Test auf Binomialverteilung

		Kategorie	N	Beobachteter Anteil	Testanteil	Asymptotische Signifikanz (2-seitig)
SEX	Gruppe 1	1,00	100	,49	,50	,888[a]
	Gruppe 2	2,00	103	,51		
	Gesamt		203	1,00		

a. Basiert auf der Z-Approximation.

Bild 13.5: Binomialtest

Beispiel 3

Die Lösung der Aufgabe 3 (Mittelwertdifferenzentest) mit SPSS erfordert die folgenden Arbeitsschritte:

1. Verwenden Sie die Daten der Datei SPSS13.SAV und wählen Sie ANALYSIEREN/MITTELWERTE VERGLEICHEN/T-TEST BEI UNABHÄNGIGEN STICHPROBEN.
2. Übertragen Sie die Variable Alter in den Bereich TESTVARIABLEN.
3. Übertragen Sie die Variable Sex in den Bereich GRUPPENVARIABLE.
4. Klicken Sie die Schaltfläche GRUPPE DEF. an.

5. Geben Sie bei GRUPPE 1 den Wert 1, bei GRUPPE 2 den Wert 2 ein.
6. Klicken Sie WEITER an.
7. Klicken Sie OK an.

SPSS erzeugt jetzt die Ausgabe des Bildes 13.6.

Test bei unabhängigen Stichproben						
		T-Test für die Mittelwertgleichheit				
		T	df	Sig. (2-seitig)	95% Konfidenzintervall der Differenz	
					Untere	Obere
ALTER	Varianzen sind gleich	,642	201	,522	-2,9021	5,7048
	Varianzen sind nicht gleich	,642	201,000	,521	-2,9002	5,7030

Bild 13.6: Mittelwertdifferenzentest

Unter dem Stichwort SIG. (2-SEITIG) wird Ihnen die (zweiseitige) Überschreitungswahrscheinlichkeit mit 0,522 angegeben, was einer einseitigen von 0,261 entspricht. Die Nullhypothese wird deshalb bestätigt.

Beispiel 4

Die Varianzanalyse mit SPSS erfordert die folgenden Arbeitsschritte:

1. Verwenden Sie die Daten der Datei SPSS13.SAV und wählen Sie ANALYSIEREN/MITTELWERTE VERGLEICHEN/EINFAKTORIELLE ANOVA.
2. Übertragen Sie die Variable Alter in den Bereich ABHÄNGIGE VARIABLEN.
3. Übertragen Sie die Variable Land in den Bereich FAKTOR.
4. Klicken Sie OK an.

SPSS gibt jetzt eine Tabelle aus, die in Bild 13.7 vorgestellt ist.

ANOVA					
ALTER					
	Quadratsumme	df	Mittel der Quadrate	F	Signifikanz
Zwischen den Gruppen	6872,227	15	458,148	2,049	,014
Innerhalb der Gruppen	41804,808	187	223,555		
Gesamt	48677,034	202			

Bild 13.7: Varianzanalyse

Unter dem Stichwort SIGNIFIKANZ wird der Wert 0,014 ausgegeben. Diese Überschreitungswahrscheinlichkeit ist kleiner als das vorgegebene Signifikanzniveau, weshalb die Nullhypothese, daß alle Altersdurchschnitte in den Bundesländern sich nur zufällig voneinander unterscheiden, verworfen wird.

13.13 Literaturhinweise

Diehl, J.: Varianzanalyse, 4. Aufl. Frankfurt 1983
Eimer, E.: Varianzanalyse, Stuttgart 1978
Glaser, W. R.: Varianzanalyse, Stuttgart 1978
Monka, M./Voß, W. : Statistik am PC – Lösungen mit Excel, 3. Aufl. München/Wien 2002
Tiede, M./Voß, W.: Schließen mit Statistik – Verstehen, München/Wien 2000

14 Nichtparametrische Tests

> Nichtparametrische Tests (auch verteilungsfreie Tests genannt) bilden eine Gruppe von Verfahren, bei denen die zur Diskussion stehenden Merkmale
> - nominal- oder ordinalskaliert sind oder
> - nicht direkt sondern lediglich Rangplätze von deren Meßwerten verabeitet werden oder
> - hinsichtlich ihrer Verteilung nicht bekannt insbesondere nicht normalverteilt sind.

Bei den **verteilungsgebundenen Verfahren** hängt die Verteilung der Prüfvariablen (Prüfgröße, Prüfstatistik) von der Verteilung der Grundgesamtheit, auf die sich die Nullhypothese bezieht, ab. Die meisten Parametertests sind verteilungsgebunden.

Verteilungsfreie Verfahren können durchgeführt werden, ohne daß über die Verteilung des Untersuchungsmerkmals in der Grundgesamtheit, wie beispielsweise die der Normalverteilung, Annahmen gemacht werden müssen. Verteilungsfreie Verfahren werden insbesondere bei nominal und ordinal meßbaren Merkmalen benutzt oder wenn ein metrisch meßbares Merkmal in der Grundgesamtheit nicht normalverteilt ist und der zentrale Grenzwertsatz (siehe Kapitel 13) nicht angewendet werden kann. Ferner dienen manche verteilungsfreie Verfahren zur Kontrolle von verteilungsgebundenen Parametertests oder als Schnelltests. Im letzteren Fall haben die verteilungsfreien Verfahren jedoch meist eine geringere Trennschärfe als der entsprechende Parametertest, da nicht alle Informationen der metrischen Messung ausgenutzt werden.
In den folgenden Abschnitten werden die wichtigsten nichtparametrische Testverfahren vorgestellt.
Bei den **Chi-Quadrat-Tests** wird mit Hilfe großer Stichprobenbefunde überprüft, ob zwei Merkmale unabhängig sind (Chi-Quadrat-Unabhängigkeitstest), zwei oder mehrere unabhängige Stichproben aus der gleichen Grundgesamtheit stammen (Chi-Quadrat-Homogenitätstest), oder ob die Stichprobe aus einer konkret (zum Beispiel einer normalverteilten) Grundgesamtheit stammt (Chi-Quadrat-Anpassungstest).
Die **Kolmogorov-Smirnov-Tests** sind Homogenitäts- bzw. Anpassungstests für kleine Stichprobenbefunde.
Beim **Binomialtest** wird die Nullhypothese überprüft, ob der Anteil der Elemente einer Sorte in der Grundgesamtheit einen bestimmten Anteil aufweist oder unter- oder überschreitet.

Der **Vorzeichentest** und der **Wilcoxon-Rangtest** sowie der **Wilcoxon-Rangsummentest** sind die Pendants bei nominal bzw. ordinal meßbaren Merkmalen zum t – Test für die Überprüfung der Differenzen von Erwartungswerten in der Grundgesamtheit. Sie werden häufig zur Kontrolle des t – Tests oder als Schnelltests angewendet.

Der **Kruskal-Wallis-Test** ist die nichtparametrische Variante der Varianzanalyse. Er verzichtet auf die Normalverteilungsannahme in den Teilgesamtheiten.

Der **Fisher-Test** und der **McNemar-Test** sind Tests für Vierfelderkontingenztafeln dichotomer Merkmale. Der Fisher-Test ist ein Unabhängigkeitstest, während mit Hilfe des McNemar-Tests Hypothesen über die Veränderung von Einstellungen bspw. eines Personenkreises nach Durchführung bestimmter Maßnahmen (vorher/nachher) überprüft werden können.

14.1 Chi-Quadrat-Unabhängigkeitstest

> Beim Chi-Quadrat Unabhängigkeitstest wird die Nullhypothese überprüft, ob zwei Merkmale voneinander unabhängig sind.

Dieser Test setzt voraus, daß die Objekte (Merkmalsträger) zufällig und unabhängig voneinander gezogen werden. Er setzt weiterhin nur nominale Messung voraus. Dieser Test kann aber auch bei ordinaler und kardinaler Messung angewendet werden. Jedoch ist hier eine Gruppierung der Daten erforderlich.

Um den Chi-Quadrat-Unabhängigkeitstest durchführen zu können, ist ein genügend großer Stichprobenumfang notwendig. Da die Verteilung der beiden Testvariablen für das Testverfahren ohne Bedeutung ist, zählt der Chi-Quadrat-Unabhängigkeitstest zu den verteilungsfreien Verfahren.

Testablauf

1. Formulierung der Null- und Alternativhypothese

H_0 : Die Merkmale X und Y sind stochastisch unabhängig.

H_a : Die Merkmale X und Y sind stoachastisch abhängig.

2. Klassenbildung und Ermittlung der empirischen gemeinsamen absoluten Häufigkeitsverteilung sowie der Randhäufigkeitsverteilungen von X und Y :

Tabelle 14.1: Kontingenztabelle (Schema)

Y\X	y_1	y_2	...	y_j	...	y_q	Randhäufigkeit bei X
x_1	f_{11}	f_{12}		f_{1j}		f_{1q}	$f_{1\bullet}$
x_2	f_{21}	f_{22}		f_{2j}		f_{2q}	$f_{2\bullet}$
...							
x_i	f_{i1}	f_{i2}		f_{ij}		f_{iq}	$f_{i\bullet}$
...							
x_k	f_{k1}	f_{k2}		f_{kj}		f_{kq}	$f_{k\bullet}$
Randhäufigkeit bei Y	$f_{\bullet 1}$	$f_{\bullet 2}$		$f_{\bullet j}$		$f_{\bullet q}$	n

Es bedeutet:

f_{ij} : absolute Häufigkeiten der gemeinsamen Ausprägungen

$f_{i\bullet}$: Randhäufigkeit der Merkmalsausprägung x_i

$f_{\bullet j}$: Randhäufigkeit der Merkmalsausprägung y_j

Bei der Klassenbildung ist darauf zu achten, daß für jede Klasse $f_{ij} \geq 10$ gilt. Ist dies nicht der Fall, so sind geeignete Klassen zusammenzufassen. Das Ergebnis der Klassenbildung ist eine **Kreuztabelle** bzw. eine **Kontingenztabelle** bei zwei nominal meßbaren Merkmalen.

3. Berechnung der erwarteten Klassenhäufigkeiten e_{ij} bei Unabhängigkeit der Zufallsvariablen

Mit den Randhäufigkeiten werden die erwarteten Besetzungszahlen der Klassen bei Unabhängigkeit von X und Y berechnet. Diese Zahlen heißen auch **Unabhängigkeitszahlen** oder **erwartete Werte**.

(1) $$e_{ij} = \frac{f_{i\bullet} f_{\bullet j}}{n} \quad \forall \; i,j$$

Der Chi-Quadrat-Unabhängigkeitstest verlangt, daß kein $e_{ij} \leq 1$ und höchstens 20% der $e_{ij} \leq 5$ sind. Ggf. sind auch hier geeignete Klassen zusammenzufassen.

4. Berechnung der Prüfgröße

Gegen die Nullhypothese sprechen große Abweichungen zwischen den beobachteten Häufigkeiten f_{ij} und den erwarteten Häufigkeiten e_{ij} bei Unabhängigkeit. Die zu berechnende Prüfgröße lautet:

$$(2) \quad \chi^2 = \sum_{i=1}^{k} \sum_{j=1}^{q} \frac{(f_{ij} - e_{ij})^2}{e_{ij}} = n \left(\sum_{i=1}^{k} \sum_{j=1}^{q} \frac{f_{ij}^2}{f_{i\bullet} f_{\bullet j}} - 1 \right)$$

Diese Prüfgröße ist, wenn die Nullhypothese zutrifft, nach Chi-Quadrat verteilt mit $(k-1)(q-1)$ Freiheitsgraden. $k \geq 2$ und $q \geq 2$ entsprechen der Zeilenanzahl bzw. Spaltenanzahl der Kreuztabelle nach den geeigneten Zusammenfassungen.

5. Bestimmung des Ablehnungsbereiches

Die Nullhypothese wird verworfen, wenn χ^2 den Grenzwert

$$\chi^2_{(k-1)(q-1); 1-\alpha}$$

überschreitet.

$\chi^2_{(k-1)(q-1); 1-\alpha}$ ist das Quantil der Ordnung $P = 1 - \alpha$ der Chi-Quadrat-Verteilung. Das Produkt $(k-1)(q-1)$ ist die Anzahl der Freiheitsgrade dieser Chi-Quadratverteilung.

6. Interpretation und Testentscheidung

Die Nullhypothese kann verworfen werden, wenn $\chi^2 > \chi^2_{(k-1)(q-1); 1-\alpha}$ bzw. $\alpha^* < \alpha$. Die Aternativhypothese gilt dann statistisch als gesichert. Ist $\chi^2 \leq \chi^2_{(k-1)(q-1); 1-\alpha}$ bzw. $\alpha^* \geq \alpha$, kann H_0 nicht verworfen werden.

Beispiel für den Chi-Quadrat-Unabhängigkeitstest

1000 zufällig ausgewählten Wahlberechtigten wurde im März 1999 die Sonntagsfrage „Was würden Sie wählen, wenn am nächsten Sonntag Bundestagswahlen wären?" gestellt. Die Auswertung des Fragebogens ergab folgende Kreuztabelle für die absoluten Häufigkeiten f_{ij}.

Tabelle 14.2: Beispiel einer Kontingenztabelle

Geschlecht Partei	Frauen	Männer
SPD	200	170
CDU/CSU	200	200
Grüne	45	35
FDP	25	35
PDS	20	30
Sonstige	22	5
keine Angaben	8	5

Es soll überprüft werden, ob die Merkmale Partei und Geschlecht stochastisch voneinander abhängen. Der Chi-Quadrat-Unabhängigkeitstest wird für das Beispiel in folgenden Schritten durchgeführt:

1. Formulierung der Null- und Alternativhypothese

H_0 : Partei und Geschlecht sind stochastisch unabhängig.

H_a : Die Merkmale sind stochastisch abhängig.

2. Klassenbildung und Ermittlung der Randhäufigkeiten

Tabelle 14.3: Absolute Verteilung und Randhäufigkeitsverteilungen

Geschlecht Partei	Frauen	Männer	Summe
SPD	200	170	370
CDU/CSU	200	200	400
Grüne	45	35	80
FDP	25	35	70
PDS	20	30	50
Sonstige und keine Angaben	30	10	40
Summe	*520*	*480*	*1000*

Die letzten beiden Klassen (Sonstige und keine Angaben) wurden zusammengefaßt, so daß $f_{ij} \geq 10 \quad \forall i,j$.

3. Erwartete Häufigkeiten

Die erwartete Häufigkeit ist zum Beispiel für Frauen, die CDU wählen:

$$e_{21} = f_{2\bullet} \, f_{\bullet 1} / n; \quad e_{21} = \frac{400 \cdot 520}{1000} = 208{,}0$$

Tabelle 14.4: Erwartete Häufigkeiten

Geschlecht	Frauen	Männer
Partei		
SPD	192,4	177,6
CDU/CSU	208,0	192,0
Grüne	41,6	38,4
FDP	31,2	28,4
PDS	26,0	24,0
Sonstige und keine Angaben	20,8	19,2

Da alle $e_{ij} \geq 5$, müssen keine weiteren Klassen zusammengefaßt werden.

4. Prüfgröße

$$\chi^2 = \frac{(200-192,4)^2}{192,4} + \frac{(200-208)^2}{208} + \ldots + \frac{(10-19,2)^2}{19,2} = 15,77$$

Wenn H_0 richtig ist (zutrifft), ist die Prüfgröße Chi-Quadrat verteilt mit $(k-1)(q-1) = (6-1)(2-1) = 5$ Freiheitsgraden.

5. Rückweisungspunkt

Bei einem Signifikanzniveau von $\alpha = 0,05$ gilt für die Obergrenze des Nichtablehnungsbereiches, wie aus Tabellen der Chi-Quadrat-Verteilung entnommen werden kann:

$$\chi^2_{5;0,95} = 11,07$$

Die Überschreitungswahrscheinlichkeit beträgt $\alpha^* = 0,008$ (wie mit SPSS berechnet werden kann; siehe Abschnitt 14.13).

6. Testentscheidung und Interpretation

Die Nullhypothese der Unabhängigkeit kann verworfen werden, da der Wert der Prüfgröße $\chi^2 = 15,77$ die Obergrenze des Nichtablehnungsbereiches $\chi^2_{5;0,95} = 11,07$ überschreitet bzw. $\alpha^* = 0,008 < \alpha = 0,05$ ist. Die Alternativhypothese gilt daher statistisch als gesichert, d.h. das Geschlecht hat einen signifikanten Einfluß auf die Wahlentscheidung.

14.2 Chi-Quadrat-Anpassungstest

> Beim Chi-Quadrat-Anpassungstest wird die Nullhypothese überprüft, ob zwei Verteilungen übereinstimmen.

Beispielsweise geht es darum, ob eine unbekannte Verteilungsfunktion $F(x)$ gleich einer hypothetischen Verteilungsfunktion $F_0(x/\theta)$ ist, wobei der Parametervektor θ der hypothetischen Verteilung entweder vollständig bekannt bzw. ganz oder teilweise aus der vorliegenden Stichprobe geschätzt werden muß. Im ersten Fall handelt es sich um eine vollspezifizierte, im zweiten Fall um eine teilspezifizierte Verteilungshypothese.

Der Chi-Quadrat-Anpassungstest setzt im Gegensatz zum Kolmogorov-Smirnov-Anpassungstest (siehe Abschnitt 14.11) nur nominales Meßniveau voraus, kann aber auch bei ordinalen und kardinalen Daten angewendet werden, wobei hier eine Gruppierung der Daten notwendig ist. Weitere Voraussetzungen des Chi-Quadrat-Anpassungstests sind große Stichproben und die Unabhängigkeit der einzelnen Stichprobenvariablen $X_1, X_2, ... X_n$ für die Untersuchungsvariable.

Da die Verteilung der Untersuchungsvariable für das eigentliche Testverfahren ohne Bedeutung ist, zählt der Chi-Quadrat-Anpassungstest zu den verteilungsfreien Verfahren.

Testablauf

1. Formulierung der Null- und Alternativhypothese

$H_0: F(x) = F_0(x) \; \forall \; x \in \mathsf{R}$

$H_a: F(x) \neq F_0(x) \; \exists \; x \in \mathsf{R}$

2. Einteilung der Beobachtungswerte in disjunkte Klassen

Tabelle 14.5: Ausgangsschema für den Chi-Quadrat-Anpassungstest

Klasse	1	2	...	i	...	k	Summe
absolute Häufigkeit	f_1	f_2	...	f_i	...	f_k	n

Es sollte für alle Klassen $f_i \geq 10$ gelten. Dies läßt sich durch die Zusammenlegung geeigneter Klassen immer erreichen.

3. Berechnung bzw. Schätzung der hypothetischen Klassenwahrscheinlichkeiten P_i bzw. $\hat{P}_i$

Bei vollspezifizierten Verteilungshypothesen werden für alle Klassen die hypothetischen Wahrscheinlichkeiten P_i berechnet, und zwar unter der Annahme, daß die Nullhypothese richtig ist. Bei teilspezifizierten Verteilungshypothesen müssen jedoch zunächst die $r \geq 1$ unbekannten Funktionsparameter der hypothetischen Verteilung aus den Stichprobendaten geschätzt werden. Hier stellt sich die Frage der Schätzmethode und ob die Schätzung mit Hilfe der Urwerte oder der bereits gruppierten Daten erfolgen sollte. Anschließend sind wie bei den vollständig spezifizierten Verteilungshypothesen mit Hilfe der geschätzten Parameter die Klassenwahrscheinlichkeiten $\hat{P}_i$ zu ermitteln.

4. Ermittlung der erwarteten Häufigkeiten

Mit Hilfe der hypothetischen Klassenwahrscheinlichkeiten P_i bzw. $\hat{P}_i$ werden für jede Klasse die erwarteten Klassenhäufigkeiten (bei Richtigkeit) von H_0 berechnet:

(3) $\boxed{e_i = n \cdot P_i}$ bzw. $\boxed{\hat{e}_i = n \cdot \hat{P}_i}$

Die erwarteten Häufigkeiten e_i sollten für alle Klassen größer gleich eins und für höchstens 20% der Klassen kleiner als fünf sein. Sonst sind geeignete Klassen zusammenzufassen, wobei jedoch nach Zusammenfassung $k \geq 2$ bzw. $k - r \geq 2$ sein muß.

5. Berechnung der Prüfgröße

Die Prüfgröße beim Chi-Quadrat-Anpassungstest lautet:

(4) $\boxed{\chi^2 = \sum_{i=1}^{k} \frac{(f_i - e_i)^2}{e_i}}$

Diese Prüfgröße ist, wenn die Nullhypothese zutrifft, verteilt nach Chi-Quadrat mit $(k-1)$ Freiheitsgraden (vollspezifiziert) bzw. $(k-r-1)$ Freiheitsgraden (teilspezifiziert).

6. Bestimmung des Ablehnungsbereiches

H_0 wird verworfen, wenn χ^2 den Grenzwert $\chi^2_{k-1;1-\alpha}$ bei vollspezifizierten bzw. $\chi^2_{k-r-1;1-\alpha}$ bei teilspezifizierten Verteilungshypothesen überschreitet. Es handelt sich hierbei um die Quantile der Ordnung $P = 1 - \alpha$ der Chi-Quadrat-Verteilung mit $f = k - 1$ bzw. $f = k - r - 1$ Freiheitsgraden.

Wird der Test mit Hilfe von SPSS durchgeführt (siehe Abschnitt 14.13), so wird nicht die Obergrenze des Nichtablehnbereiches $\chi^2_{k-1;1-\alpha}$ bzw. $\chi^2_{k-r-1;1-\alpha}$ berechnet, sondern die Überschreitungswahrscheinlichkeit α^*.

7. Interpretation

Ist $\chi^2 > \chi^2_{k-1;\,1-\alpha}$ bzw. $\chi^2_{k-r-1;\,1-\alpha}$ oder $\alpha^* \le \alpha$ (z.B. 0,05), so wird die Nullhypothese verworfen. Ist $\alpha^* > \alpha$, dann kann die Nullhypothese nicht verworfen werden.

Beispiel bei vollspezifizierter Verteilungshypothese

Bei einer Meinungsumfrage im April 1999 wurden 600 zufällig ausgewählten Personen die Frage gestellt: „Welche der folgenden Fernsehprogrammzeitschriften lesen Sie am liebsten?" Das Ergebnis der Umfrage kann den Spalten 1 und 2 der Tabelle 14.6 entnommen werden.

Tabelle 14.6: Anpassungstest – Ausgangsdaten

(1)	(2)	(3)	(4)	(5)
Zeitschrift	Anzahl f_i	P_i	nP_i	$\dfrac{(f_i - e_i)^2}{e_i}$
TV-Spielfilm	118	1/6	100	3,24
Hör Zu	112	1/6	100	1,44
TV-Movie	98	1/6	100	0,04
TV-Today	92	1/6	100	0,64
TV-Hören und Sehen	94	1/6	100	0,36
Gong	86	1/6	100	1,96
Summe	$n=600$	1	600	7,68

Testablauf

1. Formulierung der Null- und Alternativhypothese

H_0 : Die Untersuchungsvariable ist gleichverteilt.

H_a : Die Untersuchungsvariable ist nicht gleichverteilt.

2. Zusammenfassung der Klassen

Da alle $f_{ij} \geq 10$ sind, ist eine Zusammenfassung der Klassen nicht erforderlich.

3. Wahrscheinlichkeiten

Wenn H_0 richtig ist, sind die theoretischen Wahrscheinlichkeiten, eine bestimmte Zeitschrift zu lesen, jeweils $P_i = 1/6$ für $i = 1,2,...,6$ (vgl. Spalte 3).

4. Erwartete Häufigkeiten

Die erwarteten Häufigkeiten $e_i = nP_i$ betragen dann $e_i = 600 \cdot 1/6 = 100$ für $i = 1,2,...,6$ (Spalte 4).

5. Prüfgröße

Als Prüfgröße ergibt sich $\chi^2 = 7{,}68$ (Spalte 5).

6. Entscheidung

Die Obergrenze des Nichtablehnungsbereiches lautet zum Signifikanzniveau $\alpha = 0{,}05$:

$$\chi^2_{k-1;1-\alpha} = \chi^2_{6-1;0,95} = \chi^2_{5;0,95} = 11{,}07$$

Da $\chi^2 = 7{,}68$ kleiner ist als $\chi^2_{5;0,95} = 11{,}07$ bzw. die Überschreitungswahrscheinlichkeit $\alpha^* = 0{,}175 > \alpha = 0{,}05$, kann die Nullhypothese, daß die Zeitschriften gleich beliebt sind, nicht verworfen werden.

Beispiel für eine teilspezifizierte Verteilungshypothese

Ein Meinungsforschungsinstitut hat 500 zufällig ausgewählte Studierende befragt, welchen Geldbetrag sie im Monat April 1999 monatlich zur Verfügung hatten. Das Meinungsforschungsinstitut hat die Ergebnisse der Tabelle 14.7 veröffentlicht (Spalte 1 und Spalte 2):

Tabelle 14.7: Verfügbares Einkommen von Studierenden im April 1999

	(1)	(2)	(3)
Klasse	Verfügbares Einkommen in DM	Anzahl	x_i'
1	bis 500	7	400
2	über 500 bis 750	28	625
3	über 750 bis 1000	110	875
4	über 1000 bis 1250	130	1125
5	über 1250 bis 1500	115	1375
6	über 1500 bis 1750	70	1675
7	über 1750 bis 2000	30	1875
8	über 2000	10	2500

Es soll die Nullhypothese überprüft werden, daß das verfügbare Einkommen der Studierenden normalverteilt ist mit dem unbekannten Erwartungswert μ_0 und der aus einer früheren Erhebung bekannten Varianz $\sigma_0^2 = 150\,000\,(DM^2)$. Das Durchschnittseinkommen in den beiden Randklassen sei bekannt und beträgt $\bar{x}_1' = 400\,DM$ und $\bar{x}_8' = 2500\,DM$.

Testablauf

1. Formulierung der Null- und Alternativhypothese

H_0: Das verfügbare Einkommen der Studierenden ist normalverteilt mit μ_0 (unbekannt) und $\sigma_0^2 = 150\,000\,(DM^2)$.

H_a: Das verfügbare Einkommen ist nicht normalverteilt mit μ_0 (unbekannt) und $\sigma_0^2 = 150\,000\,(DM^2)$.

2. Klassenzusammenfassung

Die beiden Klassen 1 und 2 sind zusammenzufassen, da $f_1 = 7 < 10$ ist (vgl. Tabelle 14.8).

Tabelle 14.8: Arbeitstabelle

(1)	(2)	(3)	(4)	(5)
Verfügbares Einkommen in DM	f_i	$\hat{P}_i$	$\hat{e}_i = 500\hat{P}_i$	$\dfrac{(f_i - \hat{e}_i)^2}{\hat{e}_i}$
bis 750	35	0,1074	53,70	6,51
über 750 bis 1000	110	0,1668	83,40	8,48
über 1000 bis 1250	130	0,2456	122,80	0,42
über 1250 bis 1500	115	0,2350	117,50	0,05
über 1500 bis 1750	70	0,1550	77,50	0,73
über 1750 bis 2000	30	0,0662	33,10	0,29
über 2000	10	0,0240	12,00	0,33
Summe	*500*	*1*	*500*	*16,81*

3. Wahrscheinlichkeiten

Um die hypothetischen Klassenwahrscheinlichkeiten $\hat{P}_i$ zu schätzen, muß zunächst der Erwartungswert μ_0 der hypothetischen Normalverteilung aus den vorliegenden Stichprobendaten geschätzt werden. Da die Urwerte der Stichprobe unbekannt sind, wird μ_0 aus den klassierten Daten der nicht zusammengefaßten Tabelle geschätzt. Hierzu werden die Klassenmittelwerte x_i' ($i = 2,3,...,7$) sowie $x_1' = 400$ und $x_8' = 2500$ verwendet. Bei Vorliegen der Urliste schätzt man die unbekannten Parameter der hypothetischen Verteilung zum Beispiel mit Hilfe der Maximum-Likelihood-Schätzer; hier μ_0 mit $\hat{\mu}_0$:

$$\hat{\mu}_0 = \frac{1}{n}\sum_{i=1}^{8} x_i' f_i = 1231{,}85\,(DM) \cong 1232\,(DM)$$

Die hypothetische Normalverteilung hat den Erwartungswert $\hat{\mu}_0 = 1282$ *DM* und die Varianz $\sigma_0^2 = 150\,000\,(DM^2)$. Die $\hat{P}_i$ können jetzt mit Hilfe dieser Verteilung geschätzt werden (Spalte 3).

4. Erwartete Häufigkeiten

Die geschätzten erwarteten Häufigkeiten ergeben $\hat{e}_i = n\hat{P}_i$ (Spalte 4).

5. Prüfgröße

Als Prüfgröße erhält man $\chi^2 = 16{,}81$ (Spalte 5).

6. Entscheidung

Die Obergrenze des Nichtablehnungsbereiches lautet zum Signifikanzniveau $\alpha = 0{,}05$:

$$\chi^2_{k-r-1;\,1-\alpha} = \chi^2_{7-1-1;\,0{,}95} = \chi^2_{5;\,0{,}95} = 11{,}07$$

r ist gleich 1, da der Erwartungswert der Normalverteilung μ_0 aus den Stichprobendaten geschätzt wurde.

Da $\chi^2 = 16{,}81 > \chi^2_{5;\,0{,}95} = 11{,}07$, kann die Nullhypothese verworfen werden.

Es sei darauf hingewiesen, daß das Testergebnis auch von der Klassierung der Daten abhängt. Wären um Beispiel in die erste Klasse alle verfügbaren Einkommen bis DM 1000 erfaßt worden, dann hätte H_0 nicht verworfen werden können.

14.3 Chi-Quadrat-Homogenitätstest

> Der Chi-Quadrat-Homogenitätstest ist dem Chi-Quadrat-Unabhängigkeitstest ähnlich. Allerdings wird bei diesem Test nicht die stochastische Unabhängigkeit von Zufallsvariablen überprüft, sondern vielmehr die Nullhypothese, daß mehrere Stichproben aus einer Verteilung stammen.

Dieser Test setzt auch große Stichprobenumfänge voraus. Er gehört zu den verteilungsfreien Verfahren, da der Ausgang des Testes nicht von der Verteilung der Grundgesamtheit abhängt, aus der die unabhängigen Zufallsstichproben gezogen werden.

Testablauf

1. Formulierung der Null- und Alternativhypothese

H_0: $q \geq 2$ Stichproben stammen aus derselben Verteilung.

H_a: Mindestens zwei der q Stichproben stammen aus verschiedenen Verteilungen.

2. Gruppierung und Aufstellen einer Kreuztabelle

Hier ist so vorzugehen, wie es in Abschnitt 14.1 schon beschrieben wurde.

3. Ermittlung der gemeinsamen erwarteten Häufigkeiten

Die Ermittlung der gemeinsamen erwarteten Häufigkeiten e_{ij} erfolgt unter der Annahme, daß die q Stichproben einer Verteilung stammen. Der Chi-Homogenitätstest kann als Chi-Quadrat-Unabhängigkeitstest aufgefaßt werden, wobei das zweite Merkmal die Stichproben sind. Die erwarteten Häufigkeiten e_{ij} sind deshalb analog zum Chi-Quadrat-Unabhängigkeitstest zu berechnen:

$$(5) \quad e_{ij} = \frac{f_{i\bullet} f_{\bullet j}}{n} \quad \forall \; i,j$$

Geeignete Zusammenfassungen von Klassen bzw. Stichproben sind dann vorzunehmen, wenn ein $e_{ij} \leq 1$ ist bzw. mehr als 20% der $e_{ij} \leq 5$ sind (vgl. Abschnitt 14.1).

4. Ermittlung der Prüfgröße

Gegen H_0 sprechen große Abweichungen zwischen den f_{ij} und e_{ij}. Die Prüfgröße lautet:

$$(6) \quad \chi^2 = \sum_{i=1}^{k} \sum_{j=1}^{q} \frac{(f_{ij} - e_{ij})^2}{e_{ij}} = n \left(\sum_{i=1}^{k} \sum_{j=1}^{q} \frac{f_{ij}^2}{f_{i\bullet} f_{\bullet j}} - 1 \right)$$

Diese Prüfgröße ist, wenn die Nullhypothese zutrifft, nach Chi-Quadrat verteilt mit $(k-1)(q-1)$ Freiheitsgraden.

5. Bestimmung des Ablehnungsbereiches

Die Nullhypothese wird verworfen, wenn χ^2 den Grenzwert $\chi^2_{(k-1)(q-1);1-\alpha}$ überschreitet bzw. $\alpha^* \leq \alpha$ ist. $\chi^2_{(k-1)(q-1);1-\alpha}$ ist das Quantil der Ordnung $P = 1-\alpha$ der Chi-Quadrat-Verteilung. Das Produkt $(k-1)(q-1)$ ist die Anzahl der Freiheitsgrade dieser Chi-Quadrat-verteilung.

6. Testentscheidung und Interpretation

Ist $\alpha^* \leq \alpha$ (z.B. 0,05) bzw. $\chi^2 > \chi^2_{(k-1)(q-1);1-\alpha}$, so wird die Nullhypothese verworfen. Ist $\alpha^* > \alpha$ bzw. $\chi^2 \leq \chi^2_{(k-1)(q-1);1-\alpha}$, kann H_0 nicht verworfen werden.

Beispiel für den Chi-Quadrat-Homogenitätstest

Zwei konkurrierende Marktforschungsinstitute veröffentlichen im April 1999 am gleichen Wochenende das Ergebnis ihrer Sonntagsfrage: „Was würden Sie wählen, wenn am nächsten Sonntag Bundestagswahlen wären?" Es werden nur die Ergebnisse der im Bundestag vertretenen Parteien veröffentlicht. Die Ergebnisse des ersten Marktforschungsinstitutes basieren auf einer Stichprobe von $n_1 = 500$ Personen, die des zweiten Institutes auf einer Stichprobe von $n_2 = 1000$ Personen. Das dritte Institut hat 800 Personen befragt (siehe Tabelle 14.9).

Tabelle 14.9: Homogenitätstest – Ausgangsdaten

Partei	Institut1	Institut2	Institut3
SPD	41%	38%	35%
CDU/CSU	39%	40%	42%
Grüne	8%	6%	6%
F.D.P.	5%	7%	7%
PDS	5%	6%	5%

Es soll die Nullhypopthese überprüft werden, daß die drei Stichproben aus einer Grundgesamtheit stammen.

1. Formulierung der Null- und Alternativhypothese

H_0: Alle Stichproben stammen aus einer Grundgesamtheit.

H_a: Mindestens zwei der drei Stichproben stammen aus verschiedenen Grundgesamtheiten.

2. Kreuztabelle

Es läßt sich aus den veröffentlichten Daten der Marktforschungsinstitute eine Kreuztabelle aufstellen (siehe Tabelle 14.10).

Tabelle 14.10: Kreuztabelle

Stichprobe	1	2	3	Randhäufigkeit
Partei				
CDU/CSU	205	380	280	865
SPD	195	400	360	955
Grüne	40	60	48	148
F.D.P.	25	70	56	151
PDS	25	60	40	125
Sonstige	10	30	16	56
Stichprobenumfang	500	1000	800	2300

Die weiteren Berechnungen werden mit Hilfe von SPSS durchgeführt (siehe Abschnitt 14.13). Es ergibt sich, daß die Hypothese, die Stichproben stammen aus einer Grundgesamtheit, nicht verworfen werden kann.

14.4 Test auf Zufälligkeit

> Beim Test auf Zufälligkeit wird die Nullhypothese aufgestellt, daß die Reihenfolge von Beobachtungswerten zufällig ist.

Bei vielen statistischen Verfahren wird die zufällige Reihenfolge von Beobachtungswerten unterstellt. Bestehen Zweifel an dieser Annahme, sollten die Daten zum Beispiel im Rahmen einer Voruntersuchung auf Zufälligkeit getestet werden. Hier soll der bekannteste Test auf Zufälligkeit, der **Iterations-**, **Run-** oder auch **Sequenzentest** für ein dichotomes Merkmal vorgestellt werden.

Eine **Iteration, Sequenz** oder ein **Run** ist eine Folge von Merkmalsausprägungen, die zur gleichen Klasse i ($i = 1,2$) gehören.

Der Iterationstest setzt nur nominales Meßniveau voraus, er kann aber auch auf metrische Daten angewendet werden. Die Untersuchungsvariable ist in jedem Fall zu dichotomisieren, d.h. es sind zwei disjunkte Klassen zu bilden. Bei ordinalen oder kardinalen Merkmalen kann die Dichotomisierung mit Hilfe des Medians erfolgen (vgl. Binomialtest).

Testablauf

1. Formulierung von Null- und Alternativhypothese

H_0: Die Reihenfolge der Beobachtungswerte ist zufällig.

Als Alternativhypothesen kommt bei zweiseitiger Fragestellung in Frage:

H_a a): Die Reihenfolge der Beobachtungswerte ist nicht zufällig, d.h. es gibt zu viele oder zu wenige Iterationen (Runs, Sequenzen).

Bei einseitigen Fragestellungen lautet die Alternativhypothese entweder

b) es gibt zu viele Iterationen (Runs, Sequenzen) oder

c) es gibt zu wenige Iterationen (Runs, Sequenzen).

2. Notationen

Die Beobachtungswerte x_i ($i = 1, 2, ..., n$) werden in der Reihenfolge ihrer Beobachtung aufgeschrieben und dichotomisiert. n_1 ist die Anzahl der zur ersten Klasse, n_2 ist die Anzahl der zur zweiten Klasse gehörenden Beobachtungswerte. Es gilt $n_1 + n_2 = n$.

3. Ermittlung der Prüfgröße

Die Prüfgröße R ist die Gesamtzahl der Folgen der dichotomisierten Merkmalsausprägungen, die zur gleichen Klasse gehören, wenn die Objekte in der Reihenfolge ihrer Beobachtung vorliegen.

4. Bestimmung des Ablehnungsbereiches

Bei einem Signifikanzniveau von α wird im Fall der Alternativhypothese a), daß es zu viele oder zu wenige Iterationen gibt, bestätigt, wenn die Zahl der Iterationen R zu klein oder zu groß ist, d.h. H_0 wird verworfen, wenn $R < r_{n_1, n_2; \alpha/2}$ bzw. $R > r_{n_1, n_2; 1-\alpha/2}$.

Die Alternativhypothese b), daß es zu viele Iterationen gibt, wird bestätigt, wenn die Zahl der Iterationen R zu groß ist, d.h. H_0 wird verworfen, wenn $R > r_{n_1, n_2; 1-\alpha}$.

Die Alternativhypothese c), daß es zu wenige Iterationen gibt, wird bestätigt, wenn die Zahl der Iterationen R zu klein ist, d.h. H_0 wird verworfen, wenn $R < r_{n_1, n_2; \alpha}$.

Da die Prüfgröße R diskret ist, wird in der Regel das Signifikanzniveau α unterschritten. Die exakten Schwellenwerte $r_{n_1, n_2; P}$ können speziellen Tabellenwerken entnommen werden.

Für $n_1, n_2 > 20$ lassen sich die Schwellenwerte $r_{n_1; n_2; P}$ approximativ mit Hilfe der Normalverteilung berechnen. Unter H_0 ist R dann näherungsweise normalverteilt mit

(7)
$$\mu_R = E(R) = \frac{2n_1 n_2}{n_1 + n_2} + 1$$
$$\sigma_R^2 = V(R) = \frac{2n_1 n_2 (2n_1 n_2 - n_1 - n_2)}{(n_1 + n_2)^2 (n_1 + n_2 - 1)}$$

Die Schwellenwerte $r_{n_1,n_2;P}$ lassen sich dann approximativ ermitteln mit $r_{n_1,n_2;P} \cong \mu_R + z_P \sigma_R$. z_P ist das Quantil der Ordnung P der Standardnormalverteilung.

Beispiel für den Iterationstest

In einem Theater sitzen in der ersten Reihe $n = 53$ Personen, $n_1 = 31$ Frauen und $n_2 = 22$ Männer. Die Reihenfolge der Belegung der 53 Sitze mit Frauen und Männern ist:

FFMFMFMFMFFFFMFMMFFFMMFMFMFFFFMMFFMFMFMMMFM FMFFFFMFMFFM

1. Formulierung von Null- und Alternativhypothese

H_0: Die Reihenfolge der Beobachtungswerte ist zufällig.

H_a: Es gibt zu viele Iterationen (einseitige Fragestellung).

2. Klassifizierung

Das Untersuchungsmerkmal Geschlecht ist bereits dichotom mit den Merkmalsausprägungen Frauen (Klasse 1) und Männer (Klasse 2).

3. Runs

Die realisierte Anzahl der Runs (Iterationen, Sequenzen) beträgt $r = 34$.

4. Rückweisungspunkte

Da $n_1 = 31$, $n_2 = 22 > 20$, kann bei einem Signifikanzniveau von $\alpha = 0,05$ der asymptotische Schwellenwert des Tests mit Hilfe der Normalverteilung ermittelt werden. Man erhält:

$$\mu_R = \frac{2n_1 n_2}{n_1 + n_2} + 1 = \frac{2 \cdot 31 \cdot 22}{31 + 22} + 1 = 26,736$$

$$\sigma_R^2 = \frac{2n_1 n_2 (2n_1 n_2 - n_1 - n_2)}{(n_1 + n_2)^2 (n_1 + n_2 - 1)} = \frac{2 \cdot 31 \cdot 22 (2 \cdot 31 \cdot 22 - 31 - 22)}{(31 + 22)^2 (31 + 22 - 1)}$$
$$= 12,2423$$

5. Testentscheidung

H_0 wird verworfen, denn:

$$r = 34 > r_{n_1,n_2;1-\alpha} \approx \mu_r + z_{0,95}\sigma_r$$
$$= 26{,}736 + 1{,}645 \cdot 3{,}4989 = 32{,}49$$

14.5 Binomialtest

> Binomialtests sind eine Klasse von Testverfahren, deren Prüfgrößen binomialverteilt sind.

Im klassischen Fall des Binomialtests wird die Nullhypothese getestet, daß der Anteil einer Merkmalsausprägung in der Grundgesamtheit π beträgt. Es wird davon ausgegangen, daß die Stichprobenvariablen $X_1, X_2, ..., X_n$ voneinander unabhängig sind. Der Test setzt nur nominales Meßniveau voraus, er kann aber auch bei metrischen Daten angewendet werden. Dies ist jedoch mit einem Informationsverlust verbunden. In allen Fällen sind die Daten zu dichotomisieren, d.h. in zwei disjunkte Klassen (1. Sorte, 2. Sorte) aufzuteilen. Bei metrischen Merkmalen kann die Dichotomisierung zum Beispiel mit Hilfe des Medians oder des arithmetischen Mittels erfolgen. Spezialfälle des Binomialtests sind der **Vorzeichentest** und der **Mediantest** (vgl. Abschnitte 14.7.1 und 14.7.2).

Testablauf

1. Formulierung von Null- und Alternativhypothese

zweiseitige Fragestellung:

  a) $H_0: \pi = \pi_0$ $\qquad$ $H_a: \pi \neq \pi_0$

einseitige Fragestellungen:

  b) $H_0: \pi \geq \pi_0$ $\qquad$ $H_a: \pi < \pi_0$

  c) $H_0: \pi \leq \pi_0$ $\qquad$ $H_a: \pi > \pi_0$

2. Klassifizierung

Die n Beobachtungswerte sind in zwei disjunkte Klassen einzuteilen.

3. Prüfgröße

Die Prüfgröße des Tests ist die Anzahl der Beobachtungswerte, die zur 1. Sorte gehören. Diese Teststatistik X ist, wenn die Nullhypothese richtig ist, verteilt nach $B(n; \pi_0)$.

4. Bestimmung des Ablehnbereiches

a) zweiseitige Nullhypothese:

H_0 wird verworfen, wenn die Anzahl der gezogenen Elemente X in der Stichprobe, die zur 1. Sorte gehören, eine kritische Untergrenze k_u unterschreitet bzw. eine kritische Obergrenze k_o überschreitet. Die kritischen Grenzen k_u und k_o werden so bestimmt, daß:

$$F_X(k_u - 1) \leq \alpha_1 \quad \text{und} \quad F_X(k_u) > \alpha_1 \text{ sowie}$$
$$F_X(k_0) \geq 1 - \alpha_2 \quad \text{und} \quad F_X(k_0 - 1) < 1 - \alpha_2$$

Die Verteilungsfunktion der Binomialverteilung $B(n; \pi_0)$ lautet:

$$(8) \quad \boxed{F_X(x) = \sum_{i=0}^{x} \binom{n}{i} \pi_0^i (1 - \pi_0)^{n-i}}$$

$\alpha = \alpha_1 + \alpha_2$ ist das Signifikanzniveau des Tests. Wenn $\pi_0 = 0{,}5$, setzt man wegen der Symmetrie dieser Binomialverteilung $\alpha_1 = \alpha_2 = \alpha/2$. Wenn π_0 in der Nähe von Null liegt, wählt man, um den Nichtablehnbereich klein zu halten, üblicherweise $\alpha_1 < \alpha_2$, wenn π_0 in der Nähe von 1 liegt, wählt man $\alpha_1 > \alpha_2$.

b) einseitige Nullhypothesen:

Gegen die Nullhypothese $H_0: \pi \geq \pi_0$ spricht eine zu geringe Anzahl X von zur 1. Sorte gehörenden Beobachtungswerten, d. h. H_0 wird verworfen, wenn $X < k_u$, wobei k_u so bestimmt wird, daß

$$F_X(k_u - 1) \leq \alpha \quad \text{und} \quad F_X(k_u) > \alpha$$

Da die Zufallsvariable X diskret ist, wird das Signifikanzniveau α nicht exakt eingehalten. Das oben beschriebene Vorgehen führt vielmehr dazu, daß beim Verwerfen von H_0 das Signifikanzniveau α unterschritten wird, d.h. man ist, wenn die Nullhypothese verworfen wird, auf der sicheren Seite. Um das Signifikanzniveau α exakt einzuhalten, ist ein randomisierter Test durchzuführen.

14.5 Binomialtest

Beispiel für den Binomialtest

Es soll mit Hilfe eines Binomialtests die Behauptung eines Herstellers widerlegt werden, daß sich in mindestens 30% der ausgelieferten Wundertüten eine wertvolle Comicfigur befindet. Hierzu wird in $n = 16$ Geschäften jeweils eine Wundertüte gekauft und nach einer Comicfigur durchsucht.

1. Null- und Alternativhypothese

$$H_0: \pi \geq \pi_0 = 0{,}3 \qquad H_a: \pi < \pi_0 = 0{,}3$$

2. Ausgangsdaten

In den 16 Wundertüten wird nach einer Comicfigur gesucht. Es findet sich nur in einer Wundertüte eine Comicfigur. Wenn die Nullhypothese richtig ist, ist X, die Anzahl der Comicfiguren in der Grundgesamtheit, binomialverteilt mit $n = 16$ und $\pi_0 = 0{,}3$. Gegen die Behauptung des Herstellers sprechen zu wenig Comicfiguren in den Wundertüten.

3. Ablehnbereich

Es ist die Untergrenze des Nichtablehnungsbereichs k_u mit $\alpha = 0{,}05$ so zu bestimmen, daß:

$$F_X(k_u - 1) \leq 0{,}05 \text{ und } F_X(k_u) > 0{,}05$$

Die Verteilungsfunktion $F(k)$ der Binomialverteilung mit $n = 16$ und $\pi = 0{,}3$ stellt sich so dar, wie es Tabelle 14.11 zeigt.

Tabelle 14.11: Verteilungsfunktion der Binomialverteilung mit $n = 16$ und $\pi_0 = 0{,}3$

k	F(k)	k	F(k)
0	0,0033	9	0,9929
1	0,0261	10	0,9984
2	**0,0994**	11	0,9997
3	0,2459	12	1,0000
4	0,4499	13	1,0000
5	0,6598	14	1,0000
6	0,8247	15	1,0000
7	0,9256	16	1,0000
8	0,9743		

4. Testentscheidung

Die Verteilungsfunktion überschreitet den Wert 0,05 zum ersten Mal bei $k = 2$, denn $F(2) = 0,0994$. Folglich ist die Untergrenze des Nichtablehnbereiches $k_u = 2$. Da nur eine Comicfigur gefunden wurde, gilt $x = 1 < k_u = 2$, d.h. die Nullhypothese wird verworfen. Die tatsächliche Irrtumswahrscheinlichkeit beträgt nicht 0,05, sondern $\alpha^* = 0,0261$.

14.6 Fisher-Test

> Wie beim Chi-Quadrat-Unabhängigkeitstest, wird beim Fisher-Test die Nullhypothese aufgestellt, daß zwei Merkmale voneinander unabhängig sind. Der Fisher-Test wird dann angewendet, wenn beide Merkmale jeweils nur zwei Ausprägungen besitzen, d.h. dichotom sind.

Weiterhin sollte der Stichprobenumfang n klein sein, d.h. $n \leq 40$. Die Kreuztabelle ist eine Vierfeldertafel der Form, wie es Tabelle 14.12 zeigt.

Tabelle 14.12: Vierfeldertafel für den Fisher-Test

Merkmal B	B	$\bar{B}$	$\sum$
Merkmal A			
A	n_{11}	n_{12}	$n_{1\bullet}$
$\bar{A}$	n_{21}	n_{22}	$n_{2\bullet}$
$\sum$	$n_{\bullet 1}$	$n_{\bullet 2}$	n

Bei gegebener Randhäufigkeit der Merkmale A und B werden die Zellenbesetzungen üblicherweise wie folgt notiert:

x	$n_{1\bullet} - x$
$n_{\bullet 1} - x$	$n - n_{\bullet 1} - n_{1\bullet} + n_{11}$

wobei $0 \leq x \leq \min(n_{\bullet 1}; n_{1\bullet})$

Zieht man aus einer dichotomen Grundgesamtheit vom Umfang n mit $n_{\bullet 1}$ Elementen der 1. Sorte und $n_{\bullet 2}$ Elementen der 2. Sorte eine Zufallsstichprobe ohne Zurücklegen des Umfangs $n_{1\bullet}$, dann ist die Zufallsvariable X, nämlich die Anzahl der Elemente, die sowohl die Merkmalsausprägung A als auch die Merkmalsausprägung B besitzen, hypergeometrisch verteilt mit der Wahrscheinlichkeitsfunktion (9):

$$
(9) \quad P(X = x) = \frac{\binom{n_{\bullet 1}}{x}\binom{n - n_{\bullet 1}}{n_{1 \bullet} - x}}{\binom{n}{n_{1 \bullet}}} \quad (0 \leq x \leq \min(n_{\bullet 1}, n_{1 \bullet}))
$$

$$
= \frac{\dfrac{n_{\bullet 1}!}{x!(n_{\bullet 1} - x)!} \cdot \dfrac{(n - n_{\bullet 1})!}{(n_{1 \bullet} - x)!(n - n_{\bullet 1} - n_{1 \bullet} + x)!}}{\dfrac{n!}{n_{1 \bullet}!(n - n_{1 \bullet})!}}
$$

$$
= \frac{n_{\bullet 1}! \, n_{\bullet 2}! \, n_{1 \bullet}! \, n_{2 \bullet}!}{n! \, x! \, (n_{\bullet 1} - x)! \, (n_{1 \bullet} - x)! \, (n - n_{\bullet 1} - n_{1 \bullet} + x)!}
$$

Gegen die Unabhängigkeitshypothese sprechen zu große oder zu kleine Realisationen von X.

Testablauf

1. Formulierung von Null- und Alternativhypothese

H_0: Die Merkmale sind stochastisch unabhängig, d.h.

$$\frac{n_{ij}}{n} = \frac{n_{i \bullet}}{n} \cdot \frac{n_{\bullet j}}{n} \quad \text{für } (i = 1,2) \text{ und } (j = 1,2)$$

H_a: Die Merkmale sind stochastisch abhängig, d.h.

$$\frac{n_{ij}}{n} \neq \frac{n_{i \bullet}}{n} \cdot \frac{n_{\bullet j}}{n} \quad \text{für mindestens ein Indexpaar } (i \neq j).$$

2. Ausgangsdaten

Es wird eine Zufallsstichprobe vom Umfang n gezogen und für die beiden dichotomen Merkmale eine Vierfeldertafel aufgestellt.

3. Prüfgröße

Prüfgröße ist X, d.h. die gemeinsame absolute Häufigkeit der Merkmalsausprägungen A und B.

4. Festlegung des Ablehnbereiches

Im zweiseitigen Fall wird H_0 verworfen, wenn die gemeinsame absolute Häufigkeit n_{ij} eine kritische Untergrenze c_u unterschreitet, bzw. eine kritische Obergrenze c_o überschreitet. Die kritischen Grenzen c_u und c_o werden bei einem Signifikanzniveau von α so bestimmt, daß:

$$F_X(c_u - 1) \leq \alpha/2 \quad \text{und} \quad F_X(c_u) > \alpha/2 \quad \text{sowie}$$
$$F_X(c_o) \geq 1 - \alpha/2 \quad \text{und} \quad F_X(c_o - 1) < 1 - \alpha/2$$

F_X ist die Verteilungsfunktion der hypergeometrischen Verteilung mit:

$$(10) \quad F_x(x) = \sum_{i=0}^{x} \frac{\binom{n_{\bullet 1}}{i}\binom{n - n_{\bullet 1}}{n_{1 \bullet} - i}}{\binom{n}{n_{1 \bullet}}}$$

5. Testentscheidung

H_0 wird im zweiseitigen Fall verworfen, wenn $n_{11} < c_u$ oder $n_{11} > c_o$ ist. Falls die Alternativhypothese

$$H_a : \frac{n_{ij}}{n} > \frac{n_{i \bullet}}{n} \cdot \frac{n_{\bullet j}}{n}$$ lautet, wird H_0 verworfen, wenn $n_{11} > c_{o;1-\alpha}$.

Im Fall $H_a : \frac{n_{ij}}{n} < \frac{n_{i \bullet}}{n} \cdot \frac{n_{\bullet j}}{n}$, wird H_0 verworfen, wenn $n_{11} < c_{u;\alpha}$.

Eine einseitige Alternativhypothese setzt jedoch zumindest ordinale Messung voraus.

Beispiel für den Fisher-Test
Bei $n = 12$ Personen werden zwei dichotome Merkmale mit den Merkmalsausprägungen A und $\overline{A}$ sowie B und $\overline{B}$ erhoben.

1. Formulierung von Null- und Alternativhypothese

H_0 : Die beiden Merkmale sind stochastisch unabhängig.

H_a : Die beiden Merkmale sind stochastisch abhängig.

2. Ausgangsdaten

Nach Erhebung der Daten erhält man die Angaben der Tabelle 14.13.

Tabelle 14.13: Vierfeldertafel

	B	$\overline{B}$	Summe
A	1	6	7
$\overline{A}$	4	1	5
Summe	5	7	12

3. Prüfgröße
Der Wert der Prüfgröße ist $x = 1$.

4. Rückweisungspunkte
Bei einem Signifikanzniveau von $\alpha = 0{,}1$ werden c_u und c_o so bestimmt, daß

$$F_X(c_u - 1) \le 0{,}05 \quad \text{und} \quad F_X(c_u) > 0{,}05$$
$$F_X(c_o) \ge 0{,}95 \quad \text{und} \quad F_X(c_o - 1) < 0{,}95$$

Die Wahrscheinlichkeits- und die Verteilungsfunktion der hypergeometrischen Verteilung mit $n = 12$ (Gesamtzahl der Elemente), $n_{\bullet 1} = 5$ (Anzahl der Elemente der Sorte 1) und $n_{1\bullet} = 7$ (Zahl der gezogenen Elemente) werden in Tabelle 14.14 gezeigt.

Tabelle 14.14 : Hypergeometrische Verteilung

x	$P(X = x)$	$F(x)$
0	0,0013	0,0013
1	0,0442	0,0455
2	0,2652	0,3106
3	0,4419	0,7525
4	0,2210	0,9735
5	0,0265	1
Summe	1	

Aus der Verteilungsfunktion erhält man:

$c_u = 2$ wegen $F(c_u = 2) = 0{,}3106 > 0{,}05$ sowie
$c_o = 4$ wegen $F(c_o = 4) = 0{,}9735 \ge 0{,}95$

5. Testentscheidung
Da der Wert der Prüfgröße $x = 1 < c_u = 2$ wird H_0 verworfen, d.h. die Abhängigkeit der beiden Merkmale ist statistisch gesichert.

14.7 Vorzeichentest für zwei verbundene Stichproben und der Mediantest

Vorzeichen- und Mediantest setzen ordinales Meßniveau der Daten voraus.

14.7.1 Vorzeichentest für zwei verbundene Stichproben

> Mit dem Vorzeichentest wird die Nullhypothese überprüft, daß zwei Merkmale die gleiche Verteilung besitzen.

Die n Beobachtungswertepaare $(x_{i1}; x_{i2})(i = 1,2,...,n)$ werden unabhängig voneinander, aber gemeinsam erhoben, d.h. es handelt sich um zwei verbundene Stichproben. Der Vorzeichentest verlangt nur wenige und schwache Vorinformationen und ist deshalb nicht sehr trennscharf. Er basiert auf der Annahme, daß, wenn die Verteilungen X_1 und X_2 nicht verschieden sind, gilt:

$$P(X_1 < X_2) = P(X_1 > X_2) = 0{,}5$$

Testablauf

1. Formulierung von Null- und Alternativhypothese

a) zweiseitige Fragestellung:

$$H_0 : P(X_1 < X_2) = P(X_1 > X_2) = 0{,}5$$
$$H_a : P(X_1 < X_2) \neq P(X_1 > X_2)$$

b) einseitige Fragestellungen:

$$H_0 : P(X_1 < X_2) \geq P(X_1 > X_2)$$
$$H_a : P(X_1 < X_2) < P(X_1 > X_2)$$
$$H_0 : P(X_1 < X_2) \leq P(X_1 > X_2)$$
$$H_a : P(X_1 < X_2) > P(X_1 > X_2)$$

2. Ausgangsdaten

Aus einer verbundenen Stichprobe erhält man n Wertepaare $(x_{i1}; x_{i2})$

3. Codierung

Für die n Wertepaare werden die Differenzen

14.7 Vorzeichentest für zwei verbundene Stichproben und der Mediantest 471

$$d_i = \begin{cases} 1 & \text{wenn } x_{i1} > x_{i2} \\ 0 & \text{wenn } x_{i1} < x_{i2} \end{cases}$$

ermittelt. Paare, bei denen $x_{i1} = x_{i2}$, werden eliminiert. Bei ordinal meßbaren Merkmalen werden die Differenzen der Rangzahlenpaare $r(x_{i1})$ und $r(x_{i2})$ bestimmt.

4. Bestimmung der Prüfgröße und deren Verteilung

Die Prüfgröße D_{n^*} ist die Summe der positiven Differenzen d_i.

$$(11) \quad \boxed{D_{n^*} = \sum_{i=1}^{n^*} d_i}$$

Wenn die Nullhypothese richtig ist, gibt es gleich viele positive wie negative Differenzen. D_{n^*} ist dann binomialverteilt mit n^* (Stichprobenumfang n abzüglich der eliminierten Wertepaare bei Gleichheit von $x_{i1} = x_{i2}$) und $\pi = 0{,}5$.

5. Bestimmung des Ablehnbereiches

Der Ablehnbereich beim Vorzeichentest wird analog zum Binomialtest bestimmt. Im zweiseitigen Fall wird die Nullhypothese verworfen, wenn der realisierte Wert der Prüfgröße $d_n{^*}$ einen kritischen Wert k_u unter- bzw. k_o überschreitet. k_u und k_o werden bestimmt nach:

$$F_X(k_u - 1) \leq \alpha/2 \quad \text{und} \quad F_X(k_u) > \alpha/2$$
$$F_X(k_o) \geq 1 - \alpha/2 \quad \text{und} \quad F_X(k_o - 1) < 1 - \alpha/2,$$

wobei X eine unten näher zu erläuternde binomialverteilte Prüfvariable darstellt.

Die Unter- und Obergrenze der Nichtablehnbereiche bei einseitigen Fragestellungen werden analog ermittelt.

Wenn $n^* > 36$, d.h. $n^* \pi_0(1 - \pi_0) > 9$, können die kritischen Werte k_u und k_o mit Hilfe der Quantile der Standardnormalverteilung ermittelt werden. Erwartungswert und Varianz der Prüfgröße lauten:

$$(12) \quad E(D_{n*}) = \frac{n*}{2} \qquad \text{und} \qquad V(D_{n*}) = \frac{n*}{4}$$

H_0 wird verworfen, wenn für die standardisierte Teststatistik

$$(13) \quad Z = \frac{D_{n*} - \frac{n*}{2} + 0{,}5}{\sqrt{n*/4}}$$

$Z < z_{\alpha/2}$ bzw. $Z > z_{1-\alpha/2}$ gilt.

Beispiel für den Vorzeichentest

$n = 14$ *Personen werden danach gefragt, wie viele Stunden sie am letzten Wochenende mit Fernsehen (Merkmal X_1) und wie viele Stunden sie mit Lesen (Merkmal X_2) verbracht haben.*

1. Formulierung von Null- und Alternativhypothese

H_0: Die Verteilungen der Merkmale X_1 und X_2 sind gleich.

H_a: Die Verteilungen der Merkmale sind verschieden.

2. Ausgangsdaten und Codierung

Aus der verbundenen Stichprobe erhält man die $n = 14$ Wertepaare $(x_{i1}; x_{i2})$ sowie die Vorzeichen $d_i = x_{i1} - x_{i2}$ der Differenzen „+"=1 und „-"=0, die in Tabelle 14.15 dargestellt sind.

Tabelle 14.15 : Wertepaare und Differenzen

i	1	2	3	4	5	6	7*	8	9	10	11	12	13	14
x_{1i}	5	4	1	6	0	4	3	0	1	8	2	4	1	5
x_{2i}	3	6	2	4	3	0	3	2	2	2	4	6	3	2
d_i	1	0	0	1	0	1	/	0	0	1	0	0	0	1
	+	-	-	+	-	+	/	-	-	+	-	-	-	+

* Da hier $x_{i1} = x_{i2}$, wird dieses Wertepaar weggelassen.

3. Prüfgröße

Die realisierte Prüfgröße d_{n^*} ist die Summe der positiven Differenzen (Vorzeichen):

$$d_{13} = \sum_{i=1}^{13} d_i = 5$$

4. Verteilung

Wenn H_0 richtig ist, ist D_{n^*} binomialverteilt mit $n^* = 13$ und $\pi = 0{,}5$. Die Verteilungsfunktion dieser Binomialverteilung stellt sich so dar, wie es Tabelle 14.16 zeigt

Tabelle 14.16: Verteilungsfunktion der Binomialverteilung (13;0,5)

x	$F(x)$	x	$F(x)$	x	$F(x)$
0	0,0001	5	0,2905	10	0,9888
1	0,0017	6	0,5000	11	0,9983
2	0,0112	7	0,7095	12	0,9999
3	0,0461	8	0,8666	13	1,0000
4	0,1334	9	0,9539		

5. Bestimmung des Ablehnbereiches und Testentscheidung

H_0 wird bei einem Signifikanzniveau von $\alpha = 0{,}05$ verworfen, wenn

$$d_{13} < k_u \quad \text{oder} \quad d_{13} > k_o$$

k_u und k_o werden so bestimmt, daß

$F_X(k_u - 1) \leq 0{,}025$ und $F_X(k_u) > 0{,}025$ sowie
$F_X(k_o) \geq 0{,}975$ und $F_X(k_o - 1) < 0{,}975$

Aus der Verteilungsfunktion kann man $k_u = 3$ und $k_o = 10$ ablesen. Folglich kann H_0 nicht verworfen werden.

14.7.2 Mediantest

Beim Mediantest werden Hypothesen über den Median einer Verteilung überprüft.

Testablauf

1. Formulierung von Null- und Alternativhypothese

a) zweiseitige Fragestellung:

$$H_0 : x_{0,5} = x^0_{0,5} \qquad H_a : x_{0,5} \neq x^0_{0,5}$$

b) einseitige Fragestellungen:

$$H_0 : x_{0,5} \geq x^0_{0,5} \qquad H_a : x_{0,5} < x^0_{0,5}$$
$$H_0 : x_{0,5} \leq x^0_{0,5} \qquad H_a : x_{0,5} > x^0_{0,5}$$

2. Ausgangsdaten

Es wird eine Zufallsstichprobe vom Umfang n gezogen

3. Codierung

Für die n Beobachtungswerte x_i ($i = 1, 2, ..., n$) werden die Differenzen:

$$d_i = \begin{cases} 1 & wenn\ x_i > x^0_{0,5} \\ 0 & wenn\ x_i < x^0_{0,5} \end{cases}$$

ermittelt. Realisierte Stichprobenwerte x_i, die gleich dem hypothetischen Median $x^0_{0,5}$ sind, werden eliminiert.

4. Ermittlung der Prüfgröße

Die Prüfgröße des Mediantests lautet:

$$(14) \quad \boxed{D_{n^*} = \sum_{i=1}^{n^*} d_i}$$

Da die Prüfgröße D_{n^*}, wenn H_0 richtig ist, mit $\pi = 0,5$ und n^* binomialverteilt ist, unterscheidet sich der weitere Testablauf nicht vom Vorzeichentest.

Der nun mit Hilfe eines Beispiels zu erläuternde Mediantest ist analog zum besprochenen Vorzeichentest angelegt.

Beispiel für den Mediantest

Es soll mit die Nullhypothese überprüft werden, daß der Median des Merkmals Körpergröße einer bestimmten Personengruppe mindestens 178 cm beträgt.

1. Null- und Alternativhypothese lauten:

$$H_0 : x_{0,5} \geq x_{0,5}^0 = 178\,cm \qquad H_a : x_{0,5} < x_{0,5}^0 = 178\,cm$$

2. Ausgangsdaten

Es wird eine Zufallsstichprobe vom Umfang $n = 13$ gezogen. Die Beobachtungswerte in cm lauten:

173,4; 175,6; 176,2; 177,5; 172,1; 184,2; 168,9; 155,6; 192,5; 167,3; 177,9; 177,2; 186,4

3. Prüfgröße

Prüfgröße ist die Anzahl der Beobachtungswerte, die größer als der hypothetische Median sind. Der realisierte Wert der Prüfgröße d_n ergibt (hier gilt $n^* = n$, da kein Wert zu eliminieren ist):

$$d_n = d_{13} = 3$$

4. Verteilung

Wenn H_0 richtig ist, ist D_n binomialverteilt mit $n = 13$ und $\pi = 0,5$.

5. Bestimmung des Ablehnbereiches

Gegen die Nullhypothese spricht, wenn zu viele Beobachtungswerte kleiner als der hypothetische Median sind, d.h. bei $\alpha = 0,05$ wird H_0 verworfen, wenn

$$d_n = d_{13} = 4 < k_u \text{ , wobei für } k_u$$

$$F_X(k_u - 1) \leq \alpha = 0,05 \text{ und } F_X(k_u) > \alpha = 0,05 \text{ gilt.}$$

Aus der Verteilungsfunktion der Binomialverteilung mit $n = 13$ und $\pi = 0,5$ erhält man $k_u = 4$, da $F(3) = 0,0461$ und $F(4) = 0,1334$.

6. Testentscheidung und Interpretation

Da $d_n = d_{13} = 3 < k_u = 4$ ist, kann die Nullhypothese verworfen werden, d.h. es ist bei einer tatsächlichen Überschreitungswahrscheinlichkeit von $\alpha^* = 0,0461$ statistisch nachgewiesen, daß der Median in der Grundgesamtheit kleiner als 178 cm ist.

14.8 Wilcoxon-Rangtest für zwei verbundene Stichproben

> Beim **Vorzeichentest** wurden bei der Ermittlung der Teststatistik nur die Anzahl der positiven bzw. negativen Differenzen zwischen den Beobachtungswertepaaren verwendet. Dies ist bei metrischen Daten mit einem Informationsverlust verbunden. Beim **Vorzeichenrangtest** werden dagegen bei der Ermittlung der Teststatistik die Differenzen zwischen den Datenreihen herangezogen.

Überprüft wird wie beim Vorzeichentest die Nullhypothese, daß die Verteilungen von X_1 und X_2 gleich sind. Weitere Anwendungsvoraussetzungen für den Vorzeichenrangtest sind, daß die Untersuchungsmerkmale metrisch meßbar und stetig sind sowie die gemeinsame zufällige Erhebung der Beobachtungswertepaare $(x_{i1}; x_{i2})$ $(i = 1,2,...,n)$.

Testablauf

1. Formulierung von Null- und Alternativhypothese:

$$H_0: P(X_1 < X_2) = P(X_1 > X_2) = 0{,}5$$
$$H_a: P(X_1 < X_2) \neq P(X_2 > X_1)$$

Diese Formulierung ist identisch mit:

$$H_0: x_{0,5}^D = 0$$
$$H_a: x_{0,5}^D \neq 0$$

wobei $x_{0,5}^D$ der Median der Differenzen $D_i = X_{i1} - X_{i2}$ $(i = 1, 2,...,n)$ ist.

2. Ausgangsdaten

Mit Hilfe einer Zufallsstichprobe werden n Wertepaare $(x_{i1}; x_{i2})$ $(i = 1,2,...,n)$ gemeinsam erhoben.

3. Ermittlung der Rangzahlen und Rangzahlensummen

Für die Wertepaare werden die Differenzen

$$d_i = x_{i1} - x_{i2} \quad (i = 1,2,...,n)$$

ermittelt. Wertepaare, bei denen $d_i = 0$ ist, werden weggelassen. Den Beträgen von d_i ordnet man Rangzahlen r_i $(i = 1, 2,...,n)$ zu. Bei Bindungen wird die mittlere Rangzahl vergeben. Nach Zuordnung der

Rangzahlen bestimmt man die getrennten Rangzahlensummen R_n^+ und R_n^- der Wertepaare mit positiven bzw. negativen Differenzen

$$R_n^+ = \sum_{d_i > 0} r_i \quad \text{und} \quad R_n^- = \sum_{d_i < 0} r_i$$

4. Ermittlung der Prüfgröße

Die Prüfgröße des Tests lautet:

(15) $\boxed{R_n = \min(R_n^+; R_n^-)}$

5. Bestimmungen des Ablehnbereiches

H_0 wird verworfen, wenn $R_n \leq k_u$ ist.

Es ist nur eine Annahmekennzahl k_u notwendig, da die Prüfgröße R_n als Minimum von $(R_n^+; R_n^-)$ ermittelt wurde. Ist nämlich $R_n^+ \leq k_u$, dann ist $R_n^- \geq k_0$ und umgekehrt.

Die zweiseitigen Annahmekennzahlen k_u für $\alpha = 0{,}05$ und $n \leq 25$ sind in Tabelle 14.17 dargestellt.

Tabelle 14.17: Annahmekennzahlen k_u für $\alpha = 0{,}05$ und $n \leq 25$

n	6	7	8	9	10	11	12	13	14	15
k_u	0	2	3	5	8	10	13	17	21	25
n	16	17	18	19	20	21	22	23	24	25
k_u	29	34	40	46	52	58	65	73	81	89

Für $n \geq 25$ kann die Annahmekennzahl k_u mit Hilfe der Normalverteilung ermittelt werden, wobei

(16) $\boxed{E(R_n) = \frac{1}{4} n(n+1)}$ und $\boxed{VAR(R_n) = \frac{1}{24}(n^2 + n)(2n+1)}$

Die Annahmekennzahl k_u bestimmt sich dann nach

(17) $$k_u = \mu_{R_n} - z_{1-\alpha/2}\sigma_{R_n}$$

z_P ist das Quantil der Ordnung P der Standardnormalverteilung.

Beispiel für den Wilcoxon-Rangtest

Bei $n = 14$ unabhängig voneinander ausgewählten Ehepaaren wird die Körpergröße der Ehefrauen und der Ehemänner ermittelt. Es soll die Nullhypothese überprüft werden, daß die Lage der Verteilung der Männer identisch ist mit der Lage der Verteilung der Frauen.

1. Formulierung der Null- und Alternativhypothese

$$H_0: P(X_1 < X_2) = P(X_1 > x_2) = 0{,}5$$
$$H_a: P(X_1 < X_2) \neq P(X_2 > X_1)$$

2. Ausgangsdaten

Aus der verbundenen Stichprobe erhält man die $n = 14$ Wertepaare (Spalten 2 und 3 der Tabelle 14.18) sowie die Differenzen $d_i = x_{i1} - x_{i2}$ (Spalte 4). X_1: Körpergröße Frauen X_2: Körpergröße Männer

3. Rangzahlen

Die Rangzahlen r_i und Rangzahlensummen werden in den Spalten 6 bis 8 ermittelt:

$$R_n^+ = \sum_{d_i > 0} r_i = 26{,}5 \quad \text{und} \quad R_n^- = \sum_{d_i < 0} r_i = 64{,}5$$

4. Prüfgröße

Der Wert der Prüfgröße ist dann:

$$R_n = \min(R_n^+;\, R_n^-) = \min(26{,}5;\,64{,}5) = 26{,}5$$

5. Bestimmung des Ablehnbereiches und Testentscheidung

Da $R_{13} = 26{,}5 > k_u = 17$ ist, wird die Nullhypothese nicht verworfen.

Tabelle 14.18: Ausgangsdaten und Arbeitstabelle

(1)	(2)	(3)	(4)	(5)	(6)	(7)	(8)
i	x_{i1}	x_{i2}	$d_i = x_{i1} - x_{i2}$	$\|d_i\|$	r_i	r_i^+	r_i^-
1	180	187	-7	7	8		8
2	159	158	1	1	1	1	
3	178	173	5	5	7	7	
4	179	187	-8	8	9,5		9,5
5	168	171	-3	3	3,5		3,5
6	174	166	8	8	9,5	9,5	
7*	183	183	0	-	-	-	-
8	180	176	4	4	5,5	5,5	
9	178	190	-12	12	13		13
10	170	181	-11	11	12		12
11	163	165	-2	2	2		2
12	170	179	-9	9	11		11
13	162	166	-4	4	5,5		5,5
14	168	165	3	3	3,5	3,5	

* Da hier $x_{i1} = x_{i2}$, wird dieses Wertepaar weggelassen.

Als k_u ergibt sich bei Normalapproximation und einem Signifikanzniveau von $\alpha = 0,05$

$$k_u = \mu_{R_n} + z_{1-\alpha/2} \quad \sigma_{R_n} = 45,5 - 1,96 \cdot 14,31 = 17,45 \text{, da}$$

$$\mu_{R_{13}} = \frac{13 \cdot 14}{4} = 45,5 \text{ und } \sigma_{R_{13}} = \sqrt{\frac{(13^2 + 13)(2 \cdot 13 + 1)}{24}} = 14,31$$

$$Z = \frac{R_n - \mu_{R_n}}{\sigma_{R_n}} \text{ ist die standardisierte Teststatistik.}$$

H_0 kann nicht verworfen werden, da $R_n = 26,5 > k_u = 17,45$ bzw. $|Z| = 1,33 \leq Z_{1-\alpha/2} = 1,96$ bzw. $\alpha^* = 0,184 \geq \alpha = 0,05$ ist. Es ist statistisch nicht gesichert, daß die Körpergrößen der Ehepaare sich unterscheiden.

14.9 Wilcoxon-Rangsummentest für $k = 2$ unabhängige Stichproben (Mann-Whitney-U-Test)

Mit dem Rangsummentest nach Wilcoxon werden Hypothesen über die Lage statistischer Verteilungen geprüft.

Es werden beim Rangsummentest n_1 Beobachtungswerte einer Variablen X_1 (zum Beispiel Körpergröße der Männer) und n_2 Beobachtungswerte einer Variablen X_2 (Körpergröße der Frauen) betrachtet. Die Beobachtungswerte beider Variablen haben zumindest ordinales Meßniveau und die Stichprobenvariablen $X_{i1}(i = 1,2,...,n_1)$ und X_{q2} $(q = 1,2,...,n_2)$ werden unabhängig voneinander gezogen. Ferner werden stetige Verteilungsfunktionen $F(x_1)$ und $F(x_2)$ angenommen.

Testablauf

1. Aufstellen von Null- und Alternativhypothese

zweiseitiger Fall:

$H_0: F(x_1) = F(x_2)$
$H_a: F(x_1) \neq F(x_2)$

einseitiger Fall:

$H_0: F(x_1) \geq F(x_2)$
$H_a: F(x_1) \leq F(x_2)$ „<" für mindestens ein x

bzw.

$H_0: F(x_1) \leq F(x_2)$
$H_a: F(x_1) \geq F(x_2)$ „>"für mindestens ein x

Man beachte, daß, wenn die Nullhypothese $H_0: F(x_1) \geq F(x_2)$ richtig ist, die Verteilungsfunktion von $F(x_1)$ oberhalb der Verteilungsfunktion von $F(x_2)$ verläuft. Dies bedeutet aber, daß die Dichtefunktion $f(x_2)$ rechts von der Dichtefunktion $f(x_1)$ liegt. X_2 ist, wenn H_0 richtig ist, stochastisch größer als X_1, d.h. gegen $H_0: F(x_1) \geq F(x_2)$ sprechen große Realisationen der Variablen X_1 bzw. große Rangzahlen in der Stichprobe 1 der kombinierten Stichprobe des Umfangs $n = n_1 + n_2$.

2. Ausgangsdaten

Mit Hilfe zweier voneinander unabhängiger Zufallsstichproben (die Frauen und Männer, deren Körpergröße gemessen werden sollen, werden getrennt voneinander gezogen) werden, n_1 Beobachtungswerte x_{i1} $(i = 1,2,...,n_1)$ der Variablen X_1 und n_2 Beobachtungswerte x_{q2} $(q = 1,2,...,n_2)$ der Variablen X_2 erhoben.

3. Bestimmung der Rangzahlen

Für die zusammengefaßte geordnete Stichprobe vom Umfang n mit n_1 Beobachtungswerten von X_1 und n_2 Beobachtungswerten von X_2 werden die gemeinsamen Rangzahlen r_{iq} $(i = 1,2,...,n_1)$ $(q = 1,2,...,n_2)$ bestimmt. Bei Bindungen wird die mittlere Rangzahl den betroffenen Beobachtungswerten zugeordnet. Bindungen haben nur dann einen Einfluß auf die Prüfgröße, falls die Bindungen durch gleiche Beobachtungswerte aus verschiedenen Teilstichproben verursacht werden. Wenn viele Bindungen vorliegen, ist ggf. ein Korrekturfaktor zu ermitteln (vgl. Abschnitt 14.10. Kruskal-Wallis-Test).

4. Bestimmung der Prüfgröße

Prüfgröße ist die Rangzahlensumme aus Teilstichprobe 1

$$(18) \quad W_{n_1,n_2} = \sum_{i=1}^{n_1} r_{1i}$$

5. Ermittlung des Ablehnbereiches

Die Nullhypothese H_0: $F(x_1) = F(x_2)$ wird verworfen, wenn

$$W_{n_1,n_2} < w_{n_1,n_2,\alpha/2} \quad \text{oder} \quad W_{n_1,n_2} > w_{n_1,n_2;1-\alpha/2}$$

Gegen H_0: $F(x_1) \geq F(x_2)$ spricht, da behauptet wird, X_1 sei stochastisch kleiner als X_2, eine zu große Rangzahlensumme in Stichprobe 1, d.h. H_0 wird verworfen, wenn $W_{n_1,n_2} > w_{n_1;n_2;1-\alpha}$.

H_0: $F(x_1) \leq F(x_2)$ wird verworfen, wenn $W_{n_1,n_2} < w_{n_1;n_2;\alpha}$

Liegt keine Tabelle für $w_{n_1;n_2;\alpha}$ vor oder sind $n_1, n_2 \geq 20$, werden die kritischen Werte mit Hilfe der Normalapproximation bestimmt. Da

$$(19) \quad E(W_{n_1,n_2}) = \mu_{n_1;n_2} = \frac{n_1(n_1 + n_2 + 1)}{2} \quad \text{und}$$

$$VAR(W_{n_1,n_2}) = \sigma^2_{n_1;n_2} = \frac{n_1 \cdot n_2(n_1 + n_2 + 1)}{2}$$

ergeben sich die Grenzen $w_{n_1;n_2;\alpha}$ und $w_{n_1;n_2;1-\alpha}$ als

$$(20) \quad w_{n_1;n_2;\alpha} = \mu_{n_1;n_2} - z_{1-\alpha}\sigma_{n_1;n_2} \quad \text{und}$$

$$w_{n_1;n_2;1-\alpha} = \mu_{n_1;n_2} + z_{1-\alpha}\sigma_{n_1;n_2}$$

$z_{1-\alpha}$ ist das Quantil der Ordnung $1-\alpha$ der Standardnormalverteilung.
Äquivalent zum Wilcoxon-Rangsummentest sind der Mann-Whitney-U-Test und der Kruskal-Wallis-Test für $k = 2$ Stichproben. Die Prüfgröße U für den Mann-Whithey-U-Test lautet:

$$(21) \quad U = \sum_{i=1}^{n_1}\sum_{q=1}^{n_2} d_{iq} \text{ mit } d_{iq} = \begin{cases} 1 & \text{für } x_{i1} > x_{q2} \; i = 1,2,\ldots,n_1 \\ 0 & \text{für } x_{i1} < x_{q2} \; q = 1,2,\ldots,n_2 \end{cases}$$

Da für die Prüfgröße des Wilcoxon-Rangsummentests W_{n_1,n_2}

$$(22) \quad W_{n_1,n_2} = U + \frac{n_1(n_1 + 1)}{2}$$

gilt, führen der Wilcoxon-Rangsummentest und der Mann-Whitney-U-Test zu äquivalenten Testergebnissen.

14.9 Wilcoxon-Rangsummentest für unabhängige Stichproben (Mann-Whitney-U-Test)

Beispiel für den Wilcoxon-Rangsummentest

$n_1 = 16$ *Frauen und* $n_2 = 13$ *Männer wurden unabhängig voneinander nach ihrer Körpergröße befragt. Die bereits geordneten Ergebnisse sind in der Tabelle 14.19 aufgeführt.*

Tabelle 14.19: Ausgangsdaten für den Wilcoxon-Rangsummentest

i,q	x_{i1}	x_{q2}	r_{i1}	r_{q2}
1	158,3	163,0	1	5
2	159,8	166,5	2	7
3	162,3	170,4	3	11
4	162,7	170,6	4	13
5	163,6	171,4	6	15
6	168,0	173,8	8	16
7	168,1	178,9	9	20
8	168,7	179,0	10	21
9	170,5	180,0	12	23
10	170,7	183,5	14	26
11	174,8	183,9	17	27
12	178,1	187,0	18	28
13	178,4	187,1	19	29
14	179,3	-	22	-
15	180,2	-	24	-
16	180,4	-	25	-

1. Null- und Alternativhypothese

$H_0 : F(x_1) = F(x_2)$

$H_a : F(x_1) \neq F(x_2)$

2. Ausgangsdaten

Die Daten der beiden unabhängigen Zufallsstichproben sowie die Rangzahlen der kombinierten Stichprobe können der Tabelle 14.19 entnommen werden.

3. Prüfgröße

Prüfgröße ist die Rangzahlensumme von Stichprobe 1

$$W_{16,13} = \sum_{i=1}^{16} r_{1i} = 194$$

$$U = 1+2+2+2+3+4+6+6+6+8+9+9 = 58$$

4. Rückweisungspunkte und Testentscheidung

Bei einem Signifikanzniveau von $\alpha = 0,1$ lauten die Grenzen

$$w_{16_1;13;0,05} = 197 \text{ und } w_{16,13;0,95} = 16(16+13+1)-197 = 283$$

Da $W_{16,13} = 194 < w_{16,13;0,05} = 197$, kann die Nullhypothese verworfen werden. Die Körpergröße der Frauen ist folglich stochastisch kleiner als die der Männer.

14.10 Kruskal-Wallis-Test

> Der Kruskal-Wallis-Test prüft die Nullhypothese, daß mehrere Stichproben aus der gleichen Verteilung stammen.

Im Gegensatz zur Varianzanalyse (siehe Kapitel 13, Abschnitt 13.9.) verzichtet der Kruskal-Wallis-Test auf die Normalverteilungsannahme, daher gehört dieser Test zu den verteilungsfreien Verfahren. Neben zumindest ordinalem Meßniveau der Daten werden beim Kruskal-Wallis-Test die Unabhängigkeit der Stichprobenvariablen

$$X_{i,j} \ (i = 1,2,...,n_j; j = 1,2,...,k)$$

sowie stetige Verteilungsfunktionen $F_j \ (j = 1,2,...,k)$ vorausgesetzt.

Insgesamt werden k Stichproben mit einem Gesamtstichprobenumfang von n gezogen. Für $k = 2$ ist der Kruskal-Wallis-Test äquivalent dem Wilcoxon-Rangsummentest bzw. dem Mann-Whitney-U-Test.

Testablauf

1. Formulierung von Null- und Alternativhypothese

H_0 : Die Verteilungsfunktionen sind gleich.

H_a : Mindestens zwei davon sind verschieden.

2. Bestimmung der Rangzahlen und Rangzahlensummen

Aus jeder der k Teilgesamtheiten wird eine Stichprobe vom Umfang $n_j \ (j = 1,2,...,k)$ gezogen.

Der Gesamtstichprobenumfang beträgt $n = \sum_{j=1}^{k} n_j$.

Die insgesamt n Beobachtungswerte der kombinierten Stichprobe werden der Größe nach geordnet und mit Rangzahlen belegt. Bei Bindungen ordnet man jeweils die mittlere Rangzahl zu. Für jede der k Teilstichproben wird anschließend die Summe der aus der kombinierten Stichprobe ermittelten Rangzahlen ermittelt:

$$r_{\bullet j} = \sum_{i=1}^{n_j} r_{ij} \quad j = 1, 2, \ldots, k$$

r_{ij} ist die aus der kombinierten Stichprobe ermittelte Rangzahl, die dem Beobachtungswert x_{ij} ($i = 1, 2, \ldots, n_j$) aus der Stichprobe j zugeordnet wurde.

3. Berechnung der Prüfgröße

Die von Kruskal und Wallis vorgeschlagene Prüfgröße basiert auf der gewichteten quadratischen Abweichung der aus den k Stichproben berechneten Rangzahlensummen $r_{\bullet j}$ ($j = 1, 2, \ldots, k$) und den in der k-ten Stichprobe erwarteten Rangzahlensumme $E(R_{\bullet j})$, wenn H_0 richtig ist:

$$(23) \quad E(R_{\bullet j}) = \frac{n_j}{n} \cdot \frac{n(n+1)}{2} = \frac{n_j(n+1)}{2} \quad j = 1, 2, \ldots, k$$

Die Prüfgröße H lautet dann:

$$(24) \quad \begin{aligned} H &= \frac{1}{B}\left[\frac{12}{n(n+1)} \sum_{j=1}^{k} \frac{1}{n_j}\left(r_{\bullet j} - \frac{n_j(n+1)}{2}\right)^2\right] \\ &= \frac{1}{B}\left[\frac{12}{n(n+1)} \sum_{j=1}^{k} \frac{1}{n_j} r_{\bullet j}^2 - 3(n+1)\right] \end{aligned}$$

mit

(25) $$B = 1 - \frac{1}{n^3 - 1} \sum_{q=1}^{p} \left(l_q^3 - l_q\right)$$

B ist ein Korrekturfaktor, der dann 1 beträgt, wenn keine Bindungen vorliegen. Beim Vorliegen von Bindungen ist p die Anzahl der verschiedenen Rangzahlen und l_q die Anzahl der Elemente in der Bindung q. Liegt keine Bindung vor, ist $l_q = 1$. Liegen nur wenige Bindungen vor, kann $B = 1$ gesetzt werden.

4. Bestimmung des Ablehnbereiches und Testentscheidung

Gegen H_0 sprechen große Abweichungen zwischen den beobachteten Rangzahlensummen $r_{\bullet j}$ und den erwarteten Rangzahlensummen $E(R_{\bullet j})$ in den k Teilstichproben, d.h. H_0 wird beim Signifikanzniveau α verworfen, wenn die Prüfgröße H den Grenzwert $h_{k;(n_1, n_2, \ldots, n_k), 1-\alpha}$ überschreitet. Diese Werte können entsprechenden Tabellen entnommen werden. Approximativ kann der kritische Wert $h_{k;(n_1, n_2, \ldots, n_k), 1-\alpha}$ mit Hilfe der Chi-Quadrat-Verteilung ermittelt werden. H_0 wird dann verworfen, wenn der realisierte Wert der Prüfgröße H das Quantil der Ordnung $1 - \alpha$ einer Chi-Quadrat-Verteilung mit $k - 1$ Freiheitsgraden überschreitet, also $H > \chi^2_{k-1; 1-\alpha}$ gilt.

Beispiel für den Kruskal-Wallis-Test

Eine Lebensmittelkette will die Absatzmenge in 1000 Stück bei ihren Filialen ermitteln. Hierzu werden drei voneinander unabhängige Stichproben gezogen. Die Ergebnisse der Erhebung können der Tabelle 14.20 entnommen werden.

Tabelle 14.20: Absatzmengen in 1000 Stück

Stichproben Nr. Element i in Stichprobe j	$j=1$	$j=2$	$j=3$
1	17	24	10
2	19	20	19
3	11	15	16
4	15	19	17
5	14	17	14
6	14	21	12
7	21	17	-
8	13	-	-

Es gilt: $n_1 = 8$; $n_2 = 7$; $n_3 = 6$; $n = 21$

1. Null- und Alternativhypothese

H_0 : Die drei Verteilungsfunktionen sind gleich.

H_a : Mindestens zwei davon sind verschieden.

2. Bestimmung der Rangzahlen und Rangzahlensummen

Tabelle 14.21 : Rangzahlen und der Rangzahlensummen r_{ij} und $r_{\bullet j}$

Stichproben Nr. Element i in Stichprobe j	$j=1$	$j=2$	$j=3$
1	12,5*	21,0	1,0
2	16,0*	18,0	16,0*
3	2,0	8,5*	10,0
4	8,5*	16,0*	12,5*
5	6,0*	12,5*	6,0*
6	6,0*	19,5*	3,0
7	19,5*	12,5*	-
8	4,0	-	-
$r_{\bullet j}$	74,5	108	48,5

* Bindungen: $p=12$; $l_5=3$; $l_6=2$; $l_8=4$: $l_9=3$; $l_{11}=2$.

Die übrigen l_q sind 1.

3. Berechnung der Prüfgröße

$$H = \frac{1}{B}\left[\frac{12}{n(n+1)}\sum_{j=1}^{k}\frac{1}{n_j}r_{\bullet j}^2 - 3(n+1)\right]$$

$$= \frac{1}{0,986}\left[\frac{12}{21\cdot 22}\left(\frac{1}{8}74,5^2 + \frac{1}{7}108^2 + \frac{1}{6}48,5^2\right) - 3\cdot 22\right]$$

$$= \frac{1}{0,986}[0,0260\cdot 2752,11\text{-}66] = 5,56$$

$$B = 1 - \frac{1}{n^3-1}\sum_{q=1}^{p}\left(l_q^3 - l_q\right)$$

$$= 1 - \frac{1}{21^3-1}\left[(3^3-1)+(2^3-1)+(4^3-1)+(3^3-1)+(2^3-1)\right]$$

$$= 1 - \frac{1}{9261-1}[26+7+63+26+7] = 1 - \frac{129}{9260} = 0,986$$

4. Bestimmung des Ablehnbereiches und Testentscheidung

Die asymptotische Obergrenze der Nichtablehnbereiches lautet bei einem Signifikanzniveau von $\alpha = 0,05$:

$$\chi_{k-1;1-\alpha}^2 = \chi_{3-1;0,95}^2 = \chi_{2;0,95}^2 = 5,991$$

Da $h = 4,3231 \leq \chi_{2;0,95}^2 = 5,991$, kann die Nullhypothese nicht verworfen werden. Es läßt sich statistisch nicht nachweisen, daß die Verteilungsfunktionen und damit auch die Mittelwerte in den Teilgesamtheiten verschieden sind.

14.11 Kolmogorov-Smirnov-Test

> Beim **Kolmogorov-Smirnov-Anpassungstest** (KS-Anpassungstest) wird die Nullhypothese überprüft, ob eine beobachtete empirische Verteilungsfunktion an eine erwartete theoretische Verteilungsfunktion angepaßt werden kann. Beim **KS-Homogenitätstest** dagegen wird die Nullhypothese überprüft, ob zwei empirische Verteilungen gleich sind.

Beide Tests können sowohl zweiseitig als auch einseitig durchgeführt werden.

14.11 Kolmogorov-Smirnov-Test

Die KS-Tests sind im Gegensatz zu den Chi-Quadrat-Tests bei kleinen Stichproben und ungruppiertem Datenmaterial üblich. Von den Chi-Quadrat-Tests unterscheiden sich die KS-Tests ferner dadurch, daß beim Anpassungstest die hypothetische Verteilungsfunktion $F_0(x)$ und beim KS-Homogenitätstest $F_1(x)$ und $F_2(x)$ stetig sein müssen. Es wird wie bei den Chi-Quadrat-Tests die Unabhängigkeit der Stichprobenvariablen $X_1, X_2, ..., X_n$ vorausgesetzt.

Die Idee des KS-Anpassungstests besteht darin, die empirische Verteilungsfunktion $F_n(x)$ der realisierten Stichprobenvariablen mit einer vollspezifizierten hypothetischen Verteilungsfunktion $F_0(x)$ zu vergleichen. Beim Homogenitätstest werden zwei empirische Verteilungsfunktionen $F_1(x)$ und $F_2(x)$ miteinander verglichen. Überschreiten im zweiseitigen Fall die absoluten Abweichungen $|F_n(x) - F_0(x)|$ bzw. $|F_1(x_1) - F_2(x_2)|$ einen Grenzwert Δ, so wird die Nullhypothese verworfen.

Die KS-Tests gehören zu den verteilungsfreien Verfahren, da die Verteilung der Untersuchungsvariablen für das eigentliche Testverfahren ohne Bedeutung ist.

Testablauf

1. Formulierung von Null- und Alternativhypothesen

KS-Anpassungstest

zweiseitige Fragestellung:

a) $\quad H_0 : F_n(x) = F_0(x) \quad \forall x \in \mathsf{R}$

$\quad H_a : F_n(x) \neq F_0(x) \quad \exists x \in \mathsf{R}$

einseitige Fragestellungen:

b) $\quad H_0 : F_n(x) \geq F_0(x) \quad \forall x \in \mathsf{R}$

$\quad H_a : F_n(x) < F_0(x) \quad \exists x \in \mathsf{R}$ bzw.

c) $\quad H_0 : F_n(x) \leq F_0(x) \quad \forall x \in \mathsf{R}$

$\quad H_a : F_n(x) > F_0(x) \quad \exists x \in \mathsf{R}$

KS-Homogenitätstest
zweiseitige Fragestellung:

a) $H_0 : F_1(x) = F_2(x) \quad \forall x \in \mathsf{R}$

$H_a : F_1(x) \neq F_2(x) \quad \exists x \in \mathsf{R}$

einseitige Fragestellungen:

b) $H_0 : F_1(x) \geq F_2(x) \quad \forall x \in \mathsf{R}$

$H_a : F_1(x) < F_2(x) \quad \exists x \in \mathsf{R}$

c) $H_0 : F_1(x) \leq F_2(x) \quad \forall x \in \mathsf{R}$

$H_a : F_1(x) > F_2(x) \quad \exists x \in \mathsf{R}$

2. Rangwertfolgen
Ermittlung der Rangwertfolge der realisierten Zufallsstichprobe beim KS-Anpassungstest bzw. der Rangwertfolgen beim KS-Homogenitätstest:

$$x_{<1>} \leq x_{<2>} \leq \cdots \leq x_{<i>} \leq \cdots \leq x_{<n>}$$

3. Verteilungsfunktionen
Berechnung der empirischen Verteilungsfunktion $F_n(x)$ (beim Anpassungstest) bzw. $F_{1;n_1}(x)$ und $F_{2;n_2}(x)$ (beim Homogenitätstest):

$$F_n(x) = \begin{cases} 0 & x < x_{<1>} \\ \frac{i}{n} & x_{<i>} \leq x < x_{<i+1>} \\ 1 & x \geq x_{<n>} \end{cases} \quad i = 1, 2, \ldots, n-1$$

4. Ermittlung der Prüfgröße
Gegen die Nullhypothese sprechen große Abweichungen zwischen der empirischen und der theoretischen Verteilungsfunktion beim KS-Anpassungstest bzw. große Abweichungen zwischen den beiden empirischen Verteilungsfunktionen beim KS-Homogenitätstest.

Prüfgröße beim KS-Anpassungstest

(26) $$D_n = \sup_{x \in \mathbb{R}} |F_0(x) - F_n(x)|$$

Prüfgröße beim Homogenitätstest

(27a) $$D_{n_1; n_2} = \sup_{x \in \mathbb{R}} |F_{1, n_1}(x) - F_{2, n_2}(x)|$$

(27b) $$D^+_{n_1; n_2} = \sup_{x \in \mathbb{R}} \left(F_{1, n_1}(x_1) - F_{2, n_2}(x_2)\right)$$

(27c) $$D^-_{n_1; n_2} = \sup_{x \in \mathbb{R}} \left(F_{2, n_2}(x_2) - F_{1, n_1}(x_1)\right)$$

5. Ermittlung des Ablehnungsbereiches

Die Nullhypothesen werden verworfen, wenn die Prüfgrößen D_n, D_n^+ und D_n^- Schwellenwerte Δ überschreiten. Die Schwellenwerte hängen vom gewählten Signifikanzniveau α und vom Stichprobenumfang n beim KS-Anpassungstest bzw. den Stichprobenumfängen n_1 und n_2 beim KS-Homogenitätstest ab.

Ablehnungsbereiche des KS-Anpassungstests

a) $D_n > \Delta_{n, 1-\alpha/2}$ zweiseitige Fragestellung

b) $D_n^+ > \Delta_{n, 1-\alpha}$ einseitige Fragestellung

c) $D_n^- > \Delta_{n, 1-\alpha}$ einseitige Fragestellung

Ablehnungsbereiche KS-Homogenitätstest

a) $D_{n_1, n_2} > \Delta_{n_1, n_2, 1-\alpha/2}$ zweiseitige Fragestellung

b) $D^+_{n_1, n_2} > \Delta_{n_1, n_2, 1-\alpha}$ einseitige Fragestellung

c) $D^-_{n_1, n_2} > \Delta_{n_1, n_2, 1-\alpha}$ einseitige Fragestellung

Die Schwellenwerte Δ können entsprechenden Tabellen entnommen werden. Zu beachten ist, daß

$$\Delta_{n_1,n_2,p} = \Delta_{n,p} \text{ gilt mit } n = \left[\frac{n_1\, n_2}{n_1 + n_2} \right]$$

Beispiel für den Kolmogorov-Smirnov-Anpassungstest
Es soll überprüft werden, ob die Körpergröße von Studierenden normalverteilt ist, und zwar mit dem Erwartungswert $\mu_0 = 175\,(cm)$ *und der Varianz* $\sigma_0^2 = 144\,(cm^2)$. *Hierzu wurden 16 zufällig ausgewählte Studierende gemessen. Die Meßergebnisse lauten in cm:*

Tabelle 14.22: Ausgangsdaten für den Kolmogorow-Smirnow-Anpassungstest

155,3	176,3	173,4	179,4	182,6	177,0	163,8	184,5
185,5	192,6	158,9	168,5	194,3	170,5	166,0	191,6

Testablauf

1. Formulierung von Null- und Alternativhypothese

H_0: Die Körpergröße ist normalverteilt

mit $\mu_0 = 175\,(cm)$ und $\sigma_0^2 = 144\,(cm^2)$.

H_a: Die Körpergröße ist nicht normalverteilt

2. Rangwertfolge

Die Rangwertfolge lautet:

Tabelle 14.23: Rangwertfolge

155,3	158,9	163,8	166,0	168,5	170,5	173,4	176,3
177,0	179,9	182,6	184,5	185,4	191,5	192,6	194,3

3. Verteilungsfunktionen

Berechnung der empirischen Verteilungsfunktion $F_n(x)$ und der hypothetischen Verteilungsfunktion $F_0(x)$; siehe Tabelle 14.24.

4. Prüfgröße

Die Prüfgröße lautet:

$$D_{16} = \max_{i=1,\cdots,n} \left(D_n^+;\, D_n^-\right) = 0{,}115$$

5. Rückweisungspunkt

Als Obergrenze des Nichtablehnungsbereiches ergibt sich mit $\alpha = 0{,}05$:

$$\Delta_{n;1-\alpha} = \Delta_{16;0,95} = 0{,}294$$

Tabelle 14.24: Empirische und hypothetische Verteilungsfunktion

$<i>$	(1) $x_{<i>}$	(2) $z_{<i>}=(x_{<i>}-175)/12$	(3) $F_0(x)$	(4) $F_n(x_{<i>})$	(5) $F_n(x_{<i-1>})$	(6) D_n^+	(7) D_n^-
1	155,3	-1,641	0,05	0,0625	0	0,013	0,050
2	158,9	-1,342	0,09	0,1250	0,0625	0,035	0,028
3	163,8	-0,933	0,18	0,1875	0,1250	0,008	0,055
4	166,0	-0,750	0,29	0,2500	0,1875	0,040	0,103
5	168,5	-0,542	0,30	0,3125	0,2500	0,013	0,050
6	170,5	-0,375	0,35	0,3750	0,3125	0,025	0,038
7	173,4	-1,333	0,45	0,4375	0,3750	0,013	0,013
8	176,3	0,108	0,54	0,5000	0,4375	0,040	0,103
9	177,0	1,667	0,57	0,5625	0,5000	0,008	0,070
10	179,9	0,408	0,66	0,6250	0,5625	0,035	0,098
11	182,6	0,633	0,74	0,6875	0,6250	0,053	0,115
12	184,5	0,792	0,79	0,7500	0,6875	0,040	0,103
13	185,4	0,867	0,81	0,8125	0,7500	0,003	0,060
14	191,5	1,375	0,92	0,8750	0,8125	0,045	0,105
15	192,6	1,467	0,93	0,9375	0,8750	0,008	0,055
16	194,3	1,608	0,94	1,0000	0,9375	0,060	0,003

$$D_n^+ = \left| F_0(x) - F_n(x_{<i>}) \right|$$

$$D_n^- = \left| F_0(x) - F_n(x_{<i-1>}) \right|$$

6. Testentscheidung

Da $D_n = 0{,}115 \leq \Delta_{16;0,95} = 0{,}294$, kann die Nullhypothese nicht verworfen werden.

14.12 McNemar-Test

> Beim McNemar-Test handelt es sich um einen Test für zwei verbundene Stichproben.

Üblicherweise werden n Untersuchungseinheiten in einem zeitlichen Abstand zweimal beobachtet oder befragt. Es wird beispielsweise gefragt, ob sich die Einstellung zu einem Thema im Zeitablauf positiv oder negativ verändert hat. Der McNemar-Test setzt nur nominales Meßniveau des Untersuchungsmerkmals voraus.

Testablauf

1. Formulierung der Null- und Alternativhypothese

H_0: Die Anzahl der Veränderungen von „positiv" zu „negativ" ist gleich der Anzahl der Veränderungen von „negativ" zu „positiv".

H_a: Die Anzahl der Veränderungen von „positiv" zu „negativ" unterscheidet sich von der Anzahl der Veränderungen von „negativ" zu „positiv".

2. Ausgangsdaten

Die n Beobachtungswerte werden in eine Vierfeldertafel eingeordnet.

Diese Vierfeldertafel für „Einstellung zu einem Thema" vor und nach Durchführung einer Maßnahme ist in Tabelle 14.25 dargestellt.

Tabelle 14.25: Schema für den Mc-Nemar-Test

nachher	negativ	positiv
vorher		
positiv	A	B
negativ	C	D

$A + D$ ist die Gesamtzahl der Untersuchungseinheiten, bei denen sich die Einstellung geändert hat.

3. Veränderungshäufigkeiten

Die erwarteten Veränderungshäufigkeiten lauten: $E_{+-} = E_A$ und $E_{-+} = E_D$.

Wenn H_0 richtig ist, gilt: $E_A = E_D = \frac{1}{2}(A + D)$.

E_A, E_D sollten jeweils größer als 5 sein.

4. Bestimmung der Prüfgröße

In Anlehnung zum Chi-Quadrat-Unabhängigkeitstest, wobei hier jedoch nur die Felder A und D von Interesse sind, lautet die Prüfgröße:

(28)
$$\chi^2 = \sum_{i=A,D} \frac{(O_i - E_i)^2}{E_i}$$
$$= \frac{\left(A - \frac{A+D}{2}\right)^2}{\frac{A+D}{2}} + \frac{\left(D - \frac{A+D}{2}\right)^2}{\frac{A+D}{2}} = \frac{(A-D)^2}{A+D}$$

Diese Prüfgröße ist, wenn H_0 richtig ist, näherungsweise nach Chi-Quadrat verteilt mit einem Freiheitsgrad. Eine bessere Approximation erhält man, wenn die sog. **Yates-Korrektur** berücksichtigt wird, da die Prüfgröße χ^2 diskret, die Chi-Quadrat-Verteilung aber stetig ist. Als korrigierte Prüfgröße ergibt sich:

(29) $$\chi^2_{korr} = \frac{(|A - D| - 1)^2}{A + D}$$

5. Bestimmung des Ablehnbereiches und Testentscheidung

H_0 wird verworfen, wenn: $\chi^2_{korr} > \chi^2_{1;1-\alpha}$. H_a gilt dann als statistisch gesichert.

Beispiel zum McNemar-Test

n=58 Personen werden vor und nach Durchführung einer Werbevorführung gefragt, ob sie bereit wären einen Schokoladenriegel mit Gen-Mais zu kaufen. Die Ergebnisse der Untersuchung sind in einer Vierfeldertafel dargestellt.

Frage: Würden Sie einen Schokoladenriegel mit Gen-Mais kaufen?
Die Ausgangsdaten finden sich in Tabelle 14.26.

Tabelle 14.26: Ausgangsdaten für den Mc-Nemar-Test

nachher vorher	nein	ja	Summe
ja	4	16	20
nein	22	16	38
Summe	26	32	58

$$E_A = E_D = \frac{4+16}{2} = 10 > 5$$

Die Prüfgröße lautet:

$$\chi^2_{korr} = \frac{(|A-D|-1)^2}{A+D} = \frac{(|4-16|-1)^2}{4+16} = \frac{121}{20} = 6,05$$

H_0 wird bei $\alpha = 0,05$ verworfen, da $\chi^2_{korr} = 6,05 > \chi^2_{1;0,95} = 3,84$.

14.13 Anwendungsbeispiele und Problemlösungen mit SPSS

In den vorangegangenen Abschnitten sind schon eine Reihe von Anwendungsbeispielen bearbeitet worden, so daß wir direkt zu den Lösungen mit SPSS im folgenden Abschnitt übergehen können.

Chi-Quadrat-Unabhängigkeitstest

Zur Durchführung des Chi-Quadrat-Unabhängigkeitstests gehen wir von den Daten aus, die in der Tabelle 14.2 vorgestellt wurden (Geschlecht und Parteipräferenz). Es soll die Hypothese getestet werden, ob zwischen beiden Untersuchungsvariablen Unabhängigkeit besteht.
Vor der Testdurchführung sind die Daten so in eine SPSS-Tabelle einzugeben, wie es Tabelle 14.27 zeigt (siehe auch Datei SPSS14A.SAV).
Es ist zu erkennen, daß nach sechs verschiedenen Parteien ausgezählt wurde, wobei zunächst alle männlichen, dann alle weiblichen Befragten berücksichtigt wurden (1 = „männlich", 2 = „weiblich").

14.13 Anwendungsbeispiele und Problemlösungen mit SPSS

Tabelle 14.27: Ausgangsdaten für den Chi-Quadrat-Unabhängigkeitstest

Partei	Geschlecht	Anzahl
1	1	200
2	1	200
3	1	45
4	1	25
5	1	20
6	1	30
1	2	170
2	2	200
3	2	35
4	2	35
5	2	30
6	2	10

Weiterhin müssen die Untersuchungsmerkmale Partei und Geschlecht mit den Werten der Spalte Anzahl gewichtet werden. Dazu gehen Sie wie folgt vor:

1. Wählen Sie nach Zugriff auf die Datei SPSS14A.SAV die Menüposition DATEN/FÄLLE GEWICHTEN.
2. Übertragen Sie die Variable Anzahl in das Feld HÄUFIGKEITSVARIABLE.
3. Klicken Sie OK an.

Um dann den Unabhängigkeitstest durchzuführen, verfahren Sie wie folgt:

1. Wählen Sie die Menüposition ANALYSIEREN/DESKRIPTIVE STATISTIKEN/KREUZTABELLEN).
2. Übertragen Sie die Variable Partei in das Feld ZEILEN.
3. Übertragen Sie die Variable Geschlecht in das Feld SPALTEN.
4. Klicken Sie die Schaltfläche STATISTIK an.
5. Sorgen Sie für ein Häkchen bei CHI-QUADRAT.
6. Klicken Sie die Schaltfläche WEITER an.
7. Klicken Sie die Schaltfläche ZELLEN an.
8. Sorgen Sie für Häkchen im Bereich HÄUFIGKEITEN bei BEOBACHTET und bei ERWARTET.
9. Klicken Sie die Schaltfläche WEITER an.
10. Klicken Sie OK an.

SPSS erzeugt jetzt zunächst die Ausgabe des Bildes 14.1.

Partei * Geschlecht Kreuztabelle

			Geschlecht		Gesamt
			Frauen	Männer	
Partei	SPD	Anzahl	200	170	370
		Erwartete Anzahl	192,4	177,6	370,0
	CDU/CSU	Anzahl	200	200	400
		Erwartete Anzahl	208,0	192,0	400,0
	GRÜNE	Anzahl	45	35	80
		Erwartete Anzahl	41,6	38,4	80,0
	FDP	Anzahl	25	35	60
		Erwartete Anzahl	31,2	28,8	60,0
	PDS	Anzahl	20	30	50
		Erwartete Anzahl	26,0	24,0	50,0
	Sonstige/k.A.	Anzahl	30	10	40
		Erwartete Anzahl	20,8	19,2	40,0
Gesamt		Anzahl	520	480	1000
		Erwartete Anzahl	520,0	480,0	1000,0

Bild 14.1: Ergebnisse des Chi-Quadrat-Unabhängigkeitstests – Kreuztabelle

Danach wird das Testergebnis ausgegeben.

Chi-Quadrat-Tests

	Wert	df	Asymptotische Signifikanz (2-seitig)
Chi-Quadrat nach Pearson	15,774[a]	5	,008
Likelihood-Quotient	16,241	5	,006
Zusammenhang linear-mit-linear	,011	1	,916
Anzahl der gültigen Fälle	1000		

a. 0 Zellen (,0%) haben eine erwartete Häufigkeit kleiner 5. Die minimale erwartete Häufigkeit ist 19,20.

Bild 14.2: Testergebnis

Sie erkennen, daß die Überschreitungswahrscheinlichkeit bei 0,008 liegt, d.h. die zu testende Nullhypothese der Unabhängigkeit zwischen beiden Untersuchungsvariablen wird bei einem üblichen Signifikanzniveau von zum Beispiel 5% verworfen.

Chi-Quadrat-Anpassungstest

Wir gehen aus von den Angaben der Tabelle 14.6, wo die Lesehäufigkeit unterschiedlicher Zeitschriften erfaßt wurde. Zur Durchführung des Tests auf Gleichverteilung mit SPSS ist wie folgt zu verfahren:
Zunächst sind die Werte der Untersuchungsvariablen Zeitschrift (Variable Zeit in der Datei SPSS14B.SAV) mit den absoluten Häufigkeiten, d.h. mit der Variablen Anzahl zu gewichten, wobei Sie genauso vorgehen, wie es beim vorangegangenen Beispiel beschrieben wurde.

1. Wählen Sie dann die Menüposition ANALYSIEREN/NICHTPARAMETRISCHE TESTS/CHI-QUADRAT.
2. Übertragen Sie die Variable Zeit in das Feld TESTVARIABLE.
3. Markieren Sie die Position ALLE KATEGORIEN GLEICH im Bereich ERWARTETE WERTE.
4. Klicken Sie OK an.

Man erhält u.a. die SPSS-Ausgabe des Bildes 14.3.

Statistik für Test

	Zeitschrift
Chi-Quadrat[a]	7,680
df	5
Asymptotische Signifikanz	,175

a. Bei 0 Zellen (,0%) werden weniger als 5 Häufigkeiten erwartet. Die kleinste erwartete Zellenhäufigkeit ist 100,0.

Bild 14.3: Ergebnis des Anpassungstests

Sie erkennen, daß eine Überschreitungswahrscheinlichkeit von 0,175 ausgegeben wird. Bei einem üblichen Signifikanzniveau von zum Beispiel 5% kann deshalb die Hypothese der Gleichverteilung nicht verworfen werden.

Chi-Quadrat-Homogenitätstest

Um den Chi-Quadrat-Homogenitätstest, ausgehend vom Beispiel in Tabelle 14.9, mit SPSS durchführen zu können, muß der Datenbestand so aufgebaut werden, wie es Tabelle 14.28 zeigt (siehe auch Datei SPSS14C.SAV).

Tabelle 14.28: Ausgangsdaten für den Chi-Quadrat-Homogenitätstest

Partei	Stichprobe	Anzahl
1	1	205
2	1	195
3	1	40
4	1	25
5	1	25
6	1	10
1	2	380
2	2	400
3	2	60
4	2	70
5	2	60
6	2	30
1	3	280
2	3	360
3	3	48
4	3	56
5	3	40
6	3	16

Nach Gewichtung der Daten (vgl. oben: Chi-Quadrat-Unabhängigkeitstest) sind die gleichen Arbeitsschritte wie beim Chi-Quadrat-Anpassungstest durchzuführen. Dabei ist im Feld ZEILENVARIABLE die Variable Partei, im Feld SPALTENVARIABLE die Variable Stichprobe einzugeben. Die SPSS-Ausgabe braucht nicht vorgestellt zu werden. Es ergibt sich eine Überschreitungswahrscheinlichkeit von 0,138, d.h. die Nullhypothese kann bei einem üblichen Signifikanzniveau von zum Beispiel 5% nicht verworfen werden.

Test auf Zufälligkeit

Der Ausgangsdatenbestand stellt sich so dar, wie es ausschnittsweise Tabelle 14.29 zeigt (siehe auch Datei SPSS14D.SAV).

Tabelle 14.29: Ausgangsdaten für den Test auf Zufälligkeit (Ausschnitt)

Geschlecht
1
1
2
1
2
1
2
1
1
1
1
2

In der Tabelle 14.29 sind die Daten in der Reihenfolge ihrer Beobachtungen eingegeben worden. Dabei bedeutet: 1=Frau und 2=Mann.

Zur Durchführung des Tests sind die folgenden Arbeitsschritte erforderlich:

1. Wählen Sie nach Zugriff auf die Datei SPSS14D.SAV die Menüposition ANALYSIEREN/NICHTPARAMETRISCHE TESTS/ SEQUENZEN.
2. Übertragen Sie die Variable Geschlecht in das Feld TESTVARIABLE.
3. Geben Sie im Bereich TRENNWERT im Feld ANDERER den Wert 1,5 ein.
4. Klicken Sie OK an.

SPSS erzeugt u.a. die Ausgabe des Bildes 14.4.

Sequenzentest 2

	Geschlecht
Testwert[a]	1,5
Gesamte Fälle	53
Anzahl der Sequenzen	34
Z	2,076
Asymptotische Signifikanz (2-seitig)	,038

a. Benutzerdefiniert

Bild 14.4: Ergebnisse des Tests auf Zufälligkeit

Ausgehend von der Überschreitungswahrscheinlichkeit 0,038 kann bei einem üblichen Signifikanzniveau von 5% die Nullhypothese der Zufälligkeit der Abfolge der Merkmalswerte nicht bestätigt werden.

Binomialtest

Wir gehen aus vom Beispiel in Abschnitt 14.5, wo es um den Anteil von Comicfiguren in Wundertüten ging. Zur Durchführung des Binomialtests mit SPSS sind die folgenden Arbeitsschritte erforderlich:

1. Verwenden Sie die Daten der Datei SPSS14E.SAV und wählen Sie ANALYSIEREN/NICHTPARAMETRISCHE TESTS/BINOMIAL.
2. Übertragen Sie die Variable Wunder in den Bereich TESTVARIABLE.
3. Geben Sie bei TESTANTEIL den Wert 0,3 ein.
4. Geben Sie im Bereich DICHOTOMIE DEFINIEREN bei TRENNWERT den Wert 1 ein.
5. Klicken Sie OK an.

SPSS erzeugt die Ausgabe des Bildes 14.5.

Test auf Binomialverteilung

		Kategorie	N	Beobachteter Anteil	Testanteil	Exakte Signifikanz (1-seitig)
Wundertüte	Gruppe 1	<= 1	1	,0625	,3	,026[a]
	Gruppe 2	> 1	15	,9		
	Gesamt		16	1,0		

a. Nach der alternativen Hypothese ist der Anteil der Fälle in der ersten Gruppe < ,3.

Bild 14.5: Ergebnisse des Binomialtests

Die Überschreitungswahrscheinlichkeit von 0,026 bedeutet bei einem üblichen Signifikanzniveau von 5%, daß die zu prüfende Nullhypothese zu verwerfen ist.

Vorzeichentest für $k = 2$ Stichproben

Als Ausgangsdatenbestand wählen wir die Daten der Tabelle 14.15 (Stundenaufwand für Lesen und Fernsehen). Zur Durchführung des Tests sind die folgenden Arbeitsschritte erforderlich:

1. Verwenden Sie die Daten der Datei SPSS14F.SAV und wählen Sie ANALYSIEREN/NICHTPARAMETRISCHE TESTS/ZWEI VERBUNDENE STICHPROBEN.
2. Übertragen Sie die beiden Untersuchungsvariablen gemeinsam in den Bereich AUSGEWÄHLTE VARIABLENPAARE.

3. Klicken Sie im Bereich WELCHE TESTS DURCHFÜHREN? auf VORZEICHEN (und löschen Sie das Häkchen bei WILCOXON).
4. Klicken Sie OK an.

SPSS erzeugt die Ausgabe des Bildes 14.6.

Häufigkeiten

		N
"Lesen " in Stunden - "Fernsehen" in Stunden	Negative Differenzen[a]	5
	Positive Differenzen[b]	8
	Bindungen[c]	1
	Gesamt	14

a. "Lesen " in Stunden < "Fernsehen" in Stunden
b. "Lesen " in Stunden > "Fernsehen" in Stunden
c. "Fernsehen" in Stunden = "Lesen " in Stunden

Statistik für Test[b]

	"Lesen " in Stunden - "Fernsehen" in Stunden
Exakte Signifikanz (2-seitig)	,581[a]

a. Verwendetete Binomialverteilung.
b. Vorzeichentest

Bild 14.6: Ergebnis des Vorzeichentests für zwei verbundene Stichproben

Da die Überschreitungswahrscheinlichkeit mit 0,581 größer ist als das übliche Signifikanzniveau von 5%, kann die zu prüfende Nullhypothese nicht verworfen werden.

Mediantest

Wir gehen aus vom Beispiel in Abschnitt 14.7.2., wo die Körpergröße von 13 zufällig ausgewählten Personen erfaßt wurde. Zur Durchführung des Tests mit SPSS sind die folgenden Arbeitsschritte erforderlich:

1. Verwenden Sie die Daten der Datei SPSS14G.SAV und wählen Sie ANALYSIEREN/NICHTPARAMETRISCHE TESTS/BINOMIAL.
2. Übertragen Sie die Variable Größe in den Bereich TESTVARIABLE.
3. Geben Sie als TRENNWERT den hypothetischen Median 178 ein.
4. Geben Sie als TESTANTEIL den Wert 0,5 ein.

5. Klicken Sie OK an.

Man erhält die SPSS-Ausgabe des Bildes 14.7.

Test auf Binomialverteilung

	Kategorie	N	Beobachteter Anteil	Testanteil	Exakte Signifikanz (2-seitig)
Körpergröße in cm Gruppe 1	<= 1	10	,77	,50	,092
Gruppe 2	> 178	3	,23		
Gesamt		13	1,00		

Bild 14.7: Ergebnisse des Mediantests

Die Überschreitungswahrscheinlichkeit von 0,092 besagt, daß bei einem üblichen Signifikanzniveau von 5% die zweiseitige Nullhypothese nicht verworfen werden kann; die einseitige Nullhypothese muß dagegen bei einer Überschreitungswahrscheinlichkeit von $\alpha^* = 0{,}092/2 = 0{,}046$ verworfen werden.

Wilcoxon-Rangtest

Es ist bei diesem Test (zur Beispielrechnung greifen Sie auf die Datei SPSS14H.SAV zu) genauso zu verfahren wie beim weiter oben besprochenen Vorzeichentest für zwei verbundene Stichproben, mit dem Unterschied, daß nun im dritten Arbeitsschritt bei der Frage WELCHE TESTS DURCHFÜHREN? WILCOXON anzuklicken ist. Es ergibt sich hier eine Überschreitungswahrscheinlichkeit von 0,184, so daß die zu prüfende Nullhypothese bei einem üblichen Signifikanzniveau von 5% nicht verworfen werden kann.

Wilcoxon-Rangsummentest

Wir greifen hier auf die Daten der Tabelle 14.19 zurück, wo die Körpergrößenverteilungen von Männern und Frauen verglichen werden sollten (siehe Datei SPSS14I.SAV). Zur Durchführung des Tests mit SPSS sind die folgenden Arbeitsschritte erforderlich:

1. Verwenden Sie die Daten der Datei SPSS14I.SAV und wählen Sie ANALYSIEREN/NICHTPARAMETRISCHE TESTS/ZWEI UNABHÄNGIGE STICHPROBEN.
2. Übertragen Sie die Variable Körpergröße in das Feld TESTVARIABLE.
3. Übertragen Sie die Variable Geschlecht in das Feld GRUPPENVARIABLE.
4. Klicken Sie auf die Schaltfläche GRUPPEN DEFINIEREN.

5. Geben Sie bei GRUPPE 1 den Wert 1 für Frauen, bei GRUPPE 2 den Wert 2 für Männer ein.
6. Klicken Sie WEITER an.
7. Klicken Sie im Bereich WELCHE TESTS DURCHFÜHREN? bei MANN-WHITNEY-U-TEST an (er ist dem Wilcoxon-Rangsummentest äquivalent).
8. Klicken Sie OK an.

SPSS erzeugt jetzt u.a. die Ausgabe des Bildes 14.8.

Statistik für Test[b]

	Körpergröße in cm
Mann-Whitney-U	58,000
Wilcoxon-W	194,000
Z	-2,017
Asymptotische Signifikanz (2-seitig)	,044
Exakte Signifikanz [2*(1-seitig Sig.)]	,045[a]

a. Nicht für Bindungen korrigiert.
b. Gruppenvariable: Geschlecht

Bild 14.8: Ergebnis des Wilcoxon-Rangsummentests

Sie erkennen an der Überschreitungswahrscheinlichkeit von 0,045, daß die Nullhypothese bei einem üblichen Signifikanzniveau von 5% zu verwerfen ist.

Anmerkung

Führt man für das gleiche Datenmaterial einen t – Test für zwei unabhängige Stichproben durch, wird die Nullhypothese ebenfalls verworfen. Der Kolmogorov-Smirnov-Test für zwei unabhängige Stichproben führt zu keinem signifikanten Ergebnis.

Kruskal-Wallis-Test

Der Ausgangsdatenbestand, ausgehend vom Beispiel in Abschnitt 14.10, ist so in eine SPSS-Tabelle einzugeben, wie es ausschnittsweise in Tabelle 14.30 dargestellt ist (siehe auch Datei SPSS14J.SAV).

Tabelle 14.30: Ausgangsdaten für den Kruskal-Wallis-Test (Ausschnitt)

Menge	Stichprobe
17	1
19	1
11	1
15	1
14	1
14	1
21	1
13	1
24	2
20	2
15	2
19	2
17	2
21	2
17	2
10	3
19	3

Um den Test mit SPSS durchzuführen, sind die folgenden Arbeitsschritte erforderlich:

1. Verwenden Sie die Daten der Datei SPSS14J.SAV und wählen Sie ANALYSIEREN/NICHTPARAMETRISCHE TESTS/K UNABHÄNGIGE STICHPROBEN.
2. Übertragen Sie die Variable Absatzmenge in das Feld TESTVARIABLE.
3. Überrtragen Sie die Variable Stichprobennummer in das Feld GRUPPENVARIABLE.
4. Klicken Sie auf die Schaltfläche BEREICH DEFINIEREN.
5. Geben Sie bei MINIMUM den Wert 1, bei MAXIMUM den Wert 3 ein.
6. Klicken Sie WEITER an.
7. Klicken Sie OK an.

SPSS erzeugt jetzt u.a. die Ausgabe des Bildes 14.9.

Statistik für Test[a,b]	
	Absatzmenge in 1000 Stück
Chi-Quadrat	5,555
df	2
Asymptotische Signifikanz	,062

a. Kruskal-Wallis-Test
b. Gruppenvariable: Stichprobennummer

Bild 14.9: Ergebnis des Kruskal-Wallis-Test

Sie erkennen an der Überschreitungswahrscheinlichkeit von 0,062, daß bei einem üblichen Signifikanzniveau von 5% die Nullhypothese nicht verworfen werden kann.

Kolmogorov-Smirnov-Anpassungstest

Die Ausgangsdaten für diesen Test finden sich in Tabelle 14.22. Zur Durchführung des Tests mit SPSS sind die folgenden Arbeitsschritte erforderlich:

1. Verwenden Sie die Daten der Datei SPSS14K.SAV und wählen Sie ANALYSIEREN/NICHTPARAMETRISCHE TESTS/K-S BEI EINER STICHPROBE.
2. Übertragen Sie die Variable Körpergröße in das Feld TESTVARIABLE.
3. Klicken Sie im Bereich TESTVERTEILUNG bei NORMAL an.
4. Klicken Sie OK an.

SPSS erzeugt jetzt die Ausgabe des Bildes 14.10.

Man beachte, daß, wenn der KS-Test mit Hilfe von SPSS durchgeführt wird, der Erwartungswert und die Varianz der Normalverteilung nicht vorgegeben werden können, sondern aus den Stichprobendaten berechnet werden. Die Nullhypothese kann auch hier nicht verworfen werden.

Kolmogorov-Smirnov-Anpassungstest		
		Körpergröße in cm
N		16
Parameter der Normalverteilung[a,b]	Mittelwert	176,156
	Standardabweichung	12,167
Extremste Differenzen	Absolut	,084
	Positiv	,068
	Negativ	-,084
Kolmogorov-Smirnov-Z		,335
Asymptotische Signifikanz (2-seitig)		1,000

a. Die zu testende Verteilung ist eine Normalverteilung.
b. Aus den Daten berechnet.

Bild 14.10: Ergebnis des Kolmogorov-Smirnov-Anpassungstests

McNemar-Test

Der Ausgangsdatenbestand für den McNemar-Test mit SPSS stellt sich so dar, wie es Tabelle 14.31 zeigt.

Tabelle 14.31: Ausgangsdatenbestand für den McNemar-Test

vorher	nachher	Anzahl
1	0	4
1	1	16
0	0	22
0	1	16

In Tabelle 14.31 bedeutet 0=nein und 1=ja. Zur Durchführung des Tests mit SPSS müssen zunächst die Fälle gewichtet werden. Dazu gehen Sie wie folgt vor:

1. Verwenden Sie die Daten der Datei SPSS14L.SAV und wählen Sie DATEN/FÄLLE GEWICHTEN.
2. Klicken Sie an bei FÄLLE GEWICHTEN MIT.
3. Übertragen Sie die Variable Anzahl in den Bereich HÄUFIGKEITSVARIABLE.
4. Klicken Sie die Schaltfläche OK an.

Der Test selbst erfordert dann die folgenden Arbeitsschritte:

1. Wählen Sie ANALYSIEREN/NICHTPARAMETRISCHE TESTS/ZWEI VERBUNDENE STICHPROBEN.

2. Übertragen Sie die Variablen vorher und nachher gemeinsam in das Feld AUSGEWÄHLTE VARIABLENPAARE.
3. Sorgen Sie für ein Häkchen bei MCNEMAR (und klicken Sie das eventuelle Häkchen bei WILCOXON weg).
4. Klicken Sie OK an.

SPSS erzeugt jetzt die Ausgabe des Bildes 14.11.

1 & 2

NACHHER	VORHER	
	0	1
0	22	4
1	16	16

Statistik für Test[b]

	1 & 2
N	58
Exakte Signifikanz (2-seitig)	,012[a]

a. Verwendetete Binomialverteilung.
b. McNemar-Test

Bild 14.11: Ergebnis des McNemar-Tests

Sie erkennen, daß eine Überschreitungswahrscheinlichkeit von 0,012 ausgegeben wird. Die zu prüfende Nullhypothese (es haben keine signifikanten Meinungswechsel stattgefunden) ist also zu verwerfen.

14.14 Literaturhinweise

Bortz, J., Lienert, G. A., Boenke, K.: Verteilungsfreie Methoden in der Biostatistik, Berlin/Heidelberg/New York 1990
Büning, H., Trenkler, G.: Nichtparametrische statistische Methoden, 2.Aufl. Berlin/New York 1994
Graf, U., Henning, H. J., Stange, K., Wilrich, P.-Th.: Formeln und Tabellen der angewandten mathematischen Statistik, 3.Aufl. Berlin/Heidelberg/New York 1998

Hartung, J., Elpelt, B., Klösener, K.H.: Statistik: Lehr- und Handbuch der angewandten Statistik, 10. Aufl. München/Wien 1995

Monka, M./Voß, W.: Statistik am PC – Lösungen mit Excel, 3. Aufl. München/Wien 2002

Rinne, H.: Taschenbuch der Statistik, 2.Aufl. Frankfurt am Main 1997

Sachs, L.: Angewandte Statistik, 10.Aufl. Berlin/Heidelberg/New York 2002

Schaich, E.: Schätz- und Testmethoden für Sozialwissenschaftler, 3. Aufl. München 1998

Siegel, S.: Nichtparametrische statistische Methoden, 4.Aufl. Eschborn bei Frankfurt am Main 1997

Tiede, M./Voß, W.: Schließen mit Statistik – Verstehen, München/Wien 2000

Voß, W.: Praktische Statistik mit SPSS, 2. Aufl. München/Wien 2000

15 Multiple Regression und Korrelation

15.1 Grundkonzepte

> Bei der multiplen Regressionsanalyse geht es um den gerichteten Zusammenhang eines Merkmals mit mehreren anderen Variablen. Ziel ist es dabei, den spezifischen Einfluß jeder der Variablen auf das erste Merkmal zu messen. Dagegen wird bei der Analyse einer multiplen Korrelation der wechselseitige Zusammenhang einer Gruppe von Merkmalen mit einer anderen Gruppe von Merkmalen untersucht.

Umfaßt dabei eine der beiden Gruppen nur eine Variable, so läßt sich Korrelation als ein Teilaspekt der Regression auffassen.

15.1.1 Zentrale Begriffe

Regressand

Merkmal, das in einer Regressionsanalyse durch andere Merkmale erklärt werden soll.

Regressor

Eines der Merkmale, das einen Regressanden erklären soll.

Partieller Koeffizient

Maßzahl, die für einen Regressor den spezifischen Einfluß angibt, den er auf den Regressanden ausübt.

Partieller Korrelationskoeffizient

Maßzahl, welche die Stärke der Korrelation zwischen zwei Variablen angibt, wenn der Einfluß einer oder mehrerer Merkmale eliminiert wird.

Methode der kleinsten Quadrate

Übliches Rechenverfahren, um die partiellen Koeffizienten zu ermitteln.

Multiples Bestimmtheitsmaß

Anteil der Streuung des Regressanden, der sich formal auf die gegebenen Regressoren zurückführen läßt.

Multipler Korrelationskoeffizient

Im Rahmen der Regressionsanalyse die Quadratwurzel aus dem multiplen Bestimmtheitsmaß.

Multikollinearität

Ausmaß der Korrelationen zwischen den Regressoren.

Varianzinflationierungsfaktor

Maßzahl, die angibt, wie stark die Interpretierbarkeit eines partiellen Koeffizienten durch Multikollinearität eingeschränkt ist.

Normierung

Hilfsmittel zum Größenvergleich der partiellen Koeffizienten. Spezialfall ist die Beta-Standardisierung.

Verbundene Konfidenzintervalle

Gemeinsame Konfidenzintervalle für alle Koeffizienten gleichzeitig.

Totaler F – Test

Test der Nullhypothese, daß keiner der Regressoren den Regressanden beeinflußt.

t – Test

Test der Nullhypothese, daß ein bestimmter Regressor keinen zusätzlichen Einfluß auf den Regressanden hat. Dieser Test ist gleichwertig mit einem partiellen F – Test.

Kanonischer Korrelationskoeffizient

Maßzahl für den wechselseitigen Zusammenhang zwischen zwei Gruppen von Merkmalen.

15.1.2 Konzepte

Partieller Koeffizient (b_k)

Der partielle Koeffizient eines Regressors unterscheidet sich von dem Steigungskoeffizienten einer Einfachregression (siehe Kapitel 5) dadurch, daß bei seiner Berechnung die übrigen Koeffizienten berücksichtigt werden.

> Er wird interpretiert als die mittlerer Änderung des Regressanden, wenn die betrachtete Variable um eine Einheit variiert, unter der Bedingung, daß die anderen Regressoren konstant gehalten sind.

15.1 Grundkonzepte

Ein Vergleich mit den Koeffizienten aus mehreren unverbundenen Einfachregressionen liefert dabei Aufschluß über den gemeinsamen Wirkungszusammenhang: Stimmen partieller und einfacher Koeffizient weitgehend überein, so spielen die übrigen Merkmale offenbar keine große Rolle. Weichen sie dagegen stark voneinander ab, so zeigt dies, daß sich der Einfluß des Regressors gemeinsam mit anderen Merkmalen ganz anders darstellt als bei alleiniger Betrachtung. Insbesondere unterscheiden sich die Ergebnisse einer multiplen Regression nicht von denen mehrerer getrennter Einfachregressionen, wenn die Regressoren untereinander alle unkorreliert sind.

Partieller Korrelationskoeffizient

Im Gegensatz zum partiellen Koeffizienten eines Regressors ist der zugehörige partielle Korrelationskoeffizient dimensionslos, hat also keine Maßeinheit. Zudem liegen seine Werte stets im Intervall von −1 bis +1. Er verändert sich nicht, wenn man die Rolle von Regressand und Regressor vertauscht, vorausgesetzt die übrigen betrachteten Merkmale bleiben dieselben. Entsprechend wird der partielle Korrelationskoeffizient als Maß für den wechselseitigen Zusammenhang zweier Merkmale verstanden, wenn man andere Variablen konstant hält. Statt von einem Konstanthalten spricht man häufig auch vom einem Kontrollieren oder Eliminieren der Einflüsse.

Schätzung

Zur Schätzung von Werten eines Regressanden benützt man die partiellen Koeffizienten so: Man multipliziert sie mit den zugehörigen Werten der Regressoren und addiert alle Produkte zu einem Schätzwert für den Regressanden auf. Dazu ist noch eine Konstante zu addieren, die für alle Kombinationen von Ausprägungen der Regressoren dieselbe ist. Wie bei einer Einfachregression sind diese Schätzwerte nur dann zuverlässig, wenn die eingesetzten Werte im Bereich der beobachteten Größen liegen. Zumindest sollten sie nicht allzu weit davon entfernt sein. Allerdings ist es bei einer multiplen Regression schwerer zu beurteilen, wann man sich noch im Bereich der Stützwerte befindet, da man mehrere Dimensionen gleichermaßen zu berücksichtigen hat.

Methode der kleinsten Quadrate

Mit solchen Schätzwerten lassen sich die Ergebnisse der Methode der kleinsten Quadrate exakt definieren: Ermittelt man nämlich Schätzwerte für die Ausprägungen der Regressoren, so wie sie im Datensatz vorliegen, kann man für jede Einheit die Differenz aus Schätzwert und tatsächlichem Wert des Regressanden bestimmen. Eine derartige Differenz heißt ein Residuum. Die Summe (SSE) über die quadrierten Residuen ist dann um so kleiner, je besser die Schätzung insgesamt ist. Die Methode der kleinsten Quadrate stellt gerade sicher, daß die partiellen Koeffizienten genau so gewählt sind, daß die Quadratsumme SSE ihren kleinsten möglichen Wert annimmt. Dadurch sind die partiellen Koeffizienten auch eindeutig festgelegt, außer es besteht unter den Regressoren eine exakte lineare Beziehung.

Multiples Bestimmtheitsmaß (R^2)

Um die Höhe der Größe SSE besser beurteilen zu können, läßt sie sich durch die Summe teilen, die entsteht, wenn man die quadrierten Abstände der beobachteten Regressandenwerte von ihrem Mittelwert bildet (SSY). Es ergibt sich ein Bruch, der stets zwischen Null und Eins liegt, und als Anteil der nicht erklärten Streuung an der gesamten Streuung gesehen werden kann. Das Komplement dieses Anteils ist dann der Prozentsatz der erklärten Streuung und wird als multiples Bestimmtheitsmaß der Regression bezeichnet. Ist es nahe bei 100%, so wird durch die Regression die beobachtete Streuung des Regressanden fast vollständig erklärt. Ein sehr kleines Bestimmtheitsmaß bei 0% deutet dagegen darauf hin, daß es nur einen geringen Zusammenhang zwischen den Regressoren und dem Regressanden gibt.

Multikollinearität

Unter Multikollinearität versteht man das Ausmaß der wechselseitigen Zusammenhänge der Regressoren. Die Werte des Regressanden sind dafür unerheblich. Sind die Regressoren nur geringfügig multikollinear, so stimmt jeder partielle Koeffizient weitgehend mit dem einfachen Koeffizienten des Regressors überein. Perfekte Multikollinearität bedeutet, daß unter den Regressoren eine exakte lineare Beziehung besteht. Die Methode der kleinsten Quadrate kann dann keine eindeutigen Ergebnisse mehr liefern.

Varianzinflationierungsfaktor (VIF)

Der VIF einer Variable beschreibt, wie stark diese von den übrigen Regressoren abhängt. Dabei gelten als Faustregel Werte über 10 als kritisch, da sich dann der partielle Koeffizient des Regressors nicht mehr sinnvoll interpretieren läßt. Wählt man unter allen Faktoren den größten aus, so mißt dieses Maximum die schädlichste Auswirkung von Multikollinearität im Datensatz. Der Name „Varianzinflationierungsfaktor" erinnert an eine Eigenschaft der Fehlervarianzen im stochastischen Modell: Multipliziert man die Fehlervarianz, die der Koeffizient eines Regressors bei einer Einfachregression hätte, mit dem VIF, so erhält man gerade ihr Gegenstück im multiplen Ansatz. Da bei korrelierten Regressoren der Faktor stets größer als Eins ist, wird also die Varianz immer vergrößert oder „inflationiert". Nur wenn die betrachtete Variable unkorreliert mit den anderen Regressoren ist, stimmen die Fehlervarianzen überein und der VIF ist gleich Eins.

Normierung

Die partiellen Koeffizienten sind in ihrer Größe nur schwer zu vergleichen, wenn die Merkmale unterschiedliche Maßeinheiten besitzen. Je feiner dabei die Skala einer Variablen ist, um so kleiner erscheint der zugehörige Koeffizient. Abhilfe schafft hier der Übergang zu einem einheitlichen Vergleichsmaßstab. Dazu gibt es verschiedene Möglichkeiten, die jedoch nicht alle für jeden Datensatz zu verwenden sind. Wenn es eine ausgezeichnete Basisgröße gibt, können etwa Meßzahlen eingesetzt werden. Dagegen ist eine Beta-Standardisierung, wie unten beschrieben, stets möglich. Alle Formen der Normierung sind aber nur bei geringen oder mittleren Graden von Multikollinearität aussagekräftig. Sind dagegen die einzelnen Regressoren stark miteinander korreliert, so sagt auch ein normierter Koeffizient nur wenig darüber aus, wie bedeutend der zugehörige Regressor ist. Trotz eines großen Werts kann sein Einfluß nämlich gering sein, wenn andere Regressoren mit ihm eng zusammenhängen und gerade in die entgegengesetzte Richtung wirken.

Beta-standardisierter Koeffizient (β_k)

Eine spezielle Form der Normierung ist die **Standardisierung**, welche sich auf die Streuung der Merkmale stützt: Dazu wird die Differenz aller Ausprägungen in Vielfachen der Standardabweichung der jeweiligen Variablen gemessen. Technisch gelingt das dadurch, daß man von jeder Variable ihren Mittelwert subtrahiert und dann durch die Standardabweichung teilt. Die standardisierten Koeffizienten lassen sich, wie unten angegeben, auch direkt aus den ursprünglichen Größen berechnen. Die Höhe eines β – Koeffizienten interpretiert man so: Ändert sich der zugehörige Regressor um eine Standardabweichung, so variiert im Mittel der Regressand um β Standardabweichungen. Angenommen ist dabei – wie beim nicht standardisierten Koeffizienten –, daß die übrigen unabhängigen Variablen festgehalten werden.

Verbundene Konfidenzintervalle

Bei Gültigkeit des stochastischen Modells läßt sich für jeden Regressor ein Konfidenzintervall angeben, das zu einem vorgegebenen Vertrauensniveau seinen partiellen Koeffizienten umschließt. Dabei ist zwischen zwei Fällen zu trennen: Wird ein bestimmter Regressor vor der Analyse des konkreten Datensatzes festgelegt, so ist sein Konfidenzintervall schmäler, als wenn alle Variablen gleichzeitig betrachtet sind. Es stellt nämlich eine stärker einschränkende Aussage dar, daß sämtliche partielle Koeffizienten gleichzeitig innerhalb der vorgegebenen Grenzen liegen, als daß nur eine einzige Größe in ein bestimmtes Intervall fällt.

Totaler F – Test

Mit einem totalen F – Test wird im stochastischen Modell geprüft, ob die Nullhypothese, daß keiner der Regressoren den Regressanden beeinflußt, abgelehnt werden kann. Dies ist von der Aussage zu trennen, daß in getrennter Betrachtung keiner der Regressoren einen Einfluß auf den Regressanden ausübt, der nicht bereits in den anderen Variablen enthalten wäre. Dafür wird ein partieller F – Test oder ein t – Test benützt, die beide auf dasselbe Testergebnisse führen. So geben die meisten Statistikprogramme (wie auch SPSS) nur die Prüfgröße des t – Tests aus, da man aus ihr durch Quadrieren den Wert für den partiellen F – Test erhält. Sind die Modellannahmen erfüllt, so erweisen sich die erwähnten Prüfgrößen als exakt F – bzw. t – verteilt.

Kanonischer Korrelationskoeffizient

Er stellt eine Verallgemeinerung des Korrelationskoeffizienten von Bravais/Pearson dar (siehe Kapitel 5), bei dem nicht der Zusammenhang zweier einzelner Variablen, sondern zwischen zwei Gruppen von Merkmalen gemessen wird. Dabei spielen weder die Maßeinheiten noch das Niveau der Variablen eine Rolle, d.h. der kanonische Korrelationskoeffizient ändert sich nicht, wenn man einige oder alle der Merkmale mit einer Konstanten (ungleich Null) multipliziert oder zu allen Ausprägungen einen festen Wert addiert. Sein Wertebereich ist das Intervall von Null bis Eins, so daß ein Koeffizient nahe Eins auf einen hohen wechselseitigen Zusammenhang hindeutet. Dagegen zeigen kleine Werte an, daß beide Gruppen nur gering miteinander korrelieren. Besteht eine Gruppe nur aus einem einzigen Merkmal, so stimmen kanonischer und multipler Korrelationskoeffizient überein. Falls alle zwei Gruppen nur jeweils eine Variable beinhalten, dann ist der kanonische Korrelationskoeffizient im Absolutbetrag gleich dem Korrelationskoeffizienten von Bravais/ Pearson. Allerdings kann sich das Vorzeichen unterscheiden, da letzterer auch negative Werte annimmt. Übrigens gibt es auch kanonische Korrelationen höherer Ordnung, die jedoch in der Praxis nur wenig Verwendung finden.

15.1.3 Voraussetzungen

Skalenniveau

Da die Koeffizienten als mittlere Änderung des Regressanden interpretiert werden, muß dieser metrisches Skalenniveau besitzen. Die Regressoren dagegen können neben einem metrischen Niveau auch zweiwertig nominal sein. Nominale Merkmale mit mehr als zwei Ausprägungen dagegen können nicht als Regressor Verwendung finden. Zwar gibt es verschiedene Vorschläge, wie diese in mehrere zweiwertige Hilfsmerkmale aufgelöst werden können, deren Interpretation ist jedoch nicht immer ganz einsichtig. Entsprechend ist auch die Korrelationsanalyse auf metrische und zweiwertig nominale Variablen beschränkt.

Empirische Verteilung

Die Anforderungen an die Verteilung des Regressanden hängen davon ab, welche Bestandteile der Regressionsanalyse angewandt werden sollen. So sind zur Ermittlung des Bestimmtheitsmaßes keine besonderen Voraussetzungen nötig. Dagegen ist zur Interpretation der Koeffizienten als mittlere Änderungen eine nicht allzu schiefe Verteilung der Residuen erforderlich, da sonst die Durchschnittswerte nur wenig aussagekräftig sind. Dazu ist es auch ratsam, zu überprüfen, ob sich Ausreißer in den Daten erkennen lassen. Werden Korrelationskoeffizienten nicht in ihrer genauen Höhe, sondern nur als Kennzahlen für einen schwächeren oder stärkeren Zusammenhang verstanden, sind auch vergleichsweise schiefe Verteilungen der Merkmalswerte zulässig. Allerdings können auch hier starke Ausreißer die Ergebnisse erheblich beeinflussen.

Konfidenzintervalle und Tests

Bei der Verwendung von Konfidenzintervallen und Tests wird vorausgesetzt, daß sich die Residuen mit einem stochastischen Modell beschreiben lassen, also die vorgefundenen Daten als Realisation eines Zufallsvorganges zu erklären sind. Dem Standardmodell liegt dabei die zentrale Voraussetzung zu Grunde, daß die Residuen unabhängig und identisch normalverteilt sind. Insbesondere ergibt sich daraus die Forderung nach **Homoskedastizität**, als einer gleichbleibenden Varianz der Residuen für jede Kombination von Ausprägungen der Regressoren. Außerdem folgt aus der Unabhängigkeit speziell, daß die Residuen von benachbarten Einheiten nicht miteinander korrelieren, was auch als das Fehlen von Autokorrelation bezeichnet wird. Um die Nullhypothese zu testen, ein partieller oder kanonischer Korrelationskoeffizient sei gleich Null, muß eine mehrdimensionale Normalverteilung der betrachteten Variablen vorausgesetzt werden.

15.2 Berechnungen

15.2.1 Formeln

Für Berechnungen in diesem Themenbereich werden die folgenden Formelansätze benötigt:

Regressionsfunktion

(1) $\hat{y} = b_0 + b_1 x_1 + b_2 x_2 + \cdots + b_p x_p$

Multiples Bestimmheitsmaß

(2) $R^2 = 1 - \dfrac{SSE}{SSY}$

Multipler Korrelationskoeffizient

(3) $R = +\sqrt{R^2}$

β – **Koeffizienten der Regressionsfunktion**

(4) $\beta_k = \dfrac{s_k}{s_y} b_k$ für $k = 1, 2, \ldots, p$

    s_k Standardabweichung von x_k
    s_y Standardabweichung von y

15.2.2 Rechenbeispiele

Beispiel

Eine Statistikklausur wird von 392 Studenten in zwei Teilen geschrieben. Mittels einer multiplen Regressionsanalyse soll untersucht werden, wie stark die im zweiten Teil der Klausur (Induktive Statistik) erreichte Punktzahl mit den Ergebnissen in Teil I (Deskriptive Statistik) zusammenhängen.

In beiden Teilen werden je 6 Aufgaben zu verschiedenen Themengebieten gestellt, wovon je Teil 4 Stück zu bearbeiten sind. Pro Aufgabe können maximal 10 Punkte erzielt werden, womit sich in jedem Teil bis zu 40 Punkte erreichen lassen. Tabelle 15.1 zeigt die Ergebnisse einiger ausgewählter Studenten mit den nach Aufgaben getrennten Punktzahlen in Teil I. Dagegen ist für Teil II zur Vereinfachung nur das Gesamtergebnis angegeben.

Tabelle 15.1: Zahlenbeispiel zur multiplen Regressionsrechnung

Student Nr.	Aufgaben zu Teil I						Teil II
	1	2	3	4	5	6	
1	3	6,5	6	0	0	7	34
2	4,5	0	3,5	0	4	0	19
3	1,5	0	4,5	2	0	0	29
⋮							
392	3	0	2,5	6,5	4	0	5

Aufgabenstellung

Für die Analyse sind nun als Regressoren die jeweilige Punktzahl in den Aufgaben Nr. 1 bis 6 des Teils I und als Regressand die Gesamtpunktzahl im Teil II gewählt. Durch die multiple Regression bleiben von der gesamten Streuung

$$SSY = 31.884 \ (Punkte^2)$$

genau

$$SSE = 19.584 \ (Punkte^2)$$

unerklärt. Dies führt auf ein multiples Bestimmtheitsmaß $R^2 = 39\%$ bzw. einem multiplen Korrelationskoeffizienten $R = 0,62$.

Das sind für sozioökonomische Daten recht typische Werte (zur konkreten Durchführung der Berechnung verweisen wir auf den abschlie-

ßenden Abschnitt dieses Kapitels, wo für die wichtigsten Aufgabenstellungen Lösungen mit SPSS vorgestellt werden).

Koeffizienten

Die folgende Tabelle 15.2 enthält die partiellen und einfachen Koeffizienten. Bei ihrer Interpretation ist zu beachten, daß die empirischen Verteilungen schon deswegen etwas schief sind, da die Studenten mindestens zwei der 6 Aufgaben nicht bearbeitet haben, was im Datensatz mit der Punktzahl 0 kodiert ist. Nichtsdestotrotz geben die Koeffizienten Aufschluß über die grobe Struktur der Daten.

Tabelle 15.2: Koeffizienten

Aufgabe zu Teil I Nr.	partieller Koeffizient	einfacher Koeffizient
1	1,0	1,4
2	0,6	0,4
3	0,2	0,1
4	1,0	1,2
5	0,5	0,4
6	0,9	1,1

Interpretation

Der erste partielle Koeffizient 1,0 sagt beispielsweise aus, daß eine Variation um einen Punkt in Aufgabe 1 im Mittel mit einer um 1,0 erhöhten Gesamtpunktzahl in Teil II einhergeht. Da dies ein partieller Koeffizient ist, kann ein vergleichbares Niveau in den Aufgaben 2 bis 6 unterstellt werden. Die multiple Regression kontrolliert also, daß nicht der Einfluß der Punktzahl in Aufgabe 1 dadurch verfälscht werden kann, daß diese Aufgabe von den Studenten zu Gunsten einer anderen Aufgabe weggelassen wird.

Zum Vergleich ist in der Tabelle auch der Koeffizient ergänzt, der durch eine Einfachregression ermittelt wird. Er ist mit 1,4 etwas größer, überschätzt also den Einfluß dieser Aufgabe geringfügig. Im Großen und Ganzen unterscheiden sich aber der partielle und der einfache Koeffizient bei den einzelnen Aufgaben nicht sehr stark. Es ist also nur ein geringes Ausmaß an Multikollinearität im Datensatz erkennbar.

Bemerkenswert ist auch, daß alle Koeffizienten positiv sind. Höhere Ergebnisse in den Aufgaben des Teils I führen auch zu einer höheren Punktzahl in Teil II. Das ist plausibel: Es gibt eben bessere und schlechtere Studenten, was sich auch in den spezifischen Punktzahlen widerspiegelt.

Kontrolle

In Bild 15.1 ist für jeden der 392 Studenten die jeweils geschätzte Punktzahl in Teil II nach rechts und die Differenz zum tatsächlich erzielten Ergebnis nach oben angetragen. Man beachte, daß sich unten links einige der kleinen Quadrate entlang einer Geraden aufreihen. Diese kennzeichnen diejenigen Prüfungsteilnehmer, die keinen Punkt in Teil II erzielt haben. Folglich können unterhalb der Geraden keine weiteren Quadrate liegen. Dadurch ergibt sich eine geringere Varianz der Residuen bei kleineren Schätzwerten (0 bis etwa 10 Punkte) als bei größeren (10 bis 25 Punkte).

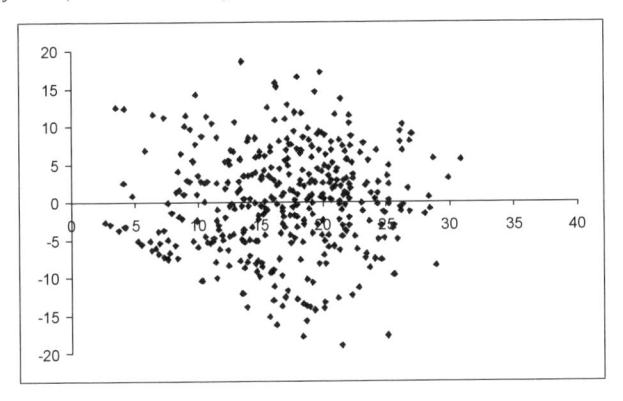

Bild 15.1: Grafische Veranschaulichung

Da es sich um Daten einer Gesamtheit, nämlich die Teilnehmer einer bestimmten Klausur handelt, ist es nicht sinnvoll, Tests oder Konfidenzintervalle einzusetzen. Insbesondere spricht nichts dafür, daß ein latenter Zufallsprozess die beobachteten Daten erzeugt haben könnte. Schließlich handelt es sich um das Prüfungsverhalten einer konkreten Gruppe von Menschen.

15.3 Hinweise auf andere Verfahren

Diskriminanzanalyse

Eine Diskriminanzanalyse (siehe Kapitel 18) ermöglicht es, die Werte eines Merkmals zu erklären, das nominales Niveau besitzt. Es wird dazu ein künstlicher Regressand aus Punktwerten verwendet, dessen Funktion darin besteht, die Ausprägungen des nominalen Merkmals zu trennen:

So sprechen etwa bei einer binären Variable hohe Punktwerte für die eine und niedrige Punktwerte für die andere Ausprägung. Nachteilig ist dabei, daß die Punktwerte darüber hinaus keine konkrete Bedeutung haben, weshalb partielle Koeffizienten nicht direkt interpretiert werden können und nur ein wechselseitiger Größenvergleich gemacht werden kann. Dazu läßt sich eine Beta-Standardisierung einsetzen.

Logit-/Probit-Modelle

Alternativ zur Diskriminanzanalyse lassen sich als Werte eines künstlichen Regressanden Logits oder Probits einsetzen (siehe Kapitel 19). Diese sind Funktionen von Größen, die in einem stochastischen Modell als Wahrscheinlichkeiten verstehbar sind, daß einzelne Ausprägungen des nominalen Merkmals realisiert werden. Dadurch ist eine direkte, wenn auch erst gewöhnungsbedürftige Interpretation der partiellen Koeffizienten möglich. Zusätzlich erfordern Logit- und Probitmodelle auch ein anderes Konzept des multiplen Bestimmtheitsmaßes, da die Bildung von Quadratsummen für die Abweichungen der geschätzten von den beobachteten Ausprägungen aus technischen Gründen nicht möglich ist.

Zeitreihenstatistik

In Datensätzen, bei denen eines der Merkmale eine Zeitvariable ist (siehe Kapitel 7), wird diese ebenfalls als Regressor betrachtet. Ihr partieller Koeffizient ist dann als Trend der Zeitreihe zu verstehen. Darüber hinaus läßt sich für jede ursprüngliche Variable der Einfluß vergangener Situationen auf die aktuellen Ausprägungen dadurch untersuchen, daß man die Werte der Variable um Eins verschiebt und die neue Zeitreihe als zusätzlichen Regressor ergänzt. Dabei verringert sich allerdings der Umfang des Datensatzes um eine Einheit, da es für den letzten Wert keinen Vorgänger gibt.

Verhältnis- und Indexzahlen

Manchmal lassen sich besonders aussagekräftige Koeffizienten gewinnen, wenn die ursprünglichen Merkmale transformiert werden. So macht man etwa verschieden große Einheiten vergleichbar, indem man die Werte der benützten Regressoren durch eine geeignete Größenkennzahl teilt. Auch liefert der Übergang zu Meßzahlen eine alternative Methode, um die Variablen zu normieren (siehe auch Kapitel 6).

Clusteranalyse

Schlecht interpretierbare Regressionsergebnisse lassen sich gegebenenfalls dadurch verbessern, daß man die statistischen Einheiten mittels einer Clusteranalyse (siehe Kapitel 17) in einige überschaubare Klassen aufteilt und eine multiple Regression für jede der Klassen getrennt durchführt. Mit einer Clusteranalyse läßt sich auch starker Multikollinearität abhelfen: Nimmt man nämlich die Regressoren als Gegenstände der Clusteranalyse, so werden stärker korrelierte Merkmale in einer Gruppe zusammengefaßt. Wählt man dann aus jeder Gruppe einen Repräsentanten aus, so stehen diese im allgemeinen deutlich weniger miteinander in Wechselwirkung.

Faktorenanalyse

In manchen Situationen kann bei multikollinearen Daten auch eine Faktorenanalyse weiterhelfen (siehe Kapitel 16). Es lassen sich dann die korrelierten Merkmale durch die gefundenen Faktoren ersetzten, vorausgesetzt diese sind inhaltlich gut zu interpretieren. Vorsicht ist allerdings geboten, wenn allzu schematisch Faktoren weggelassen werden, welche nur einen geringeren Beitrag zur Erklärung der Variabilität unter den ursprünglichen Variablen leisten. Daraus folgt nämlich nicht, daß diese auch für den Regressanden ohne größere Bedeutung wären. Der kanonische Korrelationskoeffizient läßt sich mittels der Faktorenanalyse als Korrelationskoeffizient von Bravais/Pearson zweier geeignet gewählter Faktoren darstellen.

15.4 Problembereiche

Die Probleme einer Einfachregression treten auch in der multiplen Regression auf, nur sind sie hier schlechter zu erkennen. Zusätzlich können sich Schwierigkeiten ergeben, die speziell damit zusammenhängen, daß zwei oder mehr Regressoren betrachten werden.

Ausreißer

Gegebenenfalls beeinflussen einzelne Fälle das Ergebnis beträchtlich. Dabei muß ein Ausreißer in einem multivariablen Datensatz nicht notwendig bezüglich einer Variable einen extremen Wert besitzen. Oft ist er nur durch eine außerordentliche Kombination von Merkmalsausprägungen gekennzeichnet, die leicht übersehen werden kann. Hier schafft ein Streuungsdiagramm Abhilfe, in dem die Residuen gegen die geschätzten Werte des Regressanden angetragen sind.

Schiefe Verteilung

Dieses Streuungsdiagramm vermittelt allerdings nur einen ersten Eindruck von der Verteilung. Sollen die einzelnen partiellen Koeffizienten genauer beurteilt werden, gibt ein spezielles Streuungsdiagramm Aufschluß: das Partialresiduums-Diagramm. In ihm ist der Regressand gegen einen bestimmten Regressor angetragen, wobei beide so bereinigt sind, daß eine eingezeichnete Regressionsgerade als Steigung gerade den partiellen Koeffizienten des Regressors aufweist. Damit läßt sich seine Aussagekraft wie bei einer Einfachregression einschätzen.

Unechte Zufallsstichprobe

Verwendet man Konfidenzintervalle und Tests, so ist wie bei der Einfachregression zu beachten, daß sie nur für echte Zufallsstichproben die angegebenen Rückschlüsse auf die Gesamtheit zulassen. Da jedoch in vielen Anwendungen echter Zufall wenig plausibel ist, oft sogar definitiv ausgeschlossen werden kann, sind die stochastischen Annahmen nur ein Hilfskonstrukt. Die ermittelten Ergebnisse sagen dann nur wenig über die reale Situation aus.

Starke Multikollinearität

Sind die Regressoren stark multikollinear, so es unklar, was man bei der Beschreibung des partiellen Koeffizienten eines Regressors unter dem „Konstanthalten" der übrigen Variablen verstehen soll. Vor allem bei sozioökonomischen Daten ist diese Bedingung nicht plausibel, da man keine funktionalen Wirkungen unterstellen kann. Zusätzlich können bei sehr starker Multikollinearität inhaltlich geringfügige Änderungen in den Daten die Ergebnisse bedeutend beeinflussen. Im Extremfall sind bei exakt linear abhängigen Regressoren durch die Methode der kleinsten Quadrate keine partiellen Koeffizienten mehr bestimmbar.

Hohe Regressorenzahl

Die Verwendung von zu vielen Regressoren kann dazu führen, daß man zwar formal den Datensatz gut erklärt, was sich etwa an einem hohen multiplen Bestimmtheitsmaß zeigt. Jedoch fällt es schwer, sich vorzustellen, wie man bei der Interpretation des partiellen Koeffizienten einer Variablen die Vielzahl der restlichen Regressoren gleichermaßen konstant halten soll. Zudem besteht die Tendenz zu starker Multikollinearität, wenn die Anzahl der Variablen groß ist.

15.5 Anwendungsbeispiele

Beispiel 1: Multiple Regression

Wir betrachten als Anwendungsbeispiel einen überschaubaren Drei-Variablen-Fall, für den die folgenden Ausgangsdaten gegeben sind:

Abhängige Variable (Y = Ernte): Ernteertrag auf Probefeldern in Zentnern;

*Erste unabhängige Variable (X_1 = Duenger): Düngemitteleinsatz in kg;
Zweite unabhängige Variable (X_2 = Unkraut): Unkrautvernichtungsmittel in Gramm.
Die Ausgangsdaten stellen sich so dar, wie es Tabelle 15.3 zeigt.*

Tabelle 15.3: Ausgangsdaten für die multiple Regression

Ernte	Duenger	Unkraut
125	1,50	250
120	1,25	200
130	1,55	245
135	1,50	240
145	1,62	245
155	1,75	280
150	1,65	270
130	1,43	225
120	1,28	230
140	1,45	250

Es sollen die Parameter der linearen (multiplen) Regressionsfunktion bestimmt werden. Wir verweisen dazu auf den folgenden Abschnitt, wo die entsprechende Lösung mit SPSS vorgestellt wird.

*Beispiel 2: Partielle Regression
Auch im zweiten Anwendungsbeispiel gehen wir vom Drei-Variablen-Fall aus. Gegeben sind die folgenden Daten:*

*Abhängige Variable (Y = Geburt): Geburtenrate in verschiedenen Ländern;
Erste unabhängige Variable (X_1 = Storch): Anzahl der Störche pro Quadratkilometer;
Zweite unabhängige Variable (X_2 = Indust): Anteil der industriellen Produktion am Sozialprodukt (in %; Indikator für den Industrialisierungsgrad der betrachteten Länder).
Die Ausgangsdaten stellen sich so dar, wie es Tabelle 15.4 zeigt.*

Tabelle 15.4: Ausgangsdaten für die partielle Korrelationsrechnung

Land	Geburt	Storch	Indust
BRD	0,60	0,81	55,5
Frankr.	0,75	0,85	42,1
England	0,65	0,72	47,3
USA	0,91	1,12	49,2
Indien	1,72	1,88	22,8
Aegypten	1,93	2,21	21,2
China	1,66	2,13	23,4
Peru	1,35	1,21	35,3
Burma	1,57	1,88	27,3
Sudan	2,02	2,33	18,1

Es soll berechnet werden, wie stark der Zusammenhang zwischen Geburtenrate und Zahl der Störche ist, wenn der gemeinsam wirkende Einfluß der Variablen Industrialisierungsgrad auspartialisiert wird. Wir verweisen dazu auf den folgenden Abschnitt, wo die entsprechende Lösung mit SPSS vorgestellt wird.

15.6 Problemlösungen mit SPSS

Beispiel 1: Multiple Regressionsrechnung

Um die Parameter der linearen Regressionsfunktion (Regressionsfläche) mit SPSS zu bestimmen, gehen Sie wie folgt vor:

1. Verwenden Sie die Daten der Datei SPSS15.SAV und wählen Sie die Menüposition ANALYSIEREN/REGRESSION/LINEAR.
2. Übertragen Sie die Variable Ernte in das Feld ABHÄNGIGE VARIABLE.
3. Übertragen Sie die Variablen Duenger und Unkraut in das Feld UANBHÄNGIGE VARIABLE(N).
4. Klicken Sie OK an.

SPSS berechnet zunächst unter der Überschrift MODELLZUSAMMENFASSUNG den multiplen Korrelationskoeffizienten zu 0,894 (siehe Bild 15.2).

Modellzusammenfassung

Modell	R	R-Quadrat	Korrigiertes R-Quadrat	Standardfehler des Schätzers
1	,894[a]	,799	,741	6,23

a. Einflußvariablen : (Konstante), UNKRAUT, DUENGER

Bild 15.2: Multipler Korrelationskoeffizient

Unter der Überschrift KOEFFIZIENTEN werden zunächst die Parameter der Regressionsfunktion ausgegeben (siehe Abbildung 15.3). Es ergibt sich:

Ordinatenabschnitt: $a = 25{,}859$

Steigung in Richtung der X_1 – Achse: $b_1 = 58{,}125$

Steigung in Richtung der X_2 – Achse: $b_2 = 0{,}091$ (gerundet)

Zusätzlich werden in der Spalte BETA die standardisierten Koeffizienten ausgegeben: $\beta_1 = 0{,}742; \beta_2 = 0{,}166$. Diese Werte werden aus standardisierten und damit dimensionslosen Ausgangsdaten berechnet und erlauben somit den direkten Bedeutungsvergleich. Unter der Spaltenüberschrift SIGNIFIKANZ zeigt sich weiterhin, daß der Düngemitteleinsatz zu einem signifikant von null verschiedenen Koeffizienten führt (wenn man ein Signifikanzniveau von 10% unterstellt), wogegen der Ordinatenabschnitt und der zweite Regressionskoeffizient als nicht signifikant von null verschieden angesehen werden können.

Koeffizienten[a]

Modell		Nicht standardisierte Koeffizienten		Standardisierte Koeffizienten	T	Signifikanz
		B	Standardfehler	Beta		
1	(Konstante)	25,859	22,583		1,145	,290
	DUENGER	58,125	29,111	,742	1,997	,086
	UNKRAUT	9,064E-02	,202	,166	,448	,668

a. Abhängige Variable: ERNTE

Bild 15.3: Parameter der Regressionsfunktion

Korreliert man übrigens die Variablen Duenger und Unkraut, so ergibt sich ein vergleichsweise hoher Wert des Korrelationskoeffizienten ($r = 0{,}89$), woraus geschlossen werden kann, daß hohe Multikollinearität vorliegt. Die Interpretation der Parameter der linearen Regressionsfunktion wird dadurch wesentlich erschwert (siehe dazu Abschnitt 15.1.2.)

Beispiel 2: Partielle Korrelationsrechnung

Ausgehend von den Daten der Tabelle 15.4 erfordert die Auspartialisierung der Variablen Industrialisierungsgrad mit Hilfe von SPSS die folgenden Arbeitsschritte:

1. Verwenden Sie die Daten der Datei SPSS15B.SAV und wählen Sie die Menüposition ANALYSIEREN/KORRELATION/PARTIELL.
2. Übertragen Sie die Variablen Geburt und Storch in das Feld VARIABLEN.
3. Übertragen Sie die Variable Indust in das Feld KONTROLLVARIABLEN.
4. Klicken Sie OK an.

SPSS berechnet jetzt den partiellen Korrelationskoeffizienten zwischen den Variablen Geburt und Storch (unter Auspartialisierung der Variablen Indust) zu $r_{xy \cdot z} = 0{,}7109$.

Wenn Sie mit ANALYSIEREN/KORRELATION/BIVARIAT die bivariate Korrelation zwischen den beiden interessierenden Variablen berechnen, ergibt sich $r_{xy} = 0{,}9717$.

Ein beträchtlicher Teil dieser Zusammenhangsstärke ist also offenbar durch die dritte Variable (Industrialisierungsgrad) quasi vorgetäuscht worden.

15.7 Literaturhinweise

Bortz, J.: Lehrbuch der Statistik, 5. Aufl. Berlin u.a. 1999

Gaensslen, H./Schubö, W.: Einfache und komplexe statistische Analyse, München 1973

Küchler, M.: Multivariate Analyseverfahren, Stuttgart 1979

Monka, M./Voß, W.: Statistik am PC – Lösungen mit Excel, 3. Aufl. München/Wien 2002

Moosbrugger, H.: Multivariate statistische Analyseverfahren, Stuttgart 1978

Morrison, D. F.: Multivariate statistical methods, 2. Aufl. New York 1976

Sachs, L.: Angewandte Statistik, 10. Aufl. Berlin u.a. 2002

Tiede, M./Voß, W.: Schließen mit Statistik – Verstehen, München/Wien 2000

Tiede, M.: Statistik, Regressions- und Korrelationsanalyse. München/Wien 1987

16 Faktorenanalyse

16.1 Grundidee

In der Intelligenzforschung stellt sich das Problem, aus einer Reihe von Tests, zum Beispiel über Wortflüssigkeit, Rechenfähigkeit, räumliches Vorstellungsvermögen, Assoziierungsfähigkeit, schlußfolgerndes Denken, grundlegende Intelligenzfaktoren zu extrahieren, durch die die Testergebnisse erklärt werden können.

Obwohl sie keiner direkten Beobachtung zugänglich sind, stehen die Faktoren im Blickpunkt des Interesses, wenn nachgewiesen werden kann, daß es diese Größen sind, die hinter der Abhängigkeitsstruktur der beobachtbaren Testvariablen stehen.

> Die Faktorenanalyse stellt ein Instrumentarium bereit, derartige latente Größen in den verschiedenen Anwendungsbereichen indirekt zu messen.

Die Messung der nicht direkt beobachtbaren Faktoren setzt hierbei stets an der Frage nach der Anzahl der die Kovarianz- oder Korrelationsmatrix der manifesten Variablen determinierenden Dimensionen an. Allgemein kann die Ableitung der hinter einer Menge manifester Variablen $X_1, X_2, ..., X_p$ stehenden gemeinsamen Faktoren („Supervariablen") $F_1, F_2, ..., F_m$ als Hauptziel der Faktorenanalyse angesehen werden.

> Da die gemeinsamen Faktoren nicht nur mit einer einzelnen manifesten Variablen in Verbindung stehen dürfen, wird hierbei gefordert, daß die beobachtbaren Größen durch eine geringere Anzahl hypothetischer Größen zu erklären sind. Nur dann stellt die Faktorenanalyse ein Instrument der Informationsreduktion bereit, mit dem es möglich sein kann, die Komplexität eines Realitätsausschnitts zu vereinfachen. Die gegebene Informationsmenge wird verdichtet und im Hinblick auf den Untersuchungszweck geordnet.

532 *16 Faktorenanalyse*

```
Gemeinsame Faktoren              Manifeste Variablen
(„Supervariablen")

                                          $X_1$
              $F_1$                       $X_2$
                                          $X_3$
              $F_2$                       $X_4$
                                          $X_5$
                                          $X_6$
```

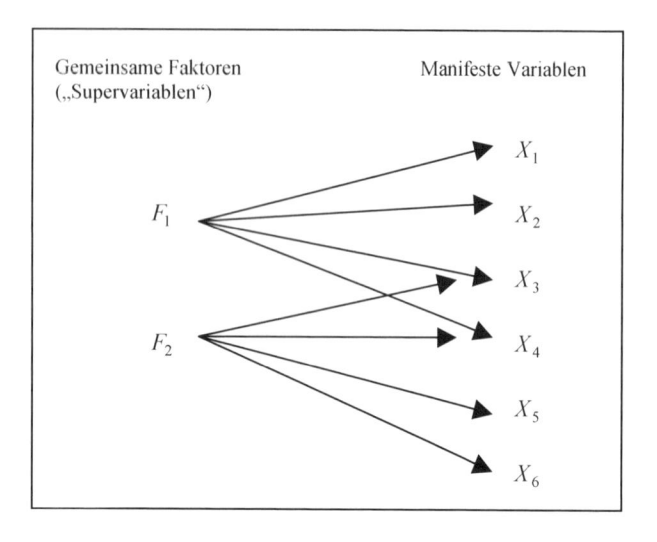

Bild 16.1: Manifeste Variablen und gemeinsame Faktoren

Der Anspruch einer Verminderung der Komplexität schließt eine möglichst einfache Erklärung des Variablenverbundes durch die gemeinsamen Faktoren ein, was sich in der Forderung einer „Einfachstruktur" einer Faktorenlösung manifestiert. Das Interesse ist auf die Art der Ordnung, die hinter den Daten steht, gerichtet, speziell aber auch darauf, wie eine solche Ordnung im einfachsten Fall aussehen könnte.

Zunächst zeigen wir hier die **Extraktion** der gemeinsamen Faktoren aus der empirischen Korrelationsmatrix der manifesten Variablen in vereinfachter Form unter Anwendung der **Hauptkomponentenmethode** auf (von der Anwendung der Hauptkomponentenmethode in der Faktorenanalyse ist die **Hauptkomponentenanalyse** zu unterscheiden, die nicht auf dem faktorenanalytischen Modell basiert, sondern die artifiziellen Variablen (Hauptkomponenten) von vornherein als Linearkombinationen der manifesten Variablen betrachtet). Daran anschließend behandeln wir das Kommunalitätenproblem und erörtern einige Kriterien zur Bestimmung der Faktorenzahl. Bei expliziter Berücksichtigung der Kommunalitäten heißt die auf der Basis einer Hauptachsentransformation durchgeführte Faktorenextraktion **Hauptfaktorenanalyse**. Die Überführung der mit Hilfe der Hauptfaktorenmethode ermittelte Faktorenlösung in eine „Einfachstruktur" erfolgt durch eine sog. Faktorenrotation. Schließlich werden Verfahren zur Bestimmung der den Untersuchungsobjekten zuzuordnenden Faktorwerte erörtert.

16.2 Faktorenextraktion

Abhängigkeitsstruktur

Die Abhängigkeitsstruktur zwischen den Faktoren und Variablen läßt sich formal durch die strukturelle Beziehung

(1) $$X_j = \alpha_{j1} \cdot F_1 + \alpha_{j2} \cdot F_2 + \ldots + \alpha_{jm} \cdot F_m + U_j, j = 1,2,\ldots,p$$

wiedergeben. Hiernach werden allgemein p manifeste Variablen auf m gemeinsame Faktoren $(m < p)$ zurückgeführt.

In Gleichung (1) wird die manifeste Variable X_j durch die gemeinsamen Faktoren $F_1, F_2, \ldots, F_m$ und einen merkmalsspezifischen Faktor (Einzelrestfaktor) U_j erklärt. Die Koeffizienten $\alpha_{j1}, \alpha_{j2}, \ldots, \alpha_{jm}$, die die Beziehung zwischen der j – ten Variablen und den m gemeinsamen Faktoren messen, heißen **Faktorladungen**.

Sofern die gemeinsamen Faktoren unabhängige Dimensionen darstellen, lassen sie sich als Korrelationskoeffizienten zwischen den betrachteten Variablen und den Faktoren interpretieren. Während die gemeinsamen Faktoren $F_1, F_2, \ldots, F_m$ stets mit mehreren Variablen korreliert sind, stehen die Einzelrestfaktoren $U_1, U_2, \ldots, U_p$ nur mit genau einer manifesten Variablen in Beziehung. Es handelt sich hierbei um nicht beobachtbare Residualgrößen, die untereinander unkorreliert sind; gleichermaßen sind sie nicht mit den gemeinsamen Faktoren korreliert. Bei der Faktorenextraktion wird darüber hinaus von unkorrelierten „Supervariablen" ausgegangen, jedoch kann diese Annahme danach gegebenenfalls aufgehoben werden.

Standardisierung

Bezieht man Gleichung (1) auf die i – te statistische Einheit, dann erkennt man, daß die Beobachtungswerte der j – ten Variablen die Struktur

(2) $$z_{ij} = \alpha_{j1} \cdot f_{i1} + \alpha_{j2} \cdot f_{i2} + \ldots + \alpha_{jm} \cdot f_{im} + u_{ij};$$
$$i = 1, 2, \ldots, n; \; j = 1, 2, \ldots, p$$

aufweisen. Da die faktorenanalytischen Ergebnisse sensitiv auf eine Veränderung der Maßeinheiten reagieren, in denen die manifesten Variablen gemessen werden, wird die hier vorgenommene Standardisierung der Variablenwerte

(3) $$z_{ij} = \frac{x_{ij} - \overline{x}_j}{s_j}, \; i = 1, 2, \ldots, n; j = 1, 2, \ldots, p$$

bei der die Abweichungen der Beobachtungswerte x_{ij} vom arithmetischen Mittel $\overline{x}_j$ der j–ten Variablen durch ihre Standardabweichung s_j dividiert werden, häufig zweckmäßig sein. Nach Gleichung (2) ist der standardisierte Beobachtungswert z_{ij} bis auf das Residuum u_{ij} durch eine Linearkombination der Faktorenwerte $f_{i1}, f_{i2}, \ldots, f_{im}$ determiniert. Damit liegt zwar formal eine Ähnlichkeit mit einer multiplen Regressionsgleichung vor, doch ist hier zu berücksichtigen, daß die Faktorenwerte f_{ik} nicht direkt beobachtbar sind, so daß sich die Koeffizienten α_{jk} nicht unmittelbar aus der strukturellen Beziehung (2) bestimmen lassen.

Aus diesem Grund setzt man bei der Bestimmung der Faktorladungen an der Korrelationsmatrix **R** der manifesten Variablen an, die sich unter Verwendung der standardisierten Beobachtungsmatrix **Z**

(4) $$\underset{n \times p}{\mathbf{Z}} = \begin{bmatrix} z_{11} & z_{12} & \cdots & z_{1p} \\ z_{21} & z_{22} & \cdots & z_{2p} \\ \vdots & & & \\ z_{n1} & z_{n2} & \cdots & z_{np} \end{bmatrix}$$

aus der Beziehung

(5) $$\underset{pxp}{R} = \frac{1}{n-1} \cdot \underset{pxn}{Z'} \underset{nxp}{Z}$$

ergibt. Die Zeilenzahl (Spaltenzahl) der Korrelationsmatrix entspricht genau der Dimension des von den Variablen aufgespannten Raumes. Wenn hinter den manifesten Variablen jedoch eine geringere Anzahl gemeinsamer Faktoren steht, lassen sich die Datenvektoren

$$z_i = (z_{i1} z_{i2} ... z_{ip})$$

in einem niedriger dimensionalen Raum darstellen. Die Korrelationen zwischen den manifesten Variablen könnten dann durch eine geringere Anzahl von Vektoren reproduziert werden, die die Beziehung zwischen den Variablen und Faktoren widerspiegeln.

Extraktionsverfahren

Da man im allgemeinen a priori die Anzahl der die Korrelationen zwischen den beobachtbaren Größen erzeugenden „Supervariablen" nicht kennt, sucht man zunächst einen sich aus den Faktorladungen $\alpha_{11}, \alpha_{21}, ..., \alpha_{p_1}$ zusammensetzenden Vektor a_1,

$$a_1 = (\alpha_{11} \alpha_{21} ... \alpha_{p_1})$$

der die Abhängigkeitsstruktur der manifesten Variablen in dem Sinne bestmöglich erklärt, daß das Vektorprodukt $a_1 \cdot a_1'$ die Korrelationsmatrix R mit einer größtmöglichen Genauigkeit approximiert. Aus der Approximation ($\doteq$ steht für „ist näherungsweise") $R \doteq a_1 \cdot a_1'$ folgt nach Postmultiplikation mit a_1

$$R \cdot a_1 \doteq a_1 \cdot a_1' \cdot a_1$$

und unter Verwendung des Skalars $\lambda_1 = a_1' \cdot a_1$ erhält man die Beziehung

(6) $$R \cdot a_1 \doteq \lambda_1 \cdot a_1$$

die ein Eigenwertproblem beinhaltet. Formal führt die Anwendung der **Hauptkomponentenmethode** zu dem Gleichungssystem

(7) $$\boxed{(R - \lambda_1 \cdot I) \cdot a_I = o}$$

das sich aus einem Optimierungsansatz ergibt, nach dem die Komponenten des Vektors a_I so zu bestimmen sind, daß der dahinter stehende Faktor ein Maximum der gesamten Varianz der manifesten Variablen erklärt. I bezeichnet in dem Gleichungssystem (7) die pxp-Einheitsmatrix und o den px1-Nullvektor. Die Größe λ_1 heißt Eigenwert, a_I ist der zugehörige Eigenvektor. Der Eigenwert λ_1 gibt die Streuung der manifesten Variablen an, die auf den Faktor F_1 zurückzuführen ist. Da die Gesamtstreuung im Falle standardisierter Variablen gleich ihrer Anzahl p ist, gibt der Quotient λ_1/p den Anteil der durch den ersten Faktor „erklärten" Streuung der beobachtbaren Größen an.

Numerisch läßt sich λ_1 aus der charakteristischen Gleichung

(8) $$\boxed{|R - \lambda_1 \cdot I| = o}$$

berechnen, da die Determinante der „Koeffizientenmatrix" $(R - \lambda_1 \cdot I)$ im Falle einer nicht-trivialen Lösung $(a_I \neq o)$ verschwinden muß. Nach Ermittlung des Eigenwerts λ_1 als größte Wurzel der charakteristischen Gleichung (8) kann der Vektor a_I aus dem Gleichungssystem (7) bestimmt werden, was jedoch eine Normierung voraussetzt, da nur $p-1$ der p Gleichungen linear unabhängig sind.

Aus dem normierten Eigenvektor

$$a_I^* = (a_{11}^* a_{12}^* \ldots a_{p1}^*), \qquad a_I^{*'} \cdot a_I^* = 1$$

erhält man den **Vektor der Faktorladungen (Faktorvektor)** a_I nach Multiplikation mit der Wurzel aus λ_1 (damit ist klar, daß der Faktorvektor a_I ein ganz bestimmter Eigenvektor ist, der mit dem Eigenwert λ_1 korrespondiert. Mit a_I erfüllt jeder Eigenvektor $c \cdot a_I$, $c \in \mathbb{R}$, die Gleichung (7), jedoch verzichten wir hier der Einfachheit halber auf die Einführung einer zusätzlichen Symbolik):

(9) $$a_1 = a_1^* \cdot \sqrt{\lambda_1}$$

Der Faktor F_2 kann analog aus der Restkorrelationsmatrix $R - a_1 \cdot a_1'$ extrahiert werden. Da der größte Eigenwert der Restkorrelationsmatrix $R - a_1 \cdot a_1'$ jedoch mit dem zweitgrößten Eigenwert der Korrelationsmatrix R identisch ist, läßt sich λ_2 einfacher aus der charakteristischen Gleichung

$$|R - \lambda_2 \cdot I| = 0$$

bestimmen. Der zugehörige Faktorvektor a_2 ergibt sich dann aus dem Gleichungssystem

(10) $$(R - a_1 \cdot a_1' - \lambda_2 I) a_2 = o$$

unter Berücksichtigung der Normierungserfordernis. Der auf diese Weise erhaltene normierte **Eigenvektor** a_2^* steht orthogonal auf dem Eigenvektor a_1^*:

$$a_1^{*'} \cdot a_2^* = 0$$

Dadurch ist die Unabhängigkeit der beiden Faktoren gekennzeichnet. Der Faktorvektor a_2 ist dann analog zu (9) durch

(11) $$a_2 = a_2^* \cdot \sqrt{\lambda_2}$$

gegeben. Die Extraktion weiterer Faktoren ist damit evident. Man wird aber nur Faktoren extrahieren, die einen nicht vernachlässigbaren Beitrag zur Erklärung der gesamten Streuung der beobachteten Variablen liefern. Außerdem wird häufig gefordert, daß die Faktoren in Anwendungen sachlich sinnvoll interpretierbar sein sollen.

538   16 Faktorenanalyse

Beispiel

In 12 Regionen seien im Rahmen einer regionalen Strukturanalyse sechs Merkmale beobachtet worden, die ihre soziökonomische Struktur charakterisieren (siehe Tabelle 16.1).

Tabelle 16.1: Ausgangsdaten zur Faktorenanalyse

Region	X_1	X_2	X_3	X_4	X_5	X_6
A	212,4	20116	9,8	53,0	8,4	-0,7
B	623,7	24966	3,4	73,1	6,1	3,4
C	93,1	19324	23,6	47,9	12,3	-1,9
D	236,8	23113	8,7	66,8	8,7	2,0
E	412,0	23076	8,9	46,9	8,0	-3,1
F	566,7	24516	6,1	44,3	8,6	-3,0
G	331,9	22187	7,4	57,6	10,3	4,7
H	111,4	20614	16,3	63,8	13,9	5,2
I	489,0	25006	5,7	49,4	6,7	-2,6
J	287,4	23136	8,8	59,4	12,4	1,7
K	166,2	20707	14,1	74,0	13,0	3,6
L	388,1	23624	9,6	54,3	6,9	-0,4

Erläuterung:

X_1 *Bevölkerungsdichte (Einwohner je qkm)*

X_2 *Bruttoinlandsprodukt (BIP) je Einwohner (DM)*

X_3 *Anteil der Erwerbstätigen in der Landwirtschaft (%)*

X_4 *Wachstumsrate des BIP (in den letzten zehn Jahren)*

X_5 *Geburtenziffer (Lebendgeborene je 1000 Einwohner)*

X_6 *Wanderungssaldo (je 1000 Einwohner)*

Zielsetzung

Mit Hilfe der Faktorenanalyse soll untersucht werden, ob hinter den regionalstatistischen Merkmalen bestimmte Strukturdimensionen stehen, mit denen die zwölf Regionen charakterisiert werden können.

Beobachtungsmatrix

Um die unterschiedliche Dimensionierung der Merkmale zu beseitigen, wird als erstes eine Standardisierung durchgeführt. Als Ergebnis erhält man die standardisierte 12x6-Beobachtungsmatrix:

$$Z_{12\times 6} = \begin{bmatrix} -0{,}657 & -1{,}245 & -0{,}073 & -0{,}450 & -0{,}450 & -0{,}470 \\ 1{,}709 & 1{,}254 & -1{,}242 & 1{,}542 & -1{,}306 & 0{,}866 \\ -1{,}343 & -1{,}653 & 2{,}448 & -0{,}955 & 1{,}002 & -0{,}861 \\ -0{,}516 & 0{,}299 & -0{,}274 & 0{,}917 & -0{,}338 & 0{,}410 \\ 0{,}491 & 0{,}280 & -0{,}238 & -1{,}054 & -0{,}548 & -1{,}252 \\ 1{,}381 & 1{,}022 & -0{,}749 & -1{,}312 & -0{,}375 & -1{,}219 \\ 0{,}031 & -0{,}178 & -0{,}512 & 0{,}006 & 0{,}258 & 1{,}290 \\ -1{,}237 & -0{,}988 & 1{,}115 & 0{,}620 & 1{,}597 & 1{,}453 \\ 0{,}934 & 1{,}275 & -0{,}822 & -0{,}807 & -1{,}082 & -1{,}089 \\ -0{,}225 & 0{,}311 & -0{,}256 & 0{,}184 & 1{,}039 & 0{,}312 \\ -0{,}992 & -0{,}940 & 0{,}713 & 1{,}631 & 1{,}262 & 0{,}931 \\ 0{,}354 & 0{,}563 & -0{,}110 & -0{,}321 & -1{,}008 & -0{,}372 \end{bmatrix}$$

In der i – ten Zeile finden sich die standardisierten Beobachtungswerte der Region i, in der j – ten Spalte die standardisierten Beobachtungswerte der Variablen X_j.

Korrelationsmatrix

Aus den obigen Angaben erhält man die folgende 6x6-Korrelationsmatrix:

$$R = \begin{bmatrix} 1{,}000 & 0{,}907 & -0{,}834 & -0{,}161 & -0{,}787 & -0{,}309 \\ 0{,}907 & 1{,}000 & -0{,}845 & -0{,}054 & -0{,}711 & -0{,}220 \\ -0{,}834 & -0{,}845 & 1{,}000 & -0{,}067 & 0{,}719 & 0{,}039 \\ -0{,}161 & -0{,}054 & -0{,}067 & 1{,}000 & 0{,}226 & 0{,}832 \\ -0{,}787 & -0{,}711 & 0{,}719 & 0{,}226 & 1{,}000 & 0{,}454 \\ -0{,}309 & -0{,}220 & 0{,}039 & 0{,}832 & 0{,}454 & 1{,}000 \end{bmatrix}$$

Diese Korrelationsmatrix bildet den Ausgangspunkt der Faktorenanalyse.

Eigenwertbestimmung

Zu bestimmen ist als erstes die größte Wurzel (Eigenwert) λ_1, für den die Determinante der Korrelationsmatrix R nach Substitution ihrer Hauptdiagonalelemente durch die Größe $1-\lambda_1$ gleich Null wird. Die Berechnung ist komplex und ohne einen Computereinsatz kaum mach-

bar. *Um das Ergebnis jedoch nachvollziehen zu können, sind in einem Tabellenausschnitt jedoch die Werte der Determinante $|\mathbf{R} - \lambda \cdot \mathbf{I}|(D)$ für unterschiedliche λ-Werte zwischen 0 und 6 angegeben (siehe Tabelle 16.2).*

Tabelle 16.2: Grobberechnung der Nullstellen

E	0,100	0,200	0,300	..	1,700	1,800	..	3,500	3,600	..	6,000
D	0,000	0,000	0,000	..	0,847	-0,222	..	-13,204	9,579	..	11922,723

Aus der Tabelle 16.2 geht hervor, daß die Determinante bei kleinen λ-Werten von 0,100 bis 0,300 näherungsweise gleich Null ist und daß Nullstellen zwischen den λ-Werten 1,700 und 1,800 sowie 3,500 und 3,600 vorliegen.

Da der größte Eigenwert zu bestimmen ist, kommt für λ_1 nur ein Wert aus dem Intervall $[3{,}500; 3{,}600]$ in Betracht. Eine genauere Berechnung führt zu $\lambda_1 = 3{,}562$, was bedeutet, daß der erste Faktor einen Anteil von $(3{,}562/6) \cdot 100\% = 59{,}4\%$ der gesamten Varianz der manifesten Variablen zu erklären vermag.

Der zweitgrößte Eigenwert, der offenbar im Intervall $[1{,}700; 1{,}800]$ liegt, beträgt $\lambda_2 = 1{,}782$, so daß der zweite Faktor einen Erklärungsgehalt von $(1{,}782/6) \cdot 100\% = 29{,}7\%$ besitzt.

Weitere Faktoren brauchen hier nicht in Betracht gezogen zu werden, da ihr Beitrag zu der Erklärung der Variablenstreuung vernachlässigbar gering wäre. Die Eigenwertbestimmung hat somit ergeben, daß die Korrelationen zwischen den regionalstatistischen Variablen auf zwei unabhängige Dimensionen zurückgeführt werden können, die zusammen rund 90% ihrer gesamten Streuung erklären.

Eigenvektoren

Es können nun die mit den beiden Eigenwerten $\lambda_1 = 3{,}562$ und $\lambda_2 = 1{,}782$ korrespondierenden Eigenvektoren berechnet werden, aus denen sich die Faktorvektoren ergeben. Der zum Eigenwert $\lambda_1 = 3{,}562$ gehörende normierte Eigenvektor läßt sich auf der Basis des homogenen Gleichungssystems (16) wie folgt ermitteln. Da eine der sechs Gleichungen redundant ist, vernachlässigt man zum Beispiel die sechste Gleichung,

$$(1{,}000-3{,}562)\cdot\alpha_{11}^{*}+0{,}907\alpha_{21}^{*}-0{,}834\alpha_{31}^{*}-0{,}161\alpha_{41}^{*}-0{,}787\alpha_{51}^{*}+0{,}309\alpha_{61}^{*}=0$$
$$0{,}907\alpha_{11}^{*}+(1{,}000-3{,}562)\cdot\alpha_{21}^{*}-0{,}845\alpha_{31}^{*}-0{,}054\alpha_{41}^{*}-0{,}711\alpha_{51}^{*}+0{,}220\alpha_{61}^{*}=0$$
$$-0{,}834\alpha_{11}^{*}-0{,}854\alpha_{21}^{*}+(1{,}000-3{,}562)\cdot\alpha_{31}^{*}-0{,}067\alpha_{41}^{*}+0{,}719\alpha_{51}^{*}-0{,}039\alpha_{61}^{*}=0$$
$$-0{,}161\alpha_{11}^{*}-0{,}054\alpha_{21}^{*}-0{,}067\alpha_{31}^{*}+(1{,}000-3{,}562)\cdot\alpha_{41}^{*}+0{,}226\alpha_{51}^{*}-0{,}832\alpha_{61}^{*}=0$$
$$-0{,}787\alpha_{11}^{*}-0{,}711\alpha_{21}^{*}+0{,}719\alpha_{31}^{*}+0{,}226\alpha_{41}^{*}+(1{,}000-3{,}562)\cdot\alpha_{51}^{*}-0{,}454\alpha_{61}^{*}=0$$

und setzt zusätzlich $\alpha_{11}^{*}=1{,}000$. *Man erhält dann den unnormierten Eigenvektor*

$$(1{,}000 \quad 0{,}961 \quad -0{,}909 \quad -0{,}296 \quad -0{,}939 \quad 0{,}472)$$

dessen Skalarprodukt 3,941 beträgt. Nach Division der Vektorkomponenten durch die Wurzel des Skalarprodukts liegt der normierte Eigenvektor $\boldsymbol{a}_1^*$ *fest:*

$$\boldsymbol{a}_1^* = (0{,}504 \quad 0{,}484 \quad -0{,}458 \quad -0{,}149 \quad -0{,}473 \quad 0{,}238)'$$

Faktorvektor

Der Faktorvektor (Vektor der Faktorladungen) $\boldsymbol{a}_1$ *ergibt sich dann nach Multiplikation des normierten Eigenvektors* $\boldsymbol{a}_1^*$ *mit der Wurzel des Eigenwerts* $\lambda_1 = 3{,}562$:

$$\boldsymbol{a}_1 = (0{,}951 \quad 0{,}913 \quad -0{,}864 \quad -0{,}281 \quad -0{,}893 \quad -0{,}449)'$$

Interpretation

Man sieht, daß vor allem die Variablen X_1, X_2, X_3 *und* X_5 *absolut hoch auf dem Faktor* F_1 *laden. Während die Bevölkerungsdichte und das Pro-Kopf-Sozialprodukt positiv mit dem ersten Faktor korreliert sind, weisen der Anteil der Erwerbstätigen in der Landwirtschaft und die Geburtenziffer eine negative Korrelation auf. Der Faktor* F_1 *läßt sich daher als Verstädterungsgrad interpretieren.*

Subtrahiert man den durch den ersten Faktor erklärten Teil $\boldsymbol{a} \cdot \boldsymbol{a}_1'$ *der Korrelationsmatrix* $\boldsymbol{R}$, *dann läßt sich in der gleichen Art und Weise aus dem Gleichungssystem (21) der zum Eigenwert* $\lambda_2 = 1{,}782$ *zugehörige normierte Eigenvektor*

$$a_2^* = (0{,}098 \quad 0{,}179 \quad -0{,}297 \quad 0{,}680 \quad 0{,}033 \quad 0{,}638)'$$

und nach Multiplikation mit dem Faktor $\sqrt{1{,}782}$ *der Faktorvektor des Faktors* F_2

$$a_2 = (0{,}131 \quad 0{,}239 \quad -0{,}396 \quad 0{,}908 \quad 0{,}044 \quad 0{,}852)'$$

bestimmen. Auf dem Faktor F_2 *laden vor allem die Variablen* X_4 *und* X_6 *absolut hoch, die das BIP-Wachstum und den Wanderungssaldo repräsentieren. Eine Interpretation dieses Faktors als Attraktivität bietet sich an.*

16.3 Kommunalitäten und Faktorenzahl

Kommunalität

Die **Hauptkomponentenmethode** ist ein vereinfachtes Extraktionsverfahren, da sie die merkmalsspezifischen Faktoren (Einzelrestfaktoren) unberücksichtigt läßt. Die Einzelrestfaktoren U_j leisten zwar keinen Beitrag zur Erklärung der Korrelationen zwischen den manifesten Variablen, jedoch erzeugen sie eine merkmalsspezifische Streuung. Allein der nach Subtraktion der auf den Einzelrestfaktor U_j zurückzuführenden Varianz v_j von der Gesamtvarianz der Variablen X_j verbleibende Teil h_j^2 läßt sich durch die gemeinsamen Faktoren erklären. Er heißt **Kommunalität** und ergibt sich als j – tes Hauptdiagonalelement der Produktmatrix AA'

$$(12) \quad \boxed{h_j^2 = \sum_{k=1}^{m} \alpha_{jk}^2}$$

mit

$$(13) \quad \underset{pxm}{A} = (a_1 a_2 \ldots a_m) = \begin{bmatrix} \alpha_{11} & \alpha_{12} & \cdots & \alpha_{1m} \\ \alpha_{21} & \alpha_{22} & \cdots & \alpha_{2m} \\ \vdots & \vdots & \ddots & \vdots \\ \alpha_{p1} & \alpha_{p2} & \cdots & \alpha_{pm} \end{bmatrix}$$

Die pxm-Matrix A ist die **Faktormatrix** (**Ladungsmatrix**), die aus den Faktorenvektoren a_k, $k = 1,2,\ldots,m$, gebildet wird, die die Ladungen der Variablen auf den gemeinsamen Faktoren enthalten.

Reduzierte Korrelationsmatrix

Ersetzt man die Hauptdiagonalelemente $r_{jj} = 1$ der Korrelationsmatrix R durch die Kommunalitäten h_j^2 und extrahiert die gemeinsamen Faktoren aus der resultierenden Korrelationsmatrix R_h in der gleichen Art und Weise, dann spricht man von einer **Hauptfaktorenanalyse**. Da die Hauptdiagonalelemente von R hierin um die merkmalsspezifischen Teile v_j vermindert worden sind, bezeichnet man R_h als **reduzierte Korrelationsmatrix**. Sie ist bei einer erfolgreichen Faktorenanalyse bis auf zu vernachlässigende Residualabweichungen in den Nichtdiagonalelementen durch die Produktmatrix AA' determiniert:

$$(14) \quad \underset{pxp}{R_h} \doteq \underset{pxm}{A} \cdot \underset{mxp}{A}$$

Damit ist aber zugleich gezeigt, daß die empirische Korrelationsmatrix bei Gültigkeit des faktorenanalytischen Modells approximativ durch die gemeinsamen und merkmalspezifischen Faktoren in der Form

$$(15) \quad \underset{pxp}{R} \doteq \underset{pxm}{A} \cdot \underset{mxp}{A'} + \underset{pxp}{V}$$

reproduziert werden kann. V ist hierin eine pxp-Diagonalmatrix der merkmalsspezifischen Varianzen:

$$V = \boldsymbol{diag}(v_1 \quad v_2 \quad \cdots \quad v_p)$$

> Aufgrund ihrer herausragenden Bedeutung wird Gleichung (15) als das **Fundamentaltheorem der Faktorenanalyse** bezeichnet.

Kommunalitätenproblem

Bei der praktischen Durchführung der Faktorenanalyse stellt sich jedoch das Kommunalitätenproblem. Es besteht darin, daß die Kommunalitäten eigentlich bekannt sein müssen, um die gemeinsamen Faktoren zu extrahieren, obwohl sie tatsächlich erst nach Ermittlung der Faktorladungen gegeben sind. Hierzu muß außerdem die Anzahl der zu extrahierenden Faktoren feststehen. Für beide Probleme gibt es unterschiedliche Lösungsansätze.

Faktorenzahl

> Was die Bestimmung der **Faktorenzahl** betrifft, so ist bereits bei der Lösung des Eigenwertproblems klar geworden, daß Faktoren mit geringen Eigenwerten vernachlässigt werden können. Sie sind von reinen Zufallsfaktoren nicht zu unterscheiden und können keinen substantiellen Erklärungsbeitrag liefern.

Um zu klären, wann tatsächlich von einem Zufallsfaktor ausgegangen werden kann, bedarf es eines Kriteriums, das die Bestimmung der Faktorenzahl objektiviert.

Nach dem sog. **Scree-Test** ist die Anzahl der gemeinsamen Faktoren aus einem Eigenwertdiagramm zu ermitteln, in dem die der Größe nach geordneten Eigenwerte gegen ihre Ordnungsnummer abgetragen werden. Die Faktorenzahl wird hiernach durch die Anzahl der Eigenwerte bestimmt, die sich visuell durch einen starken Knick zu ihrem nachfolgenden Eigenwert hervorheben. Danach würde das Eigenwertdiagramm in Bild 16.2 (siehe folgende Seite) zwei gemeinsame Faktoren indizieren, da die lineare Verbindung der Eigenwerte der übrigen vier Faktoren zu einer Kurve führt, die in geringem Abstand fast parallel zur Abszisse liegt.

Ein zweites Kriterium, das **Kaiser-Kriterium**, stellt darauf ab, daß die erklärte Streuung eines gemeinsamen Faktors nicht kleiner sein darf als die durch eine manifeste Variable hervorgerufene Streuung. Ansonsten hätte ein gemeinsamer Faktor im Hinblick auf die Erklärung der beobachteten Gesamtvarianz eine geringere Bedeutung als eine einzelne manifeste Variable, was mit dem Verständnis des Konzepts einer Supervariablen kollidieren würde. Bei standardisierten Variablen ist nach dem Kaiser-Kriterium ein Faktor zu extrahieren, sofern der mit ihm korrespondierende Eigenwert größer als Eins ist.

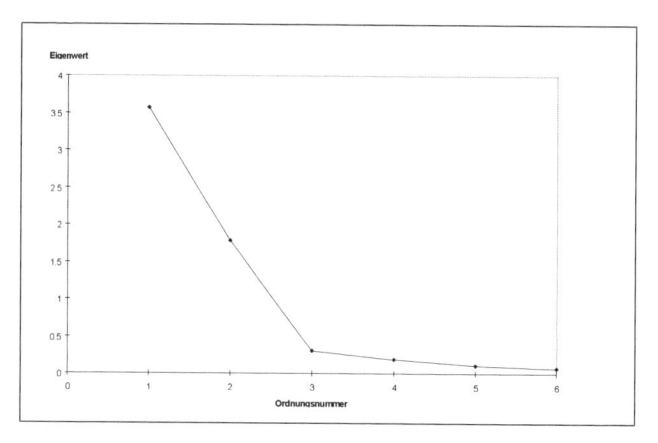

Bild 16.2: Eigenwertdiagramm

Eine dritte Faustregel bezieht sich auf den kumulierten Varianzanteil, der durch die extrahierten Faktoren erklärt werden sollte. Die **kumulative Varianzregel** fordert, daß die Faktorenzahl nach Maßgabe eines bestimmten Anteils von zum Beispiel 90% oder 95% der gesamten Streuung der manifesten Variablen festzulegen ist.

Lösung des Kommunalitätenproblems

Das Kommunalitätenproblem läßt sich unter Verwendung von Hilfsverfahren lösen, die im allgemeinen nur eine sukzessive Überführung der Korrelationsmatrix R in die reduzierte Korrelationsmatrix R_h leisten.

Ein einfaches Hilfsverfahren besteht darin, die absolut maximale Korrelation einer manifesten Variablen mit den übrigen Variablen als Kommunalitätenschätzer zu verwenden:

(16) $$h_j^2 = \max\{|r_{hj}|\}, \quad h \neq j$$

Dieses aufgrund seiner Einfachheit beliebte Verfahren ist theoretisch unbefriedigend, da der absolut größte Korrelationskoeffizient einer Variablen keine besondere Beziehung zur Kommunalität hat. Ersetzt man jedoch die Anfangsschätzer der Kommunalitäten nach einer vorläu-

figen Faktorenextraktion durch Gleichung (12) und iteriert das Verfahren, dann ergeben sich häufig bei einer Konvergenz akzeptable Endschätzer.
Ein besseres Schätzverfahren besteht darin, das Quadrat des multiplen Korrelationskoeffizienten

$$(17) \quad R_{j.12..(j)..p}^{2} = 1 - \frac{1}{r^{jj}}$$

in dem r^{jj} das j-te Diagonalelement der inversen Korrelationsmatrix R^{-1} bezeichnet, als Kommunalitätenschätzer zu verwenden:

$$(18) \quad h_j^2 = R_{j.12..(j)..p}^{2}$$

$R_{j.12..(j)..p}^{2}$ ist mit dem Determinationskoeffizienten einer Regression der j-ten Variablen auf die übrigen Variablen identisch. Wie sich zeigen läßt, ist die wahre Kommunalität stets größer oder gleich dem Quadrat des multiplen Korrelationskoeffizienten, der gegen sie für $p \to \infty$ bei $\frac{m}{p} \to 0$ konvergiert.

Beispiel

In dem regionalökonomischen Beispiel besitzt die Korrelationsmatrix R folgende Eigenwerte:

$\lambda^1 = 3{'}562 \quad \lambda^2 = 1{'}782 \quad \lambda^3 = 0{'}301 \quad \lambda^4 = 0{'}182 \quad \lambda^5 = 0{'}102 \quad \lambda_6 = 0{,}071$

Faktorenzahl

Die lineare Verbindungslinie der Punkte (j, λ_j) in einem Eigenwertdiagramm weist einen scharfen Knick zwischen den Eigenwerten λ_2 und λ_3 auf, von dem ab die Eigenwerte approximativ auf einer Gerade liegen, die in einem geringen Abstand zur Abszisse verläuft. Nach dem Scree-Test wären mithin zwei Faktoren zu extrahieren. Dieselbe Faktorenzahl ergibt sich aus dem Kaiser-Kriterium, da nur die beiden größten Eigenwerte den Wert Eins übersteigen. Der kumulierte Varianzanteil, den die mit diesen beiden Eigenwerten korrespondierenden Faktoren

16.3 Kommunalitäten und Faktorenzahl

erklären, beträgt 89,1%, womit der Schwellenwert von 90% der kumulativen Varianzregel nur knapp unterschritten wird.

Kommunalitätenschätzer

Die Kommunalitätenschätzer sind für die beiden betrachteten Verfahren in Tabelle 16.3 ausgewiesen. Um das Quadrat des multiplen Korrelationskoeffizienten berechnen zu können, ist auf die Inverse der Korrelationsmatrix R zurückzugreifen:

$$R^{-1}_{6x6} = \begin{bmatrix} 8,023 & -4,800 & 1,475 & 0,820 & 1,694 & -0,086 \\ -4,800 & 6,980 & 2,385 & -1,076 & -0,850 & 1,241 \\ 1,475 & 2,385 & 5,540 & -0,646 & -1,980 & 2,201 \\ 0,820 & -1,076 & -0,646 & 3,795 & 1,136 & -3,632 \\ 1,694 & -0,850 & -1,980 & 1,136 & 3,951 & -2,325 \\ -0,086 & 1,241 & 2,201 & -3,632 & -2,325 & 5,238 \end{bmatrix}$$

Tabelle 16.3: Kommunalitätenschätzer

	Kommunalitätenschätzer					
	h_1^2	h_2^2	h_3^2	h_4^2	h_5^2	h_6^2
Verfahren der größten Korrelation	0,907	0,907	0,845	0,832	0,787	0,832
Quadrat des multiplen Korrelationskoeffizienten	0,875	0,857	0,819	0,736	0,747	0,809

Größere Abweichungen zwischen den beiden Schätzverfahren sind vor allem bei den Variablen X_2 und X_4 zu konstatieren. Bei Anwendung der Kommunalitätenschätzer des letzteren Verfahrens erhält man die Faktormatrix (Ladungsmatrix)

$$A = \begin{bmatrix} 0,950 & 0,134 \\ 0,897 & 0,231 \\ -0,844 & -0,383 \\ -0,268 & 0,798 \\ -0,836 & 0,039 \\ -0,466 & 0,885 \end{bmatrix}$$

In den Spalten stehen die Faktorvektoren a_1 und a_2. Die Faktorladungen der Hauptfaktorenanalyse weichen nur geringfügig von denen der Hauptkomponentenmethode ab, so daß die Interpretation der beiden *extrahierten Faktoren unverändert bleibt. Da die Anfangsschätzer der Kommunalitäten iteriert worden sind, unterscheiden sich die im letzten Schritt aus der Faktorenmatrix **A** aufgrund von Gleichung (12) ergebenden Kommunalitäten von ihren Ausgangswerten (siehe Tabelle 16.4).*

Tabelle 16.4: Kommunalitäten

h_1^2	h_2^2	h_3^2	h_4^2	h_5^2	h_6^2
0,920	0,858	0,859	0,708	0,701	1,000

16.4 Das Rotationsproblem

Faktorenraum

Trägt man die ermittelten Faktorladungen in ein Koordinatensystem mit den Ladungen des ersten Faktors auf der Abszisse und den Ladungen des zweiten Faktors auf der Ordinate (zweidimensionaler Faktorenraum) ab, dann könnte sich zum Beispiel das Bild 16.3 ergeben.

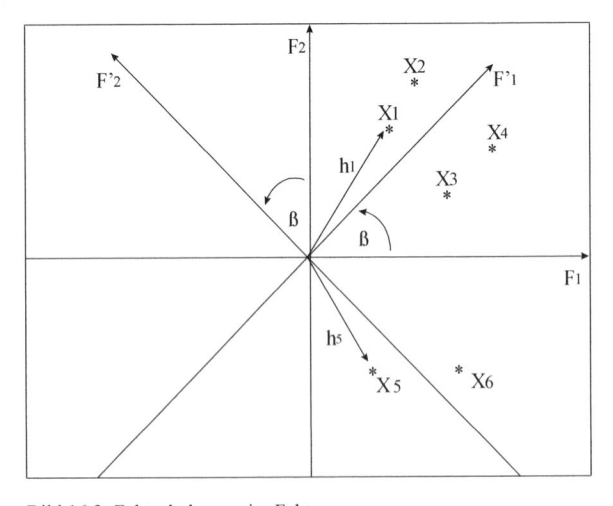

Bild 16.3: Faktorladungen im Faktorenraum

Das Quadrat über dem durch die Faktorladungen α_{j1} und α_{j2} gegebenen Koordinatenpunkt entspricht nach dem Satz des Pythagoras der durch die beiden Faktoren F_1 und F_2 erklärten Varianz der (standardisierten) Variablen X_j. Mithin gibt der Fahrstrahl den Korrelationskoeffizienten zwischen der betrachteten Variablen und den beiden gemeinsamen Faktoren wieder, der mit der Wurzel aus der Kommunalität identisch ist.

Das bedeutet aber, daß eine Drehung des Achsenkreuzes die durch die Faktoren erklärten Varianzanteile der manifesten Variablen nicht verändern würde. In der Tat ist allein die Konfiguration der Variablenvektoren im Faktorenraum invariant, wohingegen die Faktoren beliebig rotiert werden können. Man kann nämlich zeigen, daß die Faktorladungen $\tilde{\alpha}_{jk}$, die sich nach einer Drehung der beiden Koordinatenachsen um den Winkel β ergeben, die reduzierte Korrelationsmatrix R_h genau so gut reproduzieren wie die Faktorladungen α_{jk} aus der originären Faktorenextraktion.

Rotation

Analytisch lassen sich die rotierten Faktorladungen in einem zweidimensionalen Faktorenraum erhalten, indem man die unrotierte Faktormatrix A von rechts mit der Transformationsmatrix

$$T = \begin{bmatrix} \cos\beta & -\sin\beta \\ \sin\beta & \cos\beta \end{bmatrix}$$

multipliziert, durch die die Drehung der beiden Koordinatenachsen entgegen dem Uhrzeigersinn um den Winkel β bewerkstelligt wird:

(19) $\boxed{\tilde{A} = AT}$

Wegen $TT' = I$ gilt für das Produkt der rotierten Faktormatrix $\tilde{A}$ mit ihrer transponierten $(\tilde{A})$

(20) $\boxed{\tilde{A}(\tilde{A}) = AT(AT)' = ATT'A' = AIA' = AA'}$

Dies belegt aufgrund von Gleichung (14) unsere Behauptung. Allgemein läßt sich die unrotierte Faktorenmatrix A stets unter Verwendung von Gleichung (19) in eine rotierte Faktorenmatrix $\tilde{A}$ bei entsprechender Spezifikation der Transformationsmatrix T überführen.

16 Faktorenanalyse

Rotationsproblem

> Das Rotationsproblem der Faktorenanalyse besteht in der Frage, welche der unendlich vielen beobachtungsäquivalenten Strukturen zu wählen ist.

Zur Lösung des Rotationsproblems hat Thurstone das Konzept einer Einfachstruktur geprägt, die in unterschiedlicher Weise operationalisierbar ist (die Entwicklung des multiplen Faktorenmodells geht originär auf Thurstone (1947) zurück, der ein starkes Augenmerk auf die Ermittlung interpretierbarer Faktorstruktururen gerichtet hat).

In Bild 16.3 sind die Beziehungen zwischen den manifesten Variablen und den gemeinsamen Faktoren im originären Faktorenraum in dem Sinne verwischt, daß kein Faktor ausgemacht werden kann, der nur auf bestimmte Variablen einen Einfluß ausübt. Moderate Ladungen der Variablen auf den Faktoren lassen keine klare Faktorenstruktur erkennen.

Dreht man das Koordinatensystem dagegen um 45 Grad entgegen dem Uhrzeigersinn, dann sind die Affinitäten der Variablen X_1 bis X_4 zum Faktor F_1 und der Variablen X_5 bis X_6 zum Faktor F_2 gut erkennbar.

> Substanzwissenschaftlich erleichtert eine solche Art der Zuordnung die Interpretation des Faktorenmusters häufig beträchtlich.

Formal ist eine Einfachstruktur dadurch gekennzeichnet, daß an die Stelle moderater Faktorladungen Ladungen treten, die zu den Werten Null und Eins hin tendieren.

Varimax-Methode

Mit der Varimax-Methode wird dies dadurch erreicht, daß die Summe der Abweichungsquadrate der quadrierten Faktorladungen $\tilde{\alpha}_{jk}^2$ von ihrem jeweiligen Spaltenmittel

$$(21)\quad \overline{\tilde{\alpha}_k^2} = \frac{1}{p}\sum_{j=1}^{p}\tilde{\alpha}_{jk}^2$$

maximiert wird:

$$(22) \quad \underset{\widetilde{\alpha}_{jk}}{Max\, V} = \sum_{k=1}^{m} \sum_{j=1}^{p} \left(\widetilde{\alpha}_{jk}^2 - \overline{\widetilde{\alpha}_k^2} \right)^2$$

Damit alle Variablen das gleiche Gewicht erhalten, bezieht man die Ladungen $\widetilde{\alpha}_{jk}$ jedoch auf die Wurzeln der zugehörigen Kommunalitäten, h_j, so daß im Maximierungsproblem (22) die Ladungsquadrate $\widetilde{\alpha}_{jk}^2$ durch die normierten Ladungsquadrate $\widetilde{\alpha}_{jk}^2 / h_j^2$ zu ersetzen sind. Ausgehend von den unrotierten Faktorladungen α_{jk} wird die Prozedur iterativ bis zum Eintritt der Konvergenz durchgeführt. Auf diese Weise wird die Anzahl der Variablen, die auf einen Faktor hoch laden, minimiert. Das Varimax-Verfahren tendiert dazu, Gruppenfaktoren zu bilden, die nur mit ganz bestimmten manifesten Variablen korrespondieren.

Quartimax-Methode

Ein alternatives orthogonales Rotationsverfahren stellt die Quartimax-Methode dar, mit der die Summe der Abweichungsquadrate der quadrierten Faktorladungen $\widetilde{\alpha}_{jk}^2$ von ihrem Zeilenmittel

$$(23) \quad \overline{\widetilde{\alpha}_j^2} = \frac{1}{m} \sum_{k=1}^{m} \widetilde{\alpha}_{jk}^2$$

maximiert wird:

$$(24) \quad \underset{\widetilde{\alpha}_{jk}}{Max\, Q} = \sum_{j=1}^{p} \sum_{k=1}^{m} \left(\widetilde{\alpha}_{jk}^2 - \overline{\widetilde{\alpha}_j^2} \right)^2$$

Das Verfahren zielt mithin darauf ab, die Anzahl der Faktoren zu minimieren, die eine manifeste Variable erklären. Im Ergebnis tritt hierbei häufig ein Generalfaktor auf, auf den die meisten Variablen mittelhoch bis hoch laden, was als Nachteil der Quartimax-Methode zu sehen ist.

Equamax-Methode

Die **Equamax-Methode** ist ein orthogonales Rotationsverfahren, das aus einer Kombination der Kriterien (21) und (23) hervorgeht. Die Vorteile einer derartigen Kombination sind jedoch zweifelhaft.

Oblique Rotation

In der Praxis wird vor allem die Varimax-Methode aufgrund ihrer Eigenschaften bevorzugt. Jedoch kann eine oblique Rotation geboten sein, wenn eindeutige Variablencluster existieren, deren Schwerpunkte in einem spitzen Winkel zueinander liegen. In diesem Fall wären die gemeinsamen Faktoren selbst korreliert, was dazu führt, daß die Faktorladungen nicht mehr die Korrelationen zwischen den Variablen und Faktoren (= Faktorenstruktur) widerspiegeln, sondern nur noch das Faktorenmuster prägen. Es kann aber unter Berücksichtigung der Faktorenkorrelationen in die Faktorenstruktur überführt werden.

Ein obliques Rotationsverfahren, das in statistischen Standard-Programmpaketen (zum Beispiel SPSS, SAS, BDMP) verfügbar ist, ist die **Oblimin-Methode**.

Beispiel

Bei dem regionalökonomischen Datensatz ist die unrotierte Faktormatrix A bereits gut interpretierbar. Eine Rotation ist aus diesem Grund nicht die Voraussetzung für eine adäquate substantielle Interpretation der extrahierten Faktoren, sondern sie dient hier allein einer deutlicheren Herauskristallisierung des Faktorenmusters.

Wir beschränken uns auf die Anwendung der Varimax-Methode, mit der ein Rotationswinkel von 17,8 Grad abgeleitet werden kann. Die Transformationsmatrix T ist daher durch

$$T = \begin{bmatrix} \cos 17{,}8^o & -\sin 17{,}8^o \\ \sin 17{,}8^o & \cos 17{,}8^o \end{bmatrix} = \begin{bmatrix} 0{,}952 & -0{,}306 \\ 0{,}306 & 0{,}952 \end{bmatrix}$$

gegeben. Multipliziert man die unrotierte Faktormatrix A von rechts mit der Transformatrix T, dann erhält man die Varimax-rotierte Faktorenmatrix

$$\tilde{A} = \begin{bmatrix} 0{,}950 & 0{,}134 \\ 0{,}897 & 0{,}231 \\ -0{,}844 & -0{,}383 \\ -0{,}268 & 0{,}798 \\ -0{,}836 & 0{,}039 \\ -0{,}466 & 0{,}885 \end{bmatrix} \begin{bmatrix} 0{,}952 & -0{,}306 \\ 0{,}306 & 0{,}952 \end{bmatrix} = \begin{bmatrix} 0{,}945 & -0{,}163 \\ 0{,}925 & -0{,}055 \\ -0{,}921 & -0{,}106 \\ -0{,}011 & 0{,}842 \\ -0{,}784 & 0{,}293 \\ -0{,}173 & 0{,}985 \end{bmatrix}$$

in der einige vormals mittelhohe Ladungen zu Quasi-Nulladungen geworden sind.

16.5 Bestimmung der Faktorwerte

> Die ermittelten Faktorladungen geben die Zusammenhänge zwischen den manifesten Variablen und den gemeinsamen Faktoren wieder.

Faktorwerte

Substanzwissenschaftlich interessant sind aber nicht nur diese Beziehungen, sondern gleichermaßen jene zwischen den Faktoren und den Untersuchungsobjekten. Diese Beziehungen werden durch die **Faktorwerte** vermittelt.

Ausgangspunkt für eine Bestimmung der Faktorwerte

$$f_{ik}, i = 1, 2, \ldots, n; k = 1, 2, \ldots, m$$

ist die Gleichung (2), die unter Verwendung der rotierten Faktormatrix $\tilde{A}$ in Matrixschreibweise in der Form

(25) $$\underset{p \times n}{\boldsymbol{Z'}} = \underset{p \times m}{\tilde{\boldsymbol{A}}} \cdot \underset{m \times n}{\boldsymbol{F'}} + \underset{p \times n}{\boldsymbol{U'}}$$

mit $\boldsymbol{F}$ als nxm-Faktorwertematrix,

$$\underset{n \times m}{\boldsymbol{F}} = \begin{bmatrix} f_{11} & f_{12} & \cdots & f_{1m} \\ f_{21} & f_{22} & \cdots & f_{2m} \\ \vdots & \vdots & \ddots & \vdots \\ f_{n1} & f_{n2} & \cdots & f_{nm} \end{bmatrix}$$

und U als nxm-Residualmatrix,

$$U_{nxp} = \begin{bmatrix} u_{11} & u_{12} & \cdots & u_{1p} \\ u_{21} & u_{22} & \cdots & u_{2p} \\ \vdots & \vdots & \ddots & \vdots \\ u_{n1} & u_{n2} & \cdots & u_{np} \end{bmatrix}$$

geschrieben werden kann. Aus (25) läßt sich unmittelbar ein Schätzer für die Faktorwertematrix F erhalten, indem man die Residualmatrix U, die die Realisationen der spezifischen Faktoren wiedergibt, vernachlässigt:

$$Z' \doteq \widetilde{A} \cdot F'$$

Um F' zu isolieren, wird diese Gleichung zunächst mit der Transponierten von $\widetilde{A}$ prämultipliziert,

$$\widetilde{A}' \cdot Z' \doteq \widetilde{A}' \widetilde{A} \cdot F'$$

und anschließend diese Beziehung mit der Inversen der Produktmatrix $\widetilde{A}' \widetilde{A}$:

(26) $\boxed{\left(\widetilde{A}'\widetilde{A}\right)^{-1} \widetilde{A}' \cdot Z' \doteq \left(\widetilde{A}'\widetilde{A}\right)^{-1} \widetilde{A}' \widetilde{A} \cdot F'}$

Die Faktorwerte f_{ik} können dann aus der Beziehung

(27) $\boxed{\hat{F}'_{KQ} \underset{mxn}{=} \left(\underset{mxm}{\widetilde{A}'\widetilde{A}}\right)^{-1} \underset{mxp}{\widetilde{A}'} \underset{pxn}{Z'}}$

geschätzt werden.

Kleinst-Quadrate-Schätzer

In der Praxis wird der Schätzer $\hat{F}_{KQ}$ häufig nicht verwendet, da er allein aus Matrizenmanipulationen abgeleitet werden kann, ohne auf ein Schätzprinzip rekurrieren zu müssen. Gleichwohl läßt sich zeigen, daß $\hat{F}_{KQ}$ als Kleinst-Quadrate-Schätzer interpretierbar ist. Hierzu gehen wir zunächst von einem gemeinsamen Faktor $(m=1)$ aus, um die Analogie zum Modell der multiplen Regressionsanalyse transparent zu machen. In der Strukturgleichung

(28) $$\underset{pxn}{Z'} = \underset{px1}{\tilde{A}} \cdot \underset{1xn}{f'} + \underset{pxn}{U}$$

ist die rotierte Faktormatrix $\tilde{A}$ auf ihre erste Spalte reduziert, und der Vektor f gibt die erste Spalte der Faktorwertematrix F wieder. Während $\tilde{A}$ formal der Beobachtungsmatrix der exogenen Variablen in der Regressionsanalyse entspricht, nimmt f die Funktion des unbekannten Parametervektors ein. Es ergibt sich das Normalgleichungssystem

(29) $$\underset{1xp\,px1 1xn}{(\tilde{A}'\tilde{A})f'} = \underset{1xp\,pxn}{\tilde{A}'Z'}$$

aus der sich der Kleinst-Quadrate-Schätzer

(30) $$\underset{1xn}{\hat{f}'} = \underset{1xp}{(\tilde{A}'\tilde{A})^{-1}} \underset{px1}{\tilde{A}'Z'}\underset{1xp\,pxn}{}$$

ergibt. Formal unterscheidet sich $\hat{f}$ von dem OLS-Schätzer eines multiplen Regressionsmodells dadurch, daß an die Stelle des Beobachtungsvektors der endogenen Variablen die Transponierte Z' der standardisierten Beobachtungsmatrix der manifesten Variablen tritt. Umgekehrt reduziert sich die Beobachtungsmatrix der exogenen Variablen hier auf einen Vektor der Faktorladungen. Hebt man die Beschränkung $m=1$ auf, dann erhält man aus diesem Schätzprinzip unmittelbar den Schätzer $\hat{F}_{KQ}$ für die Faktorenwertematrix F gemäß (27), den wir aus diesem Grund als **Kleinst-Quadrate-Schätzer** bezeichnen. Gleichwohl muß man sich darüber im klaren sein, daß in der multiplen Regressionsanalyse ein Kleinst-Quadrate-Schätzer für einen unbekannten Parametervektor gesucht wird, wohingegen sich der Schätzer $\hat{F}_{KQ}$ auf die nichtbeobachtbaren Realisationen der (zufallsabhängigen) Faktoren bezieht.

Regressionsschätzer

Zur Bestimmung der Faktorwerte wird in der Faktorenanalyse häufig der Regressionsschätzer

$$(31) \quad \underset{m \times n}{\hat{F}'_{REG}} = \underset{m \times p}{\widetilde{A}'} \underset{p \times p}{R^{-1}} \underset{p \times n}{Z'}$$

herangezogen, der sich für einen gemeinsamen Faktor $(m = 1)$ aus dem Schätzansatz

$$\underset{1 \times n}{\hat{f}'} = \underset{1 \times p}{b'} \cdot \underset{p \times n}{Z'}$$

mit b als px1-Koeffizientenvektor ableiten läßt. Es stellt sich die Frage, welche Struktur der Kleinst-Quadrate-Schätzer für b haben müßte, wenn man zunächst einmal außer acht läßt, daß die Faktorenwerte unbekannt sind. Bei standardisierten Variablen läßt sich der OLS-Schätzer des unbekannten Parametervektors eines multiplen Regressionsmodells bekanntlich als Produkt der inversen Korrelationsmatrix der exogenen Variablen und einem Vektor der Korrelationen zwischen den exogenen Variablen und der endogenen Variablen darstellen. Folglich ist der Kleinst-Quadrate-Schätzer des Koeffizientenvektors b hier durch

$$\underset{1 \times p}{\hat{b}'} = \underset{1 \times p}{\widetilde{A}'} \cdot \underset{p \times p}{R^{-1}}$$

gegeben, so daß der Regressionsschätzer für $m = 1$

$$(32) \quad \underset{1 \times n}{\hat{f}'} = \underset{1 \times p}{\widetilde{A}'} \cdot \underset{p \times p}{R^{-1}} \underset{p \times n}{Z'}$$

lautet. Bei Verallgemeinerung dieses Ansatzes auf $m < p$ Faktoren ist eine pxm-Koeffizientenmatrix B zu schätzen. Mit dem Kleinst-Quadrate-Schätzer

$$\underset{m \times p}{\hat{B}'} = \underset{m \times p}{\widetilde{A}'} \cdot \underset{p \times p}{R^{-1}}$$

ergibt sich dann der Regressionsschätzer $\hat{F}_{REG}$.

Beide Schätzer der Faktorwertematrix, $\hat{F}_{KQ}$ und $\hat{F}_{REG}$, können mithin mit der Methode der kleinsten Quadrate aus verschiedenen Schätzansätzen abgeleitet werden, die eine Analogie zum multiplen Regressionsmodell aufweisen.

Faktorwerte-Koeffizientenmatrix

Die Matrizen $\left(\tilde{A}'\tilde{A}\right)^{-1}\tilde{A}'$ und $\tilde{A}'R^{-1}$, die die Koeffizienten der Linearkombinationen der manifesten Variablen zur Bildung der Faktorwerte enthalten, heißen Faktorwerte-Koeffizientenmatrizen (factor score coefficient matrices). Aus statistischer Sicht wäre es wünschenswert, Kriterien zu entwickeln, die Aufschluß darüber geben könnten, welche Gewichtungsmatrix unter welchen Bedingungen zu präferieren ist.

Beispiel

Hier soll die Berechnung des Kleinst-Quadrate-Schätzers (26) und des Regressionsschätzers (30) beispielhaft für die regionalökonomische Anwendung aufgezeigt werden.

Als Faktorenmuster wird hierbei die Varimax-rotierte Faktormatrix $\tilde{A}$ verwendet, die im Beispiel des letzten Abschnitts bestimmt worden ist.

Kleinst-Quadrate-Schätzer

Zur Bestimmung des Kleinst-Quadrate-Schätzers $\hat{F}'_{KQ}$ *wird die Produktmatrix* $\tilde{A}'\tilde{A}$ *benötigt:*

$$\underset{2x6\,6x2}{\tilde{A}'\tilde{A}} = \begin{bmatrix} 3{,}242 & -0{,}517 \\ -0{,}517 & 1{,}806 \end{bmatrix}$$

Diese Matrix besitzt die Inverse

$$\left(\underset{2x6\,6x2}{\tilde{A}'\tilde{A}}\right)^{-1} = \begin{bmatrix} 0{,}323 & 0{,}093 \\ 0{,}093 & 0{,}580 \end{bmatrix}$$

Die Faktorwerte-Koeffizientenmatrix ist damit durch

$$\left(\underset{2x2}{\tilde{A}'\tilde{A}}\right)^{-1}\underset{2x6}{\tilde{A}'} = \begin{bmatrix} 0{,}290 & 0{,}294 & -0{,}307 & 0{,}074 & -0{,}226 & 0{,}036 \\ -0{,}007 & 0{,}054 & -0{,}147 & 0{,}488 & 0{,}097 & 0{,}555 \end{bmatrix}$$

gegeben, womit man nach Postmultiplikation mit der transponierten standardisierten Beobachtungsmatrix Z' den Kleinst-Quadrate-Schätzer $\hat{F}'_{KQ}$ erhält:

$$\hat{F}'_{KQ} \atop 2x12 = \begin{bmatrix} A & B & C & D & E & F & G & H & I & J & K & L \\ -0{,}483 & 1{,}686 & -1{,}955 & 0{,}181 & 0{,}299 & 0{,}875 & 0{,}102 & -1{,}254 & 1{,}044 & -0{,}105 & -0{,}914 & 0{,}493 \\ -0{,}576 & 1{,}345 & -1{,}286 & 0{,}702 & -1{,}216 & -1{,}198 & 0{,}809 & 1{,}055 & -0{,}920 & 0{,}420 & 1{,}286 & -0{,}417 \end{bmatrix}$$

Regressionsschätzer

Um den Regressionsschätzer $\hat{F}'_{REG}$ zu bestimmen, berechnen wir zunächst aus der inversen Korrelationsmatrix R^{-1} die Faktorwerte-Koeffizientenmatrix

$$\widetilde{A}'R^{-1} \atop 2x6\ 6x6 = \begin{bmatrix} 0{,}461 & 0{,}187 & -0{,}324 & 0{,}071 & -0{,}070 & -0{,}004 \\ -0{,}098 & 0{,}213 & 0{,}085 & -0{,}055 & -0{,}195 & 1{,}133 \end{bmatrix}$$

Hiermit erhält man den Regressionsschätzer

$$\hat{F}'_{REG} \atop 2x12 = \begin{bmatrix} A & B & C & D & E & F & G & H & I & J & K & L \\ -0{,}511 & 1{,}622 & -1{,}856 & -0{,}006 & 0{,}324 & 1{,}008 & 0{,}124 & -1{,}190 & 0{,}958 & -0{,}024 & -0{,}840 & 0{,}353 \\ -0{,}627 & 1{,}145 & -1{,}131 & 0{,}571 & -1{,}262 & -1{,}217 & 1{,}326 & 1{,}306 & -0{,}868 & 0{,}207 & 0{,}677 & -0{,}131 \end{bmatrix}$$

der Faktorwertematrix F.

Substantiell ergeben sich nur marginale Unterschiede in der Interpretation der beiden Schätzungen. Da die Schätzer der Faktorwerte aufgrund ihrer Konstruktion standardisiert sind, läßt sich gut erkennen, welche Regionen in bezug auf die beiden Faktoren als über- oder unterdurchschnittlich zu klassifizieren sind. Während zum Beispiel der Verstädterungsgrad in den beiden Regionen B und F recht stark ausgeprägt ist, weisen die Regionen C, H und K hierin eine sehr niedrige Ausprägung auf. Die Regionen B und G erweisen sich beide als attraktiv, doch stellt sich bei der Kleinst-Quadrate-Schätzung B als die attraktivste Region heraus, was bei der Regressionsschätzung für die Region G zutrifft. C ist dagegen in jedem Fall die unattraktivste Region. Außerdem geht zum Beispiel F aus den beiden Schätzungen als eine Region mit einer relativ hohen Verstädterung und geringer Attraktivität hervor.

16.6 Anwendungsbeispiel und Problemlösung mit SPSS

Es soll nun anhand des regionalökonomischen Beispiels gezeigt werden, wie eine Faktorenanalyse mit dem Programmpaket SPSS durchgeführt werden kann. Ausgangspunkt hierfür sind die in Tabelle 16.1 angegebenen regionalstatistischen Daten, die z.B. im SPSS-Editor einzugeben und zu definieren sind.

Die dimensionsreduzierende Faktorenanalyse wird ausgehend von der Vorstellung eingesetzt, daß sich hinter den beobachteten sechs Variablen Faktoren verbergen, die hohe Korrelationen zwischen den Variablen hervorrufen. Die Matrix der bivariaten Korrelationskoeffizienten, die Sie über ANALYSIEREN/KORRELATION/BIVARIAT... erhalten, ist in Bild 16.4 dargestellt.

Korrelationen

	X1	X2	X3	X4	X5
X1	1,000	,907	-,834	-,161	-,787
	,	,000	,001	,617	,002
	12	12	12	12	12
X2	,907	1,000	-,845	-,054	-,711
	,000	,	,001	,869	,010
	12	12	12	12	12
X3	-,834	-,845	1,000	-,067	,719
	,001	,001	,	,836	,008
	12	12	12	12	12
X4	-,161	-,054	-,067	1,000	,226
	,617	,869	,836	,	,480
	12	12	12	12	12
X5	-,787	-,711	,719	,226	1,000
	,002	,010	,008	,480	,
	12	12	12	12	12
X6	-,309	-,220	,039	,832	,454
	,328	,492	,904	,001	,138
	12	12	12	12	12

Bild 16.4: Matrix der bivariaten Korrelationskoeffizienten

Die erste Zahl in jeder Zelle der Tabelle in Bild 16.4 zeigt den Korrelationskoeffizienten, die zweite die Überschreitungswahrscheinlichkeit (Signifikanz) und die dritte die Anzahl der in die Berechnung eingegangenen Werte.

Bei der Durchführung einer vereinfachten Faktorenanalyse mit der Hauptkomponentenmethode sind folgende Arbeitsschritte erforderlich:

560 *16 Faktorenanalyse*

1. Wählen Sie ANALYSIEREN/DIMENSIONSREDUKTION/FAKTORENANALYSE...
2. Übertragen Sie die Variablen in den Bereich VARIABLEN.
3. Klicken Sie OK an.

SPSS erzeugt jetzt eine Reihe von Ergebnissen, deren wichtigste die folgenden sind: Zunächst liefert SPSS in der Tabelle ERKLÄRTE GESAMTVARIANZ Informationen über die Erklärungsbeiträge der potentiellen sechs Faktoren (im SPSS-Output als **Komponenten** bezeichnet). In Bild 16.5 erkennen Sie an dem untersten Zahlenwert in der Spalte ANFÄNGLICHE EIGENWERTE, KUMULIERTE %, daß alle Komponenten zusammen 100% der Gesamtvarianz der Untersuchungsvariablen „erklären". Die ersten beiden dieser Komponenten weisen **Eigenwerte** auf, die größer als 1 sind (Spalte ERKLÄRTE GESAMTVARIANZ, GESAMT). Diese beiden Komponenten sind somit in der Lage, einen größeren Teil der Streuung zu erklären als eine einzelne Variable (die Streuung standardisierter Variablen, von denen SPSS bei den Berechnungen ausgeht, ist jeweils kleiner als 1). In der letzten Spalte der Tabelle in Bild 16.4 erkennen Sie, daß die ersten beiden Komponenten zusammen 89,070% der Gesamtvarianz der manifesten Variablen erklären.

Erklärte Gesamtvarianz

Komponente	Anfängliche Eigenwerte			Summen von quadrierten Faktorladungen für Extraktion		
	Gesamt	% der Varianz	Kumulierte %	Gesamt	% der Varianz	Kumulierte %
1	3,562	59,366	59,366	3,562	59,366	59,366
2	1,782	29,704	89,070	1,782	29,704	89,070
3	,301	5,021	94,090			
4	,182	3,027	97,117			
5	,102	1,698	98,815			
6	7,109E-02	1,185	100,000			

Extraktionsmethode: Hauptkomponentenanalyse.

Bild 16.5: Ergebnisse der Hauptkomponentenmethode, Teil I

Erste Anhaltspunkte zur inhaltlichen Interpretation der beiden Faktoren (Komponenten) liefert das sog. Ladungsmuster, das in Bild 16.6 dargestellt ist. Die Faktorladungen stimmen bis auf das Vorzeichen mit den von uns in Abschnitt 16.2 präsentierten Ergebnissen überein (die inhaltliche Interpretation bleibt von einem Vorzeichenwechsel völlig unberührt; SPSS ordnet im Gegensatz zu unserer Verfahrensweise der höchsten Ladung nicht automatisch ein positives Vorzeichen zu).

Komponentenmatrix[a]

	Komponente	
	1	2
Bevölkerungsdichte	-,950	,132
BIP je Einwohner	-,913	,239
Anteil der Erwerbstätigen in der Landwirtschaft	,860	-,395
Wachstumsrate des BIP (in den letzten zehn Jahren)	,283	,908
Allgemeine Geburtenziffer	,892	4,300E-02
Wanderungssaldo	,456	,851

Extraktionsmethode: Hauptkomponentenanalyse.
[a] 2 Komponenten extrahiert

Bild 16.6: Ergebnisse der Hauptkomponentenmethode, Teil I I

Bei einer verfeinerten Faktorenanalyse müssen zunächst die **Kommunalitäten** geschätzt werden, um die Einsen in der Hauptdiagonale der Korrelationsmatrix durch die erklärten Varianzanteile der Untersuchungsvariablen ersetzen zu können. Hierzu ändern Sie die Voreinstellung im Dialogfenster FAKTORENANALYSE über die Schaltfläche EXTRAKTION..., indem Sie das Item HAUPTACHSEN-FAKTORENANALYSE anklicken (außerdem ist die Iterationszahl auf 10 zu beschränken, da sonst die Kommunalität der sechsten Variablen den Wert 1 überschreiten würde). In Bild 10.7 finden Sie die Anfangsschätzer (ANFÄNGLICH) und die sich iterativ ergebenden Schätzer (EXTRAKTION) vor.

Kommunalitäten

	Anfänglich	Extraktion
Bevölkerungsdichte	,875	,920
BIP je Einwohner	,857	,858
Anteil der Erwerbstätigen in der Landwirtschaft	,820	,859
Wachstumsrate des BIP (in den letzten zehn Jahren)	,736	,708
Allgemeine Geburtenziffer	,746	,701
Wanderungssaldo	,809	1,000

Extraktionsmethode: Hauptachsen-Faktorenanalyse.

Bild 16.7: Ergebnisse der Hauptfaktorenanalyse, Teil I

In Bild 16.8 (ERKLÄRTE GESAMTVARIANZ) ist aufgrund des gewählten Extraktionsverfahrens explizit der Begriff **Faktor** verwendet worden. Die Spalten 2 bis 4 stimmen mit den entsprechenden Spalten in Bild 16.5 überein. Unterschiede in den Spalten 5 bis 7 resultieren aus der Verwendung der Kommunalitäten in der Korrelationsmatrix. Die letzten drei Spalten unter der Rubrik ROTIERTE SUMME DER QUADRIERTEN LADUNGEN erhalten Sie aufgrund der Wahl VARIMAX über die Schaltfläche ROTATION... im Dialogfenster FAKTORENANALYSE.

Erklärte Gesamtvarianz

Faktor	Anfängliche Eigenwerte			Summen von quadrierten Faktorladungen für Extraktion			Rotierte Summe der quadrierten Ladungen		
	Gesamt	% der Varianz	Kumulierte %	Gesamt	% der Varianz	Kumulierte %	Gesamt	% der Varianz	Kumulierte %
1	3,562	59,366	59,366	3,408	56,795	56,795	3,242	54,036	54,036
2	1,782	29,704	89,070	1,638	27,308	84,103	1,804	30,067	84,103
3	,301	5,021	94,090						
4	,182	3,027	97,117						
5	,102	1,698	98,815						
6	7,1E-02	1,185	100,00						

Extraktionsmethode: Hauptachsen-Faktorenanalyse.

Bild 16.8: Ergebnisse der Hauptfaktorenanalyse, Teil II

Schließlich sind in Bild 16.9 die rotierten Faktorladungen ausgewiesen, die den Kern einer substanzwissenschaftlichen Interpretation der faktorenanalytischen Ergebnisse bilden.

Rotierte Faktorenmatrix[a]

	Faktor	
	1	2
Bevölkerungsdichte	-,945	-,163
BIP je Einwohner	-,925	-5,43E-02
Anteil der Erwerbstätigen in der Landwirtschaft	,921	-,106
Wachstumsrate des BIP (in den letzten zehn Jahren)	1,089E-02	,841
Allgemeine Geburtenziffer	,784	,293
Wanderungssaldo	,173	,985

Extraktionsmethode: Hauptachsen-Faktorenanalyse.
Rotationsmethode: Varimax mit Kaiser-Normalisierung.
a. Die Rotation ist in 3 Iterationen konvergiert.

Bild 16.9: Ergebnisse der Hauptfaktorenanalyse, Teil III

16.7 Literaturhinweise

Backhaus, K. u.a.: Multivariate Analyseverfahren, Berlin/Heidelberg 1996

Bortz, J.: Lehrbuch der Statistik, 5. Aufl. Berlin u.a. 1999

Fahrmeir, L. u.a. (Hrsg.): Multivariate statistische Verfahren, 2. Aufl. Berlin 1996

Gaensslen, H./Schubö, W.: Einfache und komplexe statistische Analyse, München 1973

Küchler, M.: Multivariate Analyseverfahren, Stuttgart 1979

Monka, M./Voß, W.: Statistik am PC – Lösungen mit Excel, 3. Aufl. München/Wien 2002

Moosbrugger, H.: Multivariate statistische Analyseverfahren, Stuttgart 1978

Morrison, D. F.: Multivariate statistical methods, 2. Aufl. New York 1976

Sachs, L.: Angewandte Statistik, 10. Aufl. Berlin u.a. 2002

Voß, W.: Praktische Statistik mit SPSS, 2. Aufl. München/Wien 2000

17 Clusteranalyse

17.1 Grundlagen

17.1.1 Zielsetzungen

> Die Clusteranalyse hat die Aufgabe, Objekte (zum Beispiel Menschen, Unternehmen, Länder) anhand vorgegebener Merkmale in Klassen einzuteilen. Die Objekte einer jeden Klasse sollen einander möglichst ähnlich sein. Die Unterschiede zwischen den Klassen werden folglich maximiert. Durch die Klassenbildung wird die Gesamtheit der Objekte in überschaubarere Teile zerlegt. Die größere Homogenität der Klassen ermöglicht es, die Objekte jeweils klassenspezifisch zu behandeln.

Beispiel

Die Einteilung der Bankkunden in Topkunden, Hauptkunden und Servicekunden ermöglicht es, für jede Kundengruppe ein spezifisches Leistungs- und Betreuungsangebot zu entwickeln.

Die Klassifikation, die Einteilung der Objekte in Klassen, erfolgt unabhängig davon, ob latente Klassen vorhanden sind oder nicht. Da in aller Regel eine größere Zahl von Merkmalen für die Klassifikation herangezogen wird, scheidet eine grafische Überprüfung auf mögliche Klassenstrukturen aus.

17.1.2 Zentrale Begriffe

Klassenbildung (Klassifikation)

Gruppierung der Objekte in verschiedene Klassen.

Hierarchisch-agglomeratives Verfahren

Vorgehensweise der Klassenbildung, bei der Objekte schrittweise zu immer größeren Klassen zusammengefaßt werden. Vertreter sind unter anderem Single linkage, Average linkage, Centroid-sorting und das Verfahren von WARD.

Partitionierendes Verfahren

Die Objekte werden nacheinander in vorab festzulegende Klassen eingeteilt. Wichtigstes Verfahren ist das k-means-Verfahren (man spricht auch vom Klassenzentrenverfahren).

Klassendiagnose

Beschreibung der gefundenen Klassen danach, wie ähnlich die Objekte innerhalb jeder Klasse sind und welche Merkmale die Klassen charakterisieren können.

Distanzmaß

Kennzahl für den Abstand von Objekten oder Klassen. Bei nominalen Merkmalen im allgemeinen ein inverses Ähnlichkeitsmaß.

Standardisierung

Transformation der Merkmale zur Streuungsvereinheitlichung.

Gemischtes Skalenniveau

Datenbasis, in der die Merkmale unterschiedliches Skalenniveau besitzen, also nicht alle nur nominal, nur ordinal oder nur metrisch sind.

Kristallisationskern

Erster Bezugspunkt einer zu bildenden Klasse.

Klassifikation auf stochastischer Basis

Verfahren zur Analyse eines Datensatzes, der durch einen Zufallsprozeß entstanden ist.

Streuungsnormierung

Transformation der Streuung eines Merkmals auf den Streuungs-Gesamtbetrag von 1.

17.1.3 Voraussetzungen

Es können nominale, ordinale und metrische Merkmale verwendet werden.

Da bei der Erfassung der Ähnlichkeit jedoch nach dem Skalenniveau unterschieden wird, beschränken sich die gängigen Programmpakete auf die Verarbeitung von Merkmalen nur jeweils eines Skalenniveaus. Bei Dominanz metrischer Merkmale werden nur metrische verwendet. Andernfalls werden metrische und ordinale Merkmale auf (binäres) nominales Niveau heruntertransformiert.

Bei einer Klassifikation auf stochastischer Basis muß im allgemeinen vorausgesetzt werden, daß die Daten durch einen Zufallsprozeß erzeugt wurden, in dem sich verschiedene mehrdimensionale Normalverteilungen gemischt haben.

17.2 Konzepte

17.2.1 Standardisierung

Insbesondere bei metrischen Merkmalen tritt als Problem die meist stark unterschiedliche Streuung auf.

Beispiel

Haushalte nach Größe und Einkommen. Die Größe reicht von 1 bis 10 Personen, das Einkommen von 0 bis zu mehreren Millionen Euro.

Je größer die Streuung eines Merkmals ist, desto größeres Gewicht erhält es bei der Klassenbildung. Zur Vereinheitlichung wird meist eine **Standardisierung** durchgeführt.

Sei x_{hi} die Merkmalsausprägung von Objekt i bei Merkmal h, so erfolgt die Standardisierung nach

(1) $\quad z_{hi} = \dfrac{x_{hi} - \bar{x}_h}{s_h} \quad i = 1, 2, ..., N \text{ Objekte}; \; h = 1, 2, ..., M \text{ Merkmale}$

mit

(2) $\quad \bar{x}_h = \dfrac{1}{N} \sum\limits_{i=1}^{N} x_{hi}$ \hspace{2em} Mittelwert

(3) $\quad s_h = \sqrt{\dfrac{1}{N} \sum\limits_{i=1}^{N} (x_{hi} - \bar{x}_h)^2}$ \hspace{2em} Standardabweichung

Durch die Standardisierung werden die ursprünglichen Merkmale zu dimensionslosen Variablen mit jeweils dem Mittelwert 0 und der Standardabweichung 1.

Bei nominalen und ordinalen Merkmalen wird meist auf eine Streuungsvereinheitlichung verzichtet. Zwar sind die Streuungsunterschiede in aller Regel nicht so groß, dennoch treten auch dabei Gewichtungseffekte auf.

17.2.2 Ähnlichkeitsmaße

Da die Klassenbildung über die Ähnlichkeit der Objekte gesteuert wird, hängt das Ergebnis wesentlich von der Art der Ähnlichkeitsmessung ab.

Binäre nominale Merkmale mit den Ausprägungen A und $\overline{A}$, zum Beispiel das Merkmal Geschlecht mit den Ausprägungen männlich und weiblich, werden üblicherweise wie folgt kodiert:

$$x_{hi} = \begin{cases} 1, & \textit{falls } A \\ 0, & \textit{falls } \overline{A} \end{cases}$$

Da nur die Übereinstimmung bzw. Nichtübereinstimmung zweier Objekte festgestellt werden kann, läßt sich das Ausmaß der Ähnlichkeit zweier Objekte für alle Merkmale so formalisieren, wie es Tabelle 17.1 zeigt.

Tabelle 17.1: Formalisierung der Ähnlichkeit

	Objekt j x_{hj} 1	0	Summe
Objekt i 1 x_{hi}	a	b	a + b
0	c	d	c + d
Summe		a + c	b + d	M

Es bedeuten für $i, j = 1, 2, ..., N; i \neq j$:

$$a = \sum_{h=1}^{M} \min(x_{hi}, x_{hj})$$

Anzahl der Merkmale, bei denen beide Objekte Ausprägung A haben.

$$b = \sum_{h=1}^{M} x_{hi} - a$$

Anzahl Merkmale, bei denen Objekt $i = A$ und Objekt $j = \overline{A}$.

$$c = \sum_{h=1}^{M} x_{hj} - a$$

Anzahl Merkmale, bei denen Objekt $i = \overline{A}$ und Objekt $j = A$.

$$d = M - (a + b + c)$$

Anzahl Merkmale, bei denen beide Objekte Ausprägung $\overline{A}$ haben.

Aus diesen Möglichkeiten kann man eine Reihe von Ähnlichkeitsmaßen ableiten (Späth 1975). Die wichtigsten sind:

(4) $$\boxed{m_{ij} = \frac{a}{a+b+c+d} = \frac{a}{M}}$$

(5) $$\boxed{m'_{ij} = \frac{a+d}{a+b+c+d} = \frac{a+d}{M}}$$

Das Maß m' ist unabhängig davon, welche Ausprägung mit 1 und welche mit 0 kodiert wird. Es empfiehlt sich für echte binäre Merkmale. Beispielsweise sind zwei Männer ebenso als gleich anzusehen wie zwei Frauen. Demgegenüber ist m besser geeignet bei binären Merkmalen, die entweder durch Zusammenfassung mehrerer Ausprägungen (siehe Beispiel 1.) oder durch Aufteilung eines ursprünglichen Merkmals (siehe Beispiel 2.) entstanden sind.

Beispiele

1. *Das Merkmal Familienstand mit den Ausprägungen ledig, verheiratet, verwitwet und geschieden wird zu einem binären Merkmal durch die Einteilung in verheiratet und nicht verheiratet.*
2. *Statt dessen kann man das Merkmal Familienstand auch in vier binäre Merkmale ledig, verheiratet, verwitwet, geschieden, jeweils mit den Ausprägungen ja – nein aufteilen.*

In beiden Fällen sind zwei verheiratete Personen zwar gleich, nicht notwendigerweise aber zwei nicht verheiratete.

17.2.3 Distanzmaße

Bei metrischen Merkmalen wird die Ähnlichkeit über die Abstände zwischen den Merkmalen gemessen. Dies führt, für standardisierte Merkmale, zu dem allgemeinen Maß der **Minkowski-Metrik**

$$(6) \quad d_{ij}^{(p,q)} = \left[\sum_{h=1}^{M} |z_{hi} - z_{hj}|^p\right]^{1/q}, p, q \geq 1$$

Wichtigstes Maß ist mit $p = 2$ und $q = 2$ die sogenannte **euklidische Distanz**:

$$(7) \quad d_{ij}^{(2,2)} = \sqrt{\sum_{h=1}^{M} (z_{hi} - z_{hj})^2}$$

Distanzmaße sind inverse Ähnlichkeitsmaße, das heißt je größer die Distanz ist, desto geringer ist die Ähnlichkeit.

17.2.4 Gemischtes Skalenniveau

Sollen Merkmale unterschiedlichen Skalenniveaus simultan verwendet werden, sind zunächst skalenadäquate Distanzmaße zu berechnen, und zwar (Fickel 1997):

Für nominale Merkmale

$$(8) \quad d_{h,ij} = \begin{cases} 1, & falls\ x_{hi} \neq x_{hj} \\ 0, & falls\ x_{hi} = x_{hj} \end{cases}$$

Für ordinale Merkmale

$$(9) \quad d_{h,ij} = |R(x_{hi}) - R(x_{hj})|$$

mit $R(x_{hi})$ = Rangzahl des Merkmalswertes x_{hi}. Falls Bindungen auftreten, werden mittlere Rangzahlen vergeben.

Für metrische Merkmale

(10) $$d_{h,ij} = |x_{hi} - x_{hj}|$$

Eine Streuungsvereinheitlichung erfolgt, indem die paarweisen Distanzen durch die Summe aller paarweisen Abstände, das heißt die Gesamtstreuung der Merkmale, dividiert werden.

(11) $$d_{h,ij}^{norm} = \frac{d_{h,ij}}{\sum_{i'}\sum_{j'} d_{h,i'j'}}$$

Die Gesamtdistanz eines jeden Merkmals ist folglich 1, die Gesamtstreuung aller Merkmale beträgt M. Die Normierung bewirkt überdies, daß die Merkmale dimensionslos werden.

17.3 Verfahren der Klassenbildung

Die Bildung der Klassen erfolgt in aller Regel von unten nach oben, indem die Einheiten sukzessiv in immer größere Klassen zusammengefaßt werden (= agglomeratives Vorgehen).

Der umgekehrte Weg, die Gesamtheit der Einheiten in immer kleinere und homogenere Klassen aufzuteilen (= divisives Vorgehen), hat keine praktische Bedeutung.

Die **agglomerativen Verfahren** lassen sich einteilen in die hierarchisch-agglomerativen Verfahren für kleine Fallzahlen sowie die partitionierenden Verfahren, die vor allem bei großen Datensätzen eingesetzt werden.

17.3.1 Hierarchisch-agglomerative Verfahren

Es entsteht eine Hierarchie von Klassen, wobei die Anzahl der Klassen von N sukzessiv bis auf 1 reduziert wird. Mit der Abnahme der Klassenzahl nimmt die Homogenität der Klassen ab.

Beispiel

Hierarchisch-agglomerative Klassifikation bei 6 Objekten

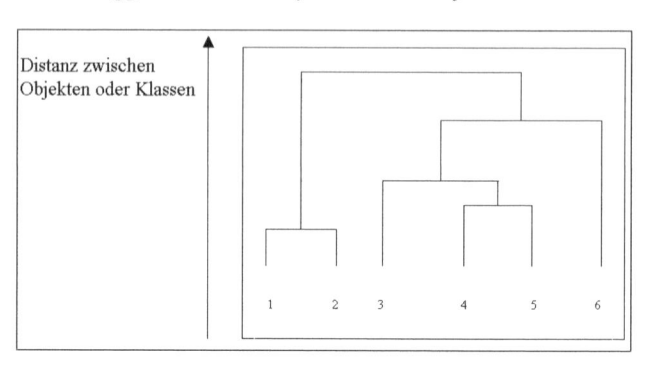

Bild 17.1: Hierarchisch-agglomerative Klassifikation

Als erste werden die Objekte 1 und 2 zusammengefaßt, die die kleinste paarweise Distanz aufweisen. Die nächste Klasse bilden die Objekte 4 und 5 und so weiter.

Bei den hierarchisch-agglomerativen Verfahren ist die endgültige Klassenzahl anhand der Klassifikationshierarchie zu bestimmen. Im Beispiel bietet es sich an, zwei Klassen zu bilden.

17.3.2 Partitionierende Verfahren

Die Klassenzahl K ist vorab festzulegen. Anschließend sind K **Kristallisationskerne** als erste Klassenrepräsentanten zu bestimmen. Die Objekte werden nacheinander den Klassen zugeteilt, zu denen sie den kleinsten Abstand aufweisen.

Der Abstand bemißt sich zunächst zu den Kristallisationskernen. Sobald eine Klasse mehr als ein Objekt aufweist, kann die Zuordnung über verschiedene Algorithmen gesteuert werden.

Da bei diesem Vorgehen das Endergebnis von den Klassen sowie von der Eingabereihenfolge der Objekte abhängt, empfiehlt es sich, die Klassifikation mit anderen Konstellationen zu wiederholen. In der Regel stabilisieren sich die Ergebnisse für gegebenes K nach einigen Durchläufen.

17.3.3 Algorithmen für die hierarchisch-agglomerative Klassenbildung

Sobald eine Klasse aus mehr als einem Objekt besteht, gibt es für die Distanzmessung zwischen den Klassen mehrere Möglichkeiten. Die wichtigsten Algorithmen sind:

Single linkage (nächster Nachbar)

Entscheidend für die Zusammenfassung zweier Klassen ist der Abstand zwischen den jeweils nächsten Nachbarn.

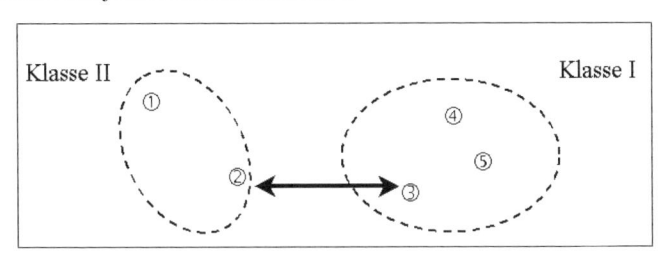

Bild 17.2: Nächster Nachbar

Ergebnis dieses Verfahrens sind in der Regel langgestreckte „bananenförmige" Klassen. Der gängigen Vorstellung, Klassen seien kompakte Gebilde, wird damit nicht entsprochen.

Average linkage (durchschnittlicher Abstand)

Die Zusammenfassung richtet sich nach dem durchschnittlichen paarweisen Abstand zwischen den Objekten beider Klassen. Möglich sind dabei zwei Varianten:

574 17 Clusteranalyse

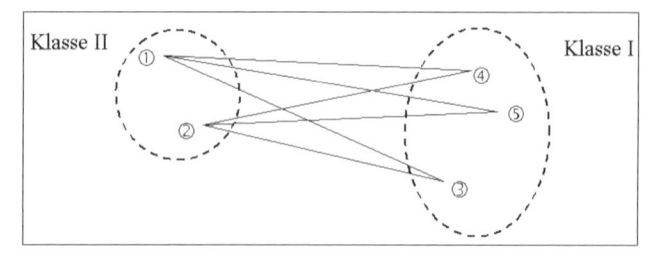

Bild 17.3: Paarvergleich mit Objekten unterschiedlicher Klassen

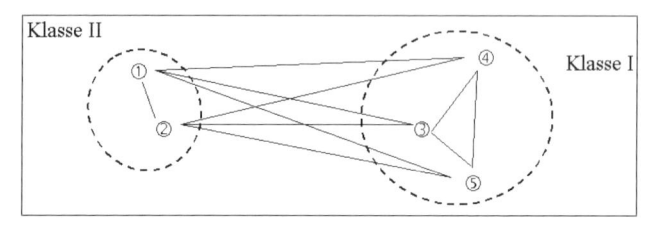

Bild 17.4: Paarvergleich mit allen Objekten

Average linkage liefert in der Regel kompakte Klassen. Die Resultate sind folglich meist recht anschaulich.

Centroid-sorting (Centroid-Abstand)

Der Abstand wird zum jeweiligen **Klassenmittelpunkt** (**Centroid**) gemessen.

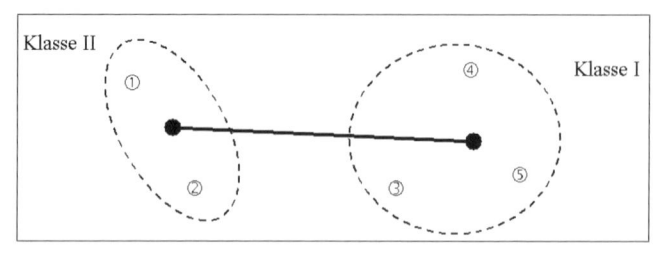

Bild 17.5: Centroid-Abstand

Dadurch ergibt sich, daß der kleinste Abstand zwischen zwei Klassen keine monoton wachsende Funktion bei abnehmender Klassenzahl und entsprechend wachsender Klassengröße ist. Da nach jeder Fusion der Klassenmittelpunkt neu berechnet wird, kann es passieren, daß dadurch der Abstand zu anderen Klassen kleiner wird als bisher.

17.3.4 Verfahren von Ward

Minimiert wird die Streuung in den Klassen gemessen durch die quadrierten Abstände der Objekte zum Klassenmittelpunkt. Dies Vorgehen entspricht besonders der Vorstellung von der Bildung möglichst homogener Klassen, das heißt von Klassen mit kleinstmöglicher klasseninterner Streuung.

Das Verfahren tendiert dahin, gleich große Klassen zu bilden, selbst wenn dies der Datenstruktur nicht unbedingt entspricht.

17.4 Klassendiagnose

Die Beschreibung der gefundenen Klassen kann formal über die Homogenität ihrer Objekte wie auch inhaltlich anhand der Merkmale erfolgen. Die formale Charakterisierung ist besonders anschaulich, wenn die Abstandsmessung mit paarweisen Distanzen bei normierter Streuung erfolgt.

Sei D_w die gesamte paarweise Streuung innerhalb der K Klassen, so ergibt sich als klasseninterner Streuungsanteil der Wert

(12) $$\boxed{d_w = \frac{D_w}{M}}$$

und entsprechend die Streuung zwischen den Klassen

(13) $$\boxed{d_b = 1 - d_w}$$

Bei gegebener Klassenzahl K sind die Klassen um so homogener, je kleiner d_w ist. Entsprechend groß sind die Unterschiede zwischen den Klassen. Die gleichen Berechnungen lassen sich für die einzelnen Merkmale anstellen. Für Merkmal h gilt dann

$$d_{hw} = D_{hw} \quad \text{und} \quad d_{hb} = 1 - d_{hw}$$

da die Gesamtstreuung eines jeden Merkmals durch die Normierung 1 beträgt.

Je größer d_{hb} für ein Merkmal ist, desto mehr trägt es zur Klassenbildung bei. Merkmale mit hoher Streuung zwischen den Klassen erklären die Klassenzugehörigkeit besonders gut.

> Die inhaltliche Charakterisierung der Klassen erfolgt meist anhand der Klassenmittelwerte, die sich grafisch sehr anschaulich in Form von Profilen, das heißt als Abweichung von den Gesamtmittelwerten präsentieren lassen.

Schließlich können auch Merkmale zur Beschreibung der Klassen herangezogen werden, die nicht für die Klassifikation verwendet wurden.

17.5 Klassifikation auf stochastischer Basis

Die Clusteranalyse wird üblicherweise zu den deskriptiven Verfahren gerechnet. Die Objekte werden in Klassen eingeteilt, unabhängig davon, ob tatsächlich Klassen existieren oder nicht. Dies wirkt sich lediglich in der Qualität der Ergebnisse aus.

Signifikanzprüfung

Es gibt zahlreiche Versuche in der Literatur, die gefundenen Klassen auf Signifikanz zu testen, das heißt zu prüfen, ob sie möglicherweise nicht zufällig zustande gekommen sein können oder ob die Unterschiede zwischen ihnen so groß sind, daß man auf echte Klassen schließen kann. Getestet wird also die Nullhypothese, daß es keine Klassen gibt. Unterstellt wird dabei generell, daß die Klassifikationsmerkmale mehrdimensionale Normalverteilungen aufweisen.

Unabhängig von den Voraussetzungen für ein solches Vorgehen stellt sich generell die Frage, was denn unter echten Klassen zu verstehen ist. Wie aus der eindimensionalen Statistik bekannt ist, basieren alle Häufigkeitsverteilungen auf klassiertem Material. Die Einteilung des Wertebereichs eines Merkmals in Klassen erhöht in jedem Falle die Homogenität der Objekte in den Klassen. Dies gilt ebenso für den mehrdimensionalen Fall, das heißt die simultane Betrachtung mehrerer Merkmale. Das Vorhandensein klar voneinander getrennter Klassen ist für die Zweckmäßigkeit des Vorgehens nicht erforderlich.

17.6 Hinweise auf andere Verfahren

Es gibt in der multivariaten Statistik mehrere Verfahren, die wie die Clusteranalyse eine Klassifikation verwandter Größen anstreben.

Kontrastgruppenanalyse

Die Kontrastgruppenanalyse (Baumanalyse, Automatic Interaction Detection) bildet Klassen von Objekten anhand mehrerer Merkmale, wobei Klassenhomogenität für ein abhängiges Merkmal angestrebt wird.

Beispiel

Mit Hilfe von Merkmalen wie Alter, Geschlecht, Ausbildungsgrad, beruflicher Status usw. werden Klassen von Personen mit vergleichbaren Einkommen gebildet.

Diskriminanzanalyse

Mit der Diskriminanzanalyse (siehe Kapitel 18) wird die Zugehörigkeit von Objekten zu bekannten Klassen durch Funktionen mehrerer Merkmale erklärt beziehungsweise prognostiziert. Das gleiche Ziel kann auch mit einer **logistischen Regression** erreicht werden (siehe Kapitel 19).

Beispiel

Mit welcher Funktion von Merkmalen wie Alter, Staatsangehörigkeit, beruflicher Status, Häufigkeit des Arbeitsplatzwechsels u. a. kann am besten zwischen guten und schlechten Kreditrisiken getrennt werden?

Faktorenanalyse

Die Faktorenanalyse (siehe Kapitel 16) hat das (primäre) Ziel, Klassen homogener, das heißt, hochkorrelierter Merkmale zu finden und diese inhaltlich zu interpretieren. Werden statt der Merkmale Objekte gebündelt (Q-Technik), deckt sich die Zielsetzung mit der der Clusteranalyse.

Beispiel

Städte können durch eine Vielzahl von Merkmalen beschrieben werden. Inwieweit lassen sich die Merkmale auf gemeinsame Faktoren zurückführen, die zum Beispiel für Wirtschaftskraft, Urbanität, Freizeitwert usw. stehen?

Multidimensionale Skalierung

Die multidimensionale Skalierung versucht, die Komplexität von Objekten, die durch mehrere Merkmale beschrieben werden, bei minimalem Informationsverlust so zu vereinfachen, daß sie grafisch, das heißt zwei- oder höchstens dreidimensional dargestellt werden können. Die geometrische Position der Objekte läßt Klassen erkennen, die überdies anhand der Achsen des Darstellungsraumes inhaltlich interpretiert werden können.

Beispiel

Vergleich verschiedener Autotypen, bei denen Merkmale wie PS-Zahl, Hubraum, Verbrauch, Gewicht, Geschwindigkeit usw. vorgegeben sind. Der zweidimensionale Darstellungsraum wird (möglicherweise) durch die beiden Achsen Komfort und Leistung gebildet.

17.7 Anwendungsbeispiel

Wir gehen aus von einem Datenbestand, bei dem Körpergröße (Variable cm), Körpergewicht (Variable kg) und Geschlecht (Variable sex) zufällig ausgewählter erwachsener Personen erfaßt wurden. Dieser Datenbestand stellt sich so dar, wie es Tabelle 17.2 zeigt.

Es soll untersucht werden, ob sich, ausgehend von den Variablen cm und kg, Cluster bilden lassen.

Tabelle 17.2: Ausgangsdaten für die Clusteranalyse

Nr.	cm	kg	sex
1	155	55	1
2	161	63	1
3	167	61	1
4	165	65	1
5	170	66	1
6	158	62	1
7	171	68	1
8	166	61	1
9	168	65	1
10	163	65	1
11	163	66	0
12	182	85	0
13	179	72	0
14	191	89	0
15	179	85	0
16	175	78	0
17	183	81	0
18	185	77	0
19	182	79	0
20	188	85	0

17.8 Problemlösung mit SPSS

Zur Durchführung der Clusteranalyse mit SPSS gehen Sie wie folgt vor:

1. Verwenden Sie die Daten der Datei SPSS17.SAV und wählen Sie ANALYSIEREN/KLASSIFIZIEREN/CLUSTERZENTRENANALYSE.
2. Übertragen Sie die Variablen cm und kg in das Feld VARIABLEN.
3. Klicken Sie OK an.

SPSS erzeugt jetzt Ergebnisse, von denen insbesondere die Angaben des Bildes 17.6 interessieren.

Clusterzentren der endgültigen Lösung		
	Cluster	
	1	2
CM	164	183
KG	63	81

Bild 17.6: Ergebnisse der Clusteranalyse

Sie erkennen, daß SPSS zwei Cluster bildet. Im ersten befinden sich, wie die Angaben zu den Clusterzentren verdeutlichen, kleine und leichte Personen, im zweiten große und schwere Personen. Es liegt der Gedanke nahe, die Variable Geschlecht (sex) als clusterbildende Variable zu benennen. Im ersten Cluster befinden sich in erster Linie Frauen, im zweiten Männer. Dies erkennen Sie, wenn Sie im Dialogfenster der Clusterzentrenanalyse die Schaltfläche OPTIONEN anklicken, um dann das Kontrollkästchen bei CLUSTER-INFORMATIONEN FÜR JEDEN FALL und dann WEITER anzuklicken, bevor Sie im ersten Dialogfenster auf OK klicken. SPSS erzeugt dann zusätzlich eine Tabelle, die in Bild 17.7 vorgestellt ist.

In der Tabelle der fallweisen Zuordnung in Bild 17.7 erkennen Sie, daß im ersten Cluster die Fälle 1 bis 11, im zweiten die Fälle 12 bis 20 versammelt sind. Der Blick auf die Ausgangsdaten zeigt, daß die Fälle 1 bis 10 Frauen, die Fälle 11 bis 20 Männer sind. SPSS hat also einen Mann „irrtümlich" zu den Frauen gezählt (Fall 11), weil es sich hier ausnahmsweise um einen kleinen, leichten Mann handelt.

Cluster-Zugehörigkeit

Fallnummer	Cluster	Distanz
1	1	12,487
2	1	3,293
3	1	3,609
4	1	1,791
5	1	6,305
6	1	6,419
7	1	8,170
8	1	2,927
9	1	4,071
10	1	2,073
11	1	2,927
12	2	3,836
13	2	9,924
14	2	11,399
15	2	5,265
16	2	8,316
17	2	,401
18	2	4,824
19	2	2,320
20	2	6,536

Bild 17.7: Cluster-Informationen für jeden Fall

17.9 Literaturhinweise

Bortz, J.: Lehrbuch der Statistik, 5. Aufl. Berlin u.a. 1999

Fickel, N.: Clusteranalyse mit gemischt-skalierten Merkmalen: Abstrahierung vom Skalenniveau, in: Allgemeines Statistisches Archiv 81.3 (1997), Seite 249 bis 265

Gaensslen, H./Schubö, W.: Einfache und komplexe statistische Analyse, München 1973

Kaufmann, H./Pape, H.: Clusteranalyse, in: Multivariate statistische Verfahren. Hrsg.: FAHRMEIR, L./HAMERLE, A. Berlin u.a., Seite 371 ff. 1984

Küchler, M.: Multivariate Analyseverfahren, Stuttgart 1979

Moosbrugger, H.: Multivariate statistische Analyseverfahren, Stuttgart 1978

Morrison, D. F.: Multivariate statistical methods, 2. Aufl. New York 1976

Sachs, L.: Angewandte Statistik, 10. Aufl. Berlin u.a. 2002

Späth, H.: Cluster-Analyse-Algorithmen zur Objektklassifizierung und Datenreduktion, München 1975

Voß, W.: Praktische Statistik mit SPSS, 2. Aufl. München/Wien 2000

18 Diskriminanzanalyse

18.1 Begriff der Klassifikation

Die Diskriminanzanalyse ist ein weitverbreitetes statistisches Klassifikationsverfahren. Vor ihrer methodischen Darstellung soll zunächst der Begriff der **Klassifikation** diskutiert werden (vgl. Michie, Spiegelhalter, Taylor 1994, 6-16, 107-124). Er wird in der Literatur auf mindestens zwei unterschiedliche Weisen verwendet:

1. Für eine gegebene Menge von Beobachtungen ist es das Ziel, Klassen verschiedenartiger Objekte zu identifizieren. Man spricht in diesem Fall auch von **unüberwachtem (unsupervised) Lernen** oder **Clusteranalyse**.
2. Auf der Grundlage einer bekannten Klasseneinteilung möchte man eine Klassifikationsregel finden, mit der eine neue Beobachtung einer der Klassen zugeordnet werden kann. Diesen Fall nennt man **überwachtes (supervised) Lernen** oder Diskrimination.

In diesem Kapitel wird mit der Diskriminanzanalyse ein Verfahren für das zweite Problem vorgestellt. Zunächst muß allerdings die Frage beantwortet werden, warum man sich überhaupt für eine Klassifikationsregel interessiert. Impliziert nicht die Existenz einer korrekten Klassenzuordnung, daß es irgend jemand, den sog. Supervisor, geben muß, der zu solch einer fehlerfreien Klassifizierung in der Lage ist? Warum sollte man diese perfekte Klassifizierung durch eine Regel ersetzen, die möglicherweise noch nicht einmal vollständig fehlerfrei ist? Dafür kann es mehrere Gründe geben:

1. Automatische Klassifikationsmethoden sind *schneller*. Zum Beispiel können Maschinen zur Sortierung nach Postleitzeitzahlen die große Masse von Briefen sehr schnell abarbeiten, so daß nur noch die schwierigen Fälle für den Menschen übrig bleiben.
2. Ein menschlicher Supervisor hat *Vorurteile*. Zum Beispiel könnte eine automatische Methode zur Kreditvergabe sich ausschließlich auf ein formales Kriterium stützen, Menschen würden typischerweise auch andere (irrelevante?) Informationen mit einbeziehen.
3. Der Supervisor konnte u.U. nur deshalb zu einer zuverlässigen Diagnose kommen, weil er auf in der *Entscheidungssituation sonst nicht verfügbare* Informationen zurückgreifen konnte. Zum Beispiel kann auch ein Arzt erst dann zuverlässig entscheiden, ob ein Eingriff notwendig war, nachdem dieser durchgeführt worden ist.

4. Klassifikation ist ein **Vorhersageproblem**. Damit ergibt sich immer dann ein Problem, wenn der Supervisor bei der Klassifikation von neuen Fällen nicht zur Verfügung steht, wie zum Beispiel bei Börsengeschäften oder Investitionen.

Was kennzeichnet gute Klassifikationsregeln?

- **Genauigkeit**, d.h. ihre Zuverlässigkeit, meistens repräsentiert durch den Anteil von korrekten Klassifikationen. Allerdings sind einzelne Fehler u.U. gravierender als andere. Deshalb kann es zweckmäßig sein, Fehler unterschiedlich zu gewichten.
- **Geschwindigkeit** der Anwendung: U.U. wird man eine Regel, die zu 90% richtig ist, einer Regel, die zu 95% richtig ist, vorziehen, wenn die erste Regel wesentlich schneller ist. Entsprechende Überlegungen sind bei obigem Postleitzahlenbeispiel oder bei der automatischen Fehlererkennung während eines Produktionsprozesses wichtig.
- **Verständlichkeit**: Diese ist nicht nur wichtig bei der operativen Umsetzung der Regel, sondern auch für ihre Akzeptanz. So empfahl im Störfall des Three-Mile Island Reaktors die Automatik tatsächlich ein Herunterfahren der Anlage, aber das Bedienpersonal entschied sich gegen die Empfehlung.
- **Lernzeit:** Die Regel sollte schnell erlernbar sein, d.h. nur wenige Beobachtungen sollten zur ihrer Konstruktion ausreichen. Dies erlaubt Anpassungen aufgrund neuer Daten in „realer Zeit", besonders in einer sich schnell ändernden Umgebung.

Im folgenden soll eine spezielle Klassifikationsmethode, die Diskriminanzanalyse, vorgestellt werden. Zum Vergleich werden aber auch zwei Typen von wesentlich *einfacheren* Klassifikationsmethoden herangezogen. Der Grundgedanke dieser Methoden soll hier zunächst intuitiv eingeführt und hinsichtlich der genannten Kriterien für Klassifikationsregeln diskutiert werden. Zur Vereinfachung des Sprachgebrauchs wird dabei der Begriff des **Lerndatensatzes** verwendet, der alle Beobachtungen umfaßt, die zur Bestimmung der Klassifikationsregel zur Verfügung stehen.

1. **Nächster-Nachbar-Regel**: Der Lerndatensatz wird nach derjenigen Beobachtung durchsucht, welche die größte Ähnlichkeit (in einem vorher definierten Sinne) mit der neuen Beobachtung hat. Diese Klasse wird dann auch der neuen Beobachtung zugeordnet. Für die Entwicklung dieser Regel benötigt man zwar keine Lernzeit, aber ihre Anwendung kann sehr aufwendig sein, insbesondere wenn man einen großen Datensatz nach dem nächsten Nachbarn durchsuchen muß.

2. **Datenunabhängige Regeln**: Hierbei wird jegliche Information der neuen Beobachtung bei der Klassenzuordnung ignoriert und z.B. stets die im Lerndatensatz am häufigsten auftretende Klasse zugeordnet. Eine andere datenunabhängige Methode besteht darin, neuen Beobachtungen die Klassen nach der Wahrscheinlichkeit ihres Auftretens im Lerndatensatz zuzuordnen. Da die Anwendung solcher Methoden sehr einfach und schnell ist, werden sie häufig für einen Vergleich mit anderen, aufwendigeren Methoden – gewissermaßen als Meßlatte - herangezogen.

Besonders wichtig für die Bestimmung der Klassifikationsregel ist eine sinnvolle **Definition der Klassen** im Lerndatensatz. Dazu sind drei Methoden gebräuchlich, von denen allerdings eigentlich nur die erste akzeptabel ist.

1. Die Klassen entsprechen Bezeichnungen für unterschiedliche Populationen, und die Zugehörigkeit zu ihnen ist klar und eindeutig, wie zum Beispiel bei „Katzen" und „Hunden". Die Mitgliedschaft zu einer Population wird durch eine unabhängige Autorität (den Supervisor) losgelöst von jeglichen nachprüfbaren Kriterien festgelegt.
2. Die Klassen ergeben sich aus einem Vorhersageproblem. Eine Klasse ist im Wesentlichen ein Ergebnis, das anhand der Werte von charakteristischen Variablen vorhergesagt werden soll. Statistisch gesehen ist die Klasse dann eine Zufallsvariable, d.h. zufallsbehaftet. Typische Beispiele sind die Probleme, ob der Zinssatz steigen (Klasse=1) oder fallen (Klasse=0) wird, oder ob die konjunkturelle Lage sich ändern wird oder nicht.
3. Die Klassen sind durch eine Partition des Beobachtungsraums definiert, d.h. durch die gemessenen Attribute oder Variablen selbst. Die Klasse ist also eine Funktion der Variablen. Zum Beispiel wird ein Produkt als fehlerhaft klassifiziert, wenn eine oder mehrere seiner Eigenschaften außerhalb von vorgegebenen Grenzwerten, den sog. Spezifikationsgrenzen, liegen. Damit wurden die Objekte also schon mit Hilfe einer Regel auf der Basis der Variablen klassifiziert. Das Problem der Bestimmung einer Klassifikationsregel besteht dann lediglich darin, sie auf Grund des „Lerndatensatzes" möglichst gut zu reproduzieren. Viele Datensätze zur Kreditvergabe sind Beispiele für diese Problemstellung.

18.2 Geometrie der linearen Diskriminanzanalyse

Wir beschäftigen uns in diesem Abschnitt im Wesentlichen nur mit einem klassischen Verfahren zur Klassifikation, nämlich der linearen

Diskriminanzanalyse. In jüngerer Zeit wurden von Statistik und Informatik allerdings neue Verfahren vorgeschlagen, wie zum Beispiel Entscheidungsbäume und Neuronale Netze, die aus verschiedenen Gründen als Alternativen für die Diskriminanzanalyse interessant sind (vgl. dazu im Einzelnen Weiss and Kulikowski 1991, Hand 1997).

Die Diskriminanzanalyse geht davon aus, daß für p Variable N Beobachtungen gegeben sind und jede Beobachtung sich einer von g Klassen zuordnen läßt. Mit Hilfe dieser N Beobachtungen läßt sich eine Klassifikationsregel aufstellen, mit deren Hilfe zukünftige Beobachtungen klassifiziert, d.h. einer der g Klassen zugeordnet werden können.

> Die geometrische Idee der **Fisher'schen Diskriminanzanalyse** ist es, den Beobachtungsraum durch eine Reihe von **Hyperebenen** zu partitionieren und den so entstandenen Teilen des Raumes jeweils eine Klasse zuzuordnen. Die prognostizierte Klasse einer neuen Beobachtung richtet sich dann danach, in welchen Teil des Raumes die neue Beobachtung fällt.

Hyperebenen sind **Geraden** in zwei Dimensionen, **Ebenen** in drei Dimensionen usw. Im Fall von zwei Klassen in zwei Dimensionen wird zum Beispiel diejenige Gerade gesucht, die beide Klassen „am besten" voneinander trennt. Ein idealisiertes Beispiel zeigt Bild 18.1. Dort sind beide Klassen vollständig durch eine Gerade voneinander zu trennen. In der Realität werden sich die Klassen aber im Allgemeinen überlappen, so daß eine solch ideale Trennung unmöglich ist.

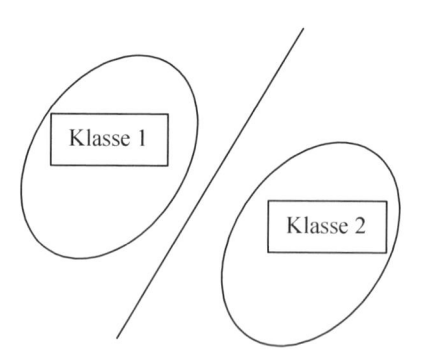

Bild 18.1: Trennung von zwei Klassen

Bleiben wir zunächst beim Zwei-Klassen Problem und der Frage, wie wir die Hyperebene finden, die beide Klassen optimal trennt. Im Fall von p Variablen (Dimensionen) sind dafür die Koeffizienten $a_1, a_2, ..., a_p$ zu bestimmen, so daß die Werte der Linearkombination

(1) $$g(x) = \sum_j a_j x_j = \boldsymbol{a'x}$$

die sog. **Diskriminanzkomponente**, für die Elemente der beiden Klassen so unterschiedlich wie möglich sind. Das Problem dabei ist, daß man einzelnen Punkten zwar einfach Abstände zuordnen kann, nicht aber Stichproben, um die es sich bei den Klassen handelt. Deshalb sollen die Stichproben der einzelnen Klassen durch ihre Mittelwerte charakterisiert werden. Es wird gefordert, daß die (Projektionen der) Mittelwerte auf der Diskriminanzkomponente den größtmöglichen Abstand voneinander haben sollen. Dabei ist zu berücksichtigen, daß die x_i im allgemeinen auf verschiedenen Skalen gemessen werden. Deshalb wird das Abstandsmaß bzgl. der Varianzen und Kovarianzen standardisiert. Bei der linearen Diskriminanzanalyse wird unterstellt, daß alle Klassen dieselbe Kovarianzstruktur aufweisen. Wenn $\boldsymbol{S}$ eine Schätzung dieser **Kovarianzmatrix** innerhalb der Klassen ist, dann ist $\boldsymbol{a'Sa}$ die geschätzte Varianz innerhalb der Klassen in Richtung des Vektors $\boldsymbol{a}$. Das führt zu dem zu maximierenden Abstand:

(2) $$\frac{|\boldsymbol{a'}(\bar{x}_2 - \bar{x}_1)|}{\boldsymbol{a'Sa}}$$

Dabei ist $\bar{x}_i$ der Mittelwert der Beobachtungen in Klasse i. Ein äquivalentes Kriterium ist:

(3) $$D(a) = \frac{(\boldsymbol{a'}(\bar{x}_2 - \bar{x}_1))^2}{\boldsymbol{a'Sa}}$$

Man kann zeigen, daß $D(a)$ maximal wird in der Richtung:

(4) $$\boldsymbol{a}_{opt} = \boldsymbol{S}^{-1}(\bar{x}_2 - \bar{x}_1)$$

Damit sind die Koeffizienten der Diskriminanzkomponente bestimmt.
Die **Klassifikationsregel** lautet dann:
Eine neue Beobachtung x wird derjenigen Klasse zugerechnet, deren projizierter Mittelpunkt $a_{opt}'\bar{x}_i$ am nächsten bei der Projektion $a_{opt}'x$ liegt.
Die trennende Gerade wird also senkrecht zu der Diskriminanzkomponente gewählt, wobei sie diese an der Stelle

(5) $$\boxed{\frac{g(\bar{x}_2) + g(\bar{x}_1)}{2}}$$

durchstößt, d.h. in der Mitte zwischen den Projektionen der beiden Mittelwerte.
Zur Beurteilung der Genauigkeit der Klassifikationsregel wird im Allgemeinen die sog. **Fehlklassifikationsrate** verwendet, d.h. der Anteil der falsch klassifizierten Beobachtungen (vgl. Abschnitt 18.5.).
Für die bisherigen Bestimmungen waren keine Verteilungsannahmen erforderlich. Allerdings wurden die Verteilungen innerhalb der Klassen durch die ersten und zweiten Momente charakterisiert, was die Annahme von Normalverteilungen nahelegt. Unter dieser Annahme wird in Abschnitt 18.4. auch der Fall von mehr als zwei Klassen behandelt. Zuvor soll jedoch eine Einordnung der Diskriminanzanalyse in das allgemeine Vorgehen bei der Wahl von Klassifikationsregeln erfolgen.

18.3 Allgemeine Kriterien zur Wahl von Klassifikationsregeln

Zunächst werden die Klassifikationsregeln in einen größeren Rahmen gestellt und allgemeine Kriterien zu ihrer Auswahl vorgestellt (vgl. Michie et al. 1994). Die Problemstellung wird gegenüber dem vorangegangenen Abschnitt durch explizite Berücksichtigung der Tatsache verallgemeinert, daß sich üblicherweise die Klassen hinsichtlich der folgenden Gesichtspunkte unterscheiden werden:

- der relativen Häufigkeiten, mit denen die Klassen in der Population auftreten, formal repräsentiert durch unterschiedliche A-priori-Wahrscheinlichkeiten der Klassen, und
- der Fehlklassifikationskosten, d.h. der unterschiedlichen „Kosten" eines Fehlers bei der Klassifikation.

18.3 Allgemeine Kriterien zur Wahl von Klassifikationsregeln

Auf den Fall einer unterschiedlichen Kovarianzstruktur der Klassen wird am Schluss von Abschnitt 18.4. kurz eingegangen. Hier sollen zunächst A-priori-Wahrscheinlichkeiten und Fehlklassifikationskosten definiert, Optimalitätskriterien für Klassifikationsregeln eingeführt und daraus datenunabhängige und datenabhängige Regeln abgeleitet werden. Schließlich wird dann noch der Zusammenhang dieser theoretischen Regeln mit den praktischen Klassifikationsverfahren diskutiert.

A-priori-Wahrscheinlichkeiten: Für die Klassen A_i, $i = 1,...,g$, wird π_i die A-priori-Wahrscheinlichkeit der Klasse A_i genannt, wenn π_i die Wahrscheinlichkeit der Klasse A_i in der Gesamtpopulation ist, d.h.

$\pi_i := P(A_i)$.

Fehlklassifikationskosten werden für Paare von Klassen definiert:

$c(i, j) =$ Kosten der falschen Zuordnung einer Beobachtung aus Klasse i zu Klasse j.

Als **Optimalitätskriterium** für die Wahl einer Klassifikationsregel erscheint es sinnvoll, von den gesamten Fehlklassifikationskosten für eine neue Beobachtung auszugehen, was äquivalent zur Minimierung der erwarteten Kosten ist. Solche kostenminimalen Regeln heißen auch **Bayes-Regeln**.

Die **datenunabhängige Klassifikationsregel** (vgl. Abschnitt 18.1.) „Ordne jede neue Beobachtung der Klasse A_k zu" ergibt die erwarteten Fehlklassifikationskosten:

$$(6) \quad \boxed{C_k = \pi_1 \cdot c(1,k) + ... + \pi_g \cdot c(g,k)}$$

Eine **Bayes-Regel** wählt diejenige Klasse A_k mit den kleinsten erwarteten Kosten C_k aus. Im Fall identischer Kosten für alle Fehler ergibt sich die sog. **minimale Fehler-Regel**. Unter Berücksichtigung von $c(i,i) = 0$ und $c(i,j) = c$, sonst, erhält man für die erwarteten Kosten:

$$(7) \quad \boxed{C_k = c(1 - \pi_k)}$$

und die minimale Kosten (= Fehler)-Regel ordnet immer die Klasse mit der größten A-priori-Wahrscheinlichkeit zu. Datenunabhängig die Klasse mit der größten A-priori-Wahrscheinlichkeit zu wählen, ist im

18 Diskriminanzanalyse

Allgemeinen also höchstens dann sinnvoll, wenn identische Fehlklassifikationskosten angenommen werden können.

Leider sind Fehlklassifikationskosten meist sehr schwierig zu bestimmen, selbst in Situationen, in denen es klar ist, daß große Ungleichheiten bei der Höhe der Kosten einer falschen Entscheidung bestehen. Quantifizierungen sind deshalb oft subjektiv, weswegen die Kosten in der Praxis häufig als identisch angenommen werden.

Kommen wir nun zu **datenabhängigen Regeln**. Wenn bei der Zuordnung der Klassen die Information aus der neuen Beobachtung genutzt werden soll, kann wie folgt vorgegangen werden:

Wähle diejenige Klasse mit der höchsten (bedingten) Wahrscheinlichkeit, d.h. mit der höchsten Wahrscheinlichkeit, gegeben die Beobachtung x: $P(A_i|x)$ = Wahrscheinlichkeit der Klasse A_i, gegeben x. Dann suchen wir nach derjenigen Klasse A_k mit der höchsten Wahrscheinlichkeit $P(A_k|x) = \max P(A_i|x)$.

Um $P(A_i|x)$ zu bestimmen, verwenden wir das **Bayes Theorem**. Damit können wir $P(A_i|x)$ ausdrücken als Funktion der A-priori-Wahrscheinlichkeiten π_i der Klassen A_i und der Wahrscheinlichkeiten $P(x|A_i)$ von x, gegeben eine der Klassen. Im Fall von stetigen Verteilungen lassen sich die Wahrscheinlichkeiten $P(x|A_i)$ als Dichten $f_i(x)$ schreiben.

Dann ergibt sich als **Bayes Regel** zur Unterscheidung von zwei Klassen A_1 und A_2 ($g = 2$) unter Ausnutzung von $c(1,1) = c(2,2) = 0$:

„Wähle Klasse 1, wenn $\pi_2 c(2,1) f_2(x) < \pi_1 c(1,2) f_1(x)$, d.h. wenn

(8) $$\boxed{\frac{f_1(x)}{f_2(x)} > \frac{\pi_2 \cdot c(2,1)}{\pi_1 \cdot c(1,2)}}$$

Im Fall von identischen A-priori-Wahrscheinlichkeiten und identischen Kosten ergibt sich daraus die einfachere Regel: „Wähle Klasse 1, wenn $f_1(x) > f_2(x)$", d.h. wenn die Beobachtung x unter Klasse 1 die größere Wahrscheinlichkeit hat als unter Klasse 2.

Leider benötigt man zur Anwendung von Bayes-Regeln nicht nur die Fehlklassifikationskosten (die wir im Folgenden als identisch unterstellen), sondern auch die A-priori-Wahrscheinlichkeiten der Klassen und die Wahrscheinlichkeitsverteilungen der Beobachtungen für die einzelnen Klassen. In der Praxis werden, wenn nur eine beschränkte Anzahl von Beobachtungen für die Klassen vorliegt, unterschiedliche Wege beschritten, um die Bayes-Regel trotzdem anwenden zu können:

- Man verwendet die Bayes-Regel mit **empirischen Häufigkeiten** für die A-priori-Wahrscheinlichkeiten der Klassen und die Wahrscheinlichkeit der Beobachtungen in den einzelnen Klassen. Um auf diese Weise eine verläßliche Regel zu erhalten, sind aber leider sehr viele Beobachtungen notwendig.
- Man sammelt alle Beobachtungen im Lerndatensatz mit genau denselben Beobachtungswerten wie bei dem zu klassifizierenden Vektor und wählt diejenige Klasse mit der größten Häufigkeit, d.h. für die $P(A_i|x)$ unter diesen Beispielen am höchsten ist. Leider fehlen u.U. Lerndaten mit den gewünschten Eigenschaften.
- Deshalb sucht man eine approximative Bayes Regel, indem nicht nur Beispiele mit exakt denselben Attributwerten herangezogen werden, sondern auch solche mit (in einem vorgegebenen Sinn) ähnlichen. Solche Methoden heißen auch **Methoden der nächsten Nachbarn** (vgl. auch Abschnitt 18.1.).
- Man ersetzt die fehlende Verteilungsinformation durch parametrische oder nicht-parametrische Annahmen. **Parametrische Annahmen** betreffen die Verteilungsklasse (zum Beispiel Verwendung von Normalverteilungen), und das Problem wird reduziert auf das Schätzen der unbekannten Parameter der Verteilungen in der vorgegebenen Klasse. **Nicht-parametrische Methoden** machen keine Annahmen über die Verteilungen und werden deshalb auch, vielleicht genauer, verteilungsfreie Methoden genannt.

Bei der (linearen) Diskriminanzanalyse werden parametrische Annahmen über die Verteilungen innerhalb der Klassen gemacht.

18.4 Lineare Diskriminanzanalyse

Zunächst stellen wir *Fishers* kanonische lineare Diskriminanzanalyse für den Zwei-Klassen-Fall als Spezialfall des Bayes-Ansatzes dar.
Bei der linearen Diskriminanzanalyse werden hier die folgenden Annahmen zugrundegelegt:

(L1) Die Verteilungen innerhalb der Klassen sind Normalverteilungen, wobei unterschiedliche Erwartungswerte μ_1, μ_2 vorausge-

18 Diskriminanzanalyse

setzt werden, aber die Kovarianzmatrizen Σ als identisch für alle Klassen angenommen werden (vgl. Abschnitt 18.2.).

(L2) Die Fehlklassifikationskosten sind gleich (vgl. Abschnitt 18.3.).

(L3) Die A-priori-Wahrscheinlichkeiten können unterschiedlich sein.

Daraus ergibt sich die folgende Bayes-Regel: Wähle Klasse 1, wenn

$$(9) \quad \frac{f_1(x)}{f_2(x)} > \frac{\pi_2}{\pi_1}$$

Das ist unter Verwendung der Normalverteilungsdichten äquivalent zu:

$$(10a) \quad \frac{\exp(-0{,}5(x-\mu_1)'\Sigma^{-1}(x-\mu_1))}{\exp(-0{,}5(x-\mu_2)'\Sigma^{-1}(x-\mu_2))} > \frac{\pi_2}{\pi_1}$$

$$(10b) \quad -0{,}5(x-\mu_1)'\Sigma^{-1}(x-\mu_1) + 0{,}5(x-\mu_2)'\Sigma^{-1}(x-\mu_2) > \ln(\frac{\pi_2}{\pi_1})$$

$$(10c) \quad x'\Sigma^{-1}(\mu_2 - \mu_1) < \ln(\frac{\pi_1}{\pi_2}) + 0{,}5\mu_2'\Sigma^{-1}\mu_2 - 0{,}5\mu_1'\Sigma^{-1}\mu_1$$

Falls die A-priori-Wahrscheinlichkeiten gleich sind, ergibt sich daraus mit den Bezeichnungen von Abschnitt 18.2. die bekannte Regel: Wähle Klasse 1, wenn

$$(11) \quad a_{opt}'x < 0{,}5(a_{opt}'\mu_1 + a_{opt}'\mu_2) \quad \text{mit } a_{opt} = \Sigma^{-1}(\mu_2 - \mu_1)$$

Wenn man die Regel (10c) etwas umschreibt, läßt sie sich leicht verallgemeinern:

$$(12) \quad \begin{aligned} (\Sigma^{-1}\mu_2)'x - 0{,}5\mu_2'\Sigma^{-1}\mu_2 + \ln(\pi_2) \\ < (\Sigma^{-1}\mu_1)'x - 0{,}5\mu_1'\Sigma^{-1}\mu_1 + \ln(\pi_1) \end{aligned}$$

Allgemein läßt sich nämlich zeigen, daß Klasse k nach der Bayes-Regel unter den Annahmen (L1), (L2) und (L3) immer dann gewählt wird, wenn die Funktion

(13) $\boxed{h_i(x) := (\Sigma^{-1}\mu_i)'x - 0{,}5\mu_i'\Sigma^{-1}\mu_i + \ln(\pi_i)}$

maximal ist für Klasse k.
Durch diese Regel wird der p-dimensionale Raum partitioniert. Die Grenzen zwischen jeweils zwei Klassen ergeben sich aus der Gleichsetzung der Funktionen $h_i(x)$ dieser Klassen. Eine wiederum idealisierte Darstellung der Trennung von drei Klassen in zwei Dimensionen findet sich in Bild 18.2.

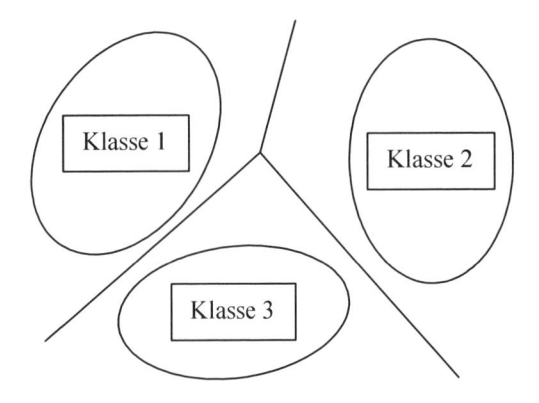

Bild 18.2: Trennung von drei Klassen.

Bisher haben wir bei der Suche nach der besten Klassifikationsregel die Bayes-Regeln im p-dimensionalen Raum gefunden. Die Lineare Diskriminanzanalyse wird aber auch zur Reduktion der Dimension p verwendet mit dem Ziel einer einfacheren Darstellung der Klassifikationsregeln ohne großen Informationsverlust. Dazu wird häufig die folgende Verallgemeinerung der Fisherschen Methode verwendet.
Bei zwei Klassen haben wir zur Bestimmung der Diskriminanzkomponente den Quotienten

18 Diskriminanzanalyse

(14) $$D(a) = \frac{(a'(\bar{x}_1 - \bar{x}_2))^2}{a'Sa}$$

maximiert. Der Zähler ist aber gleich

(14a) $$a'(\bar{x}_1 - \bar{x}_2)(\bar{x}_1 - \bar{x}_2)'a$$

und dieser Ausdruck ist proportional zu

(14b) $$a'((\bar{x}_1 - \bar{x})(\bar{x}_1 - \bar{x})' + (\bar{x}_2 - \bar{x})(\bar{x}_2 - \bar{x})')a$$

Dabei ist $\bar{x}$ das Gesamtmittel aller Beobachtungen.
Der mittlere Term in diesem Ausdruck erlaubt auf einfache Weise eine Verallgemeinerung auf mehr als zwei Klassen. Dazu wird die **Zwischen-den-Klassen-Kovarianzmatrix** B definiert:

(15) $$B := \frac{1}{g} \sum_{i=1}^{g} (\bar{x}_i - \bar{x})(\bar{x}_i - \bar{x})'$$

Damit wird dann die maximale Trennung zwischen den Klassen durch die Maximierung des Ausdrucks

(16) $$\frac{a'Ba}{a'Sa}$$

erreicht. Dabei ist S die gemittelte (sog. **gepoolte**) **Kovarianzmatrix** innerhalb der Klassen:

(17) $$S := \frac{1}{N-g} \sum_{i=1}^{g} \sum_{j=1}^{N_i} (x_{ij} - \bar{x}_i)(x_{ij} - \bar{x}_i)'$$

Dabei werden jeweils N_i Beobachtungen x_{ij} aus Klasse A_i angenommen, $N = N_1 + ...N_g$.

Wir maximieren also die Trennung zwischen den Klassenmitteln, standardisiert mit dem Zusammenhang der Variablen innerhalb der Klassen. Technisch ergibt sich die gesuchte Richtung a_{opt} als standardisierter Eigenvektor zum größten Eigenwert der Matrix $S^{-1}B$. Diese Richtung heißt erste **Diskriminanzkomponente**. Der Ansatz hat den Vorteil, daß sich weitere Diskriminanzkomponenten durch die Eigenvektoren der nächstkleineren Eigenwerte ergeben. Diese Eigenvektoren resultieren nämlich aus der Maximierung von (16) unter der Nebenbedingung, daß nur Richtungen senkrecht zu den bereits gefundenen gesucht werden.

Die relevante Anzahl relevanter Diskriminanzkomponenten ist dadurch bestimmt, daß mit weiteren Komponenten keine bessere Klassifikation möglich ist. Maximal lassen sich $g-1$ Komponenten bestimmen. Die adäquate Schätzung von Fehlklassifikationsraten wird im nächsten Abschnitt diskutiert. Zur Veranschaulichung der Klassifikation werden die Beobachtungsvektoren auf die relevanten Diskriminanzkomponenten projiziert. Im Allgemeinen kommt man mit deutlich weniger als $g-1$ Diskriminanzkomponenten aus. Deshalb zählt die Diskriminanzanalyse zu den Methoden der **Dimensionsreduktion**. Besonders anschaulich ist die graphische Darstellung der Klassifikationsregeln im Fall von zwei Komponenten. Die Bilder 18.1 und 18.2 könnten auch als grafische Darstellungen von Projektionen auf zwei Diskriminanzkomponenten aufgefasst werden.

Wird die Annahme (L1) durch die folgende Annahme (Q1) ersetzt, spricht man von **quadratischer Diskriminanzanalyse**:

(Q1) Für die Verteilungen innerhalb der Klassen werden Normalverteilungen mit unterschiedlichen Erwartungswerten und Kovarianzmatrizen angenommen.

Da bei einer quadratischen Diskriminanzanalyse wesentlich mehr Parameter bestimmt werden müssen als bei einer linearen, kann man aus dem allgemeineren Modell in der Regel nur bei entsprechend großen Stichproben Kapital schlagen (vgl. dazu zum Beispiel Röhl, 1998).

18.5 Klassifikationsbeurteilung

Zur Beurteilung von Klassifikationsregeln werden sog. **Fehlklassifikationsraten** verwendet. In diesem Abschnitt beschäftigen wir uns mit der

Berechnung zuverlässiger Schätzungen solcher Fehlerraten (vgl. zum Beispiel Weiss, Kulikowski 1991). Dazu muß zunächst der Begriff des Klassifikationsfehlers präzisiert werden.

> Das Ziel von Klassifikationsregeln ist die möglichst erfolgreiche Klassifikation neuer, d.h. nicht zur Bestimmung der Klassifikationsregel verwendeter Beobachtungen. Die **wahre Fehlerrate** einer Klassifikationsregel wird deshalb asymptotisch definiert als der Grenzwert des relativen Fehlers der Klassifikationsregel für eine immer weiter wachsende Zahl von neuen Beobachtungen. Dieser Grenzwert sollte mit der Fehlerrate auf der gesamten Population übereinstimmen.

Der relative Klassifikationsfehler für eine endliche Zahl von Beobachtungen wird auch **empirische Fehlerrate** genannt:

(empirische) Fehlerrate := Anzahl Fehler / Anzahl Beobachtungen.

Die wichtigste Frage ist, ob man von empirischen Fehlerraten bei kleinen Stichproben auf die wahre Fehlerrate schließen kann. Sie kann nicht allgemein beantwortet werden, dazu ist die Wahl der Stichprobe entscheidend.

Häufig wird die sog. **offensichtliche** (oder auch Wiedereinsetzungs-) **Fehlerrate** als Gütekriterium verwendet, d.h. die Fehlerrate im Lerndatensatz. Bei einem unendlich großen Lerndatensatz würde sich diese der wahren Fehlerrate annähern. In der Praxis ist die offensichtliche Fehlerrate aber bei den meisten Typen von Klassifikationsregeln ein schlechter Schätzer für die zukünftige Qualität der Regel. Im Allgemeinen unterschätzt die offensichtliche Fehlerrate die wahre Fehlerrate deutlich, weil die Regel gerade so ausgelegt wurde, daß sie auf dem Lerndatensatz gut funktioniert. Man spricht dann davon, daß die Klassifikationsregel den Lerndatensatz „überanpaßt" bzw. an ihm „überspezialisiert" ist.

> Die wesentliche Voraussetzung für eine verläßliche Schätzung der wahren Fehlerrate ist die Zufälligkeit der zugrundeliegenden Stichprobe. D.h. die Stichprobe darf in keiner Weise vorsortiert sein, insbesondere dürfen also keine Entscheidungen hinsichtlich der Repräsentativität einer Stichprobe getroffen werden.

Wichtige Methoden zur Schätzung der Fehlklassifikationsrate sind die sog. **train-and-test Methoden**, bei denen sowohl ein **Trainingsdatensatz** als auch ein **Testdatensatz** aus der vorliegenden Stichprobe, d.h. dem Lerndatensatz, zufällig ausgewählt werden. Dabei wird der Trainingsdatensatz zur Konstruktion der Klassifikationsregel und der Testdatensatz zur Bestimmung der Fehlklassifikationsrate verwendet. Der Testdatensatz wird bei der Bestimmung der Klassifikationsregel also

18.5 Klassifikationsbeurteilung

ignoriert, um bei der Bestimmung der Fehlklassifikationsrate über neue Daten verfügen zu können. Das Resultat wird **Testdaten-Fehlerrate** genannt.

Idealerweise sollten beide Datensätze nicht nur Zufallsstichproben aus der interessierenden Population sein, sondern die Beobachtungen in den Datensätzen sollten zusätzlich unabhängig voneinander gewählt werden. Es sollten also keine Beziehungen zwischen ihnen bestehen außer der, daß sie aus derselben Population stammen. Dies ist zum Beispiel der Fall, wenn beide Stichproben zu unterschiedlichen Zeitpunkten oder von verschiedenen Personen gezogen werden.

Falls Trainings- und Testdatensatz unabhängige Zufallsstichproben sind, weist die Testdaten-Fehlerrate Eigenschaften von großer praktischer Bedeutung auf. Insbesondere reicht eine nicht allzu große Zahl von Testfällen für eine genaue Schätzung der Fehlerrate aus. Es läßt sich ein **Konfidenzintervall** für die wahre Fehlerrate in Abhängigkeit von der Anzahl Beobachtungen angeben, das unabhängig von der Verteilung der Beobachtungen ist; denn der Schätzer der Fehlerrate ist in jedem Fall binomialverteilt. Zum Beispiel gibt es bei 50 bzw. 100 Testfällen und einer Testdaten-Fehlerrate von 20% immer noch eine große Wahrscheinlichkeit dafür, daß die wahre Fehlerrate 35% bzw. 30% beträgt, während bei 1000 Testfällen die wahre Fehlerrate aller Voraussicht nach zwischen 19% und 21% liegt. 1000 Beobachtungen im Testdatensatz reichen also in jedem Fall aus. In der Praxis ist der verfügbare Lerndatensatz allerdings meist viel kleiner.

So wichtig ein ausreichend großer Testdatensatz für die Bestimmung der Fehlerrate ist, so wichtig ist eine ausreichende Größe des Trainingsdatensatzes für die Bestimmung einer verläßlichen Klassifikationsregel. Üblicherweise wird eine zufällige Aufteilung des Lerndatensatzes im Verhältnis von 2 zu 1 gewählt, d.h. 2/3 Trainingsdatensatz und 1/3 Testdatensatz. Insbesondere im Fall von wenigen Beobachtungen sollte die größere Menge von Daten für den Trainingsdatensatz reserviert werden, damit die Bestimmung der Klassifikationsregel möglichst breit abgestützt ist. Tatsächlich kann der Testdatensatz auf Grund obiger Überlegungen aber sogar auf 1000 Beobachtungen beschränkt werden.

Nachteil solcher train-and-test Methoden ist, daß relativ viele Beobachtungen des Lerndatensatzes für die Bestimmung der Fehlklassifikationsrate zurückgehalten werden und nur eine einzige Aufteilung in Trainings- und Testdaten verwendet wird. Damit geht wertvolle Information für die Bestimmung der Klassifikationsregel verloren. In der Praxis haben sich Fehlerraten aus der 2:1 Regel als relativ pessimistische Schätzung der wahren Fehlerrate herausgestellt.

> Bessere Schätzungen liefern sog. **Resampling Methoden**. Wir beschränken uns hier auf die Darstellung von nur einer von zwei weitverbreiteten Resampling Methoden, der **Kreuzvalidierung**. Auf die Darstellung von **Bootstrapping** wird verzichtet; vgl. dazu z.B. Weiss and Kulikowski (1991) und deren Plädoyer für die Kreuzvalidierung auf Grund umfangreicher Simulationen.

Ein Spezialfall der Kreuzvalidierung ist die **leave-one-out-Methode**. Dabei wird eine Klassifikationsmethode bei gegebener Größe N des Lerndatensatzes jeweils auf (N-1) Beobachtungen angewendet und für die N-te Beobachtung getestet. Dieses Vorgehen wird N-mal, d.h. für jede Beobachtung, wiederholt, wobei jedesmal eine neue Klassifikationsregel bestimmt wird. Damit kommt jede Beobachtung im Lerndatensatz als Testfall zum Einsatz, und bei jeder Konstruktion einer Klassifikationsregel wird nahezu der gesamte Lerndatensatz genutzt, also fast keine Information verschenkt. Als Fehlerrate wird die Anzahl Fehler bei den individuellen Testfällen geteilt durch N verwendet.

Die leave-one-out-Methode hat günstige statistische Eigenschaften. So ist ihr Schätzer der Fehlerrate beinahe unverzerrt, d.h. über viele verschiedene Lernstichproben der Größe N wird er im Mittel gegen die wahre Fehlerrate streben.

Für große Lerndatensätze ist diese Methode allerdings rechenzeitintensiv. In solchen Fällen liefern aber Varianten der traditionellen train-and-test-Methode oft schon eine genügend große Genauigkeit bei der Schätzung der Fehlerrate. In der **k-fachen Kreuzvalidierung** werden die Fälle zufällig in k sich untereinander ausschließende Gruppen von ungefähr derselben Größe aufgeteilt. Jede Gruppe wird einmal als Testdatensatz verwendet und die jeweils restlichen Fälle als Trainingsdatensatz. Der Mittelwert der Fehlerraten aller k Gruppen wird als „kreuzvaliderte" Fehlerrate bezeichnet. Es zeigt sich, daß bei Verwendung von 10-facher Kreuzvalidierung die Fehlerrate hinreichend genau geschätzt wird, insbesondere wenn im Fall von großen Lerndatensätzen die leave-one-out-Methode zu aufwendig ist. Tabelle 18.1 gibt eine Übersicht über das geschilderte Vorgehen.

Tabelle 18.1: Varianten der Kreuzvalidierung (KV)

	Leave-one-out	10-fache KV
Training Fälle	N-1	90%
Test Fälle	1	10%
Wiederholungen	N	10

Weiss and Kulikowski (1991) geben Hinweise, welche Resampling Methode unter welchen Umständen genutzt werden sollte:

- Für Lerndatensatzgrößen > 100 verwende entweder die 10-fache Kreuzvalidierung oder leave-one-out. Die 10-fache Kreuzvalidierung ist weniger zeitintensiv und kann bedenkenlos für Lerndatensatzgrößen von > 100 verwendet werden.
- Für Lerndatensatzgrößen < 100 verwende leave-one-out.

18.6 Besonderheiten bei der Anwendung von Diskriminanzanalysen

In der ökonomischen und sozialwissenschaftlichen Praxis bieten sich gelegentlich andere train-and-test-Methoden als die in Abschnitt 18.5. beschriebenen an. So kann es logisch zusammengehörende, eventuell sogar ungleich große Teile des Lerndatensatzes geben, die als nicht separierbar betrachtet werden müssen und in die deshalb der Lerndatensatz für die **mehrfache Kreuzvalidierung** unterteilt wird. Ein Beispiel ist die Aufteilung der Konjunkturzyklen einer entwickelten Volkswirtschaft in ihre verschiedenen Phasen (Aufschwung, Abschwung und Wendepunktphasen, vgl. Heilemann und Münch 1996). Bei der Kreuzvalidierung kann dann zum Beispiel je eine Regel zur Zuordnung von Zeitpunkten zu Konjunkturphasen auf der Basis von allen Zeitpunkten mit Ausnahme eines einzelnen Konjunkturzyklus bestimmt werden und diese Regel anhand des ausgelassenen Zyklus getestet werden. Konjunkturzyklen bilden zeitlich zusammenhängende Blöcke unterschiedlicher Länge. Als Fehlerrate würde dann der Mittelwert der Fehlerraten über die jeweiligen Zyklen berechnet.

Überhaupt ist anzumerken, daß der **Zeitaspekt** bzw. der temporale Zusammenhang bei der Diskriminanzanalyse (wie auch bei anderen Klassifikationsverfahren) vollständig vernachlässigt wird. Welche Beobachtungen zeitlich oder sonstwie aufeinanderfolgen, spielt weder bei der Bestimmung noch bei der Anwendung der Klassifikationsregel eine Rolle. Das kann u.U. zu sinnlosen Zuordnungen führen, wie etwa bei (zum Beispiel vierphasigen) Konjunkturzyklen, in denen die Phasen (= Klassen) eine natürliche Reihenfolge aufweisen, jedenfalls nicht willkürlich hin und her springen. Diese Art von Problemen läßt sich aber recht einfach lösen. Falls nämlich gewisse Phasen des Zyklus zu einem bestimmten Zeitpunkt nicht zulässig sind, werden ihre A-priori-Wahrscheinlichkeiten in der Klassifikationsregel „künstlich" gleich Null gesetzt, die Wahl dieser Phase also a priori ausgeschlossen. Näheres findet sich in Weihs et al. (1999).

Ein besonders wichtiges, leider aber bisher nicht wirklich befriedigend gelöstes Problem bei der Anwendung der Diskriminanzanalyse ist die substanzwissenschaftliche Interpretation der Klassifikationsregeln. Schon in Abschnitt 18.2. wurde deutlich, daß die Entscheidung, in welche Klasse eine Beobachtung eingeordnet wird, von den Werten einer **Linearkombination** der ursprünglich beobachteten Variablen abhängt. Solche Linearkombinationen sind aber im Allgemeinen schwierig zu interpretieren. Eine naheliegende Idee ist, die Größe der Gewichte a_i als Indikator für die Wichtigkeit einer Variablen in der Linearkombination heranzuziehen. Leider ist das bei erheblicher Korrelation der Variablen nur eingeschränkt möglich. Ein Beispiel für eine Interpretation mit Hilfe von Drehungen findet sich in Weihs et al. (1999), die Interpretation von Linearkombinationen mit Hilfe von schrittweiser Regression wird in Weihs und Jessenberger (1999) diskutiert.

18.7 Anwendungsbeispiel

Zur Illustration der Vorgehensweise bei einer Klassifikationsaufgabe wird im Folgenden ein Beispiel gewählt, in dem die Phasen westdeutscher Konjunkturzyklen zwischen 1967 und 1993 mit Hilfe von vier ökonomischen Variablen unterschieden werden sollen.

Y = Phasen von Konjunkturzyklen (PHASEN);
    1: Aufschwungphase;
    2: Obere Wendepunktphase;
    3: Abschwungphase;
    4: Untere Wendepunktphase.

X_1 = Abhängig Erwerbstätige (EWAJW);

X_2 = Lohnstückkosten (LSTKJW);

X_3 = Preisindex des Bruttosozialprodukts (PBSPJW);

X_4 = Kurzfristiger Zinssatz (Dreimonatsgeld) (ZINSK).

Die Ausgangsdaten sind für alle Quartale von 1967 bis 1993 (dieser Zeitraum ist in vier Zyklen unterteilt) in der Datei SPSS18.SAV enthalten. Die Variablen X_1 bis X_3 sind (um Trend- und saisonale Einflüsse auszuschalten) in Wachstumsraten gegenüber dem entsprechenden Vorjahresquartal transformiert.

Mit Hilfe der Diskriminanzanalyse soll geprüft werden, welchen Beitrag die X-Variablen zur Unterscheidung der einzelnen Phasen der Konjunkturzyklen leisten.

18.8 Problemlösung mit SPSS

Die Diskriminanzanalyse erfordert folgendes Vorgehen:
1. Verwenden Sie die Daten der Datei SPSS18.SAV und wählen Sie ANALYSIEREN/KLASSIFIZIEREN/DISKRIMINANZANALYSE.
2. Übertragen Sie die abhängige Variable PHASEN in den Bereich GRUPPENVARIABLE.
3. Klicken Sie auf die Schaltfläche BEREICH DEFINIEREN.
4. Geben Sie bei MINIMUM: den Wert 1, bei MAXIMUM: den Wert 4 ein, und klicken Sie auf WEITER.
5. Übertragen Sie die vier Variablen EWAJW, LSTKJW, PBSPJW und ZINSK in den Bereich UNABHÄNGIGE VARIABLE(N).
6. Klicken Sie auf die Schaltfläche STATISTIK.
7. Sorgen Sie für ein Häkchen bei MITTELWERT und klicken dann WEITER an.
8. Klicken Sie auf die Schaltfläche KLASSIFIZIEREN.
9. Klicken Sie im Bereich A PRIORI-WAHRSCHEINLICHKEIT auf den Optionsschalter bei AUS DER GRUPPENGRÖßE BERECHNEN (siehe dazu die folgende statistische Anmerkung).
10. Im Bereich ANZEIGEN sorgen Sie jeweils für ein Häkchen bei ZUSAMMENFASSENDE TABELLEN UND FALLAUSLASSUNG (leave-one-out).
11. Klicken Sie auf WEITER.
12. Klicken Sie auf OK.

SPSS erzeugt jetzt einen mehrseitigen Ausdruck, der im folgenden ausschnittsweise erläutert wird.
In Tabelle 18.2 sind die ersten wichtigen Ergebnisse der Diskriminanzanalyse mit SPSS dargestellt.

Tabelle 18.2: Ergebnisse der Diskriminanzanalyse, Gruppenstatistik

Gruppenstatistik

PHASEN		Mittelwert	Standardabweichung
1	EWAJW	1,0560	,8882
	LSTKJW	2,3373	1,7198
	PBSPJW	2,8827	1,0582
	ZINSK	4,8440	1,2603
2	EWAJW	2,5710	,6389
	LSTKJW	3,8543	2,2764
	PBSPJW	4,2376	1,0096
	ZINSK	8,2638	1,1393
3	EWAJW	,7176	1,4950
	LSTKJW	7,1680	3,5914
	PBSPJW	5,1767	1,5787
	ZINSK	9,9628	2,0145
4	EWAJW	-1,4504	1,6130
	LSTKJW	5,1033	4,4540
	PBSPJW	4,9153	2,3343
	ZINSK	6,2748	1,9718
Gesamt	EWAJW	,6867	1,6751
	LSTKJW	4,1900	3,5100
	PBSPJW	3,9846	1,8023
	ZINSK	6,7504	2,6226

Man erkennt, daß sich die Mittelwerte der Variablen in den einzelnen Phasen der Konjunkturzyklen deutlich voneinander unterscheiden – eine wesentliche Voraussetzung für eine sinnvolle Anwendung der Diskriminanzanalyse. In Tabelle 18.3 stellen wir die sog. Klassifizierungsstatistik vor.

Tabelle 18.3 enthält Wahrscheinlichkeiten für die Gruppen. Es besteht also eine Wahrscheinlichkeit von 44% dafür, daß ein Fall der ersten Gruppe (Aufschwung) angehört, während für die restlichen Gruppen die Wahrscheinlichkeiten deutlich kleiner sind. Da sich die A-priori-Wahrscheinlichkeiten aus den Gruppengrößen berechnen, wird die Anzahl der Fälle durch diese Wahrscheinlichkeit nicht neu gewichtet.

Tabelle 18.3: Ergebnisse der Diskriminanzanalyse, Klassifizierungsstatistik (A-priori-Wahrscheinlichkeiten)

A-priori-Wahrscheinlichkeiten der Gruppen

PHASEN	A-priori	In der Analyse verwendete Fälle	
		Ungewichtet	Gewichtet
1	,444	48	48,000
2	,130	14	14,000
3	,231	25	25,000
4	,194	21	21,000
Gesamt	1,000	108	108,000

Tabelle 18.4: Eigenwerte der Diskriminanzfunktionen

Eigenwerte

Funktion	Eigenwert	% der Varianz	Kumulierte %	Kanonische Korrelation
1	3,117[a]	68,5	68,5	,870
2	1,273[a]	28,0	96,5	,748
3	,158[a]	3,5	100,0	,369

a. Die ersten 3 kanonischen Diskriminanzfunktionen werden in dieser Analyse verwendet.

Tabelle 18.4 enthält die Eigenwerte (vgl. Abschnitt 18.4.) für die maximal möglichen drei Diskrimanzfunktionen. Der prozentuale Eigenwertanteil der 3. Komponente macht deutlich, daß diese Funktion nur wenig zur Klassifikation beiträgt. Das könnte ein Argument für Dimensionsreduktion sein. Trotzdem wird die dritte Komponente im Folgenden mit zur Klassifikation herangezogen.

Die Größe der Absolutwerte der standardisierten Koeffizienten der drei Diskriminanzfunktionen (sie resultieren aus der Standardisierung aller eingesetzten Variablen auf den Mittelwerte 0 und die Standardabweichung 1) in Tabelle 18.5 deutet an, daß Abhängig Erwerbstätige (EWAJW) und Kurzfristzinsen (ZINSK) die wichtigeren Variablen in diesem Beispiel sind.

Tabelle 18.5: Standardisierte Koeffizienten der Diskriminanzfunktionen

Standardisierte kanonische Diskriminanzfunktionskoeffizienten

	Funktion		
	1	2	3
EWAJW	-,997	,651	,161
LSTKJW	,402	,135	-1,923
PBSPJW	,363	-,509	1,950
ZINSK	,687	,706	,014

Die in Abschnitt 18.4. behandelten Klassifikationsregeln führen für den Lerndatensatz 1967 - 1993 zu dem in Tabelle 18.6 enthaltenen Ergebnis. Insgesamt wurden 86,1%, d.h. 93 von 108 Quartalen korrekt zugeordnet, mit erheblichen Unterschieden in den einzelnen Phasen der insgesamt vier Konjunkturzyklen.

Tabelle 18.6: Ergebnisse der Diskriminanzanalyse, Klassifizierungsergebnisse

Klassifizierungsergebnisse[b,c]

		PHASEN	Vorhergesagte Gruppenzugehörigkeit				Gesamt
			1	2	3	4	
Original	Anzahl	1	45	3	0	0	48
		2	3	10	1	0	14
		3	0	2	20	3	25
		4	1	0	2	18	21
	%	1	93,8	6,3	,0	,0	100,0
		2	21,4	71,4	7,1	,0	100,0
		3	,0	8,0	80,0	12,0	100,0
		4	4,8	,0	9,5	85,7	100,0
Kreuzvalidiert[a]	Anzahl	1	44	3	0	1	48
		2	3	10	1	0	14
		3	0	2	20	3	25
		4	2	0	4	15	21
	%	1	91,7	6,3	,0	2,1	100,0
		2	21,4	71,4	7,1	,0	100,0
		3	,0	8,0	80,0	12,0	100,0
		4	9,5	,0	19,0	71,4	100,0

a. In der Kreuzvalidierung ist jeder Fall durch die Regeln klassifiziert, die von allen anderen Fällen außer diesem Fall abgeleitet werden.

b. 86,1% der ursprünglich gruppierten Fälle wurden korrekt klassifiziert.

c. 82,4% der kreuzvalidierten gruppierten Fälle wurden korrekt klassifiziert.

Tabelle 18.7: Klassifizierungsergebnisse für einzelne Konjunkturzyklen

		Vorhergesagte Gruppenzugehörigkeit				
	Phasen	1	2	3	4	Gesamt
		1967-1 bis 1971-1[1]				
Anzahl	1	6	0	0	0	6
	2	1	1	0	0	2
	3	0	1	4	0	5
	4	1	0	0	3	4
VH	1	100,0	,0	,0	,0	100,0
	2	50,0	50,0	,0	,0	100,0
	3	,0	20,0	80,0	,0	100,0
	4	25,0	,0	,0	75,0	100,0
		1971-2 bis 1974-1[2]				
Anzahl	1	2	0	0	0	2
	2	0	1	1	0	2
	3	0	0	4	0	4
	4	2	0	2	0	4
VH	1	100,0	,0	,0	,0	100,0
	2	,0	50,0	50,0	,0	100,0
	3	,0	,0	100,0	,0	100,0
	4	50,0	,0	50,0	,0	100,0
		1974-2 bis 1982-1[3]				
Anzahl	1	12	0	0	1	13
	2	2	2	0	0	4
	3	0	0	8	0	8
	4	0	0	3	4	7
VH	1	92,3	,0	,0	7,7	100,0
	2	50,0	50,0	,0	,0	100,0
	3	,0	,0	100,0	,0	100,0
	4	,0	,0	42,9	57,1	100,0
		1982-2 bis 1993-4[4]				
Anzahl	1	21	6	0	0	27
	2	0	6	0	0	6
	3	0	2	3	3	8
	4	1	0	2	3	6
VH	1	77,8	22,2	,0	,0	100,0
	2	,0	100,0	,0	,0	100,0
	3	,0	25,0	37,5	37,5	100,0
	4	16,7	,0	33,3	50,0	100,0

1) 82,4 vH der Fälle wurden korrekt klassifiziert. – 2) 58,3 vH der Fälle wurden korrekt klassifiziert. 3) 81,3 vH der Fälle wurden korrekt klassifiziert. – 4) 70,2 vH der Fälle wurden korrekt klassifiziert.

Da die offensichtliche Fehlerrate den wahren Fehler im Allgemeinen unterschätzt (vgl. Abschnitt 18.5.), enthält der untere Teil von Tabelle 18.6 den leave-one-out-Fehler (kreuzvalidiert), der insgesamt etwa 4% höher liegt.

Tabelle 18.7 weist weitere Klassifizierungsergebnisse auf, die dadurch entstanden sind, daß jeweils einer der vier Konjunkturzyklen bei der Schätzung der Diskriminanzfunktionen unberücksichtigt blieb (Trainingsdatensatz) und die Phasen dieses Zyklus (Testdatensatz) dann prognostiziert wurden. Die Unterschiedlichkeit der Fehlerraten für die einzelnen Konjunkturzyklen erlaubt Schlussfolgerungen in Bezug auf die Homogenität der Konjunkturentwicklung insgesamt, zumindest bei dem gegeben Datensatz von vier erklärenden Variablen. So wird der Zyklus 1971-2 bis 1974-1 mit einer Fehlerrate von gut 40% deutlich schlechter prognostiziert als die restlichen drei Zyklen.

Zum Schluß sollen die Ergebnisse der Diskriminanzanalyse mit denen der einfachen Klassifikationsregeln verglichen werden, die in Abschnitt 18.1. angesprochen wurden. Hierbei werden für die einzelnen Perioden des Konjunkturzyklus 1974-2 bis 1982-1 (32 Quartale) die Klassen der außerhalb dieses Zeitraums liegenden Beobachtungen gewählt, die den geringsten euklidischen Abstand aufweisen (nächster-Nachbar-Regel). Als datenunabhängige Regel soll allen 32 Quartalen die außerhalb dieser Periode am häufigsten aufgetretene Klasse zugeordnet werden, d.h. Klasse 1.

Tabelle 18.8 zeigt, daß die Klassifikation mit Hilfe der „nächster Nachbar-Regel" nach der euklidischen Norm Ergebnisse liefert, die den Resultaten der Diskriminanzanalyse geringfügig überlegen sind, wohingegen die gewählte datenunabhägige Regel (Wähle immer die Aufschwungphase 1!) bei einem Zyklus mit ca. 40% Aufschwungphasen zu einer Fehlerrate von rund 60% führt.

Insgesamt kann festgehalten werden, daß die vier Phasen der Konjunkturzyklen zwischen 1967 und 1993 mit einer Fehlerrate von unter 20% zufriedenstellend klassifiziert werden können und auch die Klassifikationsfehler außerhalb von Lerndatensätzen (Prognosen) in der Mehrzahl der Fälle in ähnlicher Größenordnung liegen.

Tabelle 18.8: Ergebnisse alternativer Klassifikationsmethoden

Klassifizierungsergebnisse „Nächster-Nachbar-Regel" und „Datenunabhängige Regel"

	Phasen	Vorhergesagte Gruppenzugehörigkeit				Gesamt
		1	2	3	4	
		Nächster Nachbar[1]				
Anzahl	1	12	0	0	1	13
	2	1	3	0	0	4
	3	0	2	5	1	8
	4	0	0	0	7	7
vH	1	92,3	0	0	7,7	100,0
	2	25,0	75,0	0	0	100,0
	3	0	25,0	62,5	12,5	100,0
	4	0	0	0	100,0	100,0
		Datenunabhängige Regel[2]				
Anzahl	1	13	0	0	0	13
	2	4	0	0	0	4
	3	8	0	0	0	8
	4	7	0	0	0	7
vH	1	100,0	,0	,0	,0	100,0
	2	100,0	,0	,0	,0	100,0
	3	100,0	,0	,0	,0	100,0
	4	100,0	,0	,0	,0	100,0

1) 84,4 vH der Fälle wurden korrekt klassifiziert. – 2) 40,6 vH der Fälle wurden korrekt klassifiziert.

18.9 Literaturhinweise

Hand, D. J. : Construction and Assessment of Classification rules; Wiley, Chichester 1997

Heilemann, U., Münch, H.J.: West German Business Cycles 1963-1994: A Multivariate Discriminant Analysis; CIRET-Studien 50, München, 220-250, 1996

Michie, D., Spiegelhalter, D. J., Taylor, C. C.: Machine Learning, Neural and Statistical Classification; 6-16, 107-124, Ellis Horwood, New York 1994

Röhl, M. C.: Computerintensive Dimensionsreduktion in der Klassifikation; Josef Eul, Köln 1998

Weihs, C., Jessenberger, J.: Statistische Methoden zur Qualitätssicherung und -optimierung; Wiley-VCH, Weinheim 1999

Weihs, C., Röhl, M. C., Theis, W.: Multivariate classification of business phases; Technical Report 26/1999, SFB 475 am Fachbereich Statistik Universität Dortmund 1999

Weiss, S. M., Kulikowski, C. A.: Computer Systems that learn; Morgan Kaufmann, 17-49, San Francisco 1991

19 Logit- und Probit-Modelle

> Bei vielen Fragestellungen, bei denen es um die Analyse des Einflußes **exogener Variablen** (auch als **Regressoren, Kovariablen, erklärende** oder **unabhängige Variablen** bezeichnet) auf eine **endogene Variable** (auch als **Responsevariable, Zielvariable, Regressand, erklärte** oder **abhängige Variable** bezeichnet) geht, liegt als endogene Variable keine stetige sondern eine **kategoriale** oder **qualitative Variable** vor. Oft handelt es sich bei der Zielvariable um eine Variable mit zwei möglichen Ausprägungen.

Beispiel

Betrachtet wird der Einfluß verschiedener unabhängiger Variablen, etwa der Variablen Alter, Einkommen und Geschlecht auf die abhängige Variable „Benutzung öffentlicher Verkehrsmittel, um zum Arbeitsplatz zu gelangen" mit den Ausprägungen ja und nein.

19.1 Notation

Im folgenden wird mit y die dichotome Zielvariable bezeichnet und mit $x = (x_1, \ldots, x_p)$ ein Vektor von p Kovariablen.

Sowohl y als auch x seien geeignet definierte Variablen. Das heißt, die beiden möglichen Ausprägungen der Zielvariable wurden durch die Werte 0 bzw. 1 kodiert, metrische Kovariablen falls nötig transformiert, qualitative Kovariablen durch eine jeweils entsprechende Anzahl an Dummy-Variablen (0,1)-kodiert und gegebenenfalls Kovariablen zur Modellierung von **Interaktionseffekten** gebildet.

Die Variable x_1 sei eine sogenannte Scheinvariable mit $x_1 = 1$, d.h. eine Konstante mit dem Wert Eins. Notationell soll im folgenden nicht zwischen Zufallsvariablen und deren Realisationen unterschieden werden, da sich diese Unterscheidung jeweils aus dem Kontext ergibt.

Es soll davon ausgegangen werden, daß für jedes Element i einer Stichprobe vom Umfang n die Daten oder Beobachtungen (y_i, x_i), $i = 1, \ldots, n$, mit $x_i = (x_{i1}, \ldots, x_{ip})'$, dem Vektor der exogenen Variablen, bereits vorliegen. Diese Beobachtungen werden als n-malige Messungen der Variablen (y_i, x_i), mit y_i einer über $i = 1, \ldots, n$ unabhängigen Zufallsvariable, aufgefaßt.

Die Kovariablen können grundsätzlich entweder als zufällige oder als feste Größen angenommen werden. Der Einfachheit halber werden sie hier als deterministisch aufgefaßt. Schließlich soll vorausgesetzt werden, daß die Spalten der Matrix $\mathbf{X} = (x_1, \ldots, x_n')$ linear unabhängig voneinander sind, X also vollen Spaltenrang besitzt.

Gruppierte und ungruppierte Daten

Häufig wird unterschieden zwischen ungruppierten Daten oder Individualdaten und gruppierten Daten.

Die Notwendigkeit dieser Unterscheidung ergibt sich u.a. daraus, daß bestimmte schließende Methoden der Modelldiagnose und der Modellüberprüfung nur im Falle gruppierter Daten sinnvoll sind.

Gruppierte Daten

Von gruppierten Daten wird gesprochen, wenn jeweils mehrere Vektoren x_i identische Werte besitzen. Jede dieser verschiedenen Merkmalskombinationen der exogenen Variablen bezeichnet eine Gruppe j ($j = 1, \ldots, J$) und in jeder Gruppe liegt eine bestimmte Anzahl n_j, mit $\sum_{j=1}^{J} n_j = n$, an Beobachtungen vor.

Ungruppierte Daten

Ungruppierte Daten liegen vor, wenn eine solche Gruppierung nicht vorgenommen wird und damit jeder Vektor exogener Variablen x_i und jede Beobachtung y_i der Zielvariablen zu genau einer Einheit i gehört.

19.2 Modellierung

19.2.1 Das lineare Wahrscheinlichkeitsmodell

Eine naheliegende Möglichkeit zur Modellierung des Einflußes der unabhängigen Variablen auf die binäre abhängige Variable stellt das lineare Wahrscheinlichkeitsmodell

(1) $\boxed{y_i = x_i'\boldsymbol{\beta} + \varepsilon_i}$

dar, mit $\boldsymbol{\beta} = (\beta_1,\ldots,\beta_p)'$ dem unbekannten zu schätzenden $(p \times 1)$- dimensionalen Parametervektor. Dabei ist ε_i eine zufällige, nicht beobachtbare Fehler- oder Störvariable mit der in linearen Regressionsmodellen üblichen Annahme $E(\varepsilon_i \mid x_i) = E(\varepsilon_i) = 0$.

Darüber hinaus wird angenommen, daß die Störvariablen ε_i und $\varepsilon_{i'}$ für $i \neq i'$ voneinander unabhängig verteilt sind.

Wegen $E(\varepsilon_i \mid x_i) = E(\varepsilon_i) = 0$, ergibt sich $E(y_i \mid x_i) = x_i'\boldsymbol{\beta}$.

Für die binäre Variable y_i ist dieser (bedingte) Erwartungswert aber gleich der Wahrscheinlichkeit, daß die Zielvariable bei festem x_i den Wert Eins annimmt, mit $\pi_i = \Pr(y_i = 1 \mid x_i)$ also $\pi_i = E(y_i = 1 \mid x_i) = x'_i\boldsymbol{\beta}$.

Probleme der linearen Verknüpfung

Ein Problem der linearen Verknüpfung der Wahrscheinlichkeit π_i mit dem Prädiktor $x'_i\boldsymbol{\beta}$ besteht darin, daß $x'_i\boldsymbol{\beta}$ prinzipiell Werte kleiner Null oder größer Eins annehmen kann. Dies sind aber für eine Wahrscheinlichkeit unmögliche Werte. Zwar kann dieses Problem bei der Parameterschätzung durch entsprechende Restriktionen ausgeschlossen werden, was aber nicht garantiert, daß ein, auf der Basis eines nicht in der Stichprobe vorkommenden Wertes für x, prognostizierter Wert für die Zielvariable ebenfalls im Intervall $[0,1]$ liegt.

Letzteres Problem läßt sich dann umgehen, wenn die Spannweite der Kovariablen x angegeben werden kann. In vielen Fällen ist dies allerdings unrealistisch.

Als weitere Konsequenz aus der linearen Modellierung von π_i sowie der Annahme $E(\varepsilon_i \mid x_i) = E(\varepsilon_i) = 0$ folgt, daß die Störvariable ε_i dichotom mit Varianz

$$Var(\varepsilon_i \mid x_i) = \pi_i(1-\pi_i) = x_i'\boldsymbol{\beta}(1 - x_i'\boldsymbol{\beta}),$$

also heteroskedastisch, ist. Bei der Bestimmung eines Schätzers für die Regressionsparameter mit möglichst günstigen Eigenschaften müssen daher sowohl eine Reihe von Restriktionen als auch die Heteroskedastizität der Störvariable berücksichtigt werden, was zu einer recht aufwendigen Berechnung der Schätzwerte führt. Darüber hinaus ist, wegen der Dichotomie der Störvariable, eine Übernahme der auf der im linearen

Regressionsmodell häufig getroffenen Normalverteilungsannahme basierenden Ergebnisse problematisch.

Obwohl mit diesem Ansatz noch weitere Probleme verknüpft sind (siehe etwa Judge, Griffiths, Hill, Lütkepohl und Lee, 1985, S. 756 f.), soll hier nur noch kurz auf ein weiteres Problem eingegangen werden. Demnach ist in vielen Anwendungen die Annahme, die der linearen Modellierung der Wahrscheinlichkeit zugrunde liegt, nämlich daß die Auswirkung einer Änderung des Wertes des Prädiktors um einen bestimmten Wert auf π_i unabhängig von dem jeweiligen Wert von π_i ist, nicht plausibel.

Im allgemeinen wird eher angenommen, daß einer Erhöhung der Wahrscheinlichkeit π_i etwa von 0,9 auf 0,95 eine größere Zunahme des Wertes des Prädiktors zugrunde liegen muß als einer Erhöhung von 0,45 auf 0,5. Als Fazit ergibt sich, daß bei näherer Betrachtung des linearen Wahrscheinlichkeitsmodells der anfänglich einfach erscheinende Ansatz zahlreiche Problemen in sich birgt.

19.2.2 Logit- und Probit-Modelle

Erheblich unproblematischer sind Ansätze, die die Wahrscheinlichkeiten π_i über eine auf R streng monotone Verteilungsfunktion modellieren. Durch diese Ansätze, bei denen der Prädiktor nicht mehr linear mit π_i verknüpft ist, wird einerseits garantiert, daß prognostizierte Werte immer zwischen Null und Eins zu liegen kommen. Andererseits gilt nun auch, daß - entsprechend der oben formulierten Annahme - die Auswirkung einer Änderung des Wertes des Prädiktors um einen bestimmten Wert auf π_i nicht mehr unabhängig von dem jeweiligen Wert von π_i ist.

19.2.2.1 Direkte Modellierung der Wahrscheinlichkeit

Die häufig verwendeten Probit-Modelle basieren auf der Verteilungsfunktion der Standardnormalverteilung

(2) $$\boxed{\Phi(z) = \int_{-\infty}^{z} \phi(t)dt}$$

mit

(3) $$\phi(z) = \frac{1}{\sqrt{2\pi}} \exp(-\frac{1}{2}z^2) \quad für \; -\infty < z < \infty$$

Dies ist die Dichtefunktion der Standardnormalverteilung, wobei $\exp(a) = e^a$. Die Verwendung der logistischen Verteilungsfunktion

(4) $$\Lambda(z) = \frac{\exp(z)}{1+\exp(z)} = \frac{1}{1+\exp(-z)} \quad für \; -\infty < z < \infty$$

führt zu den ebenfalls häufig verwendeten Logit-Modellen. Bei einem Vergleich der beiden Verteilungsfunktionen ist zu beachten, daß es sich bei $\Phi(z)$ um die Verteilungsfunktion einer Zufallsvariable mit Erwartungswert Null und Varianz Eins handelt, während es sich bei $\Lambda(z)$ um die Verteilungsfunktion einer Zufallsvariable mit Erwartungswert Null und Varianz $\pi^2/3$ handelt.

Adjustiert man die logistische Verteilungsfunktion auf die Varianz Eins und vergleicht sie mit der Standardnormalverteilung, wird die starke Ähnlichkeit beider Verteilungsfunktionen offensichtlich. Geringe Unterschiede zeigen sich in einem Intervall von etwa $z = \pm 1.74$ - dies entspricht einem Wahrscheinlichkeitsbereich von ca. 0.04 bis 0.96 - in dem die logistische Verteilungsfunktion etwas steiler ist. In den extremeren Bereichen strebt letztere etwas langsamer gegen Null bzw. Eins. Wird zur Modellierung der Wahrscheinlichkeit π_i die Verteilungsfunktion der Standardnormalverteilung herangezogen, so erhält man das Probit-Modell mit $\pi_i = \Phi(x_i'\beta_P)$, wobei der Index P für „Probit-Modell" steht.

Wird dagegen die logistische Verteilungsfunktion verwendet, erhält man das Logit-Modell mit $\pi_i = \Lambda(x_i'\beta_L)$, wobei der Index L für „Logit-Modell" steht.

19.2.2.2 Schwellenwertmodelle

Anstatt direkt die Wahrscheinlichkeiten zu modellieren, können Wahrscheinlichkeitsmodelle, wie die hier betrachteten Logit- oder Probit-Modelle, auch aus Ansätzen abgeleitet werden, die die beobachtbaren

Reaktionen als Funktionen latenter, nicht beobachtbarer Variablen formulieren, wobei letztere als linear abhängig von exogenen Variablen modelliert werden.

Ein solches Modell ist das sogenannte Schwellenwertmodell. So könnte etwa die beobachtbare Variable y : „Benutzung öffentlicher Verkehrsmittel um zum Arbeitsplatz zu gelangen" mit den beiden Ausprägungen „ja" ($y=1$) und „nein" ($y=0$) als Funktion einer nicht direkt beobachtbaren Variable y^* : „Neigung zur Benutzung öffentlicher Verkehrsmittel um zum Arbeitsplatz zu gelangen" aufgefaßt werden, wobei letztere wiederum als lineare Funktion der exogenen Variablen Alter, Einkommen und Geschlecht modelliert werden könnte.

Annahme

Im Rahmen des Schwellenwertmodells wird nun angenommen, daß die beobachtbare Variable y genau dann den Wert Eins annimmt, wenn die latente Variable y^* einen bestimmten Schwellenwert überschreitet. Überschreitet die latente Variable y^* diesen Schwellenwert nicht, nimmt die beobachtbare Variable y den Wert Null an. Formal erhält man

(5) $\boxed{y_i^* = \boldsymbol{x}_i' \boldsymbol{\beta} + \varepsilon_i}$ und $y_i = 1$ wenn $y_i^* > \gamma$ bzw. $y_i = 0$ sonst

Dabei ist γ der im allgemeinen unbekannte Schwellenwert und ε_i wiederum eine zufällige Störvariable mit den auch in linearen Regressionsmodellen üblichen Annahmen ε_i und $\varepsilon_{i'}$ ($i \neq i'$) sind voneinander unabhängig verteilt mit $E(\varepsilon_i | \boldsymbol{x}_i) = E(\varepsilon_i) = 0$ und gleicher Varianz $Var(\varepsilon_i | \boldsymbol{x}_i)$ über alle i.

Unter Ausnutzung der Symmetrieeigenschaft sowohl der Normalverteilung als auch der logistischen Verteilung erhält man

(6) $\boxed{\begin{aligned}\pi_i &= \Pr(y_i = 1 | \boldsymbol{x}_i) = \Pr(y_i^* > \gamma) = \Pr(\boldsymbol{x}_i' \boldsymbol{\beta} + \varepsilon_i > \gamma) \\ &= \Pr(\varepsilon_i > \gamma - \boldsymbol{x}_i' \boldsymbol{\beta}) = \Pr(\varepsilon_i \leq \boldsymbol{x}_i' \boldsymbol{\beta} - \gamma)\end{aligned}}$

Wird ε_i als normalverteilt mit Varianz σ^2 angenommen, so ergibt sich

(7)
$$\begin{aligned}\pi_i &= \Pr(\varepsilon_i \leq x_i'\beta - \gamma) = \\ &= \Pr(\frac{\varepsilon_i}{\sigma} \leq \frac{x_i'\beta - \gamma}{\sigma}) = \Phi(x_i'\frac{\beta}{\sigma} - \frac{\gamma}{\sigma})\end{aligned}$$

Wird ε_i dagegen als logistisch verteilt mit Varianz $\tau^2 = \frac{\pi^2}{3}$ angenommen, so erhält man analog

(8) $$\pi_i = \Lambda(x_i'\frac{\beta}{\tau} - \frac{\gamma}{\tau})$$

Da der Prädiktor $x_i'\beta$ bereits die Scheinvariable $x_{i1} = 1$, also eine über alle Beobachtungen konstante Variable, enthält, ist es sowohl im Logit- als auch im Probit-Modell nicht möglich, den Schwellenwert γ und den Parameter β_1, der diese Scheinvariable gewichtet, getrennt zu schätzen. Darüber hinaus sind die Regressionsparameter nur bis auf den Faktor $1/\sigma$ bzw. $1/\tau$ identifizierbar, im Falle des Probitmodells also $\beta_P = \sigma^{-1}(\beta_1 - \gamma, \beta_2, ..., \beta_p)'$ und entsprechend im Falle des Logitmodells $\beta_L = \tau^{-1}(\beta_1 - \gamma, \beta_2, ..., \beta_p)'$.

19.2.2.3 Zufallsnutzenmodelle

Ein weiterer Ansatz beruht auf der Annahme, daß mit jeder Alternative der Zielvariable ein Zufallsnutzen verknüpft ist.
Entsprechend der ökonomischen Hypothese der Nutzenmaximierung, würde jede Einheit i (zum Beispiel Person oder Haushalt) jene Alternative wählen, deren Zufallsnutzen größer ist. So könnte etwa der Einfluß der Variablen Alter, Einkommen, Geschlecht und „Finanzielle Aufwendung für die Fahrt zum Arbeitsplatz" auf die Variable „Verwendetes Beförderungsmittel zum Arbeitsplatz" von Interesse sein, wobei die abhängige Variable wiederum genau zwei Ausprägungen ($k = 1,2$) habe, nämlich die Alternativen „Privater Pkw" ($k = 1$) und „Öffentliche Verkehrsmittel" ($k = 2$).

Bei den Variablen Alter, Einkommen und Geschlecht handelt es sich um Variablen, die über die Alternativen konstant sind, über die Einheiten, hier Personen, aber variieren. Die Variable „Finanzielle Aufwendung für die Fahrt zum Arbeitsplatz" dagegen ist eine Variable, die über die Alternativen variiert, aber auch für die Einheiten unterschiedlich sein kann. Bezeichnet x_{Ai} den Vektor, der die über die Alternativen konstanten aber über die Einheiten variierenden exogenen Variablen enthält (einheits- oder individuenspezifische Variablen) und x_{Bik} den Vektor, der die über die Alternativen und die Einheiten variierenden exogenen Variablen enthält, so lassen sich die Zufallsnutzen der beiden Alternativen schreiben als

(9) $$y_{i1}^* = x_{i1}\beta_{11} + x'_{Ai}\beta_{A1} + x'_{Bi1}\beta_B + u_{i1}$$

bzw.

(10) $$y_{i2}^* = x_{i1}\beta_{12} + x'_{Ai}\beta_{A2} + x'_{Bi2}\beta_B + u_{i2}$$

Dabei ist $x_{i1} = 1$ für alle i, β_{11} und β_{12} sowie β_{A1} und β_{A2} sind kategorienspezifische Effekte, während es sich bei β_B um kategorienunspezifische Effekte handelt. Bei den im Vektor x_{Bik} zusammengefaßten Einflußgrößen, oder auch nur einem Teil dieser exogenen Variablen, könnte es sich natürlich auch um Variablen handeln, die zwar über die Alternativen variieren, über die Einheiten aber konstant bleiben. Zur Bezeichnung solcher Variablen könnte der Index i entfallen.

Nach der Hypothese der Nutzenmaximierung ist nun die Wahrscheinlichkeit für Einheit i, die Alternative „Öffentliche Verkehrsmittel" ($y = 1$) zu wählen, gegeben durch

(11) $$\pi_i = \Pr(y_i = 1 \mid x_i) = \Pr(y_{i2}^* > y_{i1}^*) = \Pr(y_{i2}^* - y_{i1}^* > 0)$$

Einsetzen und Umformen ergibt

$$\Pr(\mathbf{x}_{i1}\beta_{12} + \mathbf{x}'_{Ai}\beta_{A2} + \mathbf{x}'_{Bi2}\beta_B + u_{i2}) - (x_1\beta_{11} + \mathbf{x}'_{Ai}\beta_{A1} + \mathbf{x}'_{Bi1}\beta_B + u_{i1}) > 0)$$
$$= \Pr(x_{i1}(\beta_{12} - \beta_{11}) + \mathbf{x}'_{Ai}(\beta_{A2} - \beta_{A1}) + (\mathbf{x}_{Bi2} - \mathbf{x}_{Bi1})'\beta_B + (u_{i2} - u_{i1}) > 0)$$
$$= \Pr((u_{i2} - u_{i1}) > -(x_{i1}(\beta_{12} - \beta_{11}) + \mathbf{x}'_{Ai}(\beta_{A2} - \beta_{A1}) + (\mathbf{x}_{Bi2} - \mathbf{x}_{Bi1})'\beta_B))$$
$$= \Pr((u_{i2} - u_{i1}) \leq x_{i1}(\beta_{12} - \beta_{11}) + \mathbf{x}'_{Ai}(\beta_{A2} - \beta_{A1}) + (\mathbf{x}_{Bi2} - \mathbf{x}_{Bi1})'\beta_B)$$

Schreibt man $\mathbf{x}_{Bi} = \mathbf{x}_{Bi2} - \mathbf{x}_{Bi1}$ und faßt x_{i1}, $\mathbf{x}_{Ai}$ sowie $\mathbf{x}_{Bi}$ im Vektor $\mathbf{x}_i$ zusammen, ergibt sich mit $\beta = (\beta_{12} - \beta_{11}, (\beta_{A2} - \beta_{A1})', \beta_B')'$

$$(12) \quad \pi_i = \Pr((u_{i2} - u_{i1}) \leq \mathbf{x}'_i \beta)$$

Wird nun die Differenz $\varepsilon_i \equiv u_{i2} - u_{i1}$ als (unabhängig von den exogenen Variablen) normalverteilt angenommen (dies folgt etwa aus der Annahme unabhängig normalverteilter u_{i1} und u_{i2}) erhält man das Probit-Modell.
Wird die Differenz als (unabhängig von den exogenen Variablen) logistisch verteilt angenommen (die logistische Verteilung von ε_i folgt etwa aus der Annahme unabhängig extremwertverteilter u_{i1} und u_{i2}), ergibt sich wieder das Logit-Modell.
Ausgehend von einem solchen, auch als „Discrete-Choice"-Modell bezeichneten Ansatz, sind offensichtlich sowohl die kategorienunspezifischen Effekte als auch die Differenzen der kategorienspezifischen Effekte bis auf einen Faktor $1/\sigma$ im Probit-Modell bzw. einen Faktor $1/\tau$ im Logit-Modell identifizierbar.

19.3 Schätzung der Parameter

Die „wahren" Werte der Modellparameter β_P bzw. β_L sind unbekannt und müssen geschätzt werden. Im Gegensatz zur Schätzung der Parameter in linearen Regressionsmodellen, können die Schätzwerte, im folgenden mit $\hat{\beta}_P$ bzw. $\hat{\beta}_L$ bezeichnet, im allgemeinen nicht direkt angeschrieben werden, sondern müssen iterativ berechnet werden. Da die folgende Darstellung teilweise gleichermaßen für das Probit- und das Logit-Modell gilt, soll allgemein mit $\beta_{P/L}$ der zu schätzende Parameter bzw. der „wahre" Wert und mit $\hat{\beta}_{P/L}$ allgemein der Schätzer bzw. im konkreten Fall der Schätzwert bezeichnet werden.

19.3.1 Die Maximum Likelihood-Methode

Die am häufigsten verwendete Methode zur Bestimmung der Schätzwerte ist die Maximum Likelihood-Methode (ML-Methode). Zur Berechnung der Schätzwerte nach dem ML-Prinzip muß zunächst die Wahrscheinlichkeitsfunktion der Zufallsvariable y_i bestimmt werden. Für dichotome y_i ist mit π_i der Wahrscheinlichkeit, daß y_i für festes x_i den Wert Eins annimmt, die Gegenwahrscheinlichkeit, daß y_i für festes x_i den Wert Null annimmt, gleich $1-\pi_i$. Die Wahrscheinlichkeit, daß y_i bei festem x_i einen bestimmten Wert (Null oder Eins) annimmt läßt sich somit schreiben als

(13) $\quad \Pr(y_i \mid x_i) = \pi_i^{y_i}(1-\pi_i)^{1-y_i}$

Die Wahrscheinlichkeit dafür, daß die Variablen $y_1,\ldots,y_n$ bei festen $x_1,\ldots,x_n$ bestimmte Werte annehmen ist, wegen der Unabhängigkeitsannahme, gegeben durch das Produkt der Einzelwahrscheinlichkeiten, und kann angeschrieben werden als

(14) $\quad \Pr(y_1,\ldots,y_n \mid x_1,\ldots,x_n) = \prod_{i=1}^{n} \pi_i^{y_i}(1-\pi_i)^{1-y_i}$

Die **Likelihood-Funktion** erhält man, indem diese Wahrscheinlichkeitsfunktion bei gegebenen $y_1,\ldots,y_n$ und festen $x_1,\ldots,x_n$ als Funktion von $\beta_{P/L}$ betrachtet wird, d.h.

$$(15)\quad L(\boldsymbol{\beta}_{P/L}; y_1, \ldots, y_n, \boldsymbol{x}_1, \ldots, \boldsymbol{x}_n) = \prod_{i=1}^{n} \pi_i^{y_i} (1-\pi_i)^{1-y_i}$$

wobei anstatt $L(\boldsymbol{\beta}_{P/L}; y_1, \ldots, y_n, \boldsymbol{x}_1, \ldots, \boldsymbol{x}_n)$ auch kurz $L(\boldsymbol{\beta}_{P/L})$ geschrieben wird. Die Maximierung dieser Likelihood-Funktion nach dem Parametervektor $\boldsymbol{\beta}_{P/L}$ liefert nun als Schätzwert den für das Zustandekommen der beobachteten $y_1, \ldots, y_n$ bei festen $\boldsymbol{x}_1, \ldots, \boldsymbol{x}_n$ plausibelsten Wert $\hat{\boldsymbol{\beta}}_{P/L}$. Dieser Schätzwert ändert sich im allgemeinen mit jeder Folge von Realisationen $y_1, \ldots, y_n$.

Als Funktion der Zufallsvariablen $y_1, \ldots, y_n$ wird die Schätzfunktion $\hat{\boldsymbol{\beta}}_{P/L}$, die damit selbst Zufallsvariable ist, allgemein als **ML-Schätzer** bezeichnet.

Da es technisch einfacher ist, wird anstatt der Likelihood-Funktion die logarithmierte Likelihood-Funktion nach dem Parametervektor maximiert. Die Maximierung dieser log-Likelihood-Funktion liefert, da das Logarithmieren eine streng monoton wachsende Transformation ist, denselben Wert für $\hat{\boldsymbol{\beta}}_{P/L}$. Für dichotome y_i ist die log-Likelihood-Funktion gegeben durch

$$(16)\quad l(\boldsymbol{\beta}_{P/L}) = \ln L(\boldsymbol{\beta}_{P/L}) = \sum_{i=1}^{n} y_i \ln \pi_i + (1-y_i) \ln(1-\pi_i)$$

Für das Probit-Modell erhält man die log-Likelihood-Funktion

$$(17)\quad l(\boldsymbol{\beta}_P) = \sum_{i=1}^{n} y_i \ln \Phi(\mathbf{x}_i' \boldsymbol{\beta}_P) + (1-y_i) \ln(1-\Phi(\mathbf{x}_i' \boldsymbol{\beta}_P))$$

und für das Logit-Modell ergibt sich

$$(18)\quad l(\boldsymbol{\beta}_L) = \sum_{i=1}^{n} y_i \ln \Lambda(\mathbf{x}_i' \boldsymbol{\beta}_L) + (1-y_i) \ln(1-\Lambda(\mathbf{x}_i' \boldsymbol{\beta}_L))$$

19.3.2 Berechnung der Schätzwerte

Als ML-Schätzwert wird, falls er existiert, im allgemeinen jener Wert für den Parametervektor gewählt, für den die erste Ableitung der log-Likelihood-Funktion gleich Null ist. Ist an dieser Stelle die Matrix der zweiten Ableitungen nach dem Parametervektor, auch als **Hesse'sche Matrix** bezeichnet, negativ definit, so handelt es sich tatsächlich um ein relatives Maximum und nicht etwa um ein Minimum oder einen Sattelpunkt.

Während im allgemeinen ein lokales Maximum nicht notwendigerweise identisch mit einem globalen Maximum der log-Likelihood-Funktion ist, ist dies dann der Fall, wenn - vorausgesetzt es existiert überhaupt ein Maximum - die log-Likelihood-Funktion global konkav ist. Tatsächlich kann sowohl für das Probit- als auch für das Logit-Modell gezeigt werden, daß die jeweilige log-Likelihood-Funktion global konkav ist.

Wenn die jeweilige log-Likelihood-Funktion also überhaupt ein Maximum besitzt (in Ausnahmefällen ist dies nicht der Fall), dann besitzt sie genau ein Maximum und dieses ist ein globales Maximum.

Verfahren zur Berechnung der Schätzwerte

Der Schätzwert $\hat{\beta}_{P/L}$ wird iterativ berechnet, d.h. beginnend mit einem Startwert $\hat{\beta}_{P/L}^{(0)}$ werden sukzessive neue, „verbesserte" Werte $\hat{\beta}_{P/L}^{(1)}, \hat{\beta}_{P/L}^{(2)}, \ldots$ berechnet. Wegen der globalen Konkavität konvergiert diese Folge, wenn die log-Likelihood-Funktion ein Maximum besitzt, unabhängig vom gewählten Startwert, gegen denjenigen Wert $\hat{\beta}_{P/L}$, der die log-Likelihood-Funktion global maximiert.

Zur Berechnung der Schätzwerte stehen verschiedene Verfahren zur Verfügung. Die gebräuchlichsten verwenden die erste, die meisten davon zusätzlich die zweite Ableitung oder den Erwartungswert der zweiten Ableitung der log-Likelihood-Funktion nach dem Parametervektor.

Das **Newton-Raphson-Verfahren** etwa verwendet erste und zweite Ableitung, während bei der **Scoring-Methode** anstelle der exakten zweiten Ableitung der Erwartungswert der zweiten Ableitung verwendet wird.

Da im Logit-Modell die zweite Ableitung und der Erwartungswert der zweiten Ableitung identisch sind, sind im Falle des Logit-Modells auch diese beiden Optimierungsmethoden identisch.

Die iterative Berechnung der Schätzwerte bricht ab, wenn bestimmte Kennwerte jeweils vorgegebene Kriterien erfüllen. Solche Kennwerte sind das Maximum der absoluten Differenzen zwischen zwei sukkzessive berechneten Schätzwerten bzw. das Maximum der absoluten Werte des Vektors der ersten Ableitung an der Stelle des zuletzt berechneten Schätzwertes. Die iterative Berechnung der Schätzwerte wird abgebrochen, wenn diese Werte unter vorher festgelegte Schwellen fallen. Als Schätzwert für $\hat{\beta}_{P/L}$ wird dann jener Wert verwendet, für den diese Abbruchkriterien erfüllt sind. In seltenen Fällen kann die Berechnung der Schätzwerte auch abgebrochen werden, wenn innerhalb einer vorgegebenen Anzahl an Iterationen die Abbruchkriterien nicht erfüllt werden. Dies kann dann der Fall sein, wenn die vorgegebene maximale Anzahl an Iterationen zu klein ist oder im konkreten Fall die log-Likelihood-Funktion tatsächlich kein Maximum besitzt.

19.3.3 Eigenschaften der ML-Schätzer

Unter relativ allgemeinen Bedingungen, die für das binäre Logit- bzw. Probit-Modell erfüllt sind, läßt sich zeigen, daß der ML-Schätzer $\hat{\beta}_{P/L}$ wünschenswerte asymptotische Eigenschaften besitzt.

Voraussetzung

Eine wichtige Voraussetzung dafür, daß diese Eigenschaften für die ML-Schätzer in Anspruch genommen werden können, ist allerdings, daß die Modellannahmen, also etwa die Verteilungsannahme bezüglich der Störvariable, korrekt sind, das jeweilige Modell also nicht fehlspezifiziert ist.

Asymptotische Eigenschaften

Während die Eigenschaften etwa der nach der Einfachen-Kleinst-Quadrate-Methode berechneten Schätzer im Falle des linearen Regressionsmodells für endliche Stichproben definiert sind, handelt es sich bei asymptotischen Eigenschaften um solche, die das Verhalten der Schätzer für sehr große Stichprobenumfänge wiedergeben. Genaugenommen lassen sich aus den asymptotischen Eigenschaften keine Aussagen über die Eigenschaften der ML-Schätzer in kleineren Stichproben ableiten. Bei Verwendung hinreichend großer Stichproben hofft man allerdings, daß der Schätzer $\hat{\beta}_{P/L}$ auch dann entsprechend günstige Eigenschaften aufweist. Um die Abhängigkeit des ML-Schätzers vom Stichprobenumfang n zu verdeutlichen soll für den Rest dieses Unterabschnittes $\hat{\beta}_{n,P/L}$ geschrieben werden.

ML-Schätzer sind konsistent und asymptotisch normalverteilt mit Kovarianzmatrix $n^{-1}I(\beta_{P/L})^{-1}$, wobei es sich bei $I(\beta_{P/L})$ um die sogenannte **Fisher'sche Informationsmatrix** handelt und $\beta_{P/L}$ den „wahren" Wert bezeichnet. Darüber hinaus sind ML-Schätzer asymptotisch effizient.

Konsistenz

Konsistenz, wobei hier die sogenannte schwache Konsistenz gemeint ist, bedeutet, daß mit wachsendem Stichprobenumfang n die Wahrscheinlichkeit dafür, daß die Schätzfunktion $\hat{\beta}_{n,P/L}$ Werte in einem beliebig kleinen Intervall um den „wahren" Wert $\beta_{P/L}$ annimmt, gegen Eins geht. Formal wird dies für ein beliebiges $\varepsilon > 0$ angeschrieben als

$$(19) \quad \lim_{n \to \infty} \Pr(|\hat{\beta}_{n,P/L} - \beta_{P/L}| < \varepsilon) = 1$$

Mit großem Stichprobenumfang sollte demnach der Schätzwert sehr nahe am „wahren" aber unbekannten Wert zu liegen kommen.

Asymptotische Normalität und Varianz

Die Eigenschaft der asymptotischen Normalität des ML-Schätzers ist sehr hilfreich bei der Konstruktion asymptotisch valider Tests. Die asymptotische Kovarianzmatrix $n^{-1}I(\beta_{P/L})^{-1}$, die ebenfalls zur Konstruktion verschiedener Tests verwendet wird, ist abhängig vom unbekannten Parameter $\beta_{P/L}$ und muß geschätzt werden.

Dies kann - wieder unter relativ allgemeinen Bedingungen - auf verschiedene Weise geschehen.

So kann $nI(\beta_{P/L})$ geschätzt werden durch den mit minus Eins multiplizierten Erwartungswert der zweiten Ableitung der log-Likelihood-Funktion (Fisher'sche Informationsmatrix der Stichprobe), durch die ebenfalls mit minus Eins multiplizierte exakte zweite Ableitung oder durch die Summe über die individuellen äußeren Produkte der ersten Ableitungen der log-Likelihood-Funktion, jeweils ausgewertet an der Stelle $\hat{\beta}_{n,P/L}$. Die asymptotische Varianz eines Elementes des Vektors $\hat{\beta}_{n,P/L}$ ist gegeben durch das entsprechende Diagonalelement der asymptotischen Kovarianzmatrix $n^{-1}I(\beta_{P/L})^{-1}$.

Asymptotische Effizienz

Asymptotisch effizient oder asymptotisch wirksamst ist ein Schätzer dann, wenn er innerhalb der Klasse aller möglichen konsistenten und asymptotisch normalverteilten Schätzer, die zusätzlich noch relativ schwache, diese Klasse nur unwesentlich einschränkende Bedingungen erfüllen müssen, die kleinste asymptotische Varianz besitzt. Da dies für den ML-Schätzer gilt, kann er in diesem Sinne als asymptotisch recht „präzise" bezeichnet werden.

19.4 Modelldiagnostik und Hypothesentests

In der Literatur werden zahlreiche Maße und Tests zur Modelldiagnostik bzw. zur Überprüfung verschiedener Fragestellungen vorgeschlagen und diskutiert. Aus Platzgründen kann hier im wesentlichen nur auf die gebräuchlichsten Maße und Tests eingegangen werden. Dabei handelt es sich neben sehr allgemeinen Vorschlägen auch um solche, die speziell für binäre Modelle erarbeitet wurden.

19.4.1 Gütemaße

Bei Gütemaßen, oft auch als 'Goodness of fit'-Statistiken bezeichnet, handelt es sich um Kennwerte, die Aussagen darüber erlauben sollen, wie gut das jeweils angenommene Modell die beobachteten Daten beschreibt.

Lineare Modelle: Bestimmtheitsmaß R^2

In linearen Regressionsmodellen wird dazu häufig das Bestimmtheitsmaß R^2, auch als Determinationskoeffizient bezeichnet, verwendet. Dieses ist im Falle linearer Regressionmodelle definiert als der Anteil der durch die Regression „erklärten" Streuung an der Gesamtstreuung der endogenen Variablen. In seine Berechnung gehen die aufgrund des Modells vorhergesagten Werte der endogenen Variablen, die beobachteten Werte der endogenen Variablen und das über alle Beobachtungen gebildete arithmetische Mittel der endogenen Variablen ein.

Im Gegensatz zu den linearen Regressionsmodellen kann im Falle binärer Modelle die endogene Variable nur die Werte Null oder Eins annehmen, während es sich bei den vorhergesagten Werten um Wahrscheinlichkeiten handelt. So ist die Differenz etwa zwischen vorhergesagtem und beobachtetem Wert der endogenen Variablen in binären Modellen anders zu bewerten als im Falle linearer Regressionsmodelle. Eine einfache Übertragung des für lineare Modelle konzipierten Bestimmtheitsmaßes ist unter anderem aus diesem Grund nicht ohne weiteres sinnvoll.

Binäre Modelle: Pseudo-R^2

Ausgehend von verschiedenen Ansätzen wurden daher zahlreiche verschiedene Gütemaße entwickelt, die oft als Pseudo-R^2-Maße bezeichnet und zur besseren Unterscheidung mit unterschiedlichen Indizes versehen werden. Hier soll nur auf zwei Kennwerte eingegangen werden, die sich als recht brauchbar erwiesen haben.

Pseudo-R^2 von McFadden

Bezeichnet $l_0 = \ln L_0$ den Wert der log-Likelihood-Funktion an der Stelle $\hat{\beta}^*_{1,P/L}$, wobei $\hat{\beta}^*_{1,P/L}$ der Schätzwert für den die Konstante gewichtenden Parameter ist, den man erhält wenn die log-Likelihood-Funktion nur unter Einbeziehung der Konstanten, also ohne Berücksichtigung der anderen exogenen Variablen, maximiert wird. Inhaltlich entspricht dies der Annahme, daß, abgesehen von der Konstanten, keine der exogenen Variablen einen Einfluß auf die endogene Variable besitzt. Ein auf McFadden (1974) zurückgehendes, sehr populäres Pseudo-R^2 ist, mit $l_0 \neq 0$, definiert als

$$(20) \quad \boxed{R^2_{MF} = 1 - \frac{l_M}{l_0}}$$

wobei l_M der Wert der log-Likelihood-Funktion an der Stelle des ML-Schätzwertes $\hat{\beta}_{P/L}$ ist, der unter Berücksichtigung aller exogener Variablen berechnet wurde.

Da es sich bei der Likelihood-Funktion um das Produkt von Wahrscheinlichkeiten handelt und stets $L_M \geq L_0$ gilt, gilt auch $l_M \geq l_0$. Weiterhin nimmt eine log-Likelihood-Funktion dann den maximalen Wert Null an, wenn die Likelihood-Funktion den Wert Eins annimmt. Im Falle der hier betrachteten binären Modelle ist dies aber die (seltene) Situation, in der ein ML-Schätzer nicht existiert. Daher soll nur der Fall $l_M < 0$ berücksichtigt werden.

Damit gilt $0 < \frac{l_M}{l_0} \leq 1$ und $0 \leq R_{MF}^2 < 1$, wobei R_{MF}^2 gegen Null geht, wenn l_M gegen l_0 geht, die Berücksichtigung der exogenen Variablen also gegenüber demjenigen Modell, bei dem nur die Konstante berücksichtigt wird, nur wenig dazu beiträgt, die Plausibilität für den Schätzwert zu erhöhen.

Wenn die Berücksichtigung der exogenen Variablen dagegen zu einem Schätzwert führt, der das Zustandekommen der beobachteten $y_1, \ldots, y_n$ erheblich plausibler macht, d.h. l_M relativ zu l_0 sehr groß wird, in diesem Sinne also zu einer besseren Anpassung an die beobachteten Daten führt, dann geht R_{MF}^2 gegen Eins.

Pseudo-R^2 von McKelvey und Zavoina

Auf einem ganz anderen Konstruktionsprinzip basiert ein von McKelvey und Zavoina (1975) vorgeschlagener Kennwert, meist mit R_{MZ}^2 bezeichnet, welches sich sehr eng an die dem Bestimmtheitsmaß in linearen Regressionsmodellen zugrundeliegenden Idee anlehnt. Definiert man

(21) $\boxed{\hat{y}_i^* = x_i' \hat{\beta}_{P/L}}$

mit $\hat{y}_i^*$ der aufgrund des verwendeten Modells vorhergesagten endogenen Variable für Einheit i, und

(22) $\boxed{\bar{\hat{y}}^* = \sum_{i=1}^{n} \hat{y}_i^*}$

dann läßt sich die durch das Modell erklärte Streuung schätzen mit

(23) $\boxed{\hat{S}_E = \sum_{i=1}^{n} (\hat{y}_i^* - \bar{\hat{y}}^*)^2}$

Die Residuenquadratsumme oder Reststreuung läßt sich aufgrund der impliziten Normalisierung im Probit-Modell mit dem Faktor σ und im Logit- Modell mit dem Faktor τ im Probit-Modell schätzen mit

$$(24) \quad \hat{S}_R^2 = n$$

und im Logit-Modell mit

$$(25) \quad \hat{S}_R^2 = \frac{\pi^2}{3} n$$

Mit $\hat{S}_T^2 = \hat{S}_E^2 + \hat{S}_R^2$ als Schätzer für die Gesamtstreuung erhält man das von McKelvey und Zavoina (1975) vorgeschlagene Pseudo- R^2 :

$$(26) \quad R_{MZ}^2 = \frac{\hat{S}_E^2}{\hat{S}_T^2}$$

Dieses Maß kann als Schätzer des Determinationskoeffizienten für das latente, lineare Modell interpretiert werden.

Wie leicht zu sehen ist, gilt $0 \le R_{MZ}^2 < 1$. Dieses Maß geht gegen Null, wenn die geschätzten Regressionskoeffizienten, abgesehen wieder von dem Koeffizienten, der die Konstante gewichtet, gegen Null gehen, die durch das Modell geschätzte „erklärte" Streuung also gegen Null geht. Der Kennwert R_{MZ}^2 geht gegen Eins, wenn relativ zur Residualstreuung die „erklärte" Streuung immer größer wird.

Vergleich der Kennwerte

Den in der Literatur vorgeschlagenen Pseudo- R^2 -Maßen, bzw. deren gegebenenfalls adjustierten Versionen, ist gemeinsam, daß sie Werte zwischen Null und Eins annehmen können, mit größeren Werten bei einer (jeweils in einem bestimmten Sinne) besseren Anpassung des Modells an die beobachteten Daten. Andererseits ist zu beachten, daß bei Vergleichen zwischen Auswertungen verschiedener Datensätze nur die Werte derselben Pseudo- R^2 -Maße miteinander verglichen werden können, da unterschiedliche Pseudo-R^2-Maße im allgemeinen bereits bei demselben Datensatz unterschiedliche Werte annehmen. So nimmt im allgemeinen R^2_{MF} deutlich kleinere Werte an als R^2_{MZ}.

19.4.2 Gruppierte Daten: Kennwerte und Tests

Im Falle gruppierter Daten ist der Vektor der exogenen Variablen innerhalb jeder der J Gruppen identisch, d.h. alle Einheiten innerhalb einer Gruppe j besitzen denselben Vektor exogener Variablen, bezeichnet mit x_j, und pro Gruppe wird eine bestimmte Anzahl (m_j) an Einheiten mit $y_i = 1$ beobachtet. Zwei häufig verwendete Goodness-of-fit-Maße, die aber nicht zu den Pseudo-R^2-Maßen zu zählen sind, sind die **Pearson-Statistik**

$$(27) \quad \chi^2 = \sum_{j=1}^{J} \frac{(m_j - n_j \hat{\pi}_j)^2}{n_j \hat{\pi}_j (1 - \hat{\pi}_j)}$$

mit $\hat{\pi}_j = \Phi(x'_j \hat{\beta}_P)$ im Falle des Probit-Modells und $\hat{\pi}_j = \Lambda(x'_j \hat{\beta}_L)$ im Falle des Logit-Modells, und die **Devianz**

$$(28) \quad D = -2(l_M - l_S)$$

mit $l_M = l(\hat{\beta}_{P/L})$ und l_S dem maximal möglichen Wert der log-Likelihood-Funktion. Letzterer wird im Falle gruppierter Daten bei einem in jeder der J Gruppen perfekten Anpassung der geschätzten Wahrscheinlichkeiten an die beobachteten relativen Häufigkeiten erreicht und ist gegeben durch

$$(29) \quad l_S = \sum_{j=1}^{J} m_j \ln \frac{m_j}{n_j} + (n_j - m_j) \ln \frac{n_j - m_j}{n_j}$$

Der Index S wurde gewählt, da man in diesem Fall auch von einem saturierten Modell spricht. Sowohl die Pearson-Statistik als auch die

Devianz können Werte größer gleich Null annehmen und sind im Gegensatz zu den Pseudo-R^2-Maßen nicht auf den Bereich kleiner Eins beschränkt. Beide nehmen, ebenfalls im Gegensatz zu den Pseudo-R^2-Maßen, offensichtlich bei einer besseren Anpassung des Modells an die Daten kleinere Werte an. Dabei bedeutet bessere Anpassung kleinere Differenzen zwischen geschätzten und beobachteten Häufigkeiten.

Unter Bedingungen, die jeweils zu prüfen sind (siehe zum Beispiel McCullagh und Nelder, 1989), sind sowohl die Pearson-Statistik als auch die Devianz asymptotisch χ^2 – verteilt mit $J - p$ Freiheitsgraden. Beide Kennwerte können daher, unter den entsprechenden Voraussetzungen, für einen Test zur Überprüfung der Übereinstimmung zwischen den aufgrund des verwendeten Modells geschätzten und den beobachteten Häufigkeiten verwendet werden. Bei sehr großen Werten der Pearson-Statistik bzw. der Devianz wird man diese Nullhypothese eher ablehnen. Obwohl beide Kennwerte dieselbe asymptotische Verteilung besitzen, sind sie nicht identisch und können in kleinen Stichproben deutlich voneinander abweichen. Sind die Zellbesetzungen zu gering, weisen hohe Werte beider Kennwerte nicht notwendigerweise auf eine schlechte Anpassung hin. Für den Fall gering besetzter Zellen bzw. ungruppierter Daten schlagen Hosmer und Lemeshow (1989) ein Verfahren vor, bei dem die Einheiten in Gruppen eingeteilt werden. Ausgehend von dieser „künstlichen" Gruppierung wird dann die Pearson-Statistik berechnet.

19.4.3 Tests linearer Hypothesen

Unter einer linearen Hypothese versteht man eine Hypothese der Form $C\beta_{P/L} = \gamma$. Die entsprechende zu testende Nullhypothese wird geschrieben als $H_0 : C\beta_{P/L} = \gamma$. Die Alternativhypothese lautet $H_1 : C\beta_{P/L} \neq \gamma$. Dabei ist C eine Matrix mit r Zeilen und p Spalten ($r \leq p$), die vollen Zeilenrang besitzt. Häufig wird γ gleich Null gesetzt.

Ein einfaches Beispiel für C mit $r = 1$ und $p = 3$, ist $C = (0 \quad 1 \quad 0)$. Mit $\gamma = 0$ lautet die Nullhypothese

$$H_0 : (0 \quad 1 \quad 0) \begin{pmatrix} \beta_{1,P/L} \\ \beta_{2,P/L} \\ \beta_{3,P/L} \end{pmatrix} = 0$$

19.4 Modelldiagnostik und Hypothesentests

oder einfacher $H_0 : \beta_{2,P/L} = 0$, mit der Alternativhypothese $H_1 : \beta_{2,P/L} \neq 0$.

Mit dieser H_0 soll, hier allgemein für das Probit- und das Logit-Modell angeschrieben, überprüft werden, ob sich der Regressionsparameter $\beta_{2,P/L}$, der die exogene Variable x_2 gewichtet, Null ist, d.h. x_2 keinen Einfluß auf die endogene Variable ausübt. Eine weitere interessierende Frage könnte sein, ob der Einfluß zweier exogener Variablen gleich groß ist. Die entsprechende Matrix C wäre wieder ein Vektor und könnte im Falle $p = 3$ etwa angeschrieben werden als $C = (0 \ \ 1 \ \ -1)$. Dies führt, wieder mit $\gamma = 0$, zu

$$H_0 : (0 \ \ 1 \ \ -1) \begin{pmatrix} \beta_{1,P/L} \\ \beta_{2,P/L} \\ \beta_{3,P/L} \end{pmatrix} = 0, \ \ \text{bzw.} \ \ H_0 : \beta_{2,P/L} - \beta_{3,P/L} = 0$$

oder $H_0 : \beta_{2,P/L} = \beta_{3,P/L}$

mit der Alternativhypothese $H_1 : \beta_{2,P/L} \neq \beta_{3,P/L}$.

Zur Überprüfung von Fragestellungen, die in dieser Form formuliert werden können, bieten sich drei Statistiken an, die Likelihood-Quotienten-Statistik, die Wald-Statistik und die Score-Statistik. Auf die Likelihood-Quotienten-Statistik und die Wald-Statistik soll hier näher eingegangen werden.

Mit l_R dem Wert der log-Likelihood-Funktion an der Stelle des ML-Schätzwertes, der unter der in der Nullhypothese formulierten Restriktion berechnet wurde, ist die **Likelihood-Quotienten-Statistik** definiert als

$$(30) \ \ \boxed{lq = -2(l_R - l_M)}$$

Zum Beispiel erhält man mit $C = (0 \ \ 1 \ \ 0)$ und $\gamma = 0$ den Wert von l_R, indem in das zu schätzende Modell anstatt der Vektoren x_i nur die exogene Variable $x_{i,2}$ für jede Einheit i aufgenommen und der entsprechende ML-Schätzwert berechnet wird. Auswerten der log-Likelihood-

Funktion an der Stelle des entsprechenden ML-Schätzwertes ergibt dann den Wert von l_R.

Die Likelihood-Quotienten-Statistik mißt die Abweichung zwischen dem restringierten Maximum l_R und dem unrestringierten Maximum l_M. Wird diese Differenz, die wegen $l_M \geq l_R$ nur Werte größer gleich Null annehmen kann, groß, so spricht dies gegen die Nullhypothese.

Ein interessanter Spezialfall ergibt sich unter der Nullhypothese, daß bis auf den Parameter, der die Konstante gewichtet, alle Regressionsparameter gleich Null sind. In diesem Fall ist $l_R = l_0$ und es gilt, daß $lq = -2l_0 R_{MF}^2$.

Die Wald-Statistik

$$(31) \quad w = (C\hat{\beta}_{P/L} - \gamma)'(C\hat{V}(\hat{\beta}_{P/L})C')^{-1}(C\hat{\beta}_{P/L} - \gamma)$$

kann ebenfalls zum Testen der am Beginn dieses Abschnitts formulierten allgemeinen linearen Hypothese herangezogen werden. Dabei ist $\hat{V}(\hat{\beta}_{P/L})$ die nach einer der oben beschriebenen Vorgehensweisen geschätzte asymptotische Kovarianzmatrix des ML-Schätzwertes $\hat{\beta}_{P/L}$. Ein großer Wert der Wald-Statistik weist auf eine große gewichtete Differenz zwischen dem in der Nullhypothese behaupteten Wert γ und dem ausgehend von der Stichprobe geschätzten Wert $C\hat{\beta}_{P/L}$ hin. Wird, wie in obigem Beispiel, mit $C = (0 \ 1 \ 0)$ die Nullhypothese überprüft, ob ein einzelner Parameter, dessen Schätzer mit $\hat{\beta}_{q,P/L}$ bezeichnet wird, gleich Null ist, dann ist die Wald-Statistik gleich dem quadrierten „t – Wert"

$$(32) \quad t_q = \frac{\hat{\beta}_{q,P/L}}{\sqrt{\hat{v}_{qq}}}$$

Dabei ist $\hat{v}_{qq}$ das q–te Diagonalelement der geschätzten Kovarianzmatrix $\hat{V}(\hat{\beta}_{P/L})$.

Beide Statistiken lq bzw. w sind unter Geltung der Nullhypothese asymptotisch äquivalent und χ^2 – verteilt mit r Freiheitsgraden. In kleinen Stichproben oder wenn die Nullhypothese nicht gilt, können sich die Werte der beiden Statistiken jedoch deutlich voneinander unterscheiden. Obwohl es generell nicht möglich ist in solchen Situationen Aussagen über die Eigenschaften der beiden Statistiken zu machen, gibt es im Falle des Logit-Modells Hinweise darauf, daß bei Verwendung der Likelihood-Quotienten-Statistik die Wahrscheinlichkeit, korrekterweise die Nullhypopthese abzulehnen, größer ist als bei Verwendung der Wald-Statistik, wenn die Differenz zwischen dem in der Nullhypothese behaupteten und dem „wahren" Wert groß ist (z.B. Agresti, 1990).

Um die jeweilige Nullhypothese zu testen, wird entweder ein kritischer Wert festgelegt oder ein sogenannter p – Wert berechnet. Ersterer wird ausgehend von der χ^2 – Verteilung mit r Freiheitsgraden so bestimmt, daß unter Geltung der H_0 mit Wahrscheinlichkeit α ein solcher oder ein von dem in der Nullhypothese behaupteten noch deutlicher abweichender Wert der Test-Statistik auftritt. Dabei wird häufig $\alpha = 0{,}05$ oder $\alpha = 0{,}01$ gewählt. Der p – Wert gibt die Wahrscheinlichkeit an, mit der derjenige Wert der Test-Statistik, der beobachtet wurde, oder ein noch deutlicher von der H_0 abweichender unter Geltung der H_0 auftritt. Die Nullhypothese wird abgelehnt, wenn der beobachtete Wert der Test-Statistik den kritischen Wert überschreitet oder, gleichbedeutend, wenn der p – Wert kleiner als das gewählte α ist.

19.5 Prädiktion, marginale Auswahlwahrscheinlichkeit und „odds-ratio"

Liegen die ML-Schätzwerte $\hat{\beta}_{P/L}$ vor, interessiert man sich häufig für eine Vorhersage oder **Prädiktion** der Wahrscheinlichkeit mit der die endogene Variable bei gegebenen exogenen Variablen einen bestimmten Wert annimmt. Im oben erwähnten Beispiel könnte etwa die Wahrscheinlichkeit, mit der eine Person sich bei gegebenem Alter, Einkommen und Geschlecht für die Alternative „Benutzt öffentliche Verkehrsmittel um zum Arbeitsplatz zu gelangen" entscheidet, von Interesse sein. Dabei muß die entsprechende Person nicht gleichzeitig Element der Stichprobe sein, die zur Schätzung der Parameter herangezogen wurde. Durch Einsetzen des Schätzwertes $\hat{\beta}_{P/L}$ und der entsprechenden exogenen Variablen erhält man als Vorhersage für die Wahrscheinlichkeit, daß, gegeben die exogenen Variablen, die endogene Variable y_i den Wert Eins annimmt im Probit-Modell

(33) $\quad \hat{\pi}_i = \Phi(x_i' \hat{\beta}_P)$

und im Falle des Logit-Modells

(34) $\quad \hat{\pi}_i = \Lambda(x_i' \hat{\beta}_L)$

Unter einer **marginalen Auswahlwahrscheinlichkeit** oder einem marginalen Effekt versteht man den Effekt einer Änderung des Wertes einer exogenen Variable auf die Wahrscheinlichkeit dafür, daß die endogene Variable einen bestimmten Wert annimmt. So könnte etwa, wieder ausgehend vom obigen Beispiel, von Interesse sein, welchen Effekt eine Erhöhung des Einkommens auf die Wahrscheinlichkeit hat öffentliche Verkehrsmittel zu benutzen um zur Arbeit zu gelangen. Im Probit-Modell kann der Effekt einer Änderung der q–ten exogenen Variable auf die Wahrscheinlichkeit, daß die endogene Variable den Wert Eins annimmt, geschätzt werden mit

(35) $\quad \dfrac{\partial \Phi(x_i' \hat{\beta}_P)}{\partial x_{iq}} = \phi(x_i' \hat{\beta}_P) \hat{\beta}_{q,P}$

und im Logit-Modell mit

(36) $\quad \dfrac{\partial \Lambda(x_i' \hat{\beta}_L)}{\partial x_{iq}} = \Lambda(x_i' \hat{\beta}_L)(1 - \Lambda(x_i' \hat{\beta}_L))\hat{\beta}_{q,L}$

Zu beachten ist, daß der Effekt einer Änderung in der exogenen Variable x_{iq} auf die geschätzte Wahrscheinlichkeit $\hat{\pi}_i$ vom Wert dieser Wahrscheinlichkeit abhängt:

19.5 Prädiktion, marginale Auswahlwahrscheinlichkeit und „odds-ratio"

Je deutlicher die geschätzte Wahrscheinlichkeit $\hat{\pi}_i$ von 0,5 abweicht, desto kleiner ist $\phi(x_i'\hat{\beta}_P)$ bzw. $\Lambda(x_i'\hat{\beta}_L)(1-\Lambda(x_i'\hat{\beta}_L))$ und desto kleiner ist der Effekt einer Änderung des Wertes der exogenen Variable x_{iq}.

Da die geschätzte Wahrscheinlichkeit eine Funktion der exogenen Variablen und der geschätzten Regressionsparameter ist, sollten, um die Variation in den geschätzten marginalen Effekten beurteilen zu können, diese für unterschiedliche Werte der verschiedenen exogenen Variablen berechnet werden. Ein Nachteil der geschätzten marginalen Auswahlwahrscheinlichkeit ist deren Abhängigkeit von der Skalierung der exogenen Variablen: Wird etwa das Einkommen in Hundert DM anstatt in DM gemessen ändert sich auch der Schätzwert für die marginale Auswahlwahrscheinlichkeit. Diesen Nachteil weist die sogenannte Elastizität nicht auf. Sie ist definiert als das Produkt des geschätzten marginalen Effektes und des Verhältnisses der q-ten exogenen Variable zu der Wahrscheinlichkeit, daß die endogene Variable den entsprechenden Wert annimmt (siehe etwa Maier und Weiss, 1990).

Im Falle des Logit-Modells bietet sich eine weitere Interpretation der Schätzergebnisse in Form geschätzer „**odds-ratios**" an. Bezeichne z_i den Vektor der exogenen Variablen, jedoch ohne die q-te exogene Variable $x_{i,q}$, $\hat{\beta}_L^{(q)}$ den entsprechenden Vektor der Regressionsparameterschätzer für das Logit-Modell, ebenfalls ohne das q-te Element $\hat{\beta}_{q,L}$ und sei $\hat{\eta}_i^{(q)} = z_i'\hat{\beta}_L^{(q)}$. Die Wahrscheinlichkeit dafür, daß die endogene Variable den Wert Eins annimmt, gegeben ein festes z_i, $x_{i,q} = b$ bzw. $x_{i,q} = a$ sowie die Schätzwerte $\hat{\beta}_L^{(q)}$ und $\hat{\beta}_{q,L}$ ist

$$(37) \quad \Pr(y_i = 1 \mid z_i, x_{i,q} = b) = \frac{\exp(\hat{\eta}_i^{(q)} + b\hat{\beta}_{q,L})}{1 + \exp(\hat{\eta}_i^{(q)} + b\hat{\beta}_{q,L})} \quad \text{bzw.}$$

$$(38) \quad \Pr(y_i = 1 \mid z_i, x_{i,q} = a) = \frac{\exp(\hat{\eta}_i^{(q)} + a\hat{\beta}_{q,L})}{1 + \exp(\hat{\eta}_i^{(q)} + a\hat{\beta}_{q,L})}$$

Die „odds" (engl. Gewinnchance) ist das Verhältnis der beiden Wahrscheinlichkeiten $\Pr(y_i = 1 | z_i, x_{i,q} = b)$ und $\Pr(y_i = 0 | z_i, x_{i,q} = b)$

$$(39) \quad \frac{\Pr(y_i = 1 | z_i, x_{i,q} = b)}{\Pr(y_i = 0 | z_i, x_{i,q} = b)} = \exp(\hat{\eta}_i^{(q)} + b\hat{\beta}_{q,L})$$

bzw.

$$(40) \quad \frac{\Pr(y_i = 1 | z_i, x_{i,q} = a)}{\Pr(y_i = 0 | z_i, x_{i,q} = a)} = \exp(\hat{\eta}_i^{(q)} + a\hat{\beta}_{q,L})$$

Für das Verhältnis der beiden „odds", das „odds-ratio", ergibt sich

$$(41) \quad \hat{\psi} = \frac{\exp(\hat{\eta}_i^{(q)} + b\hat{\beta}_{q,L})}{\exp(\hat{\eta}_i^{(q)} + a\hat{\beta}_{q,L})} = \exp((b-a)\hat{\beta}_{q,L}) = \exp(\hat{\beta}_{q,L})^{(b-a)}$$

Das geschätzte „odds-ratio" gibt an, wie sich die geschätzte Chance („odds") für ein Ereignis (hier $y_i = 1$) ändert, wenn sich der Wert der exogenen Variable $x_{i,q}$ von a nach b ändert. Für $a \neq b$ ist $\hat{\psi}$ gleich Eins, wenn der Schätzwert $\hat{\beta}_{q,L}$ gleich Null ist, die exogene Variable $x_{i,q}$ entsprechend der Schätzung also keinen Einfluß auf die endogene Variable ausübt. Ist $b > a$ und $\hat{\beta}_{q,L} > 0$ oder $b < a$ und $\hat{\beta}_{q,L} < 0$, so ist $\hat{\psi} > 1$. Entsprechend ist $\hat{\psi} < 1$ wenn $b > a$ und $\hat{\beta}_{q,L} < 0$ oder $b < a$ und $\hat{\beta}_{q,L} > 0$. Ein Wert von $\hat{\psi} = 2$ würde, bei einem geschätzten negativen Regressionskoeffizienten für die Einkommensvariable, bedeuten, daß sich die Chance dafür, daß eine Person öffentliche Verkehrsmittel benützt um zur Arbeit zu gelangen, bei einer Verringerung des Einkommens von a auf b DM ($a > b$) verdoppelt.

19.6 Zwei Beispiele

19.6.1 Ein Probit-Modell

Für das erste Beispiel wurden für $n = 100$ Einheiten jeweils drei exogene Variablen, die im folgenden als x_2: Alter , x_3: Einkommen und x_4: Geschlecht mit $x_4 = 1$ für weiblich und $x_4 = 0$ für männlich interpretiert werden sollen, sowie unabhängig voneinander normalverteilte Störvariablen künstlich erzeugt.

Entsprechend dem schon beschriebenen Modell wurden unter weiterer Verwendung der Scheinvariable $x_1 = 1$ und eines vorgegebenen Regressionsparametervektors die Werte der binären endogenen Variablen berechnet. Die endogene Variable y soll im folgenden als Variable „Benutzung öffentlicher Verkehrsmittel um zum Arbeitsplatz zu gelangen" mit den Ausprägungen $y = 1$ für Ja und $y = 0$ für Nein interpretiert werden.

Die Schätzwerte für die Regressionsparameter wurden unter Annahme eines Probit-Modells mit Hilfe des Newton-Raphson-Verfahrens berechnet, wobei die aufgrund theoretischer Überlegungen gewählten Startwerte $\hat{\beta}_{1,P}^{(0)} = 3$, $\hat{\beta}_{2,P}^{(0)} = -0{,}05$, $\hat{\beta}_{3,P}^{(0)} = -0{,}0004$ und $\hat{\beta}_{4,P}^{(0)} = -0{,}001$ verwendet wurden. Als Abbruchkriterium wurde ein Wert von 10^{-6} als maximale absolute Differenz zwischen zwei aufeinanderfolgend berechneten Schätzwerten und als maximaler Wert der Elemente im Vektor der ersten Ableitungen festgelegt.

Die iterative Berechnung der Schätzwerte sollte bei Erfüllung dieses Kriteriums beendet sein, spätestens jedoch nach 40 Iterationen. Neben den Schätzwerten selbst, wurde auch ein Schätzwert für die asymptotische Kovarianzmatrix berechnet. Die Diagonalelemente dieser Matrix können als Schätzwerte für die asymptotischen Varianzen der Regressionsparameterschätzer verwendet werden.

Weiterhin wurden die Kennwerte R_{MF}^2 und R_{MZ}^2 berechnet. Um die Hypothese zu testen, daß die exogenen Variablen keinen Einfluß auf die endogene Variable ausüben, wurden die Test-Statistiken lq und w sowie deren p – Werte berechnet. Die zum Testen der entsprechenden Nullhypothese notwendige Matrix C hat die Gestalt

$$C = \begin{pmatrix} 0 & 1 & 0 & 0 \\ 0 & 0 & 1 & 0 \\ 0 & 0 & 0 & 1 \end{pmatrix}$$

Um die Frage zu untersuchen, ob sich die einzelnen Regressionsparameter von Null unterscheiden, wurden die entsprechenden Werte der Wald-Statistik sowie die p-Werte ermittelt. Schließlich wurden für verschiedene Werte der exogenen Variablen die Wahrscheinlichkeiten für die Benutzung öffentlicher Verkehrsmittel um zum Arbeitsplatz zu gelangen geschätzt.

Nach fünf Iterationen war das Abbruchkriterium erfüllt, die Berechnung der Schätzwerte beendet. Für R^2_{MF} ergab sich der Wert $0{,}32$, für R^2_{MZ} der Wert $0{,}63$. Der Wert $R^2_{MZ} = 0{,}63$ weist (im Sinne geschätzer „erklärter" zu totaler Streuung) auf eine im allgemeinen zufriedenstellende Anpassung des Modells an die Daten hin. Zu beachten ist, daß es immer auch von der Fragestellung abhängt, ob ein bestimmter Wert auf eine gute oder weniger gute Anpassung hinweist. Wie zu erwarten, ist der Wert von R^2_{MF} deutlich kleiner.

Die für die Prüfung der Frage, ob die exogenen Variablen einen Einfluß auf die endogene Variable ausüben, berechnete Wald-Statistik ergab den Wert $w = 17{,}94$ und einen auf vier Nachkommastellen gerundeten p – Wert von $0{,}0005$. Für die Likelihood-Quotienten-Statistik ergab sich $lq = 32{,}39$ und ein gerundeter p – Wert von $0{,}0000$. Obwohl beide Statistiken sehr unterschiedliche Werte annehmen, führen sie bei einem $\alpha = 0{,}05$ zur Ablehnung der Nullhypothese, daß die Regressionsparameter, bis auf den die Konstante gewichtenden Parameter, gleich Null sind, bzw. die exogenen Variablen keinen Einfluß auf die endogene Variable ausüben.

Zu den Ergebnissen für die einzelnen Parameter siehe Tabelle 19.1.

Tabelle 19.1: Parameterschätzungen

Variable	Anzahl der Freiheitsgrade	Parameter-Schätzwert	Geschätzte Standardabweichung	Wald-Statistik	p – Wert
Konstante	1	4,18780	1,15790	13,0815	0,0003
Alter	1	-0,06220	0,02290	7,3916	0,0066
Einkommen	1	-0,00053	0,00014	15,1508	0,0001
Geschlecht	1	-0,25880	0,35350	0,5393	0,4627

Um die Frage, ob sich die einzelnen Parameter von Null unterscheiden, untersuchen zu können, wurden mit Hilfe der Wald-Statistik die einzelnen Nullhypothesen, daß der jeweilige Regressionsparameter gleich Null ist, getestet. Die jeweilige Anzahl an Freiheitsgraden, die entsprechenden Werte der Wald-Statistik sowie die p – Werte sind in Tabelle 19.1 abgetragen.

Bei einem $\alpha = 0{,}05$ kann die entsprechende Nullhypothese für alle Regressionsparameter bis auf jenen, der die exogene Variable Geschlecht gewichtet, abgelehnt werden. Demnach könnte davon ausgegangen werden, daß sowohl ein höheres Alter als auch ein höheres Einkommen die Wahrscheinlichkeit, öffentliche Verkehrsmittel zu benutzen, um zum Arbeitsplatz zu gelangen, verringert.

Diese Ergebnisse werden durch die in Tabelle 19.2 abgetragenen, geschätzten Wahrscheinlichkeiten veranschaulicht. Demnach unterscheiden sich die geschätzten Wahrscheinlichkeiten dafür, öffentliche Verkehrsmittel zu benutzen für Männer und Frauen nur geringfügig. Bei niedrigem Alter und Einkommen geht diese Wahrscheinlichkeit gegen Eins, bei hohem Alter und hohem Einkommen gegen Null. Wenn auch etwas höher, so ist bei einem Alter von 20 Jahren und einem Einkommen von 8000 DM die geschätzte Wahrscheinlichkeit, öffentliche Verkehrsmittel zu benutzen, immer noch fast Null, während sie bei hohem Alter und niedrigem Einkommen deutlich größer ist.

Tabelle 19.2: Geschätzte Wahrscheinlichkeiten

exogene Variablen				$\hat{\pi}$
Konstante	Alter	Einkommen	Geschlecht	
1	20	2000	w	0,948
1	20	2000	m	0,970
1	20	8000	w	0,060
1	20	8000	m	0,097
1	50	2000	w	0,404
1	50	2000	m	0,506
1	50	8000	w	0,000
1	50	8000	m	0,001

19.6.2 Logit-Modell und SPSS-Anwendung

In einem zweiten Beispiel soll der Einfluß des durchschnittlichen monatlichen Nettoeinkommens (exogene Variable, X_2: „Eink") auf die Wahrscheinlichkeit eine Reise zu buchen (endogene Variable, Y: „Reise") untersucht werden. Dabei wird angenommen, daß alle für die Analyse notwendigen Annahmen erfüllt sind.

Die Daten liegen gruppiert vor, d.h. für jede Ausprägung der exogenen Variable liegen mehrere Beobachtungen vor. Bezeichnet man mit $j = 1, \ldots J$ die Ausprägungen der exogenen Variablen oder Gruppen, mit n_j die Anzahl der Beobachtungen in der j-ten Gruppe und mit m_j die Anzahl der in Gruppe j beobachteten Reisebuchungen, dann können die Daten wie in Tabelle 19.3 dargestellt werden.

Aus Tabelle 19.3 läßt sich etwa ablesen, daß in Gruppe 1, die durch ein durchschnittliches monatliches Nettoeinkommen von DM 2000 gekennzeichnet ist, zehn Beobachtungen vorliegen und von diesen zehn Beobachtungen keine einzige eine Reisebuchung ist.

Die Auswertung der Daten entsprechend obiger Fragestellung und unter Annahme eines Logit-Modells läßt sich mit SPSS folgendermaßen durchführen:

Tabelle 19.3: Ausgangsdaten

Gruppe	Eink	Reise	n
1	2000	0	10
2	3000	2	20
3	4000	5	20
4	6000	10	30
5	7000	10	25
6	9000	11	22
7	10000	10	18
8	13000	12	18
9	18000	6	10
10	30000	5	5

1. Verwenden Sie die Daten der Datei SPSS19.SAV.
2. Wählen Sie ANALYSIEREN/REGRESSION/PROBIT.
3. Übertragen Sie die Variable Reise in den Bereich RESPONSE-HÄUFIGKEIT.
4. Übertragen Sie die Variable n in den Bereich BEOBACHTETE GESAMTZAHL.
5. Übertragen Sie die Variable „Eink" in den Bereich KOVARIATE(N).
6. Klicken Sie im Bereich MODELL den Optionsschalter bei LOGIT an.
7. Klicken Sie auf OK.

SPSS teilt zunächst mit, daß 10 ungewichtete Fälle (Gruppen) berücksichtigt wurden, ohne daß Missing-Werte ausgeschlossen werden mußten (siehe Bild 19.1). Neben der Information, daß nach 15 Iterationen ein Maximum gefunden, d.h. ein voreingestelltes Abbruchkriterium erfüllt wurde, läßt sich aus Bild 19.1 ebenfalls der Schätzwert für den Regressionskoeffizienten, der die Variable „Eink" gewichtet
($\hat{\beta}_2 = 0{,}00020$), sowie dessen geschätzte Standardabweichung (Standard Error) ablesen.

Der geschätzte, in Bild 19.1 nicht angegebene, Wert für den Parameter, der die Scheinvariable $x_1 = 1$ gewichtet, ist $\hat{\beta}_1 = -2{,}02454$.

Als Goodness-of-Fit-Maß wurde die Pearson Statistik berechnet. Ausgehend von einem vorher festgelegten Ablehnungsbereich von $\alpha = 0{,}1$ gibt es mit einem p-Wert von $0{,}444$ keinen Anlaß, die Nullhypothese einer guten Übereinstimmung zwischen den aufgrund des Modells geschätzten und den beobachteten Häufigkeiten, abzulehnen.

```
********* P R O B I T   A N A L Y S I S ******
DATA Information
     10 unweighted cases accepted.
     0 cases rejected because of missing data.
     0 cases are in the control group.
MODEL Information
     ONLY Logistic Model is requested.
---------------------------------
****** P R O B I T   A N A L Y S I S ********
Parameter estimates converged after 15 iterations.
Optimal solution found.

Parameter Estimates (LOGIT model:  (LOG(p/(1-p))) = Intercept + BX):

        Regression Coeff.  Standard Error   Coeff./S.E.

  EINK         ,00020         ,00004         4,58141

Pearson Goodness-of-Fit Chi Square =    7,897   DF = 8   P = ,444
```

Bild 19.1: Ergebnisse, Teil 1

Tabelle 19.4 können Detailergebnisse entnommen werden. Hier werden jeweils der Anzahl der tatsächlich gebuchten Reisen in jeder Einkommensgruppe (OBSERVED RESPONSES) die aufgrund des Modells erwarteten Reisebuchungen (EXPECTED RESPONSES) gegenübergestellt. Aus der Anzahl der Beobachtungen in jeder Gruppe (NUMBER OF SUBJECTS), der Anzahl der Reisebuchungen und den aufgrund des Modells geschätzten Wahrscheinlichkeiten (PROB) läßt sich der Wert der Pearson Statistik (Bild 19.1) berechnen.

Ergänzend werden in Tabelle 19.5 für DM-Beträge von 0 DM bis 15000 DM (in Tausenderschritten) die geschätzten Logitwerte, definiert als $\ln(\hat{\pi}_j/(1-\hat{\pi}_j)) = \hat{\beta}_1 + x_{2,j}\hat{\beta}_2$ angegeben. Dabei ist $\hat{\pi}_j$ die entsprechend dem Modell geschätzte Wahrscheinlichkeit dafür, daß jemand aus Gruppe j eine Reise bucht und $x_{2,j}$ der Wert der exogenen Variable „Eink" für die j-te Gruppe.

Tabelle 19.4: Ergebnisse der Logit-Analyse, Teil 2

Eink	Number of Subjects	Observed Responses	Expected Responses	Residual	Prob
2000,00	10,0	0,0	1,643	-1,643	0,16428
3000,00	20,0	2,0	3,869	-1,869	0,19344
4000,00	20,0	5,0	4,528	0,472	0,22638
6000,00	30,0	10,0	9,103	0,897	0,30342
7000,00	25,0	10,0	8,676	1,324	0,34703
9000,00	22,0	11,0	9,717	1,283	0,44169
10000,00	18,0	10,0	8,841	1,159	0,49115
13000,00	18,0	12,0	11,462	0,538	0,63677
18000,00	10,0	6,0	8,258	-2,258	0,82577
30000,00	5,0	5,0	4,905	0,095	0,98098

Tabelle 19.5: Geschätzte Logitwerte und Anteilswerte

Eink	Logit	p	Eink	Logit	p
0	-2,025	0,117	8000	-0,425	0,395
1000	-1,825	0,139	9000	-0,225	0,444
2000	-1,625	0,165	10000	-0,025	0,494
3000	-1,425	0,194	11000	0,175	0,544
4000	-1,225	0,227	12000	0,375	0,593
5000	-1,025	0,264	13000	0,575	0,640
6000	-0,825	0,305	14000	0,775	0,685
7000	-0,625	0,349	15000	0,975	0,726

Aus Tabelle 19.5 läßt sich etwa ablesen, daß ab einem Einkommen von etwas über DM 10000 die geschätzte Wahrscheinlichkeit dafür, daß eine Reise gebucht wird, größer als 0,5 wird.

19.7 Ergänzungen und Erweiterungen

Neben der Verwendung einzelner Kennwerte zur Modelldiagnose, werden in der Literatur auch deskriptive Verfahren etwa zur Identifikation extremer Beobachtungen beschrieben (zum Beispiel Pregibon, 1981). Keiner der oben behandelten Kennwerte ist universell sinnvoll anwendbar. Für weitere Vorschläge und Diskussionen siehe etwa Agresti (1990, S. 109 ff.), Amemiya (1985, Kapitel 4.5 und 9.2.7), Cramer (1991, S.29 und S. 93 ff.), McCullagh und Nelder (1989, S. 118 ff.), Veall und Zimmermann (1996) oder Windmeijer (1995).

Ausführliche Darstellungen binärer bzw. allgemeiner kategorialer Modelle findet man etwa in Agresti (1990), Cox und Snell (1989), Cramer (1991), Hosmer und Lemeshow (1989) oder Maier und Weiss (1990). Mehr oder weniger ausführlich werden binäre Logit- bzw. Probit-Modelle in den meisten moderneren Lehrbüchern zur Statistik, Ökonometrie oder Biometrie behandelt.

Meist sind diese Darstellungen nicht auf binäre Modelle beschränkt, sondern behandeln neben weiteren Modellklassen zusätzlich Modelle mit geordnet bzw. ungeordnet mehrkategorialen endogenen Variablen (zum Beispiel Baltagi, 1998; Cramer, 1986; Greene, 1993; Johnston und DiNardo, 1997; Judge, Griffiths, Hill, Lütkepohl und Lee, 1985; Ronning, 1991). Eine geordnet mehrkategoriale oder ordinale endogene Variable liegt vor, wenn die Responsevariable mehrere verschiedene Ausprägungen besitzt, die in eine Ordnung zueinander gebracht werden können (zum Beispiel Variable „Kauf eines Pkw" mit den Ausprägungen „Kleinwagen", „Wagen der Mittelklasse" und „Wagen der Oberklasse").

Eine ungeordnet mehrkategoriale endogene Variable liegt vor, wenn die Responsevariable mehrere verschiedene Ausprägungen besitzt, es darüber hinaus aber keine Präzisierung ihres Verhältnisses zueinander gibt (zum Beispiel die Variable „Wahl des Verkehrsmittels" mit den Ausprägungen „privater Pkw", „öffentlicher Bus" und „Fahrrad").

Logit- und Probit-Modelle können auch als Spezialfälle einer allgemeineren Modellklasse, nämlich der Klasse der generalisierten linearen Modelle, betrachtet werden (zum Beispiel Fahrmeir, Hamerle und Tutz, 1996; McCullagh und Nelder, 1989). Neben der logistischen Verteilung oder der Normalverteilung können auch andere Verteilungsfunktionen zur Modellierung der Wahrscheinlichkeiten in binären Modellen verwendet werden. Interessant können hier asymmetrische Verteilungen sein, wie etwa die Extremwertverteilung (zum Beispiel Fahrmeir, Hamerle und Tutz, 1996). Zu den engen Beziehungen insbesondere zwischen Logit-Modellen und log-linearen Modellen bzw. der Diskriminanzanalyse siehe etwa Agresti (1990), Amemiya (1985), Fahrmeir, Hamerle und Tutz (1996) oder Maier und Weiss (1990).

Aus verschiedenen Gründen können jeweils mehrere endogene Variablen, gegeben die exogenen Variablen, abhängig voneinander sein. Dies ist im allgemeinen dann der Fall, wenn an jeder statistischen Einheit (Person, Haushalt, Familie, Wohnviertel, Firma etc.) neben den exogenen mehrere endogene Variablen erhoben werden. Solche Datensituationen liegen beispielsweise vor, wenn an allen Mitgliedern der an einer Umfrage beteiligten Familien dieselben Daten erhoben werden, an denselben Personen in einer Untersuchung verschiedene Daten erhoben werden oder, ein wichtiger Spezialfall, an denselben Haushalten zu mehreren Zeitpunkten Daten erhoben werden. In der zuletzt genannten Situation, spricht man auch von **Längsschnitt-** oder **Paneldaten**.

In allen oben genannten Fällen muß von Abhängigkeiten in den endogenen Variablen innerhalb der Einheiten ausgegangen werden. Die entsprechenden statistischen Modelle werden im allgemeinen Fall oft als multivariate Modelle, im Falle der Paneldaten auch als Panelmodelle bezeichnet. Beschreibungen entsprechender Modelle und Schätzmethoden findet man etwa in Baltagi (1995), Diggle, Liang und Zeger (1994), Fahrmeir und Tutz (1994) oder Hsiao (1986).

19.8 Literaturhinweise

Agresti, A.: Categorical Data Analysis, New York 1990

Amemiya, T.: Advanced Econometrics, Cambridge, Massachusetts 1985

Baltagi, B.H.: Econometrics, Berlin u.a., 1998

Baltagi, B.H.: Economtric Analysis of Panel Data, Chichester 1995

Cox, D.R. und *Snell, E.J.*: Analysis of Binary Data, 2. Aufl. London 1989

Cramer, J.S.: Econometric Applications of Maximum Likelihood Methods, Cambridge 1986

Cramer, J.S.: The Logit Model. An Introduction for Economists, London 1991

Diggle, P.J., Liang, K.-Y. und *Zeger, S.L.*: Analysis of Longitudinal Data, Oxford 1994

Fahrmeir, L., Hamerle, A. und *Tutz, G.*: Multivariate statistische Verfahren, 2. Aufl. Berlin 1996

Fahrmeir, L. und *Tutz, G.*: Multivariate Statistical Modelling Based on Generalized Linear Models, New York 1994

Greene, W.H.: Econometric Analysis, 2. Aufl. Englewood Cliffs, New Jersey 1993

Hosmer, D.W., Jr. und *Lemeshow, S.*: Applied Logistic Regression, New York 1989

Hsiao, C.: Analysis of Panel Data, Cambridge 1986

Johnston, J. und *DiNardo, J.*: Econometric Methods, 4. Aufl. New York 1997

Judge, G.G., Griffiths, W.E., Hill, R.C., Lütkepohl, H. und *Lee, T.-C.*: The Theory and Practice of Econometrics, 2. Aufl. New York 1985

Maier, G. und *Weiss, P.*: Modelle diskreter Entscheidungen, Theorie und Anwendung in den Sozial- und Wirtschaftswissenschaften, Berlin u.a. 1990

McCullagh, P. und *Nelder, J.A.*: Generalized Linear Models, 2. Aufl. London 1989

McFadden, D.: Conditional Logit Analysis of Qualitative Choice Behavior, in: *P. ZAREMBKA* (Hrsg.): Frontiers in Econometrics (S. 105-142), New York 1974

McKelvey, R.D. und *Zavoina, W.*: A Statistical Model for the Analysis of Ordinal Level Dependent Variables, in: Journal of Mathematical Sociology, 4, 103-120, 1975

Pregibon, D.: Logistic Regression Diagnostics, in: Annals of Statistics, 9, 705-724, 1981

Ronning, G.: Mikroökonometrie, Berlin u.a. 1991

Veall, M.R. und *Zimmermann, K.F.*: Pseudo-R^2 Measures for some common Limited Dependent Variable Models, in: Journal of Economic Surveys, 10, 241-259, 1996

Windmeijer, F.A.G.: Goodness-of-fit Measures in Binary Choice Models, in: Econometric Reviews, 14, 101-116, 1995

20 Unscharfe Daten

20.1 Einleitung

Beobachtet man kontinuierliche eindimensionale stochastische Größen X, zum Beispiel durch eine Messung, so wird das Resultat der Messung üblicherweise durch eine reelle Zahl beschrieben, wobei die Meßunsicherheit durch Angabe von Fehlergrößen beschrieben wird. Mathematisch bedeutet dies, daß das Resultat x einer Messung als Summe des wahren Wertes y und eines Fehlers ε dargestellt ist, d. h.

(1) $\boxed{x = y + \varepsilon}$

wobei x, y, ε reelle Zahlen sind. Dies bedeutet, daß das konkrete Meßresultat x als reelle Zahl aufgefaßt wird, was aber nicht der Realität entspricht. Konkrete Messungen sind mehr oder weniger unscharf und diese Unschärfe muß entsprechend beschrieben werden, um nicht unrealistische Analyseergebnisse zu erhalten.

Beispiele

Beispiele unscharfer Daten, wo man die Unschärfe sofort sieht, sind Wasserstände, Umfänge von Bäumen, Schadstoffkonzentrationen in Umweltmedien, Volumenmessungen größeren Umfangs, Farbtonbilder wie Röntgenaufnahmen und Lebensdauern von Bäumen. Prinzipiell sind alle Messungen, auch solche mit Präzisionsinstrumenten, unscharf, man denke etwa an Datenausgaben von Oszilloskopen.

Die nach dem Stand des Wissens beste mathematische Beschreibung unscharfer eindimensionaler Daten ist jene mit **unscharfen Zahlen**. Im Fall vektorwertiger Größen ist die derzeit beste Beschreibung jene mittels **unscharfen Vektoren**.

20.2 Unscharfe Zahlen

Eine exakte Zahl $x_0 \in \mathbb{R}$ ist in eineindeutiger Weise durch die **Indikatorfunktion** $I_{\{x_0\}}(\cdot)$, also eine reelle Funktion, deren Funktionswerte folgendermaßen definiert sind, bestimmt:

(2) $$I_{\{x_0\}}(x) = \begin{cases} 1 & \text{für } x = x_0 \\ 0 & \text{für } x \neq x_0 \end{cases}$$

In analoger Weise ist ein Intervall $[a,b]$ durch die Indikatorfunktion $I_{[a,b]}(\cdot)$ bestimmt, deren Funktionswerte folgendermaßen gegeben sind:

(3) $$I_{[a,b]}(x) = \begin{cases} 1 & \text{für } x \in [a,b] \\ 0 & \text{für } x \notin [a,b] \end{cases}$$

Allgemein ist die Indikatorfunktion $I_A(\cdot)$ einer nichtleeren Teilmenge $A \subseteq \mathsf{R}$ folgendermaßen durch ihre Funktionswerte definiert

(4) $$I_A(x) = \begin{cases} 1 & \text{für } x \in A \\ 0 & \text{für } x \in \mathsf{R} \setminus A \end{cases}$$

Es war die Idee von K. Menger, Mengen, die nicht scharf abgegrenzt sind, durch eine Verallgemeinerung von Indikatorfunktionen zu beschreiben. L.A. Zadeh hat dies später populär gemacht. Dabei sind als Funktionswerte auch Zahlen zwischen *0* und *1* zulässig. Die so entstehenden Funktionen werden **Zugehörigkeitsfunktionen** genannt. Eine Zugehörigkeitsfunktion $\mu(\cdot)$ einer unscharfen Teilmenge A^* einer gegebenen Menge M ist eine Funktion

(5) $$\mu: M \to [0,1]$$

Unscharfe Zahlen x^* sind spezielle unscharfe Teilmengen der Menge R der reellen Zahlen, für deren Zugehörigkeitsfunktionen $\xi(\cdot)$ folgendes gefordert wird:

(6) $\exists x_0 \in \mathsf{R}: \xi(x_0) = 1$

$\forall \alpha \in (0,1]$ ist der sogenannte α - **Schnitt**

$C_\alpha(x^*) := \{x \in \mathsf{R}: \xi(x) \geq \alpha\}$ ein abgeschlossenes und beschränktes Intervall $[a_\alpha, b_\alpha]$.

Solche Zugehörigkeitsfunktionen nennt man **charakterisierende Funktionen**.

Anmerkung

Eine unscharfe Zahl x^* ist durch ihre charakterisierende Funktion bestimmt.

Beispiele von charakterisierenden Funktionen unscharfer Zahlen sind in Bild 20.1 dargestellt.

Problem der Erzeugung einer charakterisierenden Funktion

Ein wesentliches Problem ist die Frage, wie man die charakterisierende Funktion einer unscharfen Messung erhält. Dies ist vom konkreten Meßvorgang abhängig.

Ein Beispiel ist die Beobachtung des Wasserstandes eines Flusses zu einer bestimmten Zeit an einem bestimmten Ort. Dazu dient eine Meßlatte, die verschieden naß ist. Man kann hier die Feuchtigkeitsintensität der Meßlatte heranziehen. (vgl. Bild 20.2, oberes Diagramm).

Um die charakterisierende Funktion $\xi(h)$ der unscharfen Höhe h^* des Wasserstandes zu erhalten, differenziert man die Funktion $w(h)$ (Feuchtigkeitsintensität), multipliziert das Resultat $w'(h)$ mit -1, dividiert diese Funktion $-w'(h)$ durch ihr Maximum und erhält so die charakterisierende Funktion des unscharfen Wasserstandes, symbolisch geschrieben

(7) $\xi(h) = \dfrac{-w'(h)}{\max\limits_{h_1 \leq h \leq h_2} \{-w'(h)\}}$ für $h \in \mathsf{R}$

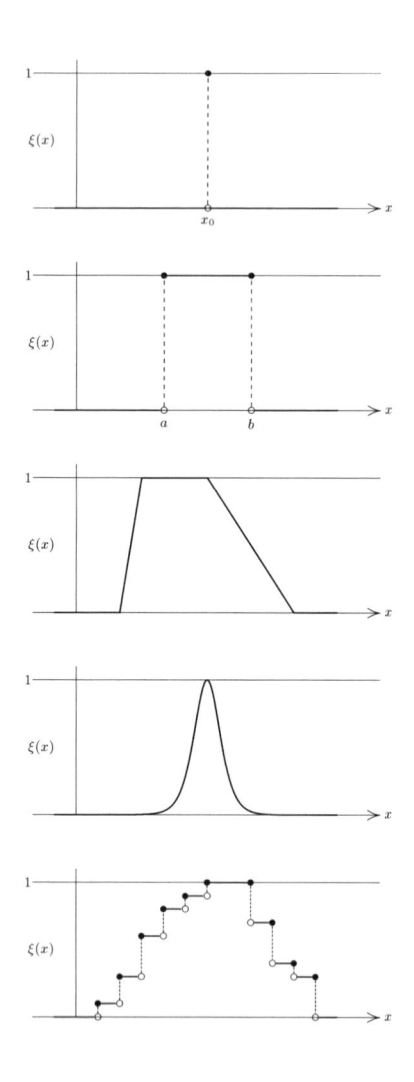

Bild 20.1: Charakterisierende Funktionen

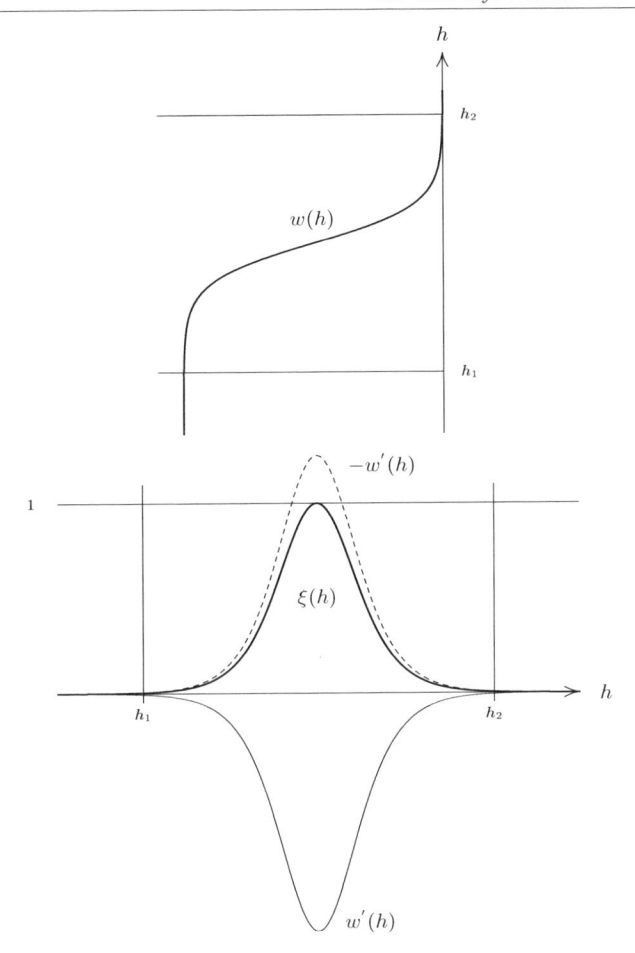

Bild 20.2: Unscharfer Wasserstand

20.3 Unscharfe Vektoren

Für zweidimensionale Größen, wie zum Beispiel die Lage eines Punktes auf einem Radarschirm, benötigt man das Konzept eines **unscharfen**

Vektors $\underline{x}^*$. Unscharfe Vektoren sind durch zugehörige **vektorcharakterisierende Funktionen** $\xi_{\underline{x}^*}(\cdot,\cdots,\cdot)$ beschrieben. Dies sind für zweidimensionale unscharfe Vektoren Funktionen von zwei reellen Variablen x und y mit Werten im Intervall $[0,1]$, die folgende Eigenschaften erfüllen:

(8)
$$\exists (x_0, y_0) \in \mathsf{R}^2: \xi(x_0, y_0) = 1$$

$\forall \alpha \in (0,1]$ ist der sogenannte α − **Schnitt**

$$C_\alpha(\underline{x}^*) := \left\{ (x,y) \in \mathsf{R}^2 : \xi_{\underline{x}^*}(x,y) \geq \alpha \right\}$$

eine abgeschlossene, beschränkte und sternförmige Teilmenge des R^2.

Beispiel

Um die vektorcharakterisierende Funktion $\xi(\cdot,\cdot)$ eines unscharfen Lagevektors aus einem Lichtpunkt zu erhalten, kann man die Lichtintensität $h(x,y)$ heranziehen.

Die Funktionswerte $\xi(x,y)$ von $\xi(\cdot,\cdot)$ erhält man durch

(9)
$$\xi(x,y) = \frac{h(x,y)}{\max\limits_{(x,y) \in \mathsf{R}^2} h(x,y)} \quad \forall (x,y) \in \mathsf{R}^2$$

Anmerkung

Für das Folgende ist die Bezeichnungsweise

(10)
$$\underline{x} = (x,y) \in \mathsf{R}^2$$

bzw. für n − dimensionale unscharfe Daten

(11) $$\underline{x} = (x_1, \cdots, x_n) \in \mathsf{R}^n$$

nützlich.

Vektorcharakterisierende Funktionen unscharfer n–dimensionaler Vektoren $\underline{x}^*$ sind direkte Verallgemeinerungen jener für zweidimensionale unscharfe Vektoren.

20.4 Rechnen mit unscharfen Zahlen

Um unscharfe Zahlen x^* und y^* zu addieren kann man das sogenannte **Erweiterungsprinzip** der Theorie unscharfer Mengen (Fuzzy Set Theorie) heranziehen.

Die verallgemeinerte Addition $x^* \oplus y^*$ liefert als Resultat eine unscharfe Zahl $z^* = x^* \oplus y^*$, deren charakterisierende Funktion folgendermaßen gefunden werden kann:

Um das Erweiterungsprinzip anwenden zu können, müssen die unscharfen Zahlen x^* und y^* zuerst zu einem unscharfen Vektor $\underline{x}^* = (x, y)^*$ kombiniert werden. Die vektorcharakterisierende Funktion $\xi(\cdot,\cdot)$ des unscharfen Vektors $\underline{x}^*$ erhält man aus den charakterisierenden Funktionen $\xi_1(\cdot)$ von x^* und $\xi_2(\cdot)$ von y^* durch folgende Kombination:

(12) $$\xi(x,y) = \min\{\xi_1(x), \xi_2(y)\} \; \forall (x,y) \in \mathsf{R}^2$$

In Bild 20.3 ist das Prinzip der Kombination zweier unscharfer Zahlen zu einem unscharfen Vektor durch die charakterisierenden Funktionen $\xi_1(\cdot)$ und $\xi_2(\cdot)$ der unscharfen Zahlen x^* bzw. y^* und die erzeugte vektorcharakterisierende Funktion $\xi(\cdot,\cdot)$ dargestellt.

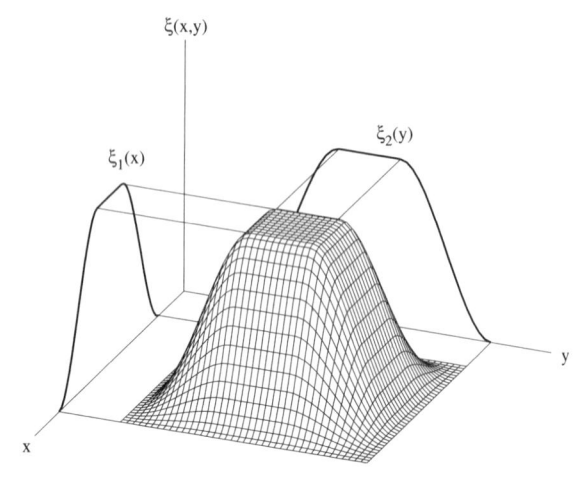

Bild 20.3: Kombination zweier unscharfer Zahlen

Mit Hilfe der vektorcharakterisierenden Funktion von $\underline{x}^*$ kann durch die Anwendung des Erweiterungsprinzips die charakterisierende Funktion $\zeta(\cdot)$ der unscharfen Summe $x^* \oplus y^*$ ermittelt werden:

$$(13)\quad \zeta(z) := \begin{cases} \sup\{\xi(x,y): x+y=z\} & \text{falls } \exists (x,y): x+y=z \\ 0 & \text{sonst} \end{cases} \forall z \in \mathbf{R}$$

Anmerkung

Es läßt sich zeigen, daß die so entstandene Funktion alle Eigenschaften einer charakterisierenden Funktion hat. Die Erweiterung anderer algebraischer Operationen für den Fall unscharfer Zahlen ist mit Hilfe des unscharfen kombinierten Vektors und des Erweiterungsprinzips möglich. Eine konkrete Fragestellung zu dieser Aufgabe ist die Ermittlung der Fläche eines Rechteckes, dessen Seitenlängen unscharf sind.

20.5 Unscharfe Stichproben

Bereits die Erstellung von **Histogrammen** macht bei Vorliegen von unscharfen Daten eine Adaption klassischer statistischer Verfahren notwendig, da für einzelne unscharfe Beobachtungen oft nicht entscheidbar ist, ob sie in einer bestimmten Histogrammklasse liegen. Die Konstruktion von sogenannten **unscharfen Histogrammen**, bei denen die Höhe des Histogrammbalkens über einer Klasse eine unscharfe Zahl ist, ist möglich. Details dazu findet man bei R. Viertl: Statistics with Non-Precise Data, in: Journal of Computing and Information Technology, Vol. 4 (1996).

In der **schließenden Statistik** sind Funktionen von Stichproben $X_1, \cdots, X_n$ von stochastischen Größen X von Bedeutung, d. h. Funktionen $\psi(X_1, \cdots, X_n)$, die auf dem **Stichprobenraum** M_X^n definiert sind, wobei M_X der **Merkmalraum** der stochastischen Größe X ist, also die Menge aller möglichen Werte, die X annehmen kann.

> Spezialfälle solcher Funktionen sind **Schätzfunktionen** und **Testfunktionen**.

Im Fall klassischer statistischer Daten $x_1, \cdots, x_n$ mit $x_i \in \mathsf{R}^k$ ist die Zusammenfassung dieser Daten zu einem Vektor $(x_1, \cdots, x_n)$ ein Element des Stichprobenraumes R^{nk}. Die konkreten Werte $\psi(x_1, \cdots, x_n)$ von **Statistiken** sind Elemente des entsprechenden Raumes, in dem die Statistik ihre Werte annimmt.

Es ist natürlich, daß im Fall unscharfer Daten $x_1^*, \cdots, x_n^*$ die Werte von Statistiken ebenfalls unscharf werden. Um die charakterisierende Funktion eines unscharfen Wertes $y^* = \psi(x_1^*, \cdots, x_n^*)$ einer Statistik zu erhalten, ist es notwendig, aus den n unscharfen Elementen $x_1^*, \cdots, x_n^*$ des Merkmalraumes ein unscharfes Element $\underline{x}^*$ des Stichprobenraumes zu konstruieren.

Im einfachsten Fall eindimensionaler Beobachtungen ist $\underline{x}^*$ ein n-dimensionaler **unscharfer Vektor**, der durch seine **vektorcharakterisierende Funktion** $\xi : \mathsf{R}^n \to [0,1]$ bestimmt ist. Vektorcharakterisierende Funktionen $\xi(\cdot, \cdots, \cdot)$ haben folgende Eigenschaften:

(14) $\exists \underline{x}_0 = \left(x_1^0,\cdots,x_n^0\right) \in \mathbf{R}^n : \xi(\underline{x}_0) = \xi\left(x_1^0,\cdots,x_n^0\right) = 1$

$\forall \alpha \in (0,1]$ sind die sogenannten α – **Schnitte**
$C_\alpha(\underline{x}^*) := \left\{ \mathbf{x} \in \mathbf{R}^n : \xi(\underline{x}) \geq \alpha \right\}$ abgeschlossene,
beschränkte und sternförmige Teilmengen des $\mathbf{R}^n$.

Die vektorcharakterisierende Funktion $\xi(\cdot,\cdots,\cdot)$ erhält man aus den charakterisierenden Funktionen $\xi_1(\cdot),\cdots,\xi_n(\cdot)$ der unscharfen Daten $x_1^*,\cdots,x_n^*$ durch eine sogenannte **Kombinationsregel** C_n, d. h.

(15) $\xi(x_1,\cdots,x_n) = C_n\bigl(\xi_1(x_1),\cdots,\xi_n(x_n)\bigr) \quad \forall (x_1,\cdots,x_n) \in \mathbf{R}^n$

Aus der Fuzzy Set Theorie bietet sich die sogenannte **Minimum-Kombinationsregel** an, d. h.

(16) $\xi(x_1,\cdots,x_n) = \min\bigl(\xi_1(x_1),\cdots,\xi_n(x_n)\bigr) \forall (x_1,\cdots,x_n) \in \mathbf{R}^n$

Anmerkung
Allgemein sind Kombinationsregeln durch sogenannte verallgemeinerte t – Normen der Fuzzy Set Theorie gegeben (vgl. Viertl, Statistics with Non-Precise Data, siehe oben, 1996). Der unscharfe Vektor $\underline{x}^*$ (nicht zu verwechseln mit dem Vektor $(x_1^*,\cdots,x_n^*)$ der unscharfen Beobachtungen) ist die Grundlage für die schließende Statistik mit unscharfen Daten. Man nennt $\underline{x}^*$ auch **unscharfes kombiniertes Stichprobenelement**, da es ein unscharfes Element des Stichprobenraumes ist.

20.6 Funktionen unscharfer Größen

Bei der Analyse unscharfer Daten treten Funktionen von unscharfen Argumenten auf. Daher ist eine Verallgemeinerung klassischer, reeller Funktionen $f(\cdot)$ auf den Fall unscharfer Argumentwerte x^* notwendig.

20.6 Funktionen unscharfer Größen

Im Fall einer reellen Variablen x ist eine Unschärfe von x^* durch eine charakterisierende Funktion $\xi(\cdot)$ gegeben. Der Funktionswert $f(x^*)$ wird auch eine unscharfe Größe y^*, deren charakterisierende Funktion $\psi(\cdot)$ mittels des sogenannten **Erweiterungsprinzips** gegeben ist. Dieses definiert die Zugehörigkeitsfunktion $\psi(\cdot)$ folgendermaßen:

$$(17)\quad \psi(y) = \begin{cases} \sup\{\xi(x): f(x) = y\} & \text{falls } f^{-1}(\{y\}) \neq \varnothing \\ 0 & \text{falls } f^{-1}(\{y\}) = \varnothing \end{cases} \forall y \in \mathsf{R}$$

Anmerkung

Die Funktion $\psi(\cdot)$ ist eine Zugehörigkeitsfunktion einer unscharfen Teilmenge von R. Für allgemeine Funktionen $f(\cdot)$ folgt nicht zwingend, daß $\psi(\cdot)$ auch eine charakterisierende Funktion einer unscharfen Zahl ist. Für stetige Funktionen $f(\cdot,\cdots,\cdot)$ gilt folgender Satz: Ist $\underline{x}^*$ ein unscharfer Vektor mit vektorcharakterisierender Funktion $\xi(\cdot)$ und $f(\cdot)$ eine stetige, klassische reellwertige Funktion, so ist die oben beschriebene Funktion $\psi(\cdot)$ eine charakterisierende Funktion und für die α - Schnitte $C_\alpha\big(f(\underline{x}^*)\big)$ gilt:

$$(18)\quad C_\alpha\big(f(\underline{x}^*)\big) = \left[\min_{\underline{x} \in C_\alpha(\underline{x}^*)} f(\underline{x}),\ \max_{\underline{x} \in C_\alpha(\underline{x}^*)} f(\underline{x})\right] \forall \alpha \in (0,1]$$

Den Beweis findet man bei R. Viertl: Statistical Methods for Non-Precise Data, CRC Press, Boca Raton, Florida, 1996

Beispiel

Die charakterisierende Funktion des Quadrates einer unscharfen Zahl ist in Bild 20.4 dargestellt. Der obere Teil der Abbildung zeigt die charakterisierende Funktion der unscharfen Zahl, der untere Teil die charakterisierende Funktion ihres Quadrates.

20.7 Schätzungen bei unscharfen Daten

Eine der wichtigsten Aufgaben der schließenden Statistik ist die Schätzung von Parametern θ in stochastischen Modellen $X \sim W_\theta$, $\theta \in \Theta$.
Betrachtet man die Schätzung des Erwartungswertes $\mathrm{I\!E}X$ einer eindimensionalen stochastischen Größe X auf Grundlage einer konkreten Stichprobe $x_1,\cdots,x_n$, so ist die im statistischen Sinn beste Schätzung für $\mathrm{I\!E}X$ das **Stichprobenmittel**

$$(19) \quad \overline{x}_n = \frac{x_1 + \cdots + x_n}{n}$$

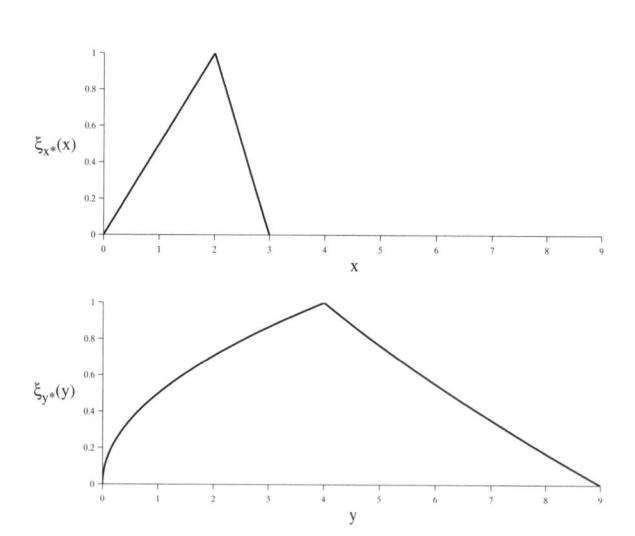

Bild 20.4: Quadrat $y^* = (x^*)^2$ einer unscharfen Zahl x^*

Allgemein sind Schätzungen Funktionen $\vartheta(x_1,\cdots,x_n)$ von Stichproben. Im Fall unscharfer Stichproben in Form von unscharfen Zahlen $x_1^*,\cdots,x_n^*$ kann man adaptierte unscharfe Schätzwerte folgendermaßen erhalten. Zuerst müssen die unscharfen Zahlen $x_1^*, \cdots, x_n^*$ zu einem unscharfen n–dimensionalen Vektor $\underline{x}^*$ kombiniert werden. Die vektorcharakterisierende Funktion $\xi(\cdot,\cdots,\cdot)$ des unscharfen kombinierten Stichprobenelementes ist die Basis der Verallgemeinerung.

Diese vektorcharakterisierende Funktion ermöglicht die Konstruktion eines **unscharfen Schätzwertes** mit Hilfe des Erweiterungsprinzips. Man erhält die charakterisierende Funktion $\psi(\cdot)$ der unscharfen Schätzung $\vartheta(x_1^*, \cdots, x_n^*)$ auf Grundlage der unscharfen Beobachtungen (Daten) $x_1^*, \cdots, x_n^*$ folgendermaßen: Unter Verwendung der Vektorschreibweise $\underline{x} = (x_1, \cdots, x_n) \in \mathsf{R}^n$ gilt für einen reellwertigen Parameter

$$(20) \quad \psi(z) = \begin{cases} \sup\{\xi(\underline{x}): \vartheta(\underline{x}) = z\} & \text{falls } \exists \underline{x} : \vartheta(\underline{x}) = z \\ 0 & \text{sonst} \end{cases} \forall z \in \mathsf{R}$$

Wie sich die Unschärfe einer Statistik fortpflanzt, sieht man sehr gut an **Punktschätzungen** $\hat{\theta}$ für Parameter θ eines stochastischen Modells

$$(21) \quad X \sim f(\cdot|\theta), \ \theta \in \Theta$$

wobei Θ den **Parameterraum**, d. h. die Menge aller möglichen Parameterwerte darstellt.

Unscharfer Schätzwert

An Stelle eines exakten Schätzwertes $\hat{\theta} \in \Theta$ für einen Parameter θ_0 bei theoretisch exakten Daten erhält man bei unscharfen Daten $x_1^*, \cdots, x_n^*$ einen **unscharfen Schätzwert** $\hat{\theta}^* = \vartheta(x_1^*, \cdots, x_n^*)$, dessen charakterisierende Funktion $\psi(\cdot)$ ist. Ein Beispiel für unscharfe Daten und die charakterisierende Funktion des unscharfen Schätzwertes für den Erwartungswert $\theta = \mathbb{E}X$ ist in Bild 20.5 dargestellt.

Ist $\vartheta(X_1, \cdots, X_n)$ eine gute **Schätzfunktion** im Sinne der klassischen Statistik, so erzeugt die Unschärfe der Stichprobe mit Hilfe des unscharfen kombinierten Stichprobenelementes $\underline{x}^*$, das die vektorcharakterisierende Funktion $\xi(\cdot,\cdots,\cdot)$ hat, und des sogenannten Erweiterungsprinzips der Fuzzy Set Theorie die Unschärfe der Parameterschätzung $\hat{\theta}^*$.

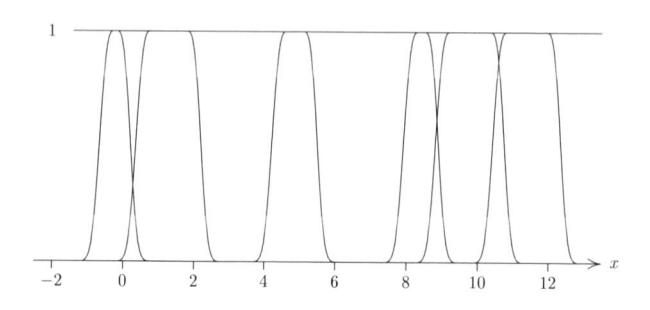

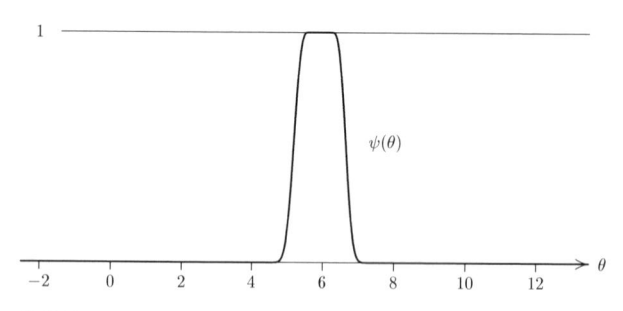

Bild 20.5: Unscharfe Daten und charakterisierende Funktion der unscharfen Schätzung

Die **Zugehörigkeitsfunktion** $\psi\colon \Theta \to [0,1]$ von $\hat{\theta}^*$ erhält man folgendermaßen:

$$(22) \quad \psi(\theta) := \begin{cases} \sup\left\{\xi(\underline{x}) \colon \underline{x} \in M_X^n,\ \vartheta(\underline{x}) = \theta\right\} & \text{falls } \{\theta\} \neq \varnothing \\ 0 & \text{sonst} \end{cases} \quad \forall \theta \in \Theta$$

Dabei wird die Bezeichnung $\underline{x} = (x_1, \cdots, x_n) \in \mathsf{R}^n$ verwendet. Auf diese Weise wird die Unschärfe der Parameterschätzung auf Grundlage von unscharfen Daten charakterisiert.

20.8 Unscharfe Konfidenzbereiche

Klassische Konfidenzbereiche auf Grundlage exakter Daten sind Teilmengen des Parameterraumes, die den wahren Parameter mit vorgegebener Wahrscheinlichkeit überdecken. Für den Fall unscharfer Daten führt die Verallgemeinerung des Konzepts in natürlicher Weise auf die Verwendung unscharfer Teilmengen (Fuzzy Sets) des Parameterraumes. Ist $\kappa(X_1, \cdots, X_n)$ eine Konfidenzfunktion für θ zur Überdeckungswahrscheinlichkeit $1 - \delta$, also eine Funktion

(23) $\boxed{\kappa : M_X^n \to \mathsf{P}(\Theta)}$

wobei $\mathsf{P}(\Theta)$ die Potenzmenge des Parameterraumes Θ bezeichnet, auf Grundlage einer Stichprobe $X_1, \cdots X_n$ der stochastischen Größe $X \sim F_\theta$, $\theta \in \Theta$, so gilt

(24) $\boxed{W\{\theta \in \kappa(X_1, \cdots X_n)\} = 1 - \delta \quad \forall \theta \in \Theta}$

Für konkrete Daten $x_1, \cdots, x_n$ ist $\kappa(x_1, \cdots, x_n)$ eine Teilmenge von Θ.

Im Fall unscharfer Daten $x_1^*, \cdots, x_n^*$ ist eine Verallgemeinerung notwendig und man erhält eine unscharfe Teilmenge (**fuzzy subset**) des Parameterraumes auf folgende Art (siehe Bild 20.6).

Definition

Ist $\xi(\cdot, \cdots, \cdot)$ die vektorcharakterisierende Funktion des unscharfen kombinierten Stichprobenelementes und $\kappa(X_1, \cdots, X_n)$ eine Konfidenzfunktion, so ist die Zugehörigkeitsfunktion $\varphi(\cdot)$ des verallgemeinerten (**fuzzy**) Konfidenzbereiches durch ihre Funktionswerte folgendermaßen gegeben:

$$(25) \quad \varphi(\theta) := \begin{cases} \sup\{\xi(\underline{x}) : \theta \in \kappa(\underline{x})\} & \textit{falls } \exists \underline{x} : \theta \in \kappa(\underline{x}) \\ 0 & \textit{für alle anderen } \theta \in \Theta \end{cases}$$

wobei $\underline{x} = (x_1, \cdots, x_n)$ alle Werte aus dem Stichprobenraum M_X^n von X durchläuft.

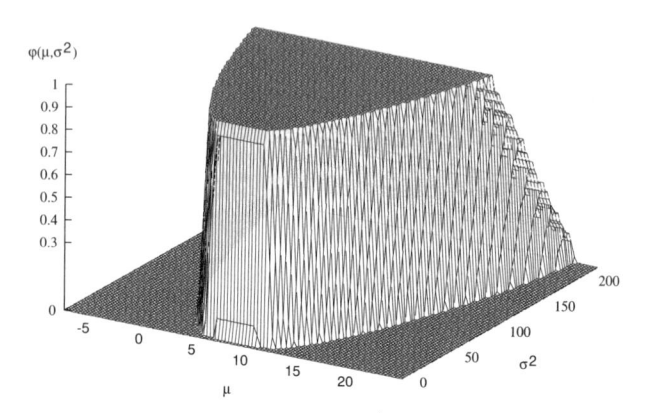

Bild 20.6: Unscharfer Konfidenzbereich für den Parameter $\theta = (\mu, \sigma^2)$ der Normalverteilung

Anmerkung

Verallgemeinerte Konfidenzbereiche sind unscharfe Mengen. Für die Zugehörigkeitsfunktion der verallgemeinerten Konfidenzbereiche gilt:

$$(26) \quad \varphi(\theta) = 1 \textit{ für alle } \theta \in \bigcup_{(x_1, \cdots, x_n) : \xi(x_1, \cdots, x_n) = 1} \kappa(x_1, \cdots, x_n)$$

d. h. die Indikatorfunktion der Vereinigungsmenge auf der rechten Seite ist stets $\leq$ der Zugehörigkeitsfunktion $\varphi(\cdot)$ des verallgemeinerten Konfidenzbereiches.

20.8 Unscharfe Konfidenzbereiche

Beispiel

Ein verallgemeinerter Konfidenzbereich für den Parameter $\theta = (\mu, \sigma^2)$ der Normalverteilung auf Grundlage unscharfer Daten ist in Bild 20.6 oben dargestellt.

Für geraffte Parameter $\lambda = \tau(\theta)$ von stochastischen Modellen $X \sim F_\theta$, $\theta \in \Theta$ mit $\Lambda = \{\tau(\theta) : \theta \in \Theta\}$ kann das Konzept folgendermaßen adaptiert werden:

Definition

Ist $\kappa(X_1, \cdots, X_n)$ eine Konfidenzfunktion für einen gerafften Parameter $\lambda = \tau(\theta)$, so ist ein verallgemeinerter (**fuzzy**) Konfidenzbereich für $\lambda = \tau(\theta)$ die unscharfe Teilmenge Λ^* von Λ, deren Zugehörigkeitsfunktion $\varphi(\cdot)$ folgendermaßen gegeben ist:

$$(27) \quad \varphi(\lambda) = \begin{cases} \sup\{\xi(\underline{x}) : \lambda = \tau(\theta) \in \kappa(\underline{x})\} & \text{falls } \exists \underline{x} : \lambda \in \kappa(\underline{x}) \\ 0 & \text{für alle anderen } \lambda \in \Lambda \end{cases}$$

Dabei durchläuft $\underline{x} = (x_1, \cdots, x_n)$ alle möglichen Werte des Stichprobenraumes.

Beispiel

Ist X eine normalverteilte stochastische Größe und $x_1^*, \cdots, x_n^*$ eine unscharfe Stichprobe von X, so soll ein verallgemeinertes Konfidenzintervall für $\tau(\mu, \sigma^2) = \mu$, also den Erwartungswert von $X \sim N(\mu, \sigma^2)$, bestimmt werden.

Ist $\xi(\cdot, \cdots, \cdot)$ die vektorcharakterisierende Funktion des unscharfen kombinierten Stichprobenelementes, so erhält man die Zugehörigkeitsfunktion $\varphi(\cdot)$ des verallgemeinerten Konfidenzintervalles für μ mittels des klassischen Konfidenzintervalles $\kappa(x_1, \cdots, x_n)$ für μ auf Grund exakter Daten $x_1, \cdots, x_n$. Das klassische Konfidenzintervall mit Überdeckungswahrscheinlichkeit $1 - \delta$ ist

$$(28)\quad \kappa(x_1,\cdots,x_n) = \left[\overline{x}_n - \frac{s_n}{\sqrt{n}} t_{n-1,1-\frac{\delta}{2}},\; \overline{x}_n + \frac{s_n}{\sqrt{n}} t_{n-1,1-\frac{\delta}{2}}\right]$$

Die Zugehörigkeitsfunktion $\varphi(\cdot)$ des verallgemeinerten (unscharfen) Konfidenzintervalles ist gegeben durch

$$(29)\quad \varphi(\mu) = \sup\left\{\xi(\underline{x}): \mu \in \left[\overline{x}_n - \frac{s_n}{\sqrt{n}} t_{n-1,1-\frac{\delta}{2}},\; \overline{x}_n + \frac{s_n}{\sqrt{n}} t_{n-1,1-\frac{\delta}{2}}\right]\right\} \forall \mu \in \mathbf{R}$$

In Bild 20.7 ist eine unscharfe Stichprobe einer Normalverteilung und das korrespondierende unscharfe Konfidenzintervall für μ dargestellt.

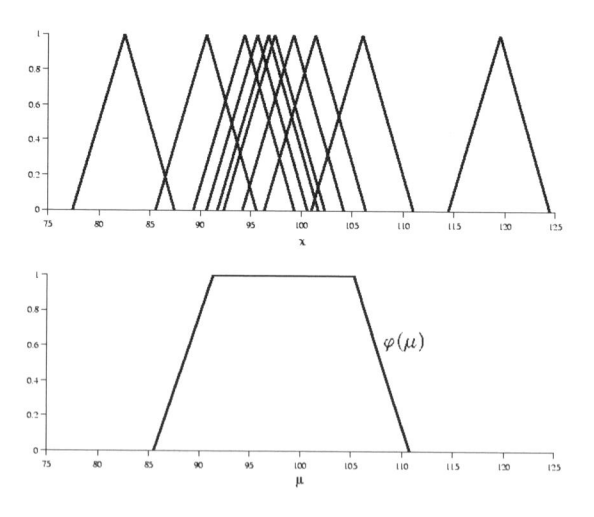

Bild 20.7: Unscharfe Daten und verallgemeinertes Konfidenzintervall

20.9 Unscharfe Daten und statistische Tests

Bei klassischen Signifikanztests auf Grundlage exakter Beobachtungen $x_1,\cdots,x_n$ einer stochastischen Größe X mit Beobachtungsraum M_X hängt die Entscheidung vom Wert einer **Teststatistik** $T = \mathsf{T}(X_1,\cdots,X_n)$ ab.

Für unscharfe $x_1^*,\cdots,x_n^*$ mit unscharfem kombiniertem Stichprobenelement $\underline{x}^*$ und korrespondierender vektorcharakterisierender Funktion $\xi(\cdot,\cdots,\cdot)$ werden die Werte der Teststatistik auch unscharf. Die charakterisierende Funktion $\psi(\cdot)$ des unscharfen Wertes t^* der Teststatistik $\mathsf{T}(x_1^*,\cdots,x_n^*)$ ist durch deren Funktionswerte

$$(30)\quad \psi(t) = \begin{cases} \sup\{\xi(\underline{x}): \mathbf{x} \in M_X^n, \mathsf{T}(\underline{x}) = t\} & \textit{falls } \mathsf{T}^{-1}\{t\} \neq \emptyset \\ 0 & \textit{für } \mathsf{T}^{-1}\{t\} = \emptyset \end{cases} \quad \forall t \in \mathbf{R}$$

gegeben, mit der Notation $\underline{x} = (x_1,\cdots,x_n)$.

In Bild 20.8 sind zwei mögliche charakterisierende Funktionen von unscharfen Werten t^* einer Teststatistik dargestellt.

Wenn der Träger von t^* eine Teilmenge des Annahmebereiches A oder eine Teilmenge des Komplimentes A^c von A ist, so kann eine Entscheidung über Annahme oder Verwerfung der Hypothese gefällt werden.

Falls der Träger von t^* einen nichtleeren Durchschnitt mit A und A^c hat, ist eine Entscheidung nicht möglich. In diesem Fall kann man jedoch die praktisch beliebte Methode mittels sogenannter p – **Werte** anwenden. Eine weitergehende Analyse ist mit sogenannten unscharfen p-Werten möglich (vgl. Filzmoser & Viertl, 2002).

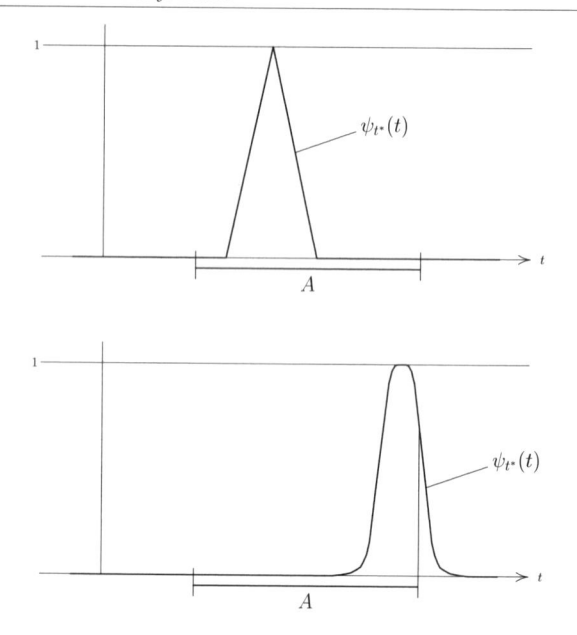

Bild 20.8: Unscharfe Werte t^* einer Teststatistik

Dazu betrachtet man die charakterisierende Funktion $\psi(\cdot)$ des unscharfen Wertes t^* der Teststatistik und bestimmt die Randpunkte t_1 und t_2 der abgeschlossenen Hülle des Trägers von $\psi(\cdot)$:

(31) $\boxed{\mathsf{Tr}(t^*) = \mathsf{Tr}(\psi(\cdot)) = [t_1, t_2]}$

Für den Fall eines einseitigen Tests, bei dem die Entscheidung von der Überschreitung eines kritischen Wertes t_{crit} abhängt, ist der p-Wert für die unscharfe Teststatistik als jene Wahrscheinlichkeit definiert, für die der Träger von t^* gerade ganz im entsprechenden kritischen Bereich liegt.

20.10 Bayes'sche Analyse

20.10.1 Das Bayes'sche Theorem für unscharfe Daten

Für kontinuierliche stochastische Modelle $X \sim f(\cdot|\theta)$, $\theta \in \Theta$ mit kontinuierlichem Parameterraum Θ und **A-priori-Dichte** $\pi(\cdot)$ des Parameters, sowie Merkmalraum M_X von X, lautet das Bayes'sche Theorem für exakte Daten $x_1, \cdots, x_n$

$$(32) \quad \pi(\theta|x_1,\cdots,x_n) = \frac{\pi(\theta) l(\theta; x_1,\cdots,x_n)}{\int_\Theta \pi(\theta) l(\theta; x_1,\cdots,x_n) d\theta} \quad \forall \theta \in \Theta$$

wobei $l(\theta; x_1,\cdots,x_n)$ die **Plausibilitätsfunktion** ist. Im einfachsten Fall vollständiger Daten gilt für die Plausibilitätsfunktion

$$(33) \quad l(\theta; x_1,\cdots,x_n) = \prod_{i=1}^{n} f(x_i|\theta) \quad \forall \theta \in \Theta$$

Anmerkung

Mit den Bezeichnungen $\underline{x} = (x_1,\cdots,x_n)$ und $\propto$ steht für „proportional zu" erhält das Bayes'sche Theorem die Form

$$(34) \quad \pi(\theta | \underline{x}) \propto \pi(\theta) l(\theta; \underline{x}) \quad \forall \theta \in \Theta$$

d. h. die rechte Seite muß zu einer Dichte am Parameterraum Θ normiert werden.

Für **unscharfe Daten** $D^* = (x_1^*,\cdots,x_n^*)$ mit entsprechenden charakterisierenden Funktionen $\xi_1(\cdot),\cdots,\xi_n(\cdot)$ bildet das unscharfe kombinierte Stichprobenelement $\underline{x}^*$ mit der vektorcharakterisierenden Funktion $\xi(\cdot,\cdots,\cdot)$,

(35) $\boxed{\xi: M_X^n \to [0,1]}$

die Grundlage für die Verallgemeinerung des Bayes'schen Theorems. Dazu wird für $\underline{x} \in \text{Tr}(\xi(\cdot,\cdots,\cdot))$ der Wert $\pi(\theta|\underline{x})$ der **A-posteriori-Dichte** $\pi(\cdot|\underline{x})$ nach dem Bayes'schen Theorem berechnet.

Für jeden Parameterwert θ erhält man durch Variation von $\underline{x}$ im Träger von $\underline{x}^*$ eine Familie

(36) $\boxed{\left(\pi(\theta|\underline{x}), \underline{x} \in Tr(\underline{x}^*)\right)}$

von Werten. Die charakterisierende Funktion $\psi_\theta(\cdot)$ dieses unscharfen Wertes ist mittels der vektorcharakterisierenden Funktion $\xi(\cdot,\cdots,\cdot)$ des unscharfen kombinierten Stichprobenelementes folgendermaßen gegeben:

(37) $\boxed{\psi_\theta(y) := \begin{cases} \sup\{\xi(\mathbf{x}): \pi(\theta|\mathbf{x}) = y\} & \text{für } \exists \underline{x}: \pi(\theta|\underline{x}) = y \\ 0 & \text{sonst} \end{cases} \quad \forall y \in \mathbf{R}}$

wobei das Supremum über den Stichprobenraum M_X^n zu erstrecken ist.

Definition
Die Familie $(\psi_\theta(\cdot), \theta \in \Theta)$ von unscharfen Werten wird als **unscharfe A-posteriori-Dichte** $\pi^*(\cdot | D^*)$ bezeichnet.

Niveaukurven
Graphisch lassen sich unscharfe A-posteriori-Dichten mit Hilfe sogenannter α – Niveaukurven darstellen. Diese α – Niveaukurven entstehen durch Verbindung der Endpunkte der α – Schnitte von $\psi_\theta(\cdot)$ aufgefaßt als Funktionen von θ. Ein Beispiel einer unscharfen A-posteriori-Dichte ist in Bild 20.10 dargestellt.

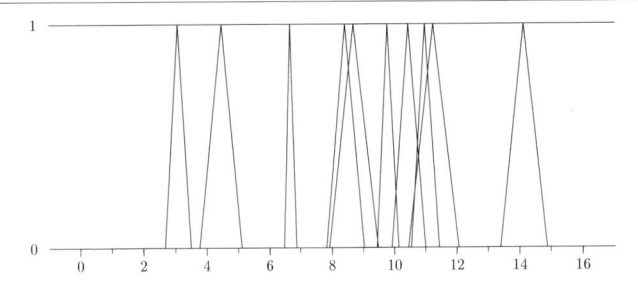

Bild 20.9: Charakterisierende Funktionen von 10 unscharfen
Beobachtungen

Beispiel
Ist die stochastische Größe X exponentialverteilt mit Dichtefunktion

$$(38) \quad f(x|\theta) = \frac{1}{\theta} e^{-x/\theta} I_{(0,\infty)}(x) \; mit \; \theta \in (0,\infty) = \Theta$$

so wird als A-priori-Dichte $\pi(\cdot)$ eine Gamma-Dichte

$$(39) \quad \pi(\theta) = \frac{\theta^{\alpha-1} e^{-\theta/\beta}}{\Gamma(\alpha)\beta^{\alpha}} I_{(0,\infty)}(\theta) \; mit \; \alpha > 0, \beta > 0$$

*verwendet. Dabei bezeichnet $\Gamma(\cdot)$ die **Gammafunktion**.*

Für $n = 10$ unscharfe Beobachtungen $x_1^*, \cdots, x_{10}^*$ sind die charakterisierenden Funktionen in Bild 20.9 dargestellt.
Für die Berechnung der unscharfen A-posteriori-Dichte $\pi^*\left(\cdot \mid x_1^*, \cdots, x_{10}^*\right)$ verwendet man die Minimum-Kombinationsregel, d. h. für die vektorcharakterisierende Funktion $\xi(\cdot,\cdots,\cdot)$ des unscharfen kombinierten Stichprobenelementes $\underline{x}^*$ gilt

$$(40) \quad \xi(x_1,\cdots,x_{10}) = \min_{i=1(1)10} \xi_i(x_i) \quad \forall (x_1,\cdots,x_{10}) \in \mathsf{R}^{10}$$

Damit erhält man die charakterisierenden Funktionen $\psi_\theta(\cdot)$ der unscharfen Werte der A-posteriori-Dichte wie oben beschrieben für jedes $\theta \in \Theta = (0,\infty)$.

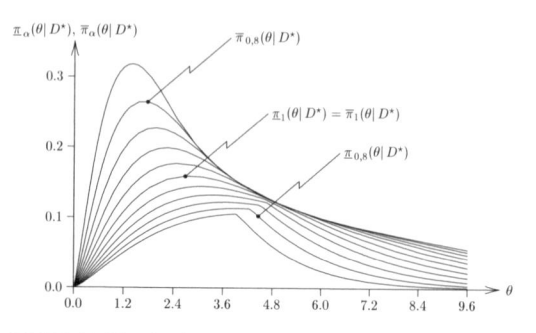

Bild 20.10: Unscharfe A-posteriori-Dichte

In Bild 20.10 sind einige α – Niveaukurven der unscharfen A-posteriori-Dichte $\pi^*\!\left(\cdot \,\middle|\, x_1^*,\cdots,x_{10}^*\right)$ dargestellt.

Anmerkung

Unscharfe A-posteriori-Dichten können für Schätzungen, Prognosen und Entscheidungen herangezogen werden.

20.10.2 Unscharfe Bayes'sche Vertrauensbereiche

Für exakte Daten $D = \underline{x} = (x_1,\cdots,x_n)$ und klassische A-posteriori-Dichte $\pi\!\left(\cdot\,\middle|\,\mathbf{x}\right)$ sind Bayes'sche Konfidenzbereiche Θ_0 für θ mit Überdeckungswahrscheinlichkeit $1-\delta$ definiert durch

$$(41)\quad \boxed{W\!\left\{\widetilde{\theta}\in\Theta_0\,\middle|\,\mathbf{x}\right\} = \int_{\Theta_0}\pi\!\left(\theta\,\middle|\,\mathbf{x}\right)d\theta = 1-\delta}$$

Im Fall unscharfer Daten $D^* = (x_1^*,\cdots,x_n^*)$ erhält man verallgemeinerte Bayes'sche Vertrauensbereiche in Form von unscharfen Teilmengen von Θ mit Hilfe des unscharfen kombinierten Stichprobenelementes $\underline{x}^*$.

20.10 Bayes'sche Analyse

Die Zugehörigkeitsfunktion dieses unscharfen Vertrauensbereiches wird folgendermaßen konstruiert:

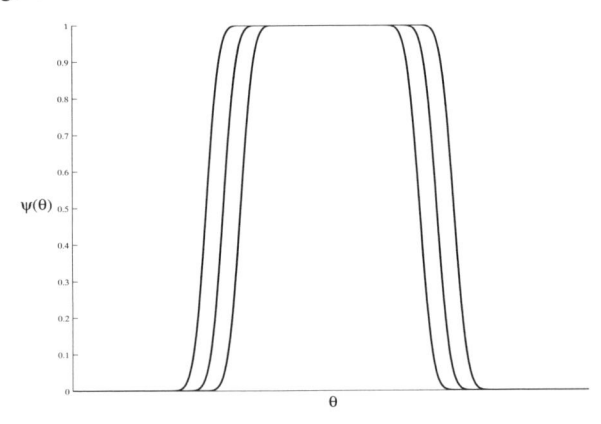

$\psi(\theta)$ vs θ

Bild 20.11: Unscharfe Bayes'sche Konfidenzintervalle

Ist $\xi(\cdot,\cdots,\cdot)$ die vektorcharakterisierende Funktion von $\underline{x}^*$, so berechnet man für jedes $\underline{x} \in \mathrm{Tr}(\xi(\cdot,\cdots,\cdot))$ einen Bayes'schen Konfidenzbereich $\Theta_{\underline{x}}$ mit Hilfe obiger Definition. Der verallgemeinerte Bayes'sche Konfidenzbereich mit Überdeckungswahrscheinlichkeit $1-\delta$ ist jene unscharfe Teilmenge Θ^* von Θ, deren Zugehörigkeitsfunktion $\psi(\cdot)$ folgendermaßen gegeben ist:

$$(42)\quad \psi(\theta) = \begin{cases} \sup_{\underline{x} \in M_X^n} \{\xi(\underline{x}): \theta \in \Theta_{\underline{x}}\} & \text{falls } \exists \underline{x}: \theta \in \Theta_{\underline{x}} \\ 0 & \text{sonst} \end{cases} \forall \theta \in \Theta$$

Beispiel

Für eine exponentialverteilte stochastische Größen X mit Dichtefunktion

$$(43)\quad f(x|\theta) = \frac{1}{\theta} e^{-x/\theta} I_{(0,\infty)}(x)$$

und die unscharfen Daten aus Bild 20.9 erhält man für verschiedene Überdeckungswahrscheinlichkeiten Zugehörigkeitsfunktionen $\psi(\cdot)$ für die verallgemeinerten Konfidenzintervalle, die in Bild 20.11 dargestellt sind.

Anmerkung

Die voranstehende Konstruktion unscharfer Konfidenzbereiche ist eine sinnvolle Verallgemeinerung wegen der Gültigkeit folgender Ungleichung

$$(44) \quad I_{\bigcup_{\underline{x}: \xi(\underline{x})=1} \Theta_{\underline{x}}}(\theta) \leq \psi(\theta) \,\forall \theta \in \Theta$$

20.10.3 Unscharfe Prognoseverteilungen

Um Information über zukünftige Werte einer stochastischen Größe X mit Merkmalraum M_X und Dichtefunktion $f(\cdot|\theta)$, $\theta \in \Theta$ zu ermitteln, berechnet man die sogenannte **Prognosedichte**.

Für exakte Daten $\underline{x} = (x_1, \cdots, x_n)$ und A-posteriori-Dichte $\pi(\cdot|\underline{x})$ für den Parameter $\widetilde{\theta}$ ist die Prognosedichte $g(\cdot|\underline{x})$ von X bedingt durch die Daten $\underline{x}$ die Dichte mit folgenden Funktionswerten:

$$(45) \quad g(x|\underline{x}) = \int_{\Theta} f(x|\theta)\pi(\theta|\underline{x})d\theta \text{ für alle } x \in M_X$$

Da man im Fall unscharfer Daten eine unscharfe A-posteriori-Dichte erhält, ist eine Verallgemeinerung der Integration in der Berechnung der Prognosedichte notwendig. Dies führt auf die **Integration unscharfer Funktionen**. Diese ist möglich und Einzelheiten dazu sind bei R. Viertl: On Fuzzy Predictive Densities, in: Tatra Mountains Mathematical Publications 16, (1999) zu finden.

Anmerkung

Unscharfe Prognosedichten sind mathematisch ähnlich zu unscharfen A-posteriori-Dichten. Daher ist die grafische Darstellung mittels α – Niveaukurven zweckmäßig. Ein Beispiel einer unscharfen Prognosedichte für eine exponentialverteilte stochastische Größe ist in Bild

20.12 dargestellt. Für exakte Daten $\underline{x} = (x_1, \cdots, x_n)$ mit $\xi_i(\cdot) = I_{\{x_i\}}(\cdot)$ liefert diese Konstruktion die klassische Prognosedichte.

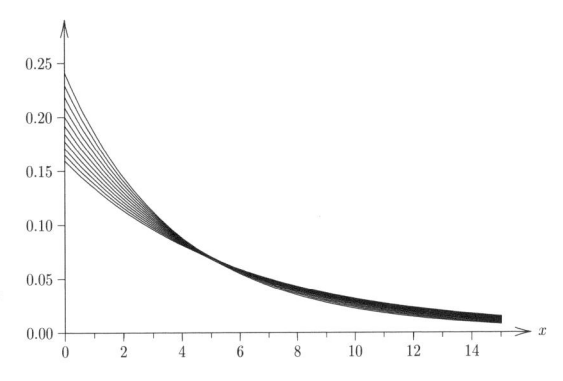

Bild 20.12: Unscharfe Prognosedichte einer Exponentialverteilung

20.11 Ausblick

Die beschriebenen Bayes'schen Methoden erlauben es auch unscharfe A-priori-Information in Form unscharfer A-priori-Dichten in die Analyse einzubeziehen (vgl. Viertl & Hareter, 2002). Dies könnte auch breite Akzeptanz Bayes'scher Analysemethoden bewirken, da exakte A-priori-Verteilungen ein wesentlicher Kritikpunkt sind.

20.12 Literaturhinweise

Bandemer, H. (Hg.): Modelling Uncertain Data, Berlin 1993
Ders.: Ratschläge zum mathematischen Umgang mit Ungewißheit - Reasonable Computing, Stuttgart 1997
Bandemer, H./Gottwald, S.: Einführung in Fuzzy-Methoden, 4. Aufl. Berlin 1993
Dubois, D./Prade, H.: Fuzzy sets and statistical data, in: European Journal of Operational Research 25, 345-356, 1986
Frühwirth-Schnatter, S.: On fuzzy Bayesian inference, in: Fuzzy Sets and Systems 60, 1993
Filzmoser, P./Viertl, R.: Testing Hypotheses with Fuzzy

Data: The Fuzzi p-value, Forschungsbericht RIS-2002-2, Institut für Statistik, TU Wien, 2002, erscheint in: Metrika

Gil, M.A./Corral, N./Gil, P.: The minimum inaccuracy estimates in χ^2 -tests for goodness of fit with fuzzy observations, in: Journal of Statistical Planning and Inference 19, 95-115, 1988

Kacprzyk, J./Fedrizzi, M. (Hg.): Combining Fuzzy Imprecision with Probabilistic Uncertainty in Decision Making, in: Lecture Notes in Economics and Mathematical Systems, Vol. 310, Berlin u.a. 1988

Kruse, R./Meyer, K.D.: Statistics with Vague Data, Dordrecht 1987

Niculescu, S.P./Viertl, R.: A comparison between two fuzzy estimators for the mean, in: Fuzzy Sets and Systems 48, 341-350, 1992

Viertl, R.: Statistics with Non-Precise Data, in: Journal of Computing and Information Technolgy, Vol. 4, 1996

Viertl, R.: Statistical Methods for Non-Precise Data, CRC Press, Boca Raton, Florida 1996

Viertl, R.: Einführung in die Stochastik, mit Elementen der Bayes-Statistik und Ansätzen für die Analyse unscharfer Daten, 3. Aufl. Wien 2003

Viertl, R.: On Fuzzy Predictive Densities, in: Tatra Mountains Mathematical Publications 16, 1-4, 1999

Viertl, R./Gurker, W.: Reliability Estimation based on Fuzzy Life Time Data, in: *T. Onisawa/J. Kacprzyk* (Hg.): Reliability and Safety Analyses under Fuzziness, Heidelberg 1995

Viertl, R./Hareter, D.: Bayes' theorem for non-precise a-priori distribution, Forschungsbericht, RIS-2002-1, Institut für Statistik, TU Wien, 2002

21 Data Mining

21.1 Was ist Data Mining?

Unter Data Mining (DM) wird das Aufdecken von
- Regularitäten,
- Mustern,
- Wissen

mittels Datenanalyse in Datenbanken verstanden.

Eine alternative Umschreibung stellt darauf ab, daß Data Mining ein Modell oder eine Hypothese H über die reale Umgebung E generiert, d.h. über den Kontext einer Datenbank DB. Schematisch läßt sich dies wie in Bild 21.1 veranschaulichen:

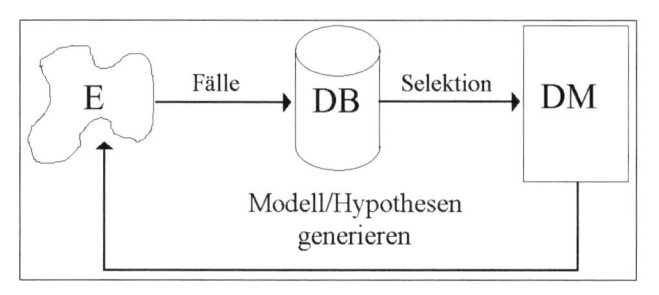

Bild 21.1: Data Mining (nach Arno Siebes : The KESO Project)

Data Mining ähnelt daher der **explorativen Datenanalyse** der Statistik (siehe John Tukey: Explorative Data Analysis, London, 1977) und dem Spezialgebiet „Model Hunting" der **schließenden Statistik** insofern, als DM ein „datengetriebenes" Verfahren ist.

Es unterscheidet sich von den klassischen statistischen Verfahren aber insoweit, als der zugrundeliegende Datenbestand oberhalb der Speichergrößenordnung Megabyte liegt und damit statistische Programmpakete im allgemeinen überfordert sind. Hinzukommt, daß beim Data Mining der Anspruch erhoben wird, daß DM-Verfahren ohne Fachstatistiker auskommen, also semi-automatisch ablaufen, wodurch sie für die industrielle Praxis wirtschaftlich attraktiv erscheinen.

Im industriellen Umfeld ist die Klage „We are drowning in data, but starving for knowledge" zutreffend und ist Motor für das Data Mining. Die unternehmenseigene Datenbank für Geschäftsdaten (OLTP-DB) als traditionelle Datenquelle wird dabei um Daten aus dem Internet des WWW-Dienstes und aus Drittdatenbanken, wie zum Beispiel von Verbänden und staatlichen Stellen, in Form eines Data Warehouses für thematisch orientierte Daten (OLAP-DB) ergänzt.

Die Verarbeitung von Geschäftsdaten wird dabei als On-line transaction processing, die Auswertung von Daten als Grundlage von Entscheidungsprozessen dagegen als On-line analytical processing bezeichnet. Das Data Mining befaßt sich auf diesem Hintergrund mit den folgenden Verfahren bzw. Anwendungsgebieten:

- Charakterisierung im Sinne der Herleitung von Kenngrößen (Indikatoren) durch Generalisierung, Summierung und Gruppierung, zum Beispiel Beschreibung regionaler Marktsegmente durch Niveaus der Deckungsbeiträge von Absatzprodukten.
- Assoziationsregeln wie „nahe(x , Autobahn) → Rendite(x , niedrig) oder „kauft(x ,Käse) → kauft(x ,Wein).
- Klassifikation (supervised learning) eines Objekts o_i in Klasse C_j anhand der Daten x_i mit der Wahrscheinlichkeit $P(C_j|x_i)$, beispielsweise bei der Mißbrauchsermittlung von Telefondienstleistungen.
- Clustern (unsupervised learning) von Objekten o_i in Klassen C_j anhand von Daten x_i, wobei die Klassenanzahl und die –grenzen induktiv zu bestimmen sind. Ein Beispiel ist das Aufdecken von Kundenprofilen beim elektronischen Handel (e-commerce).
- Ähnlichkeitsanalyse von Zeitreihen, beispielsweise von Zeitreihenpaaren (x_t, y_t) im Zeitraum $(t = 0,1,2,...,T)$. Eine typische Anwendung ist die Verlaufskurvenanalyse von Fondsindizes.
- Mustererkennung in geo-wissenschaftlichen Datenbanken, zum Beispiel Erkennen von regional begrenzten Gebieten mit hohen Krebserkrankungsraten.

Zur Verdeutlichung der Vorgehensweise des DM und um die folgenden Ausführungen zu motivieren, werden im folgenden zuerst **Assoziationsregeln** vorgestellt.

Beispiel

Sortimentsanalyse im Supermarkt ist eine typische Anwendung. Sie zeichnet sich dadurch aus, daß sie sich auf Tausende von Artikeln, Mil-

lionen von Kaufpositionen auf Kassenzetteln und einem Datenbestand im Gigabytebereich bezieht. Ziel ist es, alle Assoziationsregeln für gekaufte Artikel aufzudecken, nicht aber einzelne Regeln zu verifizieren (siehe R. Agrawal: Algorithms for Data Mining, siehe:
http://www.almaden.ibm.com/u/ragrawal, Seite 8).

An Terminals von Supermärkten fallen neben der (internen) Transaktion-ID (TID) das Datum, die Artikelnummer (bzw. Bezeichnung), die verkaufte Stückzahl, ggf. die Kunden-ID usw. an. Reduziert man die entsprechenden Sätze aus der Datenbank auf die Attribute TID und Liste AL eingekaufter Artikel, so ergeben sich auszugsweise die Daten der Tabelle 21.1.

Tabelle 21.1: Transaktionen im Supermarkt

TID	Artikelliste AL
1	A, C, D
2	B, C, E
3	A, B, C, E
4	B, E

Für die Geschäftsleitung relevante Fragen sind u.a.:

- Welche Artikel sollen in den Regalen zusammenliegen?
- Wie soll das Sortiment aussehen?
- Wie kann das Marketing besser an die Käuferbedürfnisse angepaßt werden?

Weiter unten wird auf die Methodik der Assoziationsregeln eingegangen.

21.2 Allgemeine methodische Grundlagen

In Bild 21.1 sind die Entitäten Datenbank und Modell/Hypothese und die Funktion Generieren im Sinn von Induktion von Interesse.

> **Datenbank**
> Eine Datenbank DB wird durch die realen Daten, das Datenbank-Schema (= Menge der Attributnamen, Datentypen, Rollen) und die Integritätsrestriktionen ICs sowie durch weitere Metadaten (Semantik, Meßniveau oder Skala (metrische, ordinale oder kategorielle Attribute), Maßeinheit usw.) beschrieben.

Die für das DM in Frage kommenden DBs werde üblicherweise thematisch orientiert (OLAP) und nicht transaktionsorientiert (OLTP) aufge-

baut (vergl. D. Krahl, U. Windheuser, R. Zick: Data Mining – Einsatz in der Praxis, Addison-Wesley-Longman, Bonn 1998).
So interessiert für Entscheidungsprozesse weniger die Abfrage nach einer konkreten Transaktion, formalisiert durch

„select Art_Nr, Art_Name from Verkauf where TID=2 and date=9.9.99",

sondern mehr (statistische) Informationen über den quartalsmäßigen Gesamtumsatz einer bestimmten Artikelgruppe, d.h.

„select sum(Umsatz) from Verkauf where Quarter=Herbst and year=1999 and Art_Group=Vollmilch".

Dafür ist der Data Warehouse-Ansatz geeignet. Hier werden Daten aus internen und externen Quellen integriert, aggregiert oder in Zeitreihenform archiviert, siehe Bild 21.2.

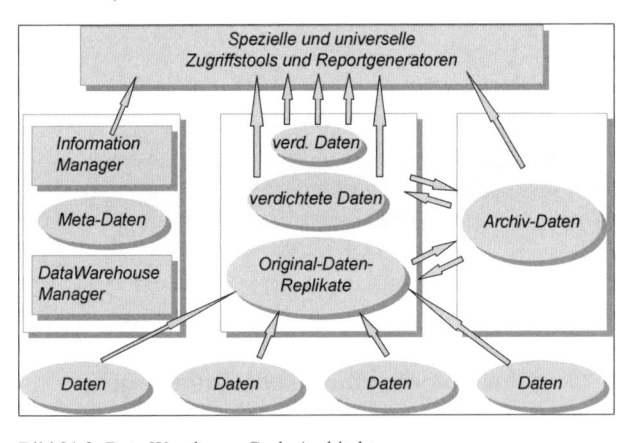

Bild 21.2: Data Warehouse Grob-Architektur

Solche Datenbestände können auch fehlerbehafte bzw. unscharfe und widersprüchliche Daten enthalten. So läßt sich beispielsweise die Anzahl Beförderungsfälle pro Tag im ÖPNV bei der jetzigen Technologie nur mittels Stichprobenverfahren ermitteln. Buch- und Lagerbestände weisen vor und nach einer Inventur im allgemeinen Diskrepanzen auf.

> Im folgenden wird vereinfachend angenommen, daß der für DM relevante Teil von DB aus nur einer einzigen Tabelle besteht (Universalrelations-Annahme) und eine 1:1 Abbildung existiert zwischen der Tupelmenge und der Menge der Modellierungsobjekte (Merkmalsträger, data mining object instances).

Im konkreten Anwendungsfall ist der letzte Aspekt grundlegend. Denn je nach Untersuchungsziel ist beispielsweise zu klären, ob sich eine Analyse auf Kunden, auf Konten oder auf Buchungen beziehen soll, und worauf sich Einfuhr-Zollerklärungen beziehen sollen - auf Belege, Importeure oder Importgüter?

Grundmodell für das Data Mining

Wir beschreiben nun ein Grundmodell für das Data Mining (siehe Arno Siebes: The KESO Project, http://www.cwi.nl/~arno).

Dazu benötigt man für Modelle, speziell für die das Data Mining dominierenden **Prädiktions-** und **Analysemodelle**, eine **Modellierungssprache** Φ, um ein Modell zu beschreiben sowie zu speichern und eine Menge O von Operatoren, um Modelle manipulieren zu können, d.h. beispielsweise Variablen zu selektieren oder zu eliminieren.

Weiterhin wird ein **Gütemaß** Q und ein **Optimierungskriterium** C benötigt, um zu prüfen, wie gut sich ein Modell an einen gegebenen Datenbestand anpaßt. Häufig führt die Wahl von (Q,C) auf die Minimierung einer quadratischen Funktion.

Schließlich ist es erforderlich, ein **Suchverfahren** S zur datengetriebenen Modellfindung bereitzustellen, das eine Suchstrategie beinhaltet und über Operatoren für Richtungsbestimmung, Schrittweitenauswahl usw. verfügt. Beispiele hierzu sind das Gradientenverfahren, genetische Algorithmen usw.

Nach Siebes kann daher das Data Mining einheitlich - bei gegebener Datenbank DB und festem Kriterium C - durch das Quadrupel (Φ, O, Q, S) charakterisiert werden.

Abschließend soll deutlich gemacht werden, daß Data Mining ein dreistufiges Verfahren ist:

1. Proprocessing als Aufbau und Pflege des DM - Datenbestands, zum Beispiel im Rahmen des Data Warehousing, durch Integration, Replikation, Transformation, Summation und Gruppierung interner und externer Daten.
2. Datenselektion und Data Mining.

3. Visualisierung und Zusammenstellung der Ergebnisse für deren Interpretation durch den Benutzer.

21.3   Data Mining mittels Assoziationsregeln

Beispiel

Wir betrachten das Sortimentsproblem eines Supermarkts als Hintergrundbeispiel.

Sei I = {Butter, Joghurt, Käse, Milch, Quark, Sahne, Wein} ein (endliches) Sortiment. Jede Transaktion T ist repräsentiert durch eine Teilmenge von Artikeln mit $T \subseteq I$, zum Beispiel T = {Butter, Milch, Sahne}. Die Datenbank DB wird vereinfacht als Menge solcher Transaktionen aufgefaßt.

Definition

T enthält X :

Sei $X \subseteq I$. Eine Transaktion T enthält X, falls $X \subseteq I$.

Sei beispielsweise X = {Milch, Sahne}. Dann enthält offensichtlich die obige Transaktion T diese Artikelgruppe.

Definition Assoziationsregel:

Sei $X, Y \subset I$. $X \Rightarrow Y$ heißt Assoziationsregel, falls die Implikation wahr und $X \cap Y = \emptyset$ ist.

Wenn ein Kunde zum Beispiel X = {Käse, Quark} kauft und in seinen Warenkorb auch noch Y = {Joghurt, Milch, Wein} legt, dann haben wir wegen $X \cap Y = \emptyset$ eine solche Assoziation zwischen den Warengruppen X und Y.

Die reine Mengenbetrachtung reicht noch nicht aus, um aussagekräftige Entscheidungen darauf zu stützen. Vielmehr sind die entsprechenden Artikelmengen hinsichtlich der Häufigkeit des Auftretens zu bewerten. Die Häufigkeit oder Kardinalität wird mit $card()$ bezeichnet.

Definition Konfidenzniveau C :

Die Regel $X \Rightarrow Y$ gilt in DB mit dem Konfidenzniveau $C(X,Y) = c$, falls unter allen Transaktionen $T \in DB$ mit $X \subseteq T$ $c\%$ von diesen auch Y enthalten, kurz:

(1) $$C(X,Y) = \frac{card(X,Y)}{card(X)} = c$$

In Tabelle 21.1 wählen wir $X = (B,E)$ und $Y = (C)$.

Es folgt: $C[(B,E)/(C)] = \frac{2}{3}$.

Man mache sich klar, daß das Konfidenzniveau $C(X,Y)$ nicht symmetrisch ist, d.h. $C(X,Y) \neq C(Y,X)$. Das Konfidenznivau ist eine relative oder bedingte Maßzahl. Deshalb benötigt man eine weitere Maßzahl, die die absolute Häufigkeit einer Verbindung von Artikelgruppen wiedergibt.

Definition Support S :

Die Regel $X \Rightarrow Y$ hat in DB Support $S(X,Y) = s$, falls $s\%$ aller Transaktionen $T \in DB$ die Artikelmenge $X \cup Y$ enthalten, kurz:

(2) $$S(X,Y) = card(X,Y) = s$$

In Tabelle 21.1 gilt für $X = (B,E)$ und $Y = (C)$ die Häufigkeit oder der Support $S[(B,E),(C)] = 2$

Die Grundidee der Algorithmisierung geht auf R. Agrawal und R. Srikant (Fast Algorithms for Mining Association Rules in Large Databases, VLDB '94, Santiago, 1994) zurück. Es wird der folgende Zwei-Phasen-Algorithmus angewendet:

1. Finde die Gesamtheit L_k von 'großen' Artikelteilmengen $A \subset DB$ mit $card(A) = k \geq 1$, die jeweils einen Support $S(A) \geq s$ haben, wobei der Schwellenwert s vorgegeben ist und L_k aus $L_k - 1$ heuristisch abgeleitet wird.
2. Generiere aus L_k für $k > 1$ die Assoziationsregeln für DB.

21 Data Mining

Während der erste Weg sehr rechenintensiv ist, insbesondere um L_2 zu berechnen, ist der zweite Weg rechnerisch wenig aufwendig. Die Vorgehensweise ist durch folgendes Lemma gerechtfertigt:

XY groß $\Rightarrow$ X ist groß und Y ist groß.

Damit kann man die Selektion über Einzelartikel, Paare, Tripel, Quadrupel usw. führen.

Beim ersten Weg muß dabei der gesamte Datenbestand, der sich im allgemeinen auf Sekundärspeichern wie Plattenspeichern befindet, (sequentiell) durchlaufen (scannen) werden. Um Laufzeitvorteile auszunutzen, wird dabei nicht sequentiell über die TIDs gelesen, sondern (physisch) über sog. interne Satznummern (ISNs).

Beispiel: „DM mittels Assoziationsregeln"

Schwellenwert für Support() ist $s = 2$.

Schritt $k = 1$:

Bestimme Kandidatenmenge C_1 mittels Scannen von DB.

DB

TID	Artikel
1	A, C, D
2	B, C, E
3	A, B, C, E
4	B, E

C_1

1-Teilmenge X	support $S(X)$
A	2
B	3
C	3
D	1
E	3

Bestimme 'große' 1-Artikelmenge L_1 unter der Bedingung $S(X) \geq s = 2$.

L_1

1-Teilmenge X	support $S(X)$
A	2
B	3
C	3
E	3

Schritt $k = 2$:

Bestimme $L_1 x L_1$ (ohne Wiederholungen identischer Artikel) und Kandidatenmenge C_2 mittels Scannen in DB und selektiere 'große' 2 – Artikelmenge L_2 mit Schwellenwert $s = 2$.

$L_1 x L_1$

2-Teilmenge
A, B
A, C
A, E
B, C
B, E
C, E

C_2

2-Teilmenge X	support $S(X)$
A, B	1
A, C	2
A, E	1
B, C	2
B, E	3
C, E	2

L_2 mit $s = 2$

2-Teilmenge X	support $S(X)$
A, C	2
B, C	2
B, E	3
C, E	2

Anmerkung

Der Speicheraufwand für C_2 ist quadratisch abhängig von L_1, denn es gilt

$$card(C_2) = card(L_1)(card(L_1)-1)/2 = O(card(L_1)^2)$$

Schritt $k = 3$:

Bestimme Kandidatenmenge C_3 und 'große' 3 – Artikelmenge L_3.

1. Selektiere von L_2 alle 2 – Teilmengen mit einem identischen Element, zum Beispiel (BC) und (BE).
2. Vereinige Teilmengenpaare und eliminiere jeweils identisches Element, zum Beispiel bilde $(CE) = [(BC) \cup (BE)]/(BE)$.

3. Teste, ob Resultat $\in L_2$. Wenn ja, füge Resultat in C_3 ein, zum Beispiel $C3 := C3 \cup (BCE)$.
4. Scannen von DB, um aus C_3 die Gesamtheit von 'großen' 3 – Teilmengen L_3 und zugehörigem Support S zu bestimmen.

$C_3 = L_3$

3-Teilmenge X	support $S(X)$
BCE	2

Da L_3 einelementig ist, kann die Bestimmung weiterer ‚großer' Teilmengen L_k abgebrochen werden.

Beim zweiten Weg werden die zugehörigen Assoziations-Regeln $X \Rightarrow Y$ mit $\max C(X,Y)$ unter den Nebenbedingungen

$$X \cap Y = \Phi, Z := X \cup Y \text{ und } Z \in L_k$$

generiert. Da $L_3 = (BCE)$ mit $S[(BCE)] = \frac{2}{4}$ folgt bei vollständiger Enumeration:

X	Y	$C(X,Y)$
B	CE	2/3
C	BE	2/3
E	BC	2/3
BC	E	2/2
BE	C	2/3
CE	B	2/2

Bei identischem Support von $S(X,Y) = \frac{2}{4}$ haben folgende zwei Regeln maximales Konfidenzniveau von $C(X,Y) = 1$:

Regel 1: $(BC) \Rightarrow (E)$ und

Regel 2: $(CE) \Rightarrow (B)$

Interpretation: Bestätigt in 50% der Transaktionen gilt: Wenn Artikel B und C gekauft werden, wird Artikel E, wenn Artikel C und E gekauft werden, wird auch Artikel B gekauft. Bei beiden Regeln ist die Konfidenz gleich eins.

21.4 Klassifikation

Neben der Analyse von Daten mittels Assoziationsregeln ist die Klassifikation ein wesentliches Teilgebiet des Data Mining. Ziel ist es, ein Objekt o_i der Klasse C_j anhand der Daten x_i zuzuweisen, für die die Wahrscheinlichkeit $P(C_j|x_i)$ maximal ist.

Die Klassifikationsregel $x_i \to C_i$ wird dabei aus den Tupeln der Datenbank DB abgeleitet („erlernt"), wobei die einzelnen Tupel p Attributwerte aufweisen und die korrekte Klassenzugehörigkeit zusätzlich angeben ist („supervised learning"). Hierzu rechnen die folgenden Verfahren:

- Lineare, quadratische und logistische Diskriminanzanalyse,
- Bayes'sche Klassifikation und Klassifikationsverfahren basierend auf Kerndichteschätzern,
- k-nearest neighbour Methode,
- projection pursuit Klassifikation,
- kausale Netzwerke, neuronale Netzwerke und maschinelles Lernen von Regeln und Bäumen (Entscheidungs- bzw. Klassifikationsbäumen).

> Statistik und Künstliche Intelligenz (KI) haben teilweise getrennt voneinander sehr viele **Klassifikationsverfahren** entwickelt, vgl. in der Statistik Bock, Hartigan und Breiman u.a. und in der KI Quinlan und Fisher/Lenz. Eine der wenigen vergleichenden, methodisch sauberen Darstellungen gibt Michie u.a.

Wir wollen uns im folgenden auf Klassifikationsverfahren beschränken, die auf Bäumen beruhen.

Das folgende Beispiel 'MAMMAL-Recogniser' ist Michie u.a. (Seite 57) entnommen.

Der Klassifikationsbaum des Bildes 21.3 ermöglicht es, ein neues Objekt o_i der Klasse C_1 = 'Säugetier' oder C_2 = 'kein Säugetier' zuzuordnen.

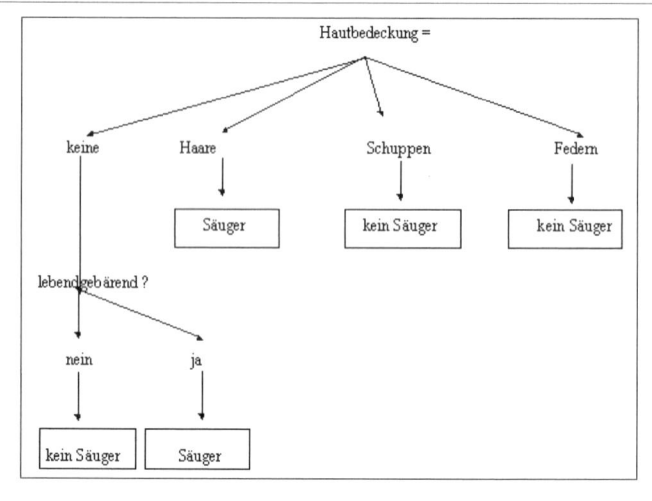

```
                    Hautbedeckung =
            ╱        ╱     ╲        ╲
         keine    Haare   Schuppen  Federn
                    ↓        ↓        ↓
                ┌──────┐ ┌──────────┐ ┌──────────┐
                │Säuger│ │kein Säuger│ │kein Säuger│
                └──────┘ └──────────┘ └──────────┘
  lebendgebärend?
      ╱      ╲
    nein     ja
     ↓        ↓
┌──────────┐ ┌──────┐
│kein Säuger│ │Säuger│
└──────────┘ └──────┘
```

Bild 21.3: Klassifikationsbaum KB mit zwei Klassen und zwei Klassifikationsmerkmalen

Aus einem gegebenen **Klassifikationsbaum** läßt sich die zugehörige Menge der Klassifikationsregeln direkt ablesen, da jeder Pfad beginnend im Wurzelknoten bis zu einem Blattknoten eine Regel repräsentiert, zum Beispiel:

if (Hautbedeckung='keine') and (lebendgebärend='ja') then Objekt='Säugetier'.

Aufgabe des Data Mining ist es im konkreten Anwendungsfall, bei gegebener DB einen 'besten' Klassifikationsbaum (KB) zu bestimmen.

Dabei sind neben der Interpretierbarkeit eines Klassifikationsbaums folgende Fragen zu beantworten:

- Wie wird die 'Qualität' eines KB definiert?
- Wie kann man die 'Güte' der induzierten Klassifikationsregeln schätzen?
- Welches Lernverfahren soll gewählt werden?

Wir beginnen mit Methoden zur Schätzung der Klassifikationsgüte.

Verfahren 1: **Bipartitionierung** der DB in Trainings- und Testdatenmenge

1. Schritt: Partitioniere DB zufällig in Trainings-DB und Test-DB, d.h. DB=Trainings-DB $\cup$ Test-DB mit Trainings-DB $\cap$ Test-DB= $\emptyset$.
2. Schritt: Berechne 'besten' Klassifikationsbaum KB für Trainings-DB ('Training', 'Lernen')
3. Schritt: Schätze anhand von Test-DB Fehlklassifikationsrate als Fehlermaß von KB.

Verfahren 2: M-fache **Kreuzvalidierung**

1. Schritt: Partitioniere DB zufällig in m Unterstichproben.
2. Schritt: Berechne 'besten' Klassifikationsbaum KB für jede Vereinigung der $(m-1)$ Unterstichproben.
3. Schritt: Teste KB für jede der m Unterstichproben.
4. Schritt: Berechne mittlere Fehlklassifikationsrate als Fehlermaß von KB.

Verfahren 3: **Bootstrap**

1. Schritt: Partitioniere DB in Trainings - DB $\cup$ Test-DB.
2. Schritt: Generiere m Bootstrap - Stichproben (B – Proben) identischer Länge n durch Ziehen mit Zurücklegen aus Trainings - DB.
3. Schritt: Berechne die Klassifikationsbaum anhand jeder der m B – Proben.
4. Schritt: Berechne für jeden der m Klassifikationsbäume eine Fehlerrate anhand von Test-DB.
5. Schritt: Berechne aus den m Fehlraten deren Verteilung sowie Erwartungswert und Standardabweichung.

Nachdem geklärt ist, wie die 'Güte' induzierter Klassifikationsregeln geschätzt werden kann, bleibt die Frage, welches Lernverfahren anzuwenden ist, d.h. wie der 'beste' Klassifikationsbaum algorithmisch zu bestimmen ist, vgl. Siebes.

Ein sehr naiver Ansatz für ein Modellsuchverfahren ist die vollständige Enumeration, weil der Berechnungsaufwand mit zunehmender Variablenanzahl über alle Grenzen wächst.

Algorithmus Vollständige Enumeration
　　input: DB-Schema, DB
　　output: KB
　　begin
　　　　Generiere alle KBs
　　　　Bestimme deren Fehlermaß
　　　　Selektiere den 'strukturell einfachsten' KB mit
　　　　maximaler Güte
　　end.

Eine Komplexitätsreduktion ergibt sich, wenn man im obigen Algorithmus die Anweisung 'Generiere alle KBs' durch eine geeignete Heuristik zum Generieren von Teilbäumen ablöst. Die Grundidee ist folgende.

1. Schritt: Wähle Attribut als Wurzelknoten und verzweige den Baum entsprechend der möglichen Werte dieses Attributs.
2. Schritt: Klassifiziere alle Objekte (Tupel) anhand des Baums.
3. Schritt: Wenn alle Objekte eines Blattknotens derselben Klasse angehören, dann erhält der Blattknoten diesen Klassennamen.
4. Schritt: Falls alle Blattknoten einen Klassennamen zugeordnet haben, stop, sonst wähle weiteres Attribut, das auf dem Pfad vom Wurzelknoten bis zu einem Blattknoten ohne Klassennamen neu ist.
5. Verzweige den Baum entsprechend der möglichen Werte dieses Attribut und setze mit dem zweiten Schritt fort.

Angenommen man hat nur zwei Klassen (C_1, C_2) und drei Attribute x_1, x_2 und x_3, dann kann sich beispielsweise der Klassifikationsbaum des Bildes 21.4 ergeben:

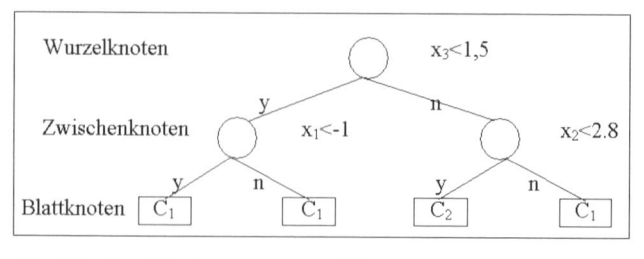

Bild 21.4: Klassifikationsbaum mit zwei Klassen und drei binären Attributen

Wir detaillieren den obigen Algorithmus nun in Pseudocode-Notation:

Algorithmus NHKLass
(*Naiver heuristischer Klassifikations-Algorithmus*)
   input: DB-Schema, DB
   output: KB
   externe Funktionen: split(), expandiere(), Label()
   begin
   $\quad KB_0 := \emptyset \; ; \; i := 0$
   $\quad$ Wähle Attribut $A \in DB$ – Schema als Wurzelknoten
   $\quad$ split für alle $a \in Range(A)$
   $\quad i := i + 1$
   $\quad KB_i :=$ expandiere (KB_0)
   $\quad$ loop Klassifiziere alle $o \in DB$ gem. KB_i
   $\quad$ if alle $o \in DB$ eines Blattknotens $v \in KB_i$ in derselben Klasse C then
   $\quad\quad Label(v) = C$
   $\quad$ if alle $v \in KB_i$ haben $Label(v)$ then exitloop
   $\quad\quad$ else wähle v
   $\quad$ wähle nächstes Attribut $A' \in DB$ – Schema, welches neu ist auf Pfad von Wurzel nach v
   $\quad$ split für alle $a \in Range(A')$
   $\quad KB_{i+1} :=$ expandiere (KB_i)
   $\quad i := i + 1$
   $\quad$ endloop
   end.

Wie Siebes zu Recht bemerkt, generiert dieser Algorithmus keine hinreichend schmalen Klassifikationsbäume, da die Attributauswahl nicht den inkrementellen Informationszuwachs berücksichtigt. Wie für alle Modellsuchverfahren typisch, muß daher ein Gütemaß Q für die Modellwahl und ein Kriterium C geeignet gewählt werden.

Im folgenden soll als Informationsgewinn ein auf der Entropie beruhendes Anpassungsgütemaß herangezogen werden.

Definition Entropie:

Wir betrachten die Wahrscheinlichkeitsverteilung $p_1, p_2,..., p_N$ einer diskreten Zufallsvariablen X mit N Werten.
Dann heißt

(3) $$H: \mathsf{R}^N{}_{[0,1]} \to \mathsf{R}_+ \text{ mit } H(p_1, p_2,..., p_N) = -\sum p_i \cdot \log_2 p_i$$

Entropie der Verteilung. H mißt die Unbestimmtheit einer Verteilung.

Beispiel 1

Sei $N = 2$. Für die Verteilung $p_1 = 1$, $p_2 = 0$ folgt $H(1,0) = 0$.
Für die Gleichverteilung $p_1 = 0{,}5$; $p_2 = 0{,}5$ ergibt sich
$$H(0{,}5; 0{,}5) = \log_2 2 = 1$$

Beispiel 2

Gegeben seien m Objekte der Art M_1 und n Objekte der Art M_2. Die Information $I(m,n)$, die notwendig ist, um festzustellen, ob ein zufällig gezogenes Objekt von der Art M_1 oder M_2 ist, ist gleich

$$I(m,n) = -\frac{m}{m+n}\log_2 \frac{m}{m+n} - \frac{n}{m+n}\log_2 \frac{n}{m+n}$$

Das Informationsmaß I hat die Eigenschaften $I(0,0) = 0$, $I(m,m) = 1$ und $I(m,n) > 0$ für $m, n > 0$.

Ein typischer Vertreter derartiger Algorithmen ist der Klassifikations-Algorithmus ID3 von Quinlan.

Algorithmus ID3
externe Funktionen: split(), Label(), expandiere()
begin
    init(KB, w)
    (*Wurzelknoten w enthält alle $o \in DB$ *)
    loop
        if Blattknoten $v \in KB$ enthält nur Objekte der Klasse
            C then $Label(v) := C$ endif
        if alle Blattknoten $v \in KB$ haben Label then stop.
        else berechne split(A) für alle auf Pfad von w nach
            v unbenutzten Attribute
            $A \in DB -$ Schema
        wähle $A' := \arg \min E(A) = \sum_{j=1}^{k} \frac{m_i + n_i}{m + n} I(m_i, n_i)$
            (*wähle bestes Klassifikationsattribut*)
        expandiere (KB) um alle $v' \in split(A')$
            (*erzeuge neuen Baum*)
        sperre A' auf Pfad von Wurzelknoten nach v'
            (*sperre Attribut für Wiederauswahl*)
        endif
    endloop
end.

Am Algorithmus ID3 kann sehr deutlich dessen Einbettung in die allgemeine Klasse von DM-Algorithmen aufgezeigt werden, wie sie weiter oben vorgestellt wurden. Dies kann technisch in ein entsprechendes Skript ID3.scr umgesetzt werden, worauf Siebes aufmerksam gemacht hat. Man setze als Modelbeschreibungssprache $\Phi = KB$, wobei die Datenstruktur 'Baum' zugrundeliegt. Die Menge O der Operatoren auf Φ ist beschränkt auf

init()	initialisiert einen nicht leeren Anfangsbaum, der alle Objekte enthält.
expandiere()	erweitert einen existierenden Baum in seiner Nachbarschaft. Dabei heißt T_2 Nachbar von $T_1 \Leftrightarrow T_2$ hat genau einen split mehr als T_1.
split()	Verzweigen von einem gegebenen Knoten aus anhand von Werten bzw. Wertebereichen eines ausgewählten Attributs

gain() Auswertung der Bewertungsfunktion $Q=$ 'Mittlerer gewichteter Informationsbedarf $E(A)$' eines Attributs A und min-Kriterium.

ID3 benutzt als Suchverfahren ein Hill Climbing Verfahren: Auf der Menge T aller Bäume (Modelle) ist die Funktion $Q:T \to \mathsf{R}_+$ definiert. Sei $N(T_{alt})$ die Menge aller Nachbarn eines Klassifikationsbaums $T_{alt} \in T$. Falls ein $T^* \in N(T_{alt})$ existiert mit $Q(T^*) > Q(T_{alt})$, dann setze $T_{neu} := T^*$. Eine effiziente Version dieses Verfahrens ist bei Sun u.a. beschrieben.

Da die Methode des steilsten Anstiegs bekanntlich nur lokale Minimalität der Bewertungsfunktion Q garantiert, sind zahlreiche andere Suchverfahren entwickelt worden, vgl. Nilson. Dazu gehören neben R^* – Verfahren, neuronalen Netzen und Taboo-Suchverfahren die Verfahren, denen das Randomisierungsprinzip zugrundeliegt wie beispielsweise Simulated Annealing oder genetische Algorithmen.

21.5 Data Mining Software

Alle namhaften Softwarehäuser bieten Data Miner kommerziell an. Funktionalität, Benutzerkomfort und zulässiges Datenvolumen variieren jedoch sehr. Ohne Anspruch auf Vollständigkeit werden genannt:
- IBM: QUEST (Intelligent Miner)
- SAS: Data Miner
- Integral Solutions: Clementine
- Silicon Graphics: MineSet
- DBTech: DBMiner.

Anwendungsbeispiel und Problemlösung mit DataMiner V1.0
Es soll nun anhand von Schulnoten von 20 Schülern in sechs verschiedenen Fächern die Anwendung und die Zielrichtung der Datenanalyse mittels Assoziationsregeln verdeutlicht werden. Der Algorithmus AssRules im DataMiner V1.0 ist in DeLeNe (02a und 02b) beschrieben.

Es werden die folgenden vier Regeln extrahiert, wobei folgende typische Parameterwahl getroffen wurde:
a) minimaler Support: 15%
b) minimale Konfidenz: 75%

```
Regel 1: WENN:   deutsch=2        DANN:   biologie=3
mit      SUPP:   15%              CONF:   100%
Regel 2: WENN:   mathe=6          DANN:   physik=4
mit      SUPP:   15%    CONF:     100%

Regel 3: WENN:   mathe=2          DANN:   biologie=3
mit      SUPP:   15%    CONF:     100%

Regel 4: WENN:   englisch=3       DANN:   biologie=3
mit      SUPP:   15%    CONF:     75%
```

Offensichtlich kann man die Regelmenge sogar ohne Informationsverlust verkleinern, indem man Regeln 1 und 3 zusammenfaßt zu :

```
Regel "1+3":WENN: deutsch=2   oder mathe=2   DANN:
biologie_3   mit   SUPP:   15%    CONF:  100%
```

Da die Parameter Support und Konfidenz etwas "willkürlich", man sagt dazu "heuristisch" gewählt wurden, ist die Plausibilität der Regeln anhand menschlicher Intuition zu überprüfen. Jedenfalls sollten kontraintuitive Regeln mit Vorsicht für Entscheidungszwecke herangezogen werden. Der Leser wird, wenn er an seine Schulzeit zurückdenkt, in diesem Sinn Regel 2 für recht typisch in deutschen Gymnasien halten.

21.6 Literaturhinweise

Anahory, S./Murray, D.: Data Warehousing in the Real World. Harlow 1997.
Agrawal, R./Srikant, R.: Fast Algorithms for Mining Association Rules in Large Databases. VLDB '94, Santiago 1994
Agrawal, R.: Algorithms for Data Mining.
http://www.almaden.ibm.com/u/ragrawal
Bock, H. H.: Automatische Klassifikation. Göttingen 1974
Breiman, L. et al.: Classification and Regression Trees. Belmont 1984
Delic, D./Lenz, H.-J. and Neiling, M.: Improving the Quality of Association Rule Mining by Means of Rough Sets, Soft Computing in Probability and Statistics, *Kacprzyk, J./Grzegorzewski, P. and Hryniewicz, O.* (eds.), Springer 2002
Delic, D./Lenz, H.-J. and Neiling, M.: Rough Sets and Association Rules - which is efficient? Compstat Proceedings, *Härdle, W. and Rönz, B.* (eds.), COMPSTAT 2002 - Proceedings in Computational Statistics - 15th

Symposium held in Berlin, Germany, Physika Verlag, Heidelberg 2002

Fisher, D./Lenz, H.-J. (eds.): Learning from Data, Artificial Intelligence and Statistics V. Heidelberg u.a. 1996

Han, J.: Spatial Data Mining and Spatial Data Warehousing. Tutorial 4, 5th Intl. Symp. On Spatial Databases SSD'97, Berlin 1997

Hartigan, J. A.: Cluster Analysis. New York 1975

IBM: http://www.software.ibm.com/data/intelli-mine/applbrief.htm

Inmon, W. H.: Building the Data Warehouse. New York 1996

Kelly, S.: Data Warehousing in Action. New York 1997

Krahl, D./Windheuser, U./Zick, R.: Data Mining – Einsatz in der Praxis. Bonn 1998

Michie, D./Spiegelhalter, D.J./Taylor, C.C.: Machine learning, Neural and Statistical Classification. New York etc 1994

Nilson, N. J.: Artificial Intelligence A New Synthesis. San Francisco 1998

Park et al.: Direct Hashing with efficient Pruning for fast data mining', TKDE, vol.9, 1997

Quinlan, J. R.: Induction of decision trees, Machine Learning, 1(1), 81-106, 1986

Siebes, A.: The KESO Project, http://www.cwi.nl/~arno

Sun, X. et al: A Hill-Climbing Approach for Optimizing Classification Trees. In: [FILE96], 110-117, 1996

Tukey, J.: Explorative Data Analysis. London 1977

Weiss, M./Kulikowski, C.A.: Computer Systems that learn: Classification and Prediction Methods from Statistics, Neural Nets, Machine Learning, and Expert Systems. 1991

22 Graphentheoretische Modelle in der Statistik

22.1 Grundlagen

22.1.1 Wahrscheinlichkeitstheorie

Seien $X_1,...,X_n$ diskrete Zufallsvariablen mit gemeinsamer Verteilung P:

(1) $\quad P(X_1 = x_1,...,X_n = x_n)$

Seien $X, Y, Z \subset \{X_1,...,X_n\}$

(2a) $\quad P(X = \mathrm{x})$ $\qquad$ Randverteilung von X

(2b) $\quad P(X = \mathrm{x} \mid Y = \mathrm{y})$

$\qquad$ bedingte Verteilung X gegeben $Y = \mathrm{y}$ mit $P(Y = \mathrm{y}) > 0$

X und Y heißen **marginal unabhängig**, falls für alle x und alle y gilt:

(3) $\quad P(X = \mathrm{x}, Y = \mathrm{y}) = P(X = \mathrm{x}) \cdot P(Y = \mathrm{y})$

X und Y heißen **bedingt unabhängig** gegeben $Z = \mathrm{z}$, falls für alle x und alle y mit $P(Y = \mathrm{y}, Z = \mathrm{z}) > 0$ gilt:

(4) $\quad P(X = \mathrm{x} \mid Y = \mathrm{y}, Z = \mathrm{z}) = P(X = \mathrm{x} \mid Z = \mathrm{z})$

(x, z, y sind im allgemeinen Vektoren)

Schreibweise

$I(X,Z,Y)$ X und Y sind unabhängig gegeben $Z = z$ für alle z

$I(X,\emptyset,Y)$ X und Y sind marginal unabhängig

Folgerungen

$I(X,Z,\emptyset)$ gilt immer

$I(X,Z,Y) \Leftrightarrow I(Y,Z,X)$

Für alle $(x_1,...,x_n)$ mit $P(X_1 = x_1,...,X_n = x_n) > 0$ gilt der **Faktorisierungssatz**

(5)
$$P(X_1 = x_1,...,X_n = x_n)$$
$$= P(X_1 = x_1) \cdot P(X_2 = x_2 \mid X_1 = x_1) \cdot$$
$$... \cdot P(X_n = x_n \mid X_1 = x_1,...,X_{n-1} = x_{n-1})$$

22.1.2 Graphentheorie

Ein **gerichteter Graph** G besteht aus einer Menge von **Knoten** $\{K_1,...,K_n\}$ und einer Menge von **Kanten** zwischen Knoten (siehe als Beispiel Bild 22.1).

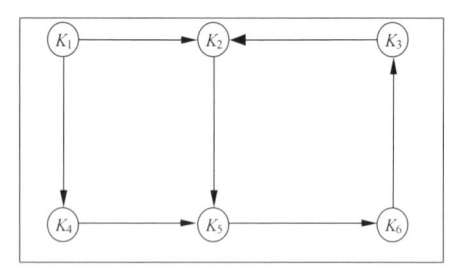

Bild 22.1: Gerichteter Graph

Ein **gerichteter Pfad** zwischen K_i und K_j ist eine Folge gerichteter Kanten zwischen K_i und K_j; im Beispiel ist $K_1 \rightarrow K_2 \rightarrow K_5$ ein gerichteter Pfad zwischen K_1 und K_5. Ein **Zyklus** ist ein gerichteter

Pfad, dessen Anfangs- und Endknoten übereinstimmt; im Beispiel des Bildes 22.1 ist $K_2 \rightarrow K_5 \rightarrow K_6 \rightarrow K_3 \rightarrow K_2$ ein Zyklus.

Ein gerichteter Graph heißt **azyklisch**, wenn in ihm keine Zyklen existieren.

Eltern eines Knoten K_i heißt die Menge aller Knoten, von denen eine Kante zu K_i existiert; Beispiel: Eltern $(K_5) = \{K_2, K_4\}$. Nachfolger eines Knotens K_i heißen alle Knoten, zu denen ein gerichteter Pfad ausgehend von K_i existiert; Beispiel: Nachfolger $(K_5) = \{K_3, K_6\}$.

Für die folgende Einführung genügen diese aus der Anschauung heraus definierten Begriffe. Eine ausführlichere Darstellung gibt zum Beispiel Kapitel 4 von Castillo et al. (1997).

22.2 Einleitung

Die Bedeutung der Graphentheorie für die Statistik ist (von frühen Anfängen in den 20er Jahren abgesehen) seit Beginn der 80er Jahre verstärkt deutlich geworden. Dabei werden Graphen betrachtet, deren Knoten Zufallsvariablen $X_1, ..., X_n$ sind, und deren fehlende Kanten näher zu spezifizierende **stochastische Unabhängigkeiten** zwischen Zufallsvariablen beschreiben.

> Graphen repräsentieren den 'Transport' von Informationen.

Marginale Unabhängigkeit zwischen Zufallsvariablen X_i und X_j bedeutet, daß die Kenntnis, welchen Wert x_i die Variable X_i annimmt, keine Information über die Wahrscheinlichkeit des Auftretens der Werte von X_j enthält.

Bedingte Unabhängigkeit von X_i und X_j, gegeben X_l, bedeutet, daß X_i keine Informationen über X_j enthält, falls der Wert x_l von X_l vorliegt.

Zumindest vier Gründe sprechen für die Verwendung von Graphen:

1. Graphen können qualitative Zusammenhänge zwischen Variablen darstellen. Seien X_1, X_2, X_3 drei Zufallsvariablen:

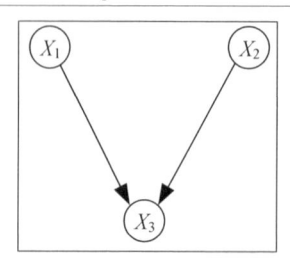

Bild 22.2: Graph mit zwei Beeinflussenden

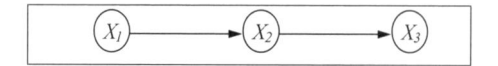

Bild 22.3: Graph mit indirekter Beeinflussung

Der Graph in Bild 22.2 stellt eine Situation dar, in der X_3 von X_1 und X_2 beeinflußt wird, in Bild 22.3 ist der Einfluß von X_1 auf X_3 nur über X_2 gegeben.

2. Graphen können genutzt werden, statistische Eigenschaften (die nicht notwendig zur Konstruktion des Graphen verwendet wurden) aus der Struktur des Graphen abzulesen.

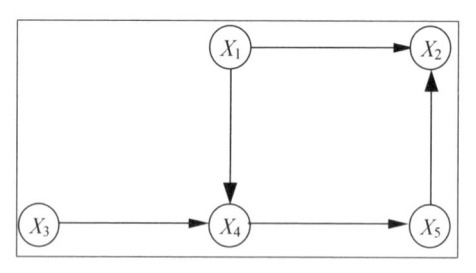

Bild 22.4: Herleitung von Eigenschaften

In Abschnitt 22.4.2 werden Bedingungen angegeben, die folgende Implikationen erlauben: X_1 und X_5 sind bedingt unabhängig gegeben X_4, X_1 und X_3 sind marginal unabhängig; weitere Beziehungen sind ableitbar.

3. Graphen können genutzt werden, um kausale Effekte zu berechnen (siehe Abschnitt 22.5).
4. Graphen können genutzt werden, um effiziente Algorithmen zur Auswertung großer **multivariater Modelle** zu entwickeln. Dies ermöglicht ihren Einsatz für die Analyse **stochastischer Expertensysteme** (vgl. Castillo et al., 1997).

> Man spricht von einem **gerichteten** (bzw. **ungerichteten**) **Graphen**, wenn alle auftretenden Kanten gerichtet (bzw. ungerichtet) sind.

Die statistische Interpretation unterscheidet sich in Abhängigkeit von den Kantentypen. Graphen, die sowohl gerichtete als auch ungerichtete Kanten enthalten, stellen Mischformen dar, die für manche Anwendungen geeigneter sind, als die reinen Formen. Von besonderer Bedeutung sind hier die sogenannten **Kettengraphen**, wie zum Beispiel in Bild 22.5 dargestellt.

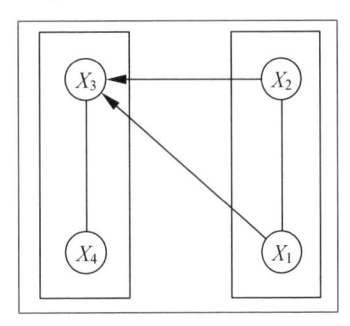

Bild 22.5: Kettengraph

Kanten in einzelnen Boxen sind ungerichtet (und drücken einen wechselseitigen Zusammenhang aus), Kanten zwischen Boxen sind gerichtet. In diesem Beitrag werden nur gerichtete Graphen behandelt. Ein einführende Darstellung in die Verwendung nicht gerichteter Graphen gibt D. Edwards (Edwards, 1995), Kettengraphen werden vertieft in dem Buch von D. R. Cox und N. Wermuth dargestellt (Cox/Wermuth, 1996).
In Abschnitt 22.3 werden verschiedene Konstruktionsprinzipien behandelt, um Graphen zur Darstellung stochastischer Zusammenhänge abzuleiten. In Abschnitt 22.4 wird eine Trennungseigenschaft in Graphen angegeben, die es erlaubt, marginale und bedingte Unabhängigkeiten aus dem Graphen abzulesen. In Abschnitt 22.5 werden zunächst einige Anmerkungen zu den Begriffen kausale Struktur, kausaler Graph etc.

gemacht und gezeigt, wie Graphen genutzt werden können, um Auswirkungen von Manipulationen (kausale Effekte) berechnen zu können. Abschnitt 22.6 enthält eine kurze Einführung in das Programm Tetrad III, ein Konstruktionsverfahren zur Generierung (teilweise) gerichteter Graphen aus diskreten oder stetigen Daten.

In dieser einführenden Darstellung können auch für den Spezialfall der gerichteten azyklischen Graphen nicht alle relevanten Aspekte angesprochen werden. Nicht behandelt werden zum Beispiel Schätzverfahren und die Wissensausbreitung in Graphen (propagation of evidence). Für diese Fragen und eine vertiefende Darstellung der folgenden Abschnitte wird insbesondere auf die Bücher von E. Castillo et al. und J. Pearl hingewiesen (Castillo et al., 1997, Pearl, 1992)

22.3 Konstruktion von Graphen

In diesem Abschnitt werden drei Konstruktionsprinzipien für Graphen auf der Basis von Kenntnissen über die Verteilung der betrachteten Zufallsvariablen und/oder auf der Basis von substanzwissenschaftlichen Kenntnissen dargestellt. Die nachfolgend auftretenden bedingten Wahrscheinlichkeiten seien jeweils wohldefiniert.

22.3.1 Ableitung von Graphen aus der gemeinsamen Wahrscheinlichkeitsverteilung

Seien $\{X_1,...,X_n\}$ diskrete Zufallsvariablen mit gemeinsamer Verteilung P.

Definition 1

(Markov'sche) Grenzmengen bzgl. der Reihenfolge $X_1,...,X_n$ heißen die Mengen

$B_i (1 \leq i \leq n)$ mit

    a) $B_1 = \emptyset$

    b) für $2 \leq i \leq n$

    (6) $\boxed{B_i \subset \{X_1,...,X_{i-1}\}}$

    (7) $\boxed{P(X_i = x_i | X_1 = x_1,...,X_{i-1} = x_{i-1}) = P(X_i = x_i | B_i = b_i)}$

    In der Schreibweise von Abschnitt 22.1:

$$I(X_i, B_i, \{X_1,...,X_{i-1}\} \setminus B_i)$$

c) Keine echte Teilmenge von B_i erfüllt (7)

Anmerkung

Aus (7) folgt, daß X_i unabhängig von allen $X_j \in \{X_1,...,X_{i-1}\} \setminus B_i$ ist: Ist die Information $B_i = b_i$ gegeben, so spielen alle anderen Vorgänger von X_i keine Rolle.

Beispiel 1
Seien X_i dichotome Zufallsvariable mit Werten $0,1 (1 \le i \le 4)$ und sei die gemeinsame Verteilung von $(X_1,...,X_4)$ gegeben durch die Angaben der Tabelle 22.1.:

Tabelle 22.1: Gemeinsame Verteilung

		$X_4 = 0$		$X_4 = 1$	
		$X_2 = 0$	$X_2 = 1$	$X_2 = 0$	$X_2 = 1$
$X_3 = 0$	$X_1 = 0$	1/6	0	1/12	0
	$X_1 = 1$	0	1/6	0	1/12
$X_3 = 1$	$X_1 = 0$	0	1/8	0	1/8
	$X_1 = 1$	1/8	0	1/8	0

Beispiel: $P(X_1 = 0, X_2 = 0, X_3 = 0, X_4 = 1) = \dfrac{1}{12}$

Es gilt:

X_2 und X_1 sind marginal unabhängig: $(I(X_2, \emptyset, X_1))$.

X_3 ist abhängig von $\{X_1, X_2\}$, aber nicht von X_1 bzw. von X_2 allein.

X_4 ist unabhängig von $\{X_1, X_2\}$ gegeben X_3: $(I(X_4, X_3, \{X_1, X_2\}))$

Daher erhält man bzgl. der Reihenfolge X_1, X_2, X_3, X_4 folgende Grenzmengen:

$$B_1 = \emptyset, \; B_2 = \emptyset, \; B_3 = \{X_1, X_2\}, \; B_4 = \{X_3\}$$

Definition 2

Sei G der Graph mit Knoten $X_1,...,X_n$ und gerichteten Kanten $X_j \to X_i$ für alle $X_j \in B_i (1 \le i \le n)$. G heißt zu P und der Reihenfolge $X_1,...,X_n$ gehörender Graph.

Beispiel 2

In der Situation von Beispiel 1 ergibt sich für die Reihenfolge X_1, X_2, X_3, X_4 der Graph des Bildes 22.6.

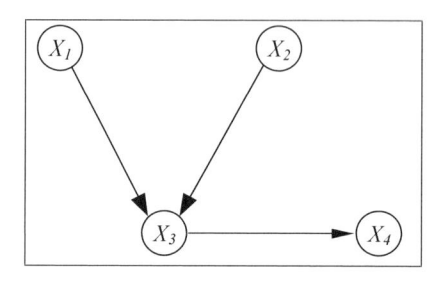

Bild 22.6: Graph zu Beispiel 2, erste Reihenfolge

Für die Reihenfolge X_2, X_3, X_4, X_1 ergibt sich für die gleiche gemeinsame Verteilung aus Beispiel 1 der Graph des Bildes 22.7.

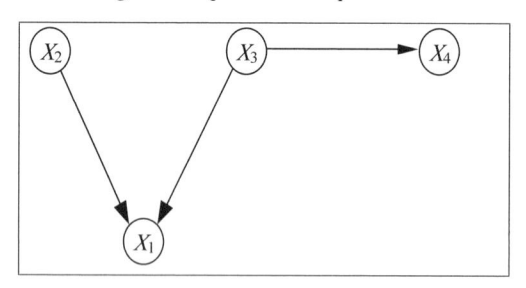

Bild 22.7: Graph zu Beispiel 2, zweite Reihenfolge

Anmerkung

In vielen Fällen gibt es eine natürliche Reihenfolge, da die Variablen zeitlich aufeinanderfolgende Vorgänge wiedergeben. Aufgrund der

Konstruktionsvorschrift ist der zu P und einer Reihenfolge $X_1,...,X_n$ gehörende Graph immer azyklisch.

Satz 1

Sei G ein zu P und einer Reihenfolge $X_1,...,X_n$ gehörender Graph. Dann läßt sich P darstellen als:

$$(8) \quad P(X_1 = x_1,...,X_n = x_n) = \prod_{i=1}^{n} P(X_i = x_i \mid B_i = b_i)$$

22.3.2 Ableitung von Graphen aus Unabhängigkeitsannahmen

Statt von der gemeinsamen Wahrscheinlichkeitsverteilung P der Variablen $\{X_1,...,X_n\}$ auszugehen, werden im folgenden Unabhängigkeitsannahmen über die X_i zugrunde gelegt.

Derartige **Inputlisten** können in weitgehend allgemeiner Weise zur Konstruktion von Graphen verwendet werden (vgl. Castillo et al. 1997, Pearl, 1992). Für diese Einführung wird nur der Spezialfall sogenannter **kausaler Inputlisten** (Castillo et al., 1997, S. 245 ff) betrachtet.

Definition 3

Gegeben seien n diskrete Zufallsvariablen in der Reihenfolge $X_1,...,X_n$. Seien $C_1 = \emptyset$ und $C_i \subset \{X_1,...,X_{i-1}\}$ ($2 \leq i \leq n$) Mengen mit

$$(9) \quad I(X_i, C_i, \{X_1,...,X_{i-1}\} \backslash C_i) \quad (2 \leq i \leq n)$$

Keine echte Teilmenge von C_i erfüllt (9).

Die Menge dieser Unabhängigkeitsbeziehungen heißt kausale Inputliste.

Definition 4

Gegeben sei eine kausale Inputliste. Ein Graph G heißt zu der Inputliste gehöriger Graph, wenn er die Knoten $X_1,...,X_n$ und die Kanten $X_j \rightarrow X_i$ für alle $X_j \in C_i$ ($1 \leq i \leq n$) besitzt.

Satz 2

Gegeben sei eine kausale Inputliste mit den Mengen C_i ($1 \leq i \leq n$). Dann gilt für die gemeinsame Verteilung P der Variablen $X_1, \ldots, X_n$:

$$(10) \quad P(X_1 = x_1, \ldots, X_n = x_n) = \prod_{i=1}^{n} P(X_i = x_i \mid C_i = c_i)$$

Anmerkung

Natürlich entsprechen sich die Mengen B_i und C_i in den Definitionen 1 und 3 und ebenso die Sätze 1 und 2. Im Unterschied zu Satz 1 ist jedoch P in Satz 2 im allgemeinen nur qualitativ bestimmt. Die **Faktorisierung** der gemeinsamen Verteilung in Satz 2 ist Grundlage für effiziente Verfahren zur quantitativen Bestimmung von P. Statt die gemeinsame Verteilung etwa über die immer gültige Faktorisierung bzgl. aller Vorgänger (vgl. Abschnitt 22.1) zu bestimmen, ergeben sich durch die Kenntnis der kausalen Inputliste im allgemeinen wesentliche Vereinfachungen.

22.3.3 Ableitung von Graphen aus Gleichungssystemen

Ausgangspunkt der folgenden Überlegungen ist ein aus substanzwissenschaftlichen Gründen gegebenes Gleichungssystem für n diskrete Zufallsvariablen $X_1, \ldots, X_n$:

$$(11) \quad X_i = f_i(D_i, U_i) \quad (1 \leq i \leq n)$$

Dabei gilt:

1. $D_i \subset \{X_1, \ldots, X_n\} \setminus \{X_i\}$ ist die Menge der direkten Einflußgrößen auf X_i ($1 \leq i \leq n$)
2. U_i sind Zufallsvariablen
3. f_i sind (im allgemeinen nicht näher spezifizierte, insbesondere nicht notwendig lineare) Funktionen ($1 \leq i \leq n$) von den direkten Einflüssen und U_i

Definition 5

Der zum Gleichungssystem (11) gehörende Graph besitzt die Knoten $X_1,...,X_n$ und die gerichteten Kanten $X_j \to X_i$ für $X_j \in D_i$ ($1 \le i \le n$).

Definition 6

Das Gleichungssystem (11) erfüllt die **Markov-Bedingung**, wenn der zugehörige Graph keine Zyklen enthält und die U_i unabhängige Zufallsvariablen sind.

Anmerkung

Die Forderung in Definition 6, keine Zyklen zu enthalten, ist äquivalent zur Forderung, daß das Gleichungssystem (11) rekursiv ist. Diese Forderung ersetzt die Vorgabe einer Reihenfolge.

Satz 3

Erfüllt das Gleichungssystem (11) die Markov-Bedingung, so gilt für die gemeinsame Verteilung P der Zufallsvariablen $\{X_1,...,X_n\}$:

$$(12) \quad P(X_1 = x_1,...,X_n = x_n) = \prod_{i=1}^{n} P(X_i = x_i \mid D_i = d_i)$$

Anmerkung

P in Satz 3 ist wiederum aus den Annahmen nur qualitativ bestimmt. Wiederum ergibt die Darstellung aus Satz 3 erhebliche Vereinfachungen, wenn die gemeinsame Verteilungsfunktion quantitativ bestimmt werden soll (vgl. Bemerkung nach Satz 2).

Beispiel 3

Bei der Auswertung von Fragebogen zur Kundenzufriedenheit liegen folgende Variablen vor

X_1 *Zufriedenheit mit Angebotsabwicklung*

X_2 *Zufriedenheit mit Auftragsabwicklung*

X_3 *Zufriedenheit mit Produktentwicklung*

X_4 *Zufriedenheit mit Preis-Leistungs-Verhältnis*

X_5 *Zufriedenheit mit Kundenservice*

X_6 *Gesamtzufriedenheit*

Es wird von folgendem Gleichungssystem ausgegangen:

$X_1 = f_1(X_3, U_1)$

$X_2 = f_2(X_1, X_4, U_2)$

$X_3 = f_3(X_4, U_3)$

$X_4 = f_4(U_4)$

$X_5 = f_5(U_5)$

$X_6 = f_6(X_2, X_5, U_6)$

Der zugehörige Graph ist in Bild 22.8 vorgestellt.

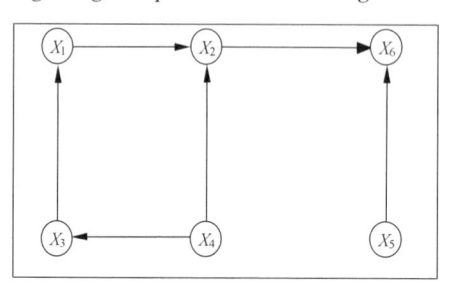

Bild 22.8: Graph zu Beispiel 3

Die in dem Gleichungssystem bzw. im zugehörigen Graphen dargestellten Zusammenhänge sind hier als ex ante gegeben angenommen. Ein derartiger Graph ergab sich in einer empirischen Studie mit dem in 22.6 dargestellten Konstruktionsalgorithmus. Es zeigt sich, daß die Variablen X_1, X_3, X_4 nur über X_2 auf die Gesamtzufriedenheit einwirken.

22.3.4 Die Markov-Bedingung

Die Sätze 1, 2, 3 liefern jeweils ein Ergebnis der Form

(13) $$P(X_1 = x_1, \ldots, X_n = x_n) = \prod_{i=1}^{n} P(X_i = x_i \mid PA_i = pa_i)$$

Dieser Darstellung der gemeinsamen Verteilung entspricht in den vorangegangenen Abschnitten jeweils ein gerichteter azyklischer Graph mit den Elternmengen PA_i für X_i bzw. deren Realisation pa_i (parents of X_i).

Der Beweis ergibt sich jeweils aus der immer gültigen Faktorisierung (vgl. Abschnitt 22.1):

$$(14) \quad \begin{aligned} &P(X_1 = x_1,...,X_n = x_n) \\ &= P(X_1 = x_1) \cdot \prod_{i=2}^{n} P(X_i = x_i \mid X_1 = x_1,...,X_{i-1} = x_{i-1}) \end{aligned}$$

und den Annahmen der einzelnen Abschnitte.

Satz 4

Gegeben sei eine Wahrscheinlichkeitsverteilung P für $\{X_1,...,X_n\}$ und ein gerichteter Graph G mit den Elternmengen PA_i für X_i ($1 \leq i \leq n$). Dann sind äquivalent:

1. P kann durch die Faktorisierung (13) dargestellt werden.
2. Gegeben PA_i ist X_i unabhängig von allen Variablen, die keine Nachfolger von X_i sind. (Lauritzen/Spiegelhalter, 1988)

Die Bedingung 2. wird häufig als **Markov-Bedingung** (für gerichtete Graphen) bezeichnet. Erfüllt ein Gleichungssystem (11) die Markov-Bedingung (vgl. Definition 6), so folgt aus Satz 3, daß die Markov-Bedingung für den zugehörigen Graphen gilt.

22.4 d-Separation

Weiter oben wurden verschiedene Möglichkeiten zur Konstruktion eines gerichteten azyklischen Graphen G angegeben, dessen Knoten die betrachteten Zufallsvariablen sind und dessen Kanten Unabhängigkeiten zwischen den Variablen beschreiben. Im folgenden wird ein graphisches Kriterium (d-Separation, Pearl, 1992) dargestellt, das es erlaubt, aus Eigenschaften des Graphen auf stochastische Eigenschaften der betrachteten Zufallsvariablen zu schließen.

22.4.1 Separierung in gerichteten Graphen

Definition 7

Sei G ein gerichteter azyklischer Graph mit den Knoten $X_1,...,X_n$. Seien $X, Y, Z \subset \{X_1,...,X_n\}$ drei disjunkte Teilmengen. X wird durch

Z von Y d-separiert, in Zeichen $\langle \mathbf{X}, \mathbf{Y}, \mathbf{Z} \rangle$, wenn für alle $X \in \mathbf{X}$ und alle $Y \in \mathbf{Y}$ und alle Pfade ohne Berücksichtigung der Kantenrichtungen zwischen X und Y ein Knoten W auf diesem Pfad existiert mit

1. W besitzt aufeinander zulaufende Kanten und W sowie seine Nachfolger gehören nicht zu Z oder
2. W besitzt nicht aufeinander zulaufende Kanten und W gehört zu Z.

d-Separation ist insbesondere für einelementige Mengen und auch für $Z = \{\emptyset\}$ definiert; Schreibweise $\langle X, Z, Y \rangle$, $\langle X, \emptyset, Y \rangle$ etc.

Beispiel 4
Wir betrachten nochmals den Graphen aus Beispiel 3 (siehe Bild 22.9).

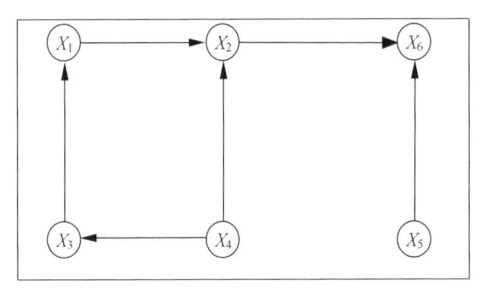

Bild 22.9: Graph aus Beispiel 3

Es gilt $\langle X_4, X_3, X_1 \rangle$, denn auf dem Pfad X_4, X_3, X_1 liegt $W = X_3$ mit nicht aufeinander zulaufenden Kanten und auf dem Pfad X_4, X_2, X_1 liegt $W = X_2$ mit aufeinander zulaufenden Kanten und $W \notin \mathbf{Z} = \{X_3\}$.
Es gilt $\langle X_2, \emptyset, X_5 \rangle$, denn auf dem einzigen Pfad zwischen X_2 und X_5 liegt nur X_6 mit aufeinander zulaufenden Kanten.

22.4.2 Unabhängigkeitsabbildungen

Definition 8
Sei P die gemeinsame Wahrscheinlichkeitsverteilung von $\{X_1, ..., X_n\}$ und sei G ein gerichteter azyklischer Graph mit Knoten $X_1, ..., X_n$. G

heißt **Unabhängigkeitsabbildung** für P (I-map), wenn für alle disjunkten Teilmengen X, Y, Z gilt:

(15) $\quad \langle X, Z, Y \rangle \Rightarrow I(X, Z, Y)$

G heißt minimale Unabhängigkeitsabbildung, wenn G durch Streichen einer Kante die Eigenschaft (15) verliert.

Das Paar (G, P) heißt **Bayes'sches Netzwerk**, wenn G eine minimale Unabhängigkeitsabbildung für P ist.

Anmerkung

Liegt eine Unabhängigkeitsabbildung vor, so können aus rein graphentheoretischen Eigenschaften Rückschlüsse auf stochastische Eigenschaften gezogen werden. Insbesondere bei vielen Variablen in komplexen Strukturen ist dies ein wesentliches Hilfsmittel, um bedingte stochastische Unabhängigkeiten zu entdecken (vgl. Beispiel 5). Statt der d-Separation verwenden einige Autoren auch eine Separationseigenschaft, die auf einer Transformation des gerichteten Graphen in einen speziellen ungerichteten Graphen beruht (moralischer Graph, vgl. zum Beispiel Castillo et al. 1997, S.182).

Satz 5

Sei G ein gerichteter azyklischer Graph mit den Knoten $X_1, ..., X_n$ und sei P die gemeinsame Wahrscheinlichkeitsverteilung von $\{X_1, ..., X_n\}$. Dann sind äquivalent:

1) (16) $\quad P(X_1 = x_1, ..., X_n = x_n) = \prod_{i=1}^{n} P(X_i = x_i \mid PA_i = pa_i)$

   mit PA_i = Elternmengen von X_i in G

2) G ist eine Unabhängigkeitsabbildung von P.
   (vgl. Castillo et al., 1997, S. 245)

Anmerkung

Sätze 1, 2, 3 aus Abschnitt 22.3 zeigen, daß die dort gezeigten drei Konstruktionsprinzipien für Graphen jeweils eine Unabhängigkeitsabbildung für P darstellen. Satz 5 ist von besonderer Bedeutung für Situationen, in denen nur qualitativ spezifizierte Wahrscheinlichkeitsverteilungen vorliegen. Das nachfolgende Beispiel zeigt - ausgehend von einer kausalen

Inputliste - welche zusätzlichen Informationen aus einem Graphen gewonnen werden können.

Beispiel 5

Gegeben sei eine Inputliste (vgl. Abschnitt 22.3.2, Definition 3) mit

$$C_1 = \emptyset, \, C_2 = \{X_1\} = C_3, \, C_4 = \{X_2, X_3\}, \, C_5 = \{X_4\}$$
$$C_6 = \{X_2\}, \, C_7 = \{X_1, X_5, X_6\}$$

Es ergeben sich hier Unabhängigkeitsaussagen, die nicht zur Konstruktion des Graphen benutzt wurden (siehe Bild 22.10).
Es gilt u.a.:

$$\langle X_3, X_1, X_6 \rangle, \, \langle \{X_1, X_4\}, X_2, X_6 \rangle$$

Für die gemeinsame Verteilung P von $\{X_1, ..., X_n\}$ gilt also nach Satz 5:

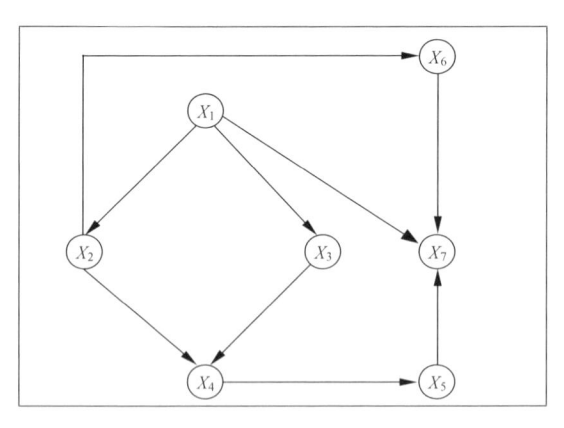

$$I(X_3, X_1, X_6) \quad \text{und} \quad I(\{X_1, X_4\}, X_2, X_6)$$

Bild 22.10: Graph zu Beispiel 5

Anmerkung

Die gemeinsame Verteilung P kann im allgemeinen durch unterschiedliche Faktorisierungen der Form (13) dargestellt werden und damit existieren für P unterschiedliche Unabhängigkeitsabbildungen.
In Beispiel 2 wurden zu P die Graphen der Bilder 22.11 und 22.12 abgeleitet.

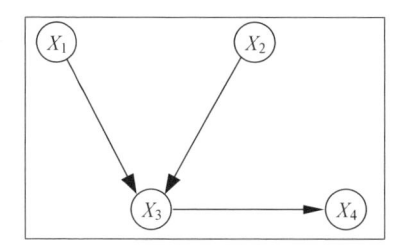

Bild 22.11: Graph 1 zu Beispiel 2

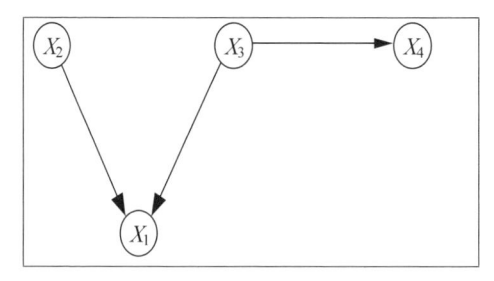

Bild 22.12: Graph 2 zu Beispiel 2

Aus Bild 22.11 folgt mit Satz 5:
$$I(X_1,\emptyset,X_2), I(X_1,X_3,X_4),\ I(X_2,X_3,X_4).$$

Aus Bild 22.12 folgt mit Satz 5:
$$I(X_2,\emptyset,X_3), I(X_2,\emptyset,X_4)\ \text{und}\ I(X_2,X_3,X_4), I(X_1,X_3,X_4).$$

Die gemeinsame Verteilung besitzt diese und aus anderen Reihenfolgen ableitbare Unabhängigkeitsbeziehungen.

Beispiel 1 bzw. 2 machen damit auch deutlich, daß eine Unabhängigkeitsabbildung im allgemeinen nicht alle Unabhängigkeitsrelationen widerspiegelt.

Die Graphen der Bilder 22.11 und 22.12 zeigen, daß die fehlenden Kanten einer Unabhängigkeitsabbildung Unabhängigkeiten beschreiben: In Bild 22.11 implizieren die fehlenden Kanten zwischen X_1 und X_2 bzw. zwischen X_1 und X_4 marginale bzw. bedingte (durch X_3) Unabhängigkeit. Die in Bild 22.11 bestehende Kante zwischen X_2 und X_3 impliziert nicht, daß X_2 und X_3 abhängig sind (vgl. Bild 22.12). Unabhängigkeitsabbildungen, die zusätzlich auch alle Abhängigkeiten wiedergeben, werden im folgenden Abschnitt angesprochen.

22.4.3 Perfekte Abbildungen

Definition 9

Sei P die gemeinsame Wahrscheinlichkeitsverteilung von $\{X_1,...,X_n\}$ und sei G ein gerichteter azyklischer Graph mit Knoten $X_1,...,X_n$. G heißt perfekte Abbildung für P, wenn für alle disjunkten Teilmengen $X, Y, Z \subset \{X_1,...,X_n\}$ gilt:

$$\langle X, Y, Z \rangle \Leftrightarrow I(X, Y, Z)$$

Beispiel 6

Die gemeinsame Verteilung P von drei dichotomen Variablen X_1, X_2, X_3 sei gegeben durch Tabelle 22.2.

Tabelle 22.2: Gemeinsame Verteilung dreier dichotomer Variablen

	$X_2 = 0$		$X_2 = 1$	
	$X_3 = 0$	$X_3 = 1$	$X_3 = 0$	$X_3 = 1$
$X_1 = 0$	4/15	1/15	1/12	1/6
$X_1 = 1$	2/15	1/30	1/12	1/6

Die einzige Unabhängigkeitsbeziehung ist $I(X_1, X_2, X_3)$ und die Graphen

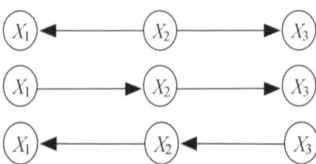

$X_1 \leftarrow X_2 \rightarrow X_3$

$X_1 \rightarrow X_2 \rightarrow X_3$

$X_1 \leftarrow X_2 \leftarrow X_3$

sind jeweils perfekte Abbildungen für P.

Satz 6

Seien $X_1,...,X_n$ Zufallsvariablen und sei G ein gerichteter azyklischer Graph mit den Knoten $X_1,...,X_n$. Es existiert eine gemeinsame Verteilung $\overline{P}$ für $X_1,...,X_n$, so daß G eine perfekte Abbildung für $\overline{P}$ ist (Pearl, 1992, S. 122, Geiger et al., 1990)).

Anmerkung

In Sätzen 1, 2, 3 ist jeweils eine Faktorisierung der gemeinsamen Verteilung P für $X_1,...,X_n$ definiert, die die Struktur des Graphen bestimmt. Satz 5 impliziert, daß der Graph eine Unabhängigkeitsabbildung für dieses P ist. Es können jedoch Unabhängigkeitsbeziehungen bzgl. P bestehen, die sich nicht aus dem Graphen ergeben, d. h. nicht aus den vorhandenen d-Separationen direkt oder indirekt (mit Hilfe der für alle Wahrscheinlichkeitsverteilungen gültigen Aussagen über Unabhängigkeiten (vgl. Pearl, 1992, S. 84)) ableitbar sind. Alle aus dem Graphen ableitbaren Unabhängigkeitsbeziehungen gelten für P und $\overline{P}$; für $\overline{P}$ sind dies die einzigen gültigen Unabhängigkeitsbeziehungen.

22.5 Kausale Modelle und kausale Effekte

22.5.1 Kausale Modelle

> Der Begriff **Kausalität** und damit verwandte Bezeichnungen werden in der statistischen Literatur weitgehend ausgeklammert. Dagegen verwenden einige Autoren, die sich mit graphischen Modellen zur Darstellung statistischer Sachverhalte beschäftigen, diese Begriffe - leider jedoch nicht einheitlich.

In Abschnitt 22.3.2. wurde bereits, in Anlehnung an Castillo et al., der Begriff kausale Inputliste eingeführt: Geht man von einer zeitlichen Ordnung der betrachteten Variablen aus, so zeigt die kausale Inputliste, daß die betrachtete Variable X_i unabhängig von allen anderen Vorgängern ist, gegeben C_i. $X_j \in C_i$ wird als direkte Ursache und in diesem Sinn als kausal für X_i angesehen. Die zugehörige gemeinsame Verteilung P (vgl. Satz 2) wird dann als kausales Modell bezeichnet (Castillo et al., 1997, S. 246).

Andere Autoren (Pearl, 1992, S. 128) bezeichnen eine perfekte Abbildung (vgl. Definition 9) als kausales Modell. Zuweilen wird auch das Gleichungssystem (11) als kausales Modell und der gemäß Definition 6 konstruierte Graph als kausaler Graph bezeichnet (Pearl, 1998, S. 8 ff).
Es soll hier kein Überblick über diese Begriffsbildungen gegeben werden. Betont werden muß, daß diese Begriffsbildungen alle nur auf bedingten und marginalen Unabhängigkeiten von Zufallsvariablen beruhen und somit auch nur durch diese zu interpretieren sind.

22.5.2 Kausale Effekte

Von den in Abschnitt 22.5.1. kurz angesprochenen Ansätzen ist die Definition kausaler Effekte, die sich durch Manipulation einer Variablen X_i (treatment) und auf eine Variable X_j (response) ergeben, zu unterscheiden. Dieser Ansatz geht auf D. Rubin zurück (Rubin, 1974, Holland, 1986) und wurde im Rahmen der hier behandelten graphischen Modellierung weiterentwickelt bzw. angepaßt (Pearl, 1993, Spirtes et al., 1993).

Von den verschiedenen Möglichkeiten, Manipulationen und ihre Effekt zu beschreiben, wird im folgenden eine auf dem Gleichungssystem (11) aufbauende Darstellung vorgestellt (Pearl, 1998):

Kausale Effekte sind Auswirkungen von Manipulationen (Fixierung auf einen Wert) einer Variablen X_k, deren Einfluß auf eine Zielvariable X_j untersucht werden soll. Eine solche Fixierung ist im allgemeinen nicht real möglich. Beschreibt X_k das Rauchverhalten und soll dessen Auswirkung auf Lungenerkrankungen untersucht werden, so kann die Grundgesamtheit nicht manipuliert werden in der Weise, daß alle Raucher bzw. alle Nichtraucher sind. Trotzdem ist es in bestimmten Fällen möglich, kausale Effekte in diesem explizit definierten Sinn (vgl. Definition 11) zu berechnen.

Definition 10

Gegeben sei das Gleichungssystem (11). Sei x_k eine Ausprägung von X_k für ein $k \in \{1,...,n\}$. Das durch die Festsetzung $X_k = x_k$ manipulierte Gleichungssystem ergibt sich aus (11) durch

- Streichen der k – ten Gleichung
- Ersetzen von X_k durch die Konstante x_k in allen anderen Gleichungen

Anmerkung

Das manipulierte Gleichungssystem ist wiederum ein System wie in (11) mit den Variablen $\{X_i | 1 \leq i \leq n, i \neq k\}$ und den entsprechend angepaßten Funktionen f_i für alle X_i mit $X_k \in D_i$. Erfüllt (11) die Markov-Bedingung (vgl. Definition 6), so auch das manipulierte System. Entsprechend zu Satz 3 ergibt sich dann für die gemeinsame Verteilung $\widetilde{P}_{x_k}$ der restlichen Variablen

$$(17) \quad \boxed{\begin{aligned} &\widetilde{P}_{x_k}(X_1 = x_1, \ldots, X_{k-1} = x_{k-1}, X_{k+1} = x_{k+1}, \ldots, X_n = x_n) \\ &= \prod_{\substack{i=1 \\ i \neq k}}^{n} P(X_i = x_i | D_i = d_i) \end{aligned}}$$

Dabei gilt: Ist $X_k \in D_i$, so ist in d_i die entsprechende Koordinate das festgelegte x_k. Das manipulierte Gleichungssystem schließt durch das Streichen der k-ten Gleichung alle Einflüsse auf X_k aus und ersetzt den Einfluß von X_k auf die anderen Variablen durch die Festsetzung $X_k = x_k$.

Beispiel 7

Gegeben sei die Situation aus Beispiel 3. Sei x_3 eine Ausprägung von X_3. Das manipulierte Gleichungssystem lautet:

$$\begin{aligned} X_1 &= f_1'(U_1) := f_1(x_3, U_1) \\ X_2 &= f_2(X_1, X_4, U_2) \\ X_4 &= f_4(U_4) \\ X_5 &= f_5(U_5) \\ X_6 &= f_6(X_2, X_5, U_6) \end{aligned}$$

und die gemeinsame Verteilung von $(X_1, X_2, X_4, X_5, X_6)$ bei Fixierung $X_3 = x_3$ ist

$$\widetilde{P}_{x_3}(X_1=x_1,X_2=x_2,X_4=x_4,X_5=x_5,X_6=x_6)=$$

$$P(X_1=x_1|X_3=x_3)\cdot P(X_2=x_2|X_1=x_1,X_4=x_4)\cdot P(X_4=x_4)P(X_5=x_5)P(X_6=x_6|X_2=x_2,X_5=x_5)$$

Definition 11

Gegeben sei ein Gleichungssystem der Form (11), das die Markov-Bedingung erfüllt. Sei x_k eine Ausprägung von X_k für ein $k \in \{1,...,n\}$. Der kausale Effekt von X_k auf eine Variable $X_j (j \neq k)$ ist gegeben durch die Randverteilung von $\widetilde{P}_{x_k}(X_j = x_j)$.

Anmerkung

Im ursprünglichen Modell von Rubin werden jeweils die kausalen Effekte zweier Manipulationen $X_k = x_k$ und $X_k = x'_k$ betrachtet und deren Unterschied als kausaler Effekt von x_k gegenüber x'_k betrachtet.

Satz 7

Gegeben seien n Zufallsvariablen $X_1,...,X_n$ und ein zugehöriger Graph G, so daß (13) gilt.
Sei $Z \subset \{X_1,...,X_n\}$ mit

- Z enthält keine Nachfolger von X_k
- X_k ist durch Z d-separiert von X_j in dem Graphen G', der aus G durch Streichen aller von X_k ausgehender Kanten entsteht

dann gilt:

(18) $$\boxed{\widetilde{P}_{x_k}(X_j = x_j) = \sum_z P(X_j = x_j | X_k = x, Z = z) P(Z = z)}$$

Beweis: vgl. Pearl, 1998 (Backdoor-Kriterium)

Anmerkung

In Gleichung (18) ist Z im allgemeinen eine Menge von Zufallsvariablen. Besitzt X_k keine Eltern, d. h. $PA_k = \emptyset$, so kann $Z = \emptyset$ gewählt werden und die manipulierte Wahrscheinlichkeit stimmt mit der bedingten Wahrscheinlichkeit überein:

$$\widetilde{P}_{x_k}(X_j = x_j) = P(X_j = x_j | X_k = x_k)$$

Beispiel 8

In der Situation von Beispiel 3, 7 ist mit $k = 3, j = 6$ der Graph G' gegeben durch Bild 22.13:

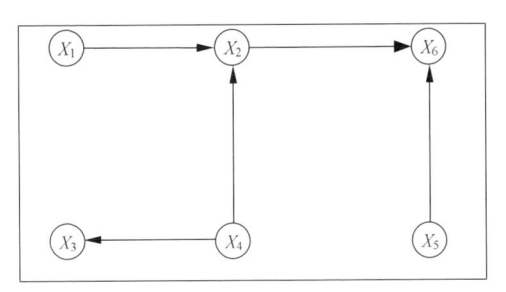

Bild 22.13: Graph zu Beispiel 3, 7

Damit erfüllt $Z = \{X_4\}$ die Bedingungen des Satzes 7 und es gilt:

$$\widetilde{P}_{x_3}(X_6 = x_6) = \sum_{x_4} P(X_6 = x_6 | X_3 = x_3, X_4 = x_4) \cdot P(X_4 = x_4)$$

$\widetilde{P}_{x_3}(X_6 = x_6)$ ist die Wahrscheinlichkeit, daß die Gesamtzufriedenheit X_6 den Wert x_6 annimmt, falls die Zufriedenheit mit der Produktentwicklung auf den Wert x_3 fixiert wird. Da X_4 sowohl X_3 als auch X_6 beeinflußt, geht diese Variable bei der Berechnung der manipulierten Wahrscheinlichkeit ein (Adjustierung).

Anmerkungen

Satz 7 liefert ein einfach zu handhabendes Kriterium zur Bestimmung kausaler Effekte. Dies ist um so bemerkenswerter, als, wie einleitend in Abschnitt 22.5.2. betont, die Verteilung $\widetilde{P}_{x_k}$ nicht direkt beobachtbar ist (kontrafaktische Verteilung) und auf einer gedanklichen Manipulation der Variablen X_k beruht. Entscheidende Voraussetzung für die Anwendung von Satz 7 ist jedoch, daß das Gleichungssystem (11) bzw. der zugehörige Graph die untersuchte Fragestellung richtig und vollständig beschreibt.

Existiert in Beispiel 3 eine Variable X_7 mit

$$X_3 = f_3(X_4, X_7, U_3)$$

$$X_6 = f_6(X_2, X_5, X_7, U_6),$$
$$X_7 = f_7(U_7)$$

so gilt für den entsprechenden Graph G' (Streichen der von X_3 ausgehenden Kanten) das Bild 22.14.

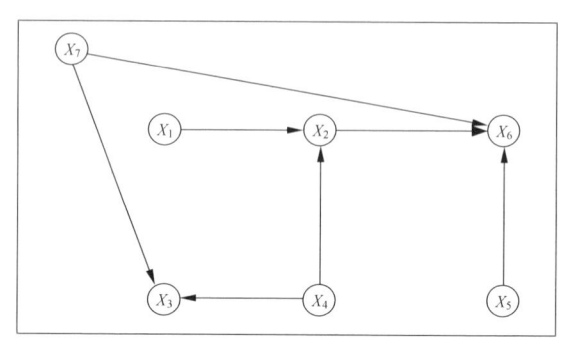

Bild 22.14: Ableitung aus Beispiel 3

X_3 und X_6 sind nicht mehr durch X_4 d-separiert (sondern durch $\{X_4, X_7\}$). Damit kann die manipulierte Verteilung nicht mehr wie in Beispiel 8 bestimmt werden. Wird X_7 bei der Modellkonstruktion nicht berücksichtigt, so erhält man daher ein falsches Ergebnis (vgl. hierzu und zur Beziehung zum Rubin-Modell bzw. zum randomisierten Experiment auch Kischka, 1998).

22.6 Software-unterstützte Generierung von Graphen

In Abschnitt 22.3 wurden Methoden zur Ableitung von Unabhängigkeitsgraphen dargestellt, die auf substanzwissenschaftlichen Kenntnissen beruhen. Daneben wurden in den vergangenen Jahren eine Reihe von Algorithmen entwickelt, die aus dem vorliegenden Datenmaterial Graphen generieren und für die Softwareprogramme vorliegen; diese Verfahren lassen sich unter dem vielzitierten Begriff **Data-Mining** (siehe Kapitel 21) einordnen.

In diesem Abschnitt sollen die Grundzüge des Konstruktionsverfahrens zur Generierung von (teilweise) gerichteten Graphen vorgestellt werden, welches im Softwarepaket Tetrad III (Scheines et al., 1996) implementiert ist. Mit diesem Verfahren können aus symmetrischen Unabhängigkeitsbeziehungen einseitige Beeinflussungen in einem betrachteten Variablensystem entdeckt werden.

22.6.1 Ablauf des Verfahrens

Gegeben sei eine Zufallsstichprobe zu den Variablen $X_1,...,X_n$, welche allesamt entweder diskret oder stetig verteilt sind. Zur späteren Feststellung von marginalen und bedingten Unabhängigkeitsbeziehungen wird im diskreten Fall angenommen, daß die Variablen $X_1,...,X_n$ im diskreten Fall jeweils nur endlich viele Realisationen besitzen bzw. im stetigen Fall multivariat normalverteilt sind. Weiterhin wird angenommen, daß zur gemeinsamen Verteilung P von $X_1,...,X_n$ ein perfekter Graph existiert, d. h. Unabhängigkeitsbeziehungen und d-Separation sich eineindeutig entsprechen (vgl. Definition 9). Als Eingabe für den Lernalgorithmus müssen die Daten entweder einerseits als stetige bzw. diskrete Rohdaten oder andererseits als Kovarianzmatrix bzw. Kontingenztabelle vorliegen. Der Anwender kann außerdem Expertenwissen in Form einer Reihenfolge der Variablen, nicht zugelassener Orientierungen und erzwungener bzw. nicht erlaubter Kanten vorgeben, welches dann beim Lernen des Graphen mit berücksichtigt wird.

Der Ablauf des Verfahrens gliedert sich in zwei Schritte:

a) Kantengenerierungsphase

In einer Kantengenerierungsphase werden ausgehend vom vollständigen ungerichteten Graphen diejenigen Kanten $X_i - X_j$ entfernt, für die die Nullhypothese $I(X_i, Z, X_j)$ bei einem Test auf Unabhängigkeit zu einem vom Benutzer vorgegebenen Signifikanzniveaus nicht abgelehnt werden kann.

Beispiel 9

Das Beispiel der Tabelle 22.3 illustriert diese Phase. Seien $X_1,...,X_4$ diskrete Zufallsvariablen, für welche eine realisierte Stichprobe in Form einer Kontingenztabelle vorliege.

Tabelle 22.3: Beispiel

		$X_1 = 0$		$X_1 = 1$	
		$X_2 = 0$	$X_2 = 1$	$X_2 = 0$	$X_2 = 1$
$X_3 = 0$	$X_4 = 0$	293	1345	142	182
	$X_4 = 1$	688	3133	336	416
$X_3 = 1$	$X_4 = 0$	336	899	93	1440
	$X_4 = 1$	84	224	27	362

Ausgangspunkt ist der vollständige ungerichtete Graph des Bildes 22.15.

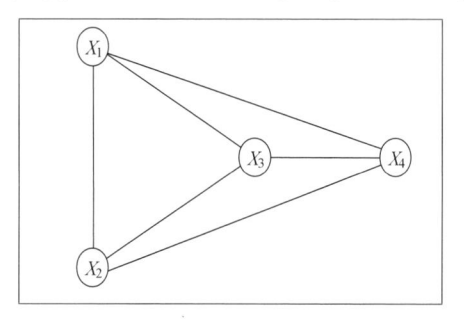

Bild 22.15: Vollständig Ungerichteter Graph (Beispiel 9)

Der Algorithmus führt nun für je zwei durch eine Kante verbundene Variablen (bedingte) Unabhängigkeitstests aus. In Tetrad wird bei diskreten Daten der G^2 – Test verwendet, eine weitere Entwicklung des bekannten χ^2 – Tests (Scheines et al., 1996, S. 234).

Zum festgelegten Signifikanzniveau von zum Beispiel $\alpha = 5\%$ kann im Beispiel die Kante $X_1 - X_2$ entfernt werden, denn für die Nullhypothese $I(X_1, \emptyset, X_2)$ beträgt $G^2 = 0{,}0050$ mit einem p – Wert von 0,95, sowie die Kanten $X_1 - X_4$ ($G^2 = 0{,}0460$; p – Wert: 0,98) unter der Nullhypothese $I(X_1, X_3, X_4)$ und $X_2 - X_4$ ($G^2 = 0{,}1155$; p – Wert: 0,95) unter der Nullhypothese $I(X_2, X_3, X_4)$.

Andere Unabhängigkeiten, die zur Löschung weiterer Kanten führen, gelten im Beispiel nicht. Nach Ablauf der Kantengenerierungsphase entsteht der noch ungerichtete Graph des Bildes 22.16.

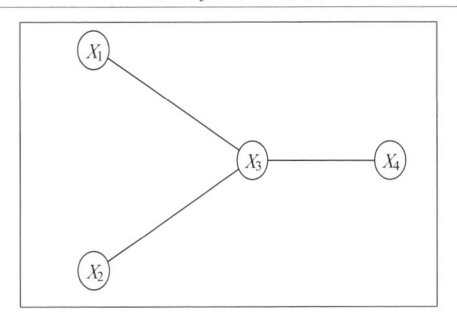

Bild 22.16: Ungerichteter Graph (Beispiel 9)

b) Orientierungsphase

Die zweite Phase orientiert so viele Kanten wie möglich. Dabei wird nach Objekten der Gestalt $X_i - X_k - X_j$ gesucht. Ein solches Objekt wird zu $X_i \rightarrow X_k \leftarrow X_j$ orientiert, falls X_k nicht in einer Bedingungsmenge Z enthalten ist, welche $I(X_i, Z, X_j)$ erfüllt und falls $\neg I(X_i, X_k, X_j)$ gilt. Sind beide Bedingungen gegeben, spricht man von einem **Unshielded Collider**.

Die weiteren Orientierungsmöglichkeiten

$X_i \rightarrow X_k \rightarrow X_j$, $X_i \leftarrow X_k \rightarrow X_j$ und $X_i \leftarrow X_k \leftarrow X_j$

sind bezüglich ihrer d-Separationseigenschaften und somit auch, aufgrund der Annahme des perfekten Graphen, bezüglich ihrer statistischer Unabhängigkeitsbeziehungen nicht unterscheidbar.

Eine weitere Orientierungsregel bezieht sich auf teilorientierte Tripel der Gestalt $X_i \rightarrow X_k - X_j$ und wird ausgeführt, nachdem alle Unshielded Collider erkannt und orientiert wurden. Somit kann es sich bei dem nun betrachteten Objekt um keinen weiteren Unshielded Collider mehr handeln und die Kante $X_k - X_j$ kann in Richtung X_j zu $X_k \rightarrow X_j$ orientiert werden.

Fortsetzung Beispiel 9:

Zu untersuchende Tripel sind im Beispiel unter anderen $X_1 - X_3 - X_2$, $X_1 - X_3 - X_4$ und $X_2 - X_3 - X_4$. In der ersten Phase wurde statistisch $I(X_1, \emptyset, X_2)$ festgestellt. Weil die Variable X_3 nicht in der Bedin-

gungsmenge enthalten ist, handelt es sich um einen Unshielded Collider und folglich kann zu $X_1 \rightarrow X_3 \leftarrow X_2$ orientiert werden. Für das Tripel $X_1 - X_3 - X_4$ rührt die Unabhängigkeit von X_1 und X_4 von X_3 her, weshalb keine Orientierung zu $X_2 \rightarrow X_3 \leftarrow X_4$ erfolgt. Auch beim Tripel $X_2 - X_3 - X_4$ handelt es sich um keinen Unshielded Collider. Mit der zweiten Orientierungsregel kann das nach der ersten Orientierungsregel teilorientierte Tripel $X_2 \rightarrow X_3 - X_4$ zu $X_2 \rightarrow X_3 \rightarrow X_4$ gerichtet werden. Der Algorithmus liefert den Graphen des Bildes 22.17.

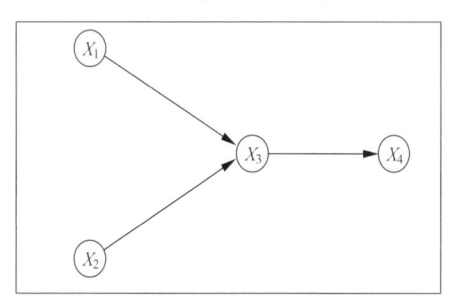

Bild 22.17: Graph nach der zweiten Orientierungsregel

Zusätzlich erhält man die Liste der (bedingten) Unabhängigkeitsbeziehungen, die zu dessen Entstehung führten, als Output.

Abschließende Bemerkungen

Ergebnis des in Tetrad III implementierten Konstruktionsverfahrens ist nicht notwendigerweise ein vollständig gerichteter azyklischer Graph (wie in Beispiel 9), sondern ein Muster, welches diejenigen gerichteten azyklischen Graphen repräsentiert, die aufgrund von Unabhängigkeitsbeziehungen nicht unterscheidbar sind.

Der Einsatz des Tetrad-Verfahrens (und ähnlicher Generierungsverfahren) und insbesondere die Interpretation beruhen auf Annahmen (vgl. Spirtes et al., 1993, Scheines et al., 1996), die z. T. nicht überprüft werden können. So ist die angesprochene Annahme, zu der vorliegenden Wahrscheinlichkeitsverteilung existiere eine perfekte Abbildung (vgl. Definition 7) im allgemeinen nicht testbar.

Es zeigt sich auch, daß die Kantengenerierung häufig stark vom gewählten Signifikanzniveau abhängig ist.

Trotz dieser Kritikpunkte, die in ähnlicher Form auch auf andere statistische Verfahren zutreffen, ist das Tetrad-Verfahren ein wertvolles Hilfsmittel, um Interdependenzen und einseitige Abhängigkeiten aus dem Datenmaterial ableiten zu können, ohne zuvor eine Einteilung in exogene und endogene Variablen treffen zu müssen.

22.7 Literaturhinweise

Castillo, E., Gutiérrez, J. M., Hadi, A. S.: Expert Systems and Probabilistic Network Models. New York 1997

Cox, D. R., Wermuth, N.: Multivariate Dependencies. London et al. 1996

Edwards, D.: Introduction to Graphical Modelling. New York et al. 1995

Holland, P. W.: Statistics and Causal Inference. In: Journal of the American Statistical Association 81, 1986

Kischka, P. (1998): Kausale Interpretation von Graphen. In: *G. Nakhaeizadeh* (ed.): Data Mining. Berlin/Heidelberg 1998

Lauritzen, S. L., Spiegelhalter, D. J.: Local Computations with Probabilities on Graphical Structures and their Application to Expert Systems. In: Journal of the Royal Statistical Society, Band 50, 1988

Pearl, J.: Probabilistic Reasoning in Intelligent Systems, 2. Auflage. San Mateo 1992

Pearl, J.: Comment: Graphical models, causality and intervention. In: Statistical Science. 1993

Pearl, J.: Graphs, causality and structural equation models. In: Sociological Methods and Research 27, 1998

Rubin, D. B.: Estimating Causal Effects of Treatments in Randomized and Nonrandomized Studies. In: Journal of Educational Psychology 1974

Scheines, R./Spirtes, P./Glymour, C./Meek, C./Richardson, T. (1996): Tetrad III, Tools for Causal Modeling. New York 1996

Spirtes, P./Glymour, C./Scheines, R.: Causation, Prediction and Search. Lecture Notes in Statistics 81, New York 1993

Register

α-Fehler 422, 426
β-Fehler 426
β-Koeffizient 518
σ-Algebra 290

Abbildung, perfekte 710
Abbildungsmöglichkeit 17
Abhängige Variable 609
Abhängigkeitsstruktur 533
Absolute Abweichung, mittlere 145
Absolutskala 26
Abstand, Centroid- 574
Abstand, durchschnittlicher 573
Abweichung, mittlere absolute 145
Abweichung, mittlere quadratische 400
Additionssatz 294, 304
Additive Konsistenz 227
Additive Überlagerung 248
Additive Zerlegung 219
Additivität 229
Agglomeratives Verfahren 571
Aggregatformel 221
Aggregation 217
Aggregation, zeitliche 213
Ähnlichkeitsmaß 568
AMD-Musterstichprobe 70
Analyse nach Bayes 665
Analyse, empirische 17
Analysemodell 677
Anderer Fehler 23
Anderson-Jessen-Theorem 304
Annahme, parametrische 591
Anpassung 182, 263
Anpassungstest 451, 488
Anteilswert 210
Anteilswert, Schätzung 79
Anteilswerttest 429

A-posteriori-Dichte, unscharfe 666
A-priori-Dichte 665
A-priori-Information 61
A-priori-Wahrscheinlichkeit 589
Äquidistant 243
ARIMA-Modell 272, 378
ARIMA-Modell, saisonales 272
ARIMA-Prozeß 257, 272
Arithmetischer Mittelwert 115
Arithmetisches Mittel, Test 422
ARMA-Prozeß 271, 379
Assoziation, prädiktive 199
Assoziationskoeffizient 169
Assoziationsmaß 169, 196
Assoziationsmaß nach Goodman und Kruskal 201
Assoziationsregel 674, 678
Asymptotische Effizienz 623
Asymptotische Erwartungstreue 83
Asymptotische Normalität 622
Asymptotischer Konfidenzbereich 411
Aufteilung der Stichprobe, optimale 88
Aufteilung, proportionale 85
Ausgangsdichte 368
Ausreißer 32, 523
Aussagequalität 18
Auswahl aufs Geratewohl 52
Auswahl nach dem Konzentrationsprinzip 54
Auswahl, bewußte 52, 54
Auswahl, geschichtete 22
Auswahl, kartographische 69
Auswahl, nicht-zufällige 21
Auswahl, systematische 22, 66
Auswahl, typische 21, 54
Auswahl, willkürliche 21, 52, 53
Auswahl, zufällige 22
Auswahlgesamtheit 51
Auswahlgrundlage 62

Register

Auswahlverfahren 51, 52, 53
Auswahlverfahren, mehrstufiges 59, 95
Auswahlverfahren, zweistufiges 102
Auswahlwahrscheinlichkeit, größenproportionale 60
Auswahlwahrscheinlichkeit, marginale 632
Autokorrelation 270
Autoregressiver Prozeß 270
Average Linkage 573
Axiom 225
Axiome nach Kolmogorov 299, 311
Axiomensystem 225
Azyklisch 695

Banerjee-Index 232
Bartlett-Test 380, 381
Basisperiode 211
Bayes'sche Analyse 665
Bayes'scher Vertrauensbereich 668
Bayes'sches Netzwerk 707
Bayes'sches Theorem 665
Bayesianische Schätztheorie 384
Bayes-Regel 589
Bayes-Theorem 305, 590
Bedingt unabhängig 693
Bedingte Unabhängigkeit 695
Bedingte Verteilung 172
Bedingte Wahrscheinlichkeit 299, 300
Befragung, kombinierte 20
Befragung, mündliche 20
Befragung, schriftliche 19
Befragung, telephonische 20
Begriffsklärung 17
Beobachtung 20
Beobachtungsmatrix 538
Bereichsschätzer 383, 405
Berichtsperiode 211
Berliner Verfahren 257
Bernoulli 353
Bernoulli-Experiment 323
Bernoulli-Modell 296

Bernoulli-Prozeß 369
Bernoulli-Prozeß, symmetrischer 364
Bernoulli-Zählprozeß 370
Bestandsmasse 24
Bestimmtheitskoeffizient 187
Bestimmtheitsmaß 169, 185, 187, 623
Bestimmtheitsmaß, multiples 511, 514, 518
Beta-standardisierter Koeffizient 515
Betaverteilung 386
Beurteilungsstichprobe 54
Bewegungskomponente 247
Bewegungsmasse 24
Bewußte Auswahl 52, 54
Beziehungszahl 209, 210
Bias 83, 398
Bilderskala, non-verbale 30
Binäres Modell 624
Binomialkoeffizient 277
Binomialprozeß 370
Binomialtest 463
Binomialverteilung 323
Bipartionierung 684
Bivariate Statistik 169
Bootstrap 685
Bootstrapping 598
Borel 355
Borel-Menge 291
Bravais/Pearson, Korrelationskoeffizient 187
Bruchpunkt 403
Buchstabenauswahl 68

C, Konzentrationsmaß 159
Cantelli 355
Capture-Recapture-Sampling 104
Census X-11 256
Centroid 574
Centroid-Abstand 574
Centroid-Sorting 574
Chapman-Kolmogorov-Gleichung 368
Charakterisierende Funktion 647
Chintschin 354

Chi-Quadrat- Unabhängigkeitstest 446
Chi-Quadrat-Anpssungstest 451
Chi-Quadrat-Homogenitätstest 457
Chi-Quadrat-Test 344
Chi-Quadrat-Verteilung 343
Clusteranalyse 522, 565, 583
Cramér, Kontingenzkoeffizient 199
Cut-off-Verfahren 21

Data-Mining 673, 716
Daten 47
Daten, gruppierte 610, 627
Daten, ungruppierte 610
Daten, unscharfe 645, 665
Datenabhängige Klassifikationsregel 590
Datenanalyse, explorative 673
Datenbank 675
Datenbereitstellung 17
Datenbeschaffung 19
Datenpräsentation 33
Datenunabhängige Klassifikationsregel 589
Datenunabhängige Regel 585
Definition der Klassen 585
Delphi-Methode 259
DeMoivre 358
Devianz 627
Dichtefunktion 310, 311
Differential, semantisches 29
Differenz zweier Anteilswerte, Test 433
Differenz zweier Mittelwerte, Test 431
Differenz zweier Standardabweichungen, Test 434
Differenzschätzung 82, 83
Diffusionsprozeß 363
Digital preference 68
Dimensionalität 212, 226
Direkte Indexformel 221
Direkte Messung 24
Diskordant 193
Diskret 243

Diskrete Zufallsvariable 309
Diskreter Parameterraum 394
Diskretes Merkmal 24
Diskriminanzanalyse 521, 577, 583
Diskriminanzanalyse nach Fisher 586
Diskriminanzanalyse, lineare 585, 591
Diskriminanzanalyse, quadratische 595
Diskriminanzkomponente 587, 595
Diskrimination 583
Distanz, euklidische 570
Distanzmaß 566, 570
Divisia-Index 232
Driftparameter 373
Drobisch-Index 231
d-Separation 705
Durchschnitt, gleitender 250
Durchschnittlicher Abstand 573

Effekt, kausaler 712
Effizienz 399
Effizienz, asymptotische 623
Effizienz, relative 98, 400
Eigenschaft, Markov 368
Eigenvektor 537, 540, 595
Eigenwertbestimmung 539
Eigenwertdiagramm 545
Einfache Zufallsauswahl 22, 56
Einfache Zufallsstichprobe 56, 77, 422
Einfachregression 176
Einstufige Klumpenauswahl 95, 97, 100
Einzelobjekt 23
Element 20
Elementares Wahrscheinlichkeitsmodell 295, 298
Eltern eines Knoten 695
Empirische Analyse 17
Empirische Fehlerrate 596
Empirische Häufigkeit 591
Empirische Verteilung 517
Endlichkeitskorrektur 78

Endlichkeitskorrekturfaktor 333
Endogene Variable 609
Entropie 688
Entscheidung 421
Entscheidungsbaum 586
Entscheidungsfehler 426
Entsprechungszahl 209
Enumeration, vollständige 686
Equamax-Methode 552
Ereignis 287
Ereignis, unmögliches 289, 294
Ereignisraum, überabzählbarer 298
Ergebnis 286
Ergebnismenge 286
Erhebung 47
Erklärende Variable 609
Erklärte Variable 609
Erstes Moment 364
Erwarteter Wert 447
Erwartungstreu 74
Erwartungstreue 77, 398
Erwartungstreue, asymptotische 83
Erwartungswert 73, 314
Erweiterungsprinzip 651, 655
Euklidische Distanz 570
Exogene Variable 609
Expertensystem, stochastisches 697
Explorative Datenanalyse 673
Exponential Smoothing 262
Exponential Smoothing-Prognose 263
Exponentialfunktion 263
Exponentialverteilung 330, 342
Ex-post-Prognosefehler 265
Extraktion 532
Extraktionsverfahren 535
Exzeß 165

Factor reversal test 228
Faktorenanalyse 523, 531, 577
Faktorenanalyse, Fundamentaltheorem 544
Faktorenextraktion 533
Faktorenraum 548

Faktorenzahl 542, 544, 546
Faktorisierung 702
Faktorisierungssatz 694
Faktorladung 533, 536
Faktormatrix 543
Faktorumkehrprobe 212, 228
Faktorvektor 536, 541
Faktorwert 553
Faktorwerte-Koeffizientenmatrix 557
Fakultät 277
Fehler 109
Fehler erster Art 422, 426
Fehler vom Typ I 426
Fehler vom Typ II 426
Fehler zweiter Art 426
Fehler, anderer 23
Fehler, systematischer 23
Fehler, zufälliger 23
Fehlerart 22
Fehlerquadrat, mittleres 75
Fehlerrate, empirische 596
Fehlerrate, offensichtliche 596
Fehlerrate, Testdaten- 597
Fehlerrate, wahre 596
Fehlerregel, minimale 589
Fehlklassifikationskosten 589
Fehlklassifikationsrate 588, 595
Filter, linearer 378
Fisher'sche Diskriminanzanalyse 586
Fisher-Index 231, 232
Fisher-Scoring 398
Fisher-Test 466
Fisher-Verteilung 346
Flächenauswahl 69
Flächenstichprobe 59, 95
Folge, stochastische 363
Fouriertransformation 376
Fragefehler 23
Freiheitsgrad 344
Frequentistische Schätztheorie 389
F-Test, totaler 512, 516
Fundamentaltheorem der Faktorenanalyse 544
Funktion, charakterisierende 647

Funktion, logistische 184
Funktion, vektorcharakterisierende 650, 653
Funktional 402
Fuzzy Subset 659
F-Verteilung 346

Gammafunktion 344, 387, 667
Gauß'sche Normalverteilung 423
Gauß-Markov-Prozeß 373
Gauß-Prozeß 373
Gebundene Hochrechnung 61, 81
Geburtstagsauswahl 68
Gemeinsame Wahrscheinlichkeitsverteilung 698
Gemischtes Skalenniveau 566, 570
Genauigkeit 584
Geometrische Verteilung 329
Geometrischer Mittelwert 123
Geometrisches Modell 298
Gepoolte Varianz 432
Gerichteter Graph 694
Gerichteter Pfad 694, 697
Gesamtheit 51
Geschichtete Auswahl 22
Geschichtete Stichprobe 85
Geschichtete Zufallsauswahl 58
Geschichtete Zufallsstichprobe 58
Geschwindigkeit 584
Gesetz der großen Zahl 352
Gesetz der großen Zahl, schwaches 353
Gesetz der großen Zahl, starkes 355
Getrimmtes Mittel 404
Gini-Streuungsmaß 144
Glatte Komponente 247
Glättungsparameter 264
Gleichmöglichkeitsmodell 295
Gleichung, Chapman-Kolmogorov 368
Gleichungssystem 702
Gleichverteilung 318
Gleitender Durchschnitt 250
Gleitender-Durchschnitts-Prozeß 271

Gliederungszahl 209, 210
Goodman und Kruskal, Assoziationsmaß 201
Graph, gerichteter 694
Graphentheoretisches Modell 693
Graphentheorie 694
Graphik 33, 35
Grenzwertsatz, zentraler 356
Grenzwerttheorem, zentrales 423
Größe, unscharfe 654
Größenproportionale Auswahlwahrscheinlichkeit 60
Grundgesamtheit 20, 23, 47
Gruppierte Daten 610, 627
Güte des Tests 435
Gütekriterium 398
Gütemaß 623, 677

Harmonischer Mittelwert 120
Häufigkeit, empirische 591
Häufigkeit, relative 33
Häufigkeitsdichtefunktion 114
Häufigkeitsinterpretation 293
Häufigkeitspolygon 37
Häufigkeitstabelle, zweidimensionale 171
Häufigkeitsverteilung, zweidimensionale 170
Häufigster Wert 131
Hauptfaktorenanalyse 532
Hauptkomponentenanalyse 532
Hauptkomponentenmethode 532, 535, 542
Heuristisches Prognoseverfahren 259
Hierarchisch-agglomeratives Verfahren 565, 571
Histogramm 36, 37, 652
Histogramm, unscharfes 653
Hochrechnung, gebundene 61, 81
Hochrechnungsfaktor 79
Homogenität, lineare 226
Homogenitätstest 457, 488
Homoskedastizität 517
Hyperebene 586
Hypergeometrische Verteilung 331, 359

Hypothese 421
Hypothesen, lineare, Test 628
Hypothesentest 623

i.i.d.-Prozeß 369
ID3 689
Idealer Index 230
Idealindex 221
Identität 212, 226
Imagery-Differential 30
Index, idealer 230
Indexformel, direkte 221
Indexformel, traditionelle 221
Indexprodukt 223
Indexzahl 209, 211, 220, 522
Indikatorfunktion 645
Inferenz, statistische 383
Influenzkurve 403
Informationsfunktion 395
Inputliste 701
Inputliste, kausale 701
Integration unscharfer Funktionen 670
Integrierter Prozeß 272
Intensität 373
Interaktionseffekt 609
Interpolation 143
Intervallskala 26
Intraklass-Korrelationskoeffizient 98
Irreguläre Komponente 247
Irrtumswahrscheinlichkeit 429
Iteration 460
Iterationstest 460

K, Konzentrationsmaß 161
Kaiser-Kriterium 544
Kanonische Zerlegung 257, 376
Kanonischer Korrelationskoeffizient 512, 516
Kante 694
Kantengenerierungsphase 717
Kardinalskala 26
Kartographische Auswahl 69
Kategoriale Variable 609
Kausale Inputliste 701
Kausaler Effekt 712

Kausales Modell 711
Kausalität 711
Kenngröße 71, 113
Kennzahl 113, 364
Kette 239, 241
Kette, Markov 368
Kettenglied 239, 241
Kettengraph 697
Kettenindex 220, 239, 241
Klassen, Definition der 585
Klassenbildung 565, 571
Klassendiagnose 566, 575
Klassenmittelpunkt 574
Klassierung 31
Klassifikation 565, 576, 583, 595, 683
Klassifikation stochastischer Prozesse 362
Klassifikationsbaum 684
Klassifikationsbeurteilung 595
Klassifikationsregel 584, 588
Klassifikationsregel, datenabhängige 590
Klassifikationsregel, datenunabhängige 589
Klassifikationsverfahren 683
Klassischer Wahrscheinlichkeitsbegriff 277
Klassisches Wahrscheinlichkeitsmodell 295
Kleinst-Quadrate-Schätzer 554, 555, 557
Klumpenauswahl 22, 58
Klumpenauswahl, einstufige 95, 97, 100
Klumpengröße, konstante 97
Klumpengröße, variable 100
Klumpenstichprobe 59, 95
Klumpungseffekt 59
Knoten 694
Knoten, Eltern eines 695
Koeffizient, beta-standardisierter 515
Koeffizient, partieller 511, 512
Koeffizientenmatrix, Faktorwerte 557

Kolmogorov, Wahrscheinlichkeitsbegriff 293
Kolmogorov/Smirnov-Anpassungstest 488
Kolmogorov-Axiome 299, 311
Kolomogorov 355
Kombination 280
Kombinationsregel 654
Kombinationsregel, Minimum- 654
Kombinatorik 277
Kombinierte Befragung 20
Komensurabilität 226
Kommunalität 542
Kommunalitätenproblem 544
Kommunalitätenschätzer 547
Komplementär-Wahrscheinlichkeit 294
Komplexes Stichprobendesign 107
Komponente, glatte 247
Komponente, irreguläre 247
Komponente, saisonale 246
Komponente, zyklische 247
Konfidenzbereich 407
Konfidenzbereich, asymptotischer 411
Konfidenzbereich, unscharfer 659
Konfidenzintervall 75, 344, 517, 597
Konfidenzintervall, verbundenes 512, 515
Konfidenzniveau 679
Konfidenz-Prognosemenge 406
Kongruenzmethode 65
Konkordant 193
Konkordanzkoeffizient nach Goodman und Kruskal 195
Konkordanzkoeffizient nach Kendall 196
Konsistenz 401, 622
Konsistenz, additive 227
Konsistenz, strukturelle 227
Konstante Klumpengröße 97
Konstruktansatz 25
Kontingenzkoeffizient 169, 197
Kontingenzkoeffizient nach Cramér 199
Kontingenzkoeffizient nach Pearson 198
Kontingenzkoeffizient, korrigierter 199
Kontingenztabelle 172, 447
Kontrastgruppenanalyse 577
Konzentrationsmaß 156
Konzentrationsmaß C 159
Konzentrationsmaß K 161
Konzentrationsprinzip 21, 54
Korrelation 511
Korrelation, multiple 511
Korrelationsindex 189, 190
Korrelationskeoffizient, kanonischer 516
Korrelationskoeffizient 169
Korrelationskoeffizient nach Bravais/Pearson 187
Korrelationskoeffizient, kanonischer 512
Korrelationskoeffizient, multipler 512, 518
Korrelationskoeffizient, partieller 511, 513
Korrelationsmaß 169
Korrelationsmatrix 539
Korrelationsmatrix, reduzierte 543
Korrelationstabelle 172
Korrelogramm 367
Korrigierter Kontingenzkoeffizient 199
Kosten pro Einheit 75
Kovariable 609
Kovarianz 179
Kovarianzmatrix 587, 594
Kreisdiagramm 39
Kreuztabelle 447
Kreuzvalidierung 598, 685
Kreuzvalidierung, mehrfache 599
Kristallisationskern 566, 572
Kruskal/Wallis-Test 484
KS-Homogenitätstest 488
Kumulative Varianzregel 545
Kumulierte relative Häufigkeit 34

Kurtosis 165
Kurzfristiges Prognoseverfahren 260

Ladungsmatrix 543
Langfristiges Prognoseverfahren 260
Längsschnittdaten 643
Laplace 277, 358
Laplace-Modell 295
Laspeyres 221, 222, 241
Laspeyres-Mengenindex 224
Laspeyres-Preisindex 224
Leave-one-out-Methode 598
Lernen, überwachtes 583
Lernen, unüberwachtes 583
Lernzeit 584
Levy 356
Likelihood 385, 389
Likelihood-Funktion 618
Likelihood-Quotienten-Statistik 629
Lindeberg 356
Lineare Diskriminanzanalyse 585, 591
Lineare Homogenität 226
Lineare Hypothese, Test 628
Lineare Regression 176
Lineare Verknüpfung 611
Linearer Filter 378
Linearer Trend 260
Lineares Modell 623
Lineares Wahrscheinlichkeitsmodell 610
Linearität 229
Linearkombination 600
Ljapunoff 359
Log-change-Index 233, 238
Log-changes 215
Logistische Funktion 184
Logistische Regression 577
Logit-Modell 522, 609, 612, 638
Log-Likelihood 392
Lokal-linear 266
Lorenz-Kurve 160, 161
L-Schätzer 404

Manifeste Variable 532
Mann/Whitney-U-Test 480
MA-Prozeß 271
Marginal unabhängig 693
Marginale Auswahlwahrscheinlichkeit 632
Marginale Unabhängigkeit 695
Marginale Verteilung 172
Markov-Bedingung 703, 704
Markov-Eigenschaft 368
Markov-Kette 368
Markov-Prozeß 367
Marshall und Edgeworth-Index 231
Martingal 377
Maß 113
Maß der prädiktiven Assoziation 199
Maß der zentralen Tendenz 113
Masse, statistische 23
Maßzahl 113
Maßzahl der Schiefe 164
Maßzahl der Wölbung 165
Master sample 69
Maximum-Likelihood-Methode 618, 389
Maximum-Likelihood-Schätzer 392
McNemar-Test 493
Mean Square Error 400
Median 127
Mediantest 463, 473
Mehrfache Kreuzvalidierung 599
Mehrstufige Zufallsauswahl 59
Mehrstufiges Auswahlverfahren 59, 95
Mengenindex 222
Mengenindex nach Laspeyres 224
Mengenindex nach Paasche 224
Merkmal 24
Merkmal, diskretes 24
Merkmal, metrisches 176
Merkmal, qualitatives 25
Merkmal, stetiges 24
Merkmale, unabhängige 174
Merkmalsausprägung 24
Merkmalsraum 653

Merkmalssumme, Schätzung einer 78
Merkmalsträger 20
Messung 24
Messung, direkte 24
Meßzahl 209, 211
Meßzahlenmittelwertformel 221
Methode der kleinsten Quadrate 177, 402, 511, 513
Methode der nächsten Nachbarn 591
Methode, nicht-parametrische 591
Metrik, Minkowski- 570
Metrische Skala 26
Metrisches Merkmal 176
MFQ 75
Minimale Fehlerregel 589
Minimum- Kombinationsregel 654
Minkowski-Metrik 570
Mittel, arithmetisches, Test 422
Mittel, getrimmtes 404
Mittel, winsorisiertes 404
Mittelfristiges Prognoseverfahren 260
Mittelwert 113
Mittelwert, arithmetischer 115
Mittelwert, geometrischer 123
Mittelwert, harmonischer 120
Mittelwert, Schätzung 77
Mittelwertfunktion 365
Mittlere absolute Abweichung 145
Mittlere quadratische Abweichung 400
Mittlere Wachstumsrate 213
Mittlerer Quartilsabstand 141
Mittleres Fehlerquadrat 75
ML-Methode 618
ML-Schätzer 396, 619, 621
Modell nach Bernoulli 296
Modell, binäres 624
Modell, geometrisches 298
Modell, grapentheoretisches 693
Modell, kausales 711
Modell, lineares 623
Modell, multivariates 260, 697

Modell, quantitatives 260
Modelldiagnostik 623
Modellierungssprache 677
Modus 131
Moment, erstes 364
Moment, statistisches 162
Moment, zentrales 163
Monotonie 226
Moving-average-Prozeß 271, 378
M-Schätzer 404
MSE 400
Multidimensionale Skalierung 578
Multikollinearität 512, 514, 524
Multinomiale Verteilung 327
Multiple Korrelation 511
Multiple Regression 176, 511
Multipler Korrelationskoeffizient 512, 518
Multiples Bestimmtheitsmaß 511, 514, 518
Multiplikationssatz 301, 305
Multiplikative Verknüpfung 248
Multiplikative Zerlegung 219
Multivariates Modell 260, 697
Multivariates Prognoseverfahren 260
Mündliche Befragung 20
Musterstichprobe 69
Mutterstichprobe 69

Nachbar, nächster 573
Nächster Nachbar 573
Nächster-Nachbar-Regel 584
Nachträgliche Schichtung 58, 86, 93
Negativer Trend 245
Netz, neuronales 586
Netzwerk nach Bayes 707
Neuronales Netz 586
Newton-Raphson-Verfahren 397, 620
Neymann-Allokation 89
Neymann-Tschuprow-Allokation 89
NHKLass 687
Nichtlineare Regression 183

Nicht-metrische Skala 25
Nicht-parametrische Methode 591
Nicht-parametrischer Test 445
Nicht-zufällige Auswahl 21
Niveaukurve 666
Nominalskala 25
Non-verbale Bilderskala 30
Normalapproximation 358
Normalität, asymptotische 622
Normalverteilung 338, 423
Normierung 512, 515
Nullhypothese 422

Oblimin-Methode 552
Oblique Rotation 552
Odds-ratio 633
Offene Randklasse 32
Offensichtliche Fehlerrate 596
Operationalisierung 17
Operationalisierungsfehler 22
Optimale Aufteilung der Stichprobe 88
Optimale Zahl von Schichten 94
Optimalitätskriterium 589
Optimierungskriterium 677
Ordinalskala 26
Orientierungsphase 719
Orthogonale Regression 182
Paasche 221, 223, 241
Paasche-Mengenindex 224
Paasche-Preisindex 224
Paneldaten 643
Parabelfunktion 183
Parameter 314
Parameterraum 361, 657
Parameterraum, diskreter 394
Parameterschätzung 617
Parametertest 421
Parametrische Annahme 591
Parametrischer Test 421
Partieller Koeffizient 511, 512
Partieller Korrelationskoeffizient 511, 513
Partionierendes Verfahren 566, 572
Pearson, Kontingenzkoeffizient 198

Pearson-Statistik 627
Perfekte Abbildung 710
Permutation 278
Pfad, gerichteter 694, 697
Pfad, ungerichteter 697
Pivot-Variable 408
Planung des Stichprobenumfangs 105
Plausibilitätsfunktion 665
Poisson-Prozeß 371, 373
Poisson-Verteilung 335, 359
Polaritätsprofil 29, 30
Polygonzug 37
Positiver Trend 245
Potenz-Menge 291
pps 61
Prädiktion 631
Prädiktionsmodell 677
Prädiktive Assoziation 199
Präzision 75
Preisbereinigung 223
Preisindex 220
Preisindex nach Laspeyres 224
Preisindex nach Paasche 224
Preismeßzahl 124
Primäreinheit 60
Primärerhebung 19
Primärstatistik 19
Probit-Modell 522, 609, 612, 635
Prognose 259, 405
Prognosedichte 670
Prognosehorizont 260
Prognoseintervall 405, 415
Prognosemenge 406
Prognoseverfahren 259
Prognoseverfahren, heuristisches 259
Prognoseverfahren, kurzfristiges 260
Prognoseverfahren, langfristiges 260
Prognoseverfahren, mittelfristiges 260
Prognoseverfahren, multivariates 260
Prognoseverfahren, qualitatives 259

Prognoseverfahren, quantitatives 259
Prognoseverfahren, univariates 260
Prognoseverteilung, unscharfe 670
Prognosezeitraum 260
Proportion 209
Proportional geschichtete Stichprobe 87
Proportionale Aufteilung 85
Prozeß, autoregressiver 270
Prozeß, integrierter 272
Prozeß, Markov 367
Prozeß, schwach stationärer 375
Prozeß, stationärer 270, 374
Prozeß, stochastischer 269, 351, 361
Pseudo-R^2 624
Pseudo-R^2 von McFadden 624
Pseudo-R^2 von McKelvey und Zavoina 625
Pseudozufallszahl 64, 65
Punktprozeß 363
Punktschätzer 383, 401
Punktschätzung 657
p-Wert 663

Quadratische Diskriminanzanalyse 595
Quadratsummenzerlegung 437
Qualitative Variable 609
Qualitatives Merkmal 25
Qualitatives Prognoseverfahren 259
Quantil 141
Quantitatives Modell 260
Quantitatives Prognoseverfahren 259
Quartilsabstand, mittlerer 141
Quartilswert 142
Quartimax-Methode 551
Quelle, sekundärstatistische 18
Querschnittsdaten 243
Quote 210
Quotenauswahl 21, 55

Randausgleichsproblem 258
Randklasse, offene 32
Random digit dialing 64
Random-walk 270
Random-walk-Verfahren 69
Randstabilität 258
Randverteilung 172
Rangkorrelation 190
Rangkorrelationskoeffizient 169
Rangkorrelationskoeffizient von Spearman 191
Rangskala 26
Rangsummentest 480
Rao-Cramer, Ungleichung von 399
Rate 209
Ratingskala 28
Rauschen, weißes 270, 375
Rechenregeln für Wahrscheinlichkeiten 294
Rechteckverteilung 320
Reduzierte Korrelationsmatrix 543
Referenzperiode 211
Regel, datenunabhängige 585
Regressionsrechnung 170
Regressor 511
Regressand 177, 511, 609
Regression 511
Regression, lineare 176
Regression, logistische 577
Regression, multiple 176, 511
Regression, nichtlineare 183
Regression, orthogonale 182
Regressionsfunktion 177, 518
Regressionsgerade, umgekehrte 181
Regressionskoeffizient 179
Regressionsmodell 257
Regressionsschätzer 556, 558
Regressionsschätzung 82, 84
Regressor 177, 609
Regressorenzahl 524
Reihe, saisonbereinigte 254
Reiner Zufallsprozeß 375
Rekursionsbeziehung 265
Relative Effizienz 98, 400

Relative Häufigkeit 33
Relative Häufigkeit, kumulierte 34
Reliabilität 22
Repräsenatives Stichprobenverfahren 55
Repräsentativ 49
Repräsentativität 23, 55
Resampling Methode 598
Rescaling 229
Residualgröße 247
Residuenvarianz 181
Responsevariable 609
Robuste Schätzer 403, 404
Root mean square error 265
Rotation 549
Rotation, oblique 552
Rotationsproblem 548, 550
R-Schätzer 405
Rückfangmethode 104
Rückweisungspunkt 428
Run 460
Runtest 460

Saisonale Komponente 246
Saisonales ARIMA-Modell 272
Saisonbereinigte Reihe 254
Saisonbereinigung 248, 249
Saisonbereinigungsverfahren 248
Saisonfigur 249
Saisonindex 254
Saisonveränderungszahl 254
Sample frame 62
Sampling point 69
Satz der totalen Wahrscheinlichkeit 306
Satz von Tschebyscheff 352
Säulendiagramm 35
Schätzer, robuste 403, 404
Schätzfehler, systematischer 398
Schätzfunktion 653, 657
Schätztheorie, bayesianische 384
Schätztheorie, frequentistische 389
Schätztheorie, statistische 383
Schätzung 85, 513, 656
Schätzung der Parameter 617

Schätzung des Mittelwertes 77
Schätzung einer Merkmalssumme 78
Schätzung einer Wahrscheinlichkeit 386
Schätzung eines Anteilswertes 79
Schätzung, unverzerrte 78
Schätzverfahren 71
Schätzwert 620
Schätzwert, unscharfer 657
Schichten 85
Schichtung, nachträgliche 58, 86, 93
Schichtungseffekt 58, 90
Schiefe Verteilung 523
Schiefemaß 162, 164
Schließende Statistik 653, 673
Schlußziffernverfahren 67
Schriftliche Befragung 19
Schwach stationärer Prozeß 375
Schwaches Gesetz der großen Zahl 353
Schwarz'sche Ungleichung 365
Schwedenschlüssel 64
Schwellenwertmodell 613
Scoring-Methode 620
Scree-Test 544
Sekundäreinheit 60
Sekundärerhebung 18
Sekundärstatistik 18
Sekundärstatistische Quelle 18
Selbstgewichtung 87
Semantisches Differential 29
Semi-Markov-Prozeß 368
Sensitivitätskurve 403
Separierung 705
Sequentielles Verfahren 61
Sequenz 460
Sequenzentest 460
Signifikanzniveau 429
Signifikanzprüfung 576
Signifikanztest 421, 423
Simpson-Paradoxon 218
Single Linkage 573
Skala 25
Skala, metrische 26
Skala, nicht-metrische 25

Skalenniveau 25, 517
Skalenniveau, gemischtes 566, 570
Skalentransformation 27, 28
Skalenwert 25
Skalierung 25
Skalierung, multidimensionale 578
Skalierungsmodell 27
Smoothing, exponential 262
Spannweite 140
Spearman, Rangkorrelationskoeffizient 191
Spektraldarstellung 376
Spektraldichte 376
Spektrum 376
Splicing 229
Stabdiagramm 35
Standardabweichung 147, 315
Standardabweichung, Test der 430
Standardisierung 217, 218, 533, 566, 567
Standardnormalverteilung 340, 425
Standard-Poisson-Prozeß 372
Standard-Wiener-Prozeß 372
Starkes Gesetz der großen Zahl 355
Startwert 265
Startwertproblem 265
Stationärer Prozeß 270, 374
Stationärer Prozeß, strenger 375
Statistik nach Pearson 627
Statistik nach Wald 630
Statistik, bivariate 169
Statistik, schließende 653, 673
Statistische Inferenz 383
Statistische Masse 23
Statistische Schätztheorie 383
Statistische Stichprobentheorie 22
Statistische Zeitreihe 39
Statistischer Test 663
Statistisches Moment 162
Statistisches Wahrscheinlichkeitsmodell 296
Stetige Zufallsvariable 310

Stetiges Merkmal 24
Stetigkeitskorrektur 359
Stichprobe 48, 52, 421
Stichprobe, geschichtete 85
Stichprobe, proportional geschichtete 87
Stichprobe, unscharfe 652
Stichproben, unabhängige 480
Stichproben, verbundene 470, 476
Stichprobenauswahl, strukturierte 22
Stichprobendesign 73
Stichprobendesign, komplexes 107
Stichprobenelement, unscharfes kombiniertes 654
Stichprobenerhebung 48
Stichprobenfehler 22, 49, 76
Stichprobenfunktion 71
Stichprobenmittel 656
Stichprobenparameter 352
Stichprobenpfad 362
Stichprobenplan 49, 73
Stichprobenplanung 47, 50
Stichprobenraum 52, 653
Stichprobentheorie 47, 49
Stichprobentheorie, statistische 22
Stichprobenumfang, Planung 105
Stichprobenvariable 352
Stichprobenverfahren 47
Stichprobenverfahren, repräsentatives 55
Stichprobenverteilung 73, 423
Stochastische Folge 363
Stochastische Unabhängigkeit 301, 302, 695
Stochastischer Prozeß 269, 351, 361
Stochastisches Expertensystem 697
Stochastisches Zeitreihenmodell 269
Strata 85
Stratifiziert 85
Streng stationärer Prozeß 375
Streuungsintervall 154
Streuungsmaß 137

Streuungsmaß von Gini 144
Streuungsnormierung 566
Streuungszerlegung 185
Strukturabhängigkeit 217
Strukturelle Konsistenz 227
Strukturierte Stichprobenauswahl 22
Studentverteilung 345
Stützbereich 252
Stuvel-Index 232
Submartingal 377
Suchverfahren 677
Summenfunktion 114
Supermartingal 377
Support 679
Symmetrischer Bernoulli-Prozeß 364
Systematische Auswahl 22, 66
Systematischer Fehler 23
Systematischer Schätzfehler 398
Szenarien 259

Tabelle 33
Teilerhebung 20, 21
Teilerhebungsfehler 23
Telephonische Befragung 20
Tendenz, zentrale 113
Tertiäreinheit 60
Test 517
Test auf Zufälligkeit 460
Test der Differenz zweier Anteilswerte 433
Test der Differenz zweier Mittelwerte 431
Test der Differenz zweier Standardabweichungen 434
Test der Standardabweichung 430
Test des Anteilswertes 429
Test des arithmetischen Mittels 422
Test des Varianzquotienten 439
Test linearer Hypothesen 628
Test nach Bartlett 380, 381
Test, nichtparametrischer 445
Test, parametrischer 421
Test, statistischer 663
Testdaten-Fehlerrate 597

Testdatensatz 596
Testfunktion 653
Testgüte 435
Teststatistik 663
Testverfahren, verteilungsfreies 421
Testverfahren, verteilungsgebundenes 421
Testverteilung 344, 347
Tetrad III 716
Theil-Index 238
Theorem von Bayes 305, 590, 665
Tie 191
Time reversal test 229
Time-lag 270
Törnquist-Index 232, 238
Totaler F-Test 512, 516
Traditionelle Indexformel 221
Traditionelles Zeitreihen-Komponentenmodell 247
Train-and-test-Methode 596
Trainingsdatensatz 596
Trajektorie 362
Transitivität 229
Trend 244
Trend, linearer 260
Trend, negativer 245
Trend, positiver 245
Trendkomponente 247, 266
Tschebyscheff, Satz von 352
Tschebyscheffsche Ungleichung 154, 156
t-Test 512
t-Verteilung 345
Typische Auswahl 21, 54

Überabzählbarer Ereignisraum 298
Übergangsdichte 368
Überlagerung, additive 248
Überschreitungswahrscheinlichkeit 422
Überwachtes Lernen 583
Umbasierung 211, 212, 229
Umgekehrte Regressionsgerade 181

Unabhängige Stichproben 480
Unabhängige Variable 609
Unabhängigkeit von Merkmalen 174
Unabhängigkeit, bedingte 695
Unabhängigkeit, marginale 695
Unabhängigkeit, stochastische 301, 302, 695
Unabhängigkeitsabbildung 706, 707
Unabhängigkeitsannahme 701
Unabhängigkeitstest 446
Unabhängigkeitszahl 447
Unechte Zufallsstichprobe 524
Uneingeschränkte Zufallsauswahl 56
Ungerichteter Pfad 697
Ungleichung von Rao-Cramer 399
Ungleichung von Tschebyscheff 154, 156
Ungleichung, Schwarz'sche 365
Ungruppierte Daten 610
Univariates Prognoseverfahren 260
Unmögliches Ereignis 289, 294
Unscharfe A-posteriori-Dichte 666
Unscharfe Daten 645, 665
Unscharfe Funktionen, Integration 670
Unscharfe Größe 654
Unscharfe Prognoseverteilung 670
Unscharfe Stichprobe 652
Unscharfe Zahl 645, 646, 651
Unscharfer Konfidenzbereich 659
Unscharfer Schätzwert 657
Unscharfer Vektor 649, 653
Unscharfes Histogramm 653
Unscharfes kombiniertes Stichprobenelement 654
Unshielded Collider 719
Unüberwachtes Lernen 583
Unverzerrt 74
Unverzerrte Schätzung 78

Varainz, Zerlegungssatz 150
Variable 24
Variable Klumpengröße 100
Variable, abhängige 609
Variable, endogene 609
Variable, erklärende 609
Variable, erklärte 609
Variable, exogene 609
Variable, kategoriale 609
Variable, manifeste 532
Variable, qualitative 609
Variable, unabhängige 609
Variablenausprägung 24
Variablendefinition 17
Varianz 77, 147, 315, 622
Varianz, gepoolte 432
Varianz, Verschiebungssatz 150
Varianzanalyse 436
Varianzfunktion 365
Varianzinflationierungsfaktor 512, 514
Varianzquotiententest 439
Varianzregel, kumulative 545
Variation 280
Variationskoeffizient 149
Varimax-Methode 550
Vartia-I-Index 232, 238
Vartia-II-Index 232, 238
Vektor, unscharfer 649, 653
Vektorcharakterisierende Funktion 650, 653
Verbundene Stichproben 470, 476
Verbundenes Konfidenzintervall 512, 515
Verbundwert 191
Verfahren von Ward 575
Verfahren, agglomeratives 571
Verfahren, Berliner 257
Verfahren, hierarchisch-agglomeratives 565, 571
Verfahren, partionierendes 566, 572
Verfahren, sequentielles 61
Verfahren, verteilungsfreies 445
Verfahren, verteilungsgebundenes 445
Verhältnisschätzung 82, 83

Verhältnisskala 26
Verhältniszahl 209, 522
Verkettbarkeit 212, 229
Verkettung 211, 212, 229
Verknüpfung, lineare 611
Verknüpfung, multiplikative 248
Verlaufsannahme 258
Verlaufshypothese 249
Verschiebungssatz der Varianz 150
Verständlichkeit 584
Verteilung, bedingte 172
Verteilung, empirische 517
Verteilung, geometrische 329
Verteilung, hypergeometrische 331, 359
Verteilung, marginale 172
Verteilung, multinomiale 327
Verteilung, schiefe 523
Verteilung, Zentrum der 113
Verteilungsfreies Testverfahren 421
Verteilungsfreies Verfahren 445
Verteilungsfunktion 34, 38, 299, 313, 401
Verteilungsgebundenes Testverfahren 421
Verteilungsgebundenes Verfahren 445
Verteilungsgesetz 363
Vertrauensbereich nach Bayes 668
Verursachungszahl 209, 210
Verzerrung 83, 109
Vollerhebung 20, 48
Vollständige Enumeration 686
Volumen 223
Von Bortkiewicz 225
Von Mises-Grenzwert der Wahrscheinlichkeit 293
Von-Mises-Wahrscheinlichkeitsmodell 296
Vorhersageproblem 584
Vorzeichenrangtest 476
Vorzeichentest 463, 470, 476

Wachstumsfaktor 209, 212

Wachstumsrate 124, 209, 212, 213
Wachstumsrate, mittlere 213
Wahre Fehlerrate 596
Wahrscheinlichkeit 292, 294
Wahrscheinlichkeit, bedingte 299
Wahrscheinlichkeiten, Rechenregeln 294
Wahrscheinlichkeitsbegriff 293
Wahrscheinlichkeitsbegriff nach Kolmogorov 293
Wahrscheinlichkeitsbegriff, klassischer 277
Wahrscheinlichkeitsfunktion 310
Wahrscheinlichkeitsgesetz 363
Wahrscheinlichkeitsmaß 294
Wahrscheinlichkeitsmodell nach von Mises 296
Wahrscheinlichkeitsmodell, elementares 295, 298
Wahrscheinlichkeitsmodell, klassisches 295
Wahrscheinlichkeitsmodell, lineares 610
Wahrscheinlichkeitsmodell, statistisches 296
Wahrscheinlichkeitsrechnung 285
Wahrscheinlichkeitsschätzung 386
Wahrscheinlichkeitsstichprobe 52
Wahrscheinlichkeitstheorie 693
Wahrscheinlichkeitsverteilung 309
Wahrscheinlichkeitsverteilung, gemeinsame 698
Wald-Statistik 630
Walsh-II-Index 238
Walsh-Index 231
Walsh-Vartia-Index 238
Ward-Verfahren 575
Weißes Rauschen 270, 375
Wert 24, 223
Wert, erwarteter 447
Wert, häufigster 131
Wertindex 222, 223, 224
White noise 270
White-noise-Prozeß 375

Register 739

Wiederfangstichprobe 104
Wiener-Prozeß 371, 373
Wilcoxon-Rangsummentest 480
Wilcoxon-Rangtest 476
Willkürliche Auswahl 21, 52, 53
Winsorisiertes Mittel 404
Wölbungsmaß 162, 165

Zahl von Schichten, optimale 94
Zahl, unscharfe 645, 646, 651
Zeitliche Aggregation 213
Zeitreihe 24, 243
Zeitreihe, statistische 39
Zeitreihenanalyse 243
Zeitreihen-Komponentenmodell, traditionelles 247
Zeitreihenmodell, stochastisches 269
Zeitreihenstatistik 522
Zeitumkehrbarkeit 212, 229
Zentrale Tendenz 113
Zentraler Grenzwertsatz 356
Zentrales Grenzwerttheorem 423
Zentrales Moment 163
Zentrum der Verteilung 113
Zerlegung, additive 219
Zerlegung, kanonische 257, 376
Zerlegung, multiplikative 219
Zerlegungssatz der Varianz 150
Zielgesamtheit 51
Zielvariable 609
Zirkularität 229
Zufällige Auswahl 22
Zufälliger Fehler 23
Zufälligkeit, Test auf 460
Zufallsauswahl 56, 62, 63
Zufallsauswahl, einfache 22, 56
Zufallsauswahl, geschichtete 58
Zufallsauswahl, mehrstufige 59
Zufallsauswahl, uneingeschränkte 56
Zufallsauwahl, zweiphasige 61
Zufallsexperiment 63
Zufallsnutzenmodell 615
Zufallsprozeß, reiner 375
Zufallsschwankung 247
Zufallsstichprobe 52

Zufallsstichprobe, einfache 56, 77, 422
Zufallsstichprobe, geschichtete 58
Zufallsstichprobe, unechte 524
Zufallsvariable 270, 299, 309
Zufallsvariable, diskrete 309
Zufallsvariable, stetige 310
Zufallsvorgang 285
Zufallszahl 62, 63
Zufallszahlenfolge 64
Zufallszahlengenerator 65
Zufallszahlentafel 64
Zugehörigkeitsfunktion 646, 658
Zusammenhangsmaß 185
Zustandsraum 362
Zweidimensionale Häufigkeitstabelle 171
Zweidimensionale Häufigkeitsverteilung 170
Zweiphasige Zufallsauswahl 61
Zweistufiges Auswahlverfahren 102
Zyklische Komponente 247
Zyklus 694

SPSS-Datenbestände

Anmerkung: Daten, die in Spalten mit gleicher Kopfzeilenbeschriftung stehen, sind untereinander in eine einzige Spalte der SPSS-Tabelle einzugeben (ohne die Kopfzeilenbegriffe). Für die erste Tabelle bedeutet dies zum Beispiel, daß nur drei SPSS-Tabellenspalten zu füllen sind.

SPSS01.SAV

famstand	groesse	cmklasse	famstand	groesse	cmklasse
0	155	1	1	179	3
1	161	2	1	178	3
0	167	2	1	177	3
1	165	2	0	171	3
1	166	2	1	183	4
1	170	2	1	185	4
4	171	3	3	187	4
3	175	3	2	188	4
2	176	3	1	193	5
0	172	3	1	195	5

SPSS01B.SAV

cm	kg	sex	cm	kg	sex
155	55	1	163	66	0
161	63	1	182	85	0
167	61	1	179	72	0
165	65	1	191	89	0
170	66	1	179	85	0
158	62	1	175	78	0
171	68	1	183	81	0
166	61	1	185	77	0
168	65	1	182	79	0
163	65	1	188	85	0

SPSS01C.SAV

var00001	78,5	78,2	77,9	78,1	78,3	78,3	78,5	78,6	78,4	78,3	78,5

Diese Daten sind in eine einzige SPSS-Tabellenspalte einzugeben.

SPSS03.SAV (zugleich SPSS04.SAV)

groesse	groesse	groesse	groesse
155	170	179	185
161	171	178	187
167	175	177	188
165	176	171	193
166	172	183	195

SPSS05.SAV

cm	kg	cm	kg
177	77	187	90
172	70	163	60
166	71	180	79
191	90	179	81
185	95	171	74

SPSS05B.SAV

partei	sex	partei	sex
1	1	2	2
1	1	2	2
1	1	2	2
1	2	3	1
1	2	3	1
1	2	3	2
1	2	3	2
2	1	3	2
2	1	4	1
2	1	4	1
2	1	4	2
2	1	5	1

SPSS07.SAV

kg	kg	kg	kg
77,2	77,4	77,6	77,9
77,1	77,3	77,5	77,8
76,9	77,1	77,3	77,6
76,8	77,2	77,4	77,7
77,1	77,4	77,5	77,6
77,2	77,4	77,5	77,8
77,3	77,6	77,8	77,9

SPSS13.SAV

alter	sex	land	alter	sex	land	alter	sex	land
77	1	1	37	1	6	39	2	10
75	1	1	33	1	6	33	2	10
70	1	1	38	2	6	32	2	10
64	1	1	34	2	6	31	2	10
55	1	1	72	1	7	30	2	10
47	1	1	67	1	7	29	2	10
42	1	1	62	1	7	28	2	10
37	1	1	57	1	7	27	2	10
35	1	1	52	1	7	26	2	10
33	1	1	47	1	7	25	2	10
21	1	1	42	1	7	23	2	10
76	2	1	37	1	7	21	2	10
74	2	1	68	2	7	21	2	10
69	2	1	63	2	7	20	2	10
55	2	1	53	2	7	20	2	10
55	2	1	43	2	7	20	2	10
52	2	1	33	2	7	19	2	10
47	2	1	23	2	7	56	1	11
37	2	1	49	1	8	46	1	11
36	2	1	39	1	8	36	1	11
36	2	1	49	2	8	31	1	11

alter	sex	land	alter	sex	land	alter	sex	land
32	2	1	39	2	8	26	1	11
25	2	1	29	2	8	58	2	11
25	2	1	67	1	9	53	2	11
75	1	2	58	1	9	48	2	11
73	1	2	53	1	9	46	2	11
71	1	2	48	1	9	36	2	11
69	1	2	43	1	9	33	1	12
57	1	2	38	1	9	32	2	12
53	1	2	33	1	9	59	1	13
37	1	2	28	1	9	50	1	13
35	1	2	23	1	9	41	1	13
33	1	2	64	2	9	32	1	13
31	1	2	59	2	9	29	1	13
29	1	2	54	2	9	26	1	13
27	1	2	49	2	9	22	2	13
25	1	2	44	2	9	62	2	13
23	1	2	39	2	9	54	2	13
76	2	2	34	2	9	42	2	13
74	2	2	29	2	9	35	2	13
72	2	2	24	2	9	28	2	13
70	2	2	68	1	10	56	1	14
68	2	2	61	1	10	50	1	14
54	2	2	58	1	10	44	1	14
38	2	2	51	1	10	36	1	14
36	2	2	48	1	10	58	2	14
34	2	2	44	1	10	42	2	14
32	2	2	37	1	10	26	2	14
30	2	2	36	1	10	25	2	14
28	2	2	35	1	10	60	1	15
26	2	2	34	1	10	52	1	15
24	2	2	33	1	10	34	1	15
67	1	3	32	1	10	61	2	15

alter	sex	land	alter	sex	land	alter	sex	land
57	1	3	31	1	10	55	2	15
47	1	3	30	1	10	40	2	15
37	1	3	29	1	10	33	2	15
68	2	3	27	1	10	74	1	16
58	2	3	25	1	10	54	1	16
48	2	3	23	1	10	34	1	16
38	2	3	22	1	10	24	1	16
57	1	4	21	1	10	25	2	16
47	1	4	20	1	10	55	2	16
37	1	4	69	2	10	35	2	16
58	2	4	63	2	10	26	2	16
48	2	4	59	2	10	33	1	10
38	2	4	53	2	10	32	1	10
37	1	5	49	2	10	31	2	10
52	2	5	43	2	10			

SPSS13B.SAV

kinder	land	kinder	land
2	1	4	2
0	1	3	2
1	1	2	3
3	1	3	3
4	2	1	3
2	2	2	3
5	2	1	3
3	2	3	3

SPSS14A.SAV

partei	geschl	anzahl	partei	geschl	anzahl
1	1	200	1	2	170
2	1	200	2	2	200
3	1	45	3	2	35
4	1	25	4	2	35
5	1	20	5	2	30
6	1	30	6	2	10

SPSS14B.SAV

zeit	anzahl
1	118
2	112
3	98
4	92
5	94
6	86

SPSS14C.SAV

partei	stichpr	anzahl	partei	stichpr	anzahl
1	1	205	4	2	70
2	1	195	5	2	60
3	1	40	6	2	30
4	1	25	1	3	280
5	1	25	2	3	360
6	1	10	3	3	48
1	2	380	4	3	56
2	2	400	5	3	40
3	2	60	6	3	16

SPSS14D.SAV

geschl	geschl	geschl	geschl	geschl	geschl
1	1	2	1	2	1
1	1	2	2	2	1
2	2	1	2	2	2
1	1	2	1	1	1
2	2	1	1	2	2
1	2	2	2	1	1
2	1	1	1	2	1
1	1	1	2	1	2
1	1	1	1	1	

SPSS14E.SAV

wunder	wunder	wunder
2	2	2
2	1	2
2	2	2
2	2	2
2	2	2

SPSS14F.SAV

fern	lesen	fern	lesen
5	3	0	2
4	6	1	2
1	2	8	2
6	4	2	4
0	3	4	6
4	0	1	3
3	3	5	2

SPSS14G.SAV

groesse	groesse	groesse
173,4	172,1	192,5
175,6	184,2	167,5
176,2	168,9	177,9
177,5	155,6	177,2
		186,4

SPSS14H.SAV

xi1	xi2	xi1	xi2
180	187	180	176
159	158	178	190
178	173	170	181
179	187	163	165
168	171	170	179
174	166	162	166
183	183	168	165

SPSS14I.SAV

groesse	geschl	groesse	geschl	groesse	geschl
158,3	1	174,8	1	171,4	2
159,8	1	178,1	1	173,8	2
162,3	1	178,4	1	178,9	2
162,7	1	179,3	1	179,0	2
163,6	1	180,2	1	180,0	2
168,0	1	180,4	1	183,5	2
168,1	1	163,0	2	183,9	2
168,7	1	166,5	2	187,0	2
170,5	1	170,4	2	187,1	2
170,7	1	170,6	2		

SPSS14J.SAV

menge	stipr	menge	stipr	menge	stipr
17	1	13	1	17	2
19	1	24	2	10	3
11	1	20	2	19	3
15	1	15	2	16	3
14	1	19	2	17	3
14	1	17	2	14	3
21	1	21	2	12	3

SPSS14K.SAV

groesse	groesse	groesse
153,3	177,0	158,9
176,3	163,8	168,5
173,4	184,5	194,3
179,9	185,4	170,5
182,6	192,6	166,0
		191,5

SPSS14L.SAV

vorher	nachher	anzahl	anzahl2
1	0	4	40
1	1	16	160
0	0	22	220
0	1	16	160

SPSS15.SAV

ernte	duenger	unkraut
125	1,50	250
120	1,25	200
130	1,55	245
135	1,50	240
145	1,62	245
155	1,75	280
150	1,65	270
130	1,43	225
120	1,28	230
140	1,45	250

SPSS15B.SAV

land	geburt	storch	indust
BRD	0,60	0,81	55,5
Frankr.	0,75	0,85	42,1
England	0,65	0,72	47,3
USA	0,91	1,12	49,2
Indien	1,72	1,88	22,8
Aegypten	1,93	2,21	21,2
China	1,66	2,13	23,4
Peru	1,35	1,21	35,3
Burma	1,57	1,88	27,3
Sudan	2,02	2,33	18,1

SPSS16.SAV

deutsch	mathe	englisch	bio	franz	physik
2	4	3	3	4	2
5	3	4	3	5	2
3	5	5	4	4	2
3	6	6	5	5	4
0	4	2	4	3	3
1	3	3	3	2	3
7	2	8	3	7	4
3	6	2	4	3	4
4	4	3	5	0	3
5	5	2	7	2	5
2	2	2	3	3	3
0	5	2	5	1	5
0	7	1	5	2	7
6	3	4	2	3	3
9	0	7	1	6	2
8	2	10	3	8	4
2	3	3	3	4	4
4	6	5	6	3	4
5	4	4	5	4	5
8	3	7	4	6	3

SPSS16B.SAV

x1	x2	x3	x4	x5	x6
212,4	20116	9,8	53,0	8,4	-0,7
623,7	24966	3,4	73,1	6,1	3,4
93,1	19324	23,6	47,9	12,3	-1,9
236,8	23113	8,7	66,8	8,7	2,0
412,0	23076	8,9	46,9	8,0	-3,1
566,7	24516	6,1	44,3	8,6	-3,0
331,9	22187	7,4	57,6	10,3	4,7
111,4	20614	16,3	63,8	13,9	5,2

x1	x2	x3	x4	x5	x6
489,0	25006	5,7	49,4	6,7	-2,6
287,4	23136	8,8	59,4	12,4	1,7
166,2	20707	14,1	74,0	13,0	3,6
388,1	23624	9,6	54,3	6,9	-0,4

SPSS17.SAV

cm	kg	sex	cm	kg	sex
155	55	1	163	66	0
161	63	1	182	85	0
167	61	1	179	72	0
165	65	1	191	89	0
170	66	1	179	85	0
158	62	1	175	78	0
171	68	1	183	81	0
166	61	1	185	77	0
168	65	1	182	79	0
163	65	1	188	85	0

SPSS18.SAV

Jahre	Zaehl	Phasen	ewajw	lstkjw	pbspjw	zinsk
1967/1	1	4	-3	3,46	2,18	5,4
1967/2	2	4	-4,14	1,43	2,25	4,1
1967/3	3	4	-3,54	-0,99	0,42	3,5
1967/4	4	4	-2,78	-2,53	1,5	4,1
1968/1	5	1	-0,93	0,02	0,88	3,4
1968/2	6	1	-0,01	1,74	2,47	3,7
1968/3	7	1	1	2,02	3,41	3,6
1968/4	8	1	2,47	3,33	2,12	4,6
1969/1	9	1	2,99	2,38	3,34	4
1969/2	10	1	2,94	3,42	3,65	4,8
1969/3	11	2	2,7	4,32	4,03	6,3
1969/4	12	2	2,48	7,94	5,91	8

Jahre	Zaehl	Phasen	ewajw	lstkjw	pbspjw	zinsk
1970/1	13	3	2,35	12,34	6,17	9,4
1970/2	14	3	2,59	12,54	8,3	9,75
1970/3	15	3	2,48	14,21	7,52	9,24
1970/4	16	3	2,09	12,58	6,88	8,71
1971/1	17	3	2,47	10,16	8	7,37
1971/2	18	4	1,94	9,99	7,61	6,35
1971/3	19	4	1,23	10,31	7,46	7,5
1971/4	20	4	0,94	9,61	7,92	6,97
1972/1	21	4	0,88	5,76	5,8	4,89
1972/2	22	1	1,01	6,09	5,13	4,65
1972/3	23	1	1,06	6,09	4,96	4,85
1972/4	24	2	1,29	6,68	5,42	7,74
1973/1	25	2	1,78	6,21	5,85	8,09
1973/2	26	3	1,77	7,57	6,21	12,05
1973/3	27	3	1,74	8,57	5,99	14,17
1973/4	28	3	1,53	11,46	7,46	13,58
1974/1	29	3	0,33	7,45	5,58	11,16
1974/2	30	4	-0,5	10,8	6,9	9,41
1974/3	31	4	-1,23	10,6	7,65	9,47
1974/4	32	4	-1,75	12,18	8,11	9,01
1975/1	33	4	-2,64	9,74	7,15	6,53
1975/2	34	4	-2,71	5,94	6,38	4,85
1975/3	35	4	-2,59	5,23	4,78	4,1
1975/4	36	4	-1,95	2,47	4,38	4,08
1976/1	37	1	-1,05	-0,08	3,41	3,74
1976/2	38	1	-0,15	1,74	3,6	3,79
1976/3	39	1	0,66	4,51	4,57	4,47
1976/4	40	1	1,31	3,33	3	4,76
1977/1	41	1	0,98	4,11	3,53	4,67
1977/2	42	1	0,59	5,13	3,92	4,38
1977/3	43	1	0,68	4,3	3,12	4,13
1977/4	44	1	0,91	4,32	4,33	4,03

Jahre	Zaehl	Phasen	ewajw	lstkjw	pbspjw	zinsk
1978/1	45	1	1,07	3,77	4,2	3,47
1978/2	46	1	1,16	2,54	4,09	3,56
1978/3	47	1	1,23	3,9	4,89	3,66
1978/4	48	1	1,4	4,28	3,88	3,9
1979/1	49	1	1,78	3,94	3,74	4,11
1979/2	50	2	2,19	2,17	3,07	5,89
1979/3	51	2	2,36	3,73	3,85	7,17
1979/4	52	2	2,68	5,15	4,46	9,2
1980/1	53	2	2,54	4,12	4,85	9,03
1980/2	54	3	2,14	9,25	5,86	10,05
1980/3	55	3	1,64	8,45	4,76	9,09
1980/4	56	3	1,06	8,87	4,72	9,44
1981/1	57	3	0,47	6,18	3,94	11,09
1981/2	58	3	0,28	4,87	3,67	12,98
1981/3	59	3	-0,05	4,26	3,97	12,61
1981/4	60	3	-0,57	3,86	4,95	11,07
1982/1	61	3	-1,33	4,77	5,01	10,06
1982/2	62	4	-1,05	2,55	4,32	9,13
1982/3	63	4	-1,02	4,92	4,68	8,76
1982/4	64	4	-1,32	4,17	3,87	7,07
1983/1	65	4	-1,93	1,31	3,86	5,62
1983/2	66	4	-1,9	-0,08	3,12	5,29
1983/3	67	4	-1,39	0,32	2,89	5,64
1983/4	68	1	-0,67	-0,36	3,08	6,23
1984/1	69	1	-0,03	1,8	2,46	5,89
1984/2	70	1	0,22	0,59	2,27	5,94
1984/3	71	1	0,16	-0,82	1,65	5,91
1984/4	72	1	0,57	1,71	1,94	5,87
1985/1	73	1	0,7	1,31	1,64	6,05
1985/2	74	1	0,8	2,59	1,9	5,77
1985/3	75	1	1,01	1,31	2,31	4,87
1985/4	76	1	0,99	1,87	2,33	4,76

SPSS-Datenbestände

Jahre	Zaehl	Phasen	ewajw	lstkjw	pbspjw	zinsk
1986/1	77	1	1,35	3,63	3,23	4,5
1986/2	78	1	1,49	2	3,59	4,5
1986/3	79	1	1,58	3,32	3,11	4,5
1986/4	80	1	1,56	2,18	2,78	4,6
1987/1	81	1	1,29	2,04	2,62	4,09
1987/2	82	1	1,15	4,11	2,32	3,73
1987/3	83	1	0,83	2,3	1,22	3,87
1987/4	84	1	0,58	2,23	1,44	4,04
1988/1	85	1	1,06	0,12	1,11	3,32
1988/2	86	1	0,88	0,05	1,41	3,56
1988/3	87	1	0,88	0,17	1,69	4,99
1988/4	88	1	0,94	0,66	1,87	5,03
1989/1	89	1	1,58	0,85	2,29	6,13
1989/2	90	1	1,55	-0,54	2,14	6,7
1989/3	91	1	1,55	1,61	2,68	7,04
1989/4	92	1	1,7	1,41	2,58	8,01
1990/1	93	1	2,79	1,49	3,09	8,2
1990/2	94	1	3,07	3,69	3,35	8,14
1990/3	95	2	3,41	0,75	3,58	8,39
1990/4	96	2	3,79	1,91	2,69	8,9
1991/1	97	2	3,17	0,32	3	9,17
1991/2	98	2	2,91	1,66	4,18	9,11
1991/3	99	2	2,48	3,87	3,96	9,24
1991/4	100	2	2,19	5,11	4,49	9,46
1992/1	101	3	1,92	4,69	4,78	9,61
1992/2	102	3	1,23	3,62	4,21	9,76
1992/3	103	3	0,84	5,71	4,63	9,72
1992/4	104	3	-0,15	4,48	4,03	8,97
1993/1	105	3	-1,21	6,45	3,72	8,32
1993/2	106	3	-1,66	4,09	3,66	7,68
1993/3	107	3	-1,97	1,08	2,73	6,83
1993/4	108	3	-2,05	1,67	2,67	6,35

SPSS19.SAV

gruppe	eink	reise	n
1	2000	0	10
2	3000	2	20
3	4000	5	20
4	6000	10	30
5	7000	10	25
6	9000	11	22
7	10000	10	18
8	13000	12	18
9	18000	6	10
10	30000	5	5